MATHEMATIK · BAND II

Lehr- und Übungsbuch

MATHEMATIK

BAND II

PLANIMETRIE, STEREOMETRIE UND TRIGONOMETRIE DER EBENE

17. Auflage

Mit 581 Bildern, 556 Aufgaben mit Lösungen

150 Wiederholungsaufgaben ohne Lösungen,

einer Beilage mit 15 Raumbildern und einer Formelsammlung

VERLAG HARRI DEUTSCH · THUN UND FRANKFURT/MAIN

AUTORENGEMEINSCHAFT

Federführung:

Dr. FRITZ BEWERT

Dipl.-Ing. HEINZ PESTER

Autoren:

Dipl.-Ing. HEINZ PESTER
(Planimetrie, Stereometrie)

Dipl.-Math. WOLFGANG PAULI
(Trigonometrie)

ISBN 3871444022
Redaktionsschluß: 15. 2. 1982

Printed in GDR
Satz: Fachbuchdruck Naumburg
Fotomechanischer Nachdruck: INTERDRUCK Graphischer Großbetrieb, Leipzig

Vorwort

Eins der hervorstechenden Merkmale der modernen Entwicklung in allen Zweigen der Wissenschaft, Wirtschaft und Industrie ist die wachsende Bedeutung, die die Mathematik für die Praxis gewinnt. Selbst dort, wo man sich bisher fast ausschließlich auf Erfahrungswerte stützte, nämlich in den Wirtschaftswissenschaften, wendet man in zunehmendem Maße exakte mathematische Methoden an und unterstreicht damit die neue Einstellung zur Mathematik als einer durchaus wirklichkeitsnahen Wissenschaft. Schritt für Schritt setzt sich mit der Einführung der Mathematik auf allen Gebieten die wissenschaftliche Arbeitsweise durch, die es ermöglicht, in der Verwaltung ebenso wie in der Produktion optimale Ergebnisse zu erzielen. Mathematisch begründete Verfahren bewähren sich – um nur einige Beispiele zu nennen – bei der Verkürzung von Entwicklungszeiten, Einsparung von Materialien, Verbesserung von technischen Verfahren, Senkung von Ausschußquoten und in der immer breiteren Raum gewinnenden Meß- und Regelungstechnik.

Die Autoren des dreibändigen Unterrichtswerkes der Mathematik sind bemüht, den angedeuteten Forderungen gerecht zu werden. Praxisverbundenheit und Anschaulichkeit werden mit weitgehender logischer Strenge verknüpft. Die Auswahl des Stoffes erfolgte unter dem Gesichtspunkt, einen möglichst umfassenden Überblick bis in die grundlegenden Teile der höheren Mathematik zu geben.

In Verbindung mit der Vielzahl von Aufgaben ist so ein Lehrwerk der Mathematik entstanden, das bewußt allgemein gehalten wurde, um für die verschiedensten Fachrichtungen verwendbar zu sein. Damit mußte es sich mit gewissen Minimalforderungen begnügen, die an den einzelnen Schulen gemäß ihrer speziellen Fachrichtung ergänzt werden müssen.

Die Autoren hoffen, ein Werk geschaffen zu haben, das sich für jede technische Ausbildung in Fachschulen, für die allgemeine Ausbildung in Sonderkursen und im Selbststudium als Lehrbuch gut eignet.

Von der 16. Auflage an sind die Formelzeichen nach DIN 1304 berichtigt und die Einheiten auf SI nach DIN 1301 umgestellt worden.

Autoren und Verlag

Inhaltsverzeichnis

Beilagen: 15 nach dem Anaglyphenverfahren hergestellte Raumbilder
1 Rot-Blau-Brille
Formelsammlung

1. Einführung

Die an den Ingenieur- und Fachschulen gelehrten Fachwissenschaften sind heute teilweise sehr tief von der Mathematik durchdrungen, und nur der Ingenieurschüler wird sie meistern, der über ausreichende mathematische Kenntnisse verfügt. Deshalb ist es notwendig, daß sich jeder Ingenieurschüler zunächst ein möglichst lückenloses mathematisches Grundwissen erarbeitet. Dabei will ihm auch dieser Band II des Lehr- und Übungsbuches der Mathematik ein Helfer sein.

Der Leser wird genauso wie in Band I auch in diesem Band wieder viele Beispiele finden, die vollständig durchgerechnet sind. Er mache es sich zur Gewohnheit, diese Beispiele selbst sorgfältig zu durchdenken und nachzurechnen, denn er wird bald merken, daß ihm für ihre Lösung keine fertigen Rezepte gegeben werden können, weshalb auch hier die Übung den Meister macht. Das von den Beispielen Gesagte gilt natürlich in verstärktem Maße auch für die Übungsaufgaben, deren Ergebnisse am Ende zusammengestellt sind. Es ist immer vorteilhaft, sie erst allgemein zu lösen und zuletzt die gegebenen Zahlenwerte einzusetzen. Dadurch werden nicht nur die algebraischen Kenntnisse weiter geübt und vertieft, sondern es wird auch vermieden, daß sich etwa in Zwischenrechnungen enthaltene Fehler und Rundungsungenauigkeiten in das Endergebnis einschleichen. Weiterhin sollte sich der Leser zu denjenigen Aufgaben, für die keine Zeichnungen angegeben sind, eine Hilfsskizze anfertigen, in die er die gesuchten Stücke und bekannten Werte einträgt. Diese Skizze muß nicht maßstäblich ausgeführt werden, soll aber beispielsweise einen rechten Winkel auch wirklich als Rechten erkennen lassen. Sie kann allerdings bei maßstäblicher Ausführung sehr oft zur Kontrolle des rechnerisch ermittelten Ergebnisses dienen.

Im allgemeinen wird in den Übungsaufgaben keine bestimmte Rechengenauigkeit gefordert. Das geschah deshalb, weil der Leser sich selbst Rechenschaft darüber geben soll, ob es beispielsweise sinnvoll ist, eine mehrere Kilometer lange Strecke bis auf Zentimeter oder sogar Millimeter genau anzugeben. Damit soll aber keinesfalls zum Ausdruck gebracht werden, daß es vollkommen ausreicht, wenn nur überhaupt ein annähernd genauer Wert errechnet wird. So kann es natürlich bei einer auf geometrischem oder trigonometrischem Wege zu lösenden Aufgabe aus der Feinmechanik durchaus notwendig sein, eine Strecke bzw. einen Winkel mit der Genauigkeit von hundertstel Millimetern bzw. von Minuten oder Sekunden anzugeben.

In den Aufgaben ist weiterhin nicht angegeben, in welchen Größenordnungen die Maßeinheit des Ergebnisses zu wählen ist. Auch in diesem Falle wird also die Entscheidung dem Leser überlassen. Er sollte sich aber zur Regel machen, diejenige Größenordnung zu wählen, die den praktischen Belangen seiner Fachrichtung entspricht. Schließlich sei noch darauf aufmerksam gemacht, daß die in den Übungsaufgaben auftretenden Potenzen so weit wie möglich aus der Tabelle abgelesen und für $\pi = 3{,}141$ und für $\frac{1}{\pi} = 0{,}3183$ gesetzt wurden.

Der Leser lernt während seiner Ausbildung an den Ingenieur- und Fachschulen die Darstellung von Körpern nach den Normen des technischen Zeichnens kennen. Er wird folglich im allgemeinen auch in der Lage sein, eine technische Zeichnung zu lesen. Wenn trotzdem in diesem Band sehr viele Körper durch perspektivische Zeichnungen wiedergegeben sind, so hat das drei Gründe. Erstens ermöglicht die perspektivische Zeichnung einen schnelleren Überblick über die Form des Körpers und gestattet dadurch ein rationelleres Arbeiten für den im Zeichnungslesen noch nicht genügend geübten Leser. Zweitens läßt sich in einer derartigen Zeichnung die Lage einer zur Projektionsebene nicht parallelen Schnittebene viel leichter erkennen als in einer technischen Zeichnung, und drittens hat der Leser das Studium des technischen Zeichnens meist noch gar nicht abgeschlossen, wenn er sich mit dem Inhalt dieses Bandes beschäftigen muß, so daß ihm das Lesen der technischen Zeichnung noch Schwierigkeiten bereitet. Dieser zuletzt genannte Grund war auch bestimmend dafür, daß einige Körper noch zusätzlich als nach dem Anaglyphendruckverfahren hergestellte Raumbilder in einer besonderen Beilage zusammengestellt sind. Sie erwecken beim Betrachter einen wirklichkeitsgetreuen Eindruck und werden sicher sein Vorstellungsvermögen unterstützen. Folgende Hinweise sollten bei der Betrachtung dieser Anaglyphenbilder beachtet werden:

Das Bild soll auf dem Tisch liegen und der Betrachter in aufrechter Haltung davor sitzen.

Der Abstand zwischen Bild und Auge soll etwa 30 cm betragen.

Die Betrachtungsbrille ist so zu halten, daß sich die rote Folie vor dem linken Auge befindet.

Nach einer individuell bedingten Gewöhnungszeit von meist nur wenigen Sekunden stellt sich der räumliche Eindruck ein.

Falls der Körper schief auf seiner Auflagefläche zu stehen scheint, ist der Betrachtungswinkel entsprechend zu korrigieren.

2. Winkel

2.1. Punkt, Linie, Fläche

Der mathematische *Punkt* hat als einfachstes geometrisches Element keine Ausdehnung. Man sagt, er ist dimensionslos oder nulldimensional[1]. In der Geometrie bezeichnet er die Stelle, an der zwei oder mehrere Linien einander schneiden. Seine zeichnerische Darstellung geschieht deshalb meist durch zwei dünne sich schneidende Linien (+) oder aber durch einen kleinen Kreis (°).
Bewegt sich der Punkt von seiner Stelle A fort (Bild 1), so erzeugt er eine mathematische *Linie*. Da diese aus dem dimensionslosen Punkt hervorgeht, ist sie selbst eindimensional. Die sich bewegende Linie, sofern sie nicht in sich selbst gleitet, erzeugt eine mathematische *Fläche*. Diese ist zweidimensional.
Eine Gerade, die längs zweier paralleler Geraden gleitet, erzeugt eine *gerade Fläche* oder *Ebene*, krumme Linien erzeugen *gekrümmte Flächen*.
Die *Gerade* oder *gerade Linie* entsteht entweder, wenn sich der erzeugende Punkt in beliebiger, aber stets gleichbleibender Richtung bewegt, oder als Schnittlinie zweier Ebenen. Sie ist beiderseits unbegrenzt aufzufassen, muß jedoch in Zeichnungen notwendigerweise durch ein endliches Stück dargestellt werden. Ändert der Punkt seine Bewegungsrichtung ständig, so erzeugt er eine *krumme Linie*. Diese läßt sich auch als Schnittlinie zweier Flächen auffassen, von denen wenigstens eine gekrümmt sein muß. *Gebrochene Linien* setzen sich aus *Geraden*, *gemischte Linien* aus Geraden und krummen Linien zusammen.
Der *Strahl* als Teil einer Geraden beginnt in einem Punkt A und setzt sich unbegrenzt in einer Richtung fort. Er hat einen bestimmten Richtungssinn, der von seinem Anfangspunkt A aus weggerichtet angenommen wird und durch einen Pfeil gekennzeichnet werden kann (Bild 2).
Ein beiderseits durch je einen Punkt A und B begrenzter Teil einer Geraden heißt *Strecke* (Bild 3). Die Strecke ist die kürzeste Entfernung zwischen diesen Punkten.

Bild 1

Bild 2

Bild 3

[1] dimensio (lat.) Ausmessung

Die Verlängerung der Strecke über ihre Begrenzungspunkte hinaus ergibt eine Gerade, die sich der Strecke in jedem Falle zuordnen läßt. Es genügt aber schon die Angabe zweier Punkte, um eine Gerade hinsichtlich ihrer Lage in der Ebene oder im Raum eindeutig festzulegen.
Zwei in einer Ebene liegende Geraden können zueinander verschiedene Lagen einnehmen.

Bild 4

a) Im allgemeinsten Falle werden sie einander unter einem beliebigen Winkel im Punkt S schneiden (Bild 4). Der Punkt S existiert für beide Geraden nur einmal und heißt ihr *gemeinsamer Schnittpunkt.*
Laufen mehrere Geraden durch einen Punkt, so entsteht ein *Geradenbüschel.* Sinngemäß spricht man von einem *Strahlenbüschel,* wenn mehrere Strahlen von einem gemeinsamen Punkt S ausgehen (Bild 5).
Werden zwei einander schneidende Geraden in der Richtung auf ihren Schnittpunkt betrachtet, so laufen sie zusammen, sie *konvergieren*[1]. Vom Schnittpunkt ausgehend, laufen sie auseinander, sie *divergieren.*

b) Schließen zwei einander schneidende Geraden einen Winkel von 90° ein, so stehen sie *senkrecht* aufeinander (Zeichen für senkrecht aufeinanderstehende Geraden: $\perp$). Dabei ist es gleichgültig, wie die eine von ihnen in der Ebene liegt, wenn nur die andere mit ihr einen rechten Winkel einschließt. Anders ist das bei einer einzelnen Geraden in bezug auf die Erdoberfläche. Diese steht nur dann senkrecht im Raum, wenn sie die Richtung einnimmt, in der alle Körper infolge der Erdanziehung fallen. Die senkrechte Lage einer Geraden ist eine der ausgezeichneten Lagen im Raum. Die dazu entsprechende Lage ist die waagerechte. Sie wird beispielsweise durch einen im Gleichgewicht befindlichen Waagebalken veranschaulicht.

c) Liegen zwei Geraden in einer Ebene und haben sie an jeder Stelle den gleichen Abstand voneinander, so sind sie *parallel* (Zeichen für parallele Geraden: $\|$). Sie können weder konvergieren noch divergieren. Ihr Schnittpunkt liegt im Unendlichen.

Abschließend sei noch auf zwei elementare Aufgaben und deren genaue Formulierung hingewiesen:

a) Soll durch einen Punkt A einer Geraden eine Senkrechte gezogen werden, so sagt man, *die Senkrechte ist in diesem Punkt auf der Geraden zu errichten* (Bild 6).

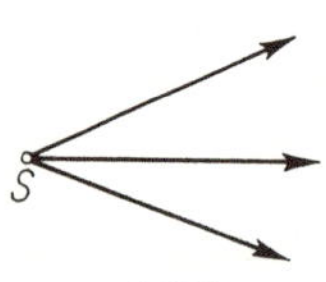

Bild 5

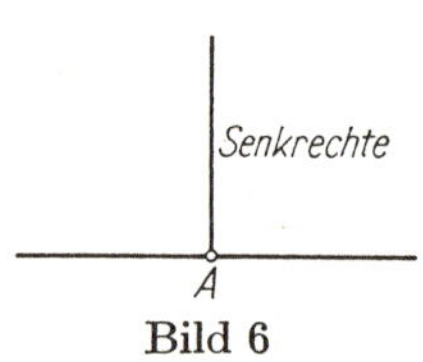

Bild 6

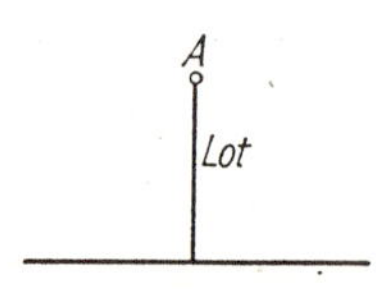

Bild 7

b) Ist von einem außerhalb der Geraden liegenden Punkt A eine Senkrechte zu einer Geraden zu zeichnen, *so hat man das Lot von diesem Punkt auf die Gerade zu fällen* (Bild 7).

[1] vergere (lat.) sich neigen

2.2. Arten von Winkeln

Bild 8

Zwei von einem gemeinsamen Punkt A ausgehende Strahlen (Bild 8) schließen einen Winkel (Zeichen für Winkel: ∢) ein. Die Strahlen bilden seine *Schenkel*, der Ausgangspunkt ist sein *Scheitel*.

Unter dem Winkel, den zwei konvergierende Strahlen miteinander einschließen, versteht man also ihren Richtungsunterschied.

Die Größe eines Winkels wird in *Grad*[1] angegeben. Ein Grad (1°) ist der dreihundertsechzigste Teil des *Vollwinkels*. Letzterer wird von einem Strahl beschrieben, wenn dieser sich einmal vollständig um seinen Ausgangspunkt A gedreht hat (Bild 9). Somit ist der Vollwinkel 360°. Für genauere Angaben wird der Grad weiter in *Minuten* und *Sekunden* unterteilt. Es gelten:

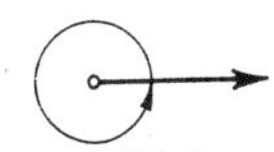
Bild 9

$1° = 60'$ und $1' = 60''$.

Die klassische Geometrie rechnet grundsätzlich mit dem Vollwinkel 360° und seinen Teilen (vgl. im übrigen 13., Seite 217ff.).

Die Bezeichnung der Winkel ist abhängig von ihrer Größe (Bild 10).

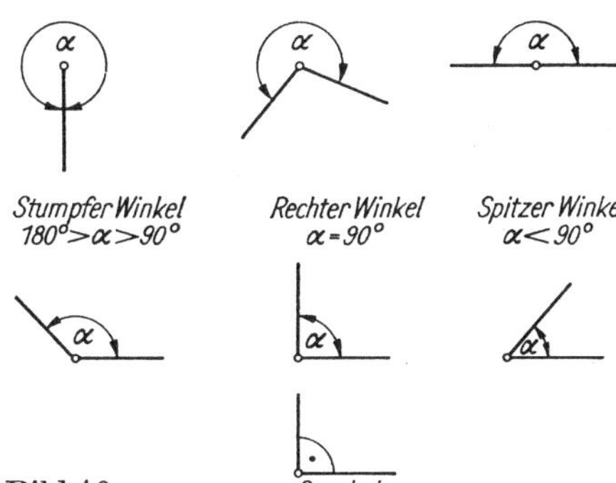

Bild 10

Die *erhabenen* Winkel erfüllen die Bedingung $180° < \alpha < 360°$.

Die *hohlen* Winkel erfüllen die Bedingung $\alpha < 180°$.

Außerdem unterteilt man die hohlen Winkel in

stumpfe Winkel mit der Bedingung $90° < \alpha < 180°$ und in

spitze Winkel mit der Bedingung $0° < \alpha < 90°$.

Sonderfälle sind

der *Vollwinkel* mit	$\alpha = 360°$
der *gestreckte* Winkel mit	$\alpha = 180°$
der *rechte* Winkel mit	$\alpha = 90°$

2.3. Neben- und Scheitelwinkel

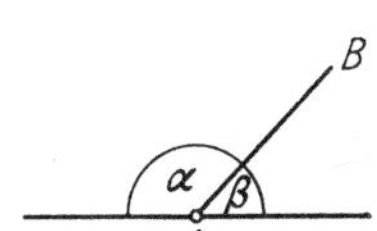

Bild 11

Ein vom Scheitel A eines gestreckten Winkels in Richtung $A \to B$ gezogener Strahl zerlegt diesen in die Winkel α und β. Diese Winkel heißen *Nebenwinkel*. Sie ergänzen einander immer zu 180° und werden auch als *Supplementwinkel*[2] bezeichnet (Bild 11).
Ergänzen einander zwei Winkel zu 90°, so heißen sie *Komplementwinkel*[3]. Komplementwinkel sind immer spitze Winkel. Zwei einan-

[1] gradus (lat.) Schritt
[2] supplementum (lat.) Ergänzung
[3] complementum (lat.) Ausfüllung = Ergänzung

der nach Bild 12 schneidende Geraden schließen in sich vier Winkel ein, von denen jeweils zwei, nämlich α und β bzw. γ und δ, den Scheitel, nicht aber die Schenkel gemeinsam haben. Solche Winkel werden als *Scheitelwinkel* bezeichnet. Schon die Anschauung zeigt die Richtigkeit von

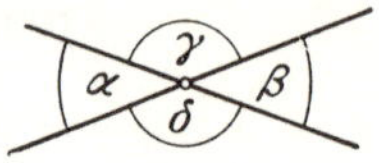

Bild 12

Lehrsatz 1[1]

Scheitelwinkel sind immer gleich groß.

2.4. Winkel an geschnittenen Parallelen

Werden nach Bild 13 zwei parallele Geraden g_1 und g_2 von einer dritten Geraden g_3 geschnitten, so entstehen um die beiden Schnittpunkte insgesamt acht Winkel. Je nach ihrer Lage zueinander werden sie unterschiedlich benannt. Es lassen sich fünf verschiedene Gruppen paarweise unterscheiden:

a) *Nebenwinkel*

Dazu gehören beispielsweise α und β, α' und γ', β und δ, β' und δ'.

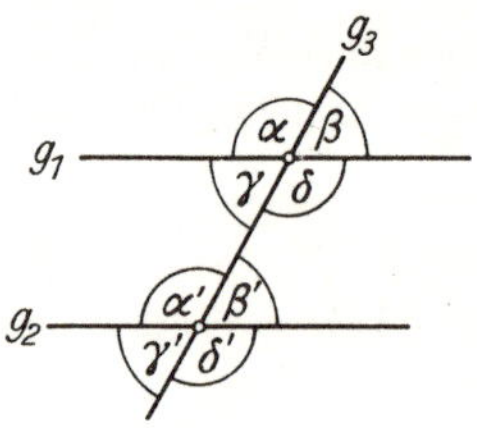

Bild 13

b) *Scheitelwinkel*

Das sind in Bild 13 α und δ, β und γ, α' und δ', β' und γ'.

c) *Gleichliegende Winkel*

Werden die außerhalb der Geraden g_1 und g_2 liegenden Winkel als *äußere* und die zwischen g_1 und g_2 liegenden als *innere* Winkel bezeichnet, so sind gleichliegende Winkel solche, die auf *einer* Seite von g_3 liegen und aus je einem inneren und äußeren Winkel bestehen, also

α und α',
β und β',
γ und γ',
δ und δ'.

d) *Entgegengesetzte Winkel*

Sie liegen ebenfalls auf *einer* Seite von g_3, bestehen aber aus zwei inneren oder zwei äußeren Winkeln.

Innere entgegengesetzte Winkel sind γ und α', δ und β'.

Äußere entgegengesetzte Winkel sind α und γ', β und δ'.

[1] Wenn die in den einzelnen Lehrsätzen ausgesprochenen geometrischen Wahrheiten offensichtlich sind, so wird auf eine ausführliche Beweisführung verzichtet.

e) *Wechselwinkel*

Sie liegen auf verschiedenen Seiten von g_3 und setzen sich aus je zwei inneren oder äußeren Winkeln zusammen.

Innere Wechselwinkel sind γ und β',
δ und α'.

Äußere Wechselwinkel sind α und δ',
β und γ'.

Die Eigenschaften der genannten Winkel werden durch den nachstehenden Lehrsatz ausgesprochen.

Lehrsatz 2

Werden zwei parallele Geraden von einer dritten geschnitten, so sind
a) alle gleichliegenden Winkel gleich groß,
b) alle entgegengesetzten Winkel Supplementwinkel,
c) alle Wechselwinkel gleich groß.

Hieraus ergibt sich als Umkehrung der

Lehrsatz 3

Werden zwei Geraden von einer dritten geschnitten und sind
a) alle gleichliegenden Winkel gleich groß,
b) alle entgegengesetzten Winkel Supplementwinkel,
c) alle Wechselwinkel gleich groß,

so sind die beiden Geraden parallel.

Die Bedingung dafür, daß die beiden geschnittenen Geraden parallel sind, ist allerdings schon erfüllt, wenn *eine* der im Lehrsatz 3 unter a) bis c) gemachten Aussagen zutrifft.
Die Lehrsätze 2 und 3 enthalten zwei für spätere Beweise wichtige Schlüsse:

a) Die Parallelität zweier Geraden ist dann bewiesen, wenn gezeigt werden kann, daß sie mit einer dritten beliebig zu ihnen geneigten Geraden
gleiche gleichliegende Winkel,
gleiche Wechselwinkel und
sich zu 180° ergänzende entgegengesetzte Winkel
bilden.

b) Die Gleichheit zweier Winkel ist bewiesen, wenn sich nachweisen läßt, daß sie beispielsweise
als gleichliegende Winkel oder
als Wechselwinkel
an geschnittenen Parallelen auftreten.

2.5. Winkel mit senkrecht aufeinanderstehenden Schenkeln

Im Bild 14 steht die Gerade $g_1 \perp g_2$ und die Gerade $g_3 \perp g_4$. g_1 und g_3 schließen den Winkel α, g_2 und g_4 den Winkel α' ein. Wie in 5.2.3. mit Hilfe des Winkelsummensatzes bewiesen wird, gilt dann für den Fall, daß der Scheitelpunkt des zweiten Winkels außerhalb des ersten Winkels liegt,

Lehrsatz 4

Winkel, deren Schenkel senkrecht aufeinander stehen, sind gleich groß.

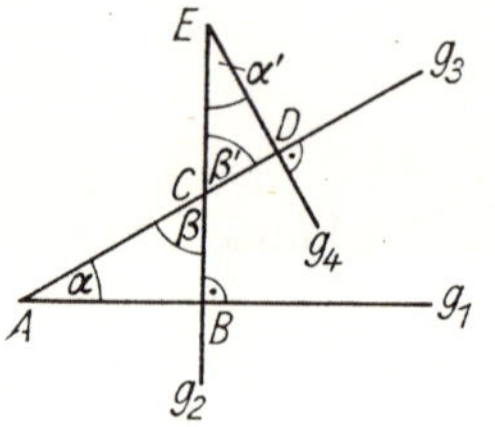

Bild 14

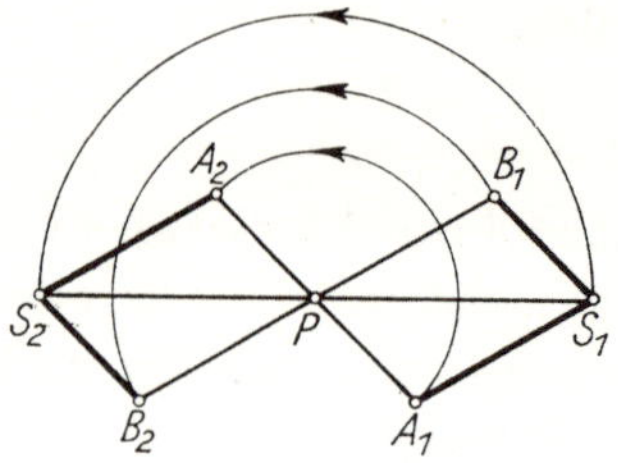

Bild 15

3. Symmetrie und geometrische Örter

3.1. Arten der Symmetrie

3.1.1. Zentralsymmetrie

Alle geometrischen Gebilde, die in einer Ebene liegen und sich nach der Drehung um 180° in dieser Ebene um einen festen Punkt decken, sind *zentralsymmetrisch* zueinander.

Der Punkt P (Bild 15) sei der Schnittpunkt dreier, in einer Ebene liegender Strecken $\overline{A_1A_2}$, $\overline{B_1B_2}$ und $\overline{S_1S_2}$. Die Punktpaare A_1 und A_2, B_1 und B_2, S_1 und S_2 sollen jeweils gleichen Abstand von P haben.

Durch die Punkte A_1, B_1, S_1 bzw. A_2, B_2, S_2 sind außerdem die Winkel $\sphericalangle\, A_1S_1B_1$ und $\sphericalangle\, A_2S_2B_2$ bestimmt. Es ist leicht einzusehen, daß nach einer Drehung um 360° die Gesamtfigur ihre Anfangsstellung wieder einnimmt, daß aber auch schon nach einer Drehung um 180° die Anfangsstellung wieder erreicht wird.

Die Punkte A_1, B_1 und S_1 des Winkels $\sphericalangle\, A_1S_1B_1$ heißen deshalb *entsprechende Punkte* zu den Punkten A_2, B_2 und S_2 des Winkels $\sphericalangle\, A_2S_2B_2$. Ferner sind die Strecken $\overline{A_1S_1}$ bzw. $\overline{B_1S_1}$ *entsprechende Strecken* zu den Strecken $\overline{A_2S_2}$ bzw. $\overline{B_2S_2}$. Beide Winkel sind zueinander zentralsymmetrisch. Der Punkt P ist der *Zentralpunkt.*

Aus diesen Betrachtungen folgen ohne weiteres weitere Eigenschaften zentralsymmetrischer Gebilde:

a) Jede Strecke ist zentralsymmetrisch zu ihrem Mittelpunkt.

b) Jede Gerade ist zentralsymmetrisch zu jedem auf ihr liegenden Punkt.

c) Jeder Strahl ist zentralsymmetrisch zu seinem Gegenstrahl.

d) Zwei sich schneidende Geraden sind zentralsymmetrisch zu ihrem Schnittpunkt.

e) Scheitelwinkel sind zentralsymmetrische Gebilde.

f) Der Kreis ist ein zentralsymmetrisches Gebilde.

3.1.1.1. Zentralsymmetrie bei Parallelen

Die Schnittpunkte A, B, A_1 und B_1 zweier einander schneidender Parallelenpaare begrenzen zwei zueinander parallele Streckenpaare (Bild 16). Es ist $\overline{AB} \parallel \overline{B_1A_1}$ und $\overline{AB_1} \parallel \overline{BA_1}$. Dreht man sie um 180° um ihren Zentralpunkt P, so vertauschen sie lediglich ihre Lage, und außerdem kommen die Winkel α und β auf α' und β' zu liegen.

Daraus folgt

Lehrsatz 5

Schneiden einander zwei Parallelenpaare unter einem beliebigen Winkel, so sind

a) je zwei von ihnen begrenzte und sich gegenüberliegende Strecken gleich groß,

b) je zwei von ihnen eingeschlossene und sich gegenüberliegende Winkel gleich groß.

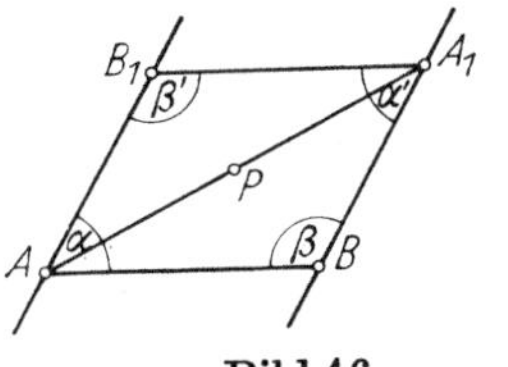

Bild 16

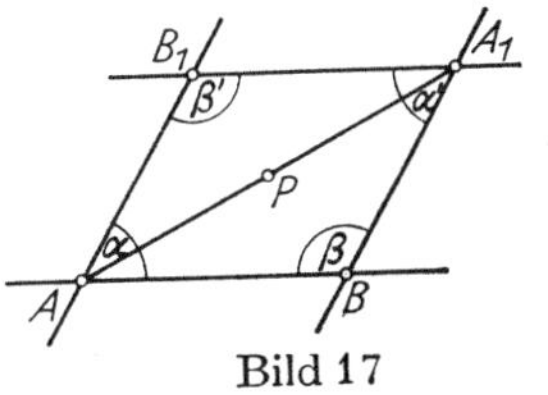

Bild 17

Steht ein Parallelenpaar senkrecht auf dem anderen, so ergibt sich

Zusatz zu Lehrsatz 5

Alle Senkrechten zwischen zwei Parallelen sind gleich groß.

Sind nach Bild 17 die Strecken $\overline{AB}$ und $\overline{B_1A_1}$ gleich groß und zueinander parallel, dann sind auch die durch A und B_1 bzw. B und A_1 gezogenen Geraden zueinander parallel. Das folgt wieder aus der Zentralsymmetrie, wenn das Gesamtgebilde um seinen Zentralpunkt P um 180° gedreht wird. Somit gilt

Lehrsatz 6

Sind zwei Strecken gleich und parallel, so sind es auch die Verbindungsstrecken ihrer nicht entsprechenden Endpunkte.

3.1.1.2. Zentralsymmetrie bei Flächen

Wird das Dreieck ABC (Bild 18) um den Halbierungspunkt P der Seite AC um 180° gedreht, so nimmt es die durch Strichlinien gekennzeichnete Lage ein.

a) Die durch P und D gezogene Strecke $\overline{PD}$ sei parallel $\overline{AB}$. Nach Lehrsatz 5 ist dann $\overline{AD_1} = \overline{BD}$ und somit auch $\overline{CD} = \overline{BD}$, d. h., der Punkt D halbiert die dritte Dreieckseite BC.

b) P und D seien Halbierungspunkte der Seiten AC und BC. Aus der Zentralsymmetrie folgt zunächst $\overline{CD} = \overline{AD_1}$ und parallel. Nach Lehrsatz 6 ist dann auch $\overline{D_1D} = \overline{AB}$ und parallel, und schließlich gilt, da $\overline{DP}$ in $\overline{PD_1}$ übergeht, $\overline{PD} = {}^1/_2\overline{D_1D} = {}^1/_2\overline{AB}$ und parallel.
Daraus ergibt sich

Lehrsatz 7

a) Die Parallele zu einer Dreieckseite durch die Mitte der zweiten halbiert die dritte.
b) Die Strecke zwischen den Mitten zweier Dreieckseiten ist halb so lang wie die dritte und dieser parallel.

Wählt man statt der Dreieckseite $\overline{CB}$ eine beliebige andere Verbindungsstrecke zwischen C und $\overline{AB}$, so ergibt sich

Zusatz zu Lehrsatz 7

Die Parallele zu einer Dreieckseite durch die Mitte der zweiten halbiert alle Verbindungsstrecken, die zwischen der ersteren und der zugehörigen Gegenecke gezogen werden können.

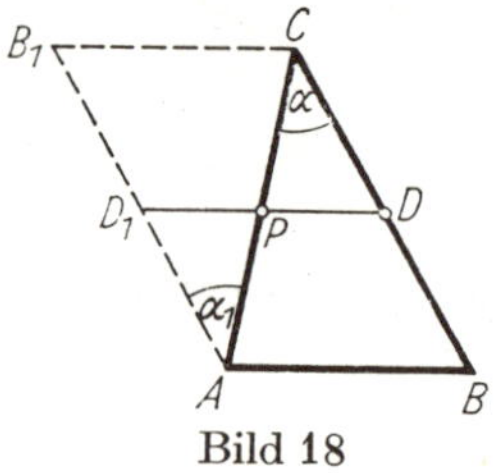

Bild 18

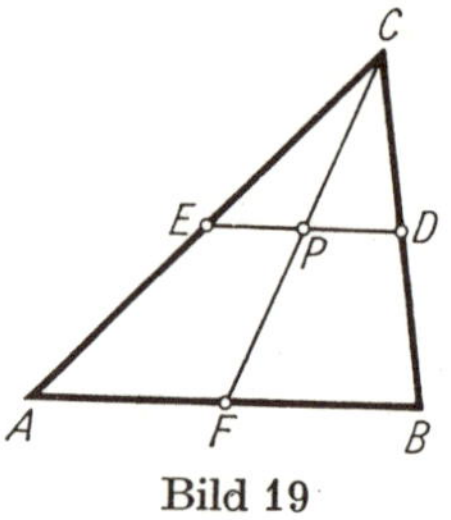

Bild 19

Sind nach Bild 19 E, D und F die Seitenhalbierungspunkte des Dreiecks ABC, so erhält man nach Lehrsatz 7 und Zusatz zu Lehrsatz 7 sofort

$$\overline{CP} = \overline{PF} \text{ und } \overline{EP} = {}^1/_2\overline{ED}.$$

Das ergibt den

Lehrsatz 8

Die Verbindungsstrecke zweier Seitenmitten eines Dreiecks und die Strecke von der dritten Seitenmitte zur gegenüberliegenden Ecke halbieren sich gegenseitig.

Zieht man nach Bild 20 durch die Eckpunkte des Dreiecks ABC Parallelen zu den Gegenseiten, so schneiden diese einander in den Punkten A_1, B_1 und C_1 und bilden wieder ein Dreieck. Nach Lehrsatz 5 ist dann beispielsweise $\overline{CB} = \overline{B_1A} = \overline{AC_1}$, und mithin ist der Eckpunkt A der Seitenhalbierungspunkt der neuen Dreieckseite $\overline{B_1C_1}$. Hieraus folgt

Lehrsatz 9

Werden durch die Eckpunkte eines Dreiecks Parallelen zu den Gegenseiten gezogen, so sind diese Eckpunkte die Seitenhalbierungspunkte des entstehenden neuen Dreiecks.

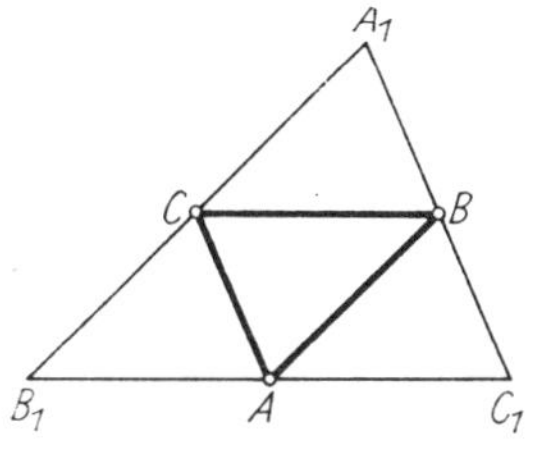

Bild 20

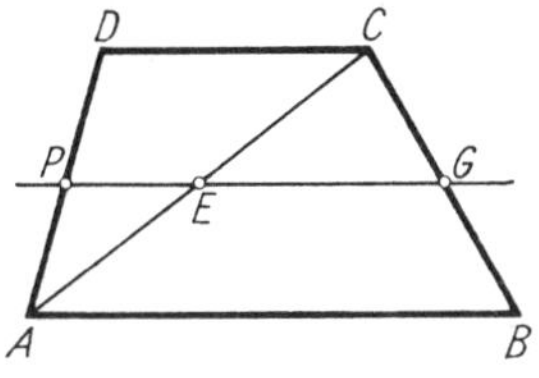

Bild 21

Die Umkehrung dieses Satzes ergibt den

Lehrsatz 10

Bilden die Seitenhalbierungspunkte eines Dreiecks die Eckpunkte eines neuen Dreiecks, so sind dessen Seiten zu den entsprechenden Gegenseiten des ersteren parallel.

Versteht man unter einem Trapez (Bild 21) ein Viereck mit einem Paar paralleler Seiten (Grundlinien), so ergeben sich mit Lehrsatz 7 für dieses zwei wichtige Sätze.

Es sei $\overline{AP} = \overline{PD}$ und $\overline{PG} \parallel \overline{AB}$

Dann ist $\overline{PE} = {}^1/_2\overline{DC}$

und $\overline{EG} = {}^1/_2\overline{AB}$

oder $\overline{PE} + \overline{EG} = {}^1/_2(\overline{AB} + \overline{DC})$

In Worten gibt das den

Lehrsatz 11

Die Parallele zu den Grundlinien eines Trapezes durch die Mitte einer der nicht parallelen Seiten halbiert auch die andere nicht parallele Seite.
Die Verbindungsstrecke zwischen den Mitten der nicht parallelen Seiten (Mittellinie) eines Trapezes ist den Grundlinien parallel und bildet deren arithmetisches Mittel.

Ersetzt man die Seiten des Trapezes und seine Mittellinie (Bild 22) durch die Geraden g_1 bis g_5, so ergeben sich die

Zusätze zu Lehrsatz 11

1. Werden durch drei Parallelen auf einer Geraden gleiche Strecken abgeschnitten, so auch auf jeder anderen von ihnen geschnittenen Geraden.
2. Halbiert die mittlere von drei Parallelen eine von den beiden äußeren Parallelen auf einer Geraden begrenzte Strecke, so ist sie von diesen gleich weit entfernt.
3. Parallelen, die auf einer Geraden gleiche Stücke abschneiden, sind Parallelen gleichen Abstandes.

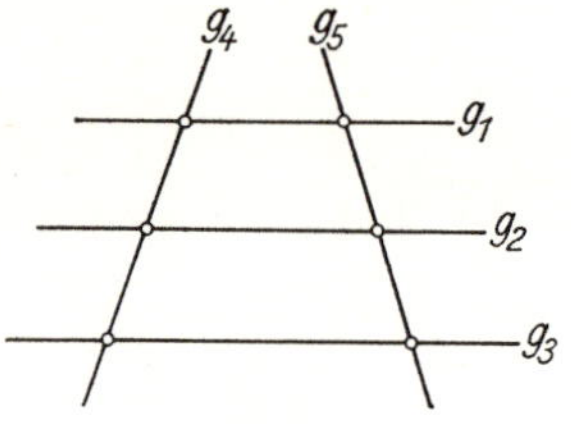

Bild 22

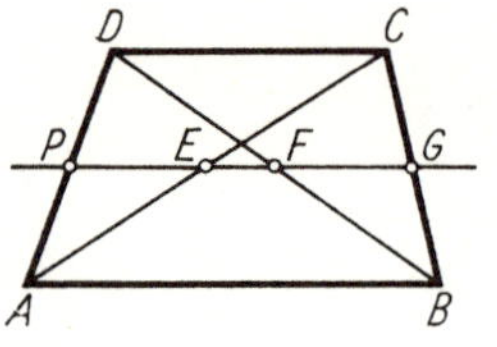

Bild 23

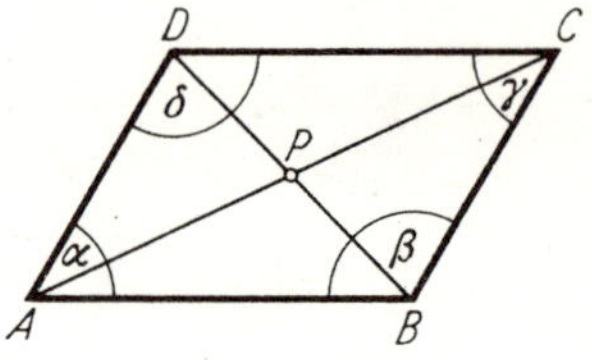

Bild 24

Die Verbindungsstrecken der Eckpunkte A und C bzw. B und D des in Bild 23 dargestellten Trapezes heißen seine *Diagonalen*. Der Abstand $\overline{EF}$ ihrer Mitten kann durch die Grundlinien $\overline{AB}$ und $\overline{DC}$ ausgedrückt werden.

Nach Lehrsatz 11 ist $$\overline{PE} + \overline{EF} + \overline{FG} = {}^1/_2(\overline{AB} + \overline{DC}) \qquad \text{(I)}$$

und nach Lehrsatz 7 gilt $$\overline{PE} = \overline{FG} = {}^1/_2\overline{DC} \qquad \text{(II)}$$

Durch Einsetzen von (II) in (I) folgt

$$\overline{EF} = {}^1/_2(\overline{AB} - \overline{DC})$$

oder in Worten

Lehrsatz 12

Der Abstand der Diagonalenmitten ist im Trapez gleich der halben Differenz der beiden Grundlinien.

Ein Parallelogramm (Bild 24) besteht aus vier paarweise zueinander parallelen Seiten. Wird es um seinen Zentralpunkt P – den Schnittpunkt seiner Diagonalen – um 180° gedreht, so findet man, daß sowohl die Seiten $\overline{AB}$ und $\overline{CD}$ bzw. $\overline{BC}$ und $\overline{AD}$ als auch die Winkel α und γ bzw. β und δ entsprechende Stücke sind. Damit ergeben sich folgende Lehrsätze:

Lehrsatz 13

In einem Parallelogramm halbieren die Diagonalen einander.

Lehrsatz 14[1]

Halbieren einander in einem Viereck die Diagonalen, so ist es ein Parallelogramm.

[1] Lehrsatz 14 ist die Umkehrung von Lehrsatz 13

Lehrsatz 15

Der Mittelpunkt eines Parallelogramms ist der Schnittpunkt der Diagonalen. Er ist gleichzeitig sein Zentralpunkt.

Lehrsatz 16

Je zwei Gegenseiten und je zwei gegenüberliegende Winkel eines Parallelogramms sind gleich groß.

Zusätze zu Lehrsatz 16

1. Die Summe zweier aufeinander folgender Winkel eines Parallelogramms ist gleich 180°.
2. Wenn in einem Parallelogramm ein Winkel 90° ist, so sind die übrigen Winkel auch jeweils 90°.

3.1.2. Axialsymmetrie

Alle geometrischen Gebilde, die sich nach einer räumlichen 180°-Drehung um eine feststehende Achse zur Deckung bringen lassen, sind *axialsymmetrisch* zueinander.
In Bild 25 sind zwei axialsymmetrische Punkte P_1 und P_2 dargestellt. Sie sollen von zwei auf der *Symmetrieachse* s[1] liegenden Punkten A und B gleichen Abstand haben. Liegt s fest, so kann sich das durch A, P_1 und B bestimmte geometrische Gebilde nicht mehr in seiner Ebene I bewegen. Man kann aber die durch s begrenzte Halbebene I so weit im Raum um s drehen, bis sie mit der Halbebene II zusammenfällt. Bei dieser Drehung hat P_1 einen im Raum liegenden Halbkreis beschrieben und fällt nun mit P_2 zusammen. Das gleiche geschieht mit allen anderen Punkten, die man sich auf dem geometrischen Gebilde BP_1A denken kann. Man sagt, P_1 und P_2 sind *symmetrische Gegenpunkte* oder kurz *Symmetriepunkte*.

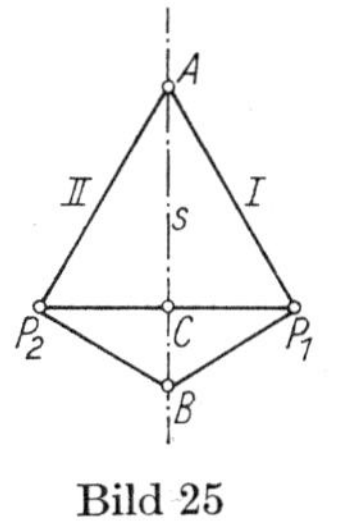

Bild 25

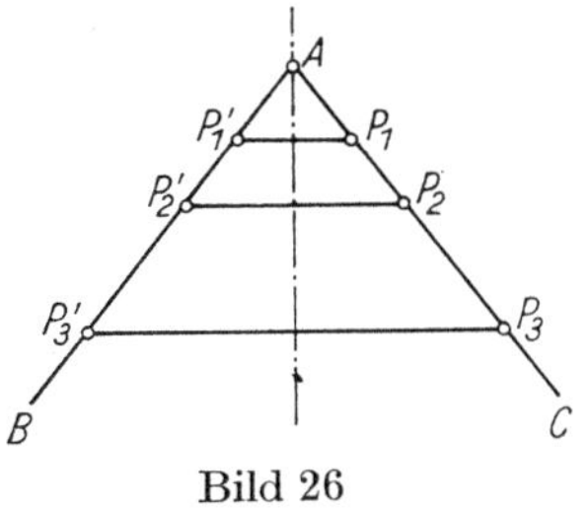

Bild 26

3.1.2.1. Axialsymmetrie bei Geraden und Winkeln

Werden nach Bild 26 verschiedene Symmetriepunkte P_1 und P_1', P_2 und P_2', P_3 und P_3' auf zwei im Punkt A sich schneidenden Geraden miteinander verbunden, so ergeben sich aus der Axialsymmetrie ohne weiteres folgende Sätze:

[1] Die Symmetrieachse wird künftig als Strichpunktlinie dargestellt und nicht mehr besonders bezeichnet.

Lehrsatz 17

Jede Symmetrieachse ist Mittelsenkrechte zur Verbindungsstrecke zweier Symmetriepunkte.

Lehrsatz 18

Die Symmetrieachse eines Winkels ist zugleich Winkelhalbierende.

Lehrsatz 19

Unter allen Strecken, die sich von einem Punkt zu einer Geraden ziehen lassen, ist die Senkrechte (Normale) auf diese Gerade die kürzeste.

3.1.2.2. Axialsymmetrie bei Flächen

Liegt A (Bild 27) nicht auf der Verbindungsstrecke der beiden Symmetriepunkte P_1 und P_2, wohl aber auf der Symmetrieachse, so ist durch P_1, P_2 und A ein Dreieck bestimmt. Es hat die gleichen Seiten $\overline{P_2A}$ und $\overline{P_1A}$ und wird durch die Symmetrieachse in zwei axialsymmetrische Hälften zerlegt. Auch der bei A liegende Winkel wird nach Lehrsatz 18 halbiert. Ein solches Dreieck heißt *gleichschenklig*. Die durch A und B auf der Symmetrieachse begrenzte Strecke steht senkrecht auf der Dreieckbasis und ist seine Höhe. Damit folgt

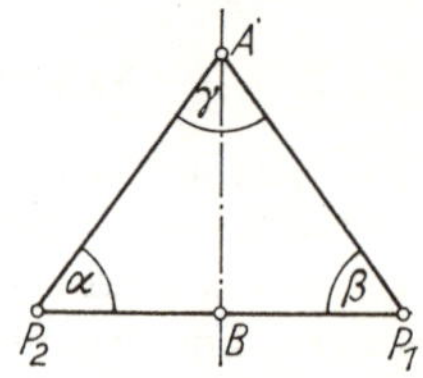

Bild 27

Lehrsatz 20

Das gleichschenklige Dreieck ist axialsymmetrisch. Die Symmetrieachse steht senkrecht auf der Basis,
halbiert den Winkel zwischen den beiden gleich langen Schenkeln und fällt mit der Höhe zusammen.

Ebenfalls aus der Axialsymmetrie ergibt sich

Lehrsatz 21

Die Winkel an der Basis eines gleichschenkligen Dreiecks sind gleich groß, und gleichen Seiten liegen gleiche Winkel gegenüber.

3.2. Geometrische Örter

Unter einem *geometrischen Ort* oder einer *Bestimmungslinie* versteht man eine Linie, die nur solche Punkte enthält, die eine ganz bestimmte Bedingung erfüllen und auf der alle derartigen Punkte liegen.

Zu den festen Punkten P_2 und P_1 (Bild 28) ist der geometrische Ort der Punkte zu suchen, die von den gegebenen gleichen Abstand haben.

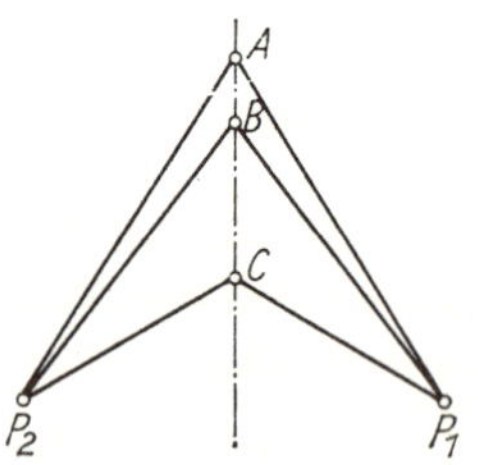

Bild 28

Man beschreibt mit beliebiger Zirkelöffnung – die aber größer als der halbe Abstand der gegebenen Punkte sein muß – zwei Kreisbögen um P_2 und P_1. Diese schneiden einander beispielsweise in A. Wiederholt man das gleiche Verfahren mit anderen Zirkelöffnungen, so findet man weitere Punkte B, C, ... Schon zwei von ihnen bestimmen eine Gerade, auf der alle weiteren gefundenen Punkte liegen. Diese Gerade ist Symmetrieachse zu den gegebenen Punkten und zugleich

1. geometrischer Ort

Der geometrische Ort aller Punkte, die von zwei festen Punkten den gleichen Abstand haben, ist die Symmetrieachse zu diesen Punkten.

Jeder geometrische Ort hat zwei Bedingungen zu genügen:

a) Er darf nur Punkte *einer* Art enthalten.
b) Er muß *alle* Punkte dieser Art enthalten.

Das soll an einem weiteren Beispiel gezeigt werden.

Durch die axialsymmetrischen Punkte P_2 und P_1 (Bild 29) sind zwei Geraden gezeichnet, die einander im Punkt A auf der Symmetrieachse schneiden. Ferner wurden von B und C Lote auf die beiden Geraden gefällt. Man sieht, daß jeweils zwei dieser Lote gleich groß sind. Mithin enthält die Symmetrieachse zweier sich schneidender Geraden *nur* Punkte, die von beiden Geraden gleich weit entfernt sind. Damit ist die Bedingung a) erfüllt. Zieht man jedoch nach Bild 30 durch A eine zweite, zur ersten Symmetrieachse senkrechte Achse, so findet man, daß auf dieser weitere Punkte liegen, die die Bedingung a) erfüllen. Diese beiden Symmetrieachsen schließen nun tatsächlich *alle* Punkte der verlangten Art in sich ein, so daß auch Bedingung b) erfüllt ist. Mithin ergibt sich als

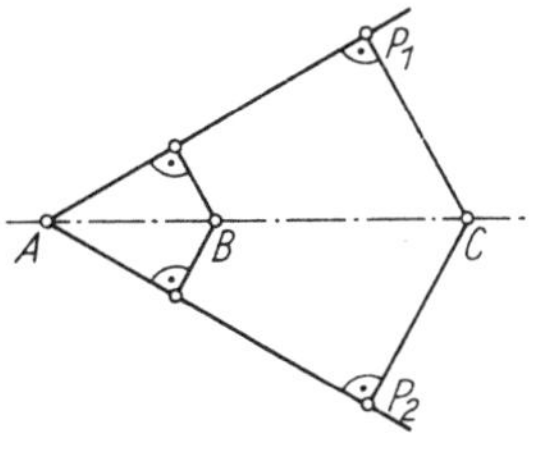

Bild 29

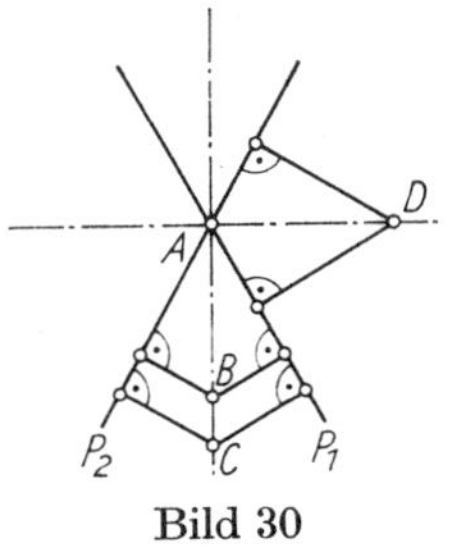

Bild 30

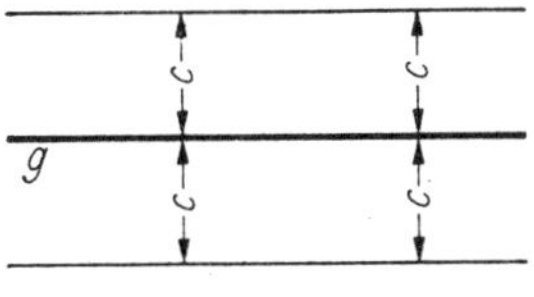

Bild 31

2. geometrischer Ort

Der geometrische Ort aller Punkte, die von zwei einander schneidenden Geraden gleichen Abstand haben, sind die Symmetrieachsen (Halbierungslinien) der von den Geraden gebildeten Winkel.

Weitere wichtige geometrische Örter:

3. geometrischer Ort

Der geometrische Ort aller Punkte, die von einer gegebenen Geraden g den gleichen Abstand c haben, ist das Parallelenpaar zu dieser Geraden im Abstand c (Bild 31).

Man beachte, daß auch hier nicht nur von *einer* Parallelen gesprochen werden darf, da diese noch nicht alle der verlangten Punkte in sich vereinigt.

4. geometrischer Ort

Der geometrische Ort aller Punkte, die von einem gegebenen Punkt P den gleichen Abstand r haben, ist der Kreis mit dem Radius r (Bild 32).

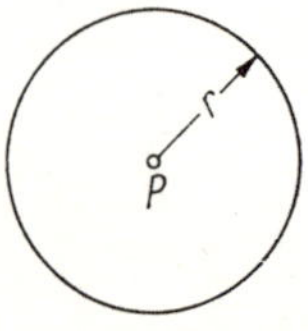

Bild 32

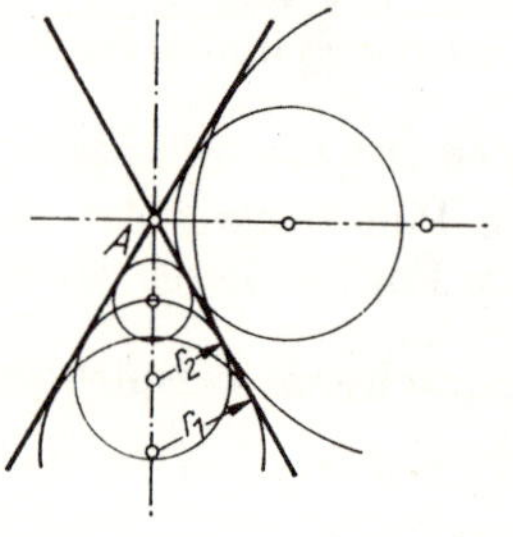

Bild 33

Der 2. geometrische Ort kann auch in anderer Form ausgesprochen werden. Da nach Bild 33 auf den beiden Symmetrieachsen der einander schneidenden Geraden Kreise mit den Radien r_1, r_2, ... gezogen werden können, die mit den Geraden tangieren, so folgt als

5. geometrischer Ort

Der geometrische Ort der Mittelpunkte aller Kreise, die zwei einander schneidende Geraden berühren, sind die Symmetrieachsen (Halbierungslinien) der von den Geraden gebildeten Winkel.

Schließlich ergibt sich hieraus auch:

Der geometrische Ort aller Punkte, die von zwei Geraden verschiedener Richtung gleich weit entfernt sind, ist der Halbierungsstrahl des Winkels, den diese Geraden bilden.

Der geometrische Ort der Mittelpunkte aller Kreise, die zwei Geraden verschiedener Richtung berühren, ist der Halbierungsstrahl des Winkels, den diese Geraden bilden.

4. Fundamentalkonstruktionen

Die zeichnerische Darstellung eines geometrischen Gebildes aus einzelnen geometrischen Elementen bezeichnet man als *Konstruktion.* Diese ist ausschließlich mit Zirkel und Lineal auszuführen.

Jede Konstruktionsaufgabe kann als gelöst betrachtet werden, wenn sie auf die zwei

Elementaraufgaben,

a) durch zwei gegebene Punkte eine Gerade und

b) um einen gegebenen Punkt einen Kreis mit gegebenem Radius zu beschreiben,

zurückgeführt und damit elementar-geometrisch gelöst worden ist.

Die zur Lösung einer Konstruktionsaufgabe angegebenen Stücke heißen *Bestimmungsstücke*. Durch deren Anzahl ist eine Konstruktionsaufgabe entweder *bestimmt*, *unbestimmt* oder *überbestimmt*.

a) Ist sie bestimmt, so ist die Zahl der voneinander unabhängig gegebenen Stücke gerade hinreichend und notwendig, um die Lösung der Aufgabe herbeizuführen. Bestimmte Aufgaben müssen nicht unbedingt eindeutige Lösungen haben. Es kommt vor, daß sich mit der hinreichenden und notwendigen Zahl von Bestimmungsstücken auf verschiedene Weise Lösungen finden lassen. Dann ist eine solche Aufgabe bestimmt, aber *mehrdeutig*.
b) Reicht die Zahl der zur Lösung erforderlichen Stücke nicht aus, so spricht man von einer unbestimmten Aufgabe.
c) Sind für eine Aufgabe mehr als die zur Lösung unbedingt erforderlichen Stücke gegeben, so ist sie überbestimmt.

Oft genügt die Kenntnis einer geringeren als der hinreichenden und notwendigen Zahl von Bestimmungsstücken zur Lösung einer Konstruktionsaufgabe. In diesem Falle müssen sich aber noch fehlende Stücke aus den gegebenen ohne weiteres ableiten lassen. So folgen beispielsweise sofort

a) zu gegebenen Winkeln das Komplement oder Supplement,
b) zu zwei Dreieckswinkeln der dritte, da die Winkelsumme im Dreieck 180° beträgt,
c) zum Winkel eines gleichschenkligen Dreiecks die beiden anderen, da die Basiswinkel gleich sind,
d) zu einem Winkel des rechtwinkligen Dreiecks der andere von 90° verschiedene,
e) zur Höhe eines gleichseitigen Dreiecks die zugehörigen Seiten.

Die obenerwähnten zwei Elementaraufgaben lassen sich zu sog. *Fundamentalaufgaben* erweitern. Diese kehren in den Aufgaben und Beweisen der nächsten Abschnitte ständig wieder und werden deshalb hier ausführlich besprochen, so daß später auf ihre nochmalige Erläuterung verzichtet werden kann.

FUNDAMENTALAUFGABE 1

Durch einen gegebenen Punkt P ist die Parallele zu einer gegebenen Geraden g zu ziehen.

Lösung 1 (Bild 34)

Ziehe durch P eine Gerade, die g in A schneidet. Mache $\overline{AB} = \overline{PA}$ und ziehe weiterhin von B aus eine Gerade in beliebiger Richtung, die g in C schneidet. Verlängere $\overline{BC}$ um sich selbst, so daß $\overline{BC} = \overline{CD}$ wird. Die Gerade durch P und den Endpunkt D der Strecke $\overline{CD}$ ist parallel zu g.

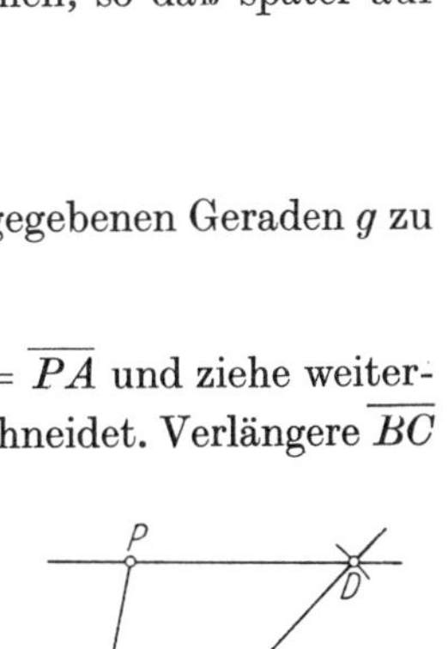

Bild 34

Beweis

Nach Lehrsatz 7 ist die Strecke zwischen den Mitten zweier Dreieckseiten parallel der dritten Seite. Da aber im Dreieck PBD die Punkte A und C die Mitten der Seiten $\overline{PB}$ und $\overline{BD}$ sind, ist $\overline{PD} \parallel \overline{AC}$ und mithin auch $\overline{PD} \parallel g$.

Lösung 2 (Bild 35)

Wähle auf g die Punkte A und B. Beschreibe mit $\overline{AB}$ um P und mit $\overline{PA}$ um B Kreisbögen, die einander in C schneiden. Durch P und C geht die zu g parallele Gerade.

Beweis

Nach Konstruktion ist $\overline{AB} = \overline{PC}$ und $\overline{AP} = \overline{BC}$. Folglich ist das Viereck $ABCP$ ein Parallelogramm, und somit gilt $\overline{AB} \parallel \overline{PC}$ und mithin auch $\overline{PC} \parallel g$.

FUNDAMENTALAUFGABE 2

Eine gegebene Strecke ist in eine gegebene Anzahl gleich großer Teile zu teilen.

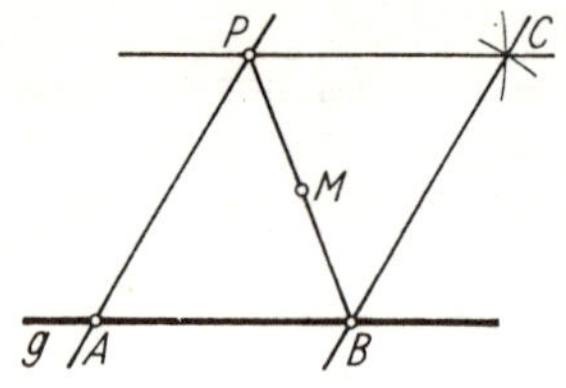

Bild 35

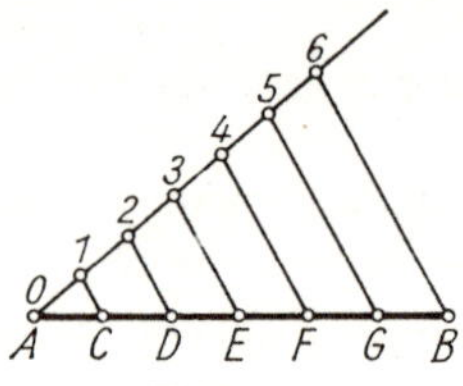

Bild 36

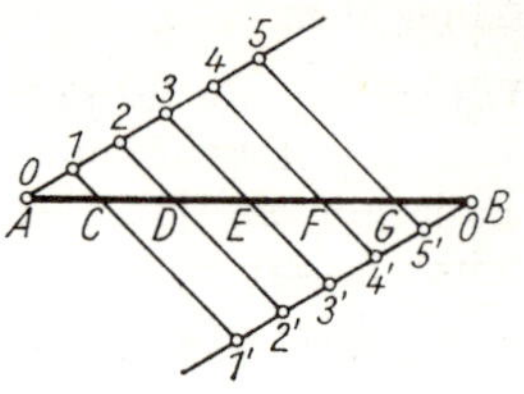

Bild 37

Lösung 1 (Bild 36)

Die Strecke $\overline{AB}$ soll beispielsweise in sechs gleiche Teile geteilt werden. Ziehe zu diesem Zwecke etwa von A aus einen Strahl im spitzen Winkel zu $\overline{AB}$. Trage auf diesem von A aus mit immer gleichbleibender, aber beliebiger Zirkelöffnung sechs gleiche Teile ab. Verbinde den letzten der so erhaltenen sechs Teilpunkte mit B und konstruiere zu $\overline{6\,B}$ die Parallelen durch die anderen Teilpunkte. Diese schneiden $\overline{AB}$ in den Punkten C, D, E, F und G, den gesuchten Teilpunkten von AB.

Beweis

Der Beweis ist durch den Lehrsatz 11, Zusatz 1 klar, wenn dieser auf 6 Parallelen erweitert wird.

Lösung 2 (Bild 37)

Ziehe durch A und B nach entgegengesetzten Richtungen zwei Parallelen. Trage von A bzw. B mit gleichbleibender, aber beliebiger Zirkelöffnung die entsprechende Anzahl der in der Aufgabe verlangten Teile, beispielsweise 6, ab. Die Verbindungslinien entsprechender Teilpunkte auf beiden Parallelen zerlegen $\overline{AB}$ in die gewünschten Teile.

Beweis

Siehe Beweis zu Lösung 1.

FUNDAMENTALAUFGABE 3

Zu zwei gegebenen Punkten P_1 und P_2 ist die Symmetrieachse zu konstruieren.

Lösung (Bild 38)

Beschreibe mit beliebigem Radius ($r > {}^1/_2\overline{P_1P_2}$) um P_1 und P_2 Kreisbögen, die sich in S_1 und S_2 schneiden. Die Gerade durch S_1 und S_2 ist die gesuchte Symmetrieachse zu den Punkten P_1 und P_2.

Beweis

Nach Konstruktion sind die Punkte S_1 und S_2 von den gegebenen Punkten P_1 und P_2 gleich weit entfernt. Somit sind es Punkte des 1. geometrischen Ortes.

FUNDAMENTALAUFGABE 4

Auf einer Geraden g ist im Punkt P die Senkrechte zu errichten.

Lösung (Bild 39)

Beschreibe um P mit beliebigem Radius r_1 einen Halbkreis, der g in A und B schneidet. Beschreibe weiter mit dem Radius r_2 ($> r_1$) um A und B Kreisbögen, die einander in S schneiden.

$\overline{SP}$ steht dann in P senkrecht auf g.

Beweis

Dreieck ASB ist gleichschenklig. Nach Lehrsatz 20 steht die Symmetrieachse, in diesem Falle die gesuchte Senkrechte, senkrecht auf der Basis $\overline{AB}$.

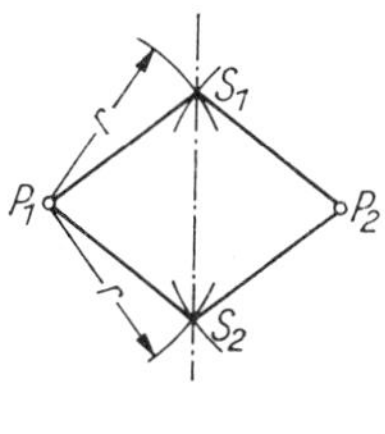

Bild 38

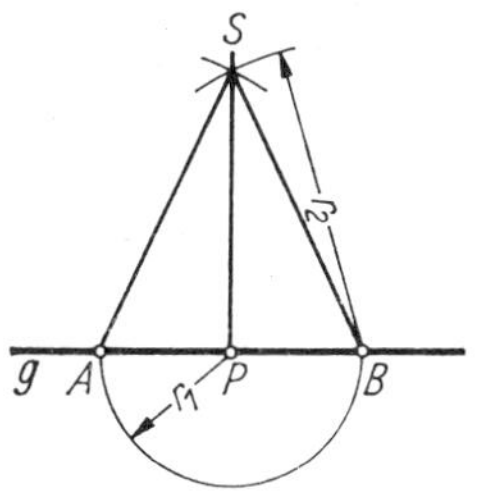

Bild 39

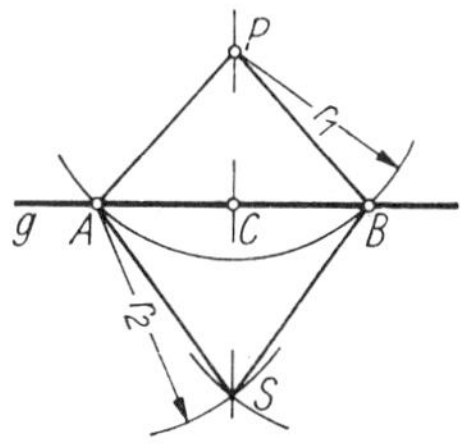

Bild 40

FUNDAMENTALAUFGABE 5

Von einem Punkt P außerhalb einer Geraden g ist das Lot auf diese Gerade zu fällen.

Lösung 1 (Bild 40)

Beschreibe um P einen Kreisbogen mit r_1, der g in A und B schneidet. Nimm nun $r_2 > {}^1/_2\overline{AB}$ in den Zirkel und beschreibe um A und B zweckmäßig nach der anderen Seite zwei Kreisbögen, so daß S gefunden wird. Die Verbindungslinie von P und S schneidet g in C. $\overline{PC}$ ist das von P auf g gefällte Lot.

Außerdem ist C Halbierungspunkt der Strecke $\overline{AB}$, d. h., die Konstruktion kann zum Halbieren einer Strecke benutzt werden.

Beweis

Nach Konstruktion ist das durch A, B und P bestimmte Dreieck gleichschenklig. Ferner ist die Gerade durch P und S Symmetrieachse zu A und B. Diese steht nach Lehrsatz 20 senkrecht auf der Basis $\overline{AB}$.

Lösung 2 (Bild 41)

Beschreibe um zwei an beliebigen Stellen auf g liegenden Punkten A und B Kreisbögen mit r_1 und r_2 durch P. Sie schneiden einander außerdem in S. Verbinde P mit S. Diese Verbindungslinie schneidet g in C. $\overline{PC}$ ist das von P auf g zu fällende Lot.

Beweis

g ist Symmetrieachse zu P und S. Das durch S, P und B bestimmte Dreieck ist gleichschenklig. Somit gilt wieder Lehrsatz 20.

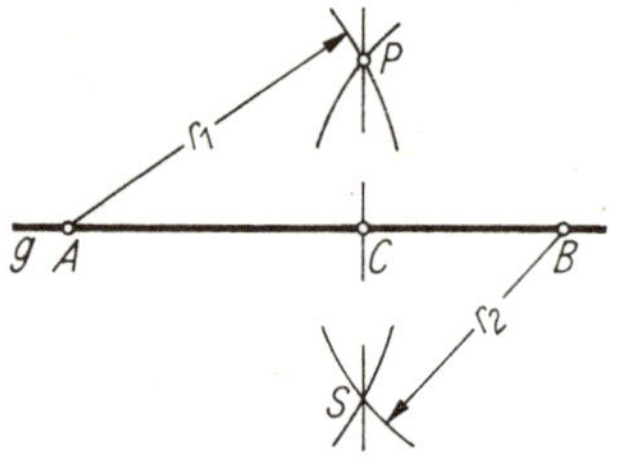

Bild 41

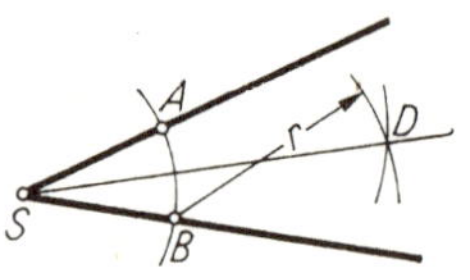

Bild 42

FUNDAMENTALAUFGABE 6

Ein gegebener Winkel ist zu halbieren.

Lösung (Bild 42)

Trage vom Scheitel S des Winkels auf den Schenkel die gleichen Strecken $\overline{SA}$ und $\overline{SB}$ ab. Beschreibe um A und B mit gleicher aber beliebiger Zirkelöffnung Kreisbögen, die einander in D schneiden. Die Verbindungslinie $\overline{SD}$ ist die gesuchte Winkelhalbierende.

Beweis

Verbindet man A mit B, so läßt sich wieder Lehrsatz 20 anwenden.

5. Dreiecke

5.1. Vorbetrachtungen

5.1.1. Arten der Dreiecke

Eine Vereinigung von Punkten und gleichen oder verschiedenartigen Linien in einer Ebene heißt *ebenes geometrisches Gebilde*. Ist es allseitig geschlossen, so nennt man es *Fläche*. Man unterscheidet nach Art der Begrenzungslinien *geradlinig* begrenzte, *krummlinig* begrenzte und *gemischtlinig* begrenzte Flächen. Die einfachste geradlinig begrenzte Fläche ist das *Dreieck*.

Drei Punkte A, B und C, die nicht auf derselben Geraden liegen dürfen, bestimmen drei Strecken a, b und c, die das Dreieck ABC einschließen (Bild 43).
Andererseits wird auch von drei Geraden g_1, g_2 und g_3, die weder durch einen gemeinsamen Schnittpunkt laufen noch zueinander parallel sind, ein Dreieck bestimmt (Bild 44).

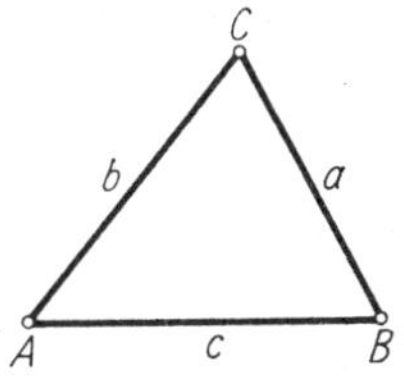

Bild 43

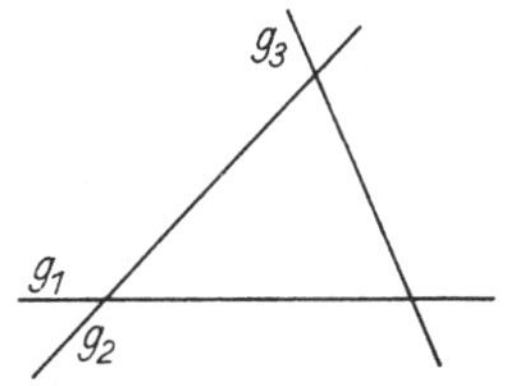

Bild 44

Wie später noch bewiesen wird, beträgt die Winkelsumme in jedem Dreieck 180°. Dadurch lassen sich die Dreiecke nach der Größe der in ihnen auftretenden Winkel einteilen. Man unterscheidet:

a) das *stumpfwinklige* Dreieck mit zwei spitzen und einem stumpfen Winkel,
b) das *spitzwinklige* Dreieck, in dem alle Winkel kleiner als ein Rechter sind,
c) das *rechtwinklige* Dreieck mit zwei spitzen und einem rechten Winkel.

Ferner läßt sich auch eine Einteilung hinsichtlich der Beschaffenheit der Seiten vornehmen. Man kennt

a) das *ungleichseitige* Dreieck, das sowohl stumpf- als auch spitz- oder rechtwinklig auftreten kann,
b) das *gleichschenklige* Dreieck, ebenfalls als stumpf-, spitz- oder rechtwinkliges Dreieck vorkommend, und
c) das *gleichseitige* Dreieck, dessen Seiten und Winkel untereinander gleich groß sind.

Bild 45 gibt eine Übersicht über die möglichen Dreiecksarten. Die Bezeichnung der einzelnen Stücke des Dreiecks geht auf Leonard Euler zurück und wird einheitlich vorgenommen.
Die Eckpunkte werden im mathematischen Drehsinn mit den Buchstaben A, B und C bezeichnet.

Die den Eckpunkten gegenüberliegenden *Seiten* erhalten die Bezeichnungen a, b und c (Bild 46).

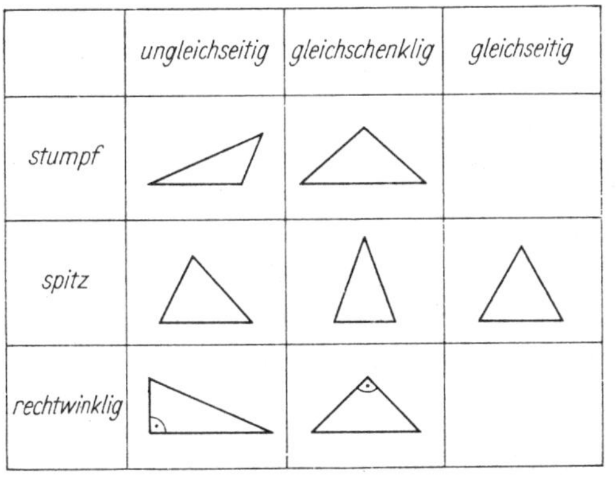

Bild 45

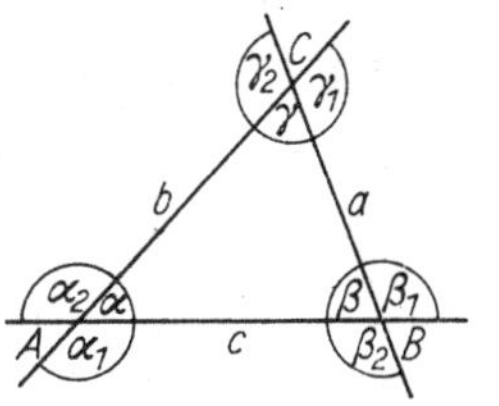

Bild 46

Der Eckpunkt A bildet den Scheitel des *inneren Winkels* α, der Eckpunkt B den des inneren Winkels β und der Eckpunkt C den des inneren Winkels γ.
Die mit α_1, β_1 und γ_1 bezeichneten Winkel sind *Außenwinkel* und entstehen, wenn die Dreieckseiten über die Endpunkte hinaus verlängert werden. Ihre übliche Reihenfolge ist ebenfalls aus Bild 46 zu erkennen. Da immer zwei an einem Eckpunkt auftretende Außenwinkel Scheitelwinkel sind, ergeben sich insgesamt sechs verschiedene Dreieckswinkel.
Die drei durch die Eckpunkte begrenzten Strecken heißen schlechthin Seiten. In einem gleichschenkligen Dreieck nennt man aber die gleich langen Seiten auch *Schenkel* und die dritte Seite auch *Basis* oder *Grundlinie*[1]. Die Seitenbezeichnung des rechtwinkligen Dreiecks stammt noch von den Griechen. Demzufolge werden die den rechten Winkel bildenden Seiten *Katheten*[2] und die dem rechten Winkel gegenüberliegende Seite *Hypotenuse*[3] genannt. Aus der Art der Bezeichnung ist zu vermuten, daß die altgriechischen Harfen bei der Namensgebung der Seiten des rechtwinkligen Dreiecks Pate gestanden haben.

5.1.2. Dreieckstransversalen

Im allgemeinen versteht man unter einer Transversalen[4]) eine Gerade, welche die Seiten oder Seitenverlängerungen eines geradlinig begrenzten geometrischen Gebildes schneidet. Im Falle des Dreiecks werden die vier darin auftretenden Transversalen aber teils als Strecken und teils als Strahlen erklärt. Jede der vier Dreieckstransversalen kommt dreimal vor. Nach Bild 47 unterscheidet man:

a) die *Mittelsenkrechten* m_a, m_b, m_c. Sie stehen senkrecht auf den Seiten in den Seitenhalbierungspunkten und schneiden einander in einem Punkt. Dieser kann, muß aber nicht innerhalb des Dreiecks liegen;

Bild 47

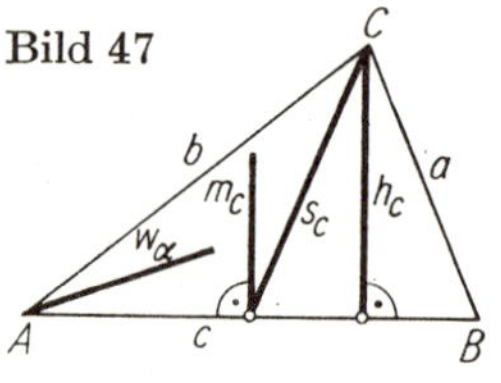

b) die *Höhen* h_a, h_b, h_c. Sie stehen senkrecht auf den betreffenden Seiten und enden in den diesen Seiten gegenüberliegenden Eckpunkten. Sie gehen alle durch einen Punkt;

c) die *Seitenhalbierenden* s_a, s_b, s_c. Sie verbinden die Seitenhalbierungspunkte mit den gegenüberliegenden Eckpunkten und haben ebenfalls einen gemeinsamen Schnittpunkt, der immer innerhalb des Dreiecks liegt;

d) die *Winkelhalbierenden* $w_{\beta\alpha}$, w, w_γ. Ihr gemeinsamer Schnittpunkt liegt ebenfalls im Dreiecksinneren.

Die Bedeutung der einzelnen Transversalen wird später ausführlicher behandelt.

5.2. Sätze über das Dreieck

5.2.1. Sätze über die Winkel im und am Dreieck

5.2.1.1. Winkelsummensatz

Obwohl man sich durch Ausmessen der drei inneren Dreieckswinkel leicht davon überzeugen kann, daß die Winkelsumme im Dreieck 180° beträgt, soll dafür der Beweis angetreten werden.

[1] Die Lage des Dreiecks spielt dabei keine Rolle
[2] kathetos (griech.) Senkblei
[3] hypoteinusa (griech.) die Herunterspannende
[4] transversus (lat.) querliegend

Das in der Geometrie übliche Beweisverfahren ist das nach Euklid[1]. Es besteht aus vier Hauptteilen:

a) dem *Lehrsatz*, der die geometrische Wahrheit als Behauptung enthält,
b) der *Voraussetzung*, die die Bedingungen nennt, unter welchen die im Lehrsatz aufgestellte Behauptung Gültigkeit haben soll,
c) der *Behauptung*, die den Inhalt des Lehrsatzes mathematisch formuliert angibt, und
d) dem *Beweis*, der schließlich die Richtigkeit der unter einer gewissen Voraussetzung gemachten Behauptung bestätigt.[2]

Am Beispiel des Winkelsummensatzes soll es demonstriert werden:

Lehrsatz 22

Die Summe der Innenwinkel in einem Dreieck ist 180°.

Ziehe durch C (Bild 48) eines spitzwinkligen Dreiecks die zur Seite c parallele Gerade.

Voraussetzung: α, β und γ sind Innenwinkel des Dreiecks.

Behauptung: $\alpha + \beta + \gamma = 180°$

Beweis:
$$\left.\begin{aligned} \alpha + \gamma + \beta' &= 180° \\ \beta &= \beta' \end{aligned}\right\} \begin{aligned} &\text{(Lehrsatz 2)} \\ &\text{(s. 2.4.)} \end{aligned}$$
$$\overline{\alpha + \beta + \gamma = 180°.}$$

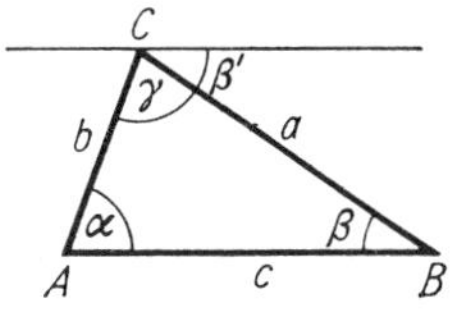

Bild 48

Zusätze zu Lehrsatz 22

1. In einem Dreieck ist nur *ein* stumpfer Winkel möglich.
2. In einem Dreieck ist nur *ein* rechter Winkel möglich.
3. Ein Dreieck besitzt mindestens zwei spitze Winkel.
4. Sind drei Dreieckswinkel gleich groß, so ist jeder von ihnen 60°. Das Dreieck ist dann gleichseitig oder regelmäßig.

Diese Zusätze sind ohne weiteres einzusehen und werden deshalb nicht bewiesen.

5.2.1.2. Außen- und Innenwinkel

An Hand von Bild 49 überzeugt man sich leicht, daß

$$\alpha_1 = \beta + \gamma$$
$$\beta_1 = \alpha + \gamma$$
$$\gamma_1 = \alpha + \beta$$

Damit ergibt sich

---

[1] Euklid, griech. Mathematiker, 300 v. u. Z.

[2] Von dieser Beweisführung wird künftig oft Gebrauch gemacht. Es sei jedoch darauf hingewiesen, daß nicht jeder Lehrsatz bewiesen wird, weil angenommen werden kann, daß der Leser schon einen großen Teil geometrischer Grundkenntnisse besitzt.

Lehrsatz 23

Jeder Außenwinkel eines Dreiecks ist gleich der Summe der beiden ihm gegenüberliegenden Innenwinkel.

Zusätze zu Lehrsatz 23

1. Sind alle Außenwinkel eines Dreiecks stumpf, so ist das Dreieck spitzwinklig.
2. Ist ein Außenwinkel spitz, so ist das Dreieck stumpfwinklig.
3. Ist ein Außenwinkel eines Dreiecks 90°, so ist das Dreieck rechtwinklig.

Anleitung zum Beweis von Lehrsatz 23:

Man wähle einen Außenwinkel, beispielsweise β_1, zeige, daß er das Supplement zu β ist, und erhält dann aus $\alpha + \beta + \gamma = \beta_1 + \beta$ den gewünschten Beweis.

5.2.1.3. Summe der Außenwinkel

Aus Bild 49 geht weiter hervor, daß

$$\alpha_1 + \beta_1 + \gamma_2 = 360°$$

Somit gilt

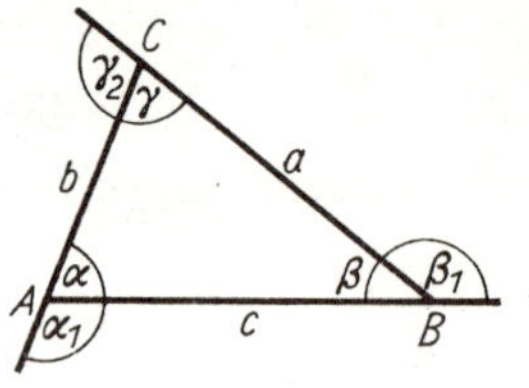

Bild 49

Lehrsatz 24

Die Summe der drei Außenwinkel in einem Dreieck ist 360°.

Zusätze zu Lehrsatz 24

1. Die Summe der beiden stumpfen Außenwinkel ist im rechtwinkligen Dreieck 270°.
2. Die Summe der beiden stumpfen Außenwinkel ist im stumpfwinkligen Dreieck größer als 270°.

Anleitung zum Beweis von Lehrsatz 24:

Da je ein Innen- und ein Außenwinkel 180° ergeben, sind drei Innen- und drei Außenwinkel 540°. Weil aber die Summe der Innenwinkel 180° ist, muß die Summe der Außenwinkel 360° sein.

5.2.2. Sätze über die Seiten eines Dreiecks

Aus Bild 43 folgen ohne weiteres

Lehrsatz 25

In jedem Dreieck ist die Summe zweier Seiten größer als die dritte Seite.

Lehrsatz 26

Die Differenz zweier Seiten eines jeden Dreiecks ist kleiner als die dritte Seite.

Nach 2.1. gilt $(b + a) > c$ als Beweis für Lehrsatz 25, und hieraus folgt auch
$(c - a) < b$ als Beweis für Lehrsatz 26.

5.2.3. Sätze über die Seiten und Winkel im Dreieck

Nach dem in 5.1.2. über die Dreieckstransversalen Gesagten und in Verbindung mit Bild 50 erkennt man, daß in einem gleichschenkligen Dreieck die auf der Basis c stehende Höhe h_c identisch ist mit

der Mittelsenkrechten m_c,
der Seitenhalbierenden s_c und
der Winkelhalbierenden w_γ.

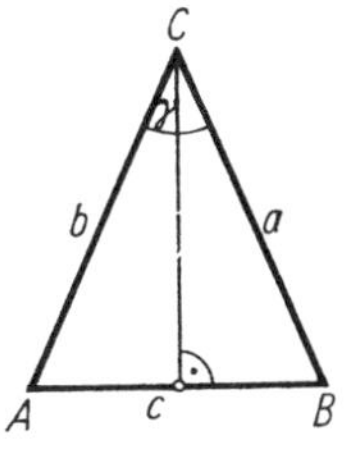

Bild 50

Somit kann Lehrsatz 20 (s. 3.1.2.2.) folgendermaßen erweitert werden:

Lehrsatz 27

Im gleichschenkligen Dreieck ist die Symmetrieachse identisch
a) mit der Höhe auf der Basis,
b) mit der Mittelsenkrechten auf der Basis,
c) mit der Seitenhalbierenden auf der Basis und
d) mit der Winkelhalbierenden des der Basis gegenüberliegenden Winkels

Lehrsatz 27 gilt auch für das gleichseitige Dreieck.

Wenn die Gleichheit von zwei in einem gleichschenkligen Dreieck gegebenen Stücken verschwindet, so verschwindet auch sofort die Gleichheit der anderen gleichen Stücke. Daraus und aus Lehrsatz 21 (s. 3.1.2.2.) ergibt sich

Lehrsatz 28

Ein Dreieck ist gleichschenklig, wenn
a) zwei Winkel gleich sind,
b) eine der Höhen die Gegenseite halbiert,
c) die Halbierende eines Winkels auf der Gegenseite senkrecht steht und diese halbiert.

Zusätze zu Lehrsatz 28

1. Das gleichseitige Dreieck hat gleiche Winkel, jeder von ihnen beträgt 60°.
2. Das gleichseitige Dreieck hat drei Symmetrieachsen, von denen jede zugleich Höhe, Mittelsenkrechte, Seitenhalbierende und Winkelhalbierende zur betreffenden Seite bzw. zum betreffenden Winkel ist.

In Bild 51 ist die Winkelhalbierende w_γ eingezeichnet, die c in D schneidet. Klappt man das so entstandene Dreieck BCD um w_γ, so fällt $\overline{BC}$ auf $\overline{AC}$, und Winkel β deckt sich mit Winkel β'. Damit wird offensichtlich, daß

$$\beta > \alpha$$

und $$\overline{AC} > \overline{BC}$$

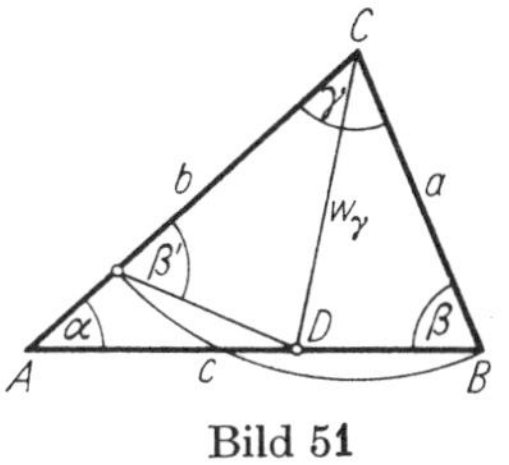

Bild 51

In Worten gibt das den

Lehrsatz 29

In jedem Dreieck liegt der größeren Seite der größere Winkel gegenüber.

Auch die Umkehrung dieses Satzes ist sofort einzusehen und wird durch Lehrsatz 30 und drei Zusätze ausgedrückt.

Lehrsatz 30

In jedem Dreieck liegt dem größeren Winkel die größere Seite gegenüber.

Zusätze zu Lehrsatz 30

1. Der größten Dreieckseite liegt der größte Winkel und dem größten Winkel liegt die größte Dreieckseite gegenüber.
2. Im rechtwinkligen Dreieck ist jede Kathete kleiner als die Hypotenuse.
3. Im stumpfwinkligen Dreieck ist die dem stumpfen Winkel gegenüberliegende Seite die größte.

Im Anschluß an diese Betrachtungen soll noch der euklidische Beweis für Lehrsatz 4 (2.5.) ausgeführt werden. Dieser lautete:
Winkel, deren Schenkel senkrecht aufeinanderstehen, sind gleich.
Sind nach Bild 14 die Winkel α und α' jene Winkel, deren Schenkel senkrecht aufeinanderstehen, so folgt unter der

Voraussetzung: $\overline{ED} \perp \overline{AD}$ und $\overline{AB} \perp \overline{EB}$
und der

Behauptung: $\alpha = \alpha'$
der

Beweis: Für Dreieck *EDC*		$\alpha' + \beta' + 90° = 180°$	(Lehrsatz 22)
	oder	$\alpha' = 90° - \beta'$	(I)
	Für Dreieck *ABC*	$\alpha + \beta + 90° = 180°$	(Lehrsatz 22)
	oder	$\alpha = 90° - \beta$	(II)
	Da aber	$\beta = \beta'$	(Scheitelwinkel)
	folgt aus (I) und (II)	$\alpha = \alpha'$.	

5.2.4. Schnittpunkte der Dreieckstransversalen

5.2.4.1. Schnittpunkt der Mittelsenkrechten

Errichtet man in den Seitenhalbierungspunkten E und D eines schiefwinkligen Dreiecks ABC (Bild 52) die beiden Mittelsenkrechten m_c und m_b, so schneiden sie einander in M.

Da aber $m_c \perp \overline{AB}$

und $m_b \perp \overline{AC}$

ferner $\overline{AE} = \overline{BE}$

und $\overline{AD} = \overline{CD}$

sind nach Lehrsatz 20 (s. 3.1.2.2.) die Dreiecke AMB und AMC gleichschenklig. Die Seite $\overline{AM}$ besitzen sie beide gemeinsam, so daß

$$\overline{AM} = \overline{BM} = \overline{CM}$$

Hieraus folgt

Lehrsatz 31

Die Mittelsenkrechten der Seiten eines Dreiecks haben einen gemeinsamen Schnittpunkt, der von den Ecken gleich weit entfernt ist. (Erster wichtiger Punkt)

Demzufolge muß sich um diesen Schnittpunkt ein Kreis beschreiben lassen, auf dem alle drei Eckpunkte des Dreiecks liegen. Dieser Kreis heißt *Umkreis*.

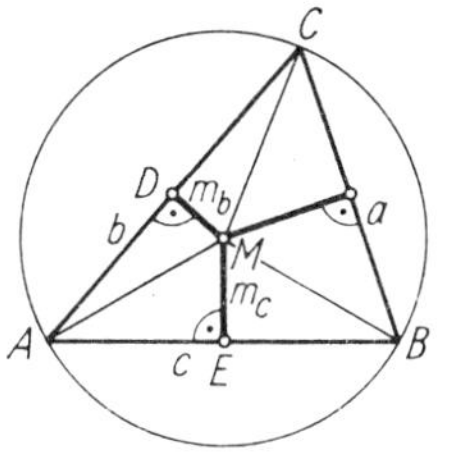

Bild 52

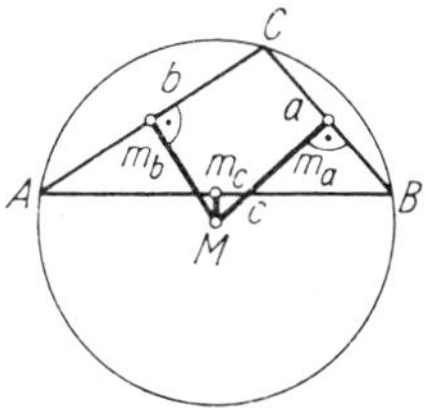

Bild 53

Aus Lehrsatz 31 und in Verbindung mit den Bildern 52 und 53 erkennt man weiter, daß im spitzwinkligen Dreieck der Schnittpunkt der Mittelsenkrechten innerhalb, im stumpfwinkligen dagegen außerhalb der Dreiecksfläche liegt. Das ergibt die

Zusätze zu Lehrsatz 31

1. Der Schnittpunkt der Mittelsenkrechten eines Dreiecks ist gleichzeitig Mittelpunkt seines Umkreises.
2. Der Schnittpunkt der Mittelsenkrechten liegt im spitzwinkligen Dreieck innerhalb, im stumpfwinkligen außerhalb der Dreiecksfläche.

Für das rechtwinklige Dreieck nimmt der Zusatz 2 zu Lehrsatz 31 eine besonders wichtige Form an. Er wird zum

Lehrsatz 32

Die Mittelsenkrechten auf den Katheten eines rechtwinkligen Dreiecks schneiden einander auf der Hypotenuse und halbieren diese.

Folglich liegt der Mittelpunkt des Umkreises für dieses Dreieck auf dem Halbierungspunkt der Hypotenuse.

Sind D und E im Bild 54 Halbierungspunkte der Dreieckseiten b und a und sind m_b und m_a die zu diesen Seiten gehörenden Mittelsenkrechten, dann sind nach Lehrsatz 20 Dreieck CAM und Dreieck BCM gleichschenklig. Folglich gilt auch

$$\alpha = \alpha' \text{ und } \beta = \beta' \qquad \text{(I)}$$

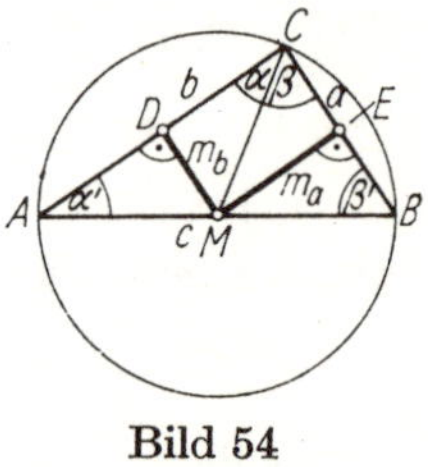

Bild 54

Ferner ist nach Lehrsatz 22

$$\alpha + \alpha' + \beta + \beta' = 180°$$

oder unter Berücksichtigung von (I)

$$2\alpha + 2\beta = 180°$$

$$\alpha + \beta = 90°$$

Dies war schon 600 v. u. Z. dem Griechen THALES bekannt, der den Lehrsatz 32 in folgender Form aussprach:

Lehrsatz 33 **(Satz des THALES)**

Macht man den Durchmesser eines Kreises zur Seite eines Dreiecks, so sind alle über diesem Durchmesser errichteten Dreiecke rechtwinklig, wenn nur der dem Durchmesser gegenüberliegende Eckpunkt auf dem Kreisumfang liegt. (Alle Umfangswinkel über dem Durchmesser eines Kreises sind Rechte.)

Der Satz des THALES kann auch als geometrischer Ort formuliert werden:

6. geometrischer Ort

Der geometrische Ort der Scheitel aller rechten Winkel, deren Schenkel durch zwei gegebene Punkte gehen, ist der Kreis mit dem durch den Abstand der beiden Punkte gegebenen Durchmesser.

5.2.4.2. Schnittpunkt der Höhen

Errichtet man im schiefwinkligen Dreieck EFD (Bild 55) die Mittelsenkrechten in den Seitenhalbierungspunkten A, B und C und verbindet man letztere untereinander, so entsteht ein neues Dreieck ABC. Dessen Seiten sind nach Lehrsatz 10 (s. 3.1.1.2.) parallel zu den Seiten des gegebenen Dreiecks. Außerdem sind die Mittelsenkrechten des gegebenen zugleich Höhen des neuen Dreiecks, denn sie gehen durch seine Eckpunkte und stehen nach Lehrsatz 10 senkrecht auf den entsprechenden Seiten. Das gibt den

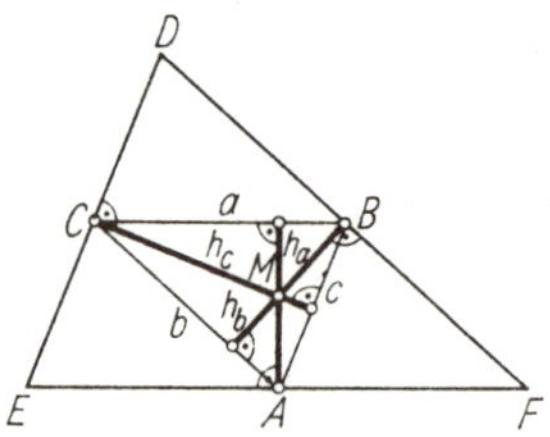

Bild 55

Lehrsatz 34

Die drei Höhen eines Dreiecks haben einen gemeinsamen Schnittpunkt. (Zweiter wichtiger Punkt)

Zusatz zu Lehrsatz 34

Im spitzwinkligen Dreieck liegt der Höhenschnittpunkt innerhalb, im stumpfwinkligen außerhalb der Dreiecksfläche. Im rechtwinkligen Dreieck sind die Katheten zugleich Höhen.

5.2.4.3. Schnittpunkt der Seitenhalbierenden

Im Dreieck ABC (Bild 56) sind die Seitenhalbierenden s_a, s_b und s_c eingezeichnet. Ihr Schnittpunkt sei S. Dreht man Dreieck BSC um 180° um F, so fällt $\overline{CS}$ auf $\overline{BS_1}$. Dreht man Dreieck CSA um D, so deckt sich schließlich $\overline{CS}$ mit $\overline{AS_2}$. $\overline{BS_1}$ und $\overline{AS_2}$ sind also entsprechende Seiten zu $\overline{CS}$ in bezug auf die Zentralpunkte F und D. Demnach sind

$$\overline{CS} \parallel \overline{BS_1},\ \overline{CS} \parallel \overline{AS_2} \text{ und auch } \overline{BS_1} \parallel \overline{AS_2}.$$

Viereck ABS_1S_2 ist also ein Parallelogramm. S ist der Halbierungspunkt seiner Diagonalen.
Nach Lehrsatz 15 ist ferner

$$\overline{SF} = \overline{FS_1} = {}^1/_2\overline{AS}$$

und

$$\overline{SD} = \overline{DS_2} = {}^1/_2\overline{BS}$$

Das ergibt den

Lehrsatz 35

Die drei Seitenhalbierenden eines Dreiecks schneiden einander in einem Punkt, und zwar derart, daß der Abschnitt an der Ecke doppelt so groß ist wie derjenige an der Seitenmitte. (Dritter wichtiger Punkt)
Der Schnittpunkt der Seitenhalbierenden ist zugleich *Schwerpunkt* der Dreiecksfläche. Die Seitenhalbierenden werden deshalb auch *Schwerelinien* genannt.

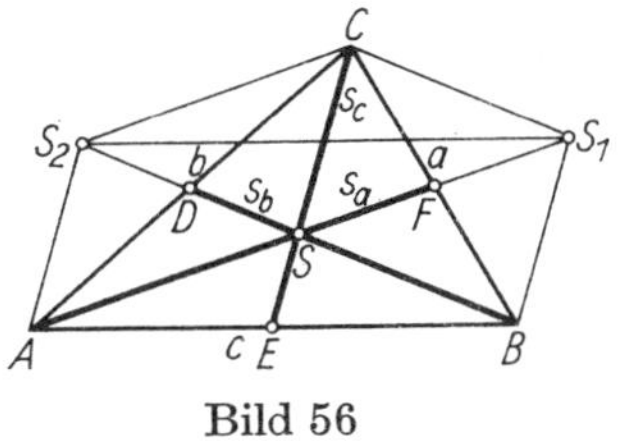

Bild 56

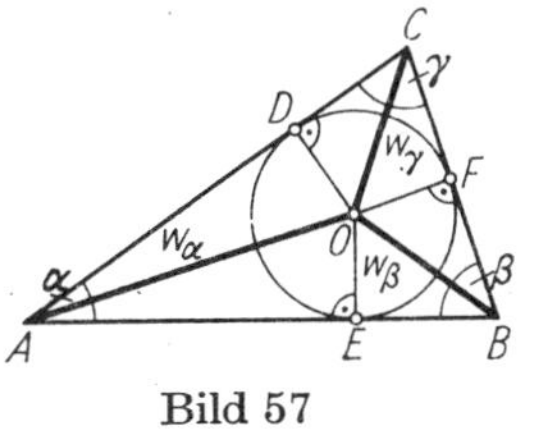

Bild 57

5.2.4.4. Schnittpunkt der Winkelhalbierenden

Werden in einem Dreieck die Winkelhalbierenden konstruiert, so müssen diese sich notwendigerweise schneiden. Schneiden w_α und w_γ beispielsweise einander in O (Bild 57), so ist O von $\overline{AB}$, $\overline{AC}$ und $\overline{BC}$ gleich weit entfernt, denn w_α und w_γ sind Symmetrieachsen zu den Punkten D und E bzw. F und D (1. geometrischer Ort). Folglich gilt

Lehrsatz 36

Die Winkelhalbierenden eines Dreiecks haben einen gemeinsamen Schnittpunkt, der von den drei Seiten gleichen Abstand hat. (Vierter wichtiger Punkt)

Demzufolge ist O zugleich Mittelpunkt eines Kreises, der die drei Dreieckseiten in E, F und D berührt. Dieser Kreis heißt *Inkreis* des Dreiecks.

Werden ferner durch die Eckpunkte A und B des Dreiecks ABC in Bild 58 Symmetrieachsen zu den Außenwinkeln gezogen, so schneiden diese einander unterhalb $\overline{AB}$, denn beide Winkelhälften sind unbedingt kleiner als 180°. Ist O_c ihr Schnittpunkt, so geht die Winkelhalbierende w_γ des der Seite $\overline{AB}$ nicht anliegenden Winkels ebenfalls durch O_c, weil O_c von den Schenkeln des Winkels bei C gleich weit entfernt ist.

Aus diesen Überlegungen ergeben sich die

Zusätze zu Lehrsatz 36

1. Der Schnittpunkt der Winkelhalbierenden eines Dreiecks ist Mittelpunkt seines Inkreises.
2. Die Halbierenden zweier Außenwinkel eines Dreiecks und die Halbierende des ihnen nicht anliegenden Innenwinkels schneiden einander in einem Punkt, der von einer Dreieckseite und den Verlängerungen der beiden anderen gleichen Abstand hat. Dieser Punkt ist zugleich Mittelpunkt des *Ankreises*. Jedes Dreieck hat drei solcher Ankreise.

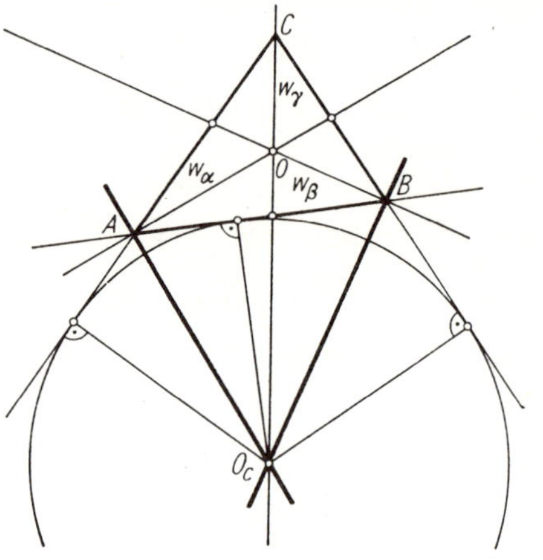

Bild 58

3. Schneiden einander drei Geraden so, daß sie ein Dreieck einschließen, so gibt es vier Punkte, die so liegen, daß jeder gleiche Entfernung von den drei Geraden hat.

5.3. Kongruenz

5.3.1. Vorbetrachtungen

Deckungsgleich (Zeichen für Deckungsgleichheit: $\cong$) oder kongruent[1] sind solche geometrische Gebilde, die aufeinandergelegt sich vollständig decken. Deshalb sind nur solche geometrische Gebilde kongruenzfähig, die eine bestimmte Größe haben, also beispielsweise Strecken, Winkel und Flächen.

Alle Elemente eines geometrischen Gebildes, die bei der Deckung aufeinanderfallen, heißen *gleichliegend* oder *entsprechend*.

Lassen sich zwei in einer Ebene liegende Gebilde ohne Verlassen dieser Ebene zur Deckung bringen, so spricht man von *gleichsinniger Kongruenz*.

Muß eines davon jedoch aus der Ebene herausgenommen und gedreht werden, so nennt man sie *ungleichsinnig kongruent* oder *symmetrisch*. Folgende allgemeine Sätze über Kongruenz sind sofort einzusehen:

a) In kongruenten Gebilden sind gleichliegende Winkel und Strecken einander gleich.

[1] congruere (lat.) übereinstimmen

b) In kongruenten Gebilden liegen gleichen Strecken gleiche Winkel gegenüber.

c) In kongruenten Gebilden liegen gleichen Winkeln gleiche Strecken gegenüber.

Im nächsten Abschnitt haben wir uns ausschließlich mit der Kongruenz geradlinig begrenzter Flächen zu befassen. Da sich solche Flächen immer in eine Anzahl Dreiecke zerlegen lassen, genügt es, die Kongruenzkriterien für Dreiecke aufzustellen, denn dann kann auch die Kongruenz anderer Vielecke bewiesen werden.

5.3.2. Kongruenzsätze

a) Konstruiere ein Dreieck, dessen drei Seiten bekannt sind (Bild 59).
Nennt man die gegebenen Seiten a, b und c, so macht man beispielsweise c zur Grundlinie, schlägt um ihre Begrenzungspunkte A und B Kreisbögen mit den Radien a und b und findet so C. Dies ist der dritte Eckpunkt des gesuchten Dreiecks.

Da mit Hilfe der gegebenen Stücke immer nur das eine Dreieck konstruiert werden kann, müssen alle aus a, b und c gewonnenen Dreiecke kongruent sein. Drei gegebene Seiten sind also hinreichend, aber auch notwendig, um ein Dreieck eindeutig zu bestimmen. Daraus ergibt sich der

Lehrsatz 37 **(1. Kongruenzsatz)**

Dreiecke sind kongruent, wenn sie in drei Seiten übereinstimmen.

Zusätze zu Lehrsatz 37

1. Gleichseitige Dreiecke sind kongruent, wenn sie in einer Seite übereinstimmen.
2. Gleichschenklige Dreiecke sind kongruent, wenn sie in der Basis und einem Schenkel übereinstimmen.

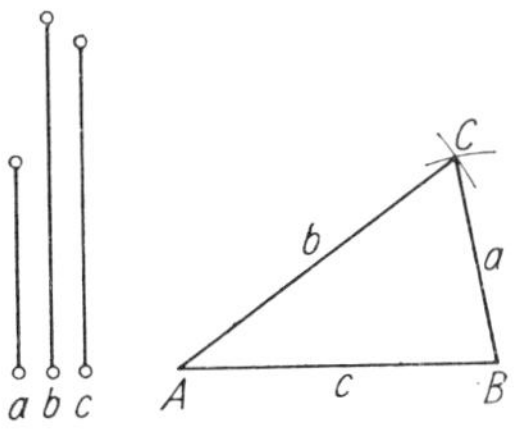

Bild 59

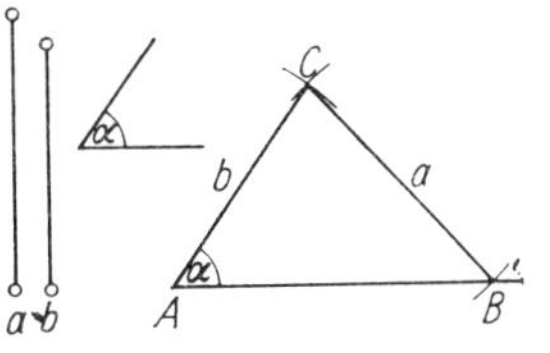

Bild 60

b) Konstruiere ein Dreieck, von dem zwei Seiten und der von diesen Seiten eingeschlossene Winkel bekannt sind (Bild 60).

Heißt der Winkel α, dann müssen b und c die Seiten sein. Das gesuchte Dreieck wird gefunden, wenn man die gegebenen Strecken vom Scheitel A des Winkels auf die Schenkel abträgt und die Endpunkte von b und c miteinander verbindet.
Eine andere als die beschriebene Konstruktion ist nicht denkbar, so daß alle aus den gegebenen Stücken gewonnenen Dreiecke kongruent sein müssen.

Lehrsatz 38 **(2. Kongruenzsatz)**

Dreiecke sind kongruent, wenn sie in zwei Seiten und dem von ihnen eingeschlossenen Winkel übereinstimmen.

Zusätze zu Lehrsatz 38

1. Gleichschenklige Dreiecke sind kongruent, wenn sie in einem Schenkel und dem der Basis gegenüberliegenden Winkel übereinstimmen.
2. Rechtwinklige Dreiecke sind kongruent, wenn sie in den Katheten übereinstimmen.

c) Konstruiere ein Dreieck aus zwei Seiten und dem der größeren Seite gegenüberliegenden Winkel (Bild 61).

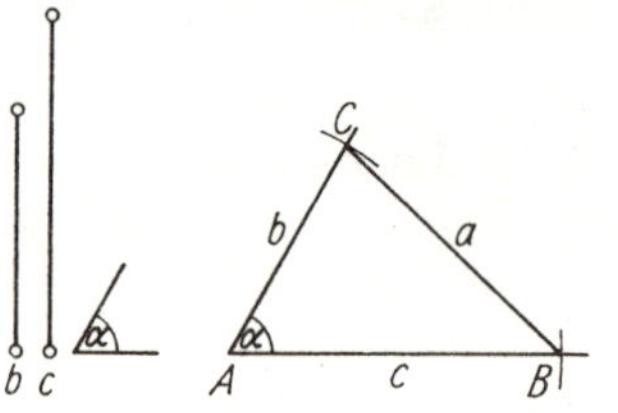

Bild 61

Sind die Seiten a und b, der Winkel α und gilt $a > b$, so ist zunächst vom Scheitel A auf einem Schenkel b abzutragen. Verlängert man den anderen Schenkel so weit, daß er mit dem um C beschriebenen Kreisbogen vom Radius a zum Schnitt kommt, so ist B als dritter Eckpunkt des gesuchten Dreiecks gefunden.
Andere Lösungen sind nicht denkbar, so daß wiederum alle aus diesen Stücken konstruierten Dreiecke kongruent sein müssen.

Lehrsatz 39 **(3. Kongruenzsatz)**

Dreiecke sind kongruent, wenn sie in zwei Seiten und dem der größeren Seite gegenüberliegenden Winkel übereinstimmen.

Zusätze zu Lehrsatz 39

1. Rechtwinklige Dreiecke sind kongruent, wenn sie in der Hypotenuse und einer Kathete übereinstimmen.
2. Rechtwinklige Dreiecke sind überhaupt kongruent, wenn sie nur in zwei gleichliegenden Stücken übereinstimmen, worunter eine Seite sein muß.
3. Gleichschenklige Dreiecke sind überhaupt kongruent, wenn sie in zwei Stücken übereinstimmen, worunter eine Seite sein muß.

Der 3. Zusatz folgt aus der Überlegung, daß jedes Dreieck in zwei rechtwinklige Dreiecke zerlegt werden kann. Für diese gilt aber der 2. Zusatz.
Ferner mache sich der Leser an einer Skizze klar, daß die Dreieckskonstruktion aus zwei Seiten und dem der kleineren Seite gegenüberliegenden Winkel nicht eindeutig ist, folglich aus diesen Stücken auch kein Kongruenzsatz abgeleitet werden kann.

d) Konstruiere ein Dreieck aus einer Seite und zwei Winkeln (Bild 62).

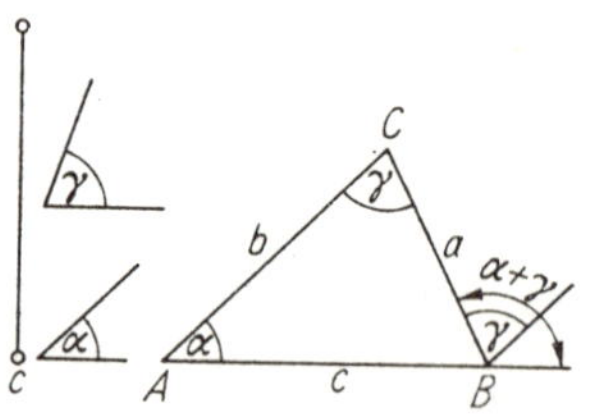

Bild 62

Die gegebenen Stücke sollen beispielsweise die Winkel α und γ und die Seite c sein. Man trägt dann vom

Scheitel A des Winkels α auf dessen Schenkel die Seite c ab. In dem so gefundenen Punkt B konstruiert man weiterhin $\alpha + \gamma$ und findet so auch den dritten Eckpunkt C des gesuchten Dreiecks.
Da andere Lösungen nicht möglich sind, müssen alle aus den gegebenen Stücken konstruierten Dreiecke kongruent sein.

Lehrsatz 40 **(4. Kongruenzsatz)**

Dreiecke sind kongruent, wenn sie in einer Seite und zwei Winkeln übereinstimmen.

Zusätze zu Lehrsatz 40

1. Gleichschenklige Dreiecke sind kongruent, wenn sie in einer Seite und einem gleichliegenden Winkel übereinstimmen.
2. Rechtwinklige Dreiecke sind kongruent, wenn sie in einer Seite und einem gleichliegenden spitzen Winkel übereinstimmen.

Die vier Kongruenzsätze werden zusammengefaßt zum

Lehrsatz 41

Ein Dreieck ist eindeutig bestimmt

a) durch seine drei Seiten (SSS),
b) durch zwei Seiten und dem von diesen eingeschlossenen Winkel (SWS),
c) durch zwei Seiten und dem der größeren Seite gegenüberliegenden Winkel (SSW),
d) durch eine Seite und zwei gleichliegende Winkel (WSW oder SWW).

Zusatz zu Lehrsatz 41

Ein rechtwinkliges Dreieck ist eindeutig bestimmt

a) durch zwei Katheten,
b) durch eine Kathete und einen gleichliegenden spitzen Winkel,
c) durch eine Kathete und die Hypotenuse,
d) durch die Hypotenuse und einen spitzen Winkel.

5.4. Ähnlichkeit

5.4.1. Strahlensätze

5.4.1.1. Streckenverhältnisse

Das Verhältnis zweier Strecken wird durch das Verhältnis ihrer Maßzahlen bestimmt.
Sind beispielsweise zwei Strecken $\overline{AB}$ und $\overline{CD}$ 3 cm und 9 cm lang, so kann ihr Verhältnis durch die Proportion

$$\overline{AB}:\overline{CD} = 3:9 = 1:3$$

ausgedrückt werden.

Beide Strecken lassen sich in eine unterschiedliche Zahl untereinander gleich großer Teilstrecken zerlegen, von denen eine das gemeinsame Maß n beider gegebener Strecken heißt. n wäre in unserem Beispiel 3 cm. Ist das gemeinsame Maß n in $\overline{AB}$ u-mal und in $\overline{CD}$ v-mal enthalten, so kann auch

$$\overline{AB}:\overline{CD} = n\,u:n\,v$$

geschrieben werden.

Für das Zahlenrechnen hat n die Bedeutung des in einem Bruch kürzbaren Faktors. Welche Rolle n in der Geometrie spielt, geht aus den nächsten Abschnitten hervor.

5.4.1.2. Strahlensätze

Lehrsatz 42 **(1. Strahlensatz)**

Werden die Strahlen eines Zweistrahles von Parallelen geschnitten, so sind entsprechende Abschnitte der Strahlen verhältnisgleich.

Zusätze zu Lehrsatz 42

1. Je zwei Stücke eines von zwei Parallelen geschnittenen Zweistrahls stehen in gleichem Verhältnis zueinander.
2. Die Summe zweier Abschnitte auf dem einen von zwei Parallelen geschnittenen Strahl verhält sich zu einem seiner Abschnitte genauso wie die Summe zweier Abschnitte auf dem anderen zum entsprechenden Abschnitt.

Umkehrung von Lehrsatz 42

Sind die entsprechenden Abschnitte zweier Strahlen verhältnisgleich, so sind die durch die Teilpunkte bestimmten Geraden parallel.

Anleitung zum Beweis des 1. Strahlensatzes (Bild 63):

n ist das gemeinsame Maß der Strecken $\overline{PA_1}$ und $\overline{A_1A_2}$. n sei so gewählt, daß es sich ohne Rest beispielsweise auf $\overline{PA_1}$ viermal, auf $\overline{A_1A_2}$ fünfmal abtragen läßt. Die durch die Teilpunkte *1, 2, …* gezogenen Parallelen teilen $\overline{PB_1}$ und $\overline{B_1B_2}$ in die gleiche Zahl untereinander gleich großer Teilstrecken (Beweise die Gleichheit der Teilstrecken mit Hilfe der Kongruenz der schraffierten Dreiecke!). Mit $\overline{PA_1}:\overline{A_1A_2} = \overline{PB_1}:\overline{B_1B_2} = 4:5$ ist der Inhalt des ersten Strahlensatzes bewiesen.

Durch Vertauschen der inneren und äußeren Glieder der Proportion $\overline{PA_1}:\overline{A_1A_2} = \overline{PB_1}:\overline{B_1B_2}$ wird Zusatz 1 und mit Hilfe der korrespondierenden Addition Zusatz 2 bewiesen.

Lehrsatz 43 **(2. Strahlensatz)**

Werden die Strahlen eines Zweistrahles von Parallelen geschnitten, so verhalten sich die Abschnitte der Parallelen wie die vom Strahlenausgangspunkt gerechneten entsprechenden Abschnitte eines Strahles.

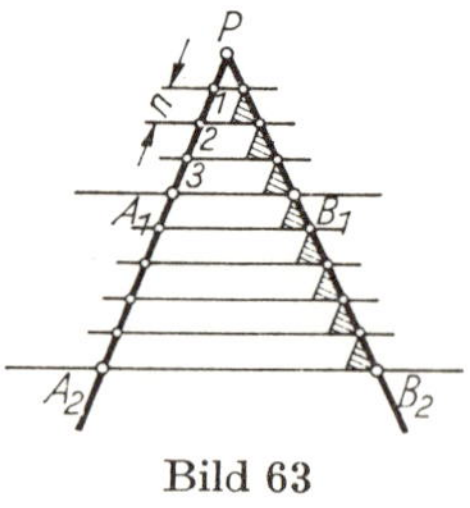

Bild 63

Anleitung zum Beweis des 2. Strahlensatzes (Bild 64):
Man ziehe durch A_1 die Parallele zu $\overline{PB_2}$. Nach Lehrsatz 5 (s. 3.1.1.1.) ist dann $\overline{CB_2} = \overline{A_1B_1}$. Nimmt man nun A_2 als Strahlenausgangspunkt an, so folgt nach dem 1. Strahlensatz $\overline{A_2B_2}:\overline{CB_2} = \overline{A_2P}:\overline{A_1P}$ und durch Einsetzen auch $\overline{A_2B_2}:\overline{A_1B_1} = \overline{A_2P}:\overline{A_1P}$. Das ist aber der Inhalt des zweiten Strahlensatzes.

5.4.1.3. Streckenteilung als Anwendung der Strahlensätze

Wie nachstehende Beispiele zeigen, können die Strahlensätze zur Lösung einiger wichtiger Streckenteilungen verwendet werden.

BEISPIELE

1. Zu drei gegebenen Strecken a, b und c ist die vierte Proportionale x zu konstruieren.

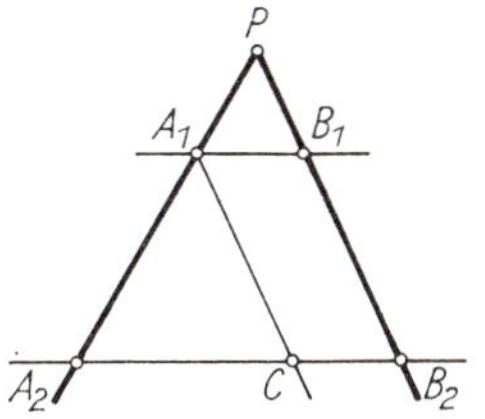

Bild 64

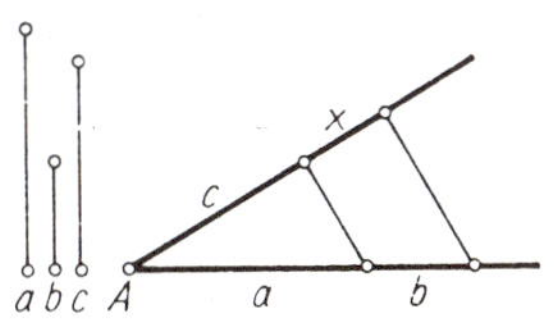

Bild 65

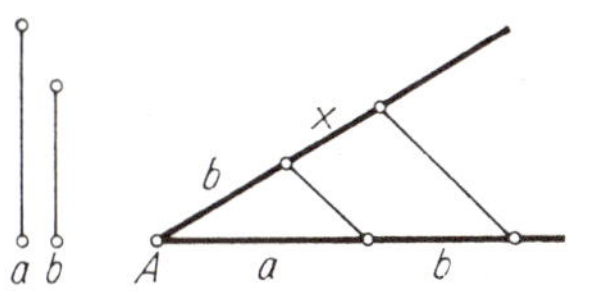

Bild 66

Lösung (Bild 65)

Trage auf dem einen von zwei beliebig zueinander geneigten Strahlen mit dem Ausgangspunkt A die Strecken a und b und auf dem anderen die Strecke c von A aus ab. Verbinde nun die Endpunkte von a und c miteinander und ziehe durch den Endpunkt von b die Parallele zur eben gefundenen Verbindungsstrecke. Erstere liefert die vierte Proportionale x auf dem anderen Strahl.

Beweis

Nach Konstruktion folgt aus dem 1. Strahlensatz

$$a:b = c:x$$

2. Die gegebene Strecke b soll mittlere Proportionale zur gegebenen Strecke a und zur gesuchten Strecke x sein.

Lösung (Bild 66)

Verfahre wie in Beispiel 1, ersetze lediglich c nochmals durch b.

Beweis

Wie in Beispiel 1 folgt sinngemäß

$$a:b = b:x$$

3. Eine gegebene Strecke $\overline{AB}$ ist innen im Verhältnis $m:n$ zu teilen.

Lösung 1 (Bild 67)

Ziehe durch die Endpunkte A und B der Strecke $\overline{AB}$ zwei Parallelen und trage darauf von A bzw. B nach entgegengesetzten Richtungen zwei Strecken ab, die sich wie $m:n$ verhalten. Verbinde die so gefundenen Punkte C und D durch eine Gerade. Diese schneidet $\overline{AB}$ im gesuchten Teilungspunkt T.

Beweis

Man drehe das Dreieck TBD um T, so daß B mit B' zusammenfällt. Dann wird T zum Ausgangspunkt eines von zwei Parallelen geschnittenen Zweistrahles, auf den der 2. Strahlensatz angewendet werden kann. Man findet

$$\overline{TA}:m = \overline{TB'}:n$$

und wegen $\overline{TB'} = \overline{TB}$

auch $\overline{TA}:\overline{TB} = m:n$

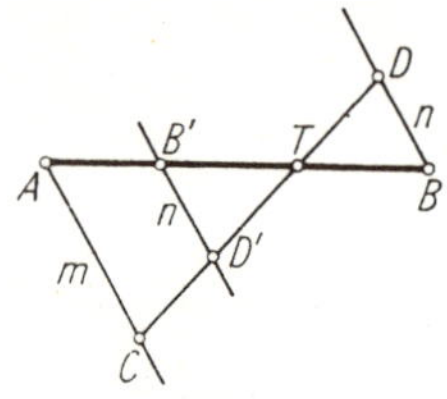

Bild 67

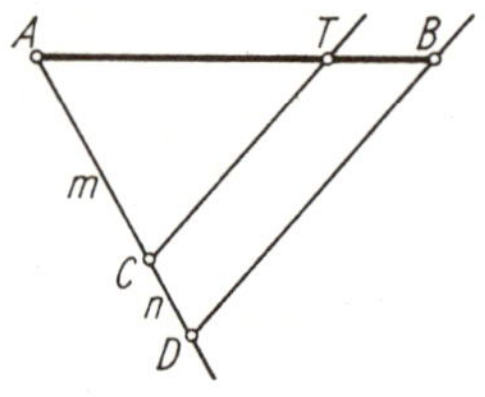

Bild 68

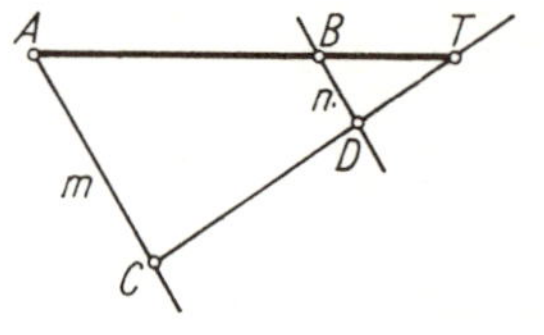

Bild 69

Lösung 2 (Bild 68)

Ziehe durch A (oder B) eine beliebig geneigte Gerade, auf der von A (oder B) aus zwei Strecken aufgetragen sind, die sich wie $m:n$ verhalten. Verbinde den so gefundenen Punkt D mit dem noch nicht benutzten Endpunkt von $\overline{AB}$ und ziehe die Parallele zur Verbindungsstrecke durch C. Diese schneidet $\overline{AB}$ im gesuchten Teilungspunkt T.

Beweis

Aus dem 1. Strahlensatz folgt sofort

$$\overline{TA}:\overline{TB} = m:n$$

4. Eine gegebene Strecke $\overline{AB}$ ist außen im Verhältnis $m:n$ zu teilen.

Lösung (Bild 69)

Ziehe durch die Endpunkte der gegebenen Strecke zwei beliebig geneigte Parallelen und trage auf diesen von A und B nach der gleichen Richtung solche Teilstrecken ab, die sich wie $m:n$ verhalten. Verbinde die so gewonnenen Punkte C und D und verlängere bis zum Schnitt mit $\overline{AB}$. T ist der gesuchte Teilungspunkt.

Beweis

Aus dem 2. Strahlensatz folgt zunächst

$$\overline{TA}:m = \overline{TB}:n$$

und durch Vertauschen der inneren Glieder ergibt sich schließlich

$$\overline{TA}:\overline{TB} = m:n$$

Bemerkung zu den Beispielen 2 und 4:

Wird die gleiche Strecke innen und außen in dem gleichen Verhältnis geteilt, so ist sie *harmonisch* geteilt.

5.4.2. Ähnlichkeitssätze

5.4.2.1. Begriff der Ähnlichkeit

Durch die Punkte eines beliebigen geometrischen Gebildes, etwa des Linienzuges ABC (Bild 70), lassen sich drei Strahlen derart legen, daß diese sich sämtlich in einem beliebigen Punkt P treffen. Werden nun auf den Strahlen drei weitere Punkte angenommen, die den Linienzug $A_1B_1C_1$ ergeben, so stellt dieser die *perspektivische Projektion* des Linienzuges ABC dar. P ist das *Projektionszentrum*. Die von P ausgehenden Strahlen heißen *Projektionsstrahlen*. Auf ein und demselben Strahl liegende Punkte werden *entsprechende Punkte* genannt. Zwei entsprechende Punkte werden durch *entsprechende Strecken* verbunden.

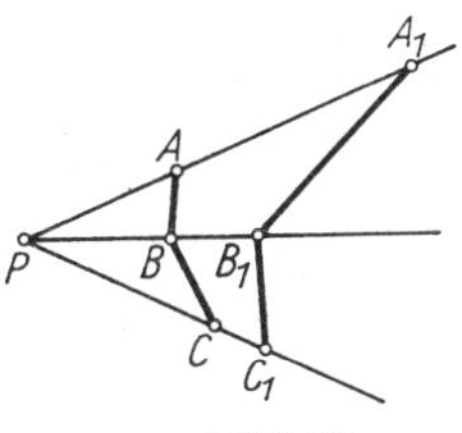

Bild 70

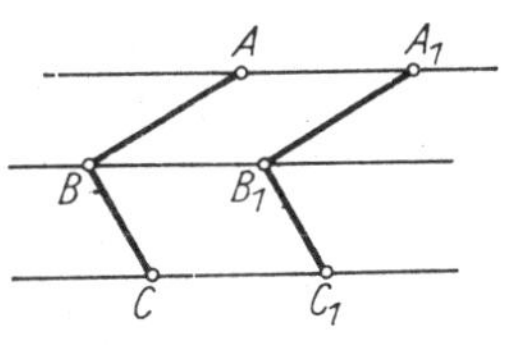

Bild 71

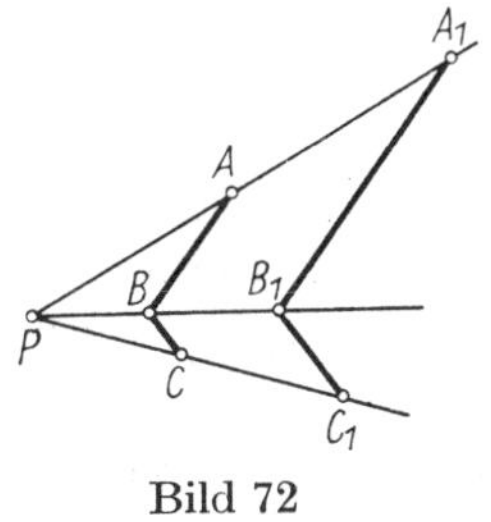

Bild 72

Nimmt man an, daß entsprechende Strecken der Linienzüge ABC und $A_1B_1C_1$ parallel sind, so lassen sich zwei Fälle unterscheiden.

a) Die Projektionsstrahlen sind parallel (Bild 71).
   Dann sind die perspektivischen Linienzüge kongruent. Dieser Fall wurde schon in 5.3. untersucht und bleibt hier außerhalb der Betrachtung.

b) Die Projektionsstrahlen besitzen ein Projektionszentrum (Bild 72).
   Dann sind die beiden Linienzüge *perspektivisch ähnlich*. (Zeichen für ähnlich: $\sim$)
   Aus Fall b) ergibt sich die Erklärung für die Ähnlichkeit:

Zwei geometrische Gebilde sind dann ähnlich, wenn sie in perspektivisch ähnliche Lage zueinander gebracht werden können, d. h., wenn man sie so legen kann, daß je ein Strahl eines von einem Projektionszentrum ausgehenden Strahlenbüschels zwei entsprechende Punkte trifft und je zwei entsprechende Strecken parallel sind.
Damit folgt für ähnliche geometrische Gebilde:

a) Entsprechende Punkte liegen auf dem gleichen Projektionsstrahl.

b) Entsprechende Strecken sind parallel.

c) Entsprechende Strecken sind proportional (2. Strahlensatz).

d) Entsprechende Winkel sind gleich groß.

Es lassen sich also alle jene geometrischen Gebilde in eine perspektivisch ähnliche Lage zueinander bringen, bei denen

a) entsprechende Winkel gleich groß sind und

b) entsprechende Strecken im selben Verhältnis zueinander stehen.

5.4.2.2. Ähnlichkeitssätze

Wie schon erwähnt, lassen sich die geradlinig begrenzten Flächen in Dreiecke zerlegen. Deshalb sollen die in diesem Abschnitt behandelten Ähnlichkeitssätze genauso wie die Kongruenzsätze nur für Dreiecke abgeleitet werden.
Die Bilder 71 und 72 zeigen, daß die Kongruenz nur einen Sonderfall der Ähnlichkeit darstellt. Ersetzt man deshalb in den Kongruenzsätzen die Aussagen über die Gleichheit einer oder mehrerer Seiten durch die Gleichheit ihrer Verhältnisse, so kommt man zu den Ähnlichkeitssätzen. Sie lauten:

Lehrsatz 44 **(1. Ähnlichkeitssatz)**

Dreiecke sind ähnlich, wenn sie im Verhältnis der drei Seiten übereinstimmen.

Lehrsatz 45 **(2. Ähnlichkeitssatz)**

Dreiecke sind ähnlich, wenn sie im Verhältnis zweier Seiten und dem von ihnen eingeschlossenen Winkel übereinstimmen.

Lehrsatz 46 **(3. Ähnlichkeitssatz)**

Dreiecke sind ähnlich, wenn sie im Verhältnis zweier Seiten und dem der größeren Seite gegenüberliegenden Winkel übereinstimmen.

Lehrsatz 47 **(4. Ähnlichkeitssatz)**

Dreiecke sind ähnlich, wenn sie in zwei Winkeln übereinstimmen.

Bild 73

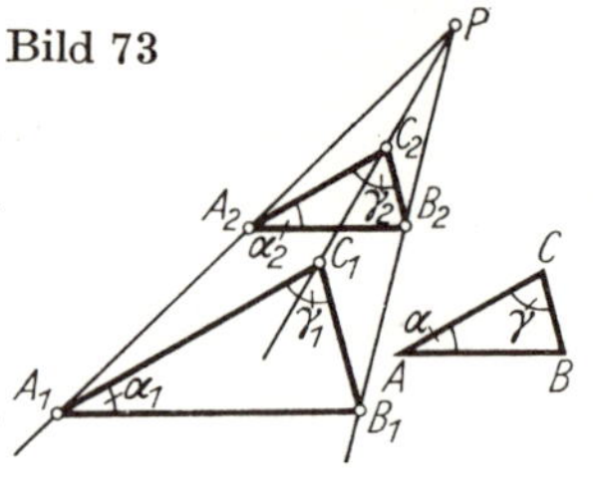

Der Beweis des 1. Ähnlichkeitssatzes soll an Hand von Bild 73 ausgeführt werden[1])

Voraussetzung: $\overline{AB}:\overline{A_1B_1} = \overline{BC}:\overline{B_1C_1} = \overline{CA}:\overline{C_1A_1}$

Behauptung: $\triangle ABC \sim \triangle A_1B_1C_1$

Beweis: Man lege ein Dreieck $A_2B_2C_2$ so in die von P ausgehenden Projektionsstrahlen, daß

$$\overline{A_2B_2}:\overline{A_1B_1} = \overline{B_2C_2}:\overline{B_1C_1} = \overline{C_2A_2}:\overline{C_1A_1}$$

[1] Auf die Beweise zu den anderen Sätzen wird verzichtet, da diese sinngemäß durchgeführt werden können.

Dann ist aber unter Berücksichtigung der Voraussetzung:

$$\overline{AB} = \overline{A_2B_2}; \quad \overline{BC} = \overline{B_2C_2}; \quad \overline{CA} = \overline{C_2A_2}$$

und folglich $\triangle\, ABC \cong \triangle\, A_2B_2C_2$

Da aber $\triangle\, A_2B_2C_2 \sim \triangle\, A_1B_1C_1$

ist auch $\triangle\, ABC \sim \triangle\, A_1B_1C_1$.

Aus den oben genannten vier Ähnlichkeitssätzen ergeben sich ohne weiteres die nachstehenden Zusätze:

Zusätze zu den Lehrsätzen 44 bis 47

1. Die Form eines Dreiecks ist bestimmt
   a) durch das Verhältnis der drei Seiten oder
   b) durch das Verhältnis zweier Seiten und dem von diesen Seiten eingeschlossenen Winkel oder
   c) durch das Verhältnis zweier Seiten und dem Gegenwinkel der größeren Seite oder
   d) durch zwei Winkel

2. Alle gleichseitigen Dreiecke sind ähnlich.

3. Alle gleichschenklig-rechtwinkligen Dreiecke sind ähnlich.

4. Rechtwinklige Dreiecke sind überhaupt ähnlich,
   a) wenn sie in einem spitzen Winkel übereinstimmen oder
   b) wenn das Verhältnis der Katheten des einen gleich ist dem der Katheten des anderen oder
   c) wenn das Verhältnis der Kathete zur Hypotenuse des einen gleich ist dem Verhältnis der entsprechenden Kathete zur Hypotenuse des anderen.

5. Gleichschenklige Dreiecke sind überhaupt ähnlich, wenn sie
   a) im Verhältnis des Schenkels zur Basis übereinstimmen oder
   b) in dem von den Schenkeln eingeschlossenen Winkel übereinstimmen.

BEISPIEL

Eine gegebene Strecke $\overline{AB}$ soll so geteilt werden, daß sich der kleinere Abschnitt zum größeren wie der größere zur ganzen Strecke verhält.

Lösung (Bild 74)

Zeichne die gegebene Strecke $\overline{AB}$ und errichte in einem ihrer Endpunkte, etwa in A, die Senkrechte. Trage auf dieser $\overline{AB}$ ab bis C. Beschreibe über $\overline{AC}$ als Durchmesser den Kreis und verbinde dessen Mittelpunkt M mit B. $\overline{MB}$ schneidet den Kreis in E. Die Gerade durch C und E schneidet die Strecke $\overline{AB}$ in F, dem gesuchten Teilungspunkt.

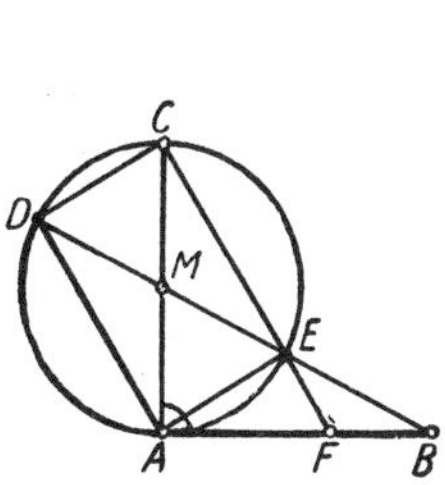

Bild 74

Beweis

Verbindet man die auf dem Kreis liegenden Punkte, so muß das entstehende Viereck $AECD$ ein Parallelogramm sein, denn seine Diagonalen halbieren einander (Lehrsatz 14). Demzufolge ist $\overline{DA} \parallel \overline{CE}$, und somit gilt nach dem 1. Strahlensatz die Proportion

$$\overline{AF} : \overline{FB} = \overline{DE} : \overline{EB}$$

Aus den ähnlichen Dreiecken ABE und EBF (Der Leser beweise die Ähnlichkeit!) folgt

$$\frac{\overline{AB} - \overline{AF}}{\overline{EB}} = \frac{\overline{EB}}{\overline{AB}}$$

oder $$\overline{AB}^2 = \overline{EB}^2 + \overline{AF}\,\overline{AB} \qquad \text{(I)}$$

Aus den ähnlichen Dreiecken EFB und DAB (Der Leser beweise die Ähnlichkeit!) folgt

$$\frac{\overline{EB}}{\overline{AB} - \overline{AF}} = \frac{\overline{EB} + \overline{AB}}{\overline{AB}}$$

oder $$\overline{AB}^2 = \overline{AF}(\overline{AB} + \overline{EB}) \qquad \text{(II)}$$

Durch Gleichsetzen von (I) und (II) und entsprechendes Umformen ergibt sich

$$\overline{AF} = \overline{EB}$$

Damit und weil nach Konstruktion

$$\overline{DE} = \overline{AB}$$

ist, erhält die oben aufgestellte Proportion die Form

$$\overline{AF} : \overline{FB} = \overline{AB} : \overline{AF}$$

und schließlich

$$\overline{FB} : \overline{AF} = \overline{AF} : \overline{AB}$$

Bemerkung: Eine durch einen Punkt innen geteilte Strecke heißt *stetig* oder nach dem *Goldenen Schnitt* geteilt, wenn sich ihr kleiner Abschnitt zum größeren wie der größere zur ganzen Strecke verhält, d. h., wenn der größere Abschnitt mittlere Proportionale zum kleineren Abschnitt und zur ganzen Strecke ist. Wir werden der stetigen Teilung in 7.2.2.4. bei der Konstruktion des regelmäßigen Zehnecks wieder begegnen.

AUFGABEN

1. Eine Strecke von 12 cm ist zeichnerisch
   a) innen im Verhältnis 4:5,
   b) außen im Verhältnis 2:3
   zu teilen. Nenne die Teilstrecken a und b.
2. Aus der Proportion $a:b = b:x$ ist x für $a = 55$ mm und $b = 32$ mm zeichnerisch zu ermitteln.

3. Eine Strecke von 15 cm ist stetig zu teilen. Nenne die gesuchten Teilstrecken a und b.

4. Die internationale Postkarte hat nach DIN A6 das Format 148 mm · 105 mm. Untersuche, ob diese Abmessungen aus einer stetigen Teilung hervorgegangen sind.

5. Der Umfang eines Bilderrahmens soll 126 cm betragen. Wie groß sind seine Höhe h und seine Breite b zu machen, wenn der halbe Umfang stetig geteilt werden soll?

6. Die Steigung eines Schienenstranges ist auf einer Länge von 1,45 km mit 1:36 angegeben. Wieviel Meter höher liegt der Endpunkt dieser Strecke gegenüber ihrem Anfangspunkt? Nenne die Höhendifferenz h.

7. Welche Höhe c hat ein Turm, dessen Schatten die Länge $a = 4$ m hat, wenn ein senkrecht daneben aufgestellter Vergleichsstab von der Höhe $d = 1{,}5$ m einen Schatten von der Länge $b = 80$ cm wirft?

8. Berechne die aus Bild 75 hervorgehenden Strecken unter der Annahme, daß Dreieck ABC gleichschenklig ist und $a = 3$ m, $b = 4$ m bekannt sind. Die Figur selbst ist ebenfalls ein gleichschenkliges Dreieck mit der Höhe h und der Basis z.

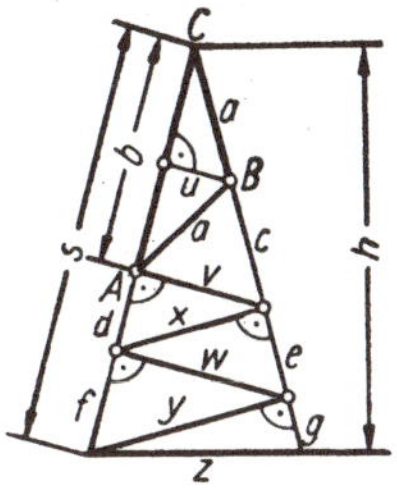

Bild 75

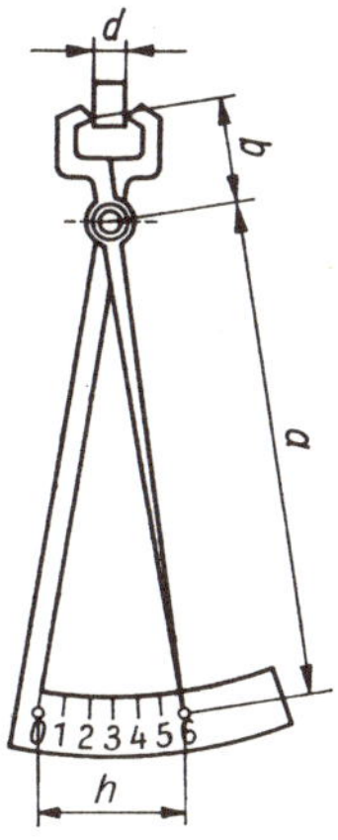

Bild 76

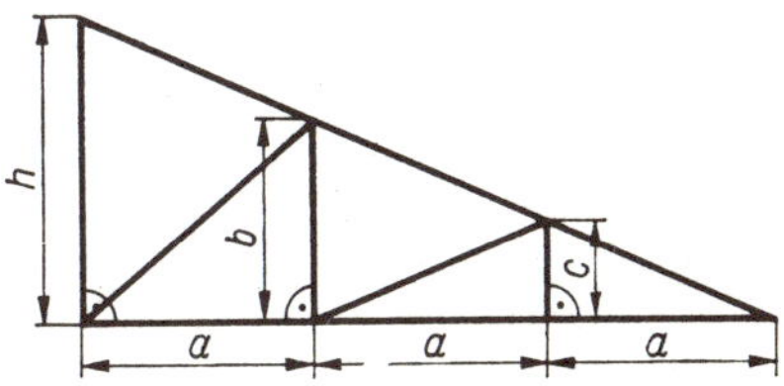

Bild 78

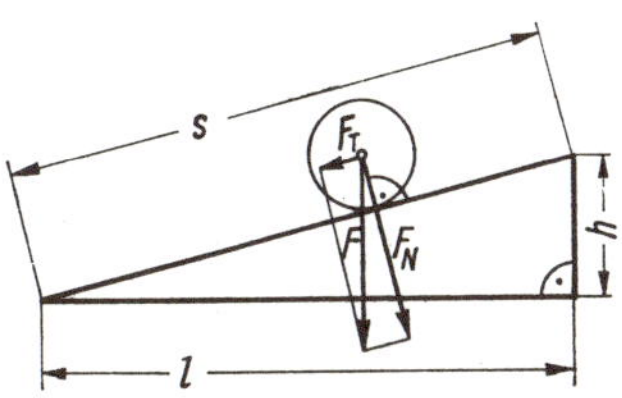

Bild 77

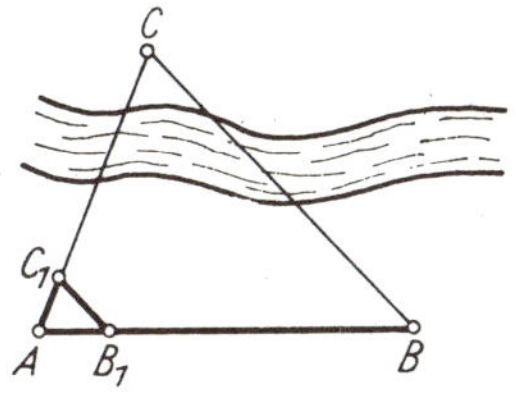

Bild 79

9. Der im Bild 76 dargestellte Taster dient zur Dickenmessung dünner Werkstücke. Wie lang muß sein Schenkel a gemacht werden, damit bei einer Meßschenkellänge von $b = 3$ cm die Strecke $h = 6$ cm wird? Die Entfernung der Meßspitzen soll dann $d = 6$ mm betragen.

10. Berechne die Tangentialkraft F_T und die Normalkraft F_N einer auf einer schiefen Ebene rollenden Kugel (Bild 77). Setze $F = 52$N, $l = 184$ cm, $h = 43$ cm und $s = 188{,}96$ cm.

11. Berechne die Strecken b und c des im Bild 78 dargestellten Dachbinders für $h = 3{,}5$ m und $a = 2{,}8$ m.

12. Die durch einen Fluß nicht direkt meßbare Strecke $\overline{AC}$ (Bild 79) ist zu ermitteln. Zu diesem Zweck wird das Dreieck AB_1C_1 mit den bekannten Seiten $\overline{AB_1} = 15$ m und $\overline{AC_1} = 9$ m abgesteckt und die Strecke $\overline{AB} = 148$ m gemessen.

5.5. Dreieckskonstruktionen

5.5.1. Vorbetrachtungen

In 4. wurde schon einiges über Fundamentalkonstruktionen gesagt. Die dort gewonnenen Erkenntnisse sollen nun erweitert werden, so daß schwierigere Aufgaben exakt gelöst werden können. Zuvor sei noch bemerkt, daß die hier dargelegten Gesichtspunkte nicht nur für Dreieckskonstruktionen gelten, sondern auch auf jede andere Konstruktionsaufgabe sinngemäß anzuwenden sind.
Die Ausführung einer planimetrischen Konstruktionsaufgabe gliedert sich in vier Phasen, die nacheinander zu durchlaufen sind.[1] Die einzelnen Phasen sind

a) die Analysis,
b) die Konstruktion,
c) der Beweis,
d) die Determination.

Zu a) In der *Analysis* oder *Zerlegung* wird zunächst eine Figur gezeichnet, die als die richtige Lösung der geforderten Aufgabe angesehen wird. In ihr sind die gegebenen Stücke wohl in richtiger Lage zueinander, nicht aber unbedingt in ihrer richtigen Größe enthalten. An Hand dieser Figur ist nun der Weg für die exakte Konstruktion aufzusuchen, d. h., es ist mit Hilfe geeigneter Lehrsätze und Konstruktionen eine Reihe von Folgerungen aufzusuchen, die letzten Endes darin gipfelt, daß unter Anwendung von Fundamentalkonstruktionen die Lösung aus den gegebenen Stücken unmittelbar möglich wird.
Zu b) Der in der Analysis beschrittene Weg wird in der *Konstruktion* umgekehrt durchlaufen. Sie beginnt bei den zuletzt erhaltenen Folgerungen der Analysis und gelangt schließlich zu deren Ausgangspunkt, d. h. zu der als richtig angenommenen Lösung.
Zu c) Der sich sofort an die Konstruktion anschließende *Beweis* dient vornehmlich der Kontrolle. Er bestätigt, daß die in der Aufgabe gestellten Bedingungen sämtlich von der Konstruktion erfüllt werden.
Zu d) Schließlich ist mit Hilfe der *Determination* zu untersuchen, ob und unter welchen Bedingungen eine Lösung der gestellten Aufgabe möglich ist, ob bestimmte Bedingungen bestimmte Lösungswege erfordern und ob die Aufgabe bestimmt oder unbestimmt ist.

---

[1] Der in der Geometrie noch Ungeübte sollte nicht flüchtig über die nächsten Zeilen hinweglesen. Auch wer der Meinung ist, daß eine planimetrische Konstruktionsaufgabe schon gelöst ist, wenn die gegebenen Stücke zum geforderten geometrischen Gebilde zusammengefügt sind, sollte bedenken, daß schwierigere Dreieckskonstruktionen kaum ohne eine systematische Arbeitsweise zufriedenstellend gelöst werden können.

5.5.2. Dreieckskonstruktionen mit gegebenen Winkeln und Seiten

Obwohl in 5.3.2. die Konstruktion von Dreiecken bei gegebenen Winkeln und Seiten zur Ableitung der Kongruenzsätze schon einmal angegeben wurde, soll sie hier nach den eben dargelegten Gesichtspunkten wiederholt werden.

BEISPIEL

Konstruiere ein Dreieck aus den Seiten a, b und c ($c > b > a$) (Bild 80).

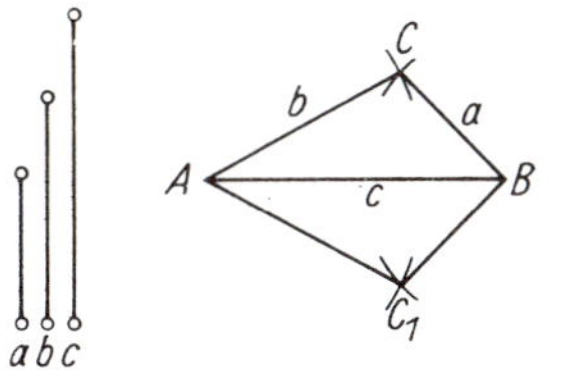

Bild 80

Analysis

Das Dreieck ABC ist das gesuchte.

Die Eckpunkte A und B sind bestimmt durch ihren Abstand, gegeben durch die Strecke c. Punkt C ist bestimmt einerseits durch den Abstand von A, gegeben durch die Strecke b, und andererseits durch den Abstand von B, gegeben durch die Strecke a.

Konstruktion

Man zeichnet die Strecke c mit den Endpunkten A und B. Beschreibt man nun um A den Kreisbogen mit dem Radius b und um B denjenigen mit dem Radius a nach der gleichen Seite, so schneiden diese einander in C, dem dritten Eckpunkt des gesuchten Dreiecks ABC.

Beweis

Nach Konstruktion sind:

$$\overline{AB} = c, \quad \overline{BC} = a, \quad \overline{CA} = b$$

Determination

Die um A und B mit den Radien b und a beschriebenen Kreisbögen schneiden einander unter der Voraussetzung, daß $a + b > c$ ist, auf jeder Seite von c. Demnach sind zwei Dreiecke konstruierbar, die den geforderten Bedingungen genügen. Das zweite Dreieck ist das Dreieck ABC_1.

BEISPIEL

Konstruiere ein Dreieck aus zwei gegebenen Seiten b und c ($c > b$) und dem von ihnen eingeschlossenen Winkel α (Bild 81).

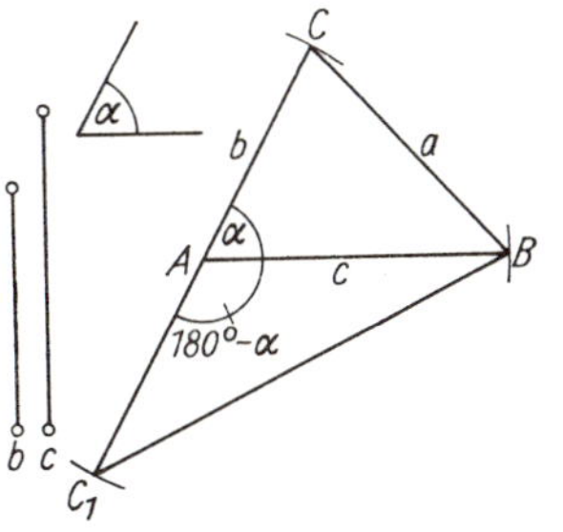

Bild 81

Analysis

Das Dreieck ABC ist das gesuchte.

Die Eckpunkte A und B sind bestimmt durch ihren Abstand, gegeben durch die Strecke c. Punkt C ist bestimmt einerseits durch den Winkel α und andererseits durch den Abstand von A, gegeben durch die Strecke b.

Konstruktion

Man zeichnet die Strecke c mit den Endpunkten A und B. Dann trägt man an c im Punkt A den Winkel α an. Beschreibt man nun um A den Kreisbogen mit dem Radius b, so schneidet er den freien Schenkel des Winkels α in C, dem dritten Eckpunkt des gesuchten Dreiecks ABC.

Beweis

Nach Konstruktion sind:

$$\overline{AB} = c, \quad \overline{AC} = b, \quad \sphericalangle CAB = \alpha$$

Determination

1. Der um A beschriebene Kreisbogen mit dem Radius b schneidet die rückwärtige Verlängerung des freien Schenkels von α im Punkt C_1. Das damit erhaltene Dreieck ABC_1 ist nicht das gesuchte, denn es enthält nicht den Winkel α, sondern den Winkel $(180° - \alpha)$.
2. Wird α im negativen Drehsinn in A angetragen, so ergibt sich ein in bezug auf c symmetrisches Dreieck, das den geforderten Bedingungen genügt.

BEISPIEL

Konstruiere ein Dreieck aus zwei gegebenen Seiten b und c $(c > b)$ und dem der größeren Seite gegenüberliegenden Winkel γ (Bild 82).

Analysis

Das Dreieck ABC ist das gesuchte.

Die Eckpunkte A und C sind bestimmt durch ihren Abstand, gegeben durch die Strecke b. Punkt B ist bestimmt einerseits durch den Winkel γ und andererseits durch den Abstand von Punkt A, gegeben durch die Strecke c.

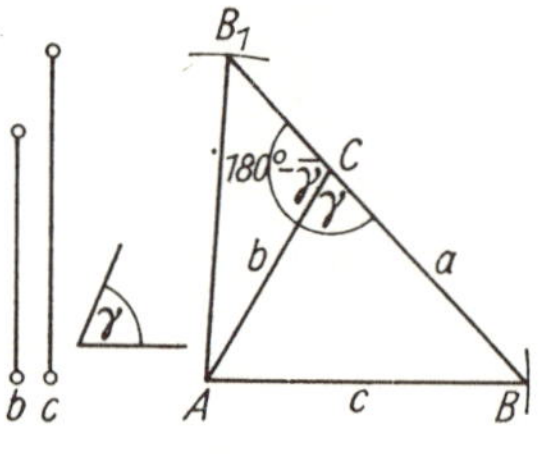

Bild 82

Konstruktion

Man zeichnet die Strecke b mit den Endpunkten A und C. Dann trägt man an b im Punkt C den Winkel γ an. Beschreibt man nun um A den Kreisbogen mit dem Radius c, so schneidet dieser den freien Schenkel des Winkels γ in B, dem dritten Eckpunkt des gesuchten Dreiecks ABC.

Beweis

Nach Konstruktion sind:

$$\overline{AC} = b, \quad \overline{AB} = c, \quad \sphericalangle ACB = \gamma$$

Determination

1. Der um A beschriebene Kreis mit dem Radius c schneidet die rückwärtige Verlängerung des freien Schenkels von γ im Punkt B_1. Das damit erhaltene Dreieck AB_1C ist nicht das gesuchte, denn es enthält nicht den Winkel γ, sondern den Winkel $(180° - \gamma)$.
2. Wird γ im negativen Drehsinn in A angetragen, so ergibt sich ein in bezug auf b symmetrisches Dreieck, das den geforderten Bedingungen genügt.

BEISPIEL

Konstruiere ein Dreieck aus einer Seite c und den anliegenden Winkeln α und β (Bild 83).

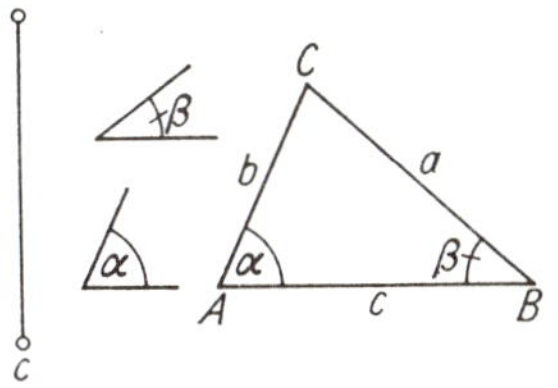

Bild 83

Analysis

Das Dreieck ABC ist das gesuchte.

Die Eckpunkte A und B sind bestimmt durch ihren Abstand, gegeben durch die Strecke c. Punkt C ist bestimmt durch die Winkel α und β.

Konstruktion

Man zeichnet die Strecke c mit den Endpunkten A und B. Dann trägt man an c im Punkte A den Winkel α und im Punkte B auf der gleichen Seite den Winkel β an. Die beiden freien Schenkel von α und β schneiden sich in C, dem dritten Eckpunkt des gesuchten Dreiecks ABC.

Beweis

Nach Konstruktion sind:

$$\overline{AB} = c, \quad \sphericalangle CAB = \alpha, \quad \sphericalangle CBA = \beta$$

Determination

Die Aufgabe ist lösbar für $\alpha + \beta < 180°$. Trägt man die gegebenen Winkel α und β im negativen Drehsinn an Seite c an, so erhält man ein in bezug auf c symmetrisches Dreieck, das den geforderten Bedingungen genügt.

Drei weitere Beispiele sollen diese Konstruktion vervollständigen.

BEISPIEL

Konstruiere ein Dreieck aus der Seite c, dem dieser Seite anliegenden Winkel β und der Differenz der beiden anderen Seiten $d = a - b$ (Bild 84).

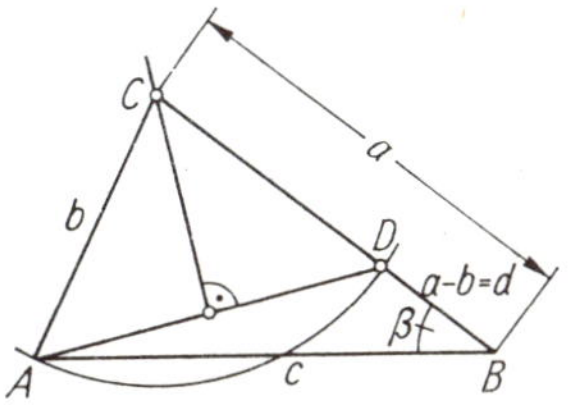

Bild 84

Analysis

Das Dreieck ABC ist das gesuchte.

Die Eckpunkte A und B sind bestimmt durch ihren Abstand, gegeben durch die Strecke c. Punkt C ist bestimmt einerseits durch den Winkel β und andererseits durch den Abstand von B. Dieser Abstand wird festgelegt durch den Schnittpunkt der Mittelsenkrechten auf der Seite $\overline{AD}$ des Dreiecks ABD mit dem freien Schenkel von Winkel β.

Konstruktion

Man zeichnet die Strecke c mit den Endpunkten A und B. Dann trägt man an c im Punkt B den Winkel β an. Beschreibt man um B den Kreisbogen mit dem Radius $d = a - b$, so schneidet dieser den freien Schenkel des Winkels β in D. Nun verbindet man A mit D und errichtet auf $\overline{AD}$ die Mittelsenkrechte. Sie schneidet die Verlängerung der Seite $\overline{BD}$ des Dreiecks ABD im Punkt C. C verbindet man mit A, dem dritten Eckpunkt des gesuchten Dreiecks ABC.

Beweis

Nach Konstruktion sind:

$$\overline{AB} = c, \quad \sphericalangle ABC = \beta, \quad \overline{BC} - \overline{AC} = a - b = d$$

Determination

Mit den gegebenen Stücken läßt sich noch ein zweites in bezug auf c symmetrisches Dreieck ABD konstruieren, wenn der Winkel β im negativen Drehsinn an Seite c angetragen wird.

Die Lösung gelingt stets, wenn $a - b < c$ und $\beta < 180°$.

BEISPIEL

Lege durch den Scheitel eines Winkels γ je eine Gerade derart, daß sie mit dessen Schenkeln gleiche Winkel einschließt (Bild 85).

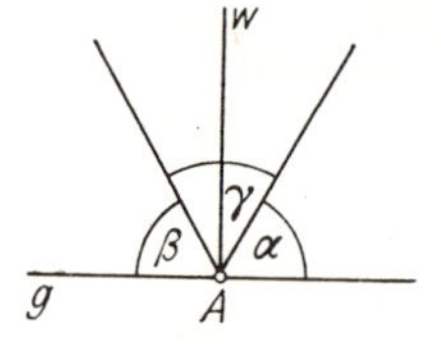

Bild 85

Analysis

Die gesuchte Gerade ist g.

Die Lage der Geraden g ist bestimmt durch die Winkelhalbierende des Winkels γ einerseits und den Scheitel dieses Winkels andererseits.

Konstruktion

Man verfährt nach Fundamentalaufgabe 6, halbiert also Winkel γ und findet so die Winkelhalbierende w. Nun ist nach Fundamentalaufgabe 4 in A die Senkrechte g auf der Winkelhalbierenden zu errichten.

Beweis

Nach Konstruktion ist:

$$\beta + {}^1/_2\gamma = \alpha + {}^1/_2\gamma,$$

folglich $\beta = \alpha$

Determination

Die Lösung gelingt immer für $\gamma < 180°$.

BEISPIEL

Lege in einem Dreieck ABC eine Strecke $\overline{DE}$ derart zwischen zwei Seiten $\overline{AB}$ und $\overline{AC}$, daß die Abschnitte $\overline{BE}$ auf $\overline{AB}$ und $\overline{AD}$ auf $\overline{AC}$ untereinander und der Strecke $\overline{DE}$ gleich sind (Bild 86).

Bild 86

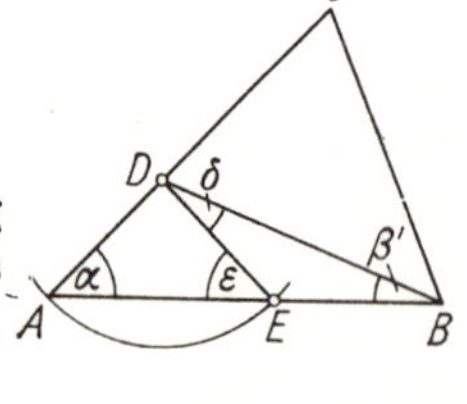

Analysis

Nach Aufgabenstellung soll $\overline{AD} = \overline{DE} = \overline{EB}$ sein.

Danach müssen die Dreiecke AED und BDE gleichschenklig und somit $\alpha = \varepsilon$ und $\beta' = \delta$ sein. Da aber andererseits $\beta' + \delta = \varepsilon$ (Außenwinkel) ist, so ergibt sich $\beta' = \delta = {}^1/_2\alpha$.

Der Endpunkt D der gesuchten Strecke $\overline{DE}$ ist bestimmt durch den Schnittpunkt des in B an $\overline{AB}$ angetragenen Winkels $\beta' = {}^1/_2\alpha$ mit der Seite $\overline{AC}$, und der Endpunkt E ist bestimmt durch den Schnittpunkt des mit dem Radius $\overline{DA}$ um D beschriebenen Kreisbogens mit der Dreiecksbasis $\overline{AB}$.

Konstruktion

Man trägt im Eckpunkt B an $\overline{AB}$ den Winkel $\beta' = {}^1/_2\alpha$ nach innen an, dessen freier Schenkel $\overline{AC}$ in D schneidet. Nun beschreibt man um D den Kreisbogen mit dem Radius $\overline{DA}$. Er schneidet $\overline{AB}$ in E.

Beweis

Nach Konstruktion sind $\overline{DA} = \overline{DE}, \alpha = \varepsilon, \beta' = {}^1/_2\alpha$
Ferner gilt nach Lehrsatz 23

$$\varepsilon = \beta' + \delta$$

oder $$\delta = \varepsilon - \beta' = \alpha - {}^1/_2\alpha = {}^1/_2\alpha$$

Dreieck BDE ist also gleichschenklig, und deshalb ist auch

$$\overline{DE} = \overline{BE}$$

Determination

1. Wäre das gegebene Dreieck ABC gleichschenklig-rechtwinklig und $\alpha = 90°$, so müßten $\beta' = \delta = 45°$ sein. A und E bzw. D und C fielen dann zusammen.
2. Wären im gegebenen Dreieck ABC $\alpha = 90°$ und $\sphericalangle ABC < 45°$, so würde D auf der Verlängerung von $\overline{AC}$ über C hinaus gefunden. A und E fielen zusammen.

5.5.3. Dreieckskonstruktionen mit Transversalen

BEISPIEL

Konstruiere ein Dreieck aus zwei Seiten a und b ($a > b$) und der Höhe h_c auf der dritten Seite (Bild 87).

Analysis

Das Dreieck ABC ist das gesuchte.

Die Eckpunkte B und C sind bestimmt durch ihren Abstand, gegeben durch die Strecke a. Der Punkt A ist bestimmt einerseits durch seinen Abstand von C, gegeben durch die Strecke b, und andererseits durch seinen Abstand von B, gegeben durch die Strecke $\overline{AB}$, die den über a beschriebenen Thaleskreis in D, dem Schnittpunkt von h_c mit dem Thaleskreis, schneidet.

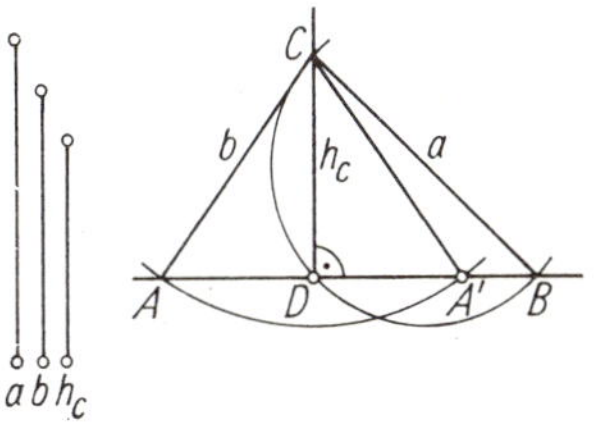

Bild 87

Konstruktion

Man zeichnet die Strecke a mit den Endpunkten B und C. Dann beschreibt man über a den Thaleskreis und um C den Kreisbogen mit dem Radius h_c, der den Thaleskreis in

D schneidet. Weiterhin beschreibt man um C den Kreisbogen mit dem Radius b, der die Verlängerung von $\overline{BD}$ über D hinaus in A schneidet. C verbindet man mit A, dem dritten Eckpunkt des gesuchten Dreiecks ABC.

Beweis

Nach Konstruktion sind:

$$\overline{BC} = a, \quad \overline{AC} = b, \quad \overline{CD} = h_c, \quad \overline{CD} \perp \overline{AB}$$

Determination

1. Die Konstruktion ist immer möglich für $a > h_c$ und $b > h_c$. Ist das nicht der Fall, so liefern die Kreisbögen um C keine Schnittpunkte mit $\overline{AB}$.
2. Für $a = h_c$ bzw. $b = h_c$ entstehen rechtwinklige Dreiecke, bei denen die betreffende Kathete zur gegebenen Höhe wird.
3. Wenn $a > h_c$ und $b > h_c$, können zwei verschiedene Dreiecke konstruiert werden. Man braucht dann den Kreis um C mit b nur auf der anderen Seite von h_c mit $\overline{AB}$ zum Schnitt zu bringen und erhält so ein stumpfwinkliges Dreieck $A'BC$ mit der außerhalb der Dreieckfläche liegenden Höhe h_c.

BEISPIEL

Konstruiere ein Dreieck aus einer Seite c und den auf den beiden anderen Seiten stehenden Höhen h_a und h_b ($c > h_a$ und $c > h_b$) (Bild 88).

Analysis

Das Dreieck ABC ist das gesuchte.

Die Eckpunkte A und B sind bestimmt durch ihren Abstand, gegeben durch die Strecke c. Der Eckpunkt C ist bestimmt durch den Schnittpunkt der durch A und den Fußpunkt E der Höhe h_b mit der durch B und den Fußpunkt D der Höhe h_a gezogenen Geraden.

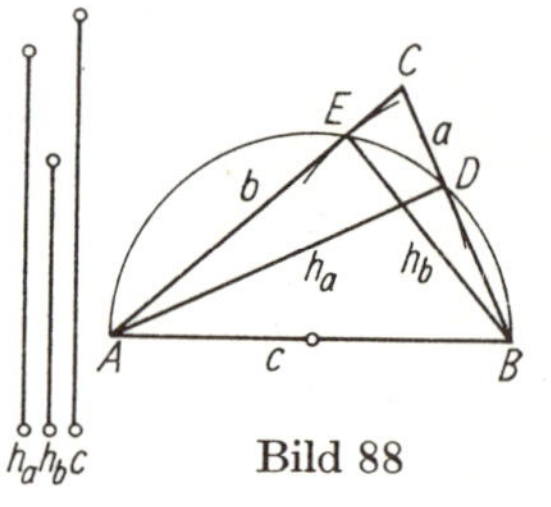

Bild 88

Konstruktion

Man zeichnet die Strecke c mit den Endpunkten A und B. Dann beschreibt man über c den Thaleskreis. Beschreibt man nun um A den Kreisbogen mit dem Radius h_a und um B denjenigen mit dem Radius h_c, so schneiden diese den Thaleskreis in den Fußpunkten D und E der Höhen. Die Verlängerung von $\overline{AE}$ über E hinaus und die Verlängerung von $\overline{BD}$ über D hinaus schneiden einander in C, dem dritten Eckpunkt des gesuchten Dreiecks ABC.

Beweis

Nach Konstruktion sind:

$$\overline{AB} = c, \quad \overline{AD} = h_a, \text{ weil } \perp \overline{BC}, \quad \overline{BE} = h_b, \text{ weil } \perp \overline{AC}$$

Determination

1. Die Konstruktion wird unmöglich für $h_a > c$ oder $h_b > c$ sowie für $h_a = h_b = c$.

2. Für $h_a = c$ und $h_b < c$ entsteht ein rechtwinkliges Dreieck mit dem Rechten bei B. Für $h_b = c$ und $h_a < c$ entsteht ein rechtwinkliges Dreieck mit dem Rechten bei A.

3. Für $h_a = h_b$ entsteht ein gleichschenkliges Dreieck.

4. Fallen für $h_a = h_b$ die Fußpunkte E und D zusammen, so entsteht ein gleichschenklig-rechtwinkliges Dreieck, in dem die Katheten a und b die gegebenen Höhen h_b und h_a sind.

5. Fallen die Fußpunkte E und D zusammen und ist $h_a > h_b$, so ergibt sich ein ungleichschenklig-rechtwinkliges Dreieck, in dem die Katheten a und b gleichfalls die Höhen h_b und h_a sind.

6. Schneiden die Kreise um A und B mit den Höhen h_a und h_b einander innerhalb des Thaleskreises oder gar nicht, so wird das Dreieck ABC stumpfwinklig.

BEISPIEL

Konstruiere ein Dreieck aus den Seiten a und c und der Seitenhalbierenden s_a (Bild 89).

Analysis

Das Dreieck ABC ist das gesuchte.

Die Eckpunkte A und B sind bestimmt durch ihren Abstand, gegeben durch die Strecke c. Punkt C ist bestimmt einerseits durch seinen Abstand von B, gegeben durch die Strecke a, und andererseits durch die Lage von a, gegeben durch c, $^1/_2a$ und s_a.

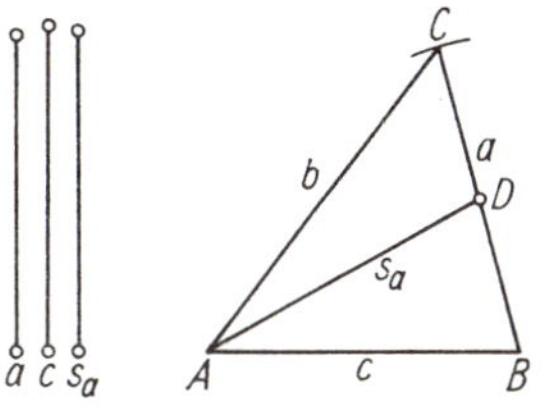

Bild 89

Konstruktion

Man zeichnet die Strecke c mit den Endpunkten A und B. Dann beschreibt man um A den Kreisbogen mit dem Radius s_a und um B denjenigen mit dem Radius $^1/_2a$. Nun zieht man von B aus einen Strahl durch den so gefundenen Schnittpunkt D und trägt auf diesem a ab. Damit ist C gefunden. C verbindet man mit A und erhält so den dritten Eckpunkt des gesuchten Dreiecks ABC.

Beweis

Nach Konstruktion sind:

$$\overline{AB} = c, \quad \overline{BC} = a, \quad \overline{AD} = s_a$$

Determination

1. Die Konstruktion ist immer möglich für $(s_a + {}^1/_2a) > c$. Andernfalls ergeben die Kreisbögen um A und B keinen Schnittpunkt.

2. Liegt D auf dem über c konstruierbaren Thaleskreis, so ist Dreieck ABC gleichschenklig. a wird dann zur Basis.

5.6. Berechnung des Dreiecks

5.6.1. Allgemeines Dreieck

5.6.1.1. Vorbetrachtungen

Die Berechnung der Dreiecksfläche erfordert einige grundlegende Kenntnisse über Flächengleichheit zwischen Parallelogrammen und Dreiecken und überhaupt über die Flächenberechnung von Parallelogrammen. Diese sollen deshalb jetzt erarbeitet werden.

Zwei Parallelogramme werden nach Bild 90 so zwischen zwei gegebene Parallelen gelegt, daß sie keinen Punkt gemeinsam haben und in ihren Grundlinien übereinstimmen. Dann läßt sich die Richtigkeit des nächsten Lehrsatzes beweisen.

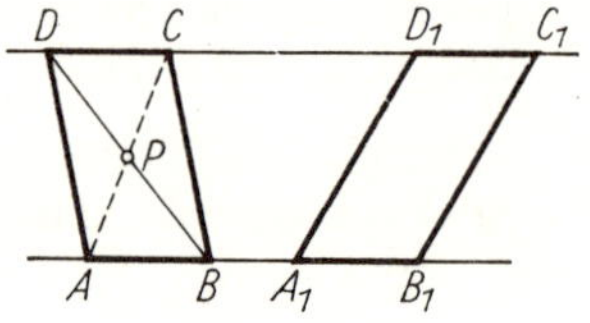

Bild 90

Lehrsatz 48

Parallelogramme mit gleichen Grundlinien und Höhen sind flächengleich.

Voraussetzung: $\overline{AB} = \overline{A_1B_1}$ und $\overline{DC_1} \parallel \overline{AB_1}$

Behauptung: $A_{ABCD} = A_{A_1B_1C_1D_1}$

Beweis: $A_{AA_1D_1D} \cong A_{BB_1C_1C}$

denn sie stimmen in allen Stücken der Reihe nach überein.
Subtrahiert man von beiden das beiden gemeinsame Trapez BA_1D_1C, so müssen die Restflächen flächengleich sein, also

$$A_{ABCD} = A_{A_1B_1C_1D_1}.$$

Nach Lehrsatz 15 ist der Schnittpunkt der Diagonalen eines Parallelogrammes gleichzeitig sein Zentralpunkt. Führt man nun mit dem in Bild 90 dargestellten Parallelogramm $ABCD$ eine halbe Drehung um seinen Zentralpunkt P aus, so fällt Dreieck BCD mit Dreieck DAB zusammen. Beide Dreiecke sind also kongruent. Das ließe sich ganz entsprechend auch mit den Dreiecken ABC und CDA zeigen, und mithin gilt

Lehrsatz 49

Ein Parallelogramm wird durch jede seiner Diagonalen in zwei kongruente Dreiecke zerlegt.

Legt man ferner zwei Dreiecke ABD und $A_1B_1D_1$ mit gleicher Höhe und gleich langer Grundlinie zwischen zwei Parallelen (Bild 91), so lassen sich diese zu zwei Parallelogrammen ergänzen, für die Lehrsatz 48 gilt. Hieraus und aus Lehrsatz 49 folgt sofort

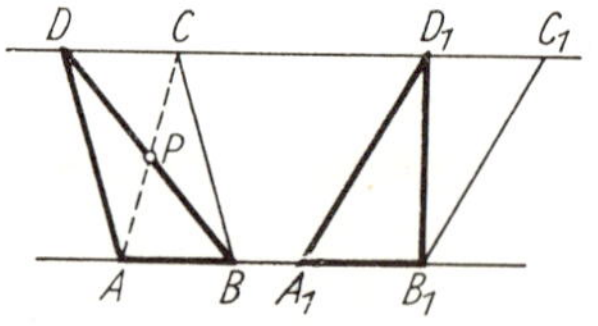

Bild 91

Lehrsatz 50

Dreiecke mit gleichen Grundlinien und gleichen Höhen sind flächengleich.

Zeichnet man ein beliebiges Dreieck ABC (Bild 92) mit der Seitenhalbierenden s_c, so lassen sich die dadurch entstehenden Teildreiecke ADC und BDC zu zwei flächengleichen Parallelogrammen ergänzen. Das ergibt aber den

Lehrsatz 51

Jede Seitenhalbierende eines Dreiecks halbiert die Dreiecksfläche.

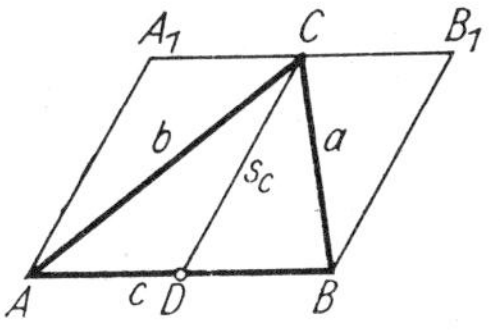

Bild 92

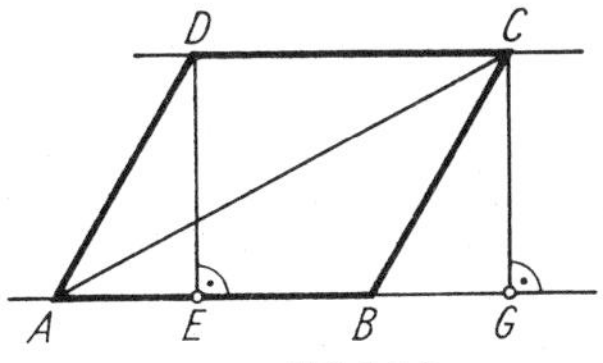

Bild 93

5.6.1.2. Berechnung des allgemeinen Dreiecks

Wir haben eben gesehen, daß sich jedes beliebige Dreieck in ein Parallelogramm mit doppeltem Flächeninhalt verwandeln läßt. Der Flächeninhalt des Parallelogrammes (Bild 93) ergibt sich aber, wenn man von D das Lot auf $\overline{AB}$ fällt, das so gewonnene Teildreieck AED vom Parallelogramm $ABCD$ abtrennt und an die Seite $\overline{BC}$ ansetzt. Es entsteht dann ein Rechteck mit dem Flächeninhalt $A = \overline{EG} \cdot \overline{CG}$, worin $\overline{EG}$ die Grundlinie und $\overline{CG}$ die Höhe des Rechtecks bedeuten. Nun sind aber die beiden Teildreiecke AED und BGC nach Konstruktion kongruent, so daß der für das Rechteck ermittelte Flächeninhalt auch für das Parallelogramm gilt.

Lehrsatz 52

Der Flächeninhalt eines Parallelogrammes ist gleich dem Produkt aus einer als Grundlinie angenommenen Seite und deren Abstand von der ihr gegenüberliegenden Seite.

Aus Lehrsatz 49 folgt weiterhin unmittelbar:

Lehrsatz 53

Der Flächeninhalt eines Dreiecks ist gleich dem halben Produkt aus einer Seite (Grundlinie) und der zu dieser Seite gehörigen Höhe.

Ist g diese Dreieckseite und h die zugehörige Höhe, so läßt sich dieser Satz auch ganz allgemein durch

$$\boxed{A = \frac{g\,h}{2}} \qquad (1)$$

oder spezieller durch

$$A = \frac{c\,h_c}{2} = \frac{a\,h_a}{2} = \frac{b\,h_b}{2}$$

ausdrücken.

Verbindet man (Bild 94) den Mittelpunkt O des Inkreises im Dreieck ABC mit den Eckpunkten, so entstehen drei Dreiecke, die den Inkreisradius r_i als Höhe haben. Damit kann die Fläche des Dreiecks auch aus

$$A = \frac{a\,r_i}{2} + \frac{b\,r_i}{2} + \frac{c\,r_i}{2} = \frac{r_i}{2}(a + b + c)$$

oder mit dem halben Dreiecksumfang

$$\frac{U}{2} = \frac{a + b + c}{2}$$

$$\boxed{A = r_i \frac{U}{2}} \qquad (2)$$

berechnet werden.

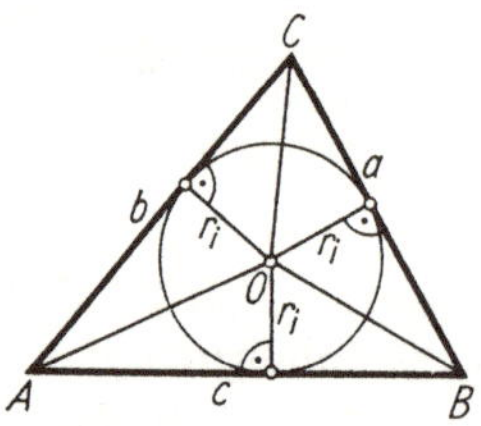

Bild 94

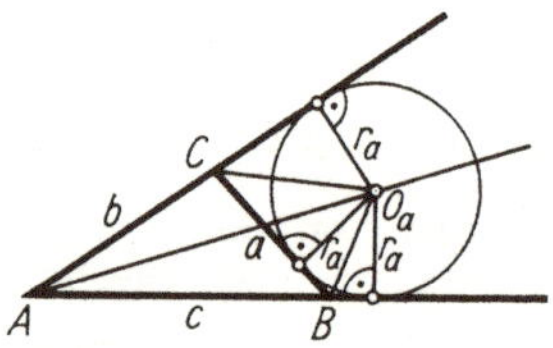

Bild 95

Der Ankreisradius[1] kann ebenfalls zur Berechnung der Dreiecksfläche dienen. Zeichnet man (Bild 95) beispielsweise den der Seite a anliegenden Ankreis um O_a mit r_a, so folgt für den Flächeninhalt des Dreiecks ABC

$$A_{ABC} = A_{ABO_a} + A_{ACO_a} - A_{CBO_a}.$$

Da r_a für alle drei Teildreiecke die Höhe ist, so folgt zusammen mit den beiden entsprechenden anderen Formeln

$$\boxed{\begin{aligned} A &= r_a\left(\frac{U}{2} - a\right) \\ A &= r_b\left(\frac{U}{2} - b\right) \\ A &= r_c\left(\frac{U}{2} - c\right) \end{aligned}} \qquad (3)$$

Schließlich ist es auch möglich, die Dreiecksfläche aus den drei Dreieckseiten nach der Heronischen[2] Formel zu ermitteln:

$$\boxed{A = \sqrt{\frac{U}{2}\left(\frac{U}{2} - a\right)\left(\frac{U}{2} - b\right)\left(\frac{U}{2} - c\right)}} \qquad (4)$$

(Vergleiche auch Ableitung in 19.7.2.)

[1] Der Ankreisradius wird ebenfalls mit r bezeichnet, jedoch zum Unterschied gegenüber dem Inkreisradius mit jener Seite als Index versehen, der er anliegt.

[2] Heron von Alexandria, bedeutender Mathematiker des Altertums, um 100 v. u. Z.

BEISPIEL

1. Aus dem Drachenviereck (Bild 96) mit dem Flächeninhalt A und den Teilhöhen h_1 und h_2 ist die Strecke g zu berechnen.

Lösung

Weil $A = A_1 + A_2$ und $A_1 = \frac{gh_1}{2}$ bzw. $A_2 = \frac{gh_2}{2}$,

wird $A = \frac{g}{2}(h_1 + h_2)$ und hieraus $\underline{\underline{g = \frac{2A}{h_1 + h_2}}}$

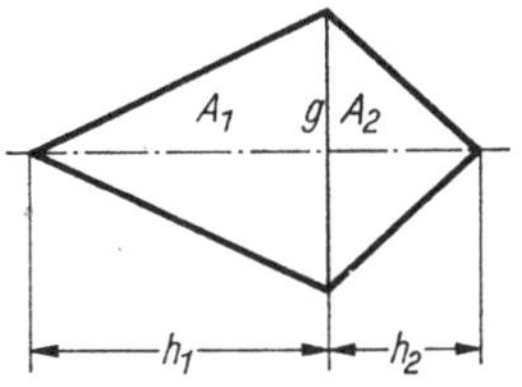

Bild 96

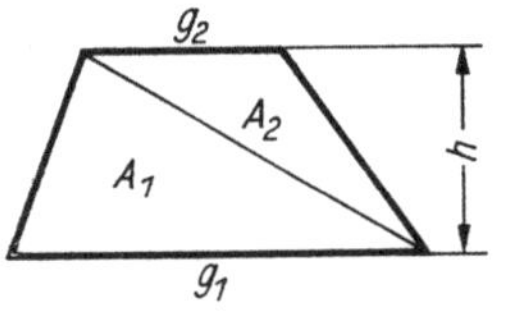

Bild 97

2. Aus dem Trapez (Bild 97) mit dem Flächeninhalt A und den Grundlinien g_1 und g_2 ist die Höhe h zu berechnen.

Lösung

Man zerlegt das Trapez durch eine der beiden möglichen Diagonalen in zwei Dreiecke. Dann sind

$$A = A_1 + A_2 \text{ und weiter } A_1 = \frac{g_1 h}{2}, \quad A_2 = \frac{g_2 h}{2},$$

folglich $A = \frac{h}{2}(g_1 + g_2)$ und schließlich

$$\underline{\underline{h = \frac{2A}{g_1 + g_2}}}$$

Da nach Lehrsatz 11 $\frac{g_1 + g_2}{2} = m$, ist auch

$$\underline{\underline{h = \frac{A}{m}}}$$

3. Der Ankreisradius r_a eines Dreiecks mit dem gegebenen Flächeninhalt A und den gegebenen Seiten $a = 2n$, $b = 3n$ und $c = 4n$ ist zu berechnen.

Lösung

Aus $\quad A = r_a\left(\frac{U}{2} - a\right)$ folgt $r_a = \frac{A}{\frac{U}{2} - a}$

Wegen $\quad \frac{U}{2} = \frac{a + b + c}{2} = \frac{9}{2} n$ ergibt sich $\underline{\underline{r_a = \frac{2}{5}\,\frac{A}{n}}}$

4. Der Flächeninhalt A eines Dreiecks mit den gegebenen Seiten $a = n$, $b = \frac{5}{4} n$ und $c = \frac{3}{4} n$ ist zu berechnen.

Lösung

Aus $\frac{U}{2} = \frac{a+b+c}{2}$ ergibt sich mit den gegebenen Werten $\frac{U}{2} = \frac{3}{2}n$, und damit werden die anderen Faktoren des Radikanden der Formel (4)

$$\frac{U}{2} - a = \frac{1}{2}n, \frac{U}{2} - b = \frac{1}{4}n, \frac{U}{2} - c = \frac{3}{4}n$$

und
$$A = \sqrt{\frac{3}{2}n\frac{1}{2}n\frac{1}{4}n\frac{3}{4}n}$$

$$A = \frac{3}{8}\cdot n^2$$

5.6.2. Rechtwinkliges Dreieck

5.6.2.1. Flächenberechnung

Die Katheten des rechtwinkligen Dreiecks sind nach dem Zusatz zu Lehrsatz 34 zugleich Höhen. Es ist $a = h_b$ und $b = h_a$.
Damit kann der Flächeninhalt für das rechtwinklige Dreieck (Bild 98) entweder durch beide Katheten a und b

$$A = \frac{a\,b}{2} \qquad (5)$$

oder durch die Hypotenuse c und die auf ihr senkrecht stehende Höhe h_c

$$A = \frac{c\,h_c}{2} \qquad (6)$$

ausgedrückt werden.

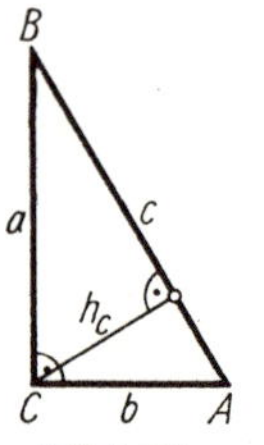

Bild 98

5.6.2.2. Satz des Euklid

Nach Bild 99 teilt der Fußpunkt D der Höhe h_c die Hypotenuse c in die Abschnitte q und p, so daß $c = q + p$. Außerdem wird das Dreieck ABC durch h_c in die ähnlichen Dreiecke ADC und CDB zerlegt (4. Ähnlichkeitssatz). Somit gilt

$$c : a = a : p$$

und

$$c : b = b : q$$

oder

$$a^2 = c\,p \qquad (7)$$

$$b^2 = c\,q \qquad (8)$$

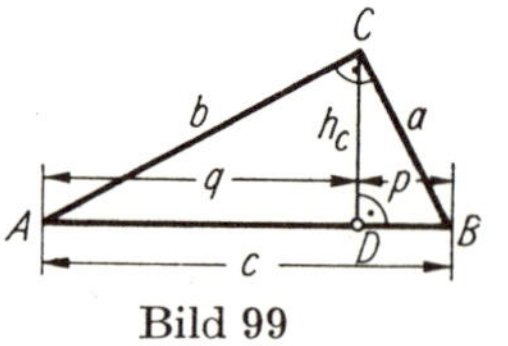

Bild 99

Das ist der **Satz des Euklid**.

Lehrsatz 54

Im rechtwinkligen Dreieck ist das Quadrat einer Kathete gleich dem Produkt aus der Hypotenuse und dem entsprechenden Hypotenusenabschnitt.

Aus (7) bzw. (8) folgt:

Im rechtwinkligen Dreieck ist eine Kathete die mittlere Proportionale zur Hypotenuse und dem entsprechenden Hypotenusenabschnitt.

Die geometrische Deutung des Satzes ist aus Bild 100 zu erkennen. Errichtet man nämlich über den drei Seiten eines rechtwinkligen Dreiecks die entsprechenden Quadrate und teilt man das Hypotenusenquadrat durch die Verlängerung von h_c in zwei Rechtecke, so kann man sagen:

Im rechtwinkligen Dreieck ist das Quadrat über einer Kathete gleich dem Rechteck aus der Hypotenuse und dem entsprechenden Hypotenusenabschnitt.

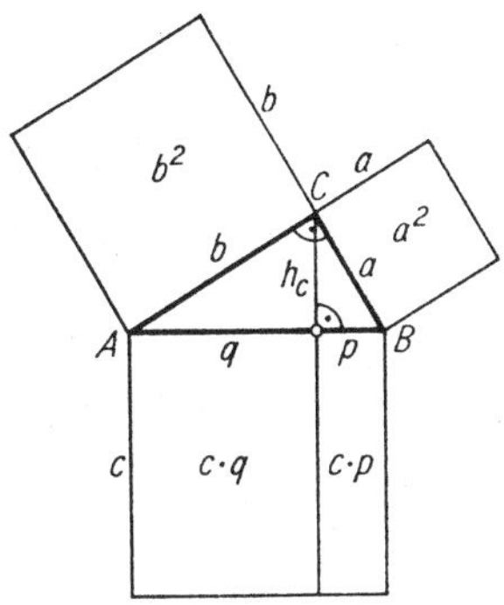

Bild 100

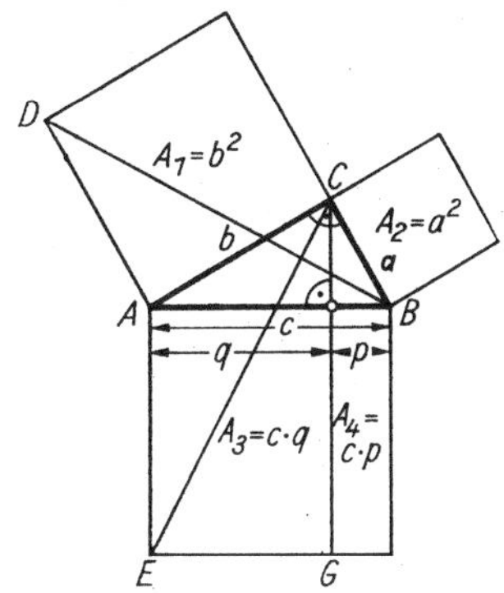

Bild 101

5.6.2.3. Satz des Pythagoras

Addiert man (7) und (8), so erhält man

$$\boxed{c^2 = a^2 + b^2} \qquad (9)$$

Das ist der **Satz des Pythagoras**.[1]

Lehrsatz 55

Im rechtwinkligen Dreieck ist das Hypotenusenquadrat gleich der Summe der Kathetenquadrate.

Aus Bild 101 geht die geometrische Deutung des Satzes hervor:

Im rechtwinkligen Dreieck ist das Quadrat über der Hypotenuse gleich der Summe der Quadrate über den beiden Katheten.

[1] Es steht fest, daß dieser Satz bereits 3000 v. u. Z. in Persien bekannt und bewiesen gewesen ist.

Der Satz des PYTHAGORAS besitzt für die Geometrie fundamentale Bedeutung, gestattet er doch die Berechnung der dritten Seite eines rechtwinkligen Dreiecks, wenn die beiden anderen Seiten gegeben sind.

Anschließend sei ein Beweis dieses Satzes behandelt, wie er sich in den „Elementen" des EUKLID findet.

Errichtet man nach Bild 101 über den Seiten des rechtwinkligen Dreiecks ABC die zugehörigen Quadrate, so lassen sich Verbindungsstrecken zwischen B und D bzw. C und E und außerdem die Verlängerung der Höhe h_c bis G ziehen. Um den nun möglichen Beweis übersichtlich zu halten, setzen wir $A_1 = b^2$, $A_2 = a^2$, $A_3 = cq$, $A_4 = cp$.

Voraussetzung: $\sphericalangle ACB = 90°$

Behauptung: $A_1 + A_2 = A_3 + A_4$

Beweis: $\left.\begin{aligned} A_{ABD} &= {}^1/_2 A_1 \\ A_{AEC} &= {}^1/_2 A_3 \end{aligned}\right\}$ (Lehrsatz 48 und 49)

Da aber $A_{ABD} = A_{AEC}$ (2. Kongruenzsatz)

ist auch $A_1 = A_3$ (I)

Sinngemäß erhält man $A_2 = A_4$ (II)

Aus (I) und (II) folgt durch Addition

$$A_1 + A_2 = A_3 + A_4.$$

Drei ganze Zahlen, die der Gleichung $a^2 + b^2 = c^2$ genügen, heißen ein *pythagoreisches Zahlentripel*. Das bekannteste besteht aus den Zahlen 3, 4 und 5. Mit seiner Hilfe haben vermutlich schon die alten Ägypter um 2000 v. u. Z. den rechten Winkel gebildet.

Setzt man in die Gleichung

$$a^2 + b^2 = c^2$$

für

$$a = u\,v$$

$$b = \frac{u^2 - v^2}{2}$$

$$c = \frac{u^2 + v^2}{2}$$

ein und macht man $u > v$ und beide ganzzahlig, so lassen sich leicht andere Tripel berechnen.

BEISPIELE

1. Ein Rechteck mit den Seiten m und n ist in ein flächengleiches Quadrat zu verwandeln. Lösung zeichnerisch und rechnerisch.

Zeichnerische Lösung (Bild 102)

Zeichne das Rechteck $ABDC$ mit den Seiten m und n. Beschreibe um C den Kreisbogen mit n. Er schneidet die Verlängerung von $\overline{CD}$ in P. Konstruiere den Streckenhalbierungspunkt T der Strecke $\overline{CP}$ und beschreibe um diesen den Thaleskreis über

$\overline{CP}$. Die Verlängerung von $\overline{BD}$ schneidet den Thaleskreis in E. Die Strecke $\overline{CE}$ ist eine Seite des gesuchten Quadrates, $CEGF$ das Quadrat selbst.

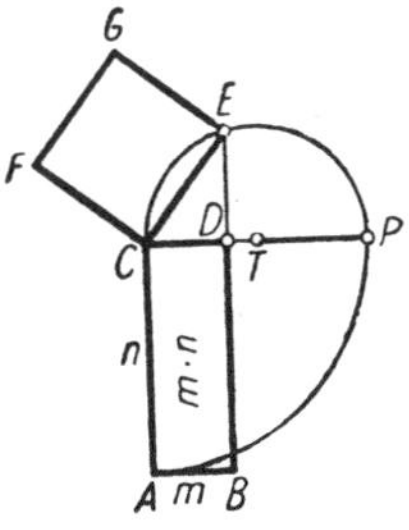

Bild 102

Rechnerische Lösung

Nach (8) erhält man mit x als der gesuchten Quadratseite

$$x^2 = mn$$

$$x = \sqrt{mn}$$

2. Berechne die Längen der gemeinsamen äußeren und inneren Tangenten m und n an zwei Kreise mit den Radien r_1 und r_2.

Lösung (Bild 103)

Man errechnet für die äußere Tangente bei einem Achsenabstand a beider Kreise nach (9)

$$m = \sqrt{a^2 - (r_1 - r_2)^2}$$

Entsprechend ergibt sich für die innere Tangente

$$n = \sqrt{a^2 - (r_1 + r_2)^2}$$

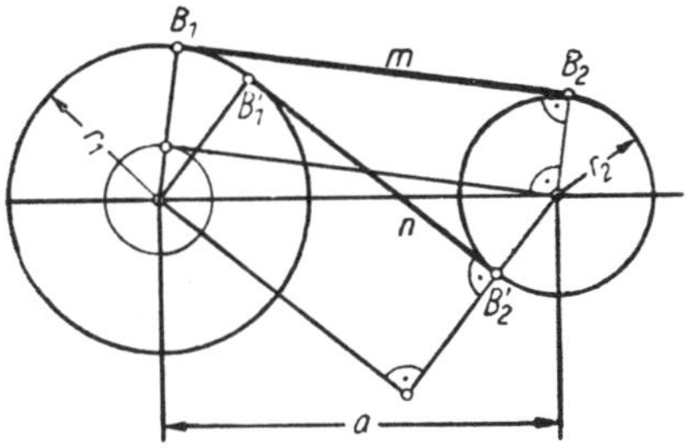

Bild 103

3. Es ist der Achsenabstand a zweier Kreise mit den Radien r_1 und r_2 zu berechnen, die mit einem dritten Kreis vom Radius r_3 angeordnet sind. c, r_2 und r_3 sind bekannt.

Lösung (Bild 104)

Es ist $a = r_1 - r_2$

Aus dem rechtwinkligen Dreieck M_2M_1A folgt:

$$(r_1 - r_2)^2 - (c - r_1)^2 = b^2 \qquad \text{(I)}$$

Aus dem rechtwinkligen Dreieck M_3M_2B folgt:

$$(r_2 + r_3)^2 - (c - r_3)^2 = b^2 \qquad \text{(II)}$$

Für r_1 ergibt sich durch Gleichsetzen von (I) und (II)

$$r_1 = \frac{r_3\,(r_2 + c)}{c - r_2}$$

und somit für den gesuchten Achsenabstand

$$a = \frac{r_3\,(r_2 + c)}{c - r_2} - r_2$$

oder zusammengefaßt

$$a = \frac{r_2\,(r_3 + r_2) + c\,(r_3 - r_2)}{c - r_2}$$

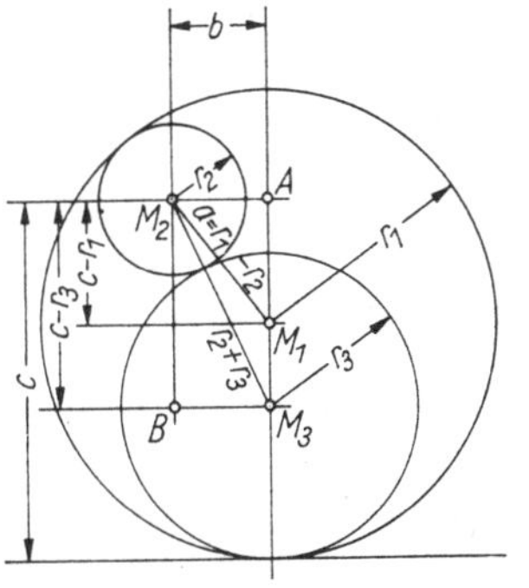

Bild 104

4. Berechne r_2 aus dem im Bild 105 dargestellten Spitzbogen, wenn der Achsenabstand der beiden unteren Halbkreise a ist.

Lösung

Man erkennt sofort $r_1 = \frac{a}{2}$ und $r_3 = 2a$.

Nun läßt sich x sowohl aus Dreieck ABC als auch aus Dreieck DBC bestimmen. Man erhält

$$x^2 = (r_3 - r_2)^2 - a^2$$

und $$x^2 = (r_1 + r_2)^2 - \left(\frac{a}{2}\right)^2$$

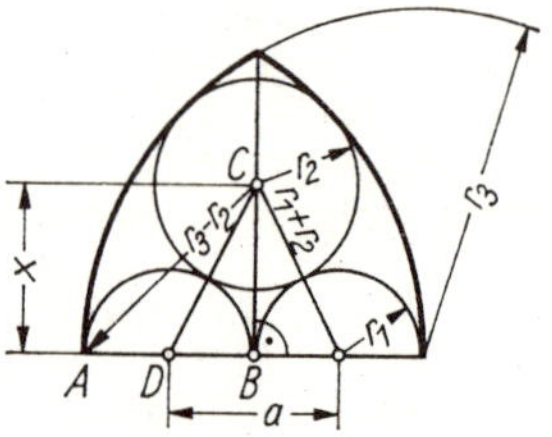

Bild 105

Durch Gleichsetzen und Einsetzen der für r_1 und r_3 gefundenen Werte ergibt sich

$$r_2 = \frac{3}{5}a$$

Ferner folgt für x aus einer der beiden Gleichungen

$$x = \frac{2}{5}a\sqrt{6}$$

5. Berechne die Höhe x des gleichschenkligen Dreiecks, das durch die Mittelpunkte der drei nach Bild 106 aneinanderliegenden Kreise bestimmt ist, wenn die beiden unteren Kreise gleiche Radien r_2 und der obere Kreis den Radius $r_1 > r_2$ haben.

Lösung

Aus dem rechtwinkligen Dreieck ABC folgt nach (9)

$$x = \sqrt{(r_1 + r_2)^2 - r_2{}^2}$$

oder $$x = \sqrt{r_1{}^2 + 2r_1r_2}$$

Für $r_1 = r_2$ folgt ferner $x = r_1\sqrt{3}$.

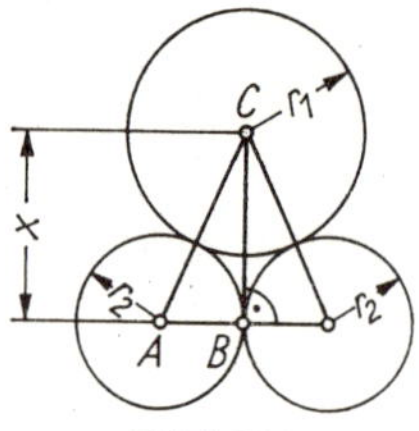

Bild 106

5.6.2.4. Höhensatz im rechtwinkligen Dreieck

Die Teildreiecke ADC und CDB des Dreiecks ABC (Bild 107) sind ähnlich, denn

$$\triangle ADC \sim \triangle ABC$$

und $$\triangle CBD \sim \triangle ABC, \text{ folglich auch}$$

$$\triangle CBD \sim \triangle ACD$$

Somit kann die Proportion

$$q : h_c = h_c : p$$

aufgestellt werden, die in der Produktform

$$\boxed{h_c^2 = qp} \qquad (10)$$

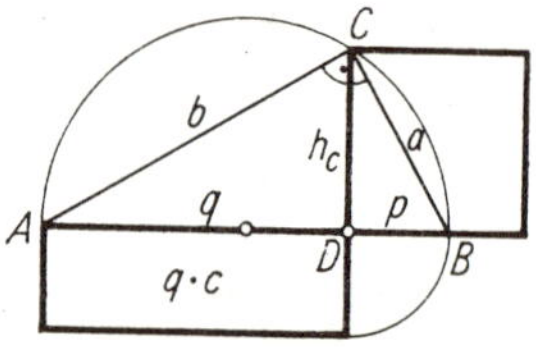

Bild 107

den **Höhensatz** im rechtwinkligen Dreieck darstellt.

Lehrsatz 56

Im rechtwinkligen Dreieck ist das Quadrat über der zur Hypotenuse gehörigen Höhe gleich dem Produkt aus den beiden Hypotenusenabschnitten.

Aus der anfangs aufgestellten Proportion ergibt sich weiter:

Im rechtwinkligen Dreieck ist die zur Hypotenuse gehörige Höhe die mittlere Proportionale zu den beiden Hypotenusenabschnitten.

Nach Bild 107 läßt sich der Höhensatz im rechtwinkligen Dreieck geometrisch deuten und lautet dann:

Im rechtwinkligen Dreieck ist das Quadrat über der zur Hypotenuse gehörigen Höhe gleich dem Rechteck aus den beiden Hypotenusenabschnitten.

BEISPIELE

1. So wie der Satz des EUKLID kann auch der Höhensatz zur Umwandlung von einem gegebenen Rechteck in ein flächengleiches Quadrat benutzt werden. Beispielsweise soll das Rechteck mit den Seiten m und n in ein Quadrat mit gleichem Flächeninhalt verwandelt werden.

Lösung (Bild 108)

Man hat die Seite m auf der Verlängerung von $\overline{AC}$ abzutragen, die Strecke $\overline{EA}$ zu halbieren und um den Halbierungspunkt T den Thaleskreis über $\overline{EA}$ zu beschreiben. Die Verlängerung von $\overline{DC}$ ergibt den Schnittpunkt F und damit die Seite $\overline{CF}$ des gesuchten Quadrates.

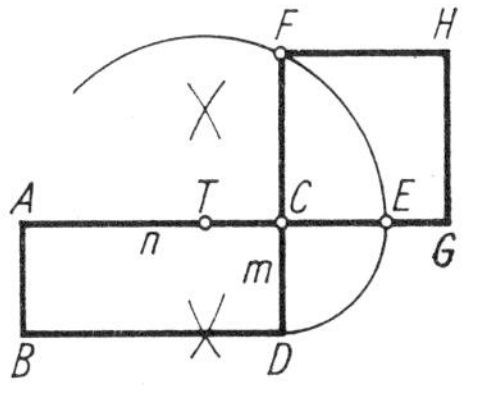

Bild 108

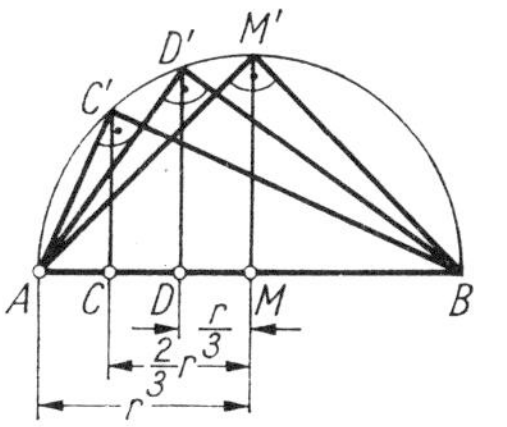

Bild 109

2. In den Teilpunkten C, D und M der Strecke $\overline{AB}$ sind Senkrechte errichtet, die den über $\overline{AB}$ beschriebenen Thaleskreis in C', D' und M' treffen. Bestimme die Höhen h_c für die dadurch entstehenden Dreiecke ABC', ABD' und ABM' nach dem Höhensatz.

Lösung (Bild 109)

$\triangle ABC'$:	$\triangle ABD'$:	$\triangle ABM'$:
$q = \frac{1}{3} r, p = \frac{5}{3} r$	$q = \frac{2}{3} r, p = \frac{4}{3} r$	$q = r, p = r$

Mit diesen Werten folgt aus $h_c^2 = qp$:

$$h_c = \frac{r}{3}\sqrt{5} \qquad h_c = \frac{2}{3} r \sqrt{2} \qquad h_c = r$$

Schließlich lassen sich auch die den einzelnen Höhen zugehörenden Katheten ermitteln. Man findet

$$b_1 = \frac{r}{3}\sqrt{6} \qquad b_2 = \frac{2}{3} r \sqrt{3} \qquad b_3 = r\sqrt{2}$$

$$a_1 = \frac{r}{3}\sqrt{30} \qquad a_2 = \frac{2}{3} r \sqrt{6} \qquad a_3 = r\sqrt{2}$$

3. Die Strecke x ist zu berechnen, die ein mit der Höhe h_c eines rechtwinkligen Dreiecks ABC um den Fußpunkt D beschriebener Kreis auf der Hypotenuse abschneidet. Die Dreieckseiten seien $a = 4$ m, $b = 3$ m und $c = 5$ m.

Lösung (Bild 110)

Aus $a^2 = cp$ folgt $p = \frac{a^2}{c}$ oder mit den gegebenen Werten

$$p = \frac{16}{5}\text{ m}$$

Aus $h_c{}^2 = qp$ folgt $h_c = \frac{12}{5}$ m

und wegen $x = p - h_c$

wird $x = \frac{4}{5}$ m

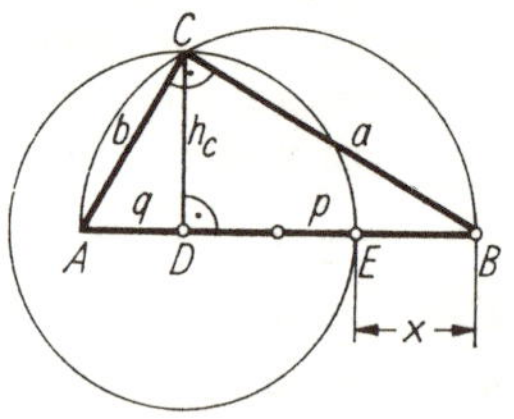

Bild 110

AUFGABEN

13. Berechne den Flächeninhalt A eines schiefwinkligen Dreiecks aus den Seiten $a = 3$ cm, $b = 5$ cm und $c = 4$ cm.

14. Von einem schiefwinkligen Dreieck sind die Seiten $a = 5$ cm, $b = 3$ cm und der Flächeninhalt $A = 5\text{ cm}^2$ gegeben. Berechne die Seite c.

15. Wie groß ist die eine Kathete a eines rechtwinkligen Dreiecks, wenn die andere Kathete b und die Hypotenuse c folgende Abmessungen haben:

a) $b = 11$ cm, $c = 12{,}4$ cm b) $b = 7{,}8$ cm, $c = 9{,}8$ cm

c) $b = 4{,}53$ dm, $c = 6{,}78$ dm d) $b = 46{,}3$ m, $c = 58{,}1$ m

e) $b = 0{,}832$ km, $c = 0{,}986$ km f) $b = 45{,}79$ mm, $c = 74{,}35$ mm

16. Wie groß ist die Hypotenuse c eines rechtwinkligen Dreiecks, wenn die beiden Katheten a und b folgende Abmessungen haben:

a) $a = 7{,}3$ cm, $b = 2{,}1$ cm b) $a = 85{,}3$ mm, $b = 112{,}2$ mm

c) $a = 0{,}85$ m, $b = 0{,}32$ m d) $a = 4{,}321$ km, $b = 7{,}845$ km

e) $a = 24{,}1$ dm, $b = 12{,}4$ dm f) $a = 0{,}85$ m, $b = 0{,}76$ m

17. Erkläre Bild 111 und wiederhole die Konstruktion für $a = 2$ Längeneinheiten und $a = 3$ Längeneinheiten.

18. Von einem rechtwinkligen Dreieck sind die Kathete $a = 3$ cm und die Hypotenuse $c = 6$ cm gegeben. Berechne den Flächeninhalt A.

19. Ein gleichschenklig-rechtwinkliges Dreieck mit den Schenkeln a soll einem gleichseitigen Dreieck mit der Seite b flächengleich sein. Drücke b durch a aus.

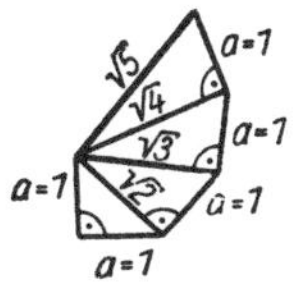

Bild 111

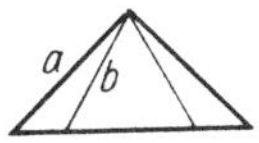

Bild 112

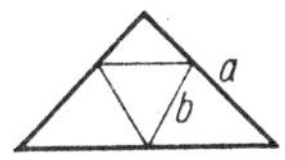

Bild 113

20. Einem gleichschenklig-rechtwinkligen Dreieck (Bild 112) ist ein gleichseitiges Dreieck mit der Seite b einbeschrieben. Drücke b durch die Katheten a des rechtwinkligen Dreiecks aus.

21. Einem gleichschenklig-rechtwinkligen Dreieck mit den Katheten a (Bild 113) ist ein gleichseitiges Dreieck mit der Seite b einbeschrieben. Drücke b durch a aus.

22. Ein rechtwinkliges Dreieck mit der Höhe $h = 3$ cm hat den Flächeninhalt $A = 12\ \text{cm}^2$. Berechne seine Seiten a, b und c.

23. Die Katheten eines rechtwinkligen Dreiecks stehen im Verhältnis $a:b = m:n = 3:4$. Wie groß sind seine Katheten a und b und sein Flächeninhalt A, wenn für die Hypotenuse $c = 8$ cm angegeben ist?

24. In welchem Verhältnis stehen die Katheten a und b eines rechtwinkligen Dreiecks, das einem gleichseitigen Dreieck flächengleich ist? Die Hypotenuse des rechtwinkligen Dreiecks sei $c = 8$ cm und die Seite des gleichseitigen Dreiecks $d = 6$ cm.

25. Von einem rechtwinkligen Dreieck sind die Hypotenusenabschnitte $q = 4$ cm und $p = 5$ cm bekannt. Berechne die Katheten a und b und den Flächeninhalt A.

26. Von einem rechtwinkligen Dreieck sind die Höhe $h = 5$ cm und der Hypotenusenabschnitt $q = 3$ cm gegeben. Wie groß sind die Seiten a, b und c des Dreiecks und sein Flächeninhalt A?

27. Wie groß sind der Inkreisradius r_i und der Ankreisradius r_a eines rechtwinkligen Dreiecks mit den Katheten $a = 6$ cm und $b = 8$ cm?

28. Berechne die Seite x des in ein rechtwinkliges Dreieck einbeschriebenen Quadrates (Bild 114). Drücke x

a) durch die Katheten a und b,

b) durch die Hypotenusenabschnitte u und v aus.

29. Drücke r_2 im Bild 115 durch r_1 aus.

30. Drücke die Stücke h_1, h_2 und r_2 im Bild 116 durch r_1 aus.

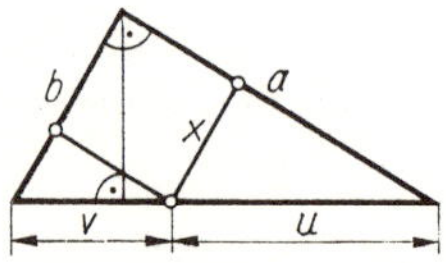

Bild 114

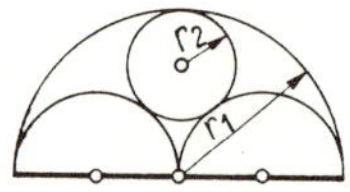

Bild 115

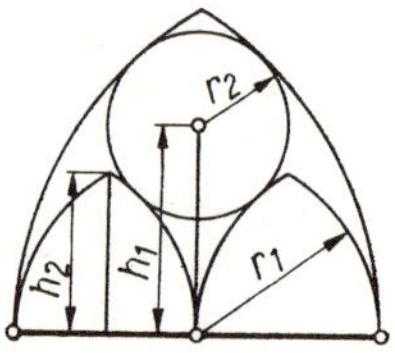

Bild 116

31. Drücke r_2, r_3 und r_4 im Bild 117 durch r_1 aus.

32. Drücke r_2 und r_3 im Bild 118 durch r_1 aus.

33. Von dem im Bild 119 dargestellten Gefäß ist die Höhe h zu bestimmen. Bekannt sind $g_1 = 6$ dm, $g_2 = 8$ dm und $a = 5$ dm.

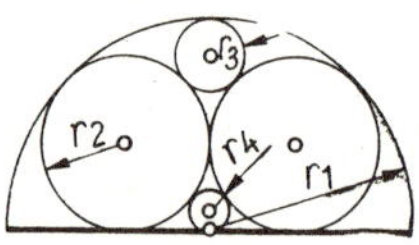

Bild 117

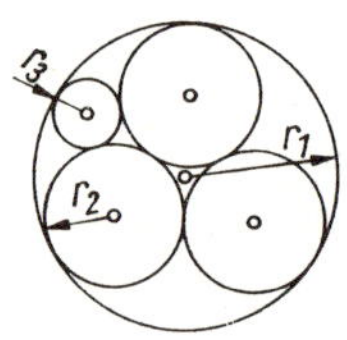

Bild 118

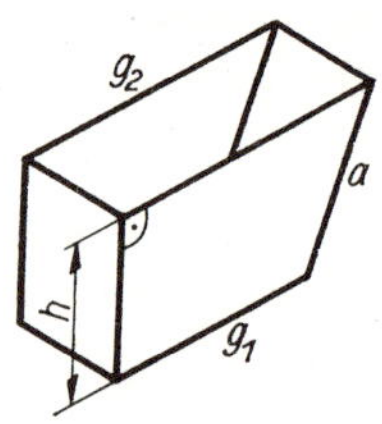

Bild 119

34. Wie groß ist die Höhe h der im Bild 120 gezeigten Leiter, wenn die Entfernung zwischen ihren Fußpunkten $s = 1{,}5$ m und ihre Schenkellänge $l = 5$ m beträgt?

35. Von dem im Bild 121 dargestellten Krangerüst sind die Maße $e = 5{,}6$ m und $f = 6$ m bekannt. Berechne die übrigen Trägerstücke a, b, p, c, d.

36. Berechne die Stücke b, c und d des im Bild 122 gezeigten Dachbinders aus den Stücken $a = 12$ m und $h = 4$ m.

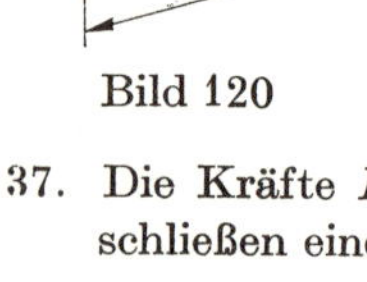

Bild 120

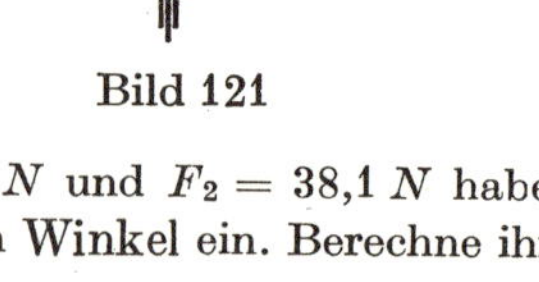

Bild 121

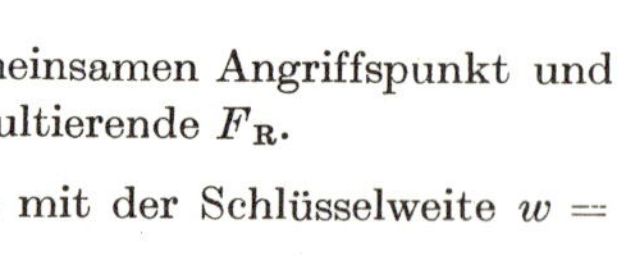

Bild 122

37. Die Kräfte $F_1 = 53{,}4\ N$ und $F_2 = 38{,}1\ N$ haben gemeinsamen Angriffspunkt und schließen einen rechten Winkel ein. Berechne ihre Resultierende F_R.

38. Berechne die Kantenlänge k einer Sechskantschraube mit der Schlüsselweite $w = 17$ mm.

39. Zum Schleifen eines Spiralbohrers von 20 mm Durchmesser soll eine Lehre nach Bild 123 angefertigt werden. Berechne h für die dort eingetragenen Maße.

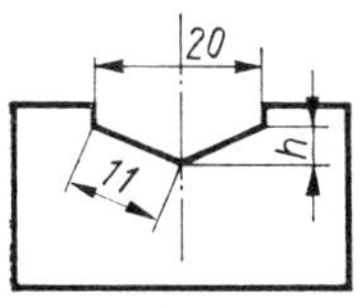

Bild 123

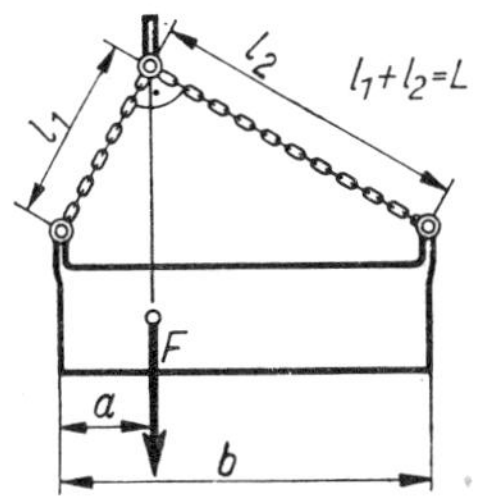

Bild 124

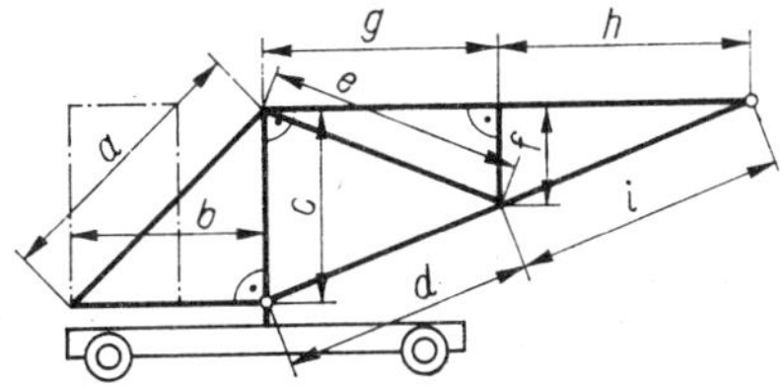

Bild 125

40. Ein Kasten mit einseitiger Schwerpunktlage hängt an einer gespreizten Kette (Bild 124). Welche Länge l hat die einen rechten Winkel einschließende Kette, wenn die Kastenlänge (Hakenabstand) $b = 2{,}68$ m und der Schwerpunktabstand $a = 0{,}76$ m betragen?

41. Von dem im Bild 125 dargestellten Drehkran sind die Längen der Träger mit $a = 4{,}8$ m, $b = 4{,}1$ m, $g = 5{,}9$ m und $h = 2{,}4$ m gemessen worden. Berechne die Längen der Träger c, d, e, f, i.

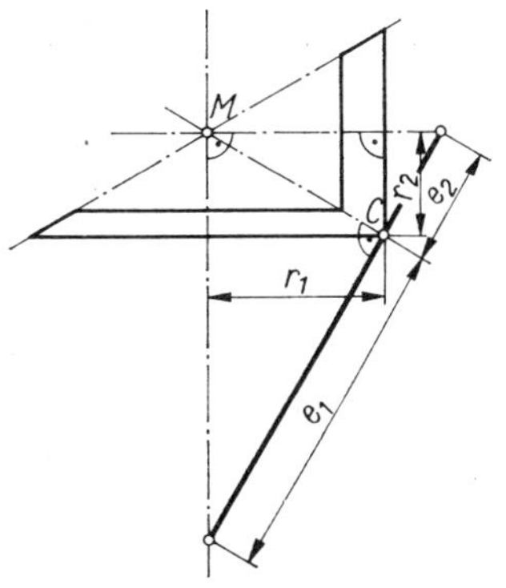

Bild 126

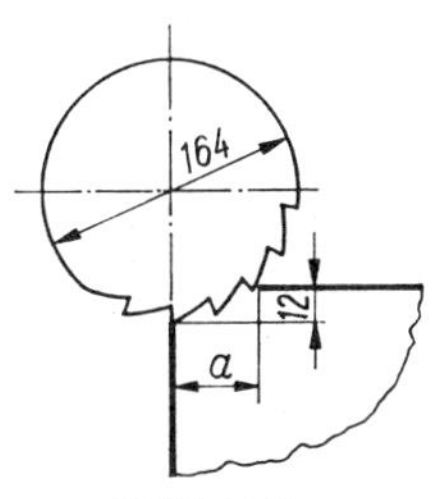

Bild 127

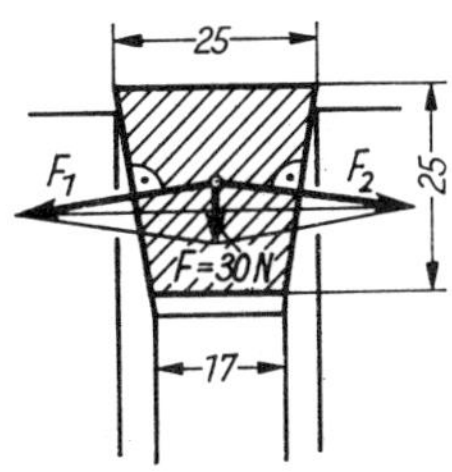

Bild 128

42. Von dem im Bild 126 gezeigten Kegelradpaar sind der Radius $r_1 = 68$ mm und die Kegelerzeugende $\overline{MC} = 76$ mm bekannt. Berechne r_2 und die Radien e_1 und e_2 der Ergänzungskegel.

43. In einer Blechrinne, deren Querschnitt ein gleichschenklig-rechtwinkliges Dreieck von der Höhe $h = 64$ cm ist, fließt Wasser mit der Geschwindigkeit $v = 0{,}2\ \frac{\text{m}}{\text{s}}$. Welche Wassermenge Q liefert die Rinne stündlich bei einem Wasserstand von $\frac{2}{3}\,h$?

44. Berechne den Anschnitt a des im Bild 127 dargestellten Scheibenfräsers nach den dort eingetragenen Maßen.

45. Berechne die Normalkräfte $F_1 = F_2$, mit denen ein Keilriemen auf die Flanken der Rillen einer Keilriemenscheibe drückt (Bild 128).

46. Wie groß ist die Eindrucktiefe h einer Kugel, die nach Bild 129 den Eindruckkreis $d_1 = 132$ mm erzeugt und selbst den Durchmesser $d = 154$ mm hat?

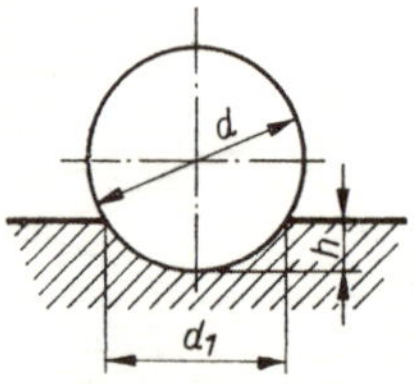

Bild 129

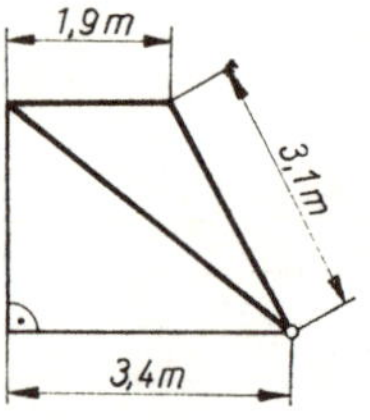

Bild 130

47. Von einem schiefwinkligen Dreieck sind die Seiten a, b und c bekannt. Drücke die durch h_c auf c gebildeten Abschnitte q und p durch die gegebenen Stücke aus.

48. Drücke die Seite b eines schiefwinklig-spitzwinkligen Dreiecks durch die beiden anderen Seiten a und c und die Projektion q der Seite b auf die Seite c aus.

49. Ein Blech, dessen Abmessungen aus Bild 130 hervorgehen, soll beiderseits gestrichen werden. Berechne die Farbmenge m, wenn erfahrungsgemäß mit einem Verbrauch von 0,174 kg/m² gerechnet wird.

5.6.3. Gleichschenkliges Dreieck

5.6.3.1. Berechnung des gleichschenkligen Dreiecks

Das gleichschenklige Dreieck wird infolge seiner in 3.1.2.2. besprochenen axialsymmetrischen Eigenschaften durch die auf der Basis c stehende Höhe h_c in zwei kongruente rechtwinklige Dreiecke zerlegt (Bild 131). Deshalb liegen auch die Schnittpunkte der auf die beiden Schenkel bezogenen Mittellinien m_a und Seitenhalbierenden s_a sowie derjenige der Winkelhalbierenden w_α auf dieser Höhe.
Zwischen dem Basiswinkel α und dem der Basis gegenüberliegenden Winkel γ besteht die Beziehung

$$\alpha = 90^\circ - {}^1/_2\,\gamma$$

Für den Basiswinkel α und den der Basis gegenüberliegenden Außenwinkel γ_1 gilt

$$\gamma_1 = 2\alpha$$

Mit den Bezeichnungen des Bildes 131 erhält man weiterhin

$$h_c = \sqrt{a^2 - \left(\frac{c}{2}\right)^2}$$

und für den Flächeninhalt nach (1)

$$\boxed{A = \frac{c}{2}\sqrt{a^2 - \left(\frac{c}{2}\right)^2}} \qquad (11)$$

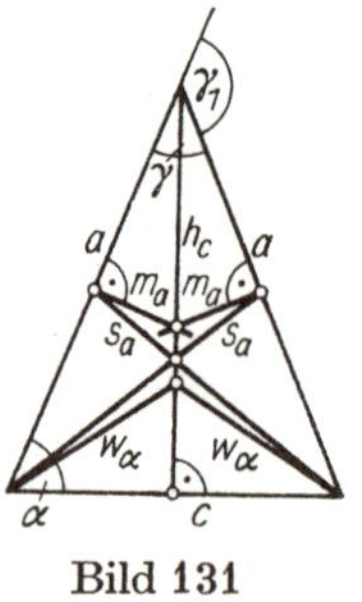

Bild 131

Durch die Gleichheit zweier Seiten vereinfacht sich auch die Heronische Formel. Sie geht in

$$\boxed{A = \left(\frac{U}{2} - a\right)\sqrt{\frac{U}{2}\left(\frac{U}{2} - c\right)}} \qquad (12)$$

über mit $\frac{U}{2} = \frac{2a + c}{2}$.

5.6.3.2. Sonderfälle des gleichschenkligen Dreiecks

5.6.3.2.1. Gleichschenklig-rechtwinkliges Dreieck

Wird der der Basis gegenüberliegende Winkel $\gamma = 90°$, so wird aus dem allgemeinen gleichschenkligen Dreieck ein gleichschenklig-rechtwinkliges Dreieck (Bild 132). Die Höhe h_c teilt es in zwei ebensolche kongruente Dreiecke. Mithin vereinfachen sich die für das allgemeine gleichschenklige Dreieck angegebenen Beziehungen noch weiter. Die Basiswinkel werden $\alpha = 45°$,
und der Außenwinkel γ_1 an der der Basis gegenüberliegenden Ecke wird $\gamma_1 = 90°$
Die Höhe läßt sich wegen $\overline{CD} = \overline{DB} = h_c$ aus

$$h_c = \frac{a}{2}\sqrt{2}$$

berechnen.

Der Flächeninhalt ergibt sich aus

$$\boxed{A = \frac{a^2}{2}} \qquad (13)$$

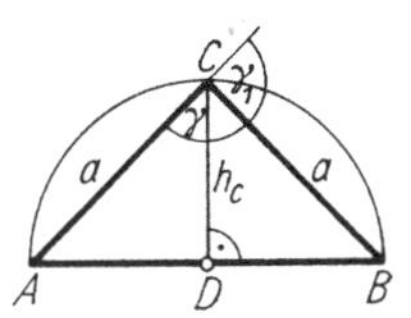

Bild 132

5.6.3.2.2. Gleichseitiges Dreieck

Im gleichseitigen oder regelmäßigen Dreieck sind die Innenwinkel gleich groß, und zwar 60°. Wie aus Bild 133 zu erkennen ist, sind alle Transversalen gleich lang und schneiden einander in einem Punkt M. Dieser ist Mittelpunkt des In- und Umkreises. Das gleichseitige Dreieck ist somit als einziges Dreieck zentralsymmetrisch. Es hat drei Symmetrieachsen, die mit den auf die drei Seiten bezogenen Transversalen zusammenfallen.

Nach (9) ergibt sich seine Höhe aus Dreieck ADC (Bild 134) zu

$$\boxed{h = \frac{a}{2}\sqrt{3}} \qquad (14)$$

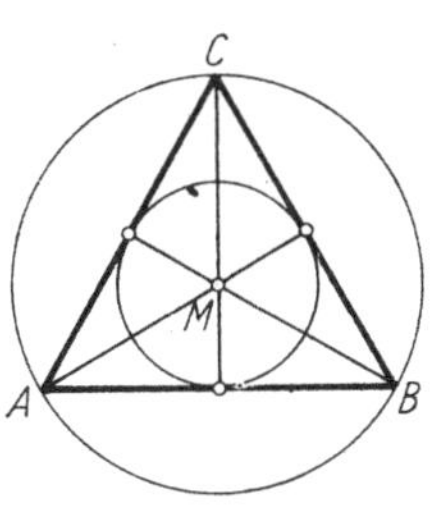

Bild 133

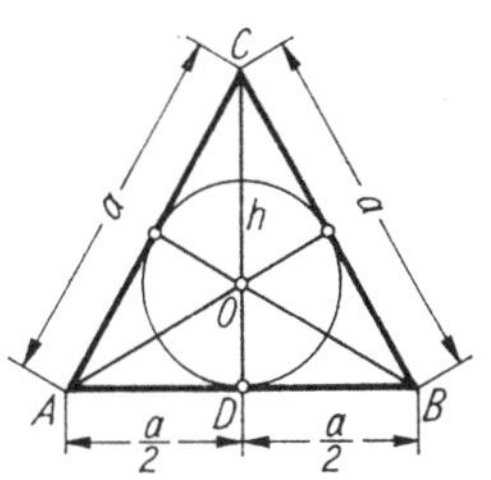

Bild 134

und somit wird sein Flächeninhalt nach (1) (s. 5.6.1.2.)

$$\boxed{A = \frac{a^2}{4}\sqrt{3}} \tag{15}$$

Da ferner $\triangle ADC \sim \triangle OAD$

gilt $\overline{OD}:\overline{AD} = \overline{AD}:\overline{DC}$

und da $\overline{OD} = r_i$ der Inkreisradius ist, folgt für diesen aus

$$r_i : \frac{a}{2} = \frac{a}{2} : \frac{a}{2}\sqrt{3}$$

$$\boxed{r_i = \frac{a}{6}\sqrt{3}} \tag{16}$$

Sinngemäß ergibt sich aus

$$\overline{AO} : \overline{AD} = \overline{AC} : \overline{DC}$$

für den Umkreisradius $\overline{AO} = r_u$

$$r_u : \frac{a}{2} = a : \frac{a}{2}\sqrt{3}$$

und schließlich

$$\boxed{r_u = \frac{a}{3}\sqrt{3}} \tag{17}$$

Aus (16) und (17) erhält man außerdem

$$r_u : r_i = 2:1$$

d. h., der Umkreisradius des gleichseitigen Dreiecks ist doppelt so groß wie der Inkreisradius.

BEISPIELE

1. Einem Quadrat ist ein gleichseitiges Dreieck einbeschrieben. Es sind alle Stücke des Dreiecks zu berechnen, wenn die Quadratseite b als bekannt angenommen wird. Außerdem ist eine Konstruktion für die Seite des einbeschriebenen Dreiecks anzugeben.

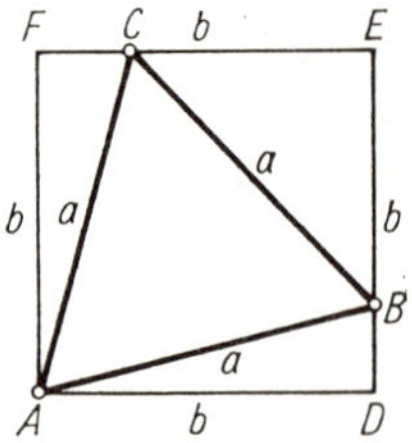

Bild 135

Lösung (Bild 135)

Man setzt $\overline{BE} = x$ und $\overline{BD} = b - x$, dann folgt aus den rechtwinkligen Dreiecken BEC und ADB

$$a^2 = 2x^2$$

$$a^2 = b^2 + (b - x)^2$$

und durch Gleichsetzen

$$2x^2 = b^2 + b^2 - 2bx + x^2$$

Das ergibt die quadratische Gleichung

$$x^2 + 2bx - 2b^2 = 0$$

mit den Lösungen $x_1 = b(\sqrt{3} - 1)$

und $x_2 = b(-\sqrt{3} - 1)$

Da nach Aufgabe $b > 0$ ist, gilt

$$x = b(\sqrt{3} - 1)$$

Somit wird $\underline{\underline{a = b\sqrt{2}(\sqrt{3} - 1)}}$

Damit erhält man

aus $h = \frac{a}{2}\sqrt{3}$ $\quad \underline{\underline{h = \frac{b}{2}\sqrt{6}(\sqrt{3} - 1)}}$

aus $A = \frac{a^2}{4}\sqrt{3}$ $\quad \underline{\underline{A = b^2(2\sqrt{3} - 3)}}$

aus $r_i = \frac{a}{6}\sqrt{3}$ $\quad \underline{\underline{r_i = \frac{b}{6}\sqrt{6}(\sqrt{3} - 1)}}$

aus $r_u = \frac{a}{3}\sqrt{3}$ $\quad \underline{\underline{r_u = \frac{b}{3}\sqrt{6}(\sqrt{3} - 1)}}$

Für die Konstruktion benutzt man

$$x = b\sqrt{3} - b$$

Man zeichnet das Quadrat $ADEF$ (Bild 136), bringt den Kreisbogen mit dem Radius $2b$ um A mit der über E verlängerten Quadratseite $\overline{DE}$ zum Schnitt und findet so G. Beschreibt man ferner mit $\overline{EG}$ den Kreisbogen um E, so ergeben die Schnittpunkte B und C auf $\overline{DE}$ und $\overline{EF}$ den zweiten und dritten Eckpunkt des geforderten Dreiecks.

Beweis

Nach Konstruktion sind

$$\overline{DA} = b \text{ und } \overline{AG} = 2b$$

folglich $\overline{DG}^2 = \overline{AG}^2 - \overline{DA}^2$

oder $\overline{DG}^2 = 4b^2 - b^2$

und $\overline{DG} = b\sqrt{3}$

Da nun $\overline{DE} = b$

wird $\overline{EG} = b\sqrt{3} - b = x$

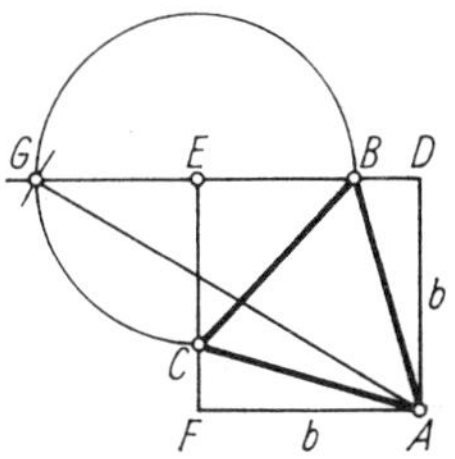

Bild 136

2. Einem Quadrat mit der Seite b ist ein gleichseitiges Dreieck zu umschreiben. Bestimme alle Stücke des Dreiecks.

Lösung (Bild 137)

Setzt man $\overline{CH} = x$, so folgt unmittelbar aus der Ähnlichkeit der beiden Dreiecke AKC und GHC die Proportion

$$x : \frac{b}{2} = \overline{CK} : \frac{a}{2}.$$

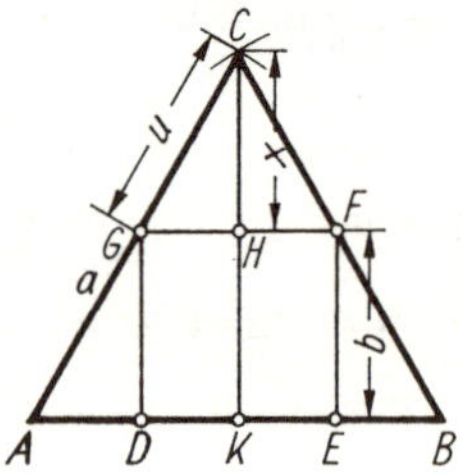

Bild 137

Mit $\overline{CK} = \frac{a}{2}\sqrt{3}$

als Höhe im umschriebenen gleichseitigen Dreieck und mit

$$x = \overline{CK} - b$$

erhält man

$$\left(\frac{a}{2}\sqrt{3} - b\right) : \frac{b}{2} = \frac{a}{2}\sqrt{3} : \frac{a}{2}$$

und nach entsprechender Umformung

$$\underline{\underline{a = \frac{b}{3}\left(3 + 2\sqrt{3}\right).}}$$

Somit folgen

aus $h = \frac{a}{2}\sqrt{3}$ $\quad \underline{\underline{h = \frac{b}{2}\left(\sqrt{3} + 2\right)}}$

aus $A = \frac{a^2}{4}\sqrt{3}$ $\quad \underline{\underline{A = \frac{b^2}{12}\left(7\sqrt{3} + 12\right)}}$

aus $r_i = \frac{a}{6}\sqrt{3}$ $\quad \underline{\underline{r_i = \frac{b}{6}\left(\sqrt{3} + 2\right)}}$

aus $r_u = \frac{a}{3}\sqrt{3}$ $\quad \underline{\underline{r_u = \frac{b}{3}\left(\sqrt{3} + 2\right)}}$

Für die Konstruktion des Dreiecks bestimme man $\overline{CF} = u$. Man findet

$$u = b$$

und braucht deshalb nur über einer Quadratseite ein gleichseitiges Dreieck zu errichten und zum gesuchten Dreieck zu ergänzen.

3. Sechs Zylinder sind übereinandergesetzt. Wie groß ist die Höhe H des entstandenen Gebildes, wenn der Radius der Grundkreise der Zylinder r ist?

Lösung (Bild 138)

Alle Mittelpunkte liegen auf den Seiten eines gleichseitigen Dreiecks mit der Höhe h und den Seiten $4r$. Somit ergibt sich H aus

$$H = h + 2r$$

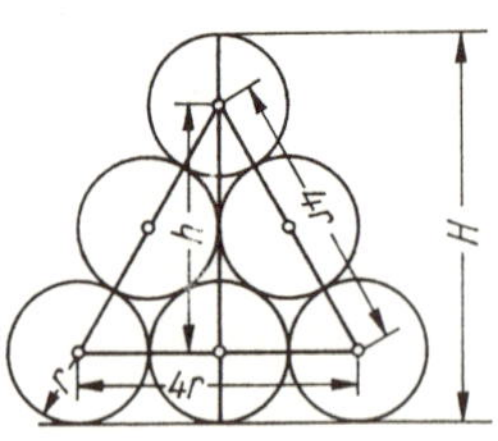

Bild 138

Nun ist aber nach (9), Seite 69,

$$h^2 = (4r)^2 - (2r)^2 \quad \text{oder} \quad h = 2r\sqrt{3}$$

und somit

$$\underline{\underline{H = 2r\left(\sqrt{3} + 1\right).}}$$

4. Berechne die Höhe H im Beispiel 3, wenn der Radius des oberen Zylinders R ist.

Lösung (Bild 139)

Durch die Punkte E, D und F ist ein gleichschenkliges Dreieck bestimmt mit der Basis $\overline{EF} = 2r$ und den Schenkeln $\overline{ED} = \overline{FD} = R + r$. Somit gilt nach (9)

$$\overline{DG}^2 = \overline{ED}^2 - \overline{EG}^2$$

oder

$$\overline{DG}^2 = (R + r)^2 - r^2$$

und

$$\overline{DG} = \sqrt{R\,(2r + R)} \qquad \text{(I)}$$

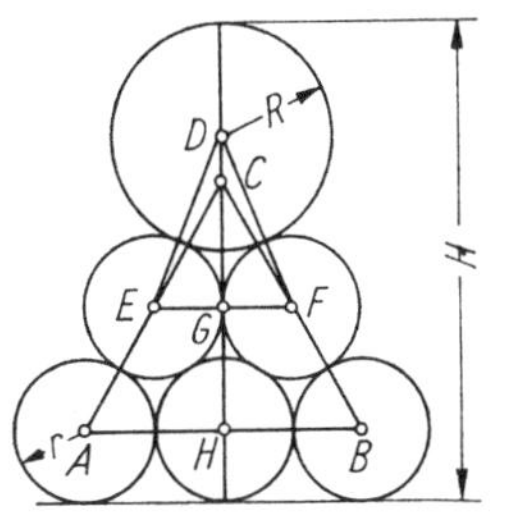

Bild 139

Andererseits ist $\overline{GH}$ die Höhe im gleichseitigen Dreieck AEH, somit nach (14), Seite 79,

$$\overline{GH} = r\sqrt{3}$$

und mit (I)

$$\underline{\underline{H = r\left(1 + \sqrt{3}\right) + R + \sqrt{R\,(2r + R)}}}$$

Für $R = r$ folgt wieder der im Beispiel 3 errechnete Wert.

AUFGABEN

50. In einem gleichschenkligen Dreieck ist die Höhe h gleich der Basis c. Welchen Flächeninhalt A hat dieses Dreieck, und wie groß sind seine Schenkel a? Drücke A und a durch c aus.

51. Von einem gleichschenkligen Dreieck sind die Höhe $h_c = 5$ cm und die Schenkel $a = 8$ cm gegeben. Berechne seinen Flächeninhalt A.

52. Von einem gleichschenkligen Dreieck sind der Flächeninhalt $A = 10\ \text{cm}^2$ und die Basis $c = 4$ cm bekannt. Wie groß sind die Schenkel a und die Höhe h_c?

53. Die Seiten eines gleichschenkligen Dreiecks stehen im Verhältnis $a:c = m:n = 2:1$. Sein Flächeninhalt sei $A = 6\ \text{cm}^2$. Berechne die Höhe h_c, die Schenkel a und die Basis c.

54. Wie groß ist der Inkreisradius r_i eines gleichschenkligen Dreiecks, von dem der Flächeninhalt $A = 8\ \text{cm}^2$ und die Schenkel $a = 5$ cm gegeben sind?

55. Von einem gleichschenkligen Dreieck sind der Umfang $U = 16$ cm und die Höhe $h_c = 4$ cm bekannt. Wie groß sind seine Schenkel a und die Basis c? Berechne außerdem den Flächeninhalt A.

56. Drücke die Schenkel a eines gleichschenkligen Dreiecks und das Lot f vom Fußpunkt der Höhe h_c auf den Schenkel a durch $h_c = 5$ cm und $c = 4$ cm aus.

57. Ein gleichschenkliges Dreieck mit der Basis $c = 4$ cm und dem Umfang $U = 24$ cm soll in ein gleichschenklig-rechtwinkliges Dreieck mit gleichem Umfang verwandelt werden. In welchem Verhältnis $A_1 : A_2$ stehen die Flächeninhalte beider Dreiecke zueinander?

58. Drücke die Höhe h_c eines gleichschenkligen Dreiecks durch den Schenkel a und die Basis c aus.

59. In welchem Verhältnis $A_1 : A_2$ teilt die Seitenhalbierende s_a eines gleichschenkligen Dreiecks den Flächeninhalt?

60. Berechne die Seitenhalbierende s_a eines gleichschenkligen Dreiecks aus der Basis $c = 4{,}5$ cm und dem Schenkel $a = 8{,}3$ cm.

61. Berechne die Gurtlängen b und c des im Bild 140 dargestellten Dachbinders.

62. Berechne den Querschnitt A der im Bild 141 dargestellten Schiene.

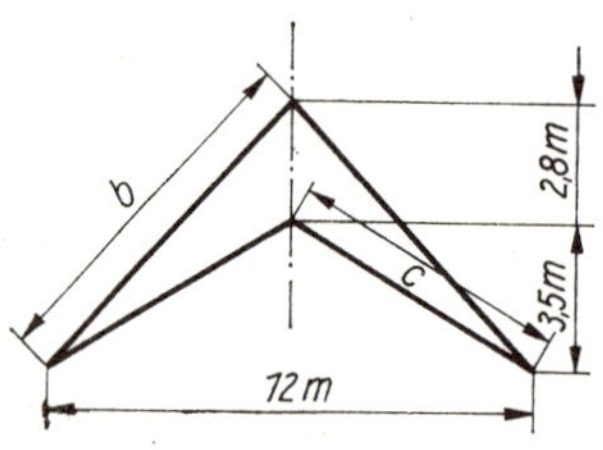

Bild 140

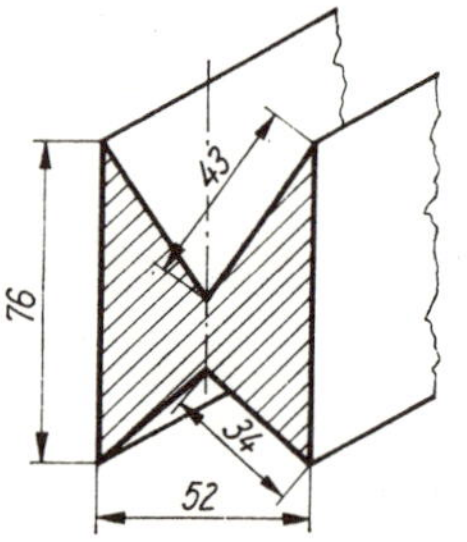

Bild 141

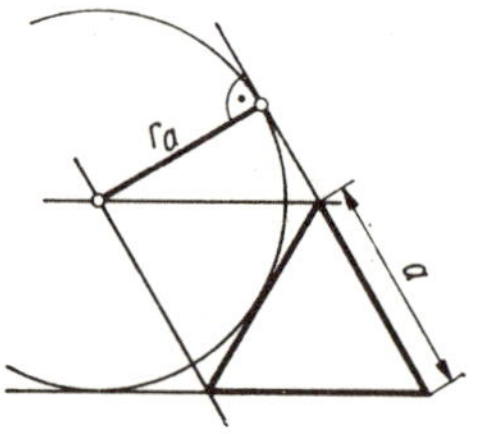

Bild 142

63. Von einem gleichseitigen Dreieck ist die Seite $a = 3$ cm gegeben. Berechne den Inkreisradius r_i und den Umkreisradius r_u.

64. Drücke den Ankreisradius r_a eines gleichseitigen Dreiecks durch die Dreieckseite a aus (Bild 142).

65. Die Seiten a und b zweier gleichseitiger Dreiecke verhalten sich wie $a : b = m : n = 2 : 3$. Berechne das Verhältnis $A_a : A_b$ ihrer Flächeninhalte.

66. Drücke den Flächeninhalt A und die Höhe h eines gleichseitigen Dreiecks mit der Seite a durch den Umfang U aus.

67. Der Querschnitt A einer Stahlschiene ist ein gleichseitiges Dreieck. Berechne A für den Umfang $U = 26{,}4$ cm.

68. Die Schlüsselweite einer Sechskantschraube beträgt $w = 21$ mm. Wie groß ist das Eckenmaß e des Schraubenkopfes?

69. Der Achsenabstand $a = 345$ mm zweier Zahnräder und ihre Teilkreisdurchmesser $d_{01} = d_{02} = 124$ mm sind bekannt. Wie groß muß der Teilkreisdurchmesser d_{03} eines dritten Rades gemacht werden, damit es mit den gegebenen kämmt und von diesen gleichen Achsenabstand a hat?

70. Eine Schraube mit metrischem Spitzgewinde hat $d_1 = 41{,}504$ mm Kerndurchmesser Die Steigung ist mit $h = 5$ mm vorgeschrieben. Wie groß ist der Nenndurchmesser d. dieser Schraube? Beachte, daß die Gewindetiefe $t_1 = \frac{3}{4} t$ mit $t = \frac{h}{2} \sqrt{3}$ ist.

71. Ein Mast ist in der Höhe $h = 23{,}4$ m durch drei Seile verspannt, von denen jedes die Länge $l = 30$ m hat. Die Fußpunkte der Seile bilden die Endpunkte eines gleichseitigen Dreiecks. Welchen Abstand haben die Fußpunkte untereinander?

72. In die vier Seiten einer quadratischen Platte (Bild 143) sind Einschnitte eingearbeitet, die die Form gleichseitiger Dreiecke haben. Berechne deren Seite a unter Berücksichtigung der eingetragenen Maße.

73. In eine Bohrung vom Durchmesser $d = 14{,}2$ mm ist ein Dreikantstahl mit den Seiten a einzupassen. Berechne a.

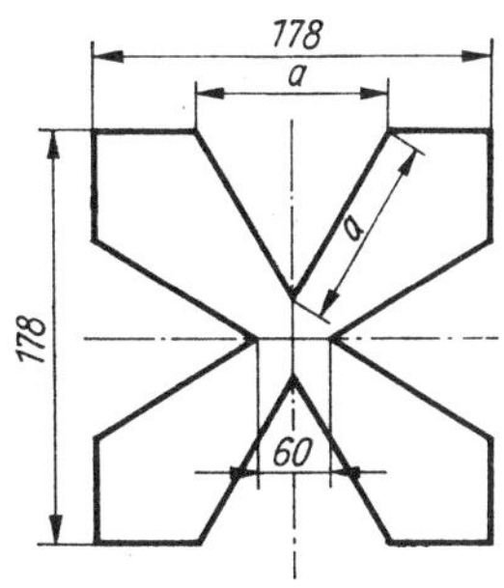

Bild 143

6. Vierecke

6.1. Allgemeines Viereck

Ein von vier Geraden begrenzter Teil einer Ebene heißt *Viereck*. Die das Viereck bildenden Strecken sind seine *Seiten*. Die zwei gegenüberliegende Eckpunkte verbindenden Strecken heißen *Diagonalen*. Die Form des Vierecks ist abhängig von der Anzahl der möglichen Schnittpunkte zwischen den das Viereck bildenden Geraden. Nach Bild 144 liegt

a) bei 6 Schnittpunkten ein *allgemeines* Viereck,

b) bei 5 Schnittpunkten entweder ein *Trapez* oder ein *überschlagenes Viereck* und

c) bei 4 Schnittpunkten ein *Parallelogramm* vor.

Die Bezeichnung der einzelnen Stücke des Vierecks ist aus Bild 145 ersichtlich.

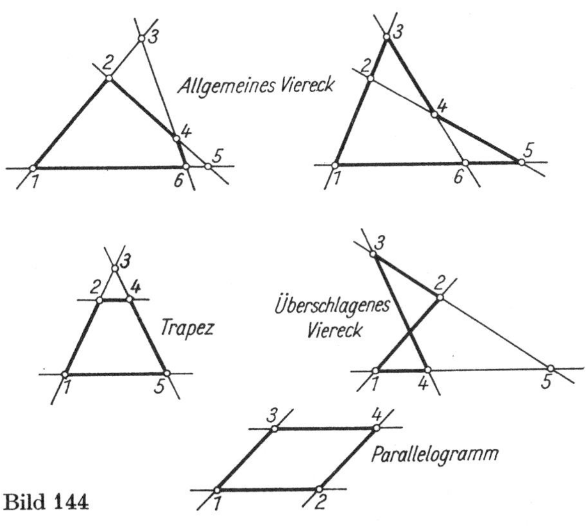

Bild 144

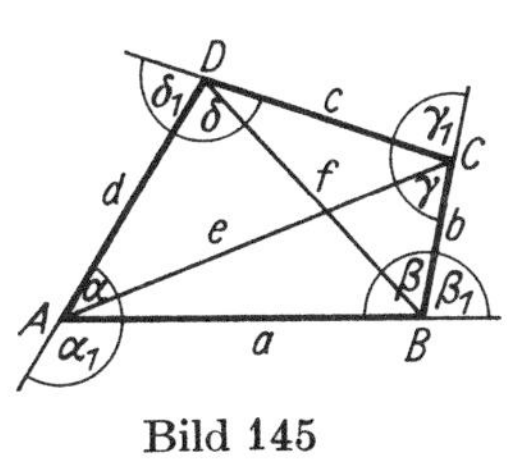

Bild 145

Durch eine der Diagonalen wird das Viereck in zwei Dreiecke zerlegt. Da nach Lehrsatz 22 die Winkelsumme in jedem der beiden Teildreiecke 180° beträgt, gilt für das Viereck

Lehrsatz 57

In jedem Viereck beträgt die Winkelsumme 360°.

Da ferner jeder Außenwinkel das Supplement zu seinem Innenwinkel ist, erhält man für die Summe der Außenwinkel

Lehrsatz 58

In jedem Viereck beträgt die Summe der Außenwinkel 360°.

Zur Konstruktion eines Vierecks müssen fünf voneinander unabhängige Stücke bekannt sein, beispielsweise

a) vier Seiten und ein Winkel,

b) drei Seiten und zwei Winkel,

c) zwei Seiten und drei Winkel.

Durch eine Seite und vier Winkel wäre kein Viereck bestimmt, da sich der vierte Winkel nach Lehrsatz 57 aus den drei gegebenen berechnen ließe, somit also nur vier Stücke bekannt wären.

6.2. Parallelogramm

Macht man in einem Viereck je zwei Gegenseiten parallel (Bild 146), so entsteht ein Parallelogramm.
Seine wichtigsten Eigenschaften wurden schon in den Lehrsätzen 13 bis 16 ausgesprochen. Wir fanden:

In einem Parallelogramm

halbieren einander die Diagonalen,

sind zwei Gegenseiten gleich groß,

sind zwei Gegenwinkel gleich groß.

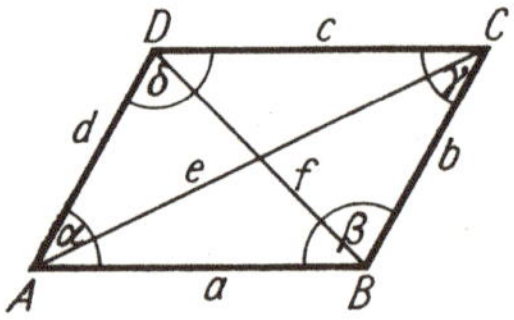

Bild 146

Ferner erkennt man sofort die Richtigkeit von

Lehrsatz 59

In einem Parallelogramm sind je zwei benachbarte Winkel Supplementwinkel.

Die Umkehrung der Lehrsätze über das Parallelogramm ergibt den

Lehrsatz 60

Ein Viereck ist dann ein Parallelogramm, wenn

a) ein Paar Gegenseiten gleich und parallel sind oder

b) je zwei Gegenseiten parallel sind oder

c) je zwei Gegenwinkel gleich groß sind oder

d) je zwei benachbarte Winkel Supplementwinkel sind oder wenn

e) die Diagonalen einander halbieren.

Die Einteilung der Parallelogramme geschieht nach den Seiten und Winkeln. Wie aus Bild 147 hervorgeht, unterscheidet man

a) das *ungleichseitig-schiefwinklige* Parallelogramm oder *Rhomboid*,

b) das *ungleichseitig-rechtwinklige* Parallelogramm oder *Rechteck*,

c) das *gleichseitig-schiefwinklige* Parallelogramm oder den *Rhombus*,

d) das *gleichseitig-rechtwinklige* Parallelogramm oder *Quadrat*.

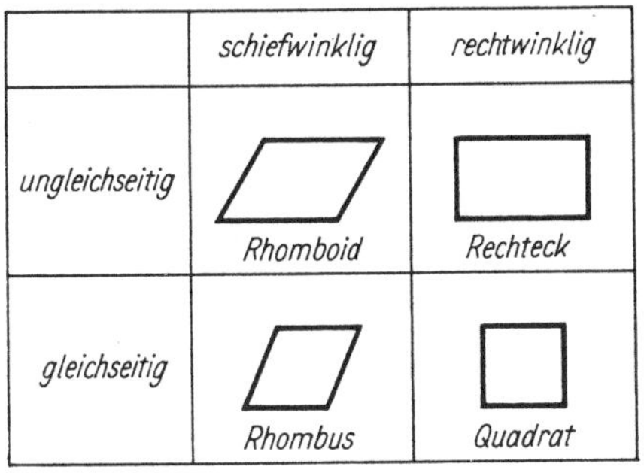

Bild 147

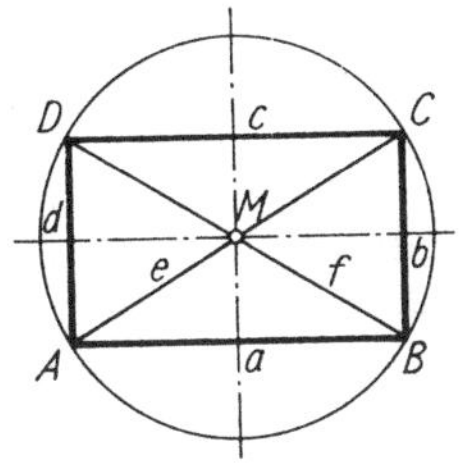

Bild 148

6.3. Sonderfälle des Parallelogramms

6.3.1. Rechteck

Gibt man in einem Rhomboid einem seiner Innenwinkel die Größe 90°, so werden alle Winkel 90°, und es entsteht ein Rechteck. Der Schnittpunkt M seiner Diagonalen (Bild 148) ist sein Zentralpunkt. Es besitzt zwei Symmetrieachsen, zu denen es axialsymmetrisch liegt.
Hieraus ergeben sich sofort

Lehrsatz 61

Im Rechteck sind die Diagonalen einander gleich.

Lehrsatz 62

Im Rechteck halbieren die Diagonalen einander.

Nach Lehrsatz 62 stellt der Schnittpunkt M der Diagonalen gleichzeitig ihren Halbierungspunkt dar. Da aber die Dreiecke ABC und CDA rechtwinklig sind, müssen alle vier Eckpunkte des Rechteckes auf dem über einer Diagonalen um M beschriebenen Thaleskreis liegen. Das Rechteck hat demzufolge einen Umkreis.
Zur Konstruktion des Rechtecks genügt die Angabe zweier Stücke.

6.3.2. Rhombus und Quadrat

Ein Rhombus ist ein Parallelogramm mit vier gleichen Seiten und vier paarweise verschiedenen Winkeln (Bild 149).

Aus der Zentralsymmetrie folgt

Lehrsatz 63

> Im Rhombus stehen die Diagonalen senkrecht aufeinander, sie halbieren einander gegenseitig und halbieren auch die Winkel.

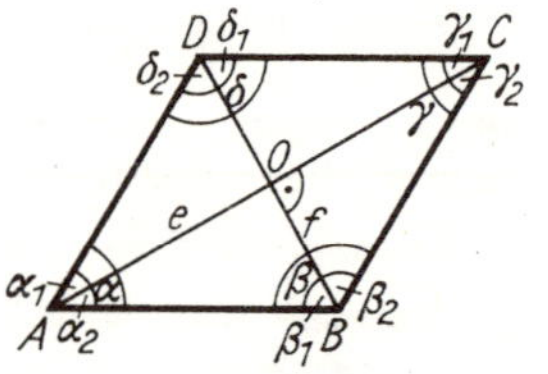

Bild 149

Der Schnittpunkt O der Diagonalen hat wegen der zentralsymmetrischen Eigenschaften des Rhombus gleiche Entfernung zu den vier Seiten, folglich ist er zugleich Mittelpunkt des Inkreises.

Wird in einem Rhombus ein Winkel 90°, so werden es auch alle anderen. Es entsteht dann ein Quadrat (Bild 150). Lehrsatz 63 gilt auch für dieses.

Das Quadrat hat vier Symmetrieachsen, von denen zwei mit den Diagonalen zusammenfallen und zwei durch die Seitenhalbierungspunkte gehen. Ihr Schnittpunkt M ist zugleich Mittelpunkt des In- und Umkreises.

Zur Konstruktion eines Rhombus genügt die Angabe von zwei Stücken, zur Konstruktion eines Quadrates die Angabe von einem Stück.

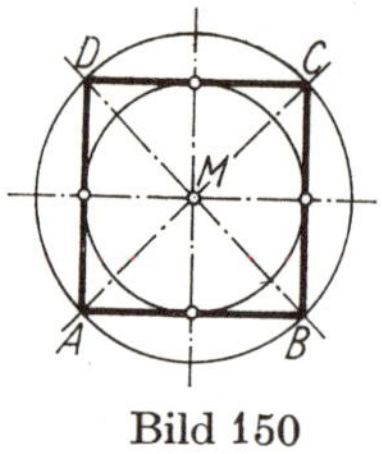

Bild 150

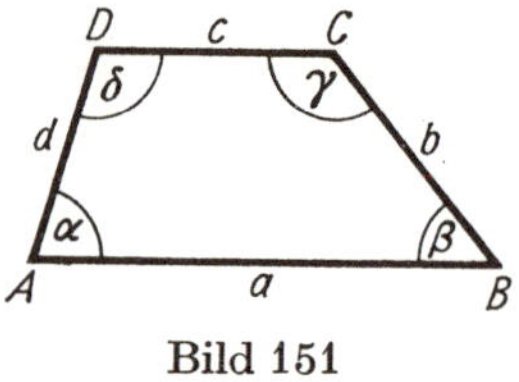

Bild 151

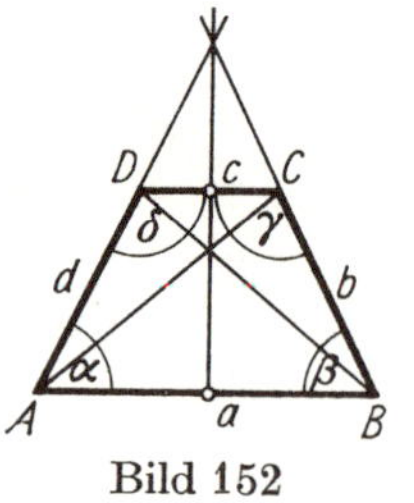

Bild 152

6.4. Trapez

Ein Viereck mit zwei parallelen Seiten heißt *Trapez*. Die parallelen Seiten nennt man *Grundlinien* a und c, und die beiden anderen Seiten sind die *Schenkel* b und d (Bild 151).

Für $b \neq d$ ergibt sich ein *ungleichschenkliges*, für $b = d$ ein *gleichschenkliges* Trapez (Bilder 151 und 152).

In den Lehrsätzen 11 und 12 (s. 3.1.1.2.) wurde schon ausgesprochen, daß in einem Trapez

a) die durch die Mitte eines Schenkels parallel zu den Grundlinien gezogene Gerade auch den anderen Schenkel halbiert,

b) die Verbindungsstrecke der Schenkelmitten das arithmetische Mittel aus den beiden Grundlinien darstellt und

c) der Abstand der Diagonalenmitten gleich der halben Differenz aus den beiden Grundlinien ist.

Ferner erkennt man aus den Bildern 151 und 152 sofort die Richtigkeit nachstehender Lehrsätze.

Lehrsatz 64

Im Trapez sind je zwei an einem Schenkel liegende Winkel Supplementwinkel.

Lehrsatz 65

Im gleichschenkligen Trapez sind je zwei an einer Grundlinie liegende Winkel gleich groß.

Lehrsatz 66

Im gleichschenkligen Trapez sind die Diagonalen gleich groß.

Zur Konstruktion eines Trapezes sind im allgemeinen vier Stücke erforderlich.

6.5. Berechnung des Vierecks

6.5.1. Rhomboid und Rechteck

Nach Lehrsatz 52 ergibt sich der Flächeninhalt eines Parallelogramms aus dem Produkt einer Seite und deren Abstand von der gegenüberliegenden Seite. Nennt man die Höhen des Rhomboids h_a bzw. h_b, so folgt sein Flächeninhalt unter Berücksichtigung der im Bild 153 eingetragenen Werte aus

$$\boxed{A = a\, h_a = b\, h_b} \tag{18}$$

Für das Rechteck, in dem eine der Seiten zugleich Höhe ist, erhält man

$$\boxed{A = a\, b} \tag{18a}$$

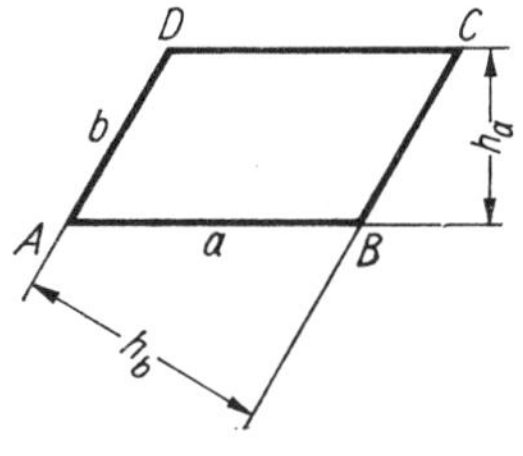

Bild 153

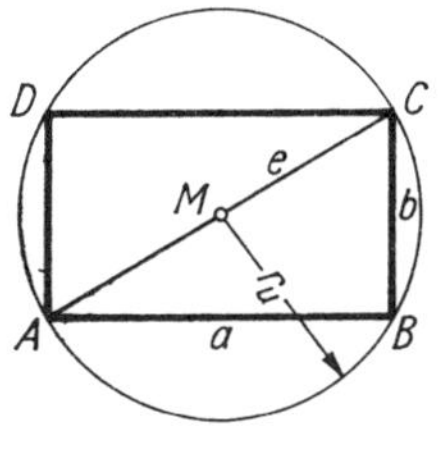

Bild 154

Für die Diagonale e des Rechtecks ergibt sich mit Bild 154 aus (9)

$$\boxed{e = \sqrt{a^2 + b^2}} \tag{19}$$

Damit wird der Radius des Umkreises für das Rechteck

$$\boxed{r_u = \frac{1}{2}\sqrt{a^2 + b^2}} \tag{20}$$

6.5.2. Rhombus und Quadrat

Für den Flächeninhalt des Rhombus gilt (18) oder, wenn die beiden Diagonalen e und f (Bild 155) bekannt sind, auch

$$\boxed{A = \frac{ef}{2}} \tag{21}$$

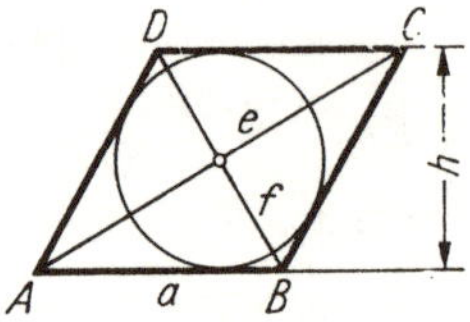

Bild 155

Da nämlich $\triangle ABD \cong \triangle CDB$

wird $A = 2A_{ABD}$

oder $A = 2\frac{e}{2}\frac{f}{2}$

und schließlich $A = \frac{ef}{2}$

Ist a die Seite des im Bild 156 dargestellten Quadrates, so ergibt sich dessen Flächeninhalt aus

$$\boxed{A = a^2} \tag{22}$$

Seine Diagonale e wird mit (9) aus

$$\boxed{e = a\sqrt{2}} \tag{23}$$

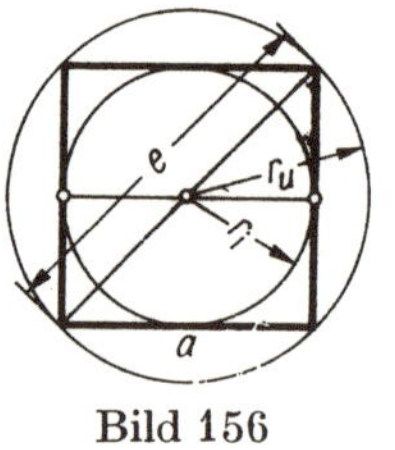

Bild 156

berechnet. Damit folgt für den Umkreisradius

$$\boxed{r_u = \frac{a}{2}\sqrt{2}} \tag{24}$$

und für den Inkreisradius erhält man

$$\boxed{r_i = \frac{a}{2}} \tag{25}$$

AUFGABEN

74. Zeichne allgemeine Vierecke aus folgenden Stücken:

a)	$b = 5{,}4$ cm,	$c = 4{,}8$ cm,	$\alpha = 94°$,	$\gamma = 72°$,	$\delta = 130°$
b)	$a = 3{,}8$ cm,	$b = 5{,}1$ cm,	$c = 4{,}6$ cm,	$\beta = 71°$,	$\gamma = 84°$
c)	$a = 2{,}8$ cm,	$b = 4{,}1$ cm,	$c = 5{,}3$ cm,	$d = 5{,}8$ cm,	$\alpha = 116°$
d)	$a = 7{,}9$ cm,	$b = 6{,}3$ cm,	$c = 3{,}6$ cm,	$d = 4{,}7$ cm,	$e = 7{,}4$ cm

Prüfe in allen Fällen die Winkelsumme mit dem Winkelmesser nach.

75. a) Zeichne das im Bild 157 dargestellte Schubkurbelgetriebe.
b) Berechne die Koppellänge b für die eingetragenen Maße.
c) Konstruiere die beiden Totlagen (Endstellungen) der Schwinge c.

Hinweis: Unter den Totlagen der Schwinge versteht man die Stellungen des Getriebes, bei denen die Koppel b und die Kurbel a in eine Linie zusammenfallen.

d) Berechne den Gelenkpunktabstand $\overline{DB}$ für die im Bild dargestellte Kurbelstellung.
e) Berechne ebenso den Gelenkpunktabstand $\overline{AC}$.

76. Wie groß ist der Flächeninhalt A des im Bild 158 dargestellten Vierecks, das einem Kreis vom Radius $r = 5$ cm einbeschrieben ist und dessen untere Eckpunkte den Abstand $s = 7$ cm haben? Wie groß sind außerdem die Seiten a und b?

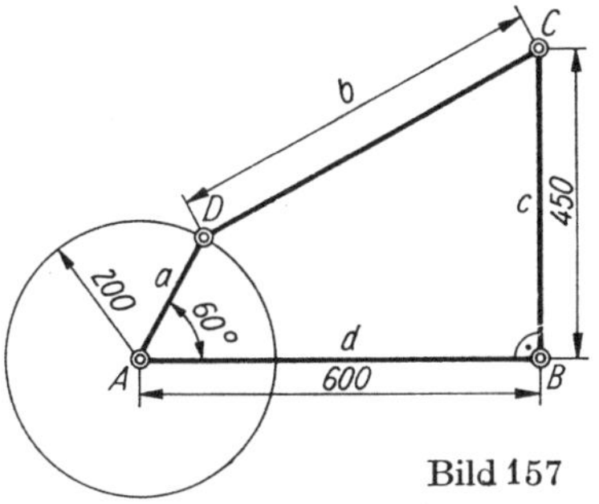

Bild 157

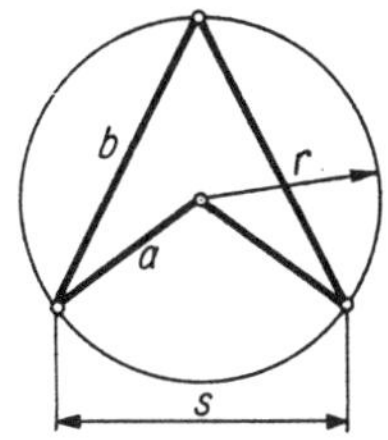

Bild 158

77. Von einem Rechteck sind die Diagonale $d = 8$ cm und die Seite $a = 3$ cm bekannt. Berechne die andere Seite b und den Flächeninhalt A.

78. Wie groß sind die Diagonale d und die Seite b eines Rechtecks mit dem Flächeninhalt $A = 8\ \text{cm}^2$ und der Seite $a = 2$ cm?

79. Die Seiten eines Rechtecks sollen sich wie $b:c = m:n = 2:3$ verhalten. Außerdem soll das Rechteck einem Quadrat mit der Seite $a = 4$ cm flächengleich sein. Bestimme die Seiten b und c und die Diagonale d des Rechtecks.

80. Ein Rechteck mit den Seiten b und c ist einem Quadrat mit der Seite $a = 4$ cm flächengleich. Die Diagonale e des Rechtecks und die Diagonale d des Quadrates sollen im Verhältnis $d:e = m:n = 2:3$ stehen. Berechne die Seiten b und c des Rechtecks.

81. Von einem Rhomboid sind die Seiten $a = 4$ cm, $b = 8$ cm und der Flächeninhalt $A = 12\ \text{cm}^2$ bekannt. Wie groß sind seine Höhe h_a und die größere Diagonale d?

82. Wie groß ist die Seite a eines Quadrates, das einem Rechteck mit den Seiten $b = 5$ cm und $c = 3$ cm flächengleich ist?

83. Wie groß ist der Flächeninhalt A des schraffierten Quadrates im Bild 159, und wie groß ist außerdem die Diagonale d? Drücke A und d durch $a = 3$ cm und $b = 5$ cm aus.

84. Einem Quadrat ist ein Rechteck mit den Seiten b und c einbeschrieben (Bild 160). Berechne b und c, wenn die Seite des Quadrates $a = 8$ cm beträgt und die Flächeninhalte beider Figuren im Verhältnis $A_Q : A_R = m : n = 3 : 1$ stehen.

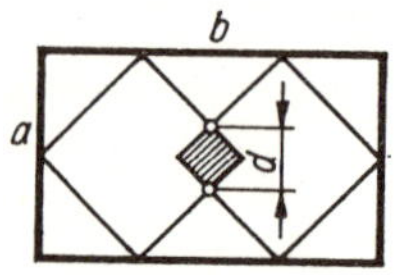

Bild 159

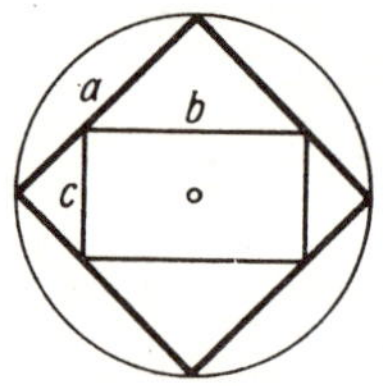

Bild 160

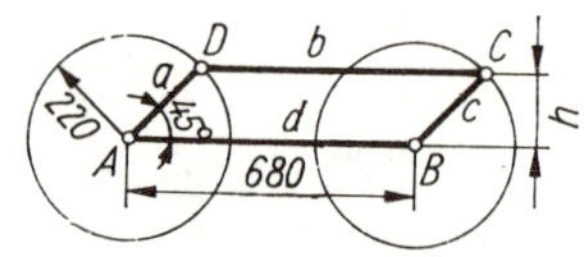

Bild 161

85. Die Diagonalen eines Rhombus sind $e = 4$ cm und $f = 6$ cm. Wie groß sind seine Seiten a und der Flächeninhalt A, ausgedrückt durch e und f?

86. Wie groß ist die Höhe h eines Rhombus, wenn seine Seiten $a = 8$ cm und die Diagonale $e = 3$ cm bekannt sind?

87. Drücke die Höhe h eines Rhombus durch den Flächeninhalt $A = 16\ \text{cm}^2$ und die Seite $a = 6$ cm aus.

88. Die Diagonalen eines rechteckigen Platzes sind 43 m lang und schließen die Winkel 60° bzw. 120° miteinander ein. Berechne die Seiten a und b des Platzes.

89. Von dem im Bild 161 gezeigten Gelenkparallelogramm sind der Abstand h zwischen Steg d und Koppel b sowie die beiden Gelenkpunktabstände $\overline{AC}$ und $\overline{BD}$ für die eingetragenen Maße zu berechnen.

90. Wie groß ist der Querschnitt A des im Bild 162 dargestellten Profils?

91. Berechne den Querschnitt A eines Kastenträgers, dessen Abmessungen aus Bild 163 hervorgehen.

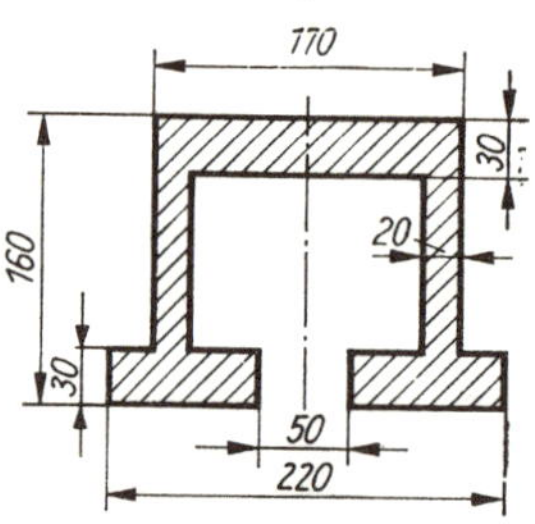

Bild 162

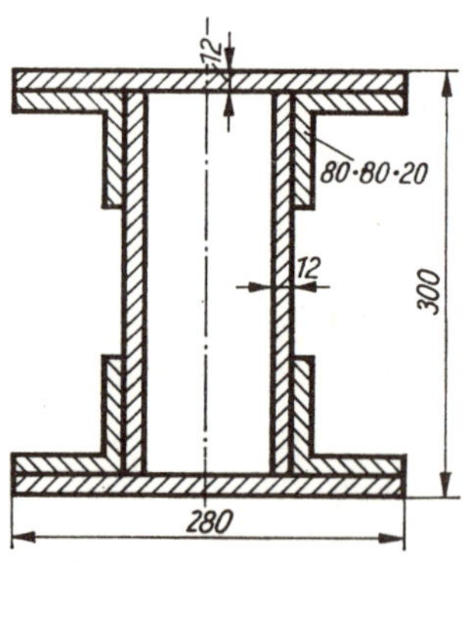

Bild 163

92. 30 Stück Bleche der aus Bild 164 erkennbaren Form sind einseitig zu verchromen. Welcher Preis T ergibt sich dafür, wenn je Quadratmeter 8,20 DM gezahlt werden müssen?

93. Aus einem Baumstamm ist ein Balken mit rechteckigem Querschnitt herzustellen. Welchen Durchmesser d muß der Stamm mindestens haben, wenn für den Balkenquerschnitt $b = 5$ cm und $h = 12$ cm gefordert werden?

94. Berechne den Inkreisradius r_i eines Rhombus mit den Diagonalen $e = 52$ mm und $f = 88$ mm.

95. Wie groß ist die schraffierte Schnittfläche A der im Bild 165 dargestellten Riemenscheibe?

96. Die im Bild 166 gezeigte Stahlplatte ist mit 8 Bohrungen versehen, deren Mitten durch die Buchstaben $A, B, \ldots H$ bezeichnet sind. Zur Kontrolle sollen Lehren der neben der Platte erkennbaren Form hergestellt werden. Wie groß müßten die Stichmaße s zur Kontrolle der Abstände a) $\overline{AD}$, b) $\overline{AE}$, c) $\overline{CE}$, d) $\overline{AG}$, e) $\overline{CH}$, sein?

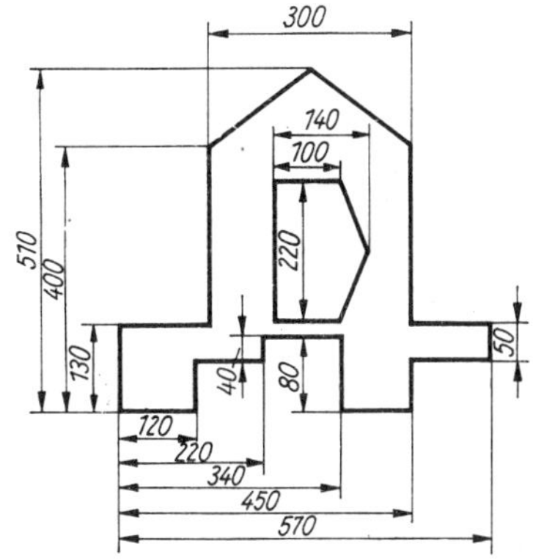

Bild 164

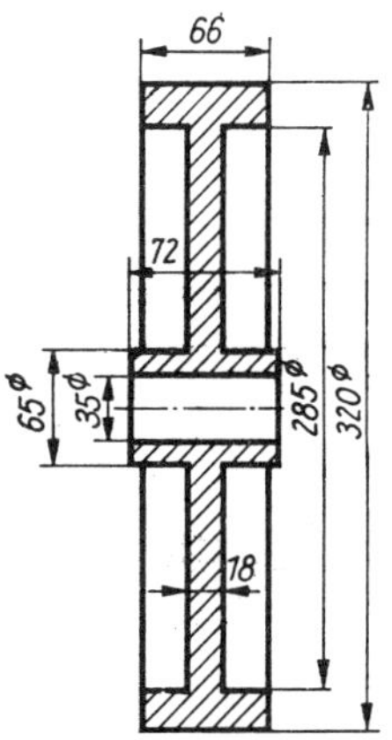

Bild 165

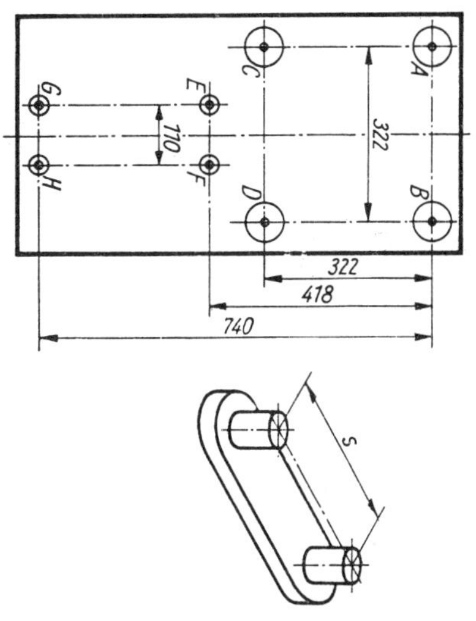

Bild 166

97. Aus einem dünnen Draht ist ein Rechteck zu biegen, dessen eine Seite 6 cm größer ist als die andere. Gib die Rechteckseiten a und b für eine Drahtlänge von 58 cm an.

98. Ein rechteckiger Platz von 6000 m² Flächeninhalt soll umzäunt werden. Welche Holzmenge V wird dafür benötigt, wenn die Diagonale des Platzes 115 m mißt und für den laufenden Meter 0,25 m³ Holz gebraucht werden? Gib außerdem die Seiten a und b des Platzes an.

99. Die im Bild 167 dargestellten Meßblenden eines Photometers können in der durch die Pfeile gekennzeichneten Richtung verschoben werden, wodurch sich die Blendenöffnung verkleinert. Wie groß muß a gemacht werden, damit A

a) auf die Hälfte, b) auf ein Drittel,

c) auf ein Viertel, d) auf ein Sechstel

seiner angegebenen Größe verringert wird?

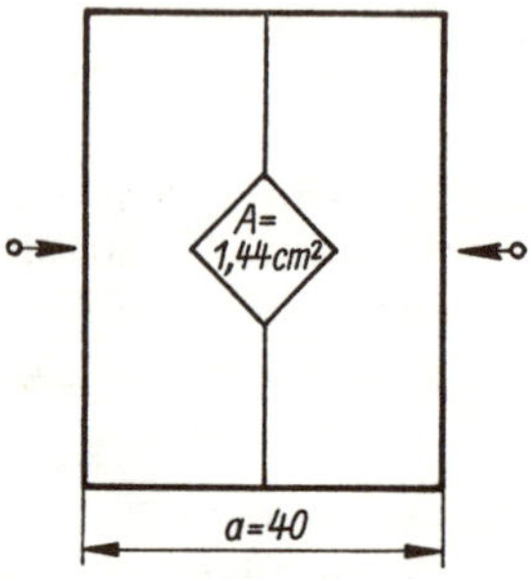

Bild 167

100. Von einem Rechteck sind die Seite $a = 44$ cm und der Flächeninhalt $A = 484$ cm² bekannt. Ermittle die andere Seite b, die Diagonale d, die Länge l des Lotes von einem Eckpunkt auf die Diagonale und die beiden Abschnitte u und v, in die die Diagonale durch das Lot zerlegt wird.

101. Gib an, um welchen Betrag l_1 sich das im Bild 168 dargestellte Gelenksystem verlängert, wenn die Entfernung a der Punkte A und B auf ein Drittel verkürzt wird.

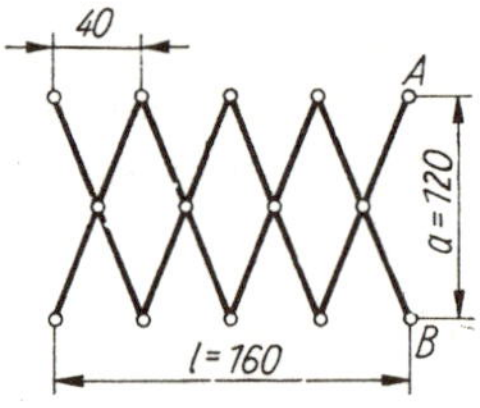

Bild 168

102. Zwei Kräfte $F_1 = 120$ N und $F_2 = 75$ N schließen den Winkel

a) $\alpha = 45°$, b) $\alpha = 60°$

miteinander ein. Konstruiere das Kräfteparallelogramm und ermittle zeichnerisch die Resultierende F_R.

103. Zur Resultierenden $F_R = 84$ N und zur Kraft $F_1 = 28$ N, die beide den Winkel

a) $\alpha = 72°$, b) $\alpha = 30°$

einschließen, ist durch Konstruktion des Kräfteparallelogramms die Kraft F_2 zu bestimmen.

104. Ein straffgespanntes Seil bildet auf einer Rolle einen Umschlingungswinkel von 145°. Welchen Winkel α schließen die beiden Seile miteinander ein?

105. Von einem gleichschenkligen Dreieck mit der Basis $c = 6$ cm und den Schenkeln $a = 8$ cm wird ein Streifen von 1 cm Breite parallel zu einem Schenkel abgeschnitten. Gib den Flächeninhalt A_1 des ursprünglichen und den Flächeninhalt A_2 des verkleinerten Dreiecks an.

106. Ein rechteckiger Bilderrahmen mit den äußeren Abmessungen $a = 64$ cm und $b = 92$ cm ist aus einfachen Holzleisten zusammengesetzt. Die Länge des unter 45° geführten Gehrungsschnittes beträgt 3,54 cm. Wie groß ist die innerhalb des Rahmens liegende Fläche A, und welche Breite d haben die Leisten?

107. Stelle eine Beziehung für die im Bild 169 eingetragenen Strecken a, b, c und d auf.

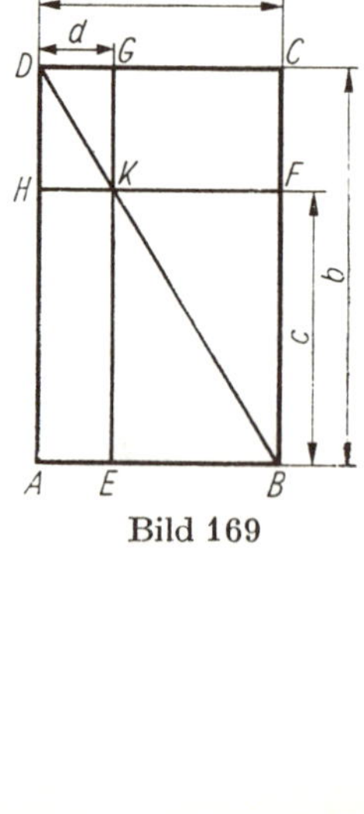

Bild 169

108. Von einer rechteckigen Platte mit der Breite $b = 16$ cm und der Höhe $h = 5$ cm sind an zwei aneinanderstoßenden Seiten Streifen gleicher Breite a abzuschneiden, so daß sich der Flächeninhalt der Platte um den dritten Teil verringert. Berechne a.

109. Aus einem quadratischen Blech mit der Seitenlänge $a = 6$ cm soll ein Rhombus ausgeschnitten werden, dessen eine Diagonale mit der des Bleches übereinstimmt und dessen andere Diagonale halb so lang ist wie diese. Berechne den Schnittverlust A und die Seite b des Rhombus.

6.5.3. Trapez

Wird ein Trapez $ABCD$ einhalbmal um einen seiner Schenkelhalbierungspunkte F gedreht, so entsteht das im Bild 170 gezeichnete Parallelogramm. Dessen Flächeninhalt ist

$$A = (a + c)\, h.$$

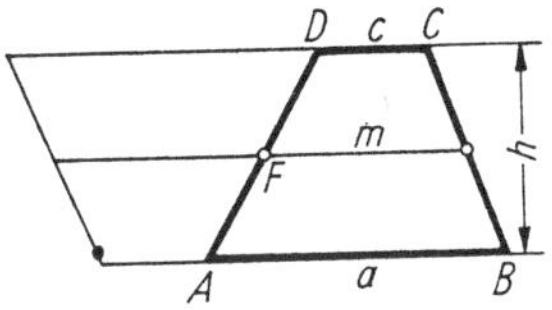

Bild 170

Somit ist der Flächeninhalt des Trapezes

$$A = \frac{a+c}{2}\, h$$

oder nach Lehrsatz 11 (s. 3.1.1.2.) mit

$$m = \frac{a+c}{2}$$

$$\boxed{A = mh} \qquad (26)$$

6.5.3.1. Trapezmethode

Der Flächeninhalt A des Vielecks $ABCDEF$ läßt sich aus der Differenz der Teilflächen A_1 des Sechsecks $GHDEFA$ und A_2 des Sechsecks $GHDCBA$ ermitteln, wenn man (Bild 171) eine *Standlinie* GH außerhalb des Vielecks wählt und auf diese von den äußeren Eckpunkten A und D die Lote y_1 und y_4 fällt.

Bezeichnet man die Abstände der Eckpunkte des Vielecks, von A beginnend, im positiven Drehsinn (Pfeilrichtung) mit $y_1 \ldots y_6$ und die entsprechenden Abschnitte auf der Standlinie mit $x_1 \ldots x_5$, so lassen sich A_1 und A_2 durch eine Summe von Trapezen darstellen und berechnen. Man erhält für

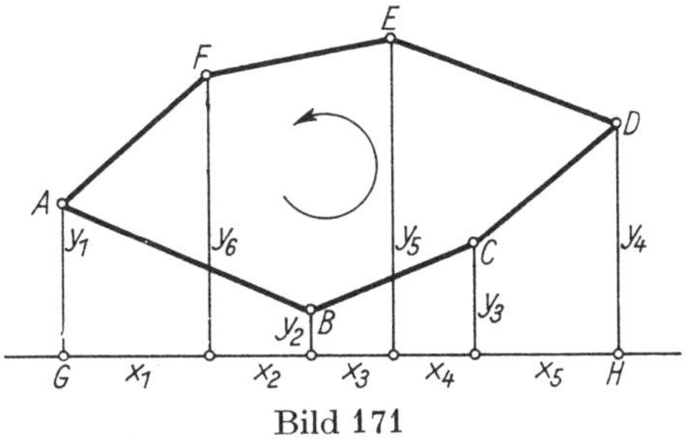

Bild 171

$$A_1 = \frac{y_1 + y_6}{2}\, x_1 + \frac{y_6 + y_5}{2}\,(x_2 + x_3) + \frac{y_5 + y_4}{2}\,(x_4 + x_5)$$

und für

$$A_2 = \frac{y_1 + y_2}{2}\,(x_1 + x_2) + \frac{y_2 + y_3}{2}\,(x_3 + x_4) + \frac{y_3 + y_4}{2}\, x_5$$

Die gesuchte Fläche ergibt sich aus

$$A = A_1 - A_2$$

Die Anwendung dieser *Trapezmethode* verlangt – soweit nicht die Koordinatenwerte der Eckpunkte des Vielecks gegeben sind – eine genaue Zeichnung und exakte Ausmessung der Werte für x und y. Am besten verwendet man Millimeterpapier.

6.5.3.2. Trapezformel

Ist der Flächeninhalt einer krummlinig begrenzten Fläche (Bild 172) zu bestimmen, so führt man wieder eine Standlinie – diesmal aber mit gleicher Unterteilung x – ein. In den Teilpunkten der Standlinie errichtet man Senkrechten, die den krummen in sich geschlossenen Linienzug in den Punkten A_0, A_1, ... bzw. B_1, B_2, ... schneiden. Nun verbindet man diese Punkte fortlaufend durch Strecken und erhält einen Polygonzug, der um so genauer dem krummen Linienzug entspricht, je kleiner x gewählt wurde.

Mit den Bezeichnungen des Bildes 172 folgt dann zunächst

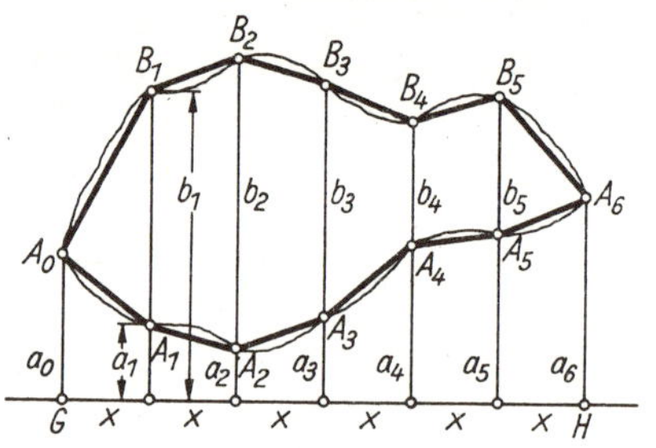

Bild 172

$$A = A_1 - A_2$$

worin $A_1 = A_{GHA_6B_5\cdots B_1A_0}$

und $A_2 = A_{GHA_6A_5\cdots A_1A_0}$ ist.

Nun gilt aber weiter

$$A_1 = \frac{a_0 + b_1}{2}x + \frac{b_1 + b_2}{2}x + \frac{b_2 + b_3}{2}x + \frac{b_3 + b_4}{2}x + \frac{b_4 + b_5}{2}x + \frac{b_5 + a_6}{2}x$$

und

$$A_2 = \frac{a_0 + a_1}{2}x + \frac{a_1 + a_2}{2}x + \frac{a_2 + a_3}{2}x + \frac{a_3 + a_4}{2}x + \frac{a_4 + a_5}{2}x + \frac{a_5 + a_6}{2}x$$

oder umgeformt

$$A_1 = \frac{x}{2}(a_0 + 2b_1 + 2b_2 + 2b_3 + 2b_4 + 2b_5 + a_6) \tag{I}$$

$$A_2 = \frac{x}{2}(a_0 + 2a_1 + 2a_2 + 2a_3 + 2a_4 + 2a_5 + a_6) \tag{II}$$

Durch Zusammenfassen von (I) und (II) erhält man die *Trapezformel*:

$$\boxed{A = A_1 - A_2 = x(b_1 + b_2 + b_3 + b_4 + b_5 - a_1 - a_2 - a_3 - a_4 - a_5)} \tag{27}$$

AUFGABEN

110. Stelle eine Formel für den Flächeninhalt A eines gleichschenkligen Trapezes auf, in der die Diagonale d und die Höhe h als bekannte Stücke auftreten.

111. Wie groß ist die Höhe h_1 des gleichschenkligen Trapezes im Bild 173 zu machen, damit das über dem Trapez liegende gleichschenklige Dreieck diesem flächengleich ist? Wähle $h = 8$ cm für die Höhe des gleichschenkligen Dreiecks.

112. Wie lautet die für h_1 in Aufgabe 111 erhaltene Beziehung, wenn die Fläche des Trapezes zur darüberliegenden Dreiecksfläche im Verhältnis $A_T : A_D = n:m$ steht?

113. Wie groß ist der Flächeninhalt A des im Bild 174 schraffiert gezeichneten gleichschenkligen Trapezes, dessen Grundlinie die Seite eines gleichseitigen Dreiecks ist und dessen andere Grundlinie durch den Mittelpunkt des Dreiecksumkreises geht? Drücke A durch den Radius $r = 6$ cm des Umkreises aus.

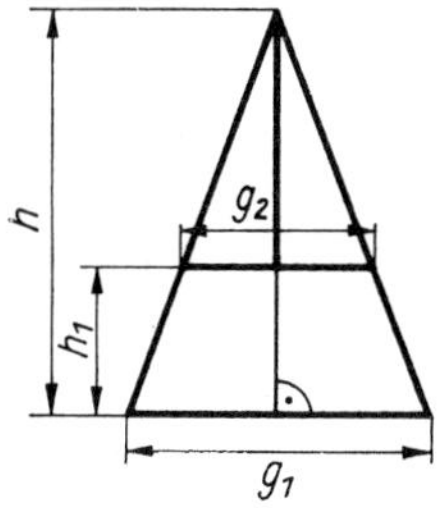

Bild 173

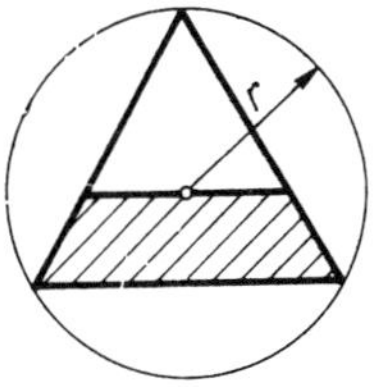

Bild 174

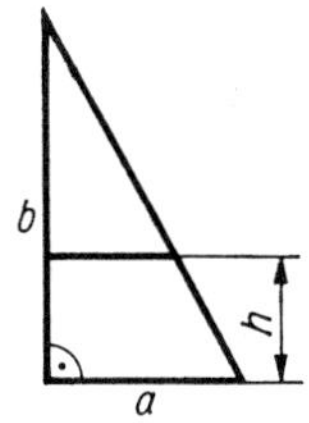

Bild 175

114. Von einem rechtwinkligen Dreieck mit den Seiten a und b soll durch eine Parallele zu a ein Trapez abgetrennt werden (Bild 175), so daß dessen Fläche sich zum darüberliegenden Dreieck wie $A_T : A_D = m:n = 3:2$ verhält. Wie groß muß die Höhe h des Trapezes für diesen Fall gemacht werden? Wähle für $b = 8$ cm.

115. Von einem gleichschenkligen Trapez sind der Umfang U, der Flächeninhalt A und die Schenkel a bekannt. Drücke seine Höhe h und seine beiden Grundlinien g_1 und g_2 durch diese Größen aus.

116. Von einem gleichschenkligen Trapez sind die Mittellinie $m = 6$ cm, der Flächeninhalt $A = 12\ \text{cm}^2$ und die Schenkel $a = 3$ cm bekannt. Berechne die Grundlinien g_1 und g_2.

117. Wie groß sind die Höhe h, die Diagonale d und der Schenkel a eines gleichschenkligen Trapezes, wenn $g_1 = 4$ cm, $g_2 = 2$ cm und $A = 8\ \text{cm}^2$ bekannt sind?

118. Ein Trapez mit der Mittellinie $m = 6$ cm und der Höhe $h_T = 4$ cm soll einem gleichseitigen Dreieck mit der Seite a flächengleich sein. Wie groß ist a für diesen Fall zu machen, und in welchem Verhältnis stehen die Höhen h_T und h_D beider Figuren?

119. Ein Trapez habe einen senkrecht zu seinen Grundlinien stehenden Schenkel a und einen zu diesen geneigten Schenkel b. Berechne die Grundlinie g_1 ($g_2 < g_1$) und die Seite b, wenn die Mittellinie $m = 4$ cm, die Grundlinie $g_1 = 3$ cm und die Höhe $h = 4$ cm gegeben sind.

120. Gib den Querschnitt A der im Bild 176 gezeigten Schwalbenschwanzführung an.

121. Das im Bild 177 dargestellte Blech wird aus vorgeschnittenen Stücken von 38 mm Breite und 46 mm Höhe hergestellt. Berechne den auftretenden Schnittverlust A für 100 Bleche.

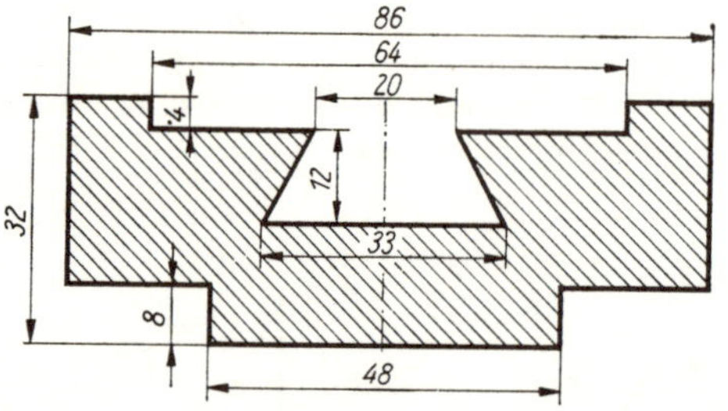

Bild 176

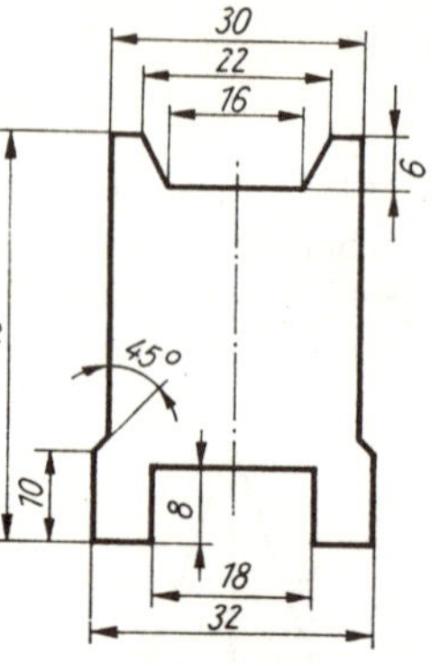

Bild 177

122. Ein gleichschenkliges Dreieck mit der Höhe $h = 12$ cm wird durch drei parallel zur Basis verlaufende Strichmarken in zwei gleichschenklige Trapeze und ein gleichschenkliges Dreieck geteilt. Berechne die auf die Basis bezogenen Abstände h_1 und h_2 dieser Marken für den Fall, daß die Teilflächen gleich groß werden.
123. Berechne den Flächeninhalt A des im Bild 178 gezeigten Bleches.
124. Wie groß sind der Flächeninhalt A und der Umfang U des im Bild 179 gezeigten Bleches?
125. Berechne die Schnittfläche A der im Bild 180 gezeigten Keilriemenscheibe.
126. Berechne die Länge a der Kurbeln des im Bild 181 dargestellten Doppelkurbelgetriebes.

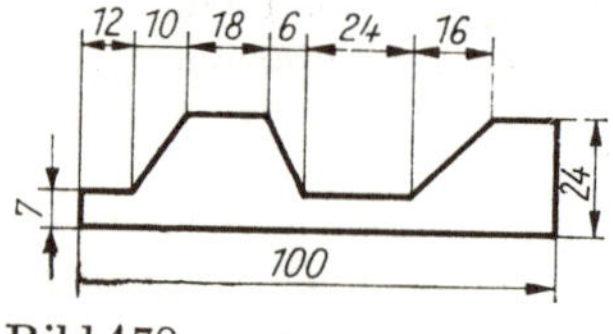

Bild 178

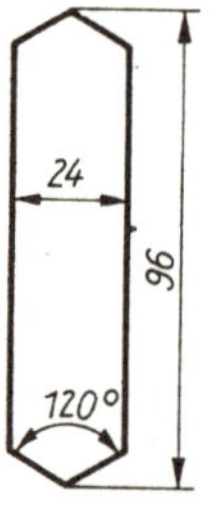

Bild 179

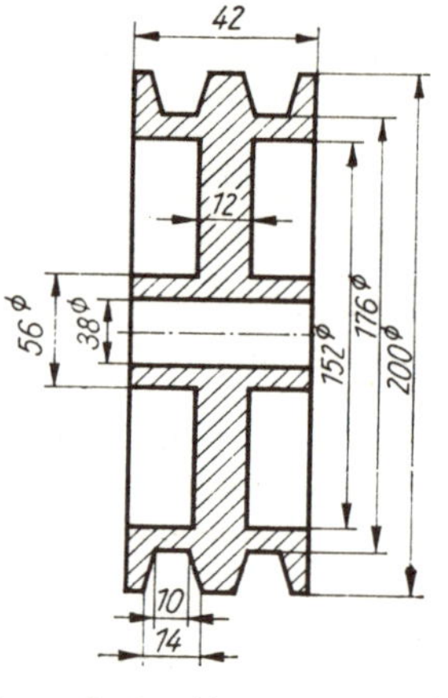

Bild 180

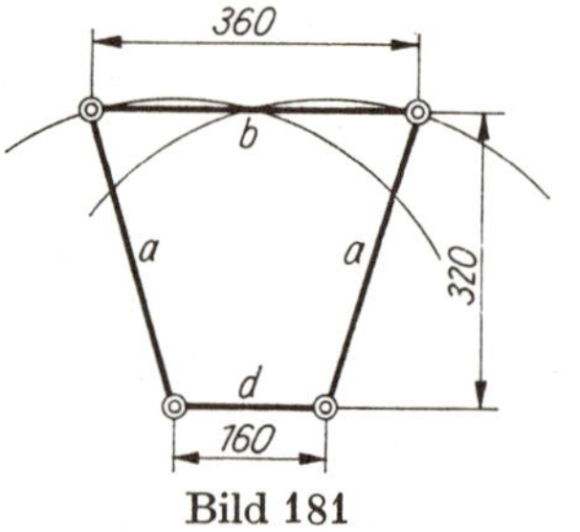

Bild 181

127. Ein Wasserkanal hat den Querschnitt eines gleichschenkligen Trapezes. Die beiden Uferränder sind 27 m voneinander entfernt, und die Kanalsohle hat eine Breite von 12 m. Die Tiefe des Kanals beträgt, von der Uferoberkante aus gerechnet, bis zur Sohle 4,8 m.

a) Berechne den Querschnitt A des Kanalbettes.

b) Wie groß ist das Böschungsstück a, das nicht vom Wasser überspült wird, wenn der Kanal einen Wasserstand von 2,6 m aufweist?

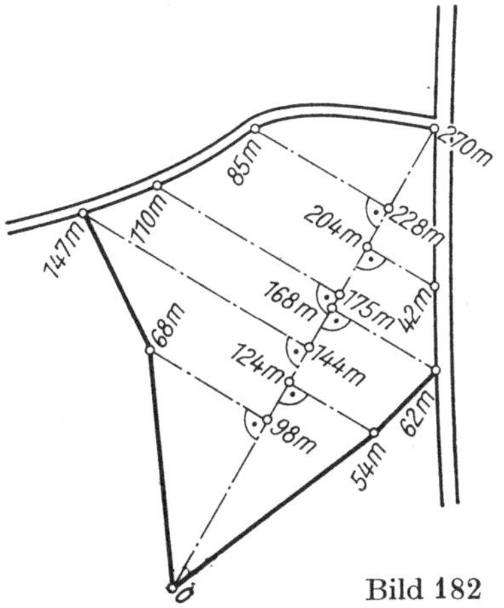

Bild 182

128. Berechne die Fläche A des im Bild 182 wiedergegebenen Flurstückes.

129. Im Bild 183 ist ein Knotenblech dargestellt, das zur Verbindung von Stahlträgern dient. Berechne die fehlende Seite a und gib den Blechbedarf A an.

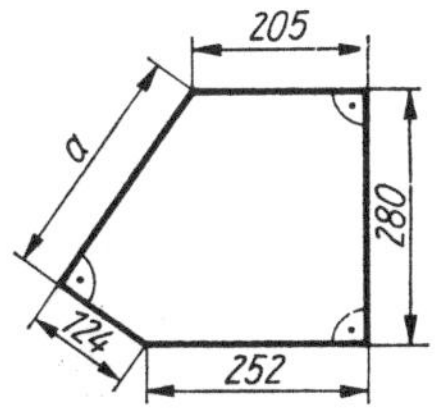

Bild 183

130. Bild 184 zeigt die Seitenansicht eines Geradsichtprismas, das aus Kron- und Flintglasprismen zusammengesetzt ist. Berechne die Strecken a und b.
131. Eine rechteckige Platte mit den Abmessungen $a = 4$ cm und $b = 13$ cm ist durch einen Schnitt so in zwei Trapeze zu zerlegen, daß deren Grundlinien a und $b - a$ werden. Berechne die Länge l des Schnittes.
132. Berechne den Querschnitt A einer gemauerten Rinne, deren Abmessungen aus Bild 185 hervorgehen.
133. Berechne den Querschnitt A des im Bild 186 dargestellten Winkeleisens.

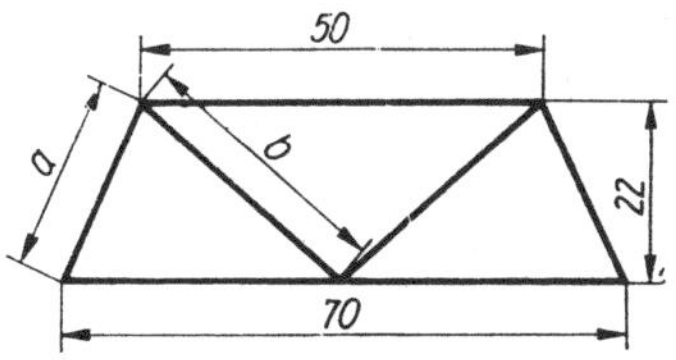

Bild 184

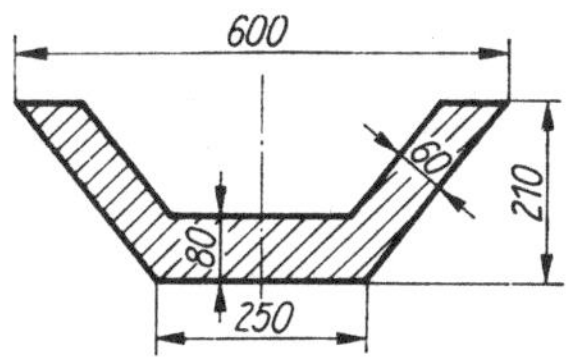

Bild 185

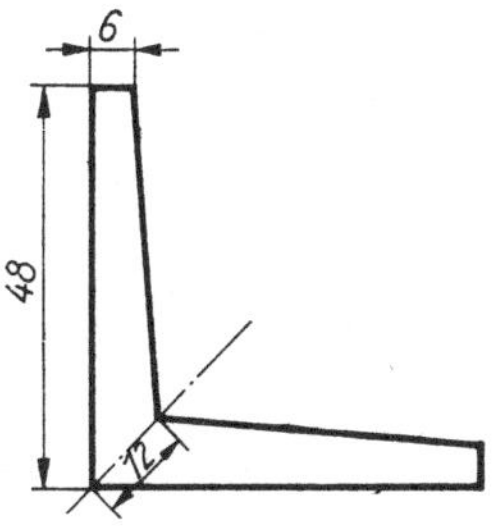

Bild 186

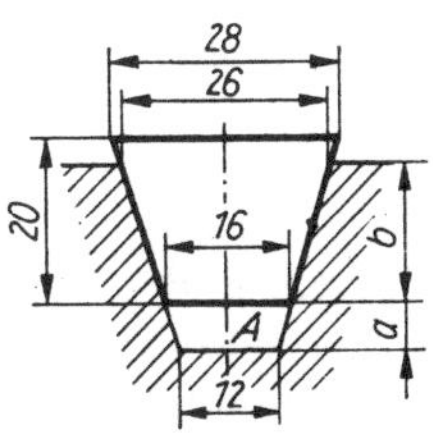

Bild 187

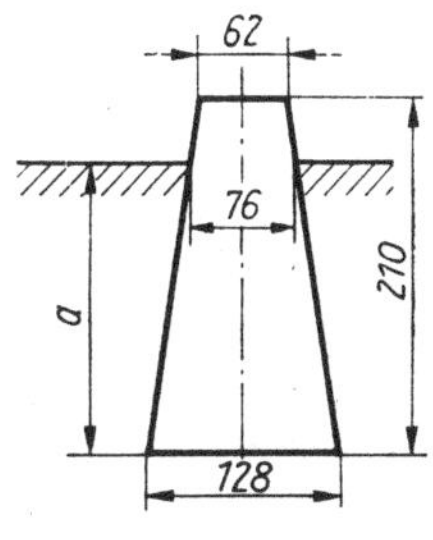

Bild 188

134. Ein Paßstück, das den Querschnitt eines gleichschenkligen Trapezes hat, sitzt in einer entsprechend ausgebildeten Nut (Bild 187). Berechne die Maße a und b und gib außerdem den zwischen Nut und Paßstück frei bleibenden Querschnitt A an.

135. Berechne die Eintauchtiefe a des im Bild 188 wiedergegebenen Schwimmers.

136. Von einem gleichschenkligen Trapez soll die eine Grundlinie zweimal und die andere dreimal so groß sein wie einer der Schenkel $a = 3$ cm. Gib den Umfang U und den Flächeninhalt A dieses Trapezes an.

7. Vielecke

7.1. Unregelmäßiges Vieleck

Ein *Vieleck* heißt *unregelmäßig,* wenn mindestens ein Winkel oder eine Seite gegenüber den anderen Winkeln und Seiten verschieden ist.
Zieht man (Bild 189) von allen Eckpunkten Strecken zu einem beliebig im Inneren des Vielecks gelegenen Punkt P, so erkennt man, daß die Summe W der inneren Winkel eines unregelmäßigen (und natürlich auch eines regelmäßigen) Vielecks bei n Ecken

$$W = (n - 2) \cdot 180°$$

beträgt, folglich

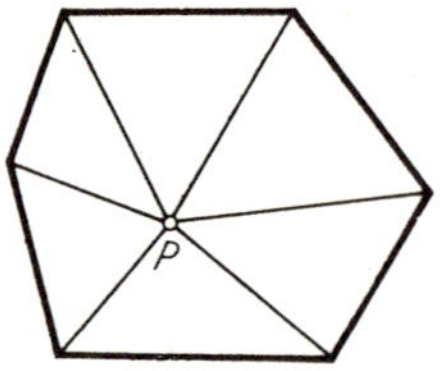

Bild 189

Lehrsatz 67

Die Winkelsumme in jedem Vieleck mit n Ecken beträgt $(n - 2) \cdot 180°$.

Für die Flächenberechnung des unregelmäßigen Vielecks gelten die in 6.5.3.1. abgeleiteten Formeln. Sind jedoch ausreichende Angaben über die einzelnen Teildreiecke bekannt, so kann der Flächeninhalt auch daraus berechnet werden.

7.2. Regelmäßiges Vieleck

7.2.1. Winkel und Seiten im regelmäßigen Vieleck

Ein Vieleck heißt *regelmäßig,* wenn alle in ihm vorkommenden Seiten und Winkel gleich groß sind.

Nimmt man an, daß im Bild 190 $\overline{AB}$ und $\overline{BC}$ zwei Seiten eines regelmäßigen Vielecks mit der Seitenlänge s sind, so schneiden die in den Seitenhalbierungspunkten D und E errichteten Mittelsenkrechten m einander in Punkt M. Durch M und die Eckpunkte A, B und C des Vielecks werden zwei Dreiecke bestimmt, die gleichschenklig und kongruent sind, denn sie stimmen in den Seiten überein. Eines von diesen Dreiecken bezeichnet man als *Bestimmungsdreieck* des regelmäßigen Vielecks, weil es alle seine wichtigen Stücke enthält:

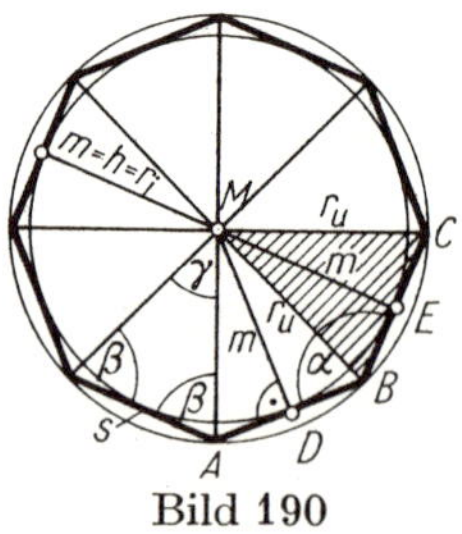

Bild 190

Die Schenkel des Bestimmungsdreiecks stimmen mit dem Umkreisradius r_u des regelmäßigen Vielecks überein.
Die Höhe des Bestimmungsdreiecks ist gleich dem Inkreisradius r_i des regelmäßigen Vielecks.
Die Basis des Bestimmungsdreiecks ist gleich der Seite s des regelmäßigen Vielecks.
Der Basiswinkel β des Bestimmungsdreiecks ist halb so groß wie der Vieleckswinkel α.
Der Spitzenwinkel des Bestimmungsdreiecks eines n-Ecks ergibt sich aus $\gamma = \frac{360°}{n}$.

Ferner bestehen die Beziehungen

$$\alpha = \frac{n-2}{n} \cdot 180° \text{ und } \beta = \frac{n-2}{4} \cdot \gamma$$

7.2.2. Konstruktion regelmäßiger Vielecke

7.2.2.1. Vorbetrachtungen

Kann die Seite eines regelmäßigen Vielecks beliebig groß sein, so gelingt seine Konstruktion immer, wenn man zunächst ein gleichschenkliges Dreieck ABM mit dem Spitzenwinkel $\gamma = \frac{360°}{n}$ zeichnet (Bild 191). Beschreibt man weiterhin um den Scheitel M den Kreis mit dem Umkreisradius $\overline{MA} = r_u$, so läßt sich auf diesem die Basis $\overline{AB} = s$ des Bestimmungsdreiecks n-mal abtragen, womit die übrigen Eckpunkte des n-Ecks gefunden sind.

Diese Konstruktion ist ungenau, wenn zum Zeichnen des Spitzenwinkels γ der Winkelmesser benutzt wird. Sie wird genau, wenn γ mit Lineal und Zirkel elementar-geometrisch konstruierbar ist. Das ist aber nicht immer möglich. Gauss hat gezeigt, daß sich nur diejenigen regelmäßigen Vielecke elementar-geometrisch konstruieren lassen, für die n folgende Bedingungen erfüllt:

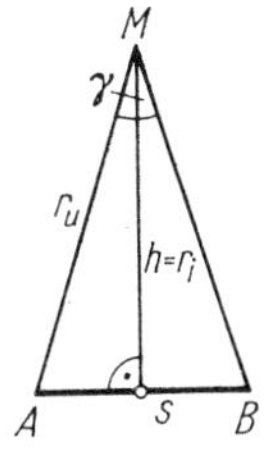

Bild 191

a) $n = 2^m$, worin $m = 2, 3, 4, 5, \ldots$

b) $n =$ Primzahl der Form $2^{2^m} + 1$, worin $m = 0, 1, 2, 3, \ldots$

c) $n =$ Produkt aus den unter a) und b) genannten Werten, bei a) begonnen mit $m = 1$.

Damit ergeben sich beispielsweise

a) das 4-, 8-, 16-, 32eck,
b) das 3-, 5-, 17-, 257eck,
c) das 6-, 10-, 12-, 15eck.

Da schließlich durch Halbieren der Seiten eines regelmäßigen Sechs- oder Zehnecks ein regelmäßiges Drei- oder Fünfeck erhalten wird, sind auch alle regelmäßigen Vielecke mit der Seitenzahl $3 \cdot 2^n$, $4 \cdot 2^n$ und $5 \cdot 2^n$ konstruierbar.
Alle anderen Vielecke, beispielsweise das regelmäßige 7-, 9- und 11eck, lassen sich nur entweder mit Hilfe des Winkelmessers oder mit der in 7.2.2.5. beschriebenen oder einer ähnlichen Näherungskonstruktion zeichnen.

7.2.2.2. Regelmäßiges Vier- und Achteck

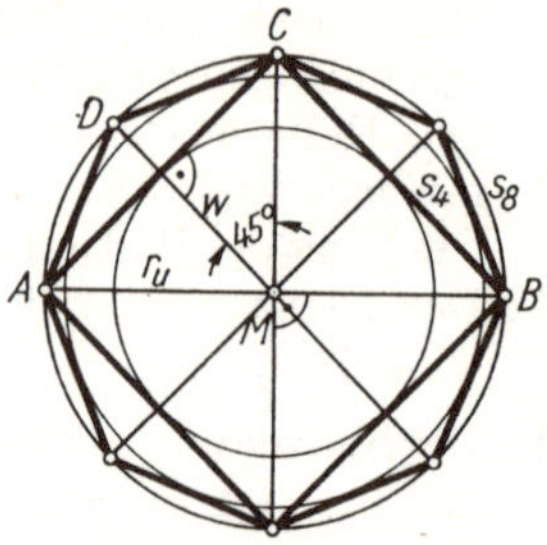

Bild 192

Für das Quadrat wird $n = 4$, $\gamma = 90°$. Das Bestimmungsdreieck ist gleichschenklig-rechtwinklig und nach dem Satz des THALES konstruierbar.

Errichtet man im Halbierungspunkt M der Strecke $\overline{AB}$ die Senkrechte $\overline{MC}$ (Bild 192), so schneidet diese den über $\overline{AB}$ beschriebenen Thaleskreis in C. Verbindet man C mit A und B, so entsteht der Winkel 90°, $\overline{AC}$ und $\overline{BC}$ sind somit Seiten des gesuchten Quadrates. Halbiert man ferner Winkel $\sphericalangle\ AMC$, so schneidet die Winkelhalbierende w den Kreis in D. $\overline{AD}$ und $\overline{DC}$ sind Seiten des regelmäßigen Achtecks. Durch fortgesetztes Halbieren gelangt man so zu den Seiten aller weiteren regelmäßigen Vielecke mit der Eckzahl $n = 2^m$.

7.2.2.3. Regelmäßiges Sechs- und Dreieck

Für das regelmäßige Sechseck wird $n = 6$, $\gamma = 60°$. Das Bestimmungsdreieck ist gleichseitig und damit elementar-geometrisch konstruierbar (Bild 193).

Man beschreibt um M den Kreis mit dem Radius r_u und trägt r_u von einem beliebigen Punkt A des Kreises sechsmal auf diesem ab. Die so gefundenen Teilpunkte $B \dots F$ sind Eckpunkte des gesuchten Sechsecks.

Das regelmäßige Dreieck wird gefunden, wenn beispielsweise die Punkte B, D und F durch Strecken verbunden werden.

Durch fortgesetztes Halbieren der Seiten werden weitere regelmäßige Vielecke mit der Eckzahl $n = 6 \cdot 2^m$ mit $m = 2, 3, 4, \dots$ konstruiert.

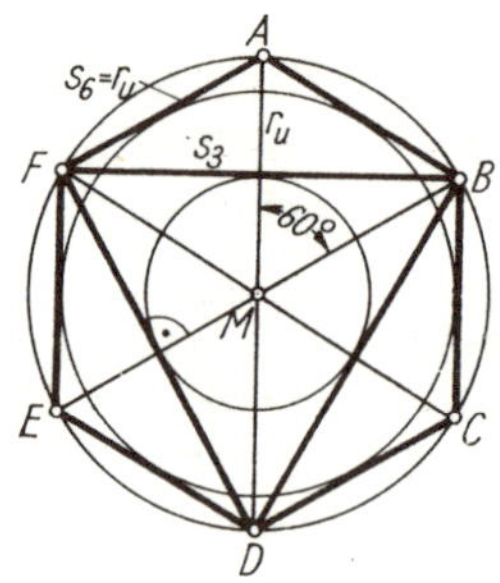

Bild 193

7.2.2.4. Regelmäßiges Zehn- und Fünfeck

Für das Zehneck wird $n = 10$, $\gamma = 36°$. Die Basiswinkel β seines Bestimmungsdreiecks betragen $\beta = 72°$. Das Bestimmungsdreieck ist elementar-geometrisch konstruierbar (Bild 194).

Man zeichnet zunächst das Bestimmungsdreieck mit Hilfe des Winkelsmessers und konstruiert die Winkelhalbierende w_β. Sie schneidet den Schenkel $\overline{MB}$ in D und bildet das Dreieck BDA. Es ist dem Dreieck ABM ähnlich, wie nachstehend gezeigt werden soll.

Voraussetzung: $\gamma = \beta_1 = 36°$

Behauptung: $\triangle\ BDA \sim \triangle\ ABM$

Beweis: Mit $\beta_1 = 36°$ und $\beta = 72°$ folgt nach Lehrsatz 23 (s. 5.2.1.2.)

$$\delta = 180° - (\beta_1 + \beta) \text{ und hieraus}$$

$$\delta = 72°$$

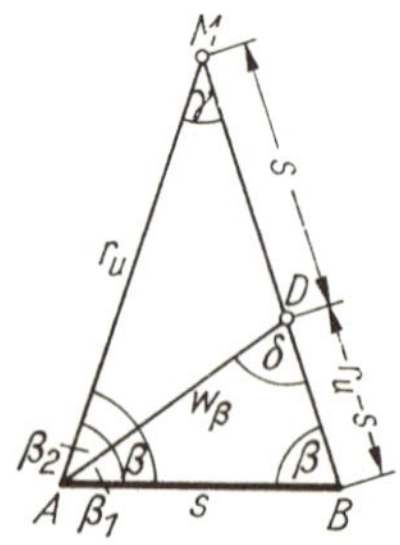

Bild 194

Mithin ist das Dreieck BDA gleichschenklig und, weil seine Winkel mit dem Dreieck ABM übereinstimmen, diesem auch ähnlich.

Wegen $\beta_2 = 36°$ und $\gamma = 36°$ ist auch Dreieck MAD gleichschenklig, folglich $\overline{MD} = \overline{AD} = \overline{AB} = s$ und $\overline{DB} = r_u - s$.

Damit ergibt sich die Proportion

$$(r_u - s):s = s:r_u,$$

aus der zu erkennen ist, daß die Zehneckseite s die mittlere Proportionale zum Umkreisradius r_u und zur Differenz aus diesem und sich selbst ist.

Der Punkt D teilt also die Strecke $\overline{MB}$ stetig:

Die Seite des Zehnecks ist folglich der größere Abschnitt seines stetig geteilten Umkreisradius.

Die Konstruktion des Bestimmungsdreiecks für das regelmäßige Zehneck läuft demnach auf die Lösung der Aufgabe hinaus, eine gegebene Strecke stetig zu teilen. Wie das zu geschehen hat, wurde im Beispiel zu 5.4.2.2. gezeigt. Hier soll deshalb der Hinweis genügen, daß die Konstruktion des regelmäßigen Zehnecks sofort an die stetige Teilung angeschlossen werden kann.

Man beschreibt dazu (Bild 195) um M den Kreisbogen mit $\overline{MB}$ als Radius und um B denjenigen mit dem Radius $\overline{MG}$. Dann ist das Dreieck FBM das Bestimmungsdreieck des regelmäßigen Zehnecks, dessen Seite $\overline{MG}$ und dessen Umkreisradius $\overline{MB}$ ist.

Durch fortgesetztes Halbieren der Seiten des regelmäßigen Zehnecks lassen sich weitere Vielecke mit der Eckzahl $n = 10 \cdot 2^m$ mit $m = 1, 2, 3, 4, \ldots$ zeichnen. Verbindet man immer nur jeden zweiten Eckpunkt des regelmäßigen Zehnecks durch eine Strecke, dann entsteht das regelmäßige Fünfeck.

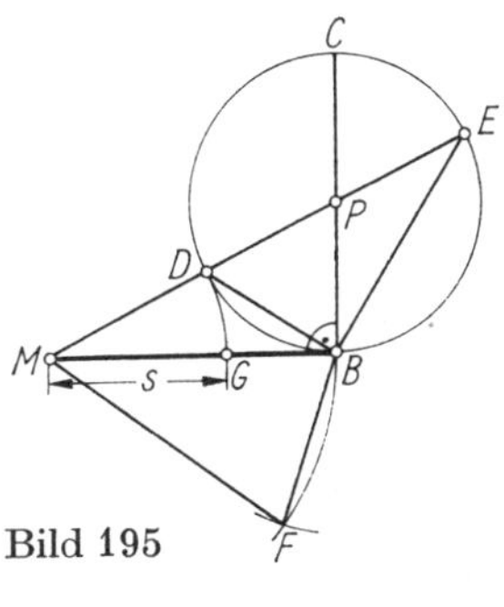

Bild 195

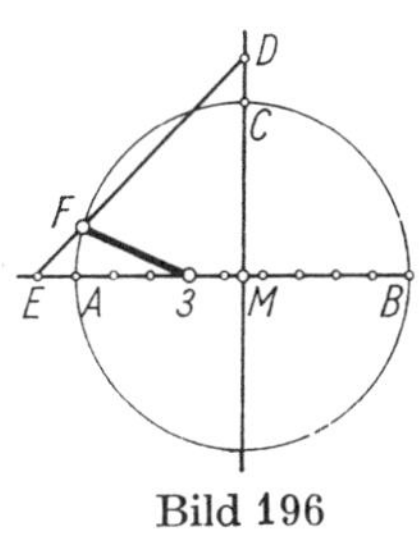

Bild 196

7.2.2.5. Näherungskonstruktion

Die Näherungskonstruktion soll für ein regelmäßiges 9eck durchgeführt werden (Bild 196). Man teilt den gewählten Umkreisdurchmesser $\overline{AB}$ in $n = 9$ Teile, errichtet in M die Senkrechte auf $\overline{AB}$ und beschreibt mit $\overline{MB}$ um M den Kreis. Er schneidet die Senkrechte in C. Nun werden sowohl $\overline{AB}$ von A aus als auch $\overline{MC}$ von C aus um $\frac{\overline{AB}}{n} = \frac{\overline{AB}}{9}$ verlängert, wodurch die Punkte E und D gefunden werden. Die durch diese Punkte gezogene Gerade schneidet den Umkreis in F. Die Strecke $\overline{F3}$ ist die gesuchte Seite des regelmäßigen 9ecks.

Die trigonometrische Überprüfung des Verfahrens zeigt hinreichende Übereinstimmung mit den gemessenen Werten.

7.2.3. Berechnung des regelmäßigen Vielecks

7.2.3.1. Allgemeine Berechnungen

7.2.3.1.1. Seitenbeziehungen zwischen einem *n*- und einem 2*n*-Eck bei gleichem Umkreisradius

Ist Dreieck ABM im Bild 197 das Bestimmungsdreieck eines regelmäßigen n-Ecks mit der Seite $s_n = \overline{AB}$, so schneidet die Verlängerung der Höhe $h = \overline{CM}$ seinen mit dem Radius r_u um M beschriebenen Umkreis in D. Die Strecke $\overline{AD}$ ist dann die Seite s_{2n} eines regelmäßigen $2n$-Ecks mit dem gleichen Umkreisradius r_u.

Es ist
$$\overline{CD} = r_u - CM \qquad \text{(I)}$$

Aus Dreieck ACD folgt für $\overline{CD}$: $$\overline{CD} = \sqrt{s_{2n}^2 - \left(\frac{s_n}{2}\right)^2} \qquad \text{(II)}$$

Aus Dreieck MCA folgt für $\overline{CM}$: $$\overline{CM} = \sqrt{r_u^2 - \left(\frac{s_n}{2}\right)^2} \qquad \text{(III)}$$

Durch Einsetzen von (II) und (III) in (I) erhält man nach entsprechender Umformung

$$\boxed{s_{2n} = \sqrt{2r_u^2 - r_u\sqrt{4r_u^2 - s_n^2}}} \qquad (28)$$

oder

$$\boxed{s_{2n} = r_u\sqrt{2 - \sqrt{4 - \left(\frac{s_n}{r_u}\right)^2}}} \qquad (29)$$

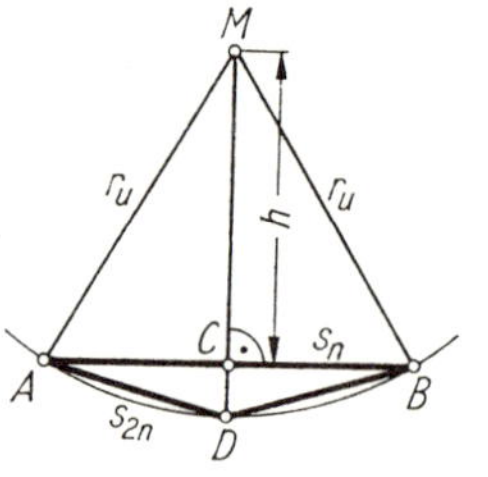

Bild 197

Mit (28) bzw. (29) ist es möglich, die Seite s_{2n} eines $2n$-Ecks aus der Seite s_n eines n-Ecks zu berechnen.

Da ferner die Strecke $\overline{CM}$ gleich dem Inkreisradius r_i des regelmäßigen n-Ecks ist, erhält man aus (III) für diesen

$$\boxed{r_i = \tfrac{1}{2}\sqrt{4r_u^2 - s_n^2}} \qquad (30)$$

Schließlich kann mit r_i auch der Flächeninhalt des regelmäßigen n-Ecks berechnet werden. Er folgt aus

$$A = n\,A_{ABM} = n\,\frac{s_n}{2}\,r_i$$

und wird

$$\boxed{A = \frac{n}{4}\,s_n\sqrt{4r_u^2 - s_n^2}} \qquad (31)$$

7.2.3.1.2. Seitenbeziehung zwischen einem Sehnen- und einem Tangentenvieleck

Wird einem Kreis von gegebenem Radius r ein regelmäßiges n-Eck sowohl ein- als auch umbeschrieben, so ist das einbeschriebene ein *Sehnenvieleck*, das umbeschriebene ein *Tangentenvieleck*. Der Radius r ist für das Sehnenvieleck Umkreisradius, für das Tangentenvieleck Inkreisradius.
Im Bild 198 sind die Bestimmungsdreiecke zweier derartiger Vielecke dargestellt. Wir bezeichnen darin mit s_s die Seite des Sehnenvielecks, mit s_t die Seite des Tangentenvielecks.

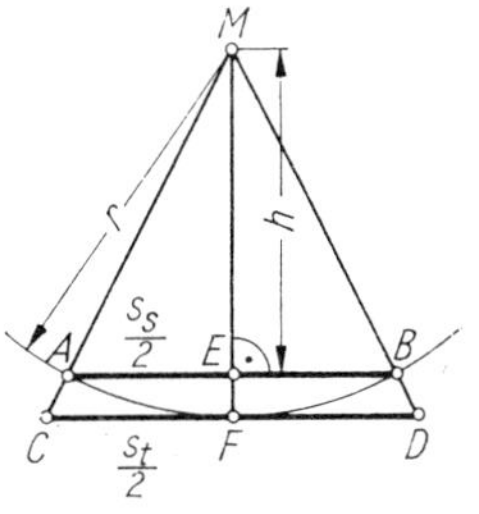

Bild 198

Da $\triangle AEM \sim \triangle CFM$

gilt $s_t : s_s = \overline{MF} : h$ (I)

Aus Dreieck AEM folgt für h: $h = \sqrt{r^2 - \left(\frac{s_s}{2}\right)^2}$ (II)

Für $\overline{MF}$ folgt[1]: $\overline{MF} = r$ (III)

Durch Einsetzen von (II) und (III) in (I) ergibt sich nach entsprechender Umformung

$$s_s = s_t \sqrt{1 - \left(\frac{s_s}{2r}\right)^2} \qquad \text{(IV)}$$

Multipliziert man beiderseits mit n, so erhält man eine Beziehung für die Umfänge der beiden Vielecke. Sie lautet:

$$U_s = U_t \sqrt{1 - \left(\frac{s_s}{2r}\right)^2}$$

Bringt man (IV) auf die Form

$$\boxed{s_s = \frac{2 s_t r}{\sqrt{4r^2 + s_t^2}}} \qquad (32)$$

so ist es möglich, damit die Seite s_s eines Sehnenvielecks aus der Seite s_t des zugehörigen Tangentenvielecks zu berechnen.
Durch Multiplizieren beider Seiten von (32) mit n ergibt sich wegen $ns_s = U_s$ und $ns_t = U_t$

$$\boxed{U_s = U_t \frac{2r}{\sqrt{4r^2 + s_t^2}}} \qquad (33)$$

Der Flächeninhalt A_s eines regelmäßigen Sehnenvielecks läßt sich aus

$$A_s = n \frac{s_s}{2} h$$

[1] Der Radius r erhält hier keinen Index, da er sowohl Umkreisradius für das Sehnenvieleck als auch Inkreisradius für das Tangentenvieleck ist.

berechnen. Wegen $ns_s = U_s$ und (II) folgt schließlich

$$\boxed{A_s = \frac{U_s}{2} r \sqrt{1 - \left(\frac{s_s}{2r}\right)^2}} \tag{34a}$$

Entsprechend erhält man den Flächeninhalt A_t des Tangentenvielecks aus

$$A_t = n \frac{s_t}{2} r$$

oder wegen $ns_t = U_t$ kann auch

$$\boxed{A_t = \frac{U_t}{2} r} \tag{34b}$$

geschrieben werden.

7.2.3.2. Sonderfälle

Nachstehend werden für die bekanntesten regelmäßigen Vielecke die Seiten s_n, der Flächeninhalt A_n und der Umfang U_n als Funktion des Umkreisradius r_u angegeben. Dem Leser wird empfohlen, einige der Werte zu berechnen.

	s_n	U_n	A_n
Dreieck[1]	$r_u\sqrt{3}$	$3r_u\sqrt{3}$	$\frac{3}{4} r_u^2\sqrt{3}$
Viereck[2]	$r_u\sqrt{2}$	$4r_u\sqrt{2}$	$2r_u^2$
Fünfeck	$\frac{r_u}{2}\sqrt{2(5-\sqrt{5})}$	$\frac{5}{2} r_u\sqrt{2(5-\sqrt{5})}$	$\frac{5}{8} r_u^2\sqrt{2(5+\sqrt{5})}$
Sechseck[3]	r_u	$6r_u$	$\frac{3}{2} r_u^2\sqrt{3}$
Achteck	$r_u\sqrt{2-\sqrt{2}}$	$8r_u\sqrt{2-\sqrt{2}}$	$2r_u^2\sqrt{2}$
Zehneck[4]	$\frac{r_u}{2}(\sqrt{5}-1)$	$5r_u(\sqrt{5}-1)$	$\frac{5}{4} r_u^2\sqrt{2(5-\sqrt{5})}$

[1] Vgl. Bild 199. [2] Vgl. Bild 200. [3] Vgl. Bild 201. [4] Vgl. Bild 194.

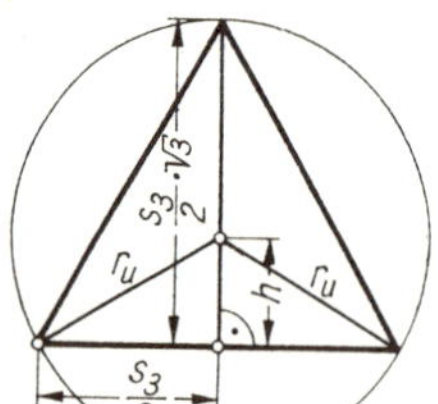

Bild 199

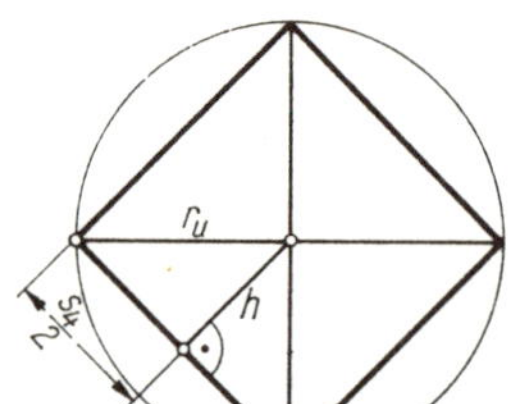

Bild 200

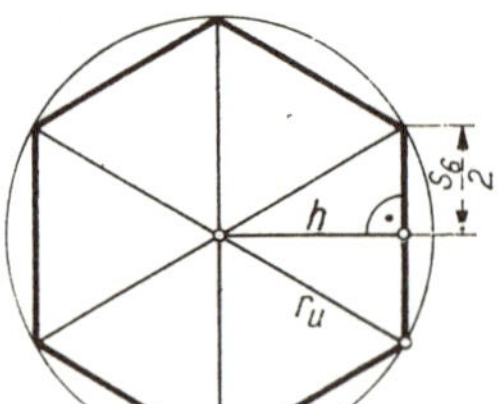

Bild 201

AUFGABEN

137. Welchen Winkel α schließen zwei aufeinanderfolgende Seiten

a) eines regelmäßigen Zwölfecks,

b) „ „ Vierzehnecks,

c) „ „ Fünfzehnecks,

d) „ „ Achtzehnecks

ein?
Berechne außerdem die Spitzenwinkel γ der Bestimmungsdreiecke dieser Vielecke.

138. Wie groß sind die Winkel α und β des im Bild 202 dargestellten Pentagonsternes? Stelle außerdem die Formeln für die Strecken b und c und den Flächeninhalt A des Sternes auf. Nimm die Seite a des regelmäßigen Fünfecks als bekannt an.

139. Einem Kreis mit dem Radius $r = 12$ cm ist ein regelmäßiges Achteck einbeschrieben. Berechne die Seite s, den Flächeninhalt A und den Radius r_i des einbeschriebenen Kreises.

140. Einem Kreis ist ein regelmäßiges Dreieck mit der Seite $s = 4$ cm einbeschrieben. Wie groß ist die Seite s_6 des dem gleichen Kreis einbeschriebenen Sechsecks?

141. Ein Quadrat und ein regelmäßiges Sechseck sollen flächengleich sein. Wie groß ist für diesen Fall die Seite b des Sechsecks zu machen, wenn die Quadratseite $a = 10$ cm gegeben ist?

142. Drücke den Flächeninhalt A eines regelmäßigen

a) Fünfecks, b) Sechsecks, c) Achtecks, d) Zehnecks

durch den Umfang U aus.

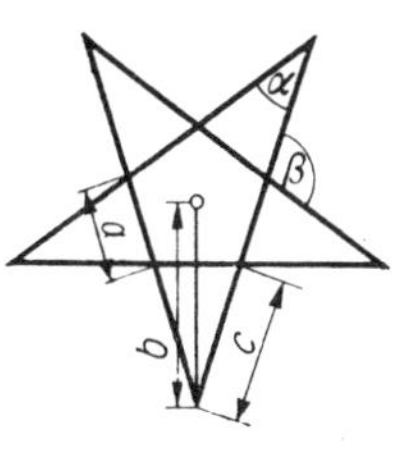

Bild 202

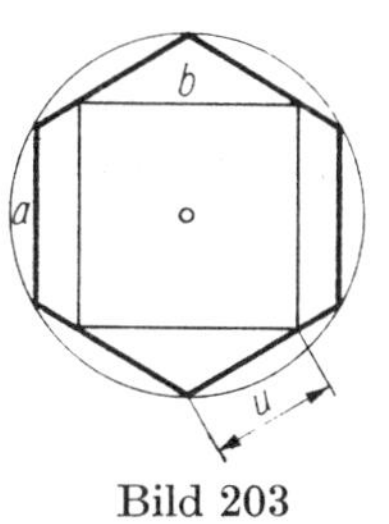

Bild 203

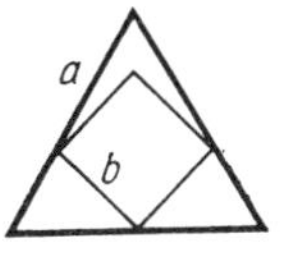

Bild 204

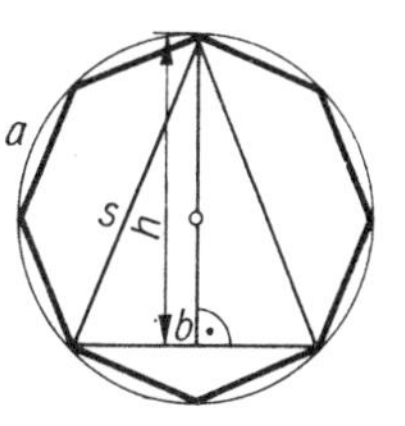

Bild 205

143. Einem regelmäßigen Sechseck mit der Seite $a = 8$ cm ist ein Quadrat mit der Seite b einbeschrieben. Drücke b durch a aus und gib eine Konstruktion für b an (Bild 203).

144. Einem gleichseitigen Dreieck mit der Seite $a = 3$ cm ist ein Quadrat mit der Seite b einbeschrieben. Drücke b durch a aus (Bild 204).

145. Einem regelmäßigen Achteck mit der Seite a ist ein gleichschenkliges Dreieck einbeschrieben. Drücke die Stücke b, s, h und den Flächeninhalt A des Dreiecks durch $a = 6$ cm aus (Bild 205).

146. Ein regelmäßiges Sechseck und ein regelmäßiges Achteck sollen gleichen Umfang haben. Berechne die Achteckseite b und die Flächeninhalte A_6 und A_8 des Sechs- und Achtecks für diesen Fall. Die Sechseckseite sei $a = 2$ cm.

147. Einem Kreis mit dem Radius r sind ein regelmäßiges Fünf- und Zehneck einbeschrieben. Bestimme die Verhältnisse ihrer Flächeninhalte, Umfänge und Seiten.

148. Zwei nach Bild 206 in ein Quadrat einbeschriebene gleichseitige Dreiecke begrenzen das schaffiert gezeichnete unregelmäßige Sechseck. Drücke dessen Flächeninhalt A durch die Quadratseite $a = 5$ cm aus.

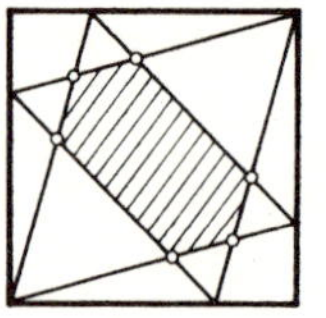

Bild 206

149. Von einem regelmäßigen Fünfeck ist der Umfang $U_5 = 15$ cm gegeben. Wie groß sind seine Seite s_5, sein Umkreisradius r_5 und sein Flächeninhalt A_5?

150. Die Grundfläche eines alten Brunnens, der die Form eines regelmäßigen Achtecks hat, beträgt 15,4 m². Wie groß ist eine Seite s?

151. Der Querschnitt einer Säule ist ein regelmäßiges Sechseck mit der Seite $s = 32$ cm. Sie ruht auf einem zylindrischen Sockel. Berechne dessen Durchmesser d für den Fall, daß er beiderseits um je 6 cm über die größte Diagonale des Säulenquerschnitts übersteht.

152. Der Boden eines aus Blech gefertigten Ziergefäßes bildet ein regelmäßiges Fünfeck mit dem Umfang $U = 20$ cm. Er soll durch einen solchen von der Form eines regelmäßigen Zehnecks mit gleichem Umfang ersetzt werden. Berechne den Umkreisradius r des neuen Bodens.

153. Einem Kreis vom Radius $r = 6$ cm ist ein Hexagramm (zwei entgegengesetzt parallele regelmäßige Dreiecke) einbeschrieben. Zeichne es und berechne seinen Flächeninhalt A.

154. Ein Abdeckblech hat die Form eines regelmäßigen Fünfecks mit der Seite $s = 3{,}2$ cm. Es ist zu groß und wird deshalb beschnitten. Die Schnitte werden allseits parallel zu den Seiten in 5 mm Abstand vom Rand geführt. Welchen Flächeninhalt A und welche Seite s_1 hat das bearbeitete Blech?

155. Der Querschnitt eines Dreikantstahles beträgt $A = 8$ cm². Er soll durch einseitiges Abfräsen auf 5 cm² verringert werden. Welche Anstelltiefe a des Fräsers muß gewählt werden, wenn die Form des regelmäßigen Dreiecks erhalten bleiben soll?

156. Ein Pavillon besteht aus drei Etagen, deren Grundrisse regelmäßige Sechsecke bilden. Die Seite der untersten Etage ist $s = 3$ m. Wie groß sind die Seiten s_1 und s_2 der beiden nächsten Etagen, wenn jede von ihnen gleichmäßig um 0,5 m von der vorhergehenden zurücksteht?

157. Mit einem Faden von 45 m Länge soll ein regelmäßiges Zehneck abgesteckt werden. Wie groß wird dessen Flächeninhalt A?

158. Mit einem Draht von 15 cm Länge werden nacheinander ein regelmäßiges Dreieck, Viereck, Fünfeck und Sechseck gebildet. Berechne die Flächeninhalte dieser Figuren.

159. Das Seitenfenster einer Wartehalle bildet ein regelmäßiges Sechseck. Es ist aus Leisten von 5 cm Breite gezimmert. Sein äußerer Umfang beträgt 3 m. Welche Fläche A steht für den Lichteinfall zur Verfügung, wenn die Verkittung unberücksichtigt bleibt?

160. Ein quadratisches Blech mit 16 cm Seitenlänge wird an seinen Ecken so beschnitten, daß ein regelmäßiges Achteck entsteht. Wie groß ist dessen Fläche A?

161. 12 Stück Bleche von der Form eines regelmäßigen Sechsecks werden so bearbeitet, daß 12 regelmäßige Dreieckbleche mit größtmöglicher Seite entstehen. Berechne den Schnittverlust A, wenn die Sechseckseite 14,5 cm beträgt.

162. Die Irisblende einer Kamera besteht aus zehn Lamellen, so daß eine Blendenöffnung von der Form eines regelmäßigen Zehnecks entsteht. Bei der Blendenstellung 3,5 ist die Seite dieses Zehnecks 8 mm lang. Wie groß wird diese Seite s für die nächste Blendenstellung 4, bei der die Blendenöffnung bekanntlich um die Hälfte von der bei Stellung 3,5 reduziert wird?

163. Für Straßenleuchten sollen Steinsäulen hergestellt werden, deren Querschnitt ein regelmäßiges Zehneck ist. Wie groß muß eine Seite s dieses Zehnecks sein, wenn für den Abstand zweier paralleler Seiten 45 cm vorgeschrieben sind?

164. Eine Kachel von der Form eines regelmäßigen Achtecks hat einen Flächeninhalt $A = 250\ \text{cm}^2$. Berechne eine Seite s der Kachel.

165. Aus einem runden Stamm von 56 cm Durchmesser soll ein Balken hergestellt werden, dessen Querschnitt die Form eines regelmäßigen Sechsecks hat. Berechne den Umfang U des Querschnitts für den Fall, daß die Schnittverluste möglichst klein gehalten werden.

166. Die acht einzelnen Spiegel eines achteckigen Drehspiegels werden aus 3 mm dickem Glas geschnitten und so auf einer Walze montiert, daß sie ein regelmäßiges Achteck bilden. Berechne den Walzendurchmesser d. Berücksichtige, daß die Spiegelrückseiten die Walze berühren, zwischen den aneinanderstoßenden Spiegelkanten kein Zwischenraum bleibt und der Abstand von Kante zu Kante 3,5 cm beträgt.

8. Kreis

8.1. Vorbetrachtungen

8.1.1. Linien, Strecken und Winkel am und im Kreis

Nach 3.2. ist der *Kreis* der geometrische Ort aller Punkte, die von einem gemeinsamen Punkt, dem *Mittelpunkt M*, den gleichen Abstand haben (Bild 207). Dieser Abstand $\overline{MA} = r$ heißt *Radius* und stellt die kürzeste Entfernung zwischen Mittelpunkt M und jedem auf dem Kreis liegenden Punkt dar.

Schneidet eine beliebige Gerade den Kreis in einem beliebigen Punkt B, so schneidet sie ihn auch noch in einem anderen, beispielsweise in C. Eine solche Gerade heißt *Sekante*[1]. Die vom Kreis auf der Sekante begrenzte Strecke $\overline{BC}$ wird als *Sehne* bezeichnet. Da sich durch einen Kreis beliebig viele Sekanten ziehen lassen, sind auch beliebig viele Sehnen denkbar. Geht die Sekante durch den Mittelpunkt M, so wird die dazugehörige Sehne $\overline{EF} = 2r$ und damit größer als jede andere Sehne. Sie heißt dann *Durchmesser* des Kreises. Jede Sehne teilt den Kreis in zwei ihr und nur ihr zugehörige *Kreisbögen*. Diese haben gemeinsame Anfangs- und Endpunkte und ergänzen sich notwendigerweise zum Kreis. Wird eine Sekante so weit zu sich parallel verschoben, bis ihre auf dem Kreis liegenden Schnittpunkte zusammenfallen, dann wird sie zur *Tangente*[2]. Diese berührt den Kreis nur noch in einem Punkt, beispielsweise in A.

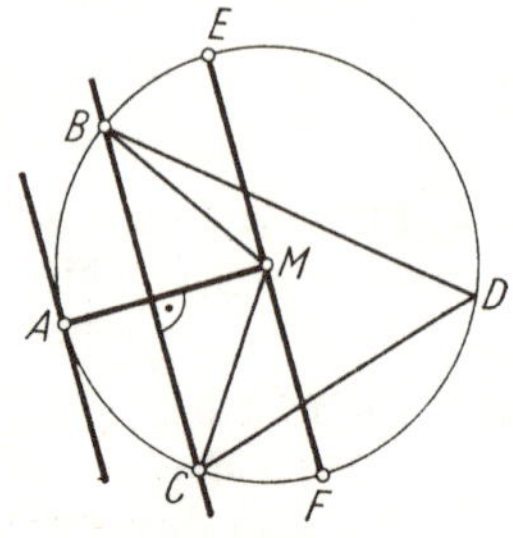

Bild 207

Die von den beiden Endpunkten B und C einer Sehne gezogenen Radien schließen den *Mittelpunktswinkel* $\sphericalangle\, BMC$ ein. Sein Scheitel ist der Mittelpunkt M.
Verbindet man ferner die Endpunkte B und C einer Sehne mit einem beliebigen anderen Punkt des Kreises, beispielsweise mit D, so wird der entstehende Winkel $\sphericalangle\, BDC$ als der zur Sehne $\overline{BC}$ gehörende *Umfangswinkel* bezeichnet.

8.1.2. Flächen

Jeder Kreis zerlegt die Ebene, in der er liegt, in zwei Flächen. Die vom Kreis eingeschlossene Fläche heißt *Kreisfläche*. Diese wiederum wird durch eine beliebige Sehne $\overline{AB}$ (Bild 208) in zwei zu ihr gehörende *Kreisabschnitte* oder *Segmente* zerlegt. Ist die Sehne ein Durchmesser, so halbiert sie die Kreisfläche.

Zwei beliebige Radien $\overline{MD}$ und $\overline{ME}$ und der durch die Punkte D und E bestimmte Kreisbogen begrenzen einen *Kreisausschnitt* oder *Sektor*.

Die Kreisfläche ist vollkommen zentralsymmetrisch, ihr Mittelpunkt ist gleichzeitig Zentralpunkt.

Kreisflächen mit gleichen Radien sind kongruent.

Kreisflächen mit verschiedenen Radien sind ähnlich.

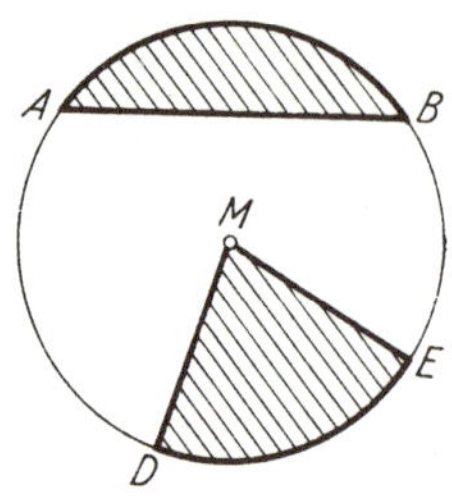

Bild 208

8.2. Sätze über die Strecken und Linien am und im Kreis

8.2.1. Sehne und Bogen

Im Bild 209 sind auf einem Kreis zwei gleich große Bögen AB und CD abgetragen (Zeichen für Bogen: $\overset{\frown}{AB}$) und ihre Endpunkte durch die Radien mit M verbunden. Außerdem sind die zu den Bögen gehörigen Sehnen und die darauf senkrecht stehen-

[1] secare (lat.) schneiden

[2] tangere (lat.) berühren

den Höhen h_1 und h_2 eingezeichnet. Dadurch entstehen zwei Dreiecke ABM und DCM, die kongruent sind; denn denkt man sich Dreieck ABM starr mit dem Kreis und Dreieck DCM starr mit der Ebene verbunden, so führt eine Drehung des Kreises um den Winkel $\sphericalangle\, AMD$ sowohl zur Deckung der Bögen als auch zur Deckung aller übrigen Stücke. Hieraus folgt

Lehrsatz 68

Zu gleichen Bögen eines Kreises gehören

a) gleiche Sehnen,
b) gleiche Mittelpunktswinkel,
c) gleiche Segmente

und umgekehrt.

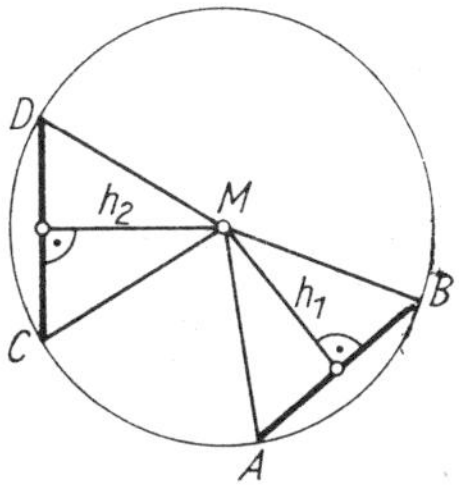

Bild 209

Zusatz zu Lehrsatz 68

Zum größeren Bogen eines Kreises gehören auch die größere Sehne und der größere Mittelpunktswinkel.

Lehrsatz 69

Jede zu einer Sehne gehörige Höhe halbiert die Sehne und den zugehörigen Mittelpunktswinkel und geht durch den Kreismittelpunkt.

Lehrsatz 70

Gleiche Sehnen in ein und demselben Kreis haben gleichen Abstand vom Mittelpunkt, und umgekehrt sind gleich weit vom Mittelpunkt eines Kreises entfernte Sehnen gleich lang.

Aus Lehrsatz 70 ergibt sich als

7. geometrischer Ort

Der geometrische Ort für die Mitten einer Schar von Kreissehnen vorgeschriebener Länge ist der zu dem gegebenen konzentrische Kreis, der zum Radius den Abstand der Sehne vom Mittelpunkt des Kreises hat.

In den im Bild 210 dargestellten Kreis sind zwei ungleich lange Sehnen $\overline{AB}$ und $\overline{AC}$ eingetragen, und zwar ist $\overline{AB} > \overline{AC}$. Zeichnet man die Abstände $\overline{MD}$ und $\overline{ME}$ dieser Sehnen vom Mittelpunkt M ein, so gilt nach Lehrsatz 30 (s. 5.2.3.) im Dreieck EDM $\overline{ME} > \overline{MD}$. Daraus erhält man

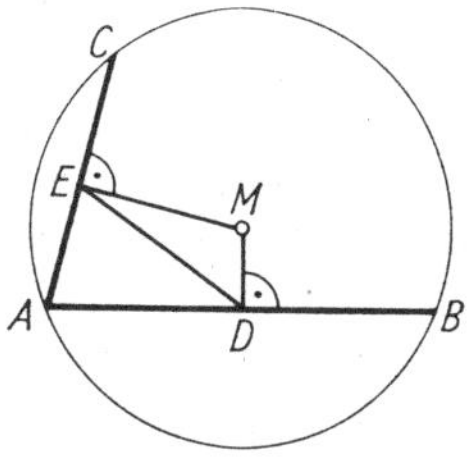

Bild 210

Lehrsatz 71

Ungleiche Sehnen eines Kreises haben auch ungleiche Abstände zum Mittelpunkt, zur größeren Sehne gehört der kleinere Abstand. Umgekehrt sind die ungleich vom Mittelpunkt entfernten Sehnen ebenfalls ungleich.

Zusatz zu Lehrsatz 71

Der Durchmesser eines Kreises ist die denkbar größte Sehne, weil sie durch seinen Mittelpunkt geht.

8.2.2. Radius und Tangente

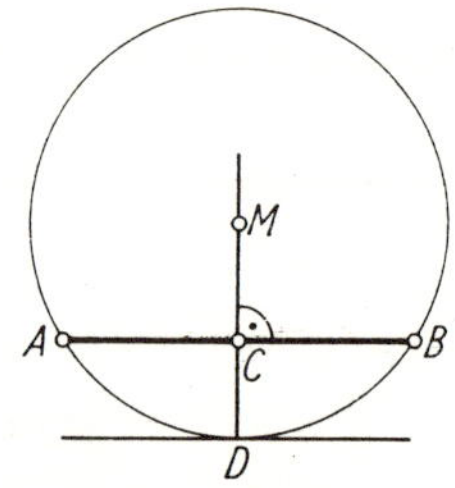

Bild 211

Errichtet man (Bild 211) im Halbierungspunkt C der Sehne $\overline{AB}$ die Mittelsenkrechte, so schneidet diese den Kreis in D und geht außerdem durch seinen Mittelpunkt M. Die durch $\overline{AB}$ bestimmte (nicht gezeichnete) Sekante steht ebenfalls senkrecht auf $\overline{MD}$. Daran ändert sich auch nichts, wenn sie so weit zu sich parallel verschoben wird, bis sie durch Punkt D geht. Sie ist dann zur Tangente geworden. Da nun $\overline{MD}$ gleich dem Radius des Kreises ist, folgt

Lehrsatz 72

Die Tangente eines Kreises steht senkrecht auf dem Radius zum Berührungspunkt.

Zusätze zu Lehrsatz 72

1. Die Senkrechte durch den Berührungspunkt einer Tangente geht zugleich durch den Kreismittelpunkt.
2. Das Lot vom Kreismittelpunkt auf die Tangente geht durch den Berührungspunkt der Tangente.
3. Parallele Tangenten ein und desselben Kreises liegen an den Enden eines Durchmessers, und umgekehrt sind die Tangenten in den Endpunkten eines Durchmessers parallel.

Ferner folgt aus Lehrsatz 72 als

8. geometrischer Ort

Der geometrische Ort für die Mittelpunkte aller Kreise von gegebenem Radius, die eine gegebene Gerade berühren, sind die beiden Parallelen zur Geraden, deren Abstand gleich dem gegebenen Radius ist.

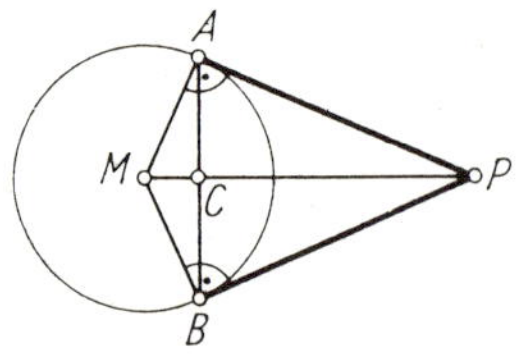

Bild 212

Von einem Punkt P außerhalb eines Kreises können zwei Tangenten mit den Berührungspunkten A und B an einen Kreis gezogen werden (Bild 212). Verbindet man M mit A, B und P, so entstehen nach Lehrsatz 72 zwei rechtwinklige Dreiecke MAP und MBP, die kongruent sind, denn sie stimmen in 90° und nach Lehrsatz 69 auch in den Winkeln bei M überein. Es ist also $\overline{AP} = \overline{BP}$. Daraus ergibt sich

Lehrsatz 73

Zieht man von einem außerhalb eines Kreises liegenden Punkt die zwei möglichen Tangenten an diesen, so sind die beiden Strecken zwischen dem Punkt und den Berührungspunkten gleich groß.

Bezeichnet man ferner die Verbindungsstrecke $\overline{AB}$ der Berührungspunkte A und B als Berührungssehne und die durch M und P bestimmte Gerade als Zentrale, so ergibt sich sofort

Lehrsatz 74

Die Zentrale durch den Schnittpunkt zweier an einen Kreis gezogenen Tangenten halbiert deren Berührungssehne, den zu dieser gehörenden Mittelpunktswinkel und den Winkel zwischen den Tangenten.

Zusatz zu Lehrsatz 74

Der Winkel zwischen zwei an einen Kreis gezogenen Tangenten ist das Supplement zum Mittelpunktswinkel der Berührungssehne.

Schließlich folgt aus Lehrsatz 74 als

9. geometrischer Ort

Der geometrische Ort für die Mittelpunkte aller Kreise, welche beide Schenkel eines Winkels berühren, ist die Winkelhalbierende des betreffenden Winkels.

8.3. Winkel am und im Kreis

8.3.1. Mittelpunkts- und Umfangswinkel

Bezeichnet man den zum Bogen $\widehat{AB}$ eines Kreises gehörenden Mittelpunktswinkel mit α und den zum gleichen Bogen gehörenden Umfangswinkel mit β, so können drei Lagen des Mittelpunktes M in bezug auf die Schenkel von β unterschieden werden. M kann entweder

a) auf einem der Schenkel von β (Bild 213a) oder
b) innerhalb der Schenkel von β (Bild 213b) oder
c) außerhalb der Schenkel von β (Bild 213c) liegen.

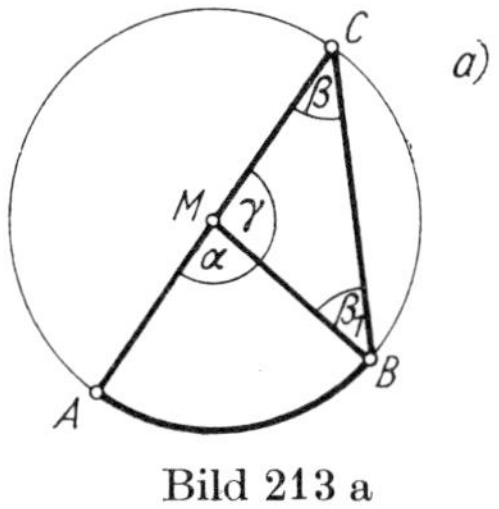

Bild 213 a

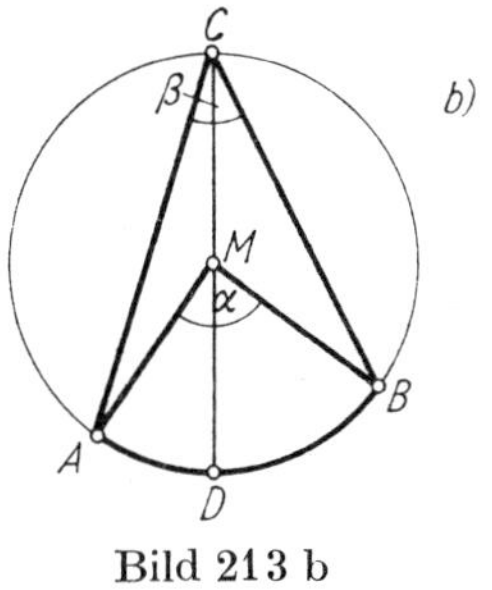

Bild 213 b

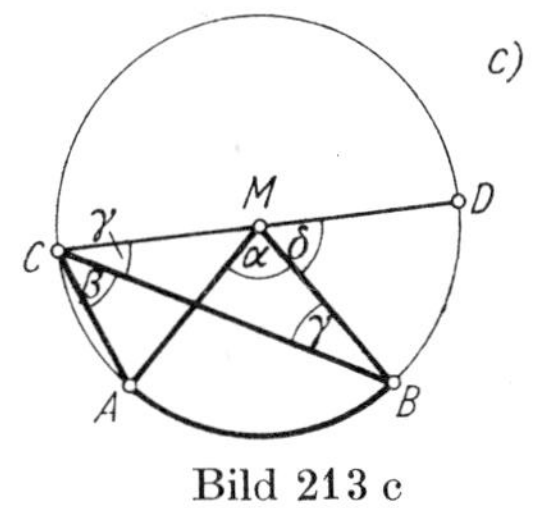

Bild 213 c

Man findet in allen drei Fällen Lehrsatz 75 bestätigt.

Lehrsatz 75

Der Umfangswinkel über einem Bogen ist halb so groß wie der Mittelpunktswinkel über dem gleichen Bogen.

Zusätze zu Lehrsatz 75

1. Alle Umfangswinkel über ein und demselben Bogen sind gleich groß.
2. Ist der Mittelpunktswinkel 180°, so ist der dazu gehörende Umfangswinkel 90°, oder:
   Alle Umfangswinkel über dem Durchmesser eines Kreises sind gleich 90° (Satz des THALES).
3. Zu gleichen Umfangswinkeln eines oder mehrerer gleicher Kreise gehören gleiche Sehnen und Bögen.

Der Beweis soll zunächst für Fall a) durchgeführt werden (Bild 213a).

Voraussetzung: α ist Mittelpunktswinkel über $\widehat{AB}$.

β ist Umfangswinkel über $\widehat{AB}$.

Behauptung: $\alpha = 2\beta$.

Beweis: Nach Lehrsatz 23 (s. 5.2.1.2.) gilt: $\alpha = \beta + \beta_1$,

und da Dreieck BCM wegen $\overline{MB} = \overline{MC}$ gleichschenklig ist, ist auch

$$\beta = \beta_1$$

und folglich

$$\alpha = 2\beta.$$

Zum Beweis von Fall b) (Bild 213b) zieht man $\overline{CD}$ durch die Punkte C und M. Dann ist dieser Fall auf Fall a) zurückgeführt und ebenfalls bewiesen. Im Fall c) (Bild 213c) wird gleichfalls $\overline{CD}$ durch die Punkte C und M gezogen. Dann findet man zunächst

$$\delta = 2\gamma$$

und nach Fall a)

$$\sphericalangle AMD = 2 \sphericalangle ACD$$

und hieraus schließlich

$$\sphericalangle AMD - \delta = 2 (\sphericalangle ACD - \gamma)$$

oder

$$\alpha = 2\beta$$

Aus Zusatz 3 zu Lehrsatz 75 folgt ein weiterer geometrischer Ort.

10. geometrischer Ort

Der geometrische Ort für die Spitzen aller Dreiecke mit gleicher Grundlinie und gleichem Spitzenwinkel ist der über der Grundlinie als Sehne beschriebene Kreisbogen, der den gegebenen Winkel zum Umfangswinkel hat. Schneiden einander zwei Sehnen $\overline{AB}$ und $\overline{CD}$ (Bild 214), so gilt

$$\alpha = \beta_1 + \gamma_1 = \beta_2 + \gamma_2.$$

Das gibt den

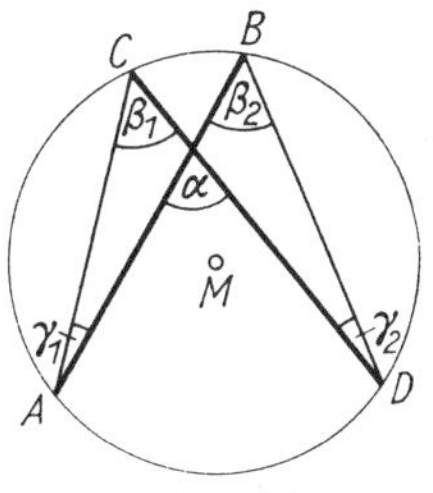

Bild 214

Lehrsatz 76

Der von zwei einander schneidenden Sehnen eingeschlossene Winkel ist gleich der Summe der beiden Umfangswinkel, die einerseits zu dem ihm zugeordneten Kreisbogen und andererseits zu dem seinem Scheitelwinkel zugeordneten Kreisbogen gehören.

Der Beweis für diesen Satz ergibt sich unmittelbar aus Lehrsatz 23.

Schneiden einander zwei Sekanten $\overline{AC}$ und $\overline{BC}$ (Bild 215) im Punkt C, so findet man $\alpha = \beta_1 - \gamma_1 = \beta_2 - \gamma_2$ oder

Lehrsatz 77

Der von zwei einander schneidenden Sekanten eingeschlossene Winkel ist gleich der Differenz der beiden Umfangswinkel, die zu den zwischen den Sekanten liegenden Kreisbögen gehören.

Auch für diesen Satz erhält man den Beweis aus Lehrsatz 23.

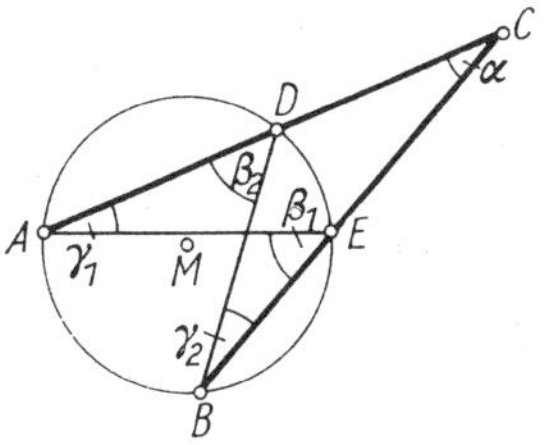

Bild 215

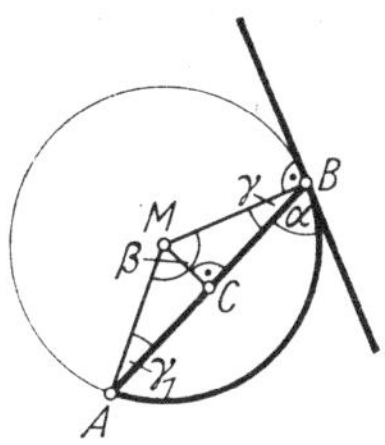

Bild 216

8.3.2. Sehnentangentenwinkel

Der Winkel α zwischen der Sehne $\overline{AB}$ und der Tangente in einem ihrer Endpunkte, etwa B, wird der zum Bogen $\overset{\frown}{AB}$ gehörende *Sehnentangentenwinkel* genannt (Bild 216). Wir verbinden nun M mit A, errichten im Mittelpunkt C der Sehne $\overline{AB}$ die Höhe $\overline{CM}$ und bezeichnen den zur Sehne gehörigen Mittelpunktswinkel mit β. Dann findet man

Lehrsatz 78

Der Sehnentangentenwinkel ist halb so groß wie der zur Sehne gehörende Mittelpunktswinkel.

Zusatz zu Lehrsatz 78

Der Sehnentangentenwinkel ist gleich dem zur Sehne gehörenden Umfangswinkel im entgegengesetzten Kreisabschnitt.

Voraussetzung: B ist Endpunkt einer Sehne und gleichzeitig Berührungspunkt der Tangente.

Behauptung: $\beta = 2\alpha$

Beweis: Im gleichschenkligen Dreieck ABM ist

$$\gamma = \gamma_1$$

und $$\beta = 180° - 2\gamma.$$

Andererseits ist $\gamma = 90° - \alpha$ und $2\gamma = 180° - 2\alpha$

so daß

$$\beta = 2\alpha.$$

8.3.3. Sehnenviereck

In Bild 217 sind zwei beliebig lange Sehnen unter einem beliebigen Winkel so aneinandergesetzt, daß sie einen Endpunkt gemeinsam haben. Errichtet man in ihren Halbierungspunkten D und E die Mittelsenkrechten, so schneiden diese einander nach Lehrsatz 69 im Mittelpunkt des durch die Punkte A, B und C bestimmten Kreises. Da aber zwei Strecken – in diesem Falle die Sehnen – nur einen Schnittpunkt gemeinsam haben können, existiert auch nur ein Schnittpunkt M ihrer Mittelsenkrechten, und folglich gibt es auch nur einen durch die Punkte A, B und C bestimmten Kreis, also

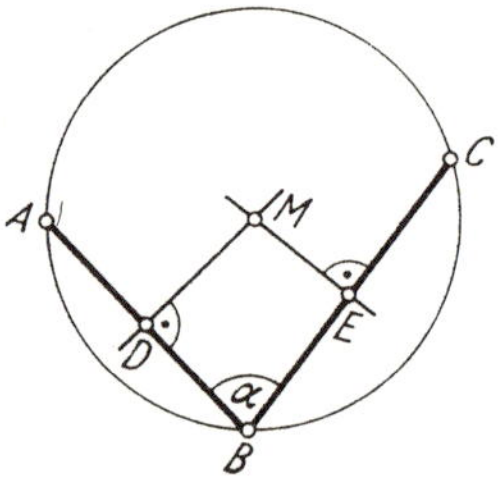

Bild 217

Lehrsatz 79

Ein Kreis ist durch drei nicht auf ein und derselben Geraden liegende Punkte eindeutig bestimmt.

Einem unregelmäßigen Viereck kann nach Lehrsatz 79 nur dann ein Kreis umbeschrieben werden, wenn einer der vier Eckpunkte auf dem durch die anderen drei Eckpunkte bestimmten Kreis liegt. Ist das jedoch der Fall, so ist jede Seite dieses Vierecks eine Sehne des Umkreises, und dieses heißt deshalb *Sehnenviereck* (Bild 218). Zieht man in einem solchen beispielsweise die Diagonale $\overline{AC}$ und verbindet man außerdem die Eckpunkte A und C mit M, so findet man

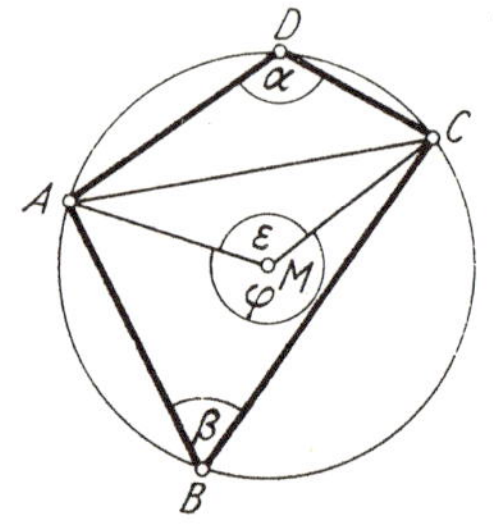

Bild 218

Lehrsatz 80

In jedem Sehnenviereck sind je zwei gegenüberliegende Winkel Supplementwinkel.

Die Umkehrung von Lehrsatz 80 ergibt

Lehrsatz 81

Wenn in einem Viereck je zwei gegenüberliegende Winkel Supplementwinkel sind, so ist es ein Sehnenviereck.

Anleitung zum Beweis von Lehrsatz 80:

Nach Lehrsatz 75 sind $\varepsilon = 2\beta$ und $\varphi = 2\alpha$. Da aber $\varepsilon + \varphi = 360°$ ist, folgt schließlich $\alpha + \beta = 180°$.

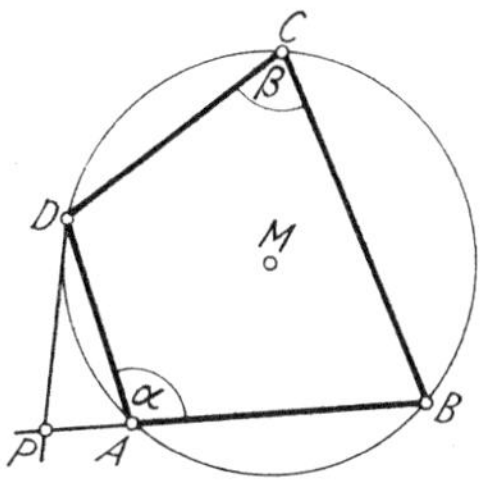

Bild 219

Anleitung zum Beweis von Lehrsatz 81 (Bild 219):

Man beweist diesen Satz indirekt. Der durch die Punkte B, C und D bestimmte Kreis geht auch durch A. Ginge er nicht durch A, so würde er die Seite $\overline{DA}$ oder die Verlängerung der Seite $\overline{BA}$ in P schneiden. Nehmen wir letzteres an, so ergäbe sich nach Lehrsatz 80: $\sphericalangle\, APD + \beta = 180°$, und somit wäre nach der Voraussetzung $\alpha + \beta = 180°$ auch $\alpha = \sphericalangle\, APD$. Das ist aber unmöglich, denn α ist zugleich Außenwinkel im Dreieck ADP und demnach größer als Winkel $\sphericalangle\, APD$. Der Kreis muß deshalb auch durch A gehen.

8.3.4. Tangentenviereck

Zieht man durch vier beliebig auf dem Kreis liegende Punkte A, B, C und D Tangenten, so bestimmen sie ein *Tangentenviereck* mit den Eckpunkten E, F, G und H (Bild 220). Schon durch Nachmessen findet man

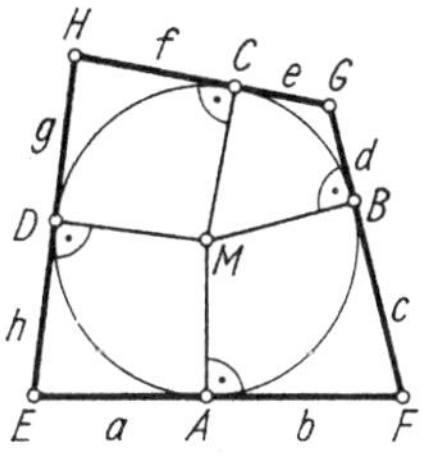

Bild 220

Lehrsatz 82

Im Tangentenviereck ist die Summe zweier gegenüberliegender Seiten gleich der Summe der beiden anderen.

Die Umkehrung ergibt

Lehrsatz 83

Ist die Summe je zweier gegenüberliegender Seiten in einem Viereck gleich groß, so ist es ein Tangentenviereck, in das sich ein Kreis einbeschreiben läßt.

Voraussetzung: Viereck $EFGH$ ist ein Tangentenviereck.

Behauptung: $\overline{EF} + \overline{GH} = \overline{FG} + \overline{HE}$

Beweis: Mit

$$\begin{array}{lll} \overline{EA} = a & \overline{AF} = b & \overline{EF} = a + b \\ \overline{GC} = e & \overline{CH} = f & \overline{GH} = e + f \\ \overline{FB} = c & \overline{BG} = d & \overline{FG} = c + d \\ \overline{HD} = g & \overline{DE} = h & \overline{HE} = g + h \end{array}$$

wird

$$\overline{EF} + \overline{GH} = a + b + e + f$$

und, wenn man Lehrsatz 73 berücksichtigt,

$$\overline{FG} + \overline{HE} = a + b + e + f$$

und folglich auch

$$\overline{EF} + \overline{GH} = \overline{FG} + \overline{HE}.$$

8.4. Streckenverhältnisse am Kreis

Schneiden einander zwei Sehnen $\overline{AB}$ und $\overline{CD}$ im Punkt E (Bild 221), so gilt $\overline{AE}\ \overline{EB} = \overline{ED}\ \overline{CE}$ oder

Lehrsatz 84 **(Sehnensatz)**

Wenn zwei Sehnen eines Kreises einander schneiden, so ist das Produkt aus den dadurch entstehenden Abschnitten der einen Sehne gleich dem Produkt aus den Abschnitten der anderen.

Führe den Beweis mit Hilfe der ähnlichen Dreiecke ACE und BDE!

Im Bild 222 schneiden zwei Sekanten $\overline{AC}$ und $\overline{BC}$ einander im Punkt C außerhalb eines Kreises. Nennt man $\overline{DC}$ bzw. $\overline{EC}$ ihre äußeren Abschnitte und $\overline{AC}$ bzw. $\overline{BC}$ ihre ganzen Längen, so ist

$$\overline{AC}\ \overline{DC} = \overline{BC}\ \overline{EC} \text{ oder}$$

Lehrsatz 85 **(Sekantensatz)**

Schneiden zwei beliebige Sekanten einander in einem Punkt außerhalb eines Kreises, so ist das Produkt aus der ganzen Länge und dem äußeren Abschnitt der einen gleich dem Produkt aus der ganzen Länge und dem äußeren Abschnitt der anderen.

Führe den Beweis mit Hilfe der ähnlichen Dreiecke ACB und EDC!

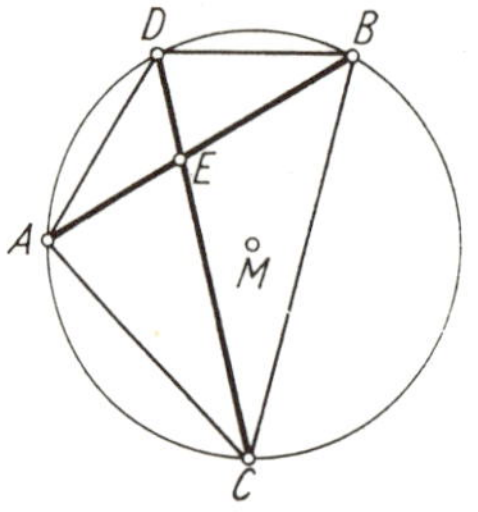

Bild 221

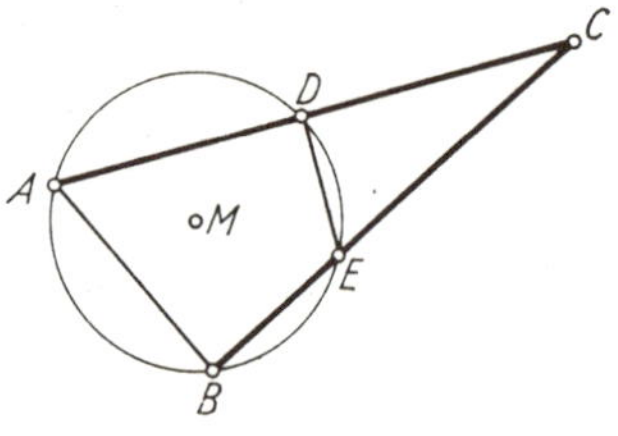

Bild 222

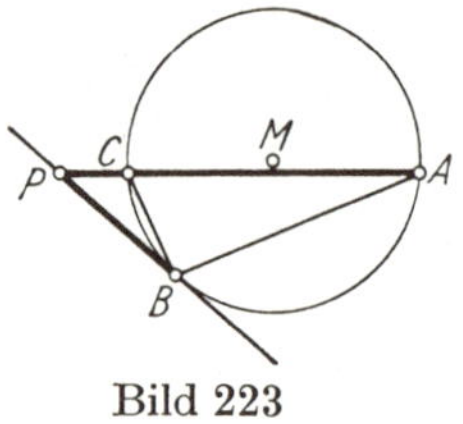

Bild 223

Wir verbinden gemäß Bild 223 zwei beliebige auf einem Kreis liegende Punkte durch die Sehne $\overline{AB}$ und zeichnen in einem ihrer Endpunkte, etwa in B, die Tangente. Wählen wir auf dieser einen Punkt P, so ist durch ihn und den anderen Endpunkt A der Sehne die Lage einer Sekante bestimmt. Man findet dann

$$\overline{BP}^2 = \overline{AP}\ \overline{CP} \text{ oder}$$

Lehrsatz 86 **(Sekantentangentensatz)**

Schneidet eine Sekante eine beliebige Tangente in einem Punkt außerhalb eines Kreises, so ist das Quadrat des Tangentenabschnittes gleich dem Produkt aus der ganzen Länge der Sekante und ihrem äußeren Abschnitt.

Führe den Beweis mit Hilfe der ähnlichen Dreiecke APB und BPC!

8.5. Konstruktionsbeispiele

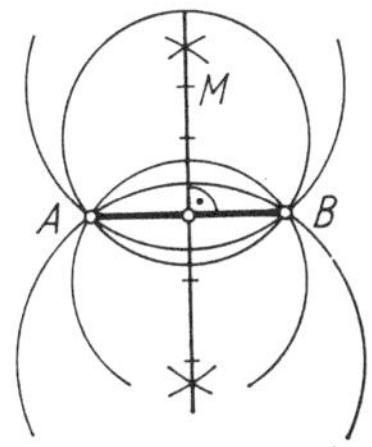

Bild 224

1. Konstruiere einen Kreis, der eine gegebene Strecke als Sehne faßt.

Lösung (Bild 224)

Die Sehne ist $\overline{AB}$. Errichte auf ihr die Mittelsenkrechte. Dann ist jeder Punkt auf dieser Mittelpunkt eines Kreises, der die in der Aufgabe gestellte Bedingung erfüllt.

Beweis: Lehrsatz 69 (s. 8. 2.1.).

2. Konstruiere zu einem gegebenen Kreis den unbekannten Mittelpunkt.

Lösung

Ziehe zwei beliebige Sehnen $\overline{AB}$ und $\overline{CD}$. Ob sie einander schneiden oder nicht, ist gleichgültig. Errichte auf ihnen die Mittelsenkrechten. Ihr Schnittpunkt ist der gesuchte Mittelpunkt.

Beweis: Lehrsatz 69.

3. Durch drei gegebene Punkte ist ein Kreis zu legen.

Lösung

Nenne die gegebenen Punkte beispielsweise A, B und C. Verbinde etwa A mit B und B mit C und errichte auf den so erhaltenen Strecken die Mittelsenkrechten. Ihr Schnittpunkt M ist von jedem der gegebenen Punkte gleich weit entfernt und somit Mittelpunkt des gesuchten Kreises.

Beweis: Lehrsatz 69.

4. Von einem außerhalb eines Kreises gelegenen Punkt P ist die Tangente an diesen zu konstruieren.

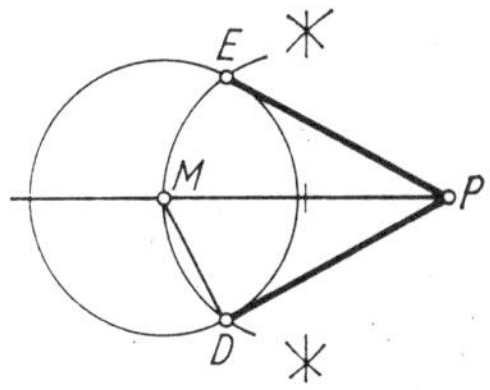

Bild 225

Lösung (Bild 225)

Verbinde P mit M und beschreibe über $\overline{MP}$ den Thaleskreis. Er schneidet den gegebenen Kreis in E und D, den gesuchten Tangentenberührungspunkten. Es sind also zwei Tangenten möglich.

Beweis

Verbindet man D mit M, so ist der Winkel bei D nach Lehrsatz 33 (s. 5.2.4.1.) 90°. Deshalb steht $\overline{DP}$ senkrecht auf $\overline{DM}$ und ist somit Tangente an den um M beschriebenen Kreis.

5. Ziehe durch einen auf einem Kreis liegenden Punkt P die Tangente.

Lösung

Ziehe vom Kreismittelpunkt M den Radius $\overline{PM}$ nach P und errichte in P die Senkrechte. Sie ist die gesuchte Tangente.

Beweis: Lehrsatz 72.

6. Von einem außerhalb eines Kreises liegenden Punkt P ist eine Gerade derart zu ziehen, daß der Kreis eine vorgegebene Sehne $\overline{AB}$ auf ihr abschneidet.

Lösung (Bild 226)

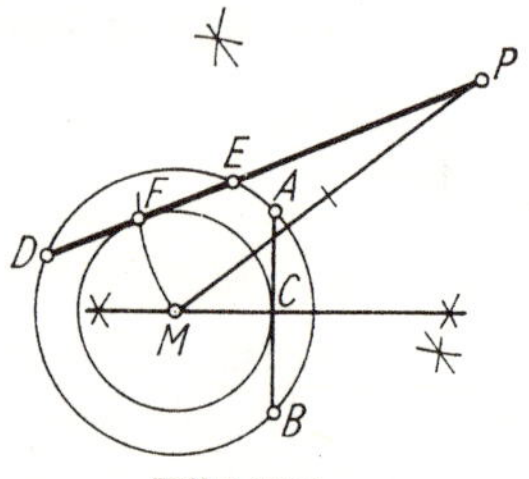

Bild 226

Zeichne die Sehne $\overline{AB}$ in den Kreis und errichte auf ihr die Mittelsenkrechte. Beschreibe weiter um M mit $\overline{MC}$ den Kreis und konstruiere an diesen von P aus die Tangente. Diese berührt den Hilfskreis in F und wird vom gegebenen Kreis in D und E geschnitten. $\overline{PD}$ bestimmt die Lage der gesuchten Geraden.

Beweis: Lehrsatz 70.

Die Konstruktion ist nur möglich für $\overline{AB} \leqq 2\,\overline{MA}$, da sonst $\overline{AB}$ nicht Sehne in dem gegebenen Kreis sein kann.

7. An zwei gegebene Kreise mit unterschiedlichen Radien sind die äußeren Tangenten zu konstruieren.

Lösung (Bild 227)

Sind M_1 und M_2 die Mittelpunkte der gegebenen Kreise mit den Radien r_1 und r_2, so beschreibe um den Mittelpunkt des größeren von beiden, also um M_1, den Hilfskreis mit $r_1 - r_2$. Beschreibe ferner über $\overline{M_1M_2}$ den Thaleskreis. Dieser schneidet den Hilfskreis in A und B. Die von M_2 nach A und B gezogenen Strecken sind Tangenten an den Hilfskreis. Verlängere weiterhin $\overline{M_1A}$ bzw. $\overline{M_1B}$ bis zum Schnitt mit dem gegebenen Kreis und ziehe Parallelen zu diesen Verlängerungen durch M_2. Die so erhaltenen Schnittpunkte C, E, D und F sind die gesuchten Berührungspunkte der äußeren Tangenten an die gegebenen Kreise.

Beweis

Die Konstruktion der Tangente an den Hilfskreis entspricht Konstruktionsbeispiel 4. Ferner ist $\overline{CA} = \overline{EM_2} = r_2$, $\overline{CA} \parallel \overline{EM_2}$ und außerdem $\overline{AM_2} \perp \overline{CA}$, folglich ist Viereck AM_2EC ein Rechteck und mithin $\overline{CE}$ Tangente an die gegebenen Kreise.

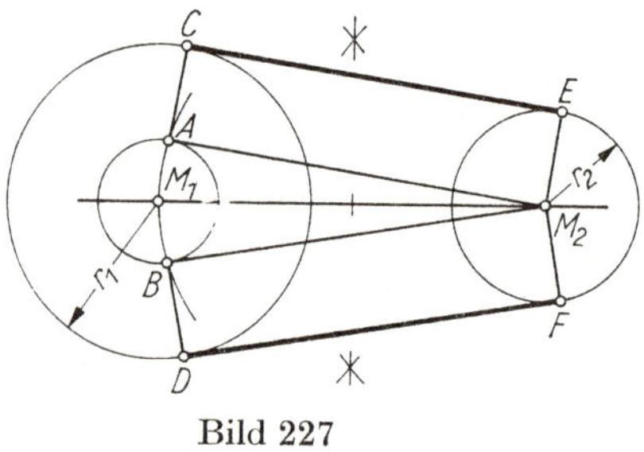

Bild 227

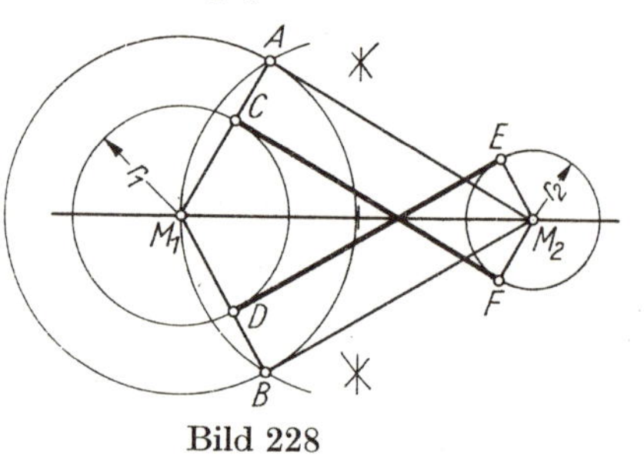

Bild 228

8. An zwei gegebene Kreise mit unterschiedlichen Radien sind die inneren Tangenten zu konstruieren.

Lösung (Bild 228)

Sind M_1 und M_2 die Mittelpunkte der gegebenen Kreise mit den Radien r_1 und r_2, so beschreibe um den Mittelpunkt des größeren von beiden, also im Bild 228 um M_1, den Hilfskreis mit dem Radius $r_1 + r_2$. Beschreibe ferner über $\overline{M_1M_2}$ den Thaleskreis. Dieser schneidet den Hilfskreis in A und B. Verbinde nun M_1 mit A und B und ziehe die Parallelen zu diesen Verbindungslinien durch M_2. Die dadurch erhaltenen Schnittpunkte C, F, D und E sind die gesuchten Berührungspunkte der inneren Tangenten an die gegebenen Kreise.

Beweis

Die Konstruktion der Tangente an den Hilfskreis entspricht Konstruktionsbeispiel 4. Ferner ist $\overline{AC} = \overline{M_2F} = r_2$, $\overline{AC} \parallel \overline{M_2F}$ und außerdem $\overline{AC} \perp \overline{AM_2}$, folglich ist das Viereck CFM_2A ein Rechteck, und mithin ist $\overline{CF}$ Tangente an die gegebenen Kreise.

8.6. Berechnungen am Kreis

8.6.1. Streckenberechnungen

8.6.1.1. Kreisumfang

Es sei vorweggenommen, daß die exakte Ableitung der Formeln für den Umfang und den Flächeninhalt des Kreises nur mit den Mitteln der höheren Mathematik möglich ist. Das nachstehend angewandte Näherungsverfahren zur Ableitung der Formel für den Kreisumfang stammt von Archimedes. Es benutzt die Tatsache, daß sich ein Kreis von je einem regelmäßigen Sehnen- und Tangentenvieleck einhüllen läßt. Bezeichnet man den Umfang des Sehnenvielecks nach (33) mit U_s, den des Tangentenvielecks mit U_t und den des von beiden Vielecken umhüllten Kreises mit U, so ist offensichtlich

$$U_s < U < U_t$$

Aus dieser Ungleichung kann U angenähert als arithmetisches Mittel von U_s und U_t, also aus

$$U \approx \frac{U_s + U_t}{2} \tag{I}$$

berechnet werden. Die Näherung ist um so genauer, je größer die Eckenzahl n der Vielecke ist.

Beginnt man beispielsweise mit einem regelmäßigen Tangentensechseck, so können aus seiner Seite $s_{6t} = r$[1] nach (28) (s. 7.2.3.1.1.)

$$s_{2n_t} = \sqrt{2r^2 - r\sqrt{4r^2 - s_{n_t}^2}}$$

[1] Der Radius r erhält wie in 7.2.3.1.2. keinen Index, da er sowohl Umkreisradius für das Sehnenvieleck als auch Inkreisradius für das Tangentenvieleck und schließlich auch Kreisradius ist.

zunächst die Seiten aller weiteren Tangentenvielecke mit den Eckzahlen $n = 6 \cdot 2^m$ und aus diesen mit Hilfe von

$$U_{n_t} = n s_{n_t}$$

die zu ihnen gehörigen Umfänge berechnet werden.
Mit (33) (s. 7.2.3.1.2.)

$$U_{n_s} = U_{n_t} \frac{2r}{\sqrt{4r^2 + s_{n_t}^2}}$$

lassen sich außerdem die Umfänge der entsprechenden Sehnenvielecke ermitteln, so daß auch U aus (I) angenähert bestimmt werden kann.
In der folgenden Übersicht sind U_s, U_t und U nach (I), berechnet für $m = 0$ bis $m = 8$, zusammengestellt.

m	n	U_s	U_t	U
0	6	$2r \cdot 3$	$2r \cdot 3{,}4641016$	$2r \cdot 3{,}2320508$
1	12	$2r \cdot 3{,}1058285$	$2r \cdot 3{,}2153903$	$2r \cdot 3{,}1606094$
2	24	$2r \cdot 3{,}1326286$	$2r \cdot 3{,}1596599$	$2r \cdot 3{,}1461442$
3	48	$2r \cdot 3{,}1393502$	$2r \cdot 3{,}1460862$	$2r \cdot 3{,}1427182$
4	96	$2r \cdot 3{,}1410320$	$2r \cdot 3{,}1427146$	$2r \cdot 3{,}1418733$
5	192	$2r \cdot 3{,}1414525$	$2r \cdot 3{,}1418731$	$2r \cdot 3{,}1416628$
6	384	$2r \cdot 3{,}1415576$	$2r \cdot 3{,}1416628$	$2r \cdot 3{,}1416202$
7	768	$2r \cdot 3{,}1415839$	$2r \cdot 3{,}1416102$	$2r \cdot 3{,}1415970$
8	1536	$2r \cdot 3{,}1415909$	$2r \cdot 3{,}1415970$	$2r \cdot 3{,}1415939$

Es ist zu erkennen, daß der Zahlenfaktor von $2r$ in der Spalte für die U-Werte einem Grenzwert zustrebt, der sich nach diesem Verfahren beliebig genau berechnen läßt. Er wird mit π bezeichnet und lautet auf sechs Dezimalen genau

$$\pi = 3{,}141\,593$$

Damit ergibt sich als Formel für den Kreisumfang

$$\boxed{U = 2\pi r} \tag{35}$$

Wie eingangs schon erwähnt wurde, benutzte ARCHIMEDES dieses Verfahren und fand für $n = 96$ den Wert $\pi = \frac{22}{7}$. Etwa um 1600 berechnete LUDOLF VAN CEULEN π bis auf 35 Dezimalen genau. Ihm zu Ehren wird π deshalb auch als *Ludolfsche Zahl* bezeichnet. Sie läßt sich heute verhältnismäßig leicht mit den Mitteln der höheren Mathematik beliebig genau bestimmen.

8.6.1.2. Kreisbogen

Nach Lehrsatz 68 (s. 8.2.1.) gehören zu gleichen Bögen eines Kreises gleiche Mittelpunktswinkel. Folglich kann mit den Werten aus Bild 229 die Proportion

$$b : \alpha = U : 360°$$

geschrieben werden. Mit (35) erhält man hieraus eine Formel zur Berechnung des Kreisbogens.

$$\boxed{b = r\,\frac{\pi\alpha}{180°}} \tag{36}$$

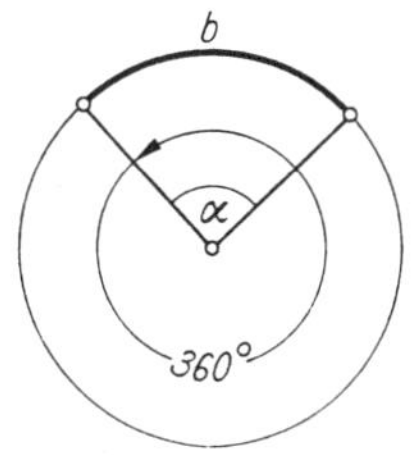

Bild 229

Sie sagt aus, daß der Bogen b dem Radius r proportional ist. Der Proportionalitätsfaktor $\frac{\pi\alpha}{180°}$ wird als Bogenmaß bezeichnet und mit arc α (lies: arcus alpha) abgekürzt, also

$$\text{arc}\,\alpha = \frac{\pi\alpha}{180°}$$

Somit ergibt sich aus (36)

$$\boxed{b = r\,\text{arc}\alpha} \tag{36a}$$

Die Arcuswerte für die Winkel 0° bis 360° sind bis auf Sekunden genau in Tabellen zusammengefaßt, so daß sich die Berechnung des Kreisbogens bei gegebenem Radius und gegebenem Mittelpunktswinkel wesentlich vereinfacht.

8.6.1.3. Sehne

Nach Bild 230 kann die Sehne s aus dem gleichschenkligen Dreieck ABM berechnet werden. Zeichnet man die Höhe $\overline{CM} = a$ ein, so entstehen zwei kongruente rechtwinklige Dreiecke, für die nach (9) (s. 5.6.2.3.)

$$\left(\frac{s}{2}\right)^2 = r^2 - a^2$$

gilt. Mit $a = r - h$

erhält man nach geeignetem Umformen für die Sehne

$$\boxed{s = 2\sqrt{h\,(2r - h)}} \tag{37}$$

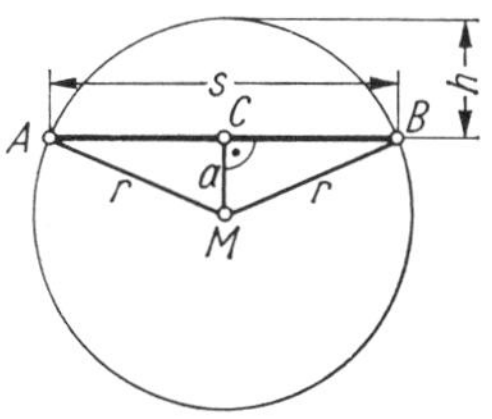

Bild 230

und für die Bogenhöhe

$$\boxed{h = r - \frac{1}{2}\sqrt{4r^2 - s^2}} \tag{38}$$

8.6.2. Flächenberechnungen

8.6.2.1. Fläche des Sehnenvierecks

Für die Fläche eines Sehnenvierecks mit den Seiten a, b, c und d und dem Umfang $U = a + b + c + d$ gilt

$$\boxed{A = \sqrt{\left(\frac{U}{2} - a\right)\left(\frac{U}{2} - b\right)\left(\frac{U}{2} - c\right)\left(\frac{U}{2} - d\right)}} \tag{39}$$

Zum Beweis benutzen wir zunächst Bild 231.

Im Dreieck ABC ist der Endpunkt M der Mittelsenkrechten $\overline{DM}$ mit A und C verbunden und außerdem die Höhe h_c eingezeichnet. Aus der Ähnlichkeit der beiden Dreiecke MDC und BEC (Der Leser beweise diese Ähnlichkeit!) erhält man

$$h_c : a = \frac{b}{2} : r$$

oder

$$h_c = \frac{ab}{2r}$$

und wegen

$$A_{ABC} = \frac{c}{2} h_c$$

auch

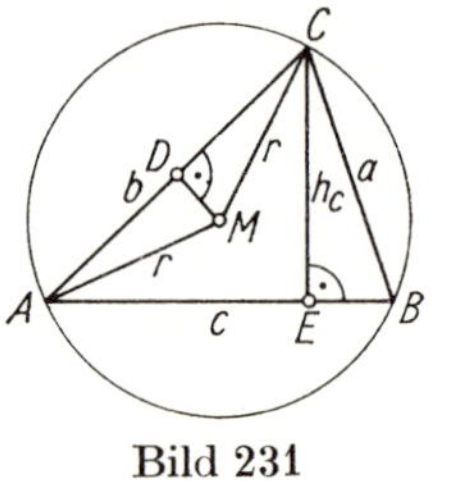

Bild 231

$$A_{ABC} = \frac{abc}{4r} \qquad \text{(I)}$$

Nun betrachten wir Bild 232.

Die Diagonale e teilt im Sehnenviereck $ABCD$ den Winkel DAB in zwei ungleiche Teile. Trägt man den kleineren Winkel ε im Punkt A nach innen an die Seite a an, so schneidet sein freier Schenkel die Diagonale f in G. Es entsteht Dreieck ABG, das dem Dreieck ACD ähnlich ist. (Der Leser beweise das!) Damit ergibt sich

$$a : \overline{BG} = e : c$$

oder

$$e\,\overline{BG} = ac \qquad \text{(II)}$$

Aus der Ähnlichkeit der Dreiecke AGD und ABC (Der Leser beweise das!) folgt ferner

$$d : \overline{DG} = e : b$$

oder

$$e\,\overline{DG} = db. \qquad \text{(III)}$$

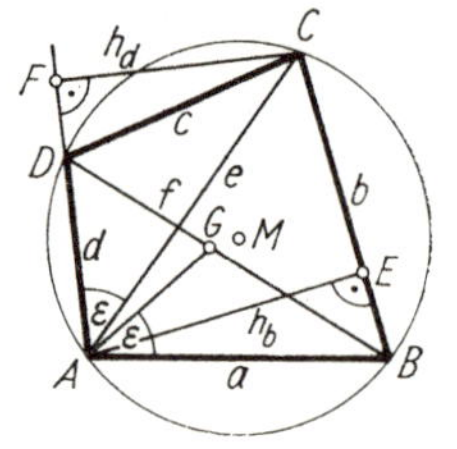

Bild 232

Durch Addieren von (II) und (III) und mit $(\overline{BG} + \overline{DG}) = f$ erhält man

$$ef = ac + bd. \qquad \text{(IV)[1]}$$

Jede der beiden Diagonalen e und f zerlegt das Sehnenviereck in zwei Dreiecke. Unter Berücksichtigung von (I) kann somit der Flächeninhalt des Sehnenvierecks sowohl durch

$$A = \frac{eab}{4r} + \frac{ecd}{4r} = \frac{e\,(ab + cd)}{4r} \qquad \text{(V)}$$

als auch durch

$$A = \frac{fad}{4r} + \frac{fbc}{4r} = \frac{f\,(ad + bc)}{4r} \qquad \text{(VI)}$$

[1] Formel (IV) stellt den Satz des Ptolemäus (griech. Geometer 87 bis 165 u. Z.) dar. Der Leser formuliere die Aussage des Satzes in Worten.

ausgedrückt werden. Dividiert man (V) durch (VI), so folgt

$$e:f = (ad + bc):(ab + cd)$$

oder mit (IV)

$$e:\frac{(ac + bd)}{e} = (ad + bc):(ab + cd)$$

und nach entsprechender Umformung

$$e = \sqrt{\frac{(ad + bc)(ac + bd)}{ab + cd}} \tag{VII}$$

Errichtet man jetzt auf den Seiten b und d die Höhen h_b und h_d, so entstehen die ähnlichen Dreiecke DFC und BEA. (Den Beweis der Ähnlichkeit beider Dreiecke erbringe der Leser selbst!) Aus ihnen ergibt sich

$$h_b : h_d = a : c$$

oder

$$h_b = \frac{a h_d}{c}. \tag{VIII}$$

Somit wird

$$A_{ABCD} = \frac{b h_b}{2} + \frac{d h_d}{2}$$

oder mit (VIII)

$$A_{ABCD} = \frac{h_d (ab + cd)}{2c} \tag{IX}$$

Setzt man $\overline{DF} = u$,

so wird für h_d sowohl

$$h_d^2 = c^2 - u^2 \tag{X}$$

als auch $h_d^2 = e^2 - (d + u)^2$

und durch Gleichsetzen und Umformen

$$u = \frac{e^2 - c^2 - d^2}{2d}$$

erhalten. Ersetzt man hierin e nach (VII), so folgt schließlich

$$u = \frac{c(a^2 + b^2 - c^2 - d^2)}{2(ab + cd)}.$$

Mit diesem Wert ergibt sich aus (X) für

$$h_d = \frac{c}{2(ab + cd)} \sqrt{4(ab + cd)^2 - (a^2 + b^2 - c^2 - d^2)^2}$$

und nach entsprechender Zerlegung des Radikanden

$$h_d = \frac{c}{2(ab + cd)} \sqrt{(-a+b+c+d)(a-b+c+d)(a+b-c+d)(a+b+c-d)}.$$

Setzt man diesen Wert in (IX) ein, so erhält man

$$A_{ABCD} = \sqrt{\frac{(-a+b+c+d)}{2}\,\frac{(a-b+c+d)}{2}\,\frac{(a+b-c+d)}{2}\,\frac{(a+b+c-d)}{2}}$$

und mit $U = a + b + c + d$

$$A_{ABCD} = \sqrt{\left(\frac{U}{2}-a\right)\left(\frac{U}{2}-b\right)\left(\frac{U}{2}-c\right)\left(\frac{U}{2}-d\right)}.$$

AUFGABEN

167. Einem Kreis vom Radius $r = 8$ cm ist ein Sehnenviereck einbeschrieben. Berechne den Flächeninhalt A, den Umfang U und die Diagonale e des Vierecks für $n = \frac{r}{2}$ (Bild 233).

168. Der Flächeninhalt des Sehnenvierecks im Bild 233 sei $A = 36$ cm². Wie groß ist sein Umkreisradius r, wenn seine Diagonalen senkrecht aufeinanderstehen und die Diagonale e die Diagonale f im Verhältnis $e:f = m:n = 4:3$ teilt?

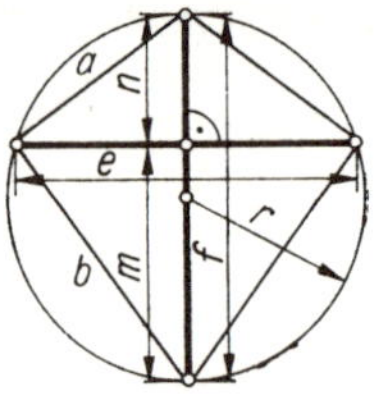

Bild 233

8.6.2.2. Fläche von Kreis und Kreisring

Im Bild 234 ist einem Kreis vom Radius r ein regelmäßiges Vieleck mit n Ecken und der Seite s_n umbeschrieben. Seine Fläche A_n ist demnach

$$A_n = n\frac{s_n r}{2}$$

oder mit $n s_n = U_n$

$$A_n = U_n \frac{r}{2} \qquad \text{(I)}$$

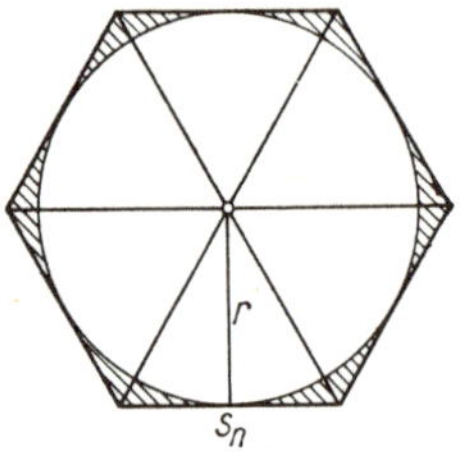

Bild 234

Bezeichnet man die Summe aller zwischen Kreis und Vieleck liegenden und im Bild 234 schraffiert dargestellten Restflächen mit A_R, so ist der Flächeninhalt A des vom Vieleck umbeschriebenen Kreises

$$A = A_n - A_R$$

Mit zunehmender Eckenzahl werden die Restflächen A_R immer kleiner, und für den Grenzfall, d. h., wenn n gegen Unendlich strebt, geht A_R gegen Null. Dann wird aus dem Vieleck ein Kreis mit dem durch (35) gegebenen Umfang U, und (I) nimmt damit die Form

$$A = U\frac{r}{2} = 2\pi r \frac{r}{2}$$

an und geht in

$$\boxed{A = \pi r^2} \qquad (40)$$

oder, wenn der Durchmesser des Kreises $d = 2r$ ist,

in $$A = \frac{\pi}{4} d^2 \qquad (40a)$$

über.

Bezeichnet man die Radien eines Kreisringes (Bild 235) mit r_1 und r_2, so folgt für dessen Fläche A aus

$$A = A_{r1} - A_{r2}$$

und mit $A_{r_1} = \pi r_1^2$

$$A_{r_2} = \pi r_2^2$$

$$A = \pi (r_1^2 - r_2^2) \qquad (41)$$

bzw. $$A = \pi (r_1 + r_2)(r_1 - r_2)$$

oder $$A = \frac{\pi}{4} (d_1^2 - d_2^2) \qquad (41a)$$

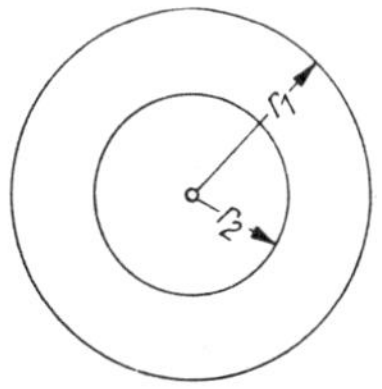

Bild 235

8.6.2.3. Fläche des Sektors

Die Fläche A des Sektors (Bild 236) ergibt sich aus

$$A : A_{\text{Kreis}} = \alpha : 360°$$

und wird mit (36) und (40)

$$A = \frac{br}{2} \qquad (42)$$

oder $$A = \frac{r^2}{2} \operatorname{arc} \alpha \qquad (42a)$$

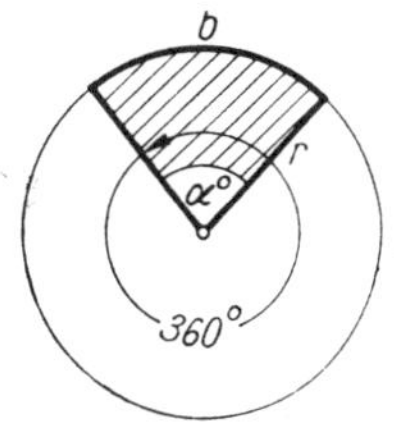

Bild 236

8.6.2.4. Fläche des Segments

Die Fläche A des Segmentes (Bild 237) kann aus der Differenz des Sektors und des durch die Sehne s und die Radien r gebildeten Dreiecks AMB berechnet werden. Man erhält zunächst

$$A = A_{\text{Sektor}} - A_{AMB}$$

oder mit den im Bild angegebenen Werten

$$A = \frac{br}{2} - \frac{s}{2}(r - h)$$

und schließlich

$$A = \frac{1}{2}[br - s(r - h)] \qquad (43)$$

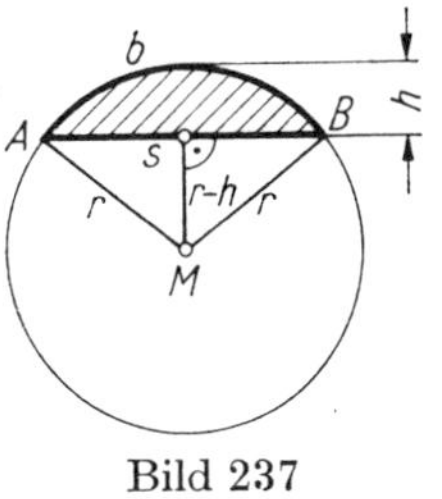

Bild 237

BEISPIELE

1. Das von den drei gleich großen und sich berührenden Kreisen eingeschlossene Flächenstück ist zu berechnen!

Lösung (Bild 238)

Die Mittelpunkte der drei Kreise liegen auf einem gleichseitigen Dreieck mit den Eckpunkten A, B und C und der Seite $2r$. Somit ergibt sich die gesuchte Fläche A aus

$$A = A_{ABC} - 3A_{Sk}.$$

Für A_{ABC} folgt: $A_{ABC} = r^2\sqrt{3}$.

Für A_{Sk} folgt: $A_{Sk} = \frac{\pi r^2}{6}$.

Somit $A = r^2\sqrt{3} - 3\frac{\pi r^2}{6}$

oder $\underline{\underline{A = \frac{2\sqrt{3} - \pi}{2} r^2}}$

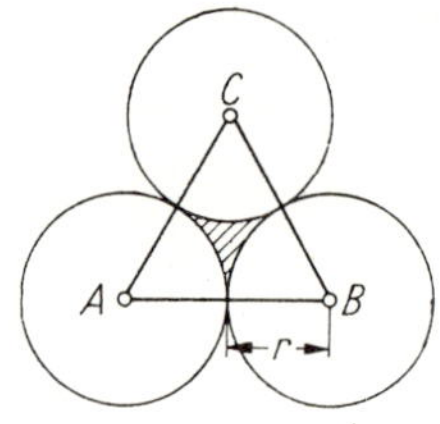

Bild 238

2. Im Bild 239 sind über der Hypotenuse und den beiden Katheten eines rechtwinkligen Dreiecks Halbkreise beschrieben. Diese bilden die schraffierten Flächen, die man *Möndchen des* HIPPOKRATES[1] nennt. Ihr Flächeninhalt $A_1 + A_2$ ist mit dem Flächeninhalt A des Dreiecks in Beziehung zu setzen!

Lösung

Nennt man die Flächeninhalte der über den Dreieckseiten a, b und c beschriebenen Halbkreise A_a, A_b und A_c, so folgt

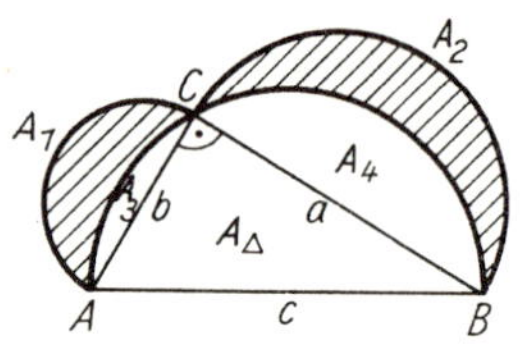

Bild 239

$$A_1 + A_2 = A_\Delta + A_a + A_b - A_c$$

$$A_1 + A_2 = A_\Delta + \frac{\pi}{8} a^2 + \frac{\pi}{8} b^2 - \frac{\pi}{8} c^2$$

$$A_1 + A_2 = A_\Delta + \frac{\pi}{8} (a^2 + b^2 - c^2)$$

Nun ist aber nach (9)

$$a^2 + b^2 - c^2 = 0.$$

Damit ergibt sich schließlich

$$\underline{\underline{A_1 + A_2 = A_\Delta.}}$$

3. Es sind die gleichen Betrachtungen für die drei über den Seiten eines gleichseitigen Dreiecks gebildeten Möndchen anzustellen!

---

[1] HIPPOKRATES VON CHIOS, Mathematiker um 450 v. u. Z.

Lösung (Bild 240)

Es seien A die Fläche des dem Dreieck umbeschriebenen Kreises,

A_Δ die Fläche des Dreiecks,

A_r die Fläche des über einer Dreieckseite beschriebenen Halbkreises,

A_1 die Fläche eines Möndchens,

A_2 die Fläche einer Restfläche.

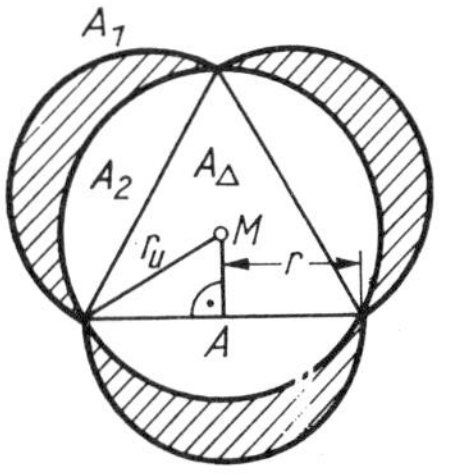

Bild 240

Dann ist $3A_2 = A - A_\Delta$

und $3A_1 = 3A_r - 3A_2$

also $3A_1 = 3A_r - A + A_\Delta\,.$ (I)

Wegen $\overline{AM} = \frac{1}{3} r\sqrt{3}$

und $r_u = \sqrt{r^2 + \left(\frac{1}{3} r\sqrt{3}\right)^2} = \frac{2}{3} r\sqrt{3}$

folgt für $A = \frac{4}{3}\pi r^2\,.$

Mit $A_\Delta = r^2\sqrt{3}$

und $A_r = \frac{1}{2}\pi r^2$

wird mit (I) $3A_1 = 3\,\frac{1}{2}\pi r^2 - \frac{4}{3}\pi r^2 + r^2\sqrt{3}$

oder $3A_1 = \frac{1}{6}\pi r^2 + r^2\sqrt{3}$

und schließlich $3A_1 = \frac{1}{8} A + A_\Delta\,.$

4. *Rektifikation* des Kreises

Es hat im Laufe der vergangenen Jahrhunderte nicht an Versuchen gefehlt, die Probleme der Rektifikation (Streckung) und Quadratur des Kreises im elementargeometrischen Sinne zu lösen. Das ist aber wegen der Irrationalität von π unmöglich. Trotzdem gibt es eine Reihe sehr guter Näherungslösungen, von denen eine als Beispiel nachstehend behandelt werden soll. Zuvor sei aber nochmals betont, daß die gefundene Strecke nur angenähert richtig ist (Bild 241).

Ziehe durch einen Endpunkt des Durchmessers $\overline{AB}$ des gegebenen Kreises vom Radius r, etwa in A, die Tangente und konstruiere den Mittelpunktswinkel 30° an $\overline{AB}$. Dessen freier Schenkel schneidet die Tangente in C. Mache nun $\overline{CD} = 3r$ und verbinde den so gefundenen Punkt D mit B. Die Strecke $\overline{BD}$ ist annähernd gleich dem halben Kreisumfang.

Beweis: Aus dem rechtwinkligen Dreieck BAD folgt

$$\overline{BD} = \sqrt{\overline{BA}^2 + \overline{AD}^2} \qquad \text{(I)}$$

Für $\overline{AB}$ folgt: $\overline{BA} = 2r$

Für $\overline{AD}$ folgt: $\overline{AD} = \overline{CD} - \overline{CA} = 3r - \frac{r}{3}\sqrt{3}$

Somit erhält man aus (I)

$$\overline{BD} = \sqrt{4r^2 + \left(3r - \frac{r}{3}\sqrt{3}\right)^2}$$

$$\underline{\underline{\overline{BD} \approx r \cdot 3{,}14153\ldots}}$$

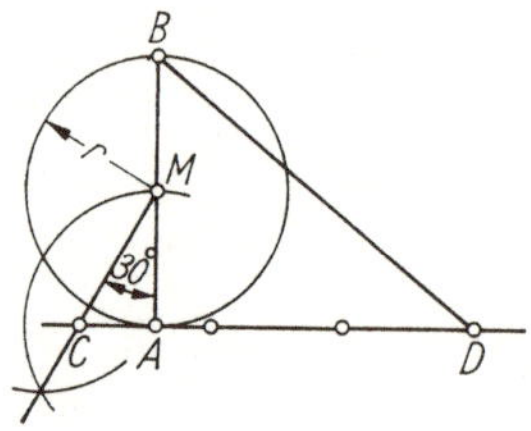

Bild 241

AUFGABEN

169. Welchen Durchmesser d hat ein Kreis mit dem Flächeninhalt $A = 30\ \text{cm}^2$?

170. Drücke den Umfang U eines Kreises durch den Flächeninhalt $A = 8\ \text{cm}^2$ aus.

171. Um die Eckpunkte eines Quadrates mit der Seite a sind vier Kreise geschlagen. Gib eine Formel für den Inhalt der schraffierten Fläche A an (Bild 242).

172. Einem Halbkreis mit dem Radius r ist ein Kreis einbeschrieben. Gib eine Formel für den Inhalt der schraffierten Fläche A an (Bild 243).

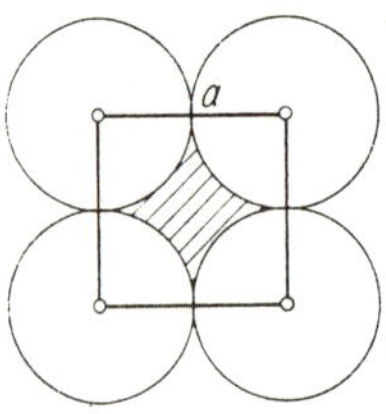

Bild 242

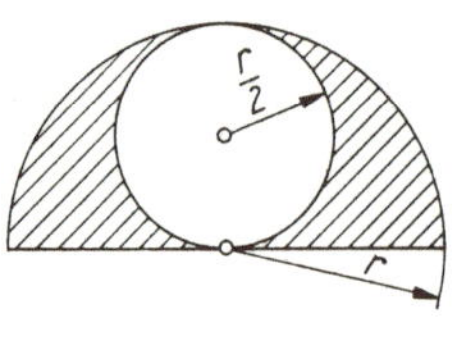

Bild 243

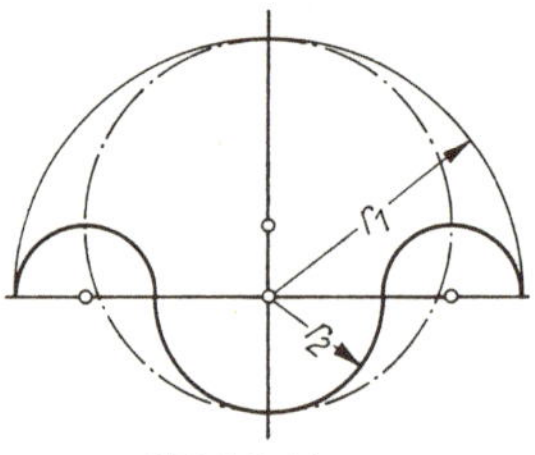

Bild 244

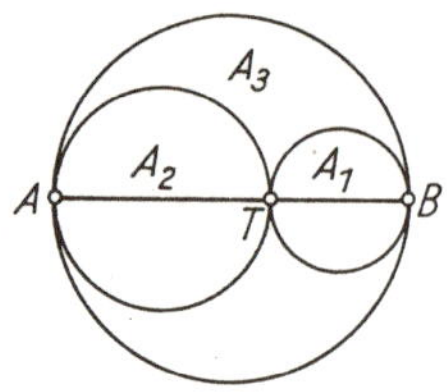

Bild 245

173. Von einem Kreis sind die Sehne $s = 4$ cm und die Höhe $h = 1$ cm des zu dieser Sehne gehörigen Bogens bekannt. Berechne den Radius r des Kreises.

174. Drücke die Sehne s eines Kreises durch die Höhe h des zur Sehne gehörigen Bogens und durch den Kreisumfang U aus.

175. Setze den Flächeninhalt A_1 des im Bild 244 dargestellten und durch die Strich-Punkt-Linie gekennzeichneten Kreises ins Verhältnis zum Flächeninhalt A_2 der darübergezeichneten Figur.

176. Ermittle das Verhältnis der Umfänge $U_1 : U_2$ der im Bild 244 gezeigten Figur für den Fall, daß $r_1 : r_2 = m : n = 3 : 2$ ist.

177. Die Strecke $\overline{AB} = 2r_3$ ist durch den Teilpunkt T stetig geteilt. In welchem Verhältnis stehen die Flächen A_1, A_2 und A_3 der über den drei Strecken geschlagenen Kreise (Bild 245)?

178. Von einem Kreisring sind der innere Radius $r_2 = 5$ cm und der Flächeninhalt $A = 12$ cm² gegeben. Berechne den äußeren Radius r_1.

179. Zwei Kreise mit den Flächeninhalten A_1 und A_2 sollen einem Kreisring flächengleich sein. r_3 ist der größere, r_4 der kleinere Radius des Ringes. Drücke r_3 und r_4 durch A_1 und A_2 für folgende Fälle aus:

a) r_4 ist das arithmetische Mittel,
b) r_4 ist das geometrische Mittel,
c) r_4 ist das harmonische Mittel

der Radien r_1 und r_2 der gegebenen Kreise.

180. Die Summe der Radien eines Kreisringes sei $a = r_1 + r_2 = 20$ cm. Berechne r_1 und r_2, wenn außerdem der Flächeninhalt $A = 40$ cm² des Ringes bekannt ist.

181. Stelle den Flächeninhalt A eines Kreisringes als Fläche eines Trapezes mit der Höhe $h = 2\pi (r_1 - r_2)$ dar.

182. Welche Beziehung besteht zwischen den Radien r_1 und r_2 eines Kreisringes, wenn die Fläche des Ringes dem inneren Kreis mit dem Radius r_2 flächengleich ist?

183. Die Höhe h eines gleichseitigen Dreiecks ist gleich dem inneren Radius r_2 eines Kreisringes. Die Seite a des Dreiecks ist gleich dem äußeren Radius r_1 des Ringes. In welchem Verhältnis steht für diesen Fall die Fläche A_1 des Ringes zur Fläche A_2 des inneren Kreises?

184. Ein Kupferdraht von 2 mm² Querschnitt soll durch einen Aluminiumdraht von dreifachem Querschnitt ersetzt werden. Welchen Durchmesser d muß der Aluminiumdraht erhalten?

185. Das prall mit Luft gefüllte Rad eines Autos muß 400 Umdrehungen ausführen, um einen Kilometer zurückzulegen. Welchen Durchmesser d hat es demzufolge?

186. Der Außendurchmesser eines Autoreifens beträgt 92 cm. Wieviel mehr Umdrehungen u muß dieser je Kilometer machen, wenn er nach dem Entweichen von Luft nur noch einen wirksamen Außendurchmesser von 88 cm hat?

187. Aus einem Blech von 35 cm Breite soll ein Rohr gebogen werden, dessen lichte Weite 10 cm beträgt. Berechne den für den Falz übrigbleibenden Rest a.

188. In einem Rohr sollen stündlich 500 m³ Wasser mit einer Geschwindigkeit von 0,11 m/s gefördert werden. Welchen Innendurchmesser d muß das Rohr haben?

189. Wie groß ist der Blechbedarf A für das im Bild 246 gezeigte Werkstück?

190. Gib die in einer Minute ausgeführten Umdrehungen n eines Rades von 78 cm Durchmesser an, wenn es sich mit einer Geschwindigkeit von 42 mk/h fortbewegt.

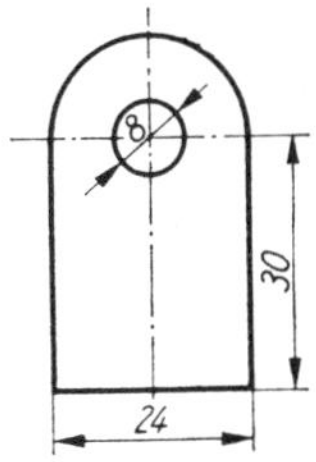

Bild 246

191. Gib die Durchmesser d_1, d_2 und d_3 einer Stufenscheibe an, deren Drehzahl 50 1/min beträgt und deren einzelne Stufen die Umfangsgeschwindigkeiten 100 m/min, 72 m/min und 60 m/min haben sollen.

192. Die Teilkreisumfänge zweier Stirnzahnräder mit Evolventenverzahnung sind $U_{01} = 328$ mm und $U_{02} = 142$ mm. Berechne den Achsenabstand a der Räder.

193. An der wirksamen Fläche des Tellers eines Sicherheitsventiles tritt bei einem Druck von 150 N/cm² eine Druckkraft von 1560 N auf. Welchen Durchmesser d hat diese Fläche?

194. Berechne die Bruchlast σ_b eines Werkstoffes, von dem ein kreisrunder Stab mit 1,4 cm Durchmesser bei einer Belastung von 6000 N zerreißt.

195. Um eine Scheibe vom Durchmesser d wird eine Schnur im gleichmäßigen Abstand b gelegt. Um welchen Betrag a ist die Schnur gegenüber dem Scheibenumfang länger zu machen?

196. Bild 247 zeigt den Querschnitt durch den Anodenzylinder einer Senderöhre, der eine Höhe von 65 mm hat. Berechne den Blechbedarf A unter Vernachlässigung der Blechdicke.

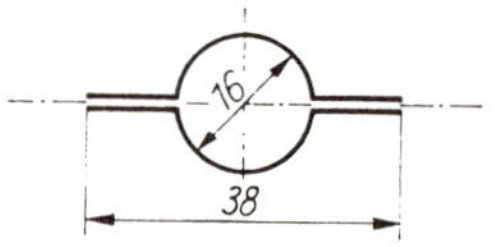

Bild 247

197. Welchen Durchmesser d muß ein Kupferdraht haben, der bei einer Länge von 40 m einen Widerstand von 24 Ω aufweisen soll? ($\varrho = 0{,}017\ \Omega\ \text{mm}^2/\text{m}$)

198. Eine rechteckige Schiene mit der Breite 15 mm und der Höhe 24 mm soll durch eine kreisrunde Stange von gleichem Querschnitt ersetzt werden. Welchen Durchmesser d muß diese haben?

199. Zwei kleine Kanalisationsrohre mit den lichten Weiten 24 cm und 38 cm sollen durch ein einziges Rohr mit gleichem Querschnitt ersetzt werden. Berechne dessen Durchmesser d.

200. An einem Wagen beträgt der Durchmesser der Vorderräder 32 cm und der der Hinterräder 38 cm. Berechne die Zahl u der Umdrehungen, die die Vorderräder mehr ausführen müssen, wenn der Wagen eine Strecke von 8,4 km zurücklegt.

201. Der Achsenabstand zweier Reibräder beträgt 47 cm. Berechne den Durchmesser d des einen Rades, wenn der Umfang des anderen 60 cm beträgt.

202. Von einer Welle mit dem Umfang $U = 21$ cm wird eine 0,5 cm dicke Schicht abgedreht. Um welchen Betrag A verringert sich der Querschnitt der Welle, und wie ist der neue Umfang U_1?

203. Berechne den entstehenden Schnittverlust A, wenn das im Bild 248 dargestellte Blech aus vorgeschnittenen Rechteckplatten von 48 mm Breite und 64 mm Höhe herausgearbeitet wird.

204. Berechne die Grundfläche A des im Bild 249 dargestellten Brückenpfeilers.

205. Gib den Querschnitt A des im Bild 250 gezeigten Profilstahles an.

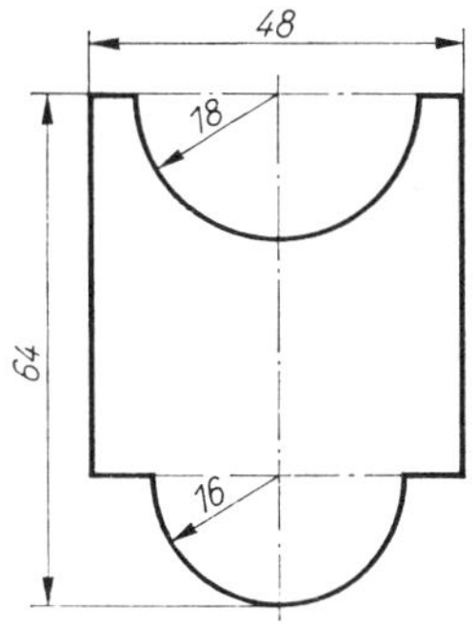

Bild 248

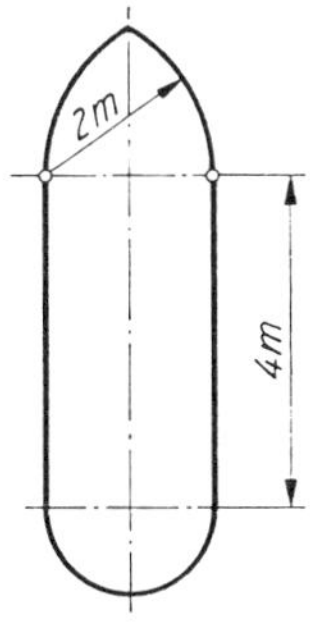

Bild 249

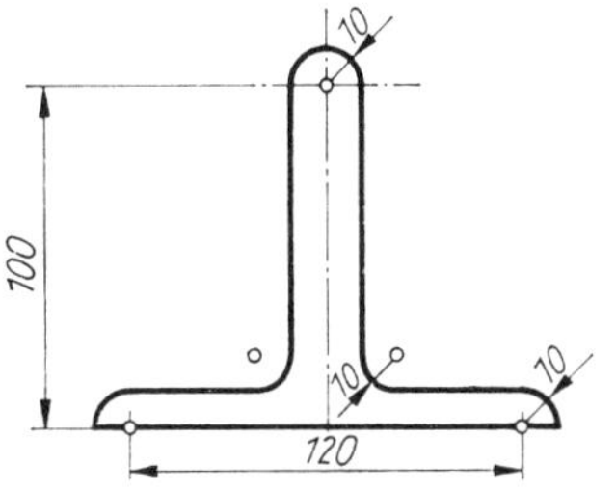

Bild 250

206. Die Teilkreisdurchmesser zweier Zahnräder mit Evolventenverzahnung betragen 7,2 cm und 9,6 cm. Ihr Achsenabstand wurde mit 13 cm gemessen. Welchen Teilkreisumfang U müßte ein Zwischenrad haben, das mit beiden Rädern im Eingriff steht und dessen Mittelpunkt auf der Geraden liegt, die durch die Mittelpunkte der gegebenen Räder bestimmt ist?

207. Eine Stahlwelle von 32 mm Durchmesser soll eine quadratische Aussparung erhalten, so daß sich der Wellenquerschnitt um die Hälfte verringert. Gib die Quadratseite a an.

208. Ein nahtlos gewalztes Rohr hat eine Wanddicke von 14 mm und einen lichten Durchmesser von 75 mm. Gib den Materialquerschnitt A an.

209. Ein Brunnen mit kreisringförmigem Querschnitt hat einen äußeren Umfang von 9,5 m und einen inneren Umfang von 7,2 m. Berechne die Wanddicke a und den Querschnitt A des Mauerwerkes.

210. Eine Bremstrommel von 42 cm Umfang wird mit Bremsbelag von 6 mm Dicke belegt. Welchen Umfang U und welchen Durchmesser d erhält dadurch die Trommel?

211. Eine Stahlwelle von 84 mm Durchmesser soll so ausgebohrt werden, daß der ursprüngliche Querschnitt auf die Hälfte reduziert wird. Berechne den Bohrungsdurchmesser d.

212. Über ein Vierkanteisen mit quadratischem Querschnitt und der Seitenlänge $a = 31$ mm soll eine zylindrische Hülse von 150 mm äußerem Umfang geschoben werden. Berechne die Wanddicke a der Hülse und gib ihre inneren und äußeren Durchmesser d_1 und d_2 an.

213. Ein Teleskopstativ ist aus drei ineinander verschiebbaren Rohren von 0,8 mm Wanddicke zusammengesetzt. Gib die Querschnitte A_1, A_2 und A_3 der Rohre an, wenn der Innendurchmesser des kleinsten Rohres $d_3 = 7$ mm mißt.

214. Aus einem Blechstreifen von 1,5 m Länge und 3 cm Breite sollen Ringe von 24 mm Außendurchmesser und 12 mm Innendurchmesser ausgestanzt werden. Wie groß ist der Abfall A, wenn zwischen je zwei Ringen und vom Anfang und Ende des Streifens ein Abstand von 3 mm eingehalten werden muß?

215. Die Schleifringe eines Drehstromgenerators sollen eine Dicke von 4 mm und einen inneren Umfang von 118 mm haben. Berechne ihre Umfangsgeschwindigkeit v am äußeren Umfang bei einer Drehzahl von $n = 1500$ 1/min.

216. Gib den Querschnitt A der im Bild 251 dargestellten Schelle an. Fasse die Laschen als Rechtecke auf.

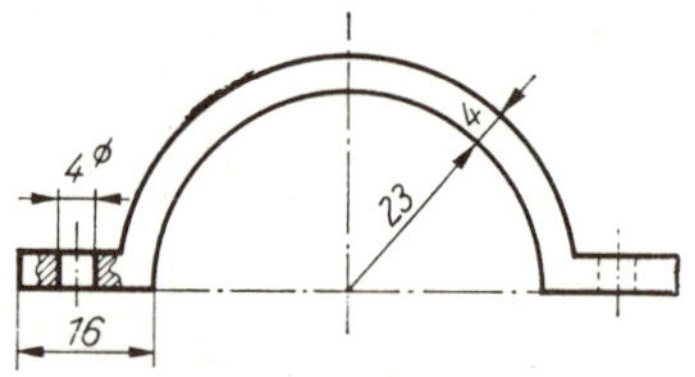

Bild 251

217. Von einem Kreis sind der Bogen $b = 6$ cm und der Radius $r = 4$ cm bekannt. Wie groß ist der zum Bogen gehörige Mittelpunktswinkel α, und wie groß ist der Flächeninhalt A des entsprechenden Sektors?

218. Wie groß ist der Flächeninhalt A der drei Segmente, die entstehen, wenn einem Kreis mit dem Radius $r = 8$ cm ein gleichseitiges Dreieck einbeschrieben wird?

219. Der Bogen b eines Sektors mit dem Radius $r = 4$ cm sei ebenfalls r. Wie groß sind der Flächeninhalt A des Sektors und der Radius r_1 eines Kreises, der dem Sektor flächengleich ist?

220. Wie groß ist das schraffiert gezeichnete Flächenstück A im Bild 252, wenn $r = 6$ cm gegeben ist?

221. Die Flächeninhalte eines Sektors und eines Segmentes, die beide dem gleichen Kreis gehören, sollen flächengleich sein. Wie groß ist der Bogen b_1 des Sektors für diesen Fall zu machen, wenn vom Segment der Bogen $b_2 = 5$ cm, die Bogenhöhe $h = 1$ cm und die Sehne $s = 4$ cm gegeben sind?

222. Wie groß ist die im Bild 253 schraffiert gezeichnete Fläche A, wenn $r = 6$ cm gegeben ist?

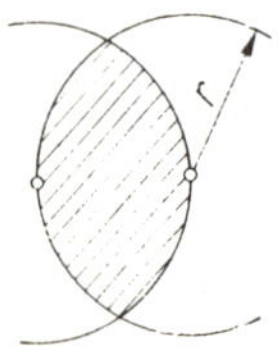

Bild 252

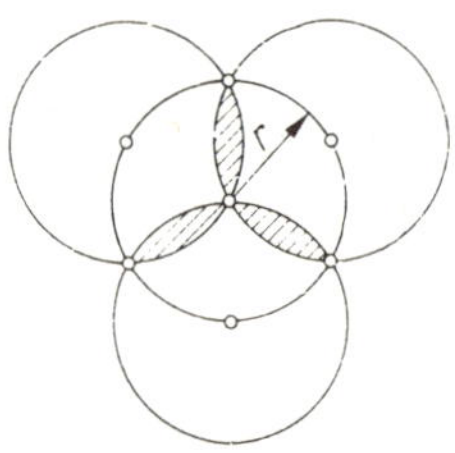

Bild 253

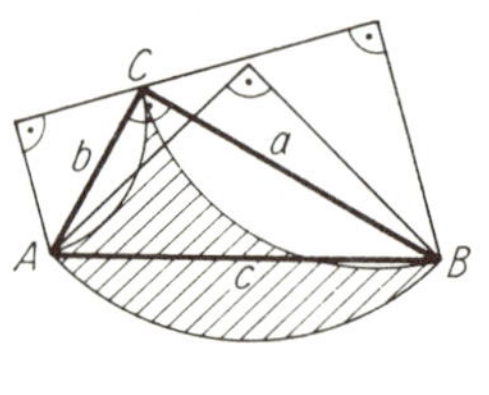

Bild 254

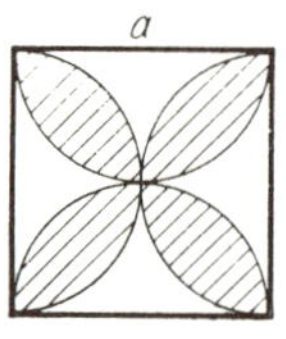

Bild 255

223. Welche Beziehung besteht zwischen dem Flächeninhalt A_1 der im Bild 254 schraffiert gezeichneten Fläche und dem Flächeninhalt A_2 des rechtwinkligen Dreiecks ABC?

224. Berechne den Flächeninhalt A der im Bild 255 schraffiert gezeichneten Fläche. Die Seite des Quadrates sei $a = 3$ cm.

225. Wie groß ist der Flächeninhalt A der im Bild 256 schraffiert gezeichneten Fläche, wenn die Seite $a = 8$ cm des gleichseitigen Dreiecks bekannt ist?

226. Berechne die gestreckte Länge l des im Bild 257 dargestellten Rohrbogenausgleichers.

227. Wie groß ist der Flächeninhalt A des im Bild 258 dargestellten Bleches?

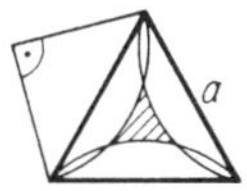

Bild 256

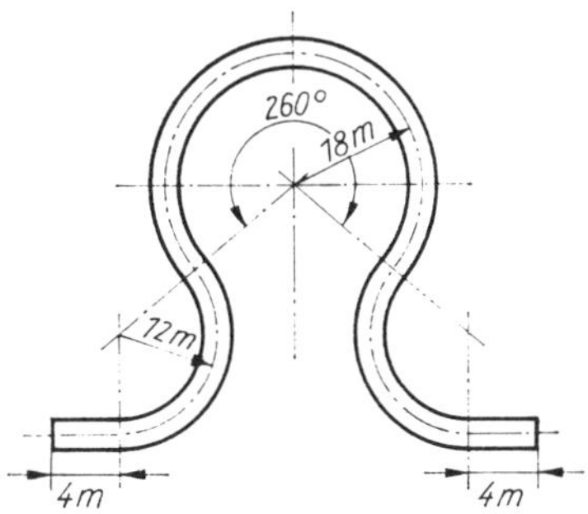

Bild 257

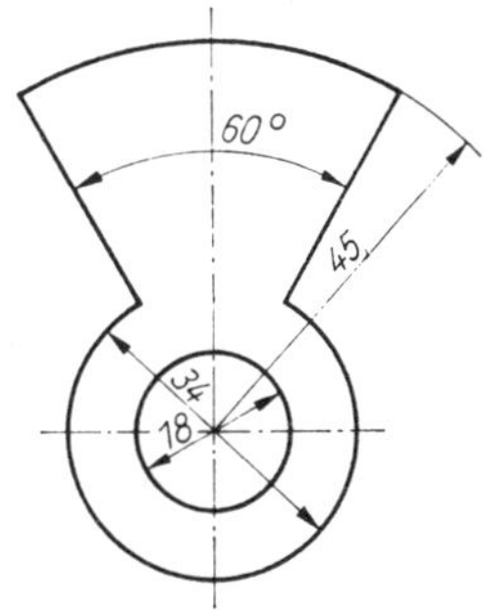

Bild 258

228. Berechne den schraffierten Querschnitt A einer Welle, dessen Abmessungen aus Bild 259 hervorgehen.

229. Welchen Umfang U hat das im Bild 260 dargestellte Werkstück?

230. Bestimme den Durchflußquerschnitt A des im Bild 261 dargestellten Kanalisationsrohres.

231. Berechne das fehlende Maß s im Bild 262 und gib den Querschnitt A des Doppel-T-Ankers an.

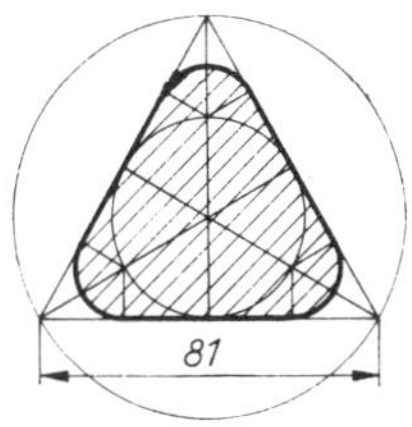

Bild 259

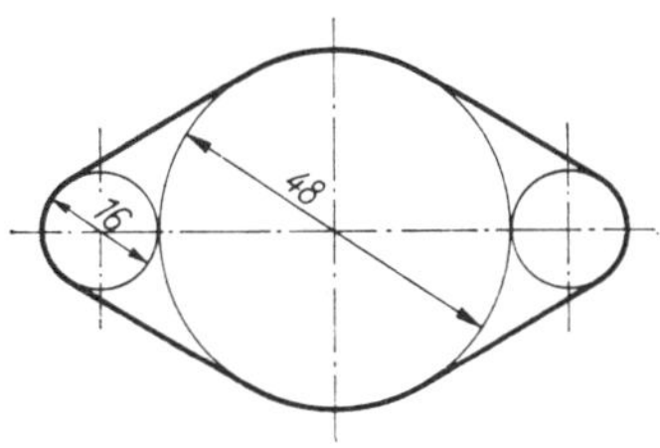

Bild 260

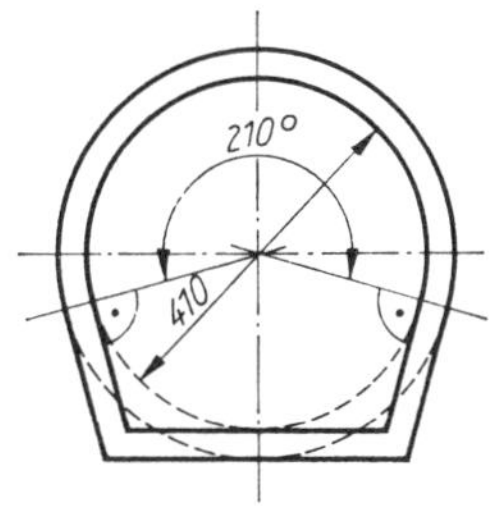

Bild 261

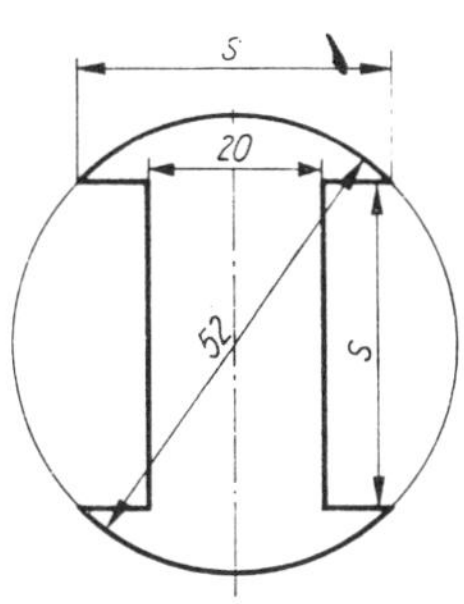

Bild 262

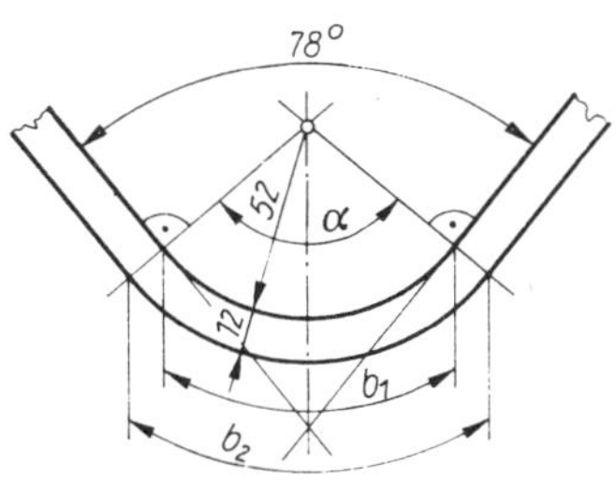

Bild 263

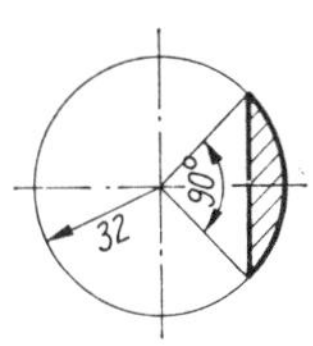

Bild 264

232. Ergänze a, b_1 und b_2 im Bild 263.

233. Wie groß ist der Schnitt A einer plankonvexen Linse, deren Abmessungen aus Bild 264 hervorgehen?

234. Berechne den Materialbedarf A der im Bild 265 dargestellten Kondensatorplatte.

235. Im Bild 266 ist die Platte eines Schmetterlingskreises dargestellt, der in der Dezimeterwellentechnik zur Kapazitäts- und Induktivitätsänderung von Schwingkreisen benutzt wurde. Berechne den Materialbedarf A für 80 solcher Platten.

236. Ermittle den Umfang U und den Blechbedarf A des im Bild 267 gezeigten Werkstückes.

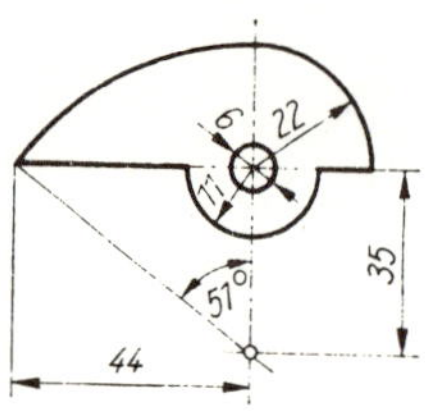

Bild 265

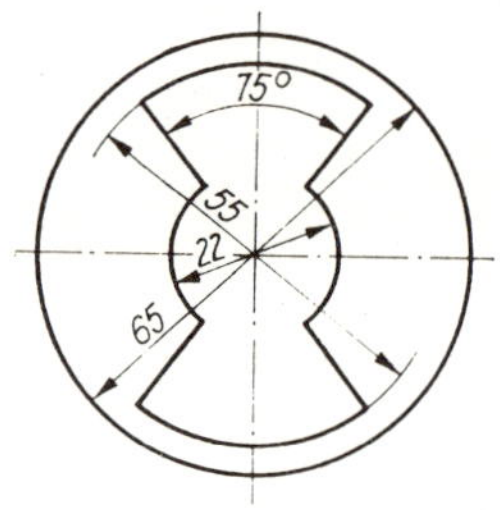

Bild 266

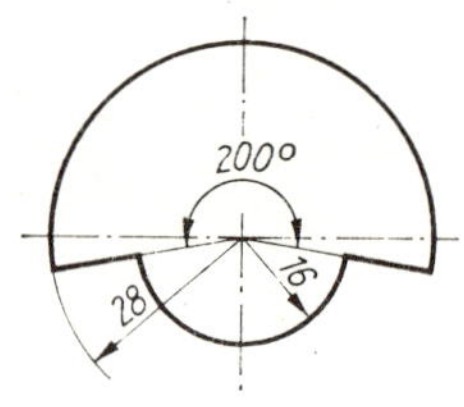

Bild 267

237. Aus einem Blech von 24 mm Durchmesser soll ein gleichseitiges Dreieck herausgeschnitten werden, dessen Ecken auf dem Kreisumfang liegen. Berechne den Flächeninhalt A eines der drei entstehenden Segmente.

238. Gib den Materialbedarf A der vier im Bild 268 dargestellten Lamellen eines Stromwenders an.

239. Gib Umfang U und Flächeninhalt A des im Bild 269 gezeigten Bogendreiecks an.

240. Berechne die fehlenden Maße a und b des im Bild 270 dargestellten Bremsklotzes.

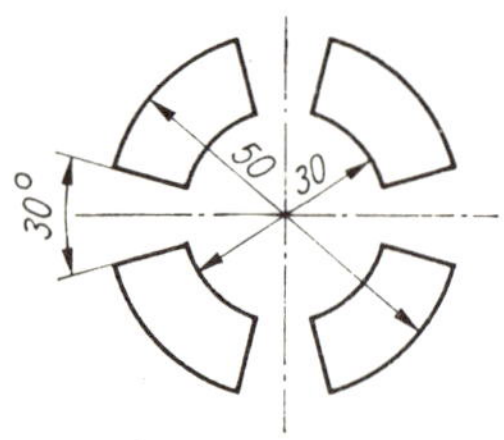

Bild 268

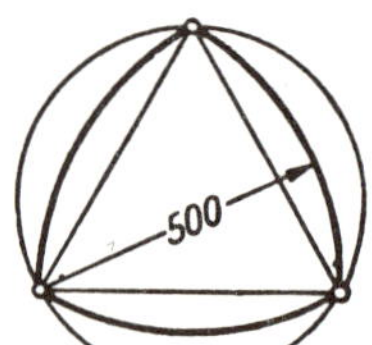

Bild 269

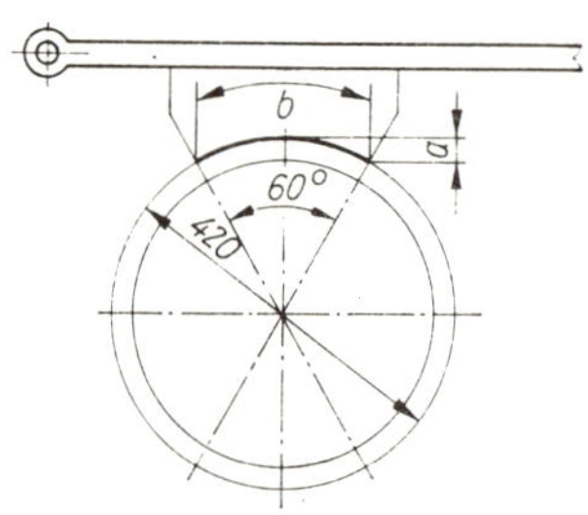

Bild 270

241. Der Durchmesser einer Bremstrommel beträgt 250 mm. Ein auf der Trommel liegendes Bremsband berührt ihren Umfang auf einer Länge von 540 mm. Berechne den Umschlingungswinkel α des Bandes.

242. Eine waagerecht liegende Tonne von 340 mm Durchmesser ist bis zu $^2/_3$ ihres Durchmessers mit Wasser gefüllt. Die Wasseroberfläche unterteilt den zur Achse senkrechten Schnitt durch die Tonne demnach in zwei Segmente. Berechne deren gemeinsame Sehne s und den Wasserstand h.

243. An der Oberfläche einer Welle von 40 mm Durchmesser ist parallel zur Achse eine Fläche anzufräsen, die in dem zur Achse senkrechten Schnitt eine Breite von 20 mm haben soll. Wie groß muß die Anstelltiefe h des Fräsers gewählt werden?

244. Ein Zahnrad mit dem Teilkreisdurchmesser $d_0 = 288$ mm hat 36 Zähne. Berechne Modul m und Teilung t.

245. Aus einer Scheibe von 67 mm Durchmesser soll ein Sektor derart herausgeschnitten werden, daß der Scheibenumfang auf einer Bogenlänge von 51 mm unterbrochen wird. Welchen Mittelpunktswinkel α muß der Sektor demzufolge haben?

246. Berechne den Blechabfall A, der entsteht, wenn die im Bild 271 dargestellte Lehre aus einer kreisförmigen Platte von 76 mm Durchmesser herausgearbeitet wird.

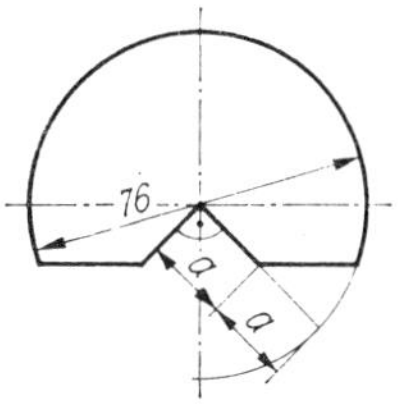

Bild 271

STEREOMETRIE

9. Lage von Linien und Ebenen im Raum

9.1. Gerade und Ebene

Eine Ebene ist eine Fläche, in der alle Geraden liegen, die von einem Punkt P der Ebene nach allen anderen Punkten dieser Ebene, etwa nach A, B, C, D und E gezogen werden können (Bild 272). Da aber eine Gerade durch zwei Punkte eindeutig in ihrer Lage bestimmt ist, folgt:

> Eine Gerade, die mit einer Ebene zwei Punkte gemeinsam hat, liegt in dieser Ebene.

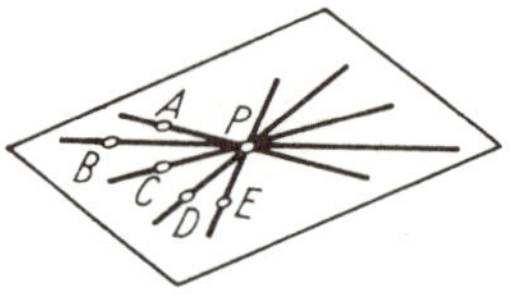

Bild 272

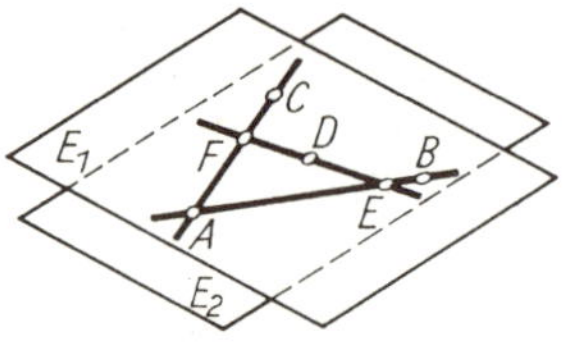

Bild 273

Nach Bild 273 haben zwei Ebenen E_1 und E_2 drei nicht auf einer Geraden liegende Punkte A, B und C gemeinsam. Die durch A nach B und C gezogenen Geraden schneiden eine dritte Gerade in F und E. Diese Gerade muß wiederum beiden Ebenen angehören und folglich auch jeder Punkt auf ihr, so beispielsweise Punkt D. Hieraus folgt

Lehrsatz 87

> Haben zwei Ebenen drei nicht auf einer Geraden liegende Punkte gemeinsam, so haben sie alle Punkte gemeinsam.

Zusätze zu Lehrsatz 87

1. Eine Ebene ist durch drei nicht auf einer Geraden liegende Punkte in ihrer Lage eindeutig bestimmt. Durch drei solche vorgegebene Punkte läßt sich somit eine und nur eine Ebene legen.
2. Eine Ebene ist in ihrer Lage durch eine Gerade und einen außerhalb dieser Geraden liegenden Punkt bestimmt.
3. Zwei einander schneidende Geraden bestimmen die Lage einer Ebene.
4. Zwei parallele Geraden bestimmen die Lage einer Ebene.

Zwei Ebenen E_1 und E_2 (Bild 274), die einander durchdringen, schneiden einander in der beispielsweise durch die Punkte A und B bestimmten Geraden. Diese Gerade heißt *Schnittgerade* beider Ebenen. Parallele Ebenen durchdringen einander nicht im Endlichen, ihre Schnittgerade liegt im Unendlichen.

Durchdringt eine Gerade g (Bild 275) eine Ebene E in beliebiger Richtung, so schließt sie mit allen durch ihren Durchdringungspunkt S gehenden und in der Ebene liegenden Geraden, etwa mit g_1, zwei Winkel α und β ein, die sich zu 180° ergänzen. Durchdringt sie die Ebene E im Punkt S jedoch senkrecht (Bild 276), dann steht sie auch senkrecht auf allen durch S gehenden und in E liegenden Geraden.

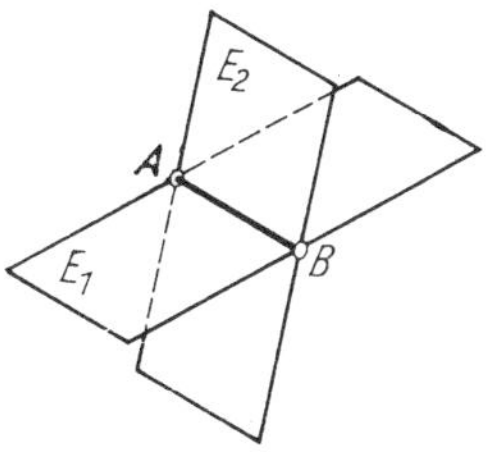

Bild 274

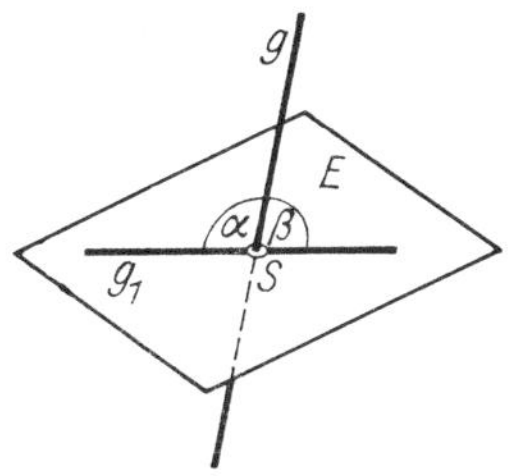

Bild 275

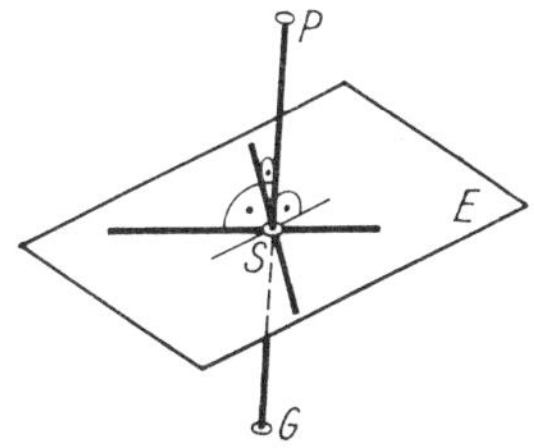

Bild 276

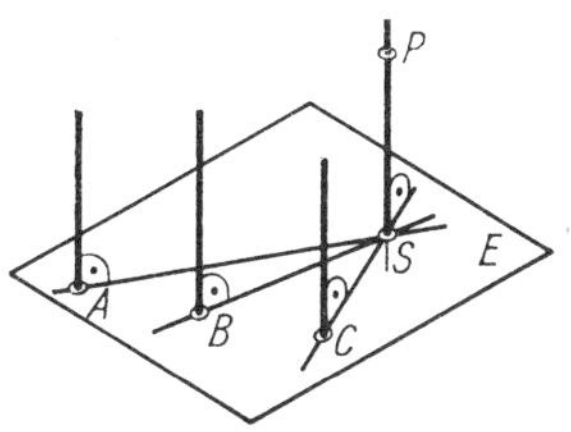

Bild 277

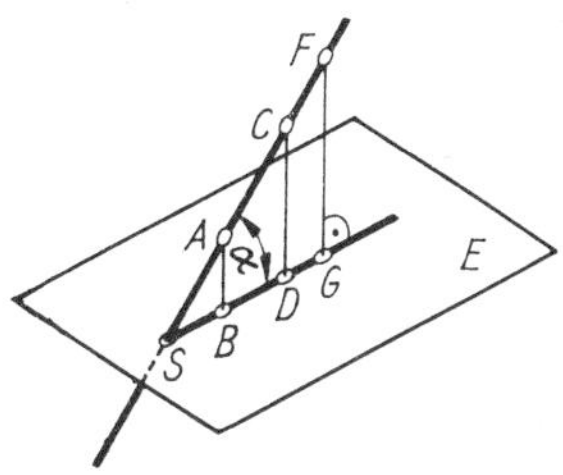

Bild 278

Ferner ergibt sich aus Bild 277, daß die durch die Punkte A, B und C gehenden und zu $\overline{PS}$ parallel liegenden Geraden senkrecht auf der Ebene E stehen, wenn nur $\overline{PS}$ selbst senkrecht auf E steht.
Werden von verschiedenen Punkten A, C und F einer eine Ebene schräg durchdringenden Geraden Lote auf diese Ebene gefällt, so liegen die Fußpunkte B, D und G dieser Lote wieder auf einer Geraden (Bild 278). Die Gerade durch die Fußpunkte der Lote heißt *Projektion* der die Ebene E schräg durchdringenden Geraden. Der von der Geraden und ihrer Projektion eingeschlossene Winkel wird *Neigungswinkel* (α) genannt.

9.2. Ebenen im Raum

Errichtet man (Bild 279) im Punkt C der Schnittgeraden s zweier Ebenen E_1 und E_2 zwei Senkrechte, so daß eine von ihnen in E_1 und die andere in E_2 liegt, so schließen sie den denkbar kleinsten Winkel α zwischen E_1 und E_2 ein. Dieser Winkel heißt *Neigungswinkel* der *Ebenen*.

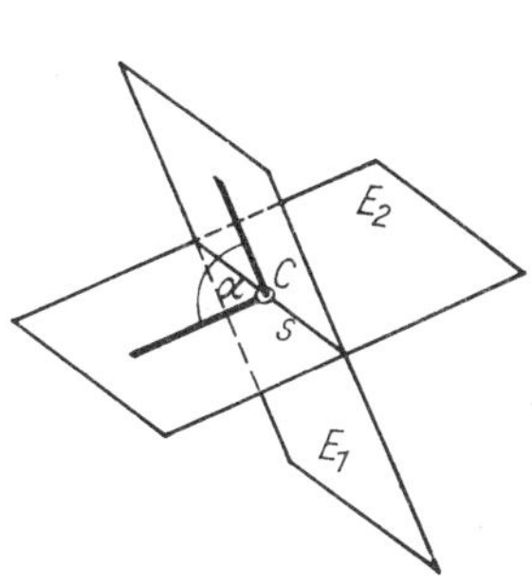

Bild 279

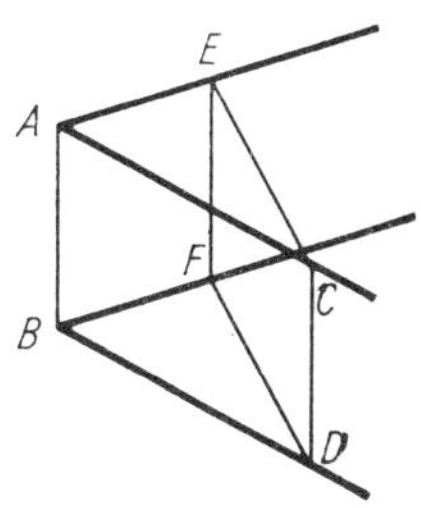

Bild 280

Aus Bild 280 geht hervor, daß die im Raum liegenden Winkel $\sphericalangle\, EAC$ und $\sphericalangle\, FBD$ mit paarweise parallelen und gleichgerichteten Schenkeln gleich groß sind. Macht man nämlich $\overline{AE} = \overline{BF}$ und $\overline{AC} = \overline{BD}$, so sind die Dreiecke ACE und BDF kongruent (warum?). Folglich sind auch die Winkel $\sphericalangle\, EAC$ und $\sphericalangle\, FBD$ gleich.
Außerdem sind durch die beiden Winkel zwei Ebenen bestimmt, die nach Lehrsatz 87, Zusatz 3, zueinander parallel sind.

Enthält die Ebene E_2 (Bild 281) das Lot $\overline{CD}$ der Ebene E_1, so steht E_2 senkrecht auf E_1. Ferner steht überhaupt jede auf der Schnittgeraden zweier senkrecht aufeinanderstehender Ebenen und in einer der Ebenen errichtete Senkrechte auch senkrecht auf der anderen Ebene, so beispielsweise $\overline{CF} \perp E_2$.

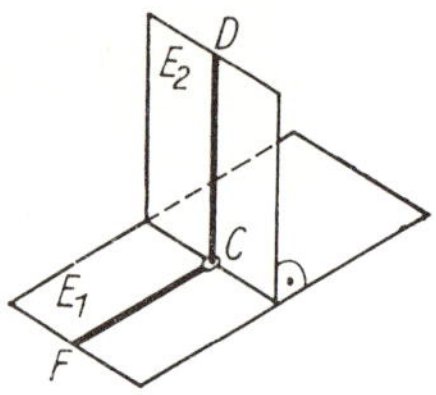

Bild 281

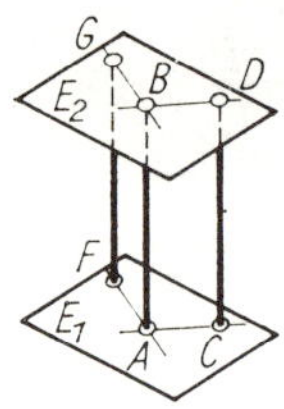

Bild 282

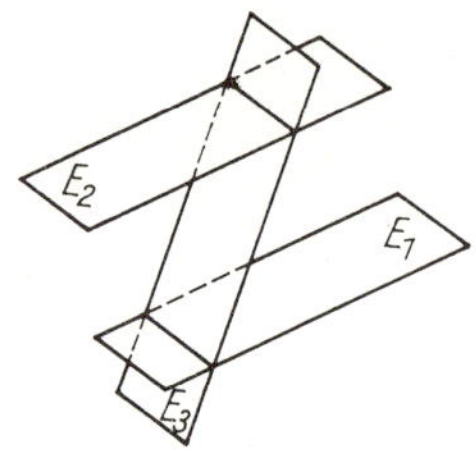

Bild 283

Die im Bild 282 auf einer Ebene E_1 in den Punkten A, C und F senkrecht auf E_1 stehenden Strecken $\overline{AB}$, $\overline{CD}$ und $\overline{FG}$ sollen gleich lang sein. Ihre anderen Endpunkte B, D und G bestimmen dann nach Lehrsatz 87, Zusatz 1, die Lage einer weiteren Ebene E_2, die der ersten wegen $\overline{AB} = \overline{CD} = \overline{FG}$ parallel sein muß, also

Lehrsatz 88

Steht eine Gerade auf zwei Ebenen senkrecht, so sind diese parallel. Das von den Ebenen begrenzte Geradenstück heißt gemeinsamer Abstand der Ebenen.

In Bild 283 werden zwei parallele Ebenen E_1 und E_2 von einer dritten Ebene E_3 geschnitten. Die dadurch entstehenden Schnittgeraden müssen parallel sein, denn sie gehören einerseits ein und derselben Ebene an und liegen andererseits in zwei zueinander parallelen Ebenen, folglich

Lehrsatz 89

Werden zwei parallele Ebenen von einer dritten Ebene geschnitten, so sind ihre Schnittgeraden ebenfalls parallel.

9.3. Körperliche Ecke

Schneiden einander mindestens drei Ebenen E_1, E_2 und E_3 in einem Punkt S (Bild 284), so entsteht eine *körperliche Ecke*. Der Punkt S heißt *Scheitelpunkt* der Ecke, und die drei Schnittgeraden der drei Ebenen bilden ihre *Kanten*. Je zwei benachbarte Kanten schließen eine *Seitenfläche*[1] der Ecke ein.

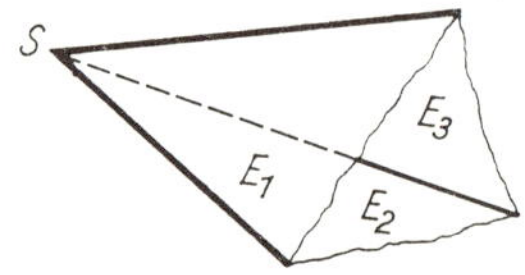

Bild 284

[1] Die Berechnung der Seitenflächen einer körperlichen Ecke ist Aufgabe der sphärischen Trigonometrie und wird hier übergangen.

Der Neigungswinkel zweier benachbarter Seitenflächen wird als *Flächenwinkel* bezeichnet. Die Summe der Flächenwinkel einer n-seitigen körperlichen Ecke liegt zwischen $2n \cdot 90°$ und $(2n - 4) \cdot 90°$.
Im Bild 285 ist eine körperliche Ecke dargestellt, die durch zwei parallele Ebenen E_1 und E_2 geschnitten wird. Die Schnittfiguren $ABCD$ und $A_1B_1C_1D_1$ sind ähnlich, da einerseits je zwei entsprechende Seiten nach Lehrsatz 89 parallel sind und somit andererseits die Strahlensätze (vgl. 5.4.1.2.) angewandt werden können.

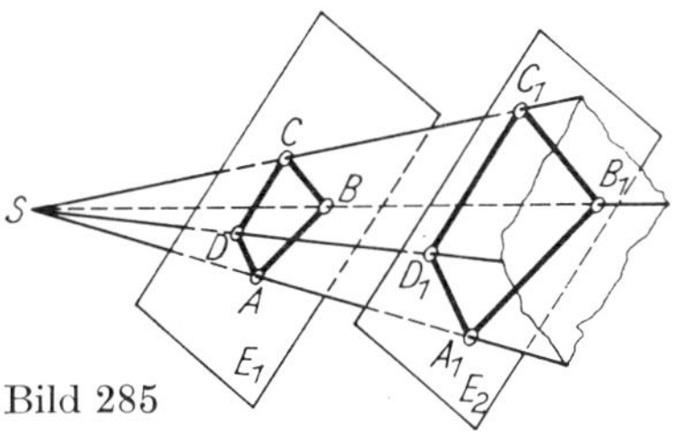

Bild 285

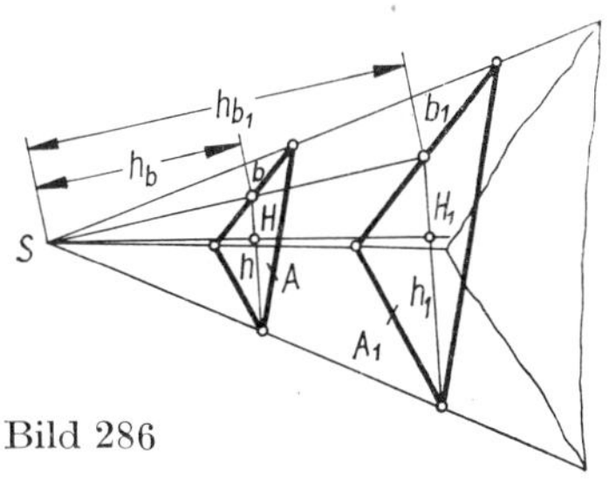

Bild 286

Diese ergeben beispielsweise

$$\overline{SA} : \overline{SA_1} = \overline{AB} : \overline{A_1B_1}$$

und

$$\overline{SA} : \overline{SA_1} = \overline{AD} : \overline{A_1D_1}$$

folglich auch

$$\overline{AB} : \overline{A_1B_1} = \overline{AD} : \overline{A_1D_1}$$

Daraus folgt

Lehrsatz 90

Eine körperliche Ecke wird durch parallele Ebenen in ähnlichen Vielecken geschnitten.

Die im Bild 286 (s. Beilage, Raumbild Nr. 1) dargestellte körperliche Ecke enthält zwei zueinander parallele Dreiecksflächen, deren Seiten in den Seitenflächen der Ecke liegen. Von S aus ist eine Senkrechte zu beiden Dreiecksflächen gezogen, die diese in H und H_1 durchdringt. Mit den aus dem Bild ersichtlichen Bezeichnungen ergibt sich

$$2A = bh$$

und

$$2A_1 = b_1h_1$$

Die Division beider Gleichungen liefert

$$\frac{bh}{b_1h_1} = \frac{A}{A_1} \qquad \text{(I)}$$

Nach den Strahlensätzen in 5.4.1.2. folgt weiter

$$\frac{b}{b_1} = \frac{h}{h_1} = \frac{h_b}{h_{b1}}$$

Damit erhält man aus (I) zunächst

$$\frac{A}{A_1} = \frac{h_b^2}{h_{b1}^2}$$

und mit

$$\frac{h_b}{h_{b1}} = \frac{\overline{SH}}{\overline{SH_1}}$$

schließlich

$$\frac{A}{A_1} = \frac{\overline{SH}^2}{\overline{SH_1}^2}$$

Das gibt den

Lehrsatz 91

Wird eine körperliche Ecke durch parallele Ebenen geschnitten, so verhalten sich die Flächeninhalte der entstehenden Vielecke wie die Quadrate ihrer Abstände vom Scheitel.

10. Allgemeines über mathematische Körper

Ein vollständig begrenztes Stück des Raumes heißt *mathematischer Körper*. Die gesamte äußere Begrenzungsfläche ist seine *Oberfläche*. Der von der Oberfläche eingeschlossene Raum ist sein *Volumen*.

Sind die mathematischen Körper nur von Ebenen begrenzt, so werden sie *Ebenflächner, ebenflächige Körper, Vielflächner* oder *Polyeder* genannt. Beispiele für Polyeder sind der Würfel, das Rechtkant, das Prisma und die Pyramide.

Setzt sich die Oberfläche eines mathematischen Körpers ganz oder teilweise aus krummen Flächen zusammen, so spricht man von *Krummflächnern* oder *krummflächigen Körpern*. Die bekanntesten Krummflächner sind die Kugel, der Zylinder und der Kegel.

Die Hauptaufgabe der Stereometrie besteht in der Berechnung des Volumens und der Oberfläche der Körper. Zu diesem Zwecke sind vergleichende Betrachtungen mit den üblichen Raum- bzw. Flächeneinheiten anzustellen. Als Maß für die Raumeinheit dient der Einheitswürfel mit 1 m oder 1 dm oder 1 cm oder 1 mm Kantenlänge. Als Maß für die Flächeneinheit dient das Einheitsquadrat mit 1 m oder 1 dm oder 1 cm oder 1 mm Seitenlänge. Da aber infolge der Form der zu berechnenden Körper das direkte Ausmessen mit diesen Einheitsgrößen meist unmöglich ist, läuft die Lösung der Hauptaufgabe der Stereometrie darauf hinaus, auf Grund geometrisch-mathematischer Überlegungen Formeln zu finden, die für einen bestimmten Körper allgemeingültige Aussagen über sein Volumen und seine Oberfläche bei verschiedenen Abmessungen zulassen.

11. Ebenflächig begrenzte Körper

11.1. Eulerscher Polyedersatz

Euler wies nach, daß zwischen der Zahl der Ecken e, der Begrenzungsflächen f und der Kanten k eines Polyeders die Beziehung

$$\boxed{e + f = k + 2} \qquad (44)$$

besteht, vorausgesetzt, daß er weder einspringende Ecken noch Hohlräume hat.

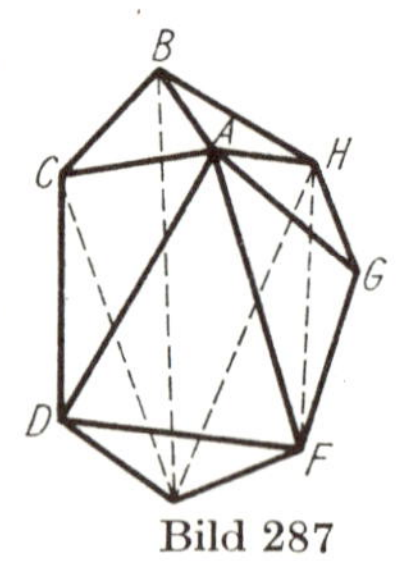

Bild 287

Der Beweis von (44) ist leicht zu erbringen. Man schneide den im Bild 287 dargestellten, durch beliebige Dreiecke begrenzten Zwölfflächner beispielsweise in A auf und führe Schnitte entlang der Kanten nach den Ecken B, C, D, F, G und H. Von hier aus werden die Schnitte nach den nächsten erreichbaren Ecken fortgesetzt, jedoch so, daß zu jeder Ecke nur ein Schnitt führt. Andernfalls würde man Teilflächen vollkommen abtrennen. Bis zum Erreichen der letzten Ecke sind $e - 1$ Schnitte erforderlich, und die das Netz des Polyeders bildenden Teilflächen hängen noch mit $f - 1$ Kanten zusammen. Damit ergibt sich die Kantenzahl aus

$$(e - 1) + (f - 1) = k \text{ oder } e + f = k + 2.$$

Die Zahl w der Kantenwinkel eines Polyeders ist durch

$$\boxed{w = 2k} \tag{45}$$

bestimmt.

Da nämlich jede Begrenzungsfläche so viele Winkel besitzt, wie sie Seiten hat, jede Seite aber zu zwei Begrenzungsflächen gehört, folgt ohne weiteres die Richtigkeit von (45).

Die Summe W der Kantenwinkel eines Polyeders ergibt sich aus

$$\boxed{W = (k - f)\, 360°} \tag{46}$$

Bezeichnet man die Seitenzahl der das Polyeder begrenzenden Flächen f mit $n_1, n_2, \ldots, n_f$, ihre Winkelsumme entsprechend mit $W_1, W_2, \ldots, W_f$, so wird nach Lehrsatz 67 (s. 7.1.)

$$W_1 = n_1\, 180° - 360°$$

$$W_2 = n_2\, 180° - 360°$$

....

....

....

$$W_f = n_f\, 180° - 360°$$

und schließlich wegen $n_1 + n_2 \ldots + n_f = 2k$

$$W = 2k\, 180° - f\, 360° = (k - f)\, 360°.$$

11.2. Wichtige Polyeder

11.2.1. Berechnung des Würfels

Der Würfel ist das denkbar einfachste Polyeder. Mit seinen gleich großen Kanten ist er ein Sonderfall des Rechtkants. Seine Flächen- und Kantenwinkel sind ebenfalls untereinander gleich und betragen 90°. Die sechs quadratischen Begrenzungsflächen stoßen deshalb senkrecht aufeinander.

Mit der Kantenlänge a erhält man für sein Volumen

$$\boxed{V = a^3} \tag{47}$$

und für seine Oberfläche

$$\boxed{A_O = 6a^2} \tag{48}$$

Nach dem Satz des PYTHAGORAS (9) (s. 5.6.2.3.) ergibt sich die Flächendiagonale f aus

$$\boxed{f = a\sqrt{2}} \tag{49}$$

Wendet man diesen Satz auch auf das schraffierte Dreieck im Bild 288 an, so wird für die Raumdiagonale d zunächst

$$d^2 = f^2 + a^2$$

und mit $f^2 = 2a^2$

$$\boxed{d = a\sqrt{3}} \tag{50}$$

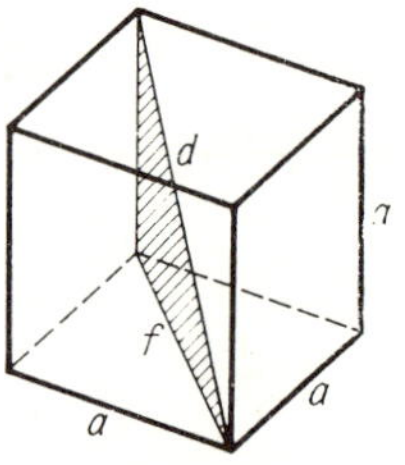

Bild 288

11.2.2. Berechnung des Rechtkantes

Wie beim Würfel, so stoßen auch beim Rechtkant die sechs rechteckigen Begrenzungsflächen und die zwölf Kanten senkrecht aufeinander, jedoch ist die Länge je dreier in einer Ecke zusammentreffender Kanten verschieden. Mit den Bezeichnungen des Bildes 289 ergibt sich für sein Volumen

$$\boxed{V = abc} \tag{51}$$

und für seine Oberfläche

$$\boxed{A_O = 2(ab + ac + bc)} \tag{52}$$

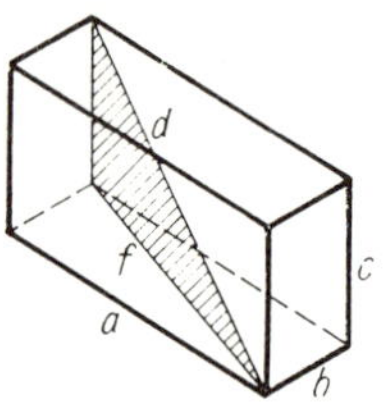

Bild 289

Nach dem Satz des PYTHAGORAS (9) (s. 5.6.2.3.) berechnet sich die Raumdiagonale d aus

$$d^2 = f^2 + c^2$$

und wegen $f^2 = a^2 + b^2$

folgt
$$\boxed{d = \sqrt{a^2 + b^2 + c^2}} \tag{53}$$

BEISPIELE

1. Das Verhältnis $\frac{V_1}{V_2}$ der Volumen zweier Würfel, deren Kanten im Verhältnis 1:3 stehen, ist zu bestimmen.

Lösung

Nach (47) erhält man $V_1 = a^3$ und $V_2 = (3a)^3 = 27a^3$

Hieraus $\underline{\underline{V_1 : V_2 = 1 : 27}}$

2. Berechne das Volumen V der vier prismatischen Restkörper, die entstehen, wenn aus einem Würfel ein Rechtkant derart herausgearbeitet wird, daß die Ecken des Rechtkantes mit den Mitten der Würfelkanten zusammenfallen (Bild 290).

Lösung $V = V_W - V_R$

Für V_W folgt: $V_W = a^3$

Für V_R folgt: $V_R = ab^2$ oder mit $b^2 = \frac{a^2}{2}$

$$V_R = \frac{a^3}{2}$$

Somit wird $V = a^3 - \frac{a^3}{2}$

$$\underline{\underline{V = \frac{a^3}{2}}}$$

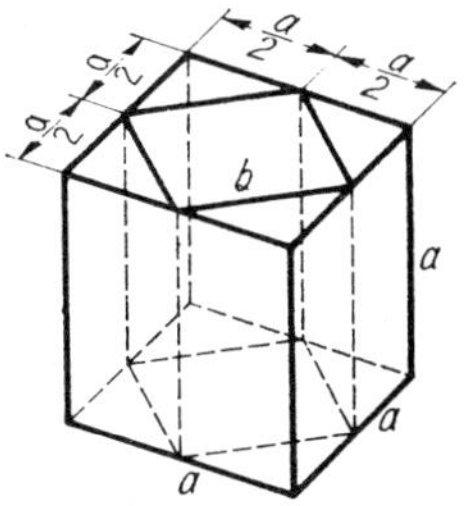

Bild 290

AUFGABEN

247. Drücke das Volumen V eines Würfels durch seine Oberfläche A_O aus.

248. Drücke die Oberfläche A_O und das Volumen V eines Würfels durch seine Raumdiagonale d aus.

249. Die Oberfläche eines Würfels mit der Kantenlänge $k = 5$ cm soll der eines Rechtkants mit den Kanten $a = 5$ cm und $b = 2$ cm gleich sein. Berechne die dritte Kante c des Rechtkants.

250. Die Kanten eines Rechtkants stehen im Verhältnis $a:b:c = x:y:z = 1:3:5$. Berechne Volumen V und Oberfläche A_O, wenn $a = 6$ cm gegeben ist. Bestimme außerdem die anderen Kanten b und c.

251. Die dritte Kante c eines Rechtkants soll die mittlere Proportionale der beiden anderen a und b sein. Wie groß ist das Volumen V des Rechtskants, wenn $a = 4$ cm und $b = 9$ cm gegeben sind?

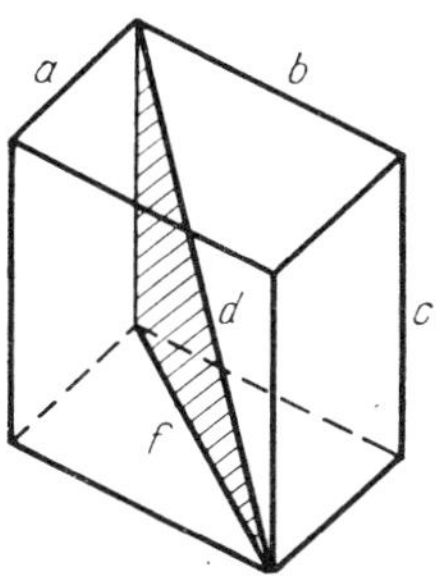

Bild 291

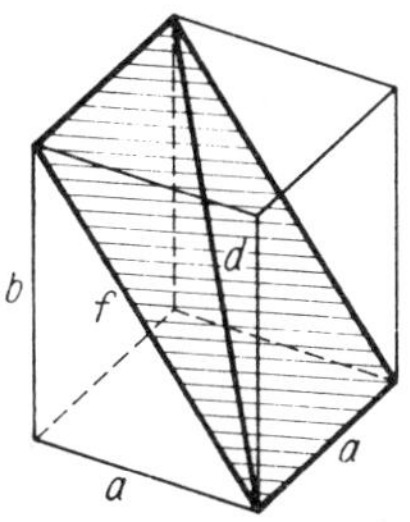

Bild 292

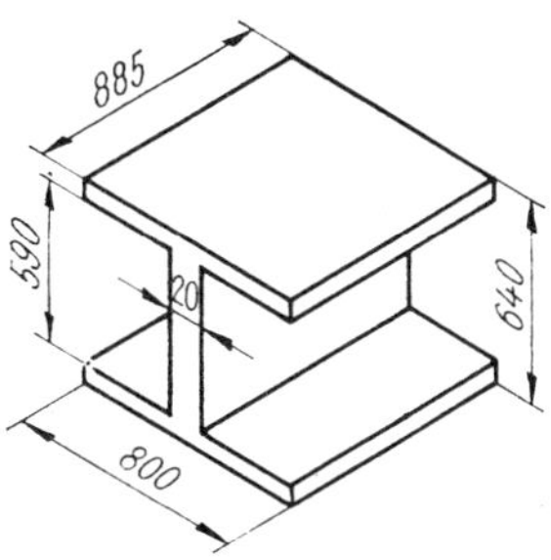

Bild 293

252. Die Raumdiagonale d eines Rechtkants soll $m = 3$mal so groß sein wie die entsprechende Flächendiagonale f (Bild 291). Berechne die Kanten b und c für $a = 3$ cm und $f = 4$ cm.

253. Von dem im Bild 292 dargestellten Rechtkant sind der Umfang U des schraffierten Diagonalschnittes und die Diagonale $d = 10$ cm dieses Schnittes gegeben. Berechne die Kanten a und b für $U = 28$ cm.

254. Ein Rechtkant mit den Kanten a und b soll einem Würfel mit der Kante k volumengleich sein. Berechne die Kante c des Rechtkants für $a = 2$ cm, $b = 3$ cm und $k = 6$ cm.

255. Wie lang ist die Kante k eines Stahlwürfels mit der Masse 655 g? ($\varrho = 7{,}85$ g/cm^3)

256. Berechne die Masse m des im Bild 293 dargestellten und aus Grauguß gefertigten Werkstückes. ($\varrho = 7{,}1$ g/cm^3)

257. Aus einer Baugrube mit senkrecht aufeinanderstehenden Wänden und rechteckigem Grundriß von 4 m Breite und 8,5 m Länge sind bisher 96 m^3 Erdreich ausgeschachtet worden. Berechne die augenblickliche Tiefe h_1 der Grube. Welches Volumen V ist noch auszuheben, damit die Grube ihre endgültige Tiefe $h = 4{,}3$ m erhält?

258. Das Mauerwerk eines Transformatorenhauses hat die Form eines Rechtkants von 3,8 m Breite, 4,2 m Länge und 8 m Höhe einschließlich des Fundaments von 80 cm Höhe. Für die Tür wird eine Aussparung von 1,3 m Breite und 2,1 m Höhe vorgesehen. Berechne das Volumen V des Mauerwerkes für eine Wanddicke von 25 cm.

259. Aus einem Stück Rundstahl von 18 cm Länge und 7 cm Durchmesser soll ein größtmögliches Vierkant mit quadratischem Querschnitt herausgefräst werden. Berechne die Anstelltiefe a des Fräsers und das Volumen V des entstehenden Werkstückes.

260. Welche lichte Höhe h muß ein Wasserbehälter mit quadratischem Boden haben, wenn er 3,6 m^3 Wasser fassen soll, die Außenkanten des Bodens 80 cm lang sind und zu seiner Herstellung Blech von 8 mm Dicke verwendet wird?

261. In eine rechteckige Stahlplatte von 12 cm Breite, 8 cm Länge und 5 cm Höhe wird eine Längsnut eingefräst, die die Form eines gleichschenklig-rechtwinkligen Dreiecks mit der Hypotenusenlänge 2,5 cm hat. Berechne die Masse m der fertigen Platte. ($\varrho = 7{,}85$ g/cm^3)

262. Berechne das Volumen V und die Oberfläche A_O des im Bild 294 dargestellten Werkstückes.

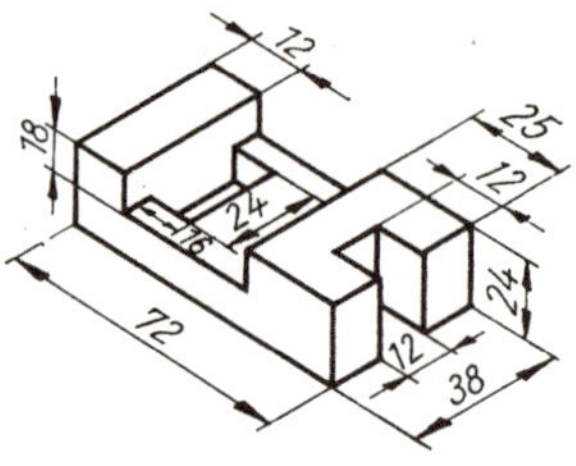

Bild 294

263. Ein rechteckiger Blechkasten, dessen Boden eine Breite von 65 cm und eine Länge von 38 cm hat, schwimmt auf dem Wasser. Berechne seine Eintauchtiefe h bei einer Wasserverdrängung von 12 Litern.

264. Eine Stahlschiene mit rechteckigem Querschnitt ist 3,1 cm breit, 2,6 cm hoch und 1,28 m lang. Sie wird mit einer Motorsäge in 8 Einzelteile zerschnitten. Berechne deren Gesamtmasse m bei einer Sägeblattbreite von 1,8 mm. ($\varrho = 7{,}85$ g/cm^3)

265. Ein rechteckiger Holzkasten hat außen eine Breite von 72 cm, eine Länge von 68 cm und eine Höhe von 86 cm. Die Wanddicke soll 26 mm betragen. Berechne den Holzbedarf V für 30 solcher allseits geschlossenen Kästen, wenn mit einem Schnittverlust von 12 % gerechnet wird.

266. Ein 60 Liter fassendes Gefäß von der Form eines Würfels soll durch ein rechteckiges Gefäß ersetzt werden, dessen Boden 50 cm breit und 60 cm lang ist. Berechne seine Höhe h bei gleichem Fassungsvermögen und unter Vernachlässigung der Blechdicke.

267. Aus einem Festmeter Holz sollen Bretter von rechteckigem Querschnitt mit 18 mm Dicke und 22 cm Breite geschnitten werden. Wieviel laufende Meter l erhält man daraus bei einem Schnittverlust von 15 %?

268. In eine rechteckige Küvette, die innen 26 cm breit, 28 cm lang und 18 cm hoch ist, soll ein senkrecht auf den größeren Seitenwänden und dem Boden stehendes Diaphragma (poröse Trennwand) von 8 mm Dicke so eingesetzt werden, daß die beiden dadurch gebildeten Räume im Verhältnis 2:3 stehen. Berechne die Volumen V_1 und V_2 dieser Räume.

269. Eine quadratische Stahlschiene ($\varrho = 7{,}85$ g/cm³) mit der Kantenlänge 14 mm und der Oberfläche 892 cm² soll künftig durch eine Aluminiumschiene ($\varrho = 2{,}7$ g/cm³) mit doppeltem quadratischem Querschnitt und gleicher Länge ersetzt werden. Welche Masseneinsparung m ergibt sich dadurch?

270. In ein würfelförmiges Gefäß, das innen die Kantenlänge 50 cm hat, werden 18 Liter Flüssigkeit gefüllt. Berechne den Flüssigkeitsstand h.

271. Zu Anschauungszwecken sollen drei Würfel mit der gleichen Masse 100 g aus Stahl ($\varrho = 7{,}85$ g/cm³), Kupfer ($\varrho = 8{,}9$ g/cm³) und Aluminium ($\varrho = 2{,}7$ g/cm³) hergestellt werden. Berechne die Kantenlängen a_{St}, a_{Cu} und a_{Al}.

272. Ein quadratischer Holzbalken von 6 m Länge hat die Masse 38 kg. Berechne seine Breite b. ($\varrho = 0{,}65$ g/cm³)

273. Eine rechteckige Stahlplatte von 28 mm Breite, 24 mm Höhe und 140 mm Länge soll in einen Quadratstahl gleicher Länge umgeschmiedet werden. Berechne die Quadratseite a ohne Berücksichtigung des Abbrandes.

274. Ein quadratischer Bleiriegel mit der Kantenlänge 36 cm und der Gesamtlänge 62 cm soll in einen gleich langen Riegel mit rechteckigem Querschnitt umgegossen werden. Wie ist die Höhe h des neuen Riegels zu wählen, wenn eine Breite von 5,5 cm gefordert wird?

11.3. Prismatische Körper

11.3.1. Vorbetrachtungen

Ein *Prisma* ist ein Polyeder mit zwei kongruenten und zueinander parallelen Vielecken als Grundflächen und so vielen Parallelogrammen als Seitenflächen, wie eine der beiden Grundflächen Seiten hat.

Mit unregelmäßigen Vielecken als Grundflächen ergeben sich unregelmäßige Prismen. Mit regelmäßigen Vielecken als Grundflächen ergeben sich regelmäßige Prismen.

Sind die Seitenflächen Rechtecke, so ist das Prisma gerade (Bild 295). Sind die Seitenflächen Rhomboide oder Rhomben, so ist das Prisma schief (Bild 296).

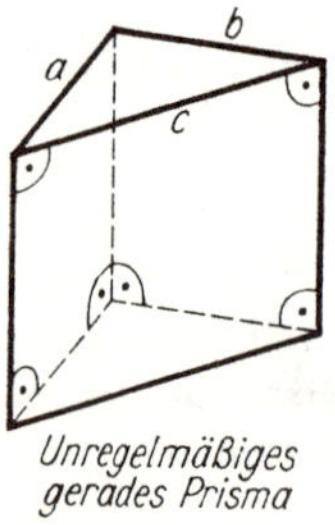

Bild 295

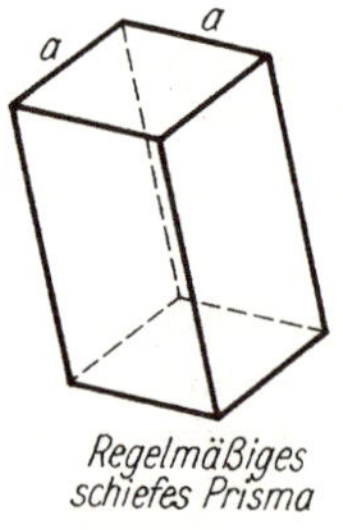

Bild 296

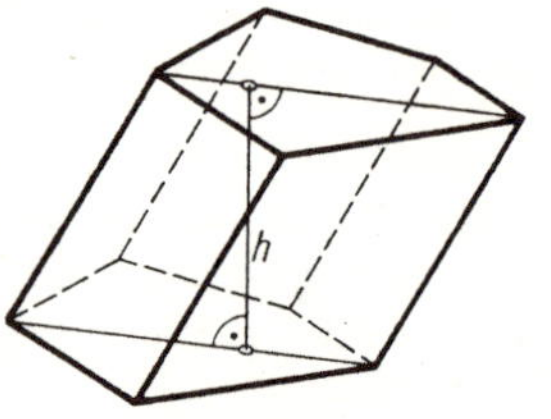

Bild 297

Rückt der Scheitelpunkt einer körperlichen Ecke ins Unendliche, so verlaufen die Kanten der Ecke parallel. Wird ein solches Gebilde von zwei parallelen Ebenen geschnitten, so begrenzen diese ein Prisma. Die Schnittfiguren sind zugleich Grundflächen des Prismas. Je zwei weitere Schnittebenen erzeugen weitere Schnittfiguren, die nach 5.3.2. kongruent sein müssen, folglich

Lehrsatz 92

Parallele Ebenen schneiden ein Prisma in kongruenten Vielecken.

Der Abstand zwischen den beiden Grundflächen heißt *Höhe* des Prismas (Bild 297). Diese steht nach Lehrsatz 88 senkrecht auf den Grundflächen.

11.3.2. Berechnung des geraden Prismas

Zur Berechnung des Volumens eines geraden Prismas zerlegt man ein Rechtkant durch einen Diagonalschnitt in zwei volumengleiche Prismen mit rechtwinkligen Dreiecken als Grundflächen (Bild 298). Das Volumen des Rechtkantes sei V_R, seine Grundfläche A_R. Das Volumen eines Prismas sei V, seine Grundfläche A.
Nun gilt

$$V = \frac{V_R}{2}$$

Für V_R folgt nach (51) mit $A_R = ab$:

$$V_R = abh = A_R h$$

und wegen $A_R = 2A$

auch $V_R = 2Ah$

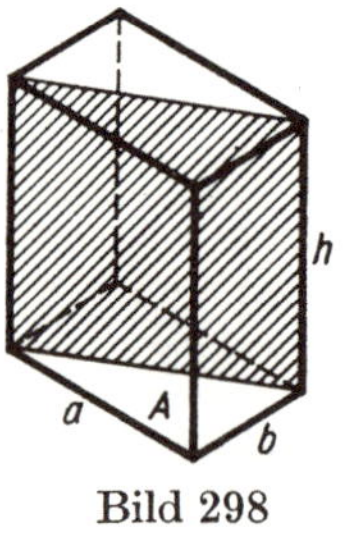

Bild 298

Somit $$\boxed{V = Ah} \qquad (54)$$

Diese Formel ist für jedes Prisma mit beliebiger Grundfläche gültig. Um das zu beweisen, braucht man nur zu zeigen, daß sie auch für ein Prisma mit schiefwinkligen Dreiecken als Grundflächen stimmt, denn jedes andere Prisma mit beliebigen Vielecken als Grundflächen läßt sich in solche zerlegen und damit berechnen.

Das im Bild 299 dargestellte Prisma ist durch einen Schnitt derart zerlegt, daß zwei verschiedene Prismen mit rechtwinkligen Dreiecken als Grundflächen entstehen. Beiden ist die Höhe h gemeinsam. Folglich gilt

$$V = V_1 + V_2 = A_1 h + A_2 h = (A_1 + A_2)h$$

oder mit

$$A_1 + A_2 = A$$

$$V = Ah$$

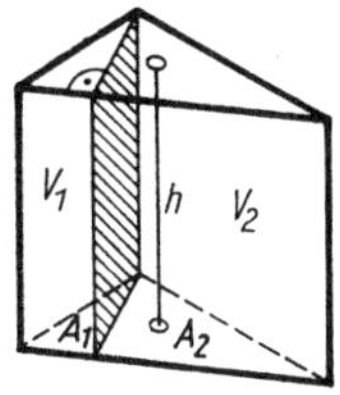

Bild 299

Ist M die Summe der Flächeninhalte der Seitenflächen eines Prismas, so berechnet man seine Oberfläche A_O aus

$$\boxed{A_O = 2A + A_M} \qquad (55)$$

BEISPIELE

1. Bestimme die Höhe h eines regelmäßigen dreiseitigen Prismas mit der Grundkante a und dem Volumen $V = a^3\sqrt{3}$.

Lösung

Mit $A = \frac{a^2}{4}\sqrt{3}$ folgt aus

$$V = Ah$$

$$a^3\sqrt{3} = \frac{a^2}{4}\sqrt{3}\,h$$

und hieraus $\underline{\underline{h = 4a}}$

2. Berechne das Volumen V eines regelmäßigen sechsseitigen Prismas mit der Grundkante a und der Höhe $h = 4a$.

Lösung

Mit $A = \frac{3}{2}a^2\sqrt{3}$ folgt aus

$$V = Ah$$

$$V = \frac{3}{2}a^2\sqrt{3}\,4a$$

$$\underline{\underline{V = 6a^3\sqrt{3}}}$$

3. Die Raumdiagonalen d_1 und d_2 eines regelmäßigen sechsseitigen Prismas mit der Höhe h und der Grundkante a sind zu bestimmen.

Lösung (Bild 300)

Für d_1 folgt: $d_1^2 = (2a)^2 + h^2$

$\underline{\underline{d_1 = \sqrt{4a^2 + h^2}}}$

Für d_2 folgt: $d_2^2 = \overline{AB}^2 + h^2$

Mit $\overline{AB} = a\sqrt{3}$

ergibt sich $\underline{\underline{d_2 = \sqrt{3a^2 + h^2}}}$

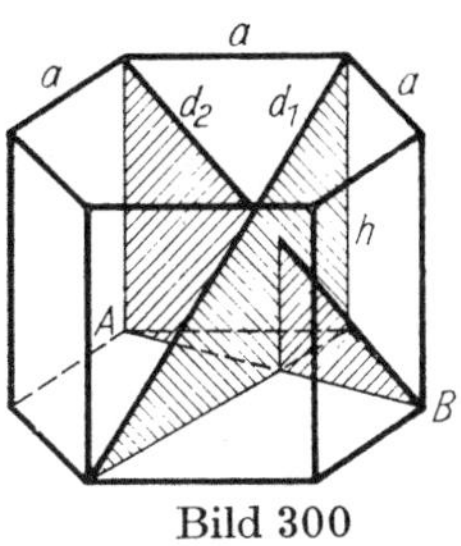

Bild 300

AUFGABEN

275. Von einem regelmäßigen vierseitigen Prisma sind das Volumen $V = 20$ cm³ und die Höhe $h = 5$ cm bekannt. Berechne die Grundkante a.

276. Wie groß ist die Höhe h eines regelmäßigen dreiseitigen Prismas mit der Oberfläche $A_O = 20$ cm² und der Grundkante $a = 2$ cm?

277. Der Umfang des im Bild 301 schraffiert gezeichneten Diagonalschnittes eines regelmäßigen sechsseitigen Prismas sei $U = 20$ cm, die Diagonale des Schnittes $d = 8$ cm. Wie groß sind die Höhe h des Prismas und der Radius r des Umkreises der Grundfläche?

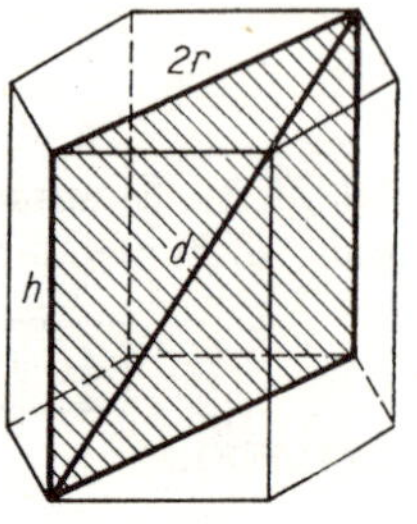

Bild 301

278. Wie groß ist die Masse m der Schneide einer Balkenwaage, deren Profil ein gleichschenkliges Dreieck mit der Basis 6 mm und den Schenkeln 14 mm ist? Die Schneidenlänge beträgt 20 mm. ($\varrho = 7{,}85$ g/cm³)

279. Ein regelmäßiger sechseckiger Profilstahl ist 3 m lang. Die Kantenlänge des Sechsecks beträgt 2 cm. Berechne das Volumen V des Stahles.

280. Der Querschnitt einer 1,5 m langen Schiene ist ein gleichschenkliges Trapez mit den Grundlinien 4 cm und 5 cm. Berechne die Höhe h der Schiene, wenn ihr Volumen mit 3,5 dm³ angegeben wird.

281. In eine Stahlplatte von 45 mm Breite, 250 mm Länge und 30 mm Höhe ist in der Längsrichtung eine schwalbenschwanzförmige Nut von 10 mm Tiefe eingefräst. Der Nutquerschnitt ist ein gleichschenkliges Trapez mit der kleineren Grundlinie 20 mm. Die beiden Schenkel des Trapezes schließen mit der größeren Grundlinie einen Winkel von 60° ein. Berechne Volumen V und Oberfläche A_O der Platte.

282. Zur Herstellung von 100 Spachteln der im Bild 302 dargestellten Form wird Blech von 1,6 mm Dicke verwendet. Berechne deren Masse m. ($\varrho = 7{,}85$ g/cm³)

283. Gib die Volumen V_1, V_2 und V_3 der im Bild 303 dargestellten Balken 1, 2 und 3 an. Nimm an, daß alle drei Balken eine Breite von 100 mm haben.

284. Im Bild 304 ist der Querschnitt durch eine Holzleiste dargestellt. Wieviel laufende Meter l solcher Leisten ergeben einen Festmeter?

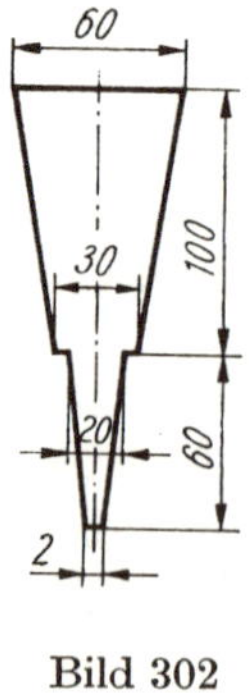

Bild 302

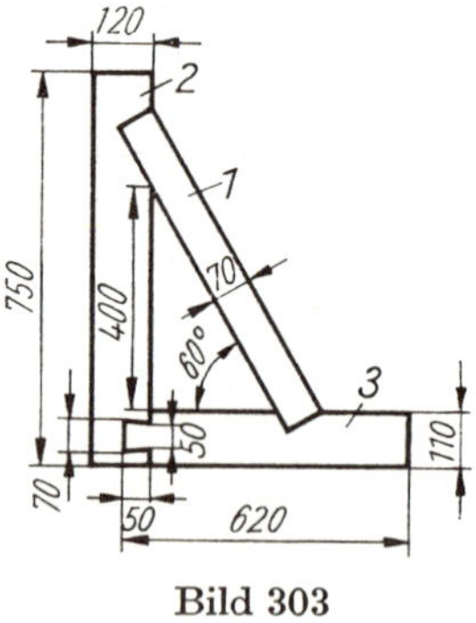

Bild 303

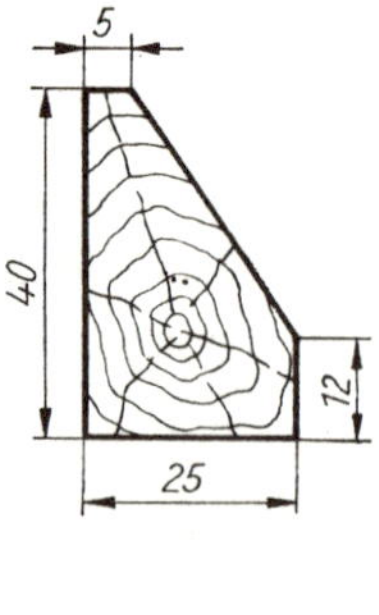

Bild 304

285. Der im Bild 305 gezeigte Giebel eines Anbaues soll mit 1,5 cm dickem Putz versehen werden. Der Mörtel wird aus Kalk und Sand im Verhältnis 1:4 gemischt. Berechne die Mindestmengen V_K und V_S für beide Materialien.

286. Ein Dreikantstahl hat als Querschnitt ein gleichseitiges Dreieck. Die Kantenlänge des Querschnitts beträgt 4 cm, das Volumen des Stahles 700 cm³. Durch Auswalzen soll die Seitenlänge des Querschnitts auf 2,8 cm verringert werden. Berechne die Längen l_1 und l_2 des Stahles vor und nach der Bearbeitung.

287. Berechne die Masse m des im Bild 306 dargestellten und aus zwei Kronglasprismen Kr und einem Flintglasprisma Fl zusammengesetzten Geradsichtprismas. ($\varrho_{Kr} = 2{,}8$ g/cm³, $\varrho_{Fl} = 3{,}5$ g/cm³)

288. Für eine Gleisanlage muß ein Damm von 3,4 km Länge aufgeschüttet werden, dessen Querschnitt ein gleichschenkliges Trapez ist. Die Dammkrone soll 3,5 m breit werden und 4 m über der Dammsohle liegen. Die Böschungen schließen mit der Sohle den Böschungswinkel 30° ein. Berechne die Erdmenge V, die zum Aufschütten des Dammes bewegt werden muß.

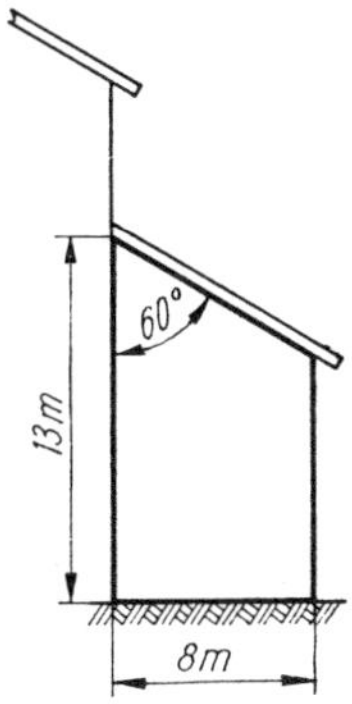

Bild 305

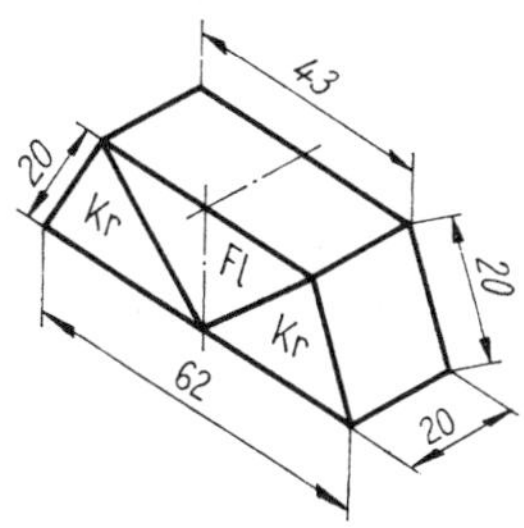

Bild 306

289. Der im Bild 307 gezeigte Vierkantstahl soll durch einen 3 mm breiten Schnitt in zwei Teile zerlegt werden. Berechne deren Volumen V_1 und V_2.

290. Ein Gußstück von 65 cm Länge hat quadratischen Querschnitt. Die Seite des Quadrates mißt 8 cm. Durch Bearbeitung der Längskanten erhält es regelmäßigen achteckigen Querschnitt. Welche Massenverringerung m ergibt sich dadurch? ($\varrho = 7{,}2$ g/cm³)

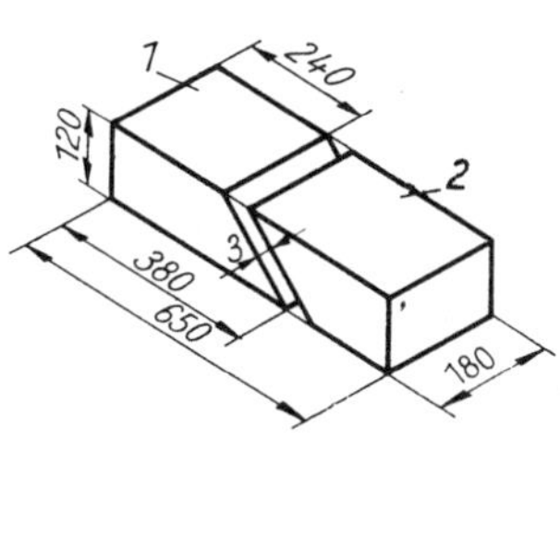

Bild 307

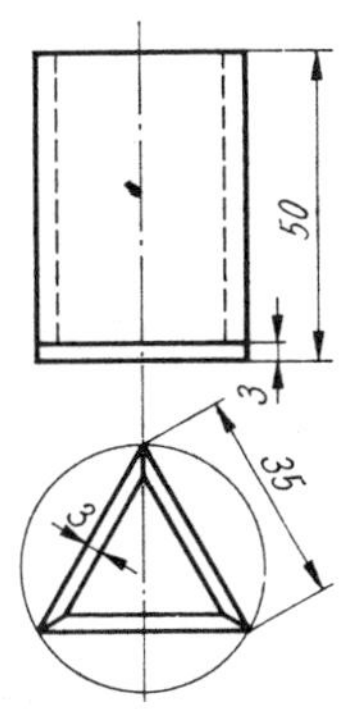

Bild 308

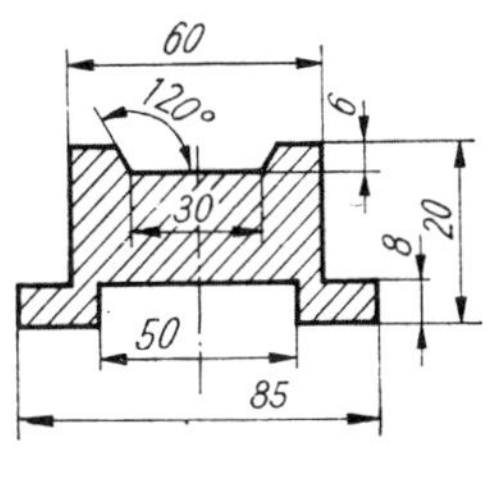

Bild 309

291. Aus einem sehr dünnen Blech von 42 cm Breite und 54 cm Länge soll die Wand eines regelmäßigen sechseckigen Gefäßes gebogen werden. An der Nahtstelle ist eine Überlappung von 0,4 cm vorgesehen. Welche Volumen V_1 bzw. V_2 schließt das Blech ein, wenn es einmal nach den schmalen und einmal nach den breiteren Seiten zusammengebogen wird? Die Blechdicke bleibt unberücksichtigt.

292. Im Bild 308 sind die Abmessungen eines Flüssigkeitsprismas zu erkennen. Berechne sein Fassungsvermögen V.

293. Der Querschnitt einer 1,2 m langen Schiene ist ein Parallelogramm, dessen große Seite 47 mm mißt und die mit der kleinen Seite einen Winkel von 60° einschließt. Die Länge der kleinen Seite beträgt 25 mm. Berechne die Masse m der aus Stahl gefertigten Schiene. ($\varrho = 7{,}85$ g/cm³)

294. Wie groß ist die Masse m von 50 Stück gußeisernen Roststäben, die rhombischen Querschnitt und eine Länge von je 32 cm haben? Die Diagonalen des Rhombus sind 14 mm und 22 mm lang. ($\varrho = 7{,}2$ g/cm³)

295. Berechne das Volumen V eines Werkstückes, dessen Profil aus Bild 309 hervorgeht und das eine Länge von 178 mm hat.

296. Ein Färbebottich, dessen sich parallel gegenüberstehende Wände die Form eines gleichschenkligen Trapezes mit dem Abstand 2 m haben, ist mit 2 m³ Wasser gefüllt. Der Boden des Bottichs ist 1,5 m und die Flüssigkeitsoberfläche zwischen den schrägen Wänden 1,75 m breit. Ermittle den Wasserstand h.

297. Aus 350 cm³ Kunststoff soll ein regelmäßiges sechseckiges Formstück von 6 cm Höhe gepreßt werden. Berechne die Seite a des Sechsecks.

11.3.3. Satz des Cavalieri

Ein gerades und ein schiefes Prisma stehen mit ihren inhaltsgleichen Grundflächen A_1 und A_2 auf der Ebene E_1 (Bild 310; s. Beilage, Raumbild 3).

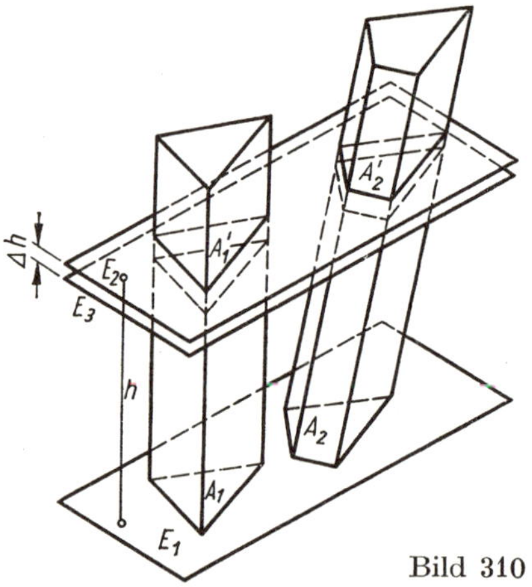

Bild 310

In der beliebigen Höhe h werden sie von einer zu E_1 parallelen Ebene E_2 in den ebenfalls inhaltsgleichen Schnittfiguren A_1' und A_2' geschnitten. Die von E_2 um Δh ent-

fernte Hilfsebene E_3 schließt zwischen sich und E_2 zwei dünne Körperschichten ein, die um so besser angenähert volumengleich sind, je kleiner Δh gemacht wird. Durch Einfügen weiterer solcher Hilfsebenen zwischen E_1 und E_2 können das gerade und das schiefe Prisma in eine große Anzahl volumengleicher Körperschichten zerlegt werden, so daß schließlich die Summe der Schichten des geraden Prismas gleich der Summe der Schichten des schiefen Prismas ist.
Die aus diesen Überlegungen gewonnene Erkenntnis gilt nicht nur für Prismen, sondern auch für andere Körper. Es folgt also ganz allgemein der

Lehrsatz 93 (Satz des CAVALIERI)

Alle Körper, die in gleichen Höhen inhaltsgleiche und zur Grundfläche parallele Querschnitte haben, sind volumengleich.

Für das Prisma gilt insbesondere

Lehrsatz 94

Prismen von gleicher Höhe und gleichen Grundflächen sind volumengleich.

Demzufolge wird das Volumen des schiefen Prismas nach der Formel (54)

$$V = Ah$$

berechnet.

11.4. Pyramide und Pyramidenstumpf

11.4.1. Vorbetrachtungen

Unter einer *Pyramide* versteht man ein Polyeder, das von einem Vieleck und so vielen Dreiecken begrenzt wird, wie das Vieleck Seiten hat.

Die von den Eckpunkten des Vielecks ausgehenden und die Dreiecke begrenzenden Kanten treffen einander in einem Punkt, der *Spitze* der Pyramide. Das Vieleck bildet die Grundfläche der Pyramide.
Eine gerade Pyramide hat gleichschenklige Dreiecke als Seitenflächen. Eine schiefe Pyramide hat ungleichseitige Dreiecke als Seitenflächen.
Pyramiden mit regelmäßigen Vielecken als Grundflächen sind selbst regelmäßig. Pyramiden mit unregelmäßigen Vielecken als Grundflächen sind selbst unregelmäßig (Bild 311, s. Beilage, Raumbild 5). Man kann sich die Pyramide durch den Schnitt einer Ebene mit einer körperlichen Ecke entstanden denken. Demzufolge gelten für sie die Lehrsätze 90 und 91 (s. 9.3.), wobei die Grundfläche als Bezugsebene für die Schnittebenen anzusehen ist.
Der Abstand von der Spitze bis zur Grundfläche wird Höhe der Pyramide genannt und als Lot gefunden, das man von der Spitze auf die Grundfläche oder auf die durch die Grundfläche festgelegte Ebene fällt.

Unter einem *Pyramidenstumpf* versteht man ein Polyeder, das zwei zueinander parallele und ähnliche Vielecke als Grundflächen hat und von so vielen Trapezen als Seitenflächen begrenzt wird, wie eine der Grundflächen Seiten besitzt.

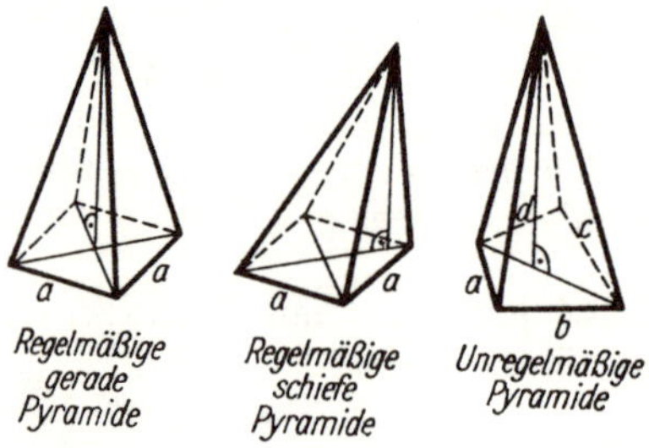

Bild 311

Ein Pyramidenstumpf entsteht immer, wenn eine Pyramide zwischen der Spitze und der Grundfläche durch eine zur Grundfläche parallele Ebene geschnitten wird. Die dabei entstehende kleinere Pyramide ist *Ergänzungspyramide* zum Stumpf. Auch für den Stumpf gelten die Lehrsätze 90 und 91 (s. 9.3.), vorausgesetzt, daß die Schnittebenen ebenfalls parallel zu den Grundflächen liegen.
Die Höhe des Stumpfes stellt den Abstand der beiden Grundflächen dar und steht deshalb senkrecht auf diesen.

11.4.2. Berechnung der Pyramide

Stellt man zwei Pyramiden (Bild 312, s. Beilage, Raumbild 4) mit gleichen Grundflächen A_1 und A_2 und gleichen Höhen h auf eine Ebene E_1 und legt man außerdem durch ihre Spitzen S_1 und S_2 eine zu E_1 parallele Ebene E_2, so schneidet die zu E_1 bzw. E_2 parallele Ebene E_3 im Abstand a von E_2 beide Pyramiden in den Flächen A_1' und A_2'.

Für beide Schnittflächen gilt

$$A_1' = A_2'$$

denn nach Lehrsatz 91 ergibt sich sowohl

$$A_1 : A_1' = h^2 : a^2$$

als auch $\quad A_2 : A_2' = h^2 : a^2$

Durch Gleichsetzen beider Proportionen folgt wegen

$$A_1 = A_2$$

auch $\quad A_1' = A_2'$

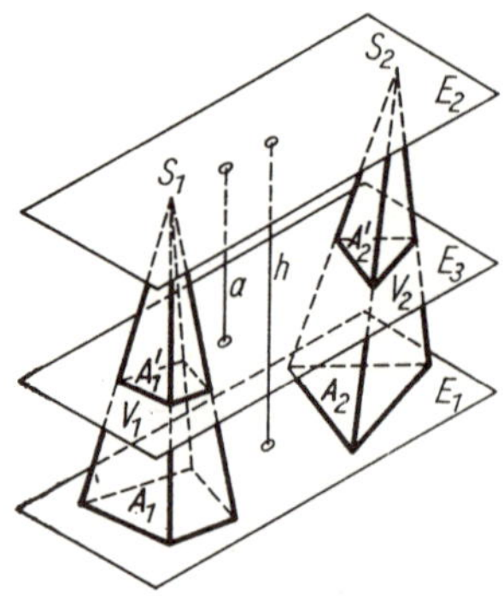

Bild 312

Damit erfüllen aber beide Pyramiden die Bedingungen von Lehrsatz 93, und deshalb gilt:

Lehrsatz 95

Pyramiden mit gleicher Grundfläche und gleicher Höhe sind volumengleich.

Das Volumen der Pyramide ist also wieder eine Funktion seiner Grundfläche und seiner Höhe. Um es berechnen zu können, geht man von einem unregelmäßigen geraden dreiseitigen Prisma aus (Bild 313, s. Beilage, Raumbild 6). Dieses zerlegt man mit Hilfe der durch die Eckpunkte ABF und ADF bestimmten Schnittebenen in drei Pyramiden mit den Volumen V_1, V_2 und V_3.
Die Pyramiden 2 und 3 stimmen in den Dreiecken ABC und GDF als Grundflächen und in den Kanten $\overline{CF}$ und $\overline{AG}$ als Höhen überein, folglich

$$V_2 = V_3$$

Die Pyramiden 1 und 2 stimmen in den Dreiecken ABD und AGD als Grundflächen überein. Außerdem besitzen sie in den vom Eckpunkt F auf diese Grundflächen gefällten Loten gleiche Höhen, folglich

$$V_1 = V_2$$

und auch $V_1 = V_2 = V_3$

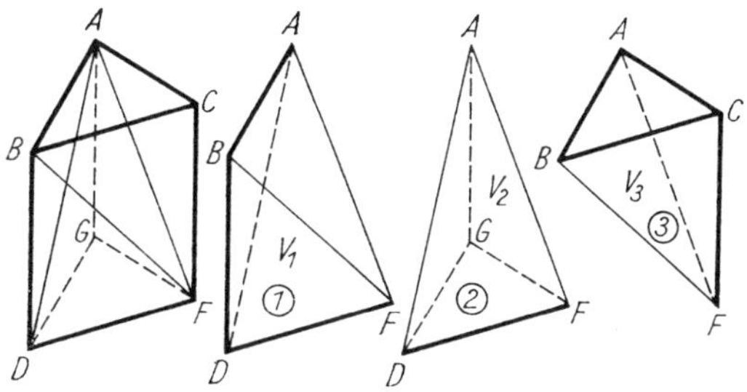

Bild 313

Mit dem Prismenvolumen V_P und dem Volumen V einer dieser eben genannten Pyramiden erhält man somit

$$V_P = 3V$$

und wegen $V_P = Ah$

durch Gleichsetzen das Volumen V einer Pyramide mit der Grundfläche A und der Höhe h:

$$\boxed{V = \frac{1}{3} Ah} \tag{56}$$

Diese Formel gilt für jede beliebige n-seitige Pyramide, denn diese ist nach Lehrsatz 93 auch einer dreiseitigen Pyramide volumengleich, wenn sie nur mit ihr die Höhe und die Grundfläche gemeinsam hat.

Ist A_M die Summe der Flächeninhalte der Seitenflächen einer Pyramide, so kann deren Oberfläche A_O aus

$$\boxed{A_O = A + A_M} \tag{57}$$

berechnet werden.

BEISPIELE

1. Volumen V, Oberfläche A_O, Kantenlänge k und Seitenflächenhöhe m einer regelmäßigen vierseitigen Pyramide mit der Grundkante a und der Höhe $h = 2a$ sind zu berechnen.

Lösung (Bild 314)

Mit $A = a^2$ und $h = 2a$ folgt aus

$$V = \frac{1}{3} Ah$$

$$\underline{\underline{A = \frac{2}{3} a^3}}$$

Mit $\overline{AB} = \frac{a}{2}$

erhält man aus dem schraffierten Dreieck im Bild 314

$$m^2 = \left(\frac{a}{2}\right)^2 + (2a)^2$$

oder $$m = \frac{a}{2}\sqrt{17}$$

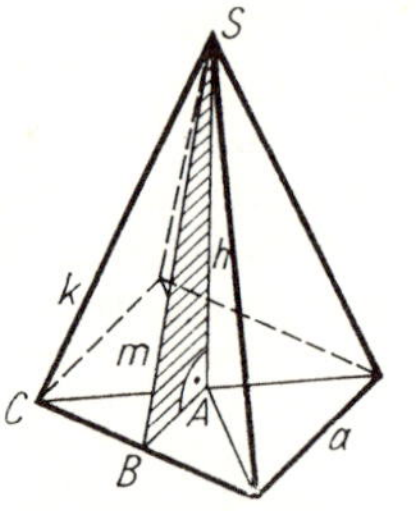

Bild 314

Aus Dreieck SBC ergibt sich

$$k^2 = m^2 + \left(\frac{a}{2}\right)^2 \quad \text{oder} \quad k = \frac{3}{2}a\sqrt{2}$$

Ist A_1 eine der vier kongruenten Seitenflächen, so folgt mit

$$A_1 = \frac{a^2}{4}\sqrt{17}$$

aus $$A_O = A + A_M = A + 4A_1$$

$$A_O = a^2 + 4\,\frac{a^2}{4}\sqrt{17}$$

oder $$A_O = a^2\left(1 + \sqrt{17}\right)$$

2. Eine regelmäßige vier- und sechsseitige Pyramide besitzen gleiche Grundflächen $A = a^2$ und gleiche Höhen $h = a$. Wie groß ist die Grundkante b der sechsseitigen Pyramide, wenn die der vierseitigen mit a bezeichnet wird?
Zeige außerdem, daß sich die Volumen beider Pyramiden unter Benutzung des für b gefundenen Wertes als gleich groß erweisen.

Lösung

Aus $A_6 = 6\,\frac{b^2}{4}\sqrt{3}$ und $A_4 = a^2$ folgt wegen $A_6 = A_4$

$$6\,\frac{b^2}{4}\sqrt{3} = a^2$$

oder $$b = \frac{a}{3}\sqrt{2}\,\sqrt[4]{3}$$

Mit $A = a^2$ und $h = a$ folgt

aus $$V = \frac{1}{3}Ah$$

$$V_4 = \frac{1}{3}a^2a$$

oder $$V_4 = \frac{1}{3}a^3$$

Mit $$A_6 = \frac{3}{2}b^2\sqrt{3} = \frac{3}{2}\,\frac{a^2}{9}\,2\cdot 3 = a^2$$

folgt aus $$V = \frac{1}{3}Ah$$

ebenfalls $$V_6 = \frac{1}{3}a^2a = \frac{1}{3}a^3$$

3. Die Seitenflächenhöhe m, die Grundkante k, die Höhe h und das Volumen V einer regelmäßigen dreiseitigen Pyramide mit der Grundfläche $A = a^2\sqrt{3}$ und der Oberfläche $A_O = 6A$ (Bild 315) sind zu bestimmen.

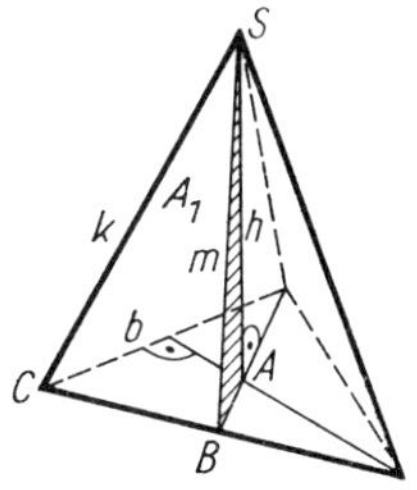

Bild 315

Lösung

Aus der Grundfläche ergibt sich

$$A = \frac{b^2}{4}\sqrt{3} = a^2\sqrt{3}$$

und hieraus $b = 2a$.

Ist A_M der Mantel und A_1 eine Seitenfläche, so wird

$$A_M = A_O - A = 6A - A = 5A = 5a^2\sqrt{3}$$

und somit $A_1 = \frac{A_M}{3} = \frac{5}{3}a^2\sqrt{3}$ (I)

Da ferner $A_1 = \frac{bm}{2} = am,$ (II)

ergibt sich durch Gleichsetzen von (I) und (II)

$$am = \frac{5}{3}a^2\sqrt{3}$$

$$\underline{\underline{m = \frac{5}{3}a\sqrt{3}}}$$

Aus dem rechtwinkligen Dreieck SBC erhält man

$$k^2 = \left(\frac{b}{2}\right)^2 + m^2 = a^2 + \frac{25}{3}a^2 = \frac{28}{3}a^2$$

$$\underline{\underline{k = \frac{2}{3}a\sqrt{21}}}$$

und aus Dreieck SAB

$$h^2 = m^2 - \overline{AB}^2$$

und wegen $\overline{AB} = \frac{1}{3}\frac{b}{2}\sqrt{3} = \frac{1}{3}\frac{2a}{2}\sqrt{3} = \frac{a}{3}\sqrt{3}$

auch $h^2 = 8a^2$

oder $\underline{\underline{h = 2a\sqrt{2}}}$

Somit das Volumen

$$V = \frac{1}{3}Ah = \frac{1}{3}a^2\sqrt{3}\,2a\sqrt{2}$$

$$\underline{\underline{V = \frac{2}{3}a^3\sqrt{6}}}$$

4. a) Gefragt sind die Höhe h und der Flächeninhalt A der Grundfläche ABC einer Pyramide, die nach Bild 316 (s. Beilage, Raumbild 7) entsteht, wenn durch die Eckpunkte A, B und C eines Würfels mit der Kantenlänge a ein Schnitt geführt wird.

b) Wie groß ist das Volumen V_R des Restkörpers?

Lösung

zu a) Die Grundkanten der Pyramide sind Diagonalen der Würfelseiten, folglich ist Dreieck ABC gleichseitig. Setzt man

$\overline{AB} = \overline{BC} = \overline{CA} = b$, so ergibt sich

$$A = \frac{b^2}{4}\sqrt{3}$$

und mit $b^2 = 2a^2$

$$A = \frac{a^2}{2}\sqrt{3}$$

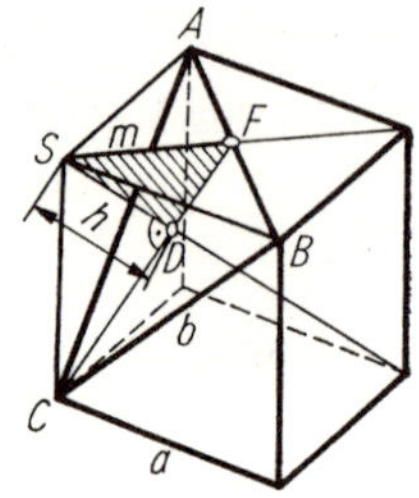

Bild 316

Da ferner

$$\overline{DF} = \frac{1}{3}\frac{b}{2}\sqrt{3} = \frac{a}{6}\sqrt{6} \quad \text{und} \quad m = \frac{b}{2} = \frac{a}{2}\sqrt{2}\,, \quad \text{wird}$$

$$h^2 = m^2 - \overline{DF}^2 = \frac{a^2}{3}$$

$$h = \frac{a}{3}\sqrt{3}$$

zu b) Mit $h = \frac{a}{3}\sqrt{3}$ wird das Volumen V_P der Pyramide

$$V_P = \frac{1}{3}Ah = \frac{1}{3}\frac{a^2}{2}\sqrt{3}\,\frac{a}{3}\sqrt{3} = \frac{a^3}{6}$$

und das Volumen V_R des Restkörpers

$$V_R = V_W - V_P = a^3 - \frac{a^3}{6}$$

$$V_R = \frac{5}{6}a^3$$

Faßt man etwa die Seitenfläche ABS der Pyramide als Grundfläche und die Kante $\overline{SC}$ als Höhe auf, dann ergibt sich wegen

$$A_{ABS} = \frac{a^2}{2} \quad \text{und} \quad \overline{SC} = a$$

aus

$$V = \frac{1}{3}Ah$$

sofort

$$V_P = \frac{1}{3}A_{ABS}\overline{SC} = \frac{1}{3}\frac{a^2}{2}a = \frac{a^3}{6}$$

11.4.3. Berechnung des Pyramidenstumpfes

Der in Bild 317 dargestellte Pyramidenstumpf hat die Grundflächen A_1 und A_2 und die Höhe h. Die Ergänzungspyramide hat die Höhe x.
Mit diesen Werten folgt nach Lehrsatz 91 (s. 9.3.)

$$(x + h)^2 : x^2 = A_1 : A_2$$

und daraus für die Höhe x der Ergänzungspyramide

$$x = \frac{h\sqrt{A_2}}{\sqrt{A_1} - \sqrt{A_2}} \qquad \text{(I)}$$

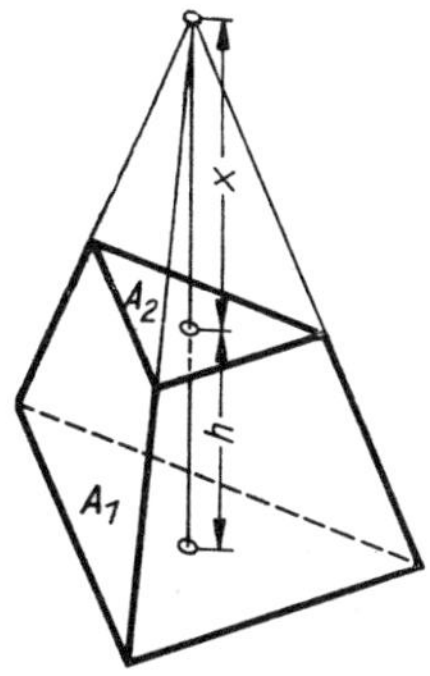

Bild 317

Das Volumen V des Stumpfes erhält man aus

$$V = \frac{1}{3} A_1 (x + h) - \frac{1}{3} A_2 x$$

Unter Berücksichtigung von (I) ergibt sich weiterhin

$$V = \frac{1}{3}\left(A_1 \frac{h\sqrt{A_2}}{\sqrt{A_1} - \sqrt{A_2}} + A_1 h - A_2 \frac{h\sqrt{A_2}}{\sqrt{A_1} - \sqrt{A_2}}\right)$$

oder $$V = \frac{h}{3}\left[A_1 + \sqrt{A_2}\left(\sqrt{A_1} + \sqrt{A_2}\right)\right]$$

und schließlich

$$\boxed{V = \frac{h}{3}\left(A_1 + \sqrt{A_1 A_2} + A_2\right)} \qquad (58)$$

Ist A_M die Summe der Flächeninhalte der Seitenflächen eines Pyramidenstumpfes, so folgt seine Oberfläche A_O aus

$$\boxed{A_O = A_1 + A_2 + A_M} \qquad (59)$$

BEISPIELE

1. Berechne das Volumen V und die Oberfläche A_O eines Pyramidenstumpfes, dessen Grundflächen zwei gleichseitige Dreiecke mit den Seiten a und b sind und dessen Seitenkanten mit k bezeichnet werden.

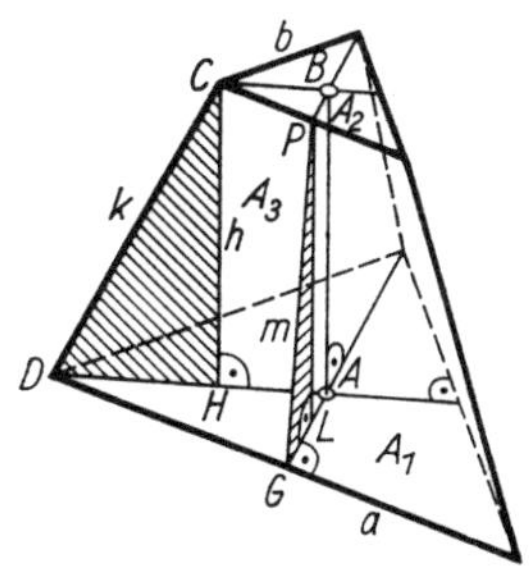

Bild 318

Lösung (Bild 318)

Aus dem rechtwinkligen Dreieck CDH folgt

$$h^2 = k^2 - \overline{DH}^2$$

und wegen

$$\overline{DH} = \overline{AD} - \overline{BC} = \frac{2}{3}\,\frac{a}{2}\sqrt{3} - \frac{2}{3}\,\frac{b}{2}\sqrt{3} = \frac{1}{3}(a - b)\sqrt{3}$$

ergibt sich $$h^2 = k^2 - \left[\frac{1}{3}(a - b)\sqrt{3}\right]^2$$

$$h = \sqrt{k^2 - \frac{1}{3}(a - b)^2}$$

Für das Volumen V erhält man aus

$$V = \frac{h}{3}\left(A_1 + \sqrt{A_1 A_2} + A_2\right)$$

mit $A_1 = \frac{a^2}{4}\sqrt{3}$, $A_2 = \frac{b^2}{4}\sqrt{3}$ und $\sqrt{A_1 A_2} = \frac{ab}{4}\sqrt{3}$:

$$V = \frac{1}{3}\sqrt{k^2 - \frac{1}{3}(a-b)^2}\left(\frac{a^2}{4}\sqrt{3} + \frac{ab}{4}\sqrt{3} + \frac{b^2}{4}\sqrt{3}\right)$$

$$V = \frac{\sqrt{3}}{12}(a^2 + ab + b^2)\sqrt{k^2 - \frac{1}{3}(a-b)^2}$$

Für die Oberfläche A_O folgt:

$$A_O = A_1 + A_2 + 3A_3$$

Die Seitenfläche A_3 ist ein gleichschenkliges Trapez mit der Höhe m. Für m erhält man

$$m^2 = h^2 + \overline{GL}^2$$

und wegen

$$\overline{GL} = \overline{AG} - \overline{BP} = \frac{1}{3}\frac{a}{2}\sqrt{3} - \frac{1}{3}\frac{b}{2}\sqrt{3} = \frac{1}{6}(a-b)\sqrt{3}$$

auch $m^2 = k^2 - \frac{1}{3}(a-b)^2 + \frac{1}{12}(a-b)^2$

und $m = \frac{1}{2}\sqrt{4k^2 - (a-b)^2}$

Damit wird die Seitenfläche

$$A_3 = \frac{a+b}{2}m = \frac{a+b}{2}\frac{1}{2}\sqrt{4k^2 - (a-b)^2}$$

$$A_3 = \frac{a+b}{4}\sqrt{4k^2 - (a-b)^2}$$

und die Oberfläche

$$A_O = \frac{1}{4}\left[(a^2 + b^2)\sqrt{3} + 3(a+b)\sqrt{4k^2 - (a-b)^2}\right]$$

2. Berechne die Raumdiagonale d eines regelmäßigen vierseitigen Pyramidenstumpfes, dessen Grundflächen mit $A_1 = a^2$ und $A_2 = \frac{a^2}{4}$ und dessen Volumen mit $V = a^3$ gegeben sind.

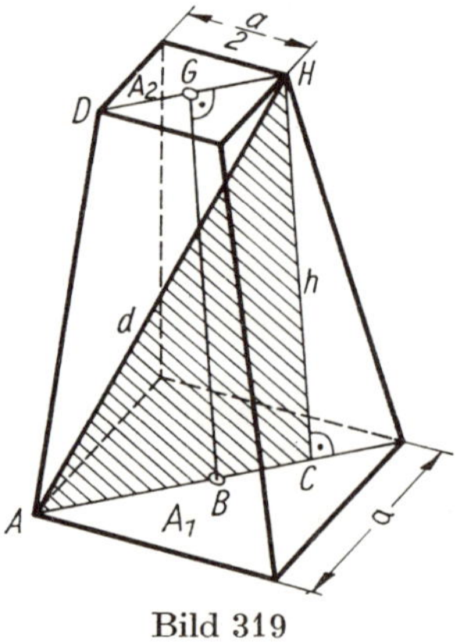

Bild 319

L ö s u n g (Bild 319)

Aus $V = \frac{h}{3}\left(A_1 + \sqrt{A_1 A_2} + A_2\right)$

ergibt sich für die Höhe h

$$h = \frac{3V}{A_1 + \sqrt{A_1 A_2} + A_2}$$

und mit $\sqrt{A_1 A_2} = \frac{a^2}{2}$ und den gegebenen Werten

$$h = \frac{3a^3}{a^2 + \frac{a^2}{2} + \frac{a^2}{4}}$$

$$h = \frac{12}{7}\,a$$

Aus dem rechtwinkligen Dreieck ACH folgt nun für die Raumdiagonale d

$$d^2 = h^2 + \overline{AC}^2$$

und mit

$$\overline{AC} = \overline{AB} + \overline{GH} = \frac{a}{2}\sqrt{2} + \frac{a}{4}\sqrt{2} = \frac{3}{4}\,a\sqrt{2}$$

ergibt sich

$$d^2 = \left(\frac{12}{7}\,a\right)^2 + \left(\frac{3}{4}\,a\sqrt{2}\right)^2 = \frac{1593}{392}\,a^2$$

$$d = \frac{3}{28}\,a\sqrt{354}$$

11.4.4. Näherungsformel zur Berechnung des Pyramidenstumpfes

Formel (58) ist für den praktischen Gebrauch unbequem. Es zeigt sich, daß die Näherungsformel

$$\boxed{V \approx \frac{A_1 + A_2}{2}\,h} \qquad (58a)$$

ebenfalls brauchbare Ergebnisse für das Volumen eines Pyramidenstumpfes liefert, wenn das geometrische Mittel aus A_1 und A_2 angenähert gleich dem arithmetischen Mittel aus A_1 und A_2 ist, denn

$$\frac{h}{3}\left(A_1 + \sqrt{A_1 A_2} + A_2\right) \approx \frac{A_1 + A_2}{2}\,h$$

$$2A_1 + 2\sqrt{A_1 A_2} + 2A_2 \approx 3A_1 + 3A_2$$

$$\sqrt{A_1 A_2} \approx \frac{A_1 + A_2}{2}$$

Im Falle der Übereinstimmung gilt:

$$2\sqrt{A_1 A_2} = A_1 + A_2$$

$$A_1 - 2\sqrt{A_1 A_2} + A_2 = 0$$

$$\left(\sqrt{A_1} - \sqrt{A_2}\right)^2 = 0$$

$$A_1 = A_2$$

Es geht also der Pyramidenstumpf in ein Prisma über, und Formel (58a) liefert dann für diesen Fall fehlerfreie Ergebnisse.

Je mehr dagegen A_2 gegen Null geht, um so mehr nähert sich der Stumpf einer Pyramide. Für den Grenzfall mit

$$A_2 = 0$$

ergibt sich

$$\frac{A_1 + A_2}{2} h = \frac{A_1}{2} h,$$

so daß gegenüber dem genauen Wert $\frac{A_1}{3} h$ ein um 50% größeres Ergebnis herauskommt.

Formel (58a) liefert demzufolge immer zu hohe Ergebnisse, die aber mit den nach Formel (58) berechneten um so besser übereinstimmen, je weniger A_1 und A_2 voneinander abweichen.[1]

BEISPIELE

1. Berechne das Volumen V eines Pyramidenstumpfes mit der Höhe $h = 3$ cm und den Grundflächen $A_1 = 3$ cm² und $A_2 = 1$ cm².

Lösung nach (58a)

$$V \approx \frac{A_1 + A_2}{2} h$$

$$V \approx \frac{3\text{ cm}^2 + 1\text{ cm}^2}{2} 3\text{ cm}$$

$$\underline{\underline{V \approx 6\text{ cm}^3}}$$

Lösung nach (58)

$$V = \frac{h}{3}\left(A_1 + \sqrt{A_1 A_2} + A_2\right)$$

$$V = \frac{3\text{ cm}}{3}\left(3\text{ cm}^2 + \sqrt{3\text{ cm}^2 \cdot 1\text{ cm}^2} + 1\text{ cm}^2\right)$$

$$\underline{\underline{V = 5{,}732\text{ cm}^3}}$$

Die Abweichung vom genauen Ergebnis beträgt somit etwa 5%.

2. Berechne das Volumen V eines Pyramidenstumpfes mit der Höhe $h = 3$ cm und den Grundflächen $A_1 = 3$ cm² und $A_2 = 2$ cm².

Lösung nach (58a)

$$V \approx \frac{A_1 + A_2}{2} h$$

$$V \approx \frac{3\text{ cm}^2 + 2\text{ cm}^2}{2} 3\text{ cm}$$

$$\underline{\underline{V \approx 7{,}5\text{ cm}^3}}$$

[1] Sie darf also nur dann angewandt werden, wenn A_1 und A_2 wenig verschieden voneinander sind. Die Beispiele 1 und 2 veranschaulichen das.

Lösung nach (58)

$$V = \frac{h}{3}\left(A_1 + \sqrt{A_1 A_2} + A_2\right)$$

$$V = \frac{3\ \text{cm}}{3}\left(3\ \text{cm}^2 + \sqrt{3\ \text{cm}^2 \cdot 2\ \text{cm}^2} + 2\ \text{cm}^2\right)$$

$$\underline{\underline{V = 7{,}449\ \text{cm}^3}}$$

Die Abweichung vom genauen Ergebnis beträgt somit etwa 0,7 %.

AUFGABEN

298. Durch eine regelmäßige vier- und sechsseitige Pyramide sind derart Schnitte gelegt, daß diese die Symmetrieachsen und die Diagonalen einschließen. Die Schnittfiguren sind gleichseitige Dreiecke mit der Höhe $h = 6$ cm. Wie groß sind die Grundkanten a, die Volumen V und die Oberflächen A_O beider Körper?

299. In welchem Abstand x von der Spitze einer Pyramide muß eine zur Grundfläche parallele Ebene gelegt werden, damit das Volumen der über dem Schnitt liegenden Restpyramide zum Volumen der ganzen Pyramide im Verhältnis $m:n$ steht? Nenne die Pyramidenhöhe h.

300. Durch die zur Grundfläche parallele Ebene wird das Volumen einer Pyramide halbiert. Drücke die entstehende Schnittfläche A_2 durch die Pyramidengrundfläche aus.

301. Die Grundfläche einer Pyramide ist ein gleichschenkliges Trapez mit den Grundlinien $g_1 = 5$ cm und $g_2 = 3$ cm. Berechne ihr Volumen, wenn außerdem die Schenkel $\frac{g_2}{2}$ und die Höhe $h = g_1$ gegeben sind.

302. Einer regelmäßigen vierseitigen Pyramide mit der Grundkante $a = 6$ cm und der Höhe $h = 10$ cm ist ein regelmäßiges vierseitiges Prisma mit der Grundkante b einbeschrieben (Bild 320). Drücke das Volumen V des Prismas durch a und h für den Fall aus, daß $a:b = m:n = 3:2$.

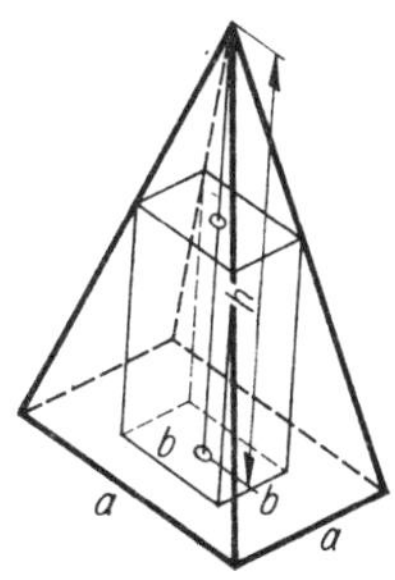

Bild 320

303. Die Grundflächen zweier Pyramiden sind rechtwinklige Dreiecke mit den Katheten $a = 3$ cm und $b = 4$ cm. Die Höhe $h = 5$ cm der Pyramide steht

a) senkrecht auf dem Scheitel des rechten Winkels der Grundfläche,

b) senkrecht auf der Mitte der Hypotenuse der Grundfläche.

Berechne

a) die dritte Grundkante c, die beiden anderen Seitenflächenkanten e und d und das Volumen V,

b) die dritte Grundkante c, die drei Seitenflächenkanten e, d und f und das Volumen V.

304. Eine Pyramide wird durch einen zu ihrer Grundfläche parallelen Schnitt derart geteilt, daß sich die Abschnitte der Höhe h, von der Spitze aus gezählt, wie $m:n$ verhalten. In welchem Verhältnis steht dann das Volumen V_P der ganzen Pyramide zum Volumen V_R der über der Schnittfläche gelegenen Restpyramide?

305. Ein regelmäßiger vierseitiger Pyramidenstumpf mit den Grundkanten $a = 4$ cm und $b = 3$ cm ist höhen- und volumengleich einer regelmäßigen vierseitigen Pyramide. Wie groß ist deren Grundkante?

306. Von einem regelmäßigen vierseitigen Pyramidenstumpf sind die Grundkante $a = 4$ cm und die Seitenkante $k = 6$ cm bekannt (Bild 321). Berechne die Höhe h, die Grundkante b und das Volumen V für $\overline{AP} = \frac{1}{5}\,d$.

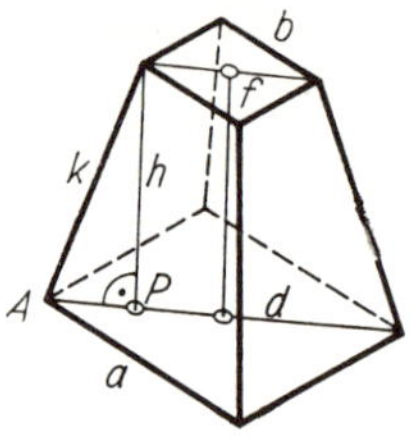

Bild 321

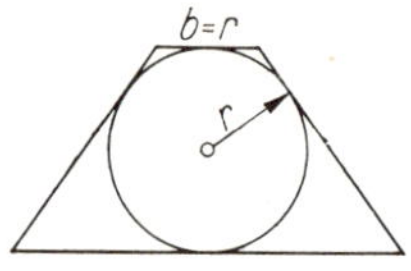

Bild 322

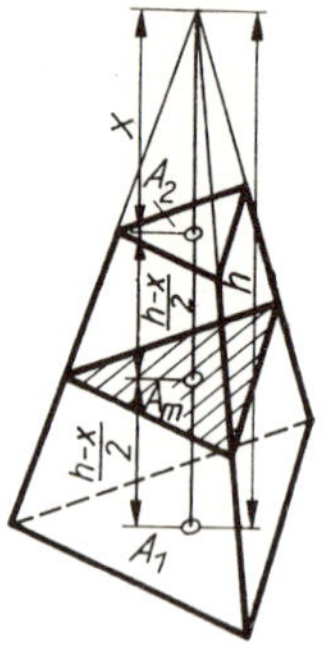

Bild 323

307. Im Bild 322 ist der Achsenschnitt eines regelmäßigen vierseitigen Pyramidenstumpfes durch die Mitten einander gegenüberliegender Grundkanten dargestellt. Berechne das Volumen V des Stumpfes, wenn der Radius $r = 10$ cm der dem Stumpf einbeschriebenen Kugel bekannt ist und die obere Grundkante $b = r$ gemacht wird.

308. Drücke den Mittelschnitt A_m eines Pyramidenstumpfes (Bild 323) durch die beiden Grundflächen A_1 und A_2 aus.

309. Ein aus Stahl gefertigter Einsatzamboß hat die im Bild 324 gezeigte Form. Berechne seine Masse m. ($\varrho = 7{,}85$ g/cm³)

310. Der Turm eines alten Gebäudes hat die Form einer regelmäßigen achtseitigen Pyramide mit der Höhe $h = 4$ m und der Grundkante $a = 0{,}8$ m. Er soll neu mit Dachpappe belegt werden. Berechne den Materialbedarf A bei einem Verschnitt von 15 %.

311. Ein aus Stahlblech hergestellter oben offener Kohlenbunker hat die im Bild 325 gezeigte Form. Berechne sein Fassungsvermögen V und den Materialbedarf A ohne Berücksichtigung der Blechdicke.

312. Aus einem Rechtkantstahl von 4 cm Breite, 12 cm Länge und 5 cm Höhe soll ein Werkstück von der Form einer regelmäßigen dreiseitigen Pyramide

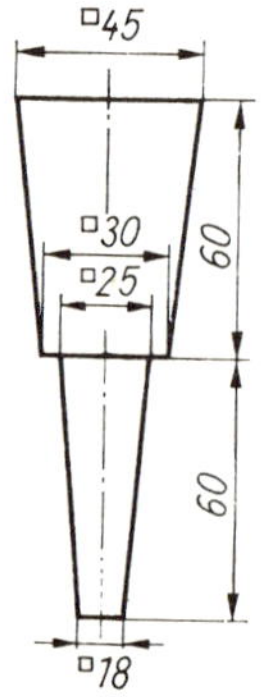

Bild 324

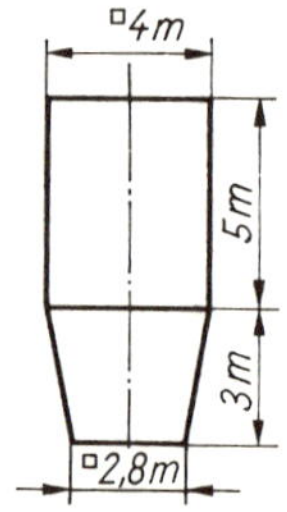

Bild 325

geschmiedet werden. Welche Höhe h bekommt diese, wenn sie eine Grundkante von 3 cm haben soll?

313. Gib die Masse m der im Bild 326 dargestellten gußeisernen Platte an ($\varrho = 7{,}2\ \mathrm{g/cm^3}$).

314. Aus 10 m³ Beton werden drei Fundamente gegossen, die die Form regelmäßiger vierseitiger Pyramidenstümpfe haben. Berechne die Höhe h eines dieser Fundamente, dessen Grundkante 0,8 m und dessen Deckkante 0,5 m mißt.

315. Das im Bild 327 dargestellte Werkstück soll an seinem verjüngten Ende so weit abgeschliffen werden, daß es die durch Strichlinien gekennzeichnete Form erhält. Berechne den dadurch entstehenden Materialverlust V.

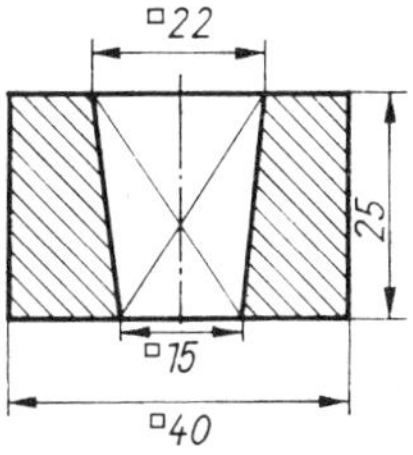

Bild 326

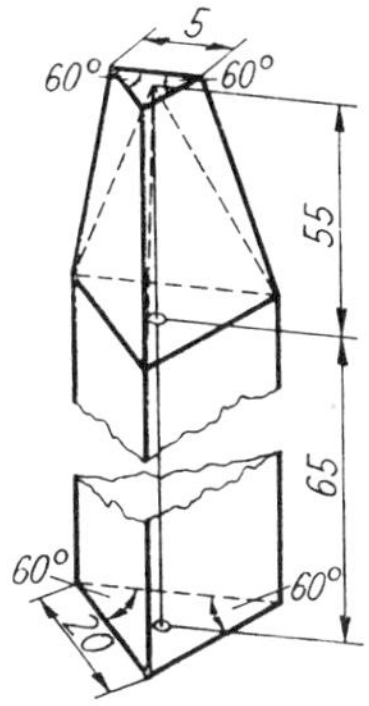

Bild 327

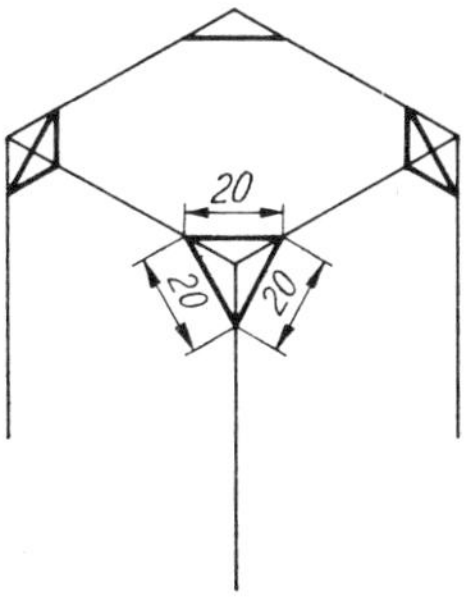

Bild 328

316. Bei Ausgrabungen wurde eine regelmäßige achtseitige Pyramide gefunden, deren Spitze jedoch abgeschlagen war. Berechne ihre ursprüngliche Höhe h, wenn für die Höhe des erhalten gebliebenen Stumpfes 1,2 m, für seine Grundkante 30 cm und für seine Deckkante 10 cm gemessen werden.

317. Ein Bleiwürfel von 5 cm Kantenlänge soll in eine regelmäßige vierseitige Pyramide von 8 cm Höhe umgegossen werden. Berechne deren Grundkante a.

318. Aus drei dünnen Blechen, von denen jedes die Form eines gleichschenkligen Dreiecks mit der Basis 4 cm und der Höhe 12 cm hat, ist eine regelmäßige Pyramide zusammenzusetzen. Berechne deren Höhe h.

319. Zwei gleiche Rhomben mit den Diagonalen $e = 4$ cm und $f = 7$ cm werden längs der Diagonale e zerschnitten und zu einer vierseitigen Pyramide zusammengesetzt. Gib deren Volumen V an.

320. Ein Vierkantstahl wird an einer seiner Stirnseiten nach Bild 328 bearbeitet. Berechne den Materialverlust V.

321. Aus einem Würfel mit 8 cm Kantenlänge soll eine Pyramide herausgearbeitet werden, deren Grundfläche mit der Grundfläche des Würfels übereinstimmt und deren Seitenflächen mit der Grundfläche je einen Winkel von 60° einschließen. Um welchen Betrag V verringert sich das Würfelvolumen?

322. Der im Bild 329 dargestellte Auffülltrichter soll außen gespritzt werden. Gib die dafür erforderliche Farbmasse m an, wenn erfahrungsgemäß 150 g Farbe je m² benötigt werden.

323. Ein Kunststoffpreßling hat die Form eines regelmäßigen sechsseitigen Pyramidenstumpfes mit der Grundkante $a = 4$ cm, der Deckkante $b = 3$ cm und der Höhe $h = 5$ cm. Er soll in einen gleich hohen Stumpf mit der Grundkante $a_1 = 5$ cm umgepreßt werden. Berechne dessen Deckkante b_1.

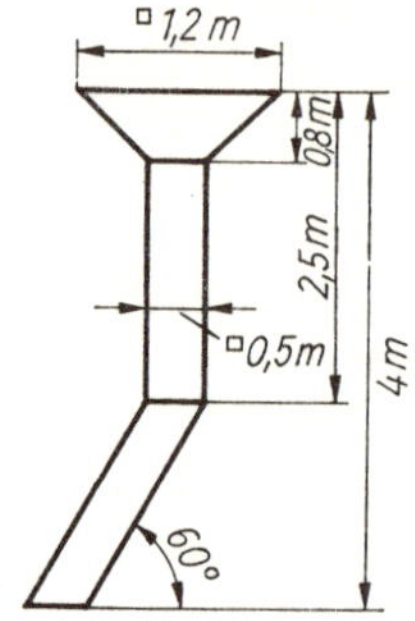

Bild 329

11.5. Prismoide

11.5.1. Vorbetrachtungen

Unter einem *Prismoid* versteht man ein Polyeder, das von zwei in parallelen Ebenen gelegenen beliebigen Vielecken als Grundflächen und von Dreiecken oder Trapezen als Seitenflächen begrenzt wird.

Der Abstand der beiden Grundflächen heißt Höhe des Prismoids.
Der in halber Höhe parallel zu den Grundflächen geführte Schnitt wird als *Mittelschnitt* bezeichnet. Er spielt bei der Volumenberechnung der Prismoide eine wichtige Rolle.

Sind die Seitenflächen eines Prismoides nur Dreiecke, so ergibt sich ihre Anzahl als Summe der Ecken der beiden Grundflächen. Dadurch ist gleichzeitig die Eckenzahl des Mittelschnittes bestimmt.

Zu den Prismoiden gehören außer dem Pyramidenstumpf, dem Prisma und der Pyramide (eine der beiden Grundflächen ist in diesem Fall Null) auch der Ponton (Bild 330) und der Keil (Bild 331).

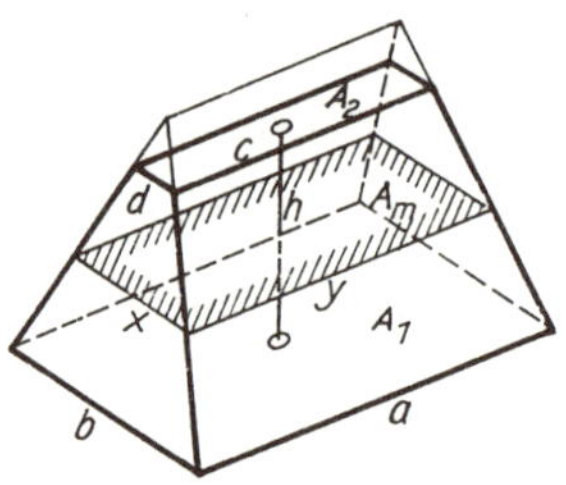

Bild 330

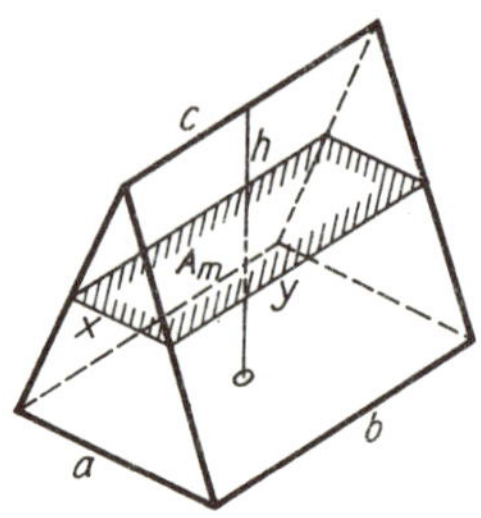

Bild 331

11.5.2. Berechnung der Prismoide

Sind A_1 und A_2 die beiden Grundflächen des im Bild 332 (s. Beilage, Raumbild 11) dargestellten Prismoids und A_m der Mittelschnitt, so ergibt sich sein Volumen V bei der Höhe h aus

$$\boxed{V = \frac{h}{6}(A_1 + 4A_m + A_2)} \tag{60}$$

Um Formel (60) beweisen zu können, wählt man auf dem Mittelschnitt A_m einen Punkt M und verbindet diesen mit den Eckpunkten A, B, C, D, F, G, H, K und L. Dadurch werden zunächst die beiden Pyramiden $\dot{M}ABC$ und $\dot{M}DFGH$ mit den Volumen

$$V_{\dot{M}ABC} = \frac{1}{3} A_2 \frac{h}{2} = A_2 \frac{h}{6} \qquad \text{(I)}$$

und

$$V_{\dot{M}DFGH} = \frac{1}{3} A_1 \frac{h}{2} = A_1 \frac{h}{6} \qquad \text{(II)}$$

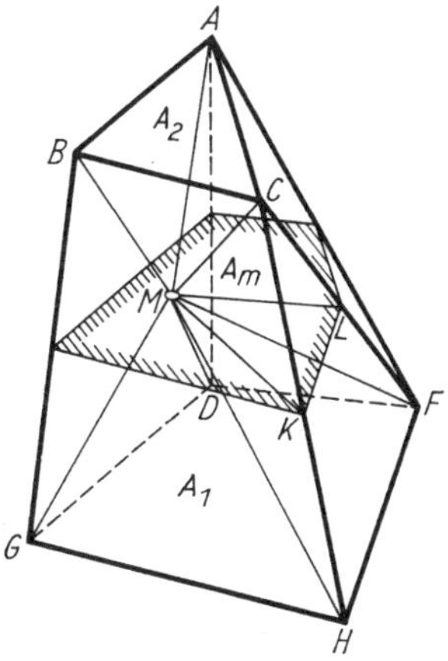

Bild 332

bestimmt. (Die markierten Punkte sind jeweils als Spitze der Teilpyramide aufzufassen.)

Das Volumen der Pyramide $\dot{C}MKL$ ergibt sich aus

$$V_{\dot{C}MKL} = \frac{1}{3} A_{MKL} \frac{h}{2} = A_{MKL} \frac{h}{6}$$

Da aber einerseits nach dem 2. Strahlensatz (s. 5.4.1.2.)

$$\overline{KL} = \frac{1}{2} \overline{HF}$$

und somit

$$\frac{A_{CKL}}{A_{CHF}} = \frac{1}{4}$$

und andererseits die Pyramiden $\dot{M}CKL$ und $\dot{M}CHF$ die gleiche auf A_{CHF} senkrecht stehende und durch die gemeinsame Spitze M gehende Höhe haben, folgt weiterhin

$$V_{\dot{M}CKL} = \frac{1}{4} V_{\dot{M}CHF}$$

und wegen

$$V_{\dot{M}CKL} = V_{\dot{C}MKL}$$

$$V_{\dot{M}CHF} = 4\,V_{\dot{C}MKL} = \frac{2}{3} A_{MKL} h$$

Das ist aber das Volumen einer der Pyramiden, von denen sich noch weitere im Raum zwischen den Pyramiden $\dot{M}ABC$ und $\dot{M}DFGH$ auffinden lassen. Ihre Grundflächen stellen in jedem Falle einen Teil des Mittelschnittes A_m dar und sind von der Art wie A_{MKL}. Deshalb kann ihr Gesamtvolumen durch

$$V_{A_m} = \frac{2}{3} A_m h \qquad \text{(III)}$$

ausgedrückt werden.

Somit ergibt sich das Volumen des Prismoids durch Addition von (I), (II) und (III):

$$V = V_{\dot{M}ABC} + V_{\dot{M}DFGH} + V_{A_m}$$

$$V = A_1 \frac{h}{6} + A_2 \frac{h}{6} + \frac{2}{3} A_m h$$

$$V = \frac{h}{6} (A_1 + 4\,A_m + A_2).$$

BEISPIELE

1. Es ist das Volumen V des Pontons zu berechnen.

Lösung (Bild 330)

Aus $$V = \frac{h}{6}(A_1 + 4A_m + A_2)$$

folgt mit $A_1 = ab$, $A_2 = cd$ und $A_m = xy = \frac{b+d}{2}\frac{a+c}{2}$

$$V = \frac{h}{6}\left(ab + 4\frac{b+d}{2}\frac{a+c}{2} + cd\right)$$

$$\underline{\underline{V = \frac{h}{6}[2(ab+cd) + ad + bc]}}$$

2. Es ist das Volumen V des Keiles zu berechnen.

Lösung (Bild 331)

Aus $$V = \frac{h}{6}(A_1 + 4A_m + A_2)$$

folgt mit $A_1 = ab$, $A_2 = 0$ und $A_m = xy = \frac{a}{2}\frac{b+c}{2}$:

$$V = \frac{h}{6}\left(ab + 4\frac{a}{2}\frac{b+c}{2}\right)$$

$$\underline{\underline{V = \frac{ah}{6}(2b + c)}}$$

Für $b = c$

folgt $\underline{\underline{V = \frac{1}{2}hab}}$

3. Bestimme das Volumen eines Prismoids mit der Höhe h, dessen Grundfläche ein Rhombus mit den Diagonalen a und b ist. Die Schneide c ($A_2 = 0$) ist der Diagonalen a parallel, und die Streckenhalbierungspunkte von a und c liegen senkrecht übereinander.

Lösung (Bild 333)

Die Strecke $\overline{AB}$ zerlegt den Mittelschnitt A_m in zwei kongruente Trapeze $ABDC$ und $ABHG$ mit den gemeinsamen Grundlinien

$$\overline{AB} = \frac{a+c}{2} \text{ und } \overline{CD} = \frac{c}{2}$$

und der Höhe

$$\overline{FD} = \frac{b}{4}$$

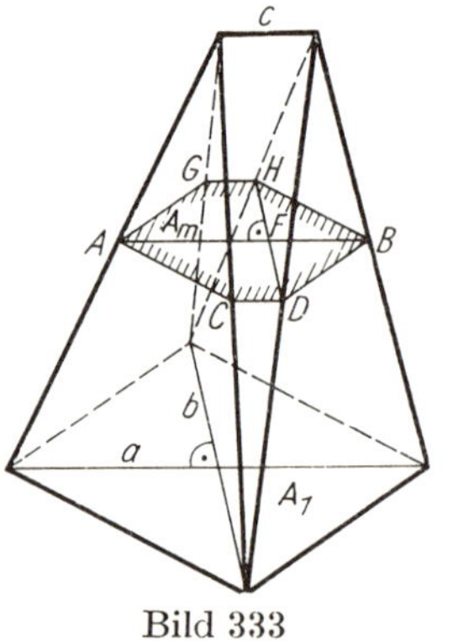

Bild 333

Somit ergibt sich für den Mittelschnitt A_m:

$$A_m = 2\,\frac{\frac{a+c}{2}+\frac{c}{2}}{2}\,\frac{b}{4} = \frac{b}{8}\,(a+2c)$$

und weiterhin in Verbindung mit $A_1 = \frac{ab}{2}$ und $A_2 = 0$ nach (60)

$$V = \frac{h}{6}\left[\frac{ab}{2} + 4\,\frac{b}{8}\,(a+2c)\right]$$

$$\underline{\underline{V = \frac{hb}{6}\,(a+c)}}$$

4. Es soll das Volumen V eines Prismoids mit der Höhe h bestimmt werden, dessen Grundflächen zwei kongruente und um 90° zueinander versetzte Quadrate sind. Die Schnittpunkte der Diagonalen der Grundflächen stehen senkrecht übereinander, ihre Seite ist a.

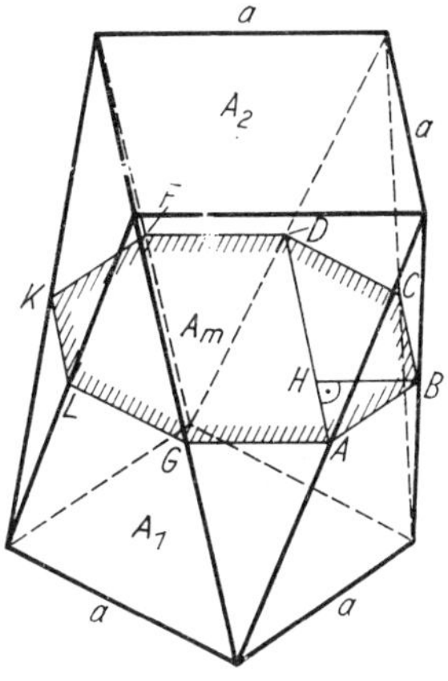

Bild 334

Lösung (Bild 334)

Die Strecken $\overline{DA}$ und $\overline{FG}$ zerlegen den Mittelschnitt A_m in zwei kongruente Trapeze $ABCD$ und $FKLG$ und in ein Rechteck $ADFG$.

Für den Flächeninhalt A_T des Trapezes gilt:

$$A_T = \frac{\overline{DA}+\overline{CB}}{2}\,\overline{BH} = \frac{\frac{a+a\sqrt{2}}{2}+\frac{a}{2}}{2}\,\frac{a}{4}\,\sqrt{2} = \frac{a^2}{8}\,(1+\sqrt{2})$$

Für den Flächeninhalt A_R des Rechtecks gilt:

$$A_R = \overline{GA}\;\overline{DA} = \frac{a}{2}\,\frac{a+a\sqrt{2}}{2} = \frac{a^2}{4}\,(1+\sqrt{2})$$

Damit folgt für den Mittelschnitt A_m:

$$A_m = 2A_T + A_R = 2\frac{a^2}{8}\,(1+\sqrt{2}) + \frac{a^2}{4}\,(1+\sqrt{2})$$

$$A_m = \frac{a^2}{2}\,(1+\sqrt{2})$$

Schließlich erhält man wegen $A_1 = A_2 = a^2$ nach (60)

$$V = \frac{h}{6}\left[a^2 + 4\frac{a^2}{2}\,(1+\sqrt{2}) + a^2\right]$$

$$\underline{\underline{V = \frac{h}{3}\,a^2(2+\sqrt{2})}}$$

5. Berechne das Volumen V eines Prismoids mit der Höhe h, dessen eine Grundfläche ein regelmäßiges Sechseck mit der Seite a und der großen Diagonale d ist. Die Schneide b ($A_2 = 0$) steht senkrecht zu d, die Streckenhalbierungspunkte von b und d liegen senkrecht übereinander.

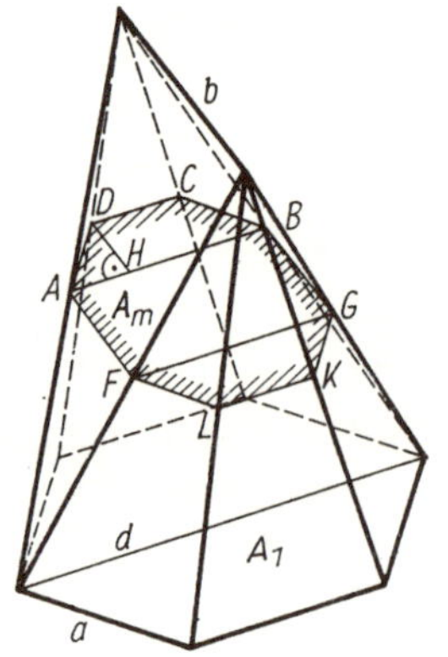

Bild 335

Lösung (Bild 335)

Durch die Strecken $\overline{AB}$ und $\overline{FG}$ wird der Mittelschnitt A_m in zwei kongruente Trapeze $ABCD$ und $FGKL$ und in ein Rechteck $ABGF$ zerlegt.

Für den Flächeninhalt A_T des Trapezes gilt:

$$A_T = \frac{\overline{AB} + \overline{DC}}{2} \overline{DH} =$$

$$= \frac{a + \frac{a}{2}}{2} \frac{a}{4} \sqrt{3} = \frac{3}{16} a^2 \sqrt{3}$$

Für den Flächeninhalt A_R des Rechtecks gilt:

$$A_R = \overline{AB}\ \overline{BG} = a \frac{b}{2} = \frac{ab}{2}$$

Damit folgt für den Mittelschnitt A_m:

$$A_m = 2A_T + A_R = 2 \frac{3}{16} a^2 \sqrt{3} + \frac{ab}{2} = \frac{a}{8}(3a\sqrt{3} + 4b)$$

Weiterhin erhält man wegen $A_1 = \frac{3}{2} a^2 \sqrt{3}$ und $A_2 = 0$ aus (60)

$$V = \frac{h}{6}\left[\frac{3}{2} a^2 \sqrt{3} + 4 \frac{a}{8} (3a\sqrt{3} + 4b)\right]$$

$$\underline{\underline{V = \frac{ah}{6} (3a\sqrt{3} + 2b)}}$$

AUFGABEN

324. Wie groß ist das Volumen V des im Bild 336 dargestellten Prismoids, dessen Grundflächen zwei gleiche, um 60° zueinander verdrehte gleichseitige Dreiecke mit den Seiten $a = 6$ cm sind. Die Höhe des Prismoids sei $h = 10$ cm.

325. Wie groß ist das Volumen V des im Bild 337 dargestellten Prismoids, wenn $a = 6$ cm, $b = 10$ cm und $h = 20$ cm gegeben sind?

326. Das im Bild 338 gezeigte Prismoid mit der Höhe $h = 8$ cm hat als Grundfläche zwei um 60° zueinander verdrehte gleichseitige Dreiecke mit den Seiten $a = 5$ cm und $b = 3$ cm. Berechne sein Volumen V.

327. Ein Prismoid von der Höhe $h = 4$ cm (Bild 339) hat als Grundfläche zwei um 90° zueinander verdrehte Quadrate mit den Seiten $a = 5$ cm und $b = 3$ cm. Welches Volumen V hat es?

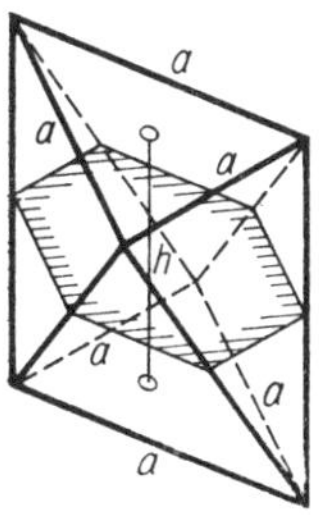

Bild 336

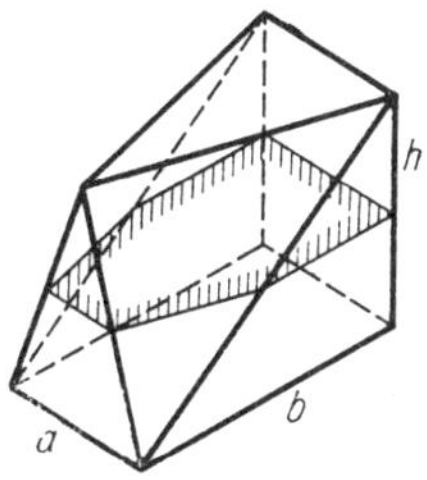

Bild 337

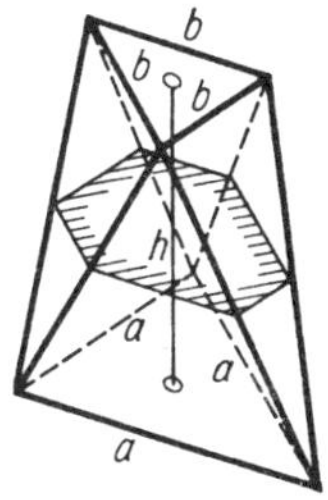

Bild 338

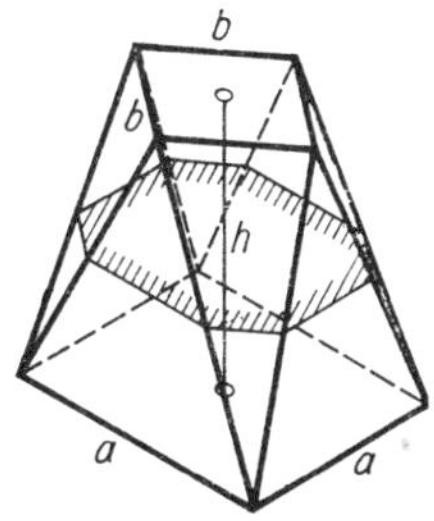

Bild 339

328. Gib eine Formel für das Volumen V des im Bild 340 dargestellten Prismoids (Ponton) an.

329. Berechne das Volumen V des im Bild 341 gezeigten Prismoids (Ponton) für $a = 3$ m, $b = 0{,}6$ m, $c = 5$ m, $d = 0{,}9$ m und $h = 2$ m.

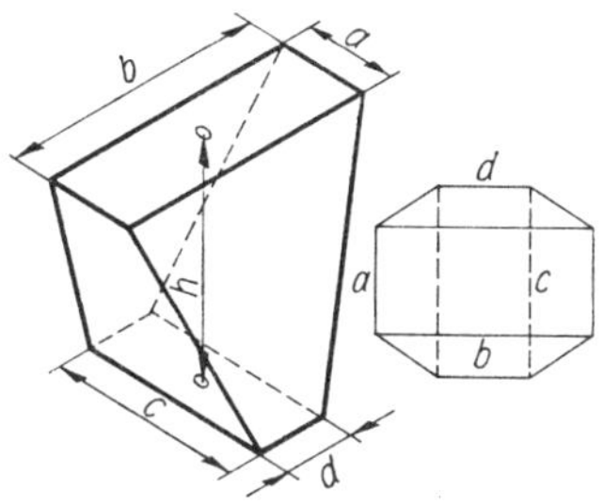

Bild 340

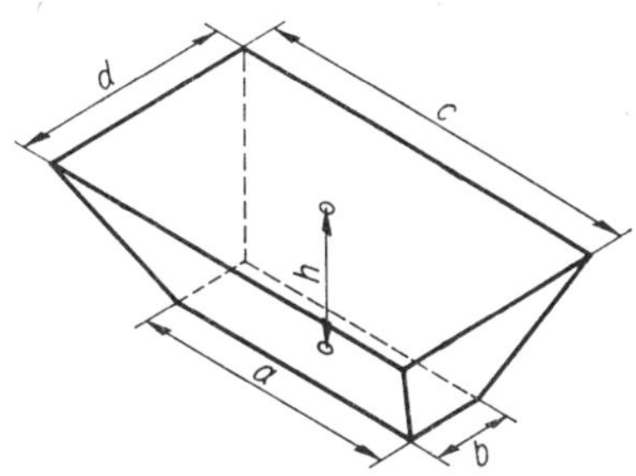

Bild 341

330. Bild 342 zeigt die Draufsicht eines Prismoids mit der Höhe h. Gib eine Formel für sein Volumen V an.

331. Aus Bild 343 gehen Form und Abmessungen eines Walmdaches hervor. Welchen Raum V schließt es ein?

332. Gib eine Formel für das Volumen V des im Bild 344 dargestellten Keiles an.

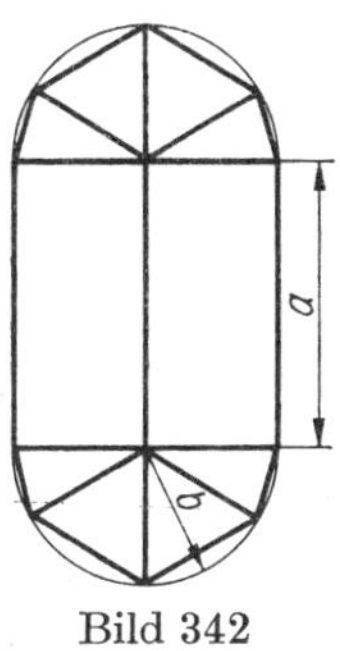

Bild 342

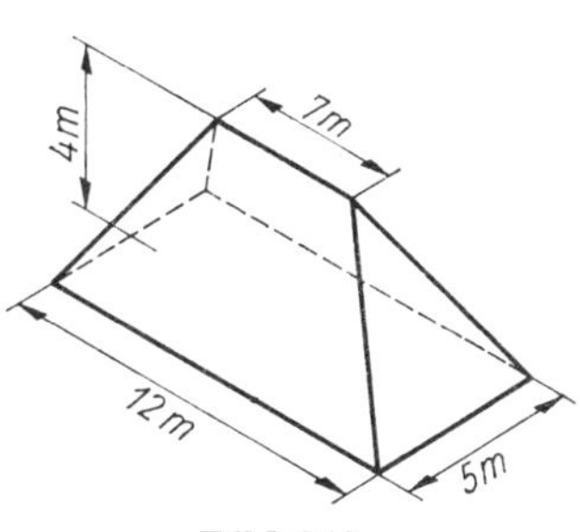

Bild 343

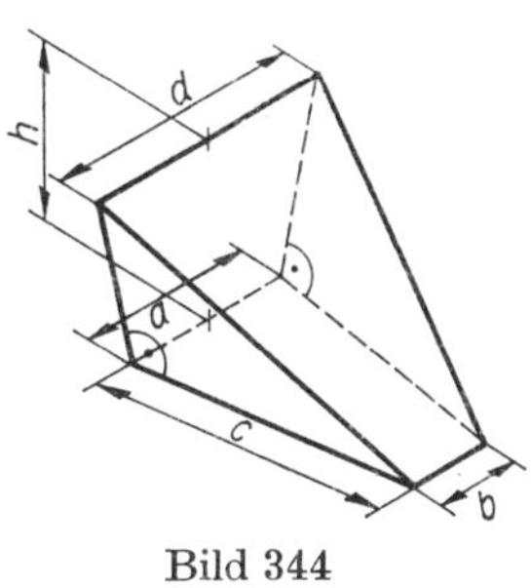

Bild 344

333. Berechne das Volumen V des im Bild 345 gezeigten Prismoids für $a = 4$ cm.

334. Gib eine Formel für das Volumen V des im Bild 346 dargestellten Keiles an.

335. Wie lautet die Formel für das Volumen V des im Bild 347 dargestellten Körpers?

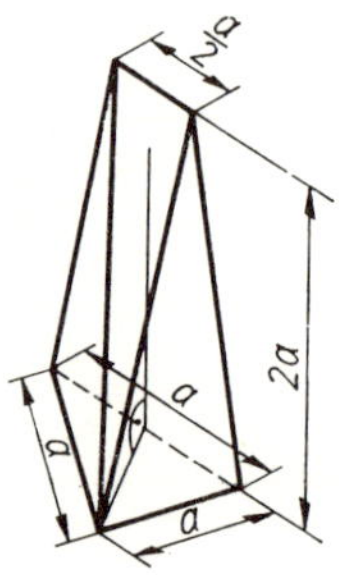

Bild 345

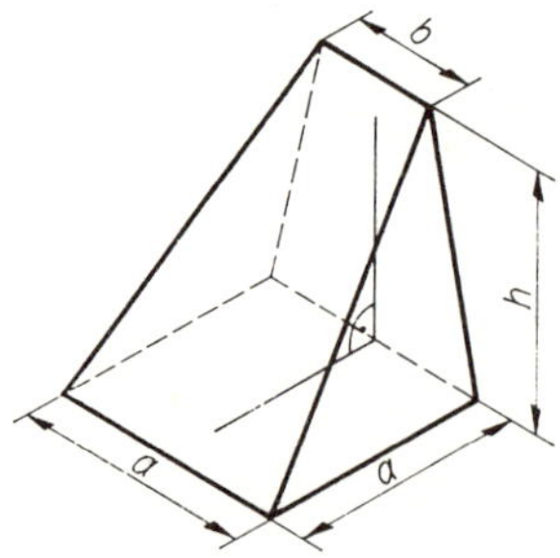

Bild 346

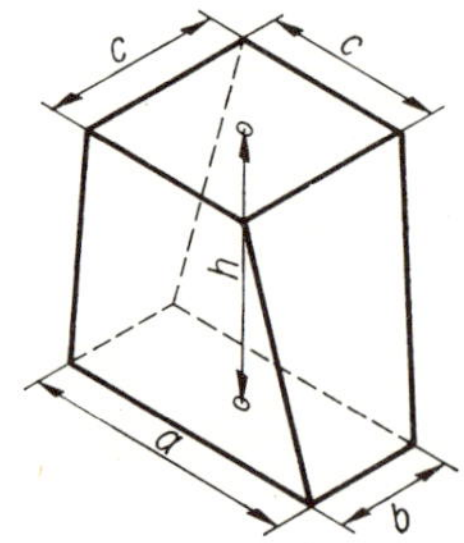

Bild 347

336. Die Grundflächen des im Bild 348 dargestellten Prismoids sind zwei gleichschenklige Trapeze mit den Grundlinien a und b und den Seiten c. Die Grundlinien beider Grundflächen liegen parallel zueinander. Gib eine Formel für das Volumen V dieses Körpers an.

337. Bild 349 zeigt die Draufsicht eines Prismoids mit der Höhe h. Wie lautet die Formel für sein Volumen V?

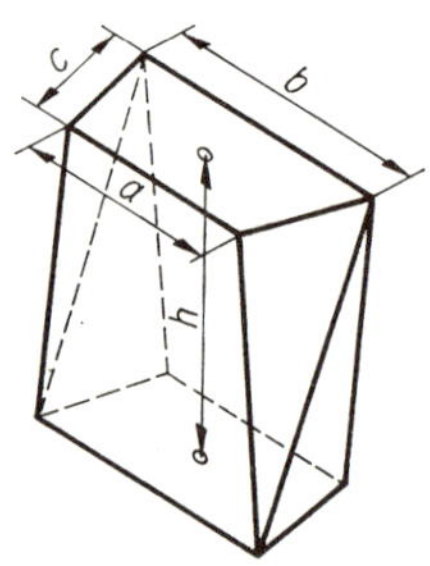

Bild 348

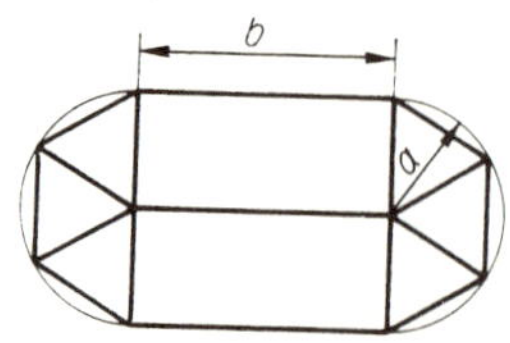

Bild 349

11.6. Fünf regelmäßige Polyeder

11.6.1. Vorbetrachtungen

Unter einem *regelmäßigen Polyeder* oder *Platonischen*[1] *Körper* versteht man einen Körper, der von lauter regelmäßigen und untereinander kongruenten Vielecken begrenzt wird.

Da zur Bildung einer körperlichen Ecke mindestens drei Seitenflächen erforderlich sind, die Summe der Kantenwinkel einer solchen Ecke aber immer kleiner als 360° sein muß, so scheiden alle diejenigen regelmäßigen Vielecke bei der Bildung regelmäßiger Polyeder aus, deren Winkel zwischen zwei aneinanderstoßenden Seiten größer als 120° sind. Deshalb kommen nur das regelmäßige Dreieck, das regelmäßige Viereck und das regelmäßige Fünfeck als Begrenzungsflächen für regelmäßige Poly-

[1] Plato, griech. Philosoph, von 429 bis 348 v. u. Z.

eder in Frage. Insbesondere können nur drei, vier oder höchstens fünf regelmäßige Dreiecke, höchstens drei regelmäßige Vierecke und höchstens drei regelmäßige Fünfecke körperliche Ecken bilden. Daraus ergibt sich, daß nur insgesamt fünf regelmäßige Polyeder denkbar sind.

Nennt man n die Anzahl der Seiten der das regelmäßige Polyeder begrenzenden Vielecke,

m die Anzahl der in einer Ecke zusammenstoßenden Kanten,

e die Anzahl der Ecken des Polyeders und

f die Anzahl der Begrenzungsflächen,

so gilt: $em = fn = 2k$

Setzt man diese Werte in Formel (44) (s. 11.1.) ein, so erhält man, wenn nach den verschiedenen Größen aufgelöst wird:

$$e = \frac{4n}{2n + 2m - nm} \qquad \text{(I)}$$

$$f = \frac{4m}{2n + 2m - nm} \qquad \text{(II)}$$

$$k = \frac{2nm}{2n + 2m - nm} \qquad \text{(III)}$$

Mit den Gleichungen (I), (II) und (III) sind die Werte der nachstehenden Übersicht über die fünf regelmäßigen Polyeder berechnet.

Name des regelmäßigen Polyeders	n	m	e	f	k	Zahl und Art der in einer Ecke zusammenstoßenden Vielecke
Regelmäßiger Vierflächner (Tetraeder)	3	3	4	4	6	3 gleichseitige Dreiecke
Regelmäßiger Achtflächner (Oktaeder)	3	4	6	8	12	4 gleichseitige Dreiecke
Regelmäßiger Zwanzigflächner (Ikosaeder)	3	5	12	20	30	5 gleichseitige Dreiecke
Regelmäßiger Sechsflächner (Hexaeder, Würfel)	4	3	8	6	12	3 Quadrate
Regelmäßiger Zwölfflächner (Dodekaeder)	5	3	20	12	30	3 regelmäßige Fünfecke

Mit Hilfe der Gleichungen (I), (II) und (III) läßt sich außerdem leicht zeigen, daß andere als die genannten regelmäßigen Polyeder nicht denkbar sind. Setzt man nämlich für n und m Zahlen größer als 5 ein, so wird die rechte Seite dieser Gleichungen Null oder negativ.

Die in den Mitten der Begrenzungsflächen der regelmäßigen Polyeder errichteten Senkrechten schneiden einander sämtlich in einem Punkt, dem Mittelpunkt des Polyeders.

Dieser Mittelpunkt hat

a) von den Mitten der Begrenzungsflächen bestimmten und gleichen Abstand,

b) von den Eckpunkten des Polyeders bestimmten und gleichen Abstand.

Dieser Abstand ist demzufolge
für den Fall a) gleichzeitig Radius der dem Polyeder einbeschriebenen Kugel,
für den Fall b) gleichzeitig Radius der dem Polyeder umbeschriebenen Kugel.

11.6.2. Eigenschaften der regelmäßigen Polyeder

11.6.2.1. Tetraeder

Das Tetraeder ist eine regelmäßige dreiseitige Pyramide mit vier gleichseitigen Dreiecken als Grund- und Begrenzungsflächen. Sechs mögliche Symmetrieebenen zerlegen es in spiegelgleiche Hälften. Jede Symmetrieebene ist bestimmt durch zwei auf der gleichen Kante stehende Höhen zweier in dieser Kante zusammenstoßender Begrenzungsflächen, im Bild 350 beispielsweise durch $\overline{DS}$ und $\overline{DB}$ bzw. $\overline{FC}$ und $\overline{FS}$. Jede Symmetrieebene steht somit senkrecht auf der Begrenzungsfläche, auf der auch die beiden ihr zugehörigen Ebenen senkrecht stehen. Die vier Schnittgeraden der Symmetrieebenen schneiden einander in einem Punkt, dem Mittelpunkt des Tetraeders. Sie haben gleiche Länge und lassen sich als seine Höhe auffassen. Ihre Fußpunkte, etwa P, fallen mit den Höhenschnittpunkten der Begrenzungsflächen zusammen.

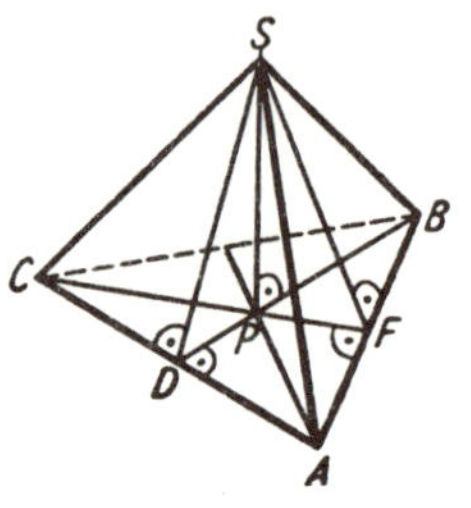

Bild 350

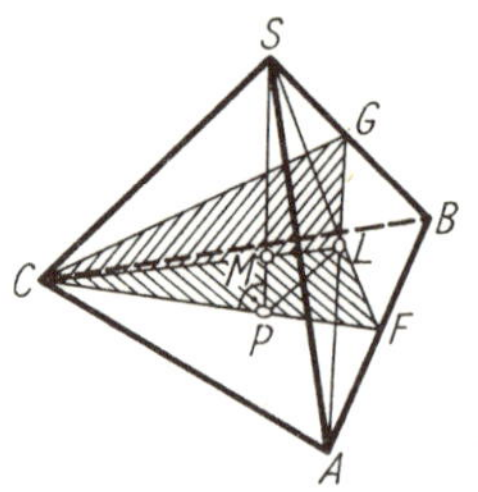

Bild 351

Der Schnittpunkt der Höhen des Tetraeders ergibt sich aus folgender Überlegung: Im Bild 351 (s. Beilage, Raumbild 2) ist ein Tetraeder dargestellt, dem die Symmetrieebenen AGC und FSC eingezeichnet sind; diese durchdringen einander in der Schnittgeraden $\overline{CL}$. Zeichnet man die auf der Begrenzungsfläche ABC senkrecht stehende Höhe $\overline{PS} = h$ ein, so entstehen die kongruenten Dreiecke SPF und CLF. Daraus folgt

$$\overline{CL} = \overline{PS}$$

und somit ist $\overline{CL}$ gleichfalls Höhe des Tetraeders.
Verbindet man weiterhin P mit L, so folgt aus den Strahlensätzen:

$$\overline{PL} : \overline{CS} = \overline{FP} : \overline{FC} = \overline{FL} : \overline{FS} \tag{I}$$

$$\overline{PL} : \overline{CS} = \overline{PM} : \overline{MS} = \overline{LM} : \overline{MC} \tag{II}$$

Nach Lehrsatz 35 (s. 5.2.4.3.) ist aber

$$\overline{FL} : \overline{FS} = 1 : 3,$$

so daß unter Berücksichtigung von (I) und (II) und wegen

$$\overline{PM} + \overline{MS} = \overline{PS}$$

und
$$\overline{LM} + \overline{MC} = \overline{CL}$$

$$\overline{PM} = \overline{LM} = \tfrac{1}{4}\,\overline{PS} = \tfrac{1}{4}\,\overline{CL} = \tfrac{1}{4}\,h$$

erhalten wird.

Der Schnittpunkt der Höhen eines Tetraeders ist also um $\frac{h}{4}$ von den Begrenzungsflächen und um $\frac{3}{4}\,h$ von den Ecken entfernt. Er ist Mittelpunkt der ein- und umbeschriebenen Kugel.

11.6.2.2. Oktaeder

Das Oktaeder ist eine regelmäßige vierseitige Doppelpyramide mit acht gleichseitigen Dreiecken als Begrenzungsflächen. Neun mögliche Symmetrieebenen zerlegen es in spiegelgleiche Hälften.

Je vier der insgesamt zwölf Kanten, etwa $\overline{AB}$, $\overline{BC}$, $\overline{CD}$ und $\overline{DA}$ im Bild 352, liegen immer in einer Ebene und bilden ein Quadrat. Jede Diagonale eines solchen Quadrates verbindet zwei gegenüberliegende Ecken und ist somit Raumdiagonale des Oktaeders. Es existieren drei Raumdiagonalen, die als Flächendiagonalen von Quadraten gleich lang sind, senkrecht aufeinanderstehen, einander halbieren und einander alle in einem Punkt schneiden. Dieser Schnittpunkt ist Mittelpunkt der ein- und umbeschriebenen Kugel.

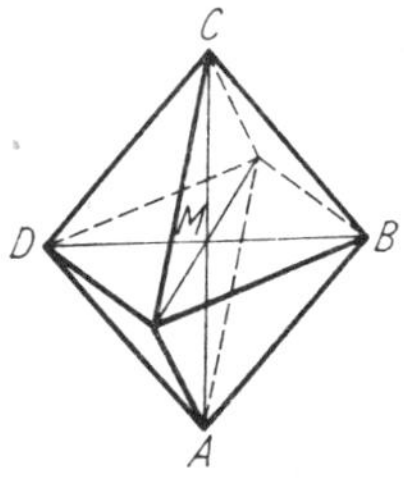

Bild 352

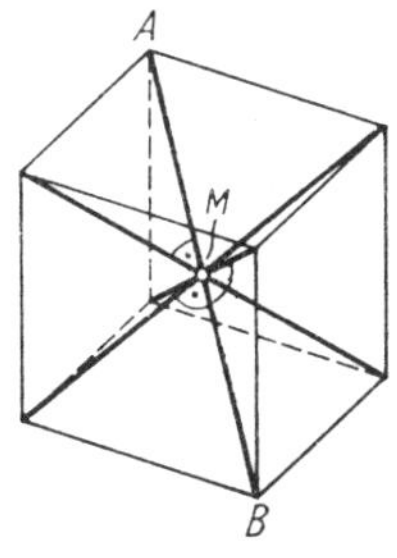

Bild 353

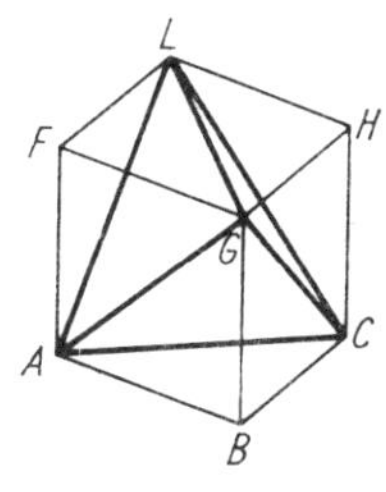

Bild 354

11.6.2.3. Hexaeder

Das Hexaeder (Würfel) ist ein von sechs gleich großen Quadraten begrenztes Prisma. Es besitzt wie das Oktaeder neun Symmetrieebenen, hat aber nur vier Raumdiagonalen. Diese verbinden gegenüberliegende Ecken (Bild 353). Die Raumdiagonalen sind gleich lang, stehen senkrecht aufeinander, halbieren einander und haben einen gemeinsamen Schnittpunkt. Dieser ist Mittelpunkt der ein- und umbeschriebenen Kugel.

Das Tetraeder und das Oktaeder lassen sich leicht aus dem Hexaeder gewinnen. Verbindet man im Bild 354 die Endpunkte A, C, L und G der Seitenflächendiagonalen $\overline{AC}$ und $\overline{GL}$ eines Hexaeders miteinander, so entsteht ein Vierflächner, der wegen der Gleichheit der

Seitenflächendiagonalen regelmäßig sein muß. Führt man das gleiche mit den Diagonalen $\overline{BD}$ und $\overline{FH}$ (Bild 355) aus, so entsteht ein Tetraeder gleicher Größe, aber entgegengesetzter Lage. Beide Tetraeder (Bild 356), in ein und dasselbe Hexaeder gelegt, durchdringen einander, halbieren einander in ihren Kanten und besitzen einen gemeinsamen Körper, der als Oktaeder erkannt wird, denn die Kanten der beiden Tetraeder schneiden einander in zwölf Verbindungsstrecken anstoßender Hexaeder-Seitenflächen (Bild 357, s. Beilage, Raumbild 8). Die Ecken des Oktaeders liegen demzufolge in den Schnittpunkten der Diagonalen der Begrenzungsflächen des Hexaeders.

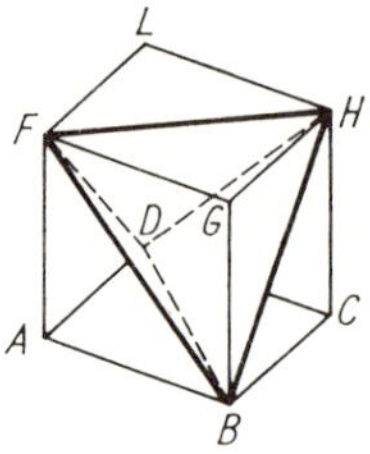

Bild 355

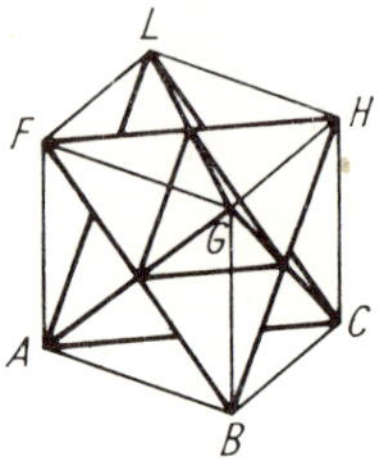

Bild 356

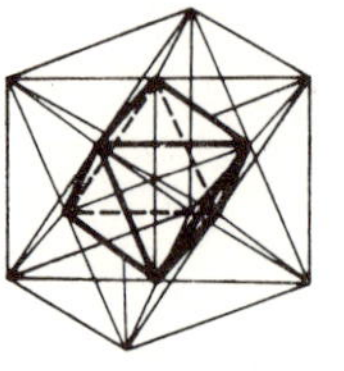

Bild 357

11.6.2.4. Ikosaeder

Das Ikosaeder entsteht, wenn man zwei kongruente regelmäßige fünfseitige Pyramiden mit gleichseitigen Dreiecken als Begrenzungsflächen so stellt, daß sie ihre Grundflächen einander zukehren, ihre Höhen auf einer Geraden liegen, ihre die Grundflächen bildenden regelmäßigen Fünfecke um einen Winkel von 36° zueinander versetzt sind (Bild 358), wenn man außerdem jeden Eckpunkt des einen Fünfecks mit den beiden nächstliegenden anderen verbindet und den Abstand beider Pyramidengrundflächen so wählt, daß auch die so entstehenden seitlichen Begrenzungsflächen gleichseitige Dreiecke werden (Bild 359, s. Beilage, Raumbild 9). Je zwei einander gegenüberliegende Eckpunkte des Ikosaeders lassen sich durch eine Raumdiagonale verbinden. Ein Ikosaeder hat sechs Raumdiagonalen, die einander in einem Punkt schneiden. Dieser Schnittpunkt ist Mittelpunkt der ein- und umbeschriebenen Kugel.

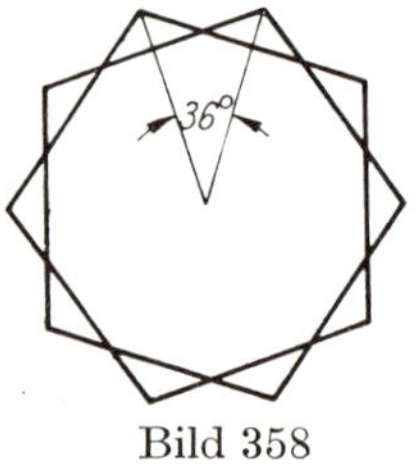

Bild 358

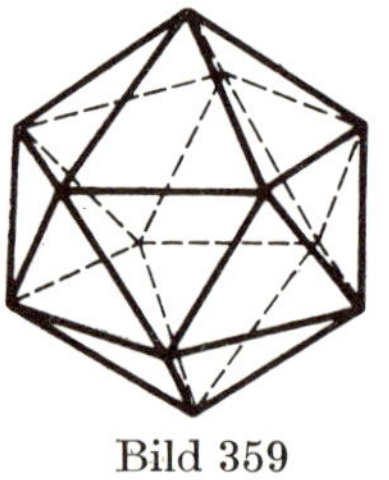

Bild 359

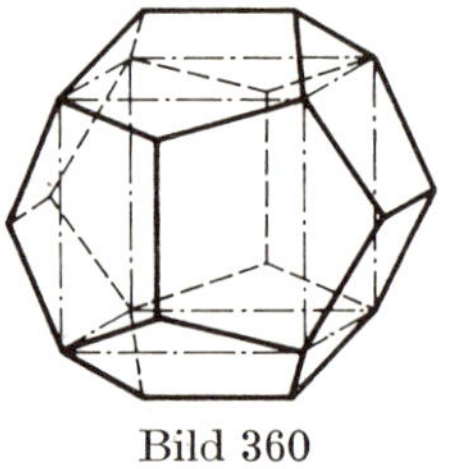

Bild 360

11.6.2.5. Dodekaeder

Ein Dodekaeder entsteht, wenn man auf die sechs Seitenflächen eines Hexaeders dachförmige Körper derart aufsetzt, daß jede der vier Kanten des Daches mit einer Kante des benachbarten Daches in einer Ebene liegt. Je zwei in einer Ebene liegende Dachflächen bilden dann ein regelmäßiges Fünfeck als Begrenzungsfläche des Dodekaeders (Bild 360, s. Beilage, Raumbild 10). Verbindet man je zwei gegenüberliegende Eckpunkte des Dodekaeders miteinander, so bilden die Verbindungsstrecken seine Raumdiagonalen, von denen es insgesamt zehn gibt. Sie schneiden einander in einem Punkt. Dieser Schnittpunkt ist Mittelpunkt der ein- und umbeschriebenen Kugel.

11.6.3. Berechnung der regelmäßigen Polyeder

Die Volumenberechnung der regelmäßigen Polyeder beruht auf der Volumenberechnung einer der Pyramiden, die als Grundfläche eine Begrenzungsfläche und als Höhe den Radius der einbeschriebenen Kugel des Polyeders hat.
Bezeichnet man also eine Begrenzungsfläche mit A, den Radius der einbeschriebenen Kugel mit r_i und die Anzahl der Begrenzungsflächen eines zu berechnenden Polyeders mit n, so folgt sein Volumen aus

$$V = \frac{n}{3} A r_i .$$

Will man das Volumen V als Funktion der Kantenlänge a des Polyeders ermitteln, so sind stets zwei sich wiederholende Grundaufgaben zu lösen. Es muß

a) der Flächeninhalt A der Begrenzungsfläche und

b) der Radius r_i der einbeschriebenen Kugel

berechnet werden.
Die Berechnung der Oberfläche des regelmäßigen Polyeders geschieht in jedem Fall nach der Formel

$$A_O = nA .$$

In der folgenden Übersicht sind die Volumen der fünf regelmäßigen Polyeder sowohl als Funktion der Kantenlänge a als auch als Funktion des Umkreisradius r_u der umbeschriebenen Kugel und die Oberflächen nur als Funktion der Kantenlänge a zusammengestellt.

Name des regelmäßigen Polyeders	$V = f(a)$	$V = f(r_u)$	$A_O = f(a)$
Tetraeder	$V = \frac{a^3}{12}\sqrt{2}$	$V = \frac{8}{27} r_u^3 \sqrt{3}$	$A_O = a^2 \sqrt{3}$
Oktaeder	$V = \frac{a^3}{3}\sqrt{2}$	$V = \frac{4}{3} r_u^3$	$A_O = 2a^2 \sqrt{3}$
Hexaeder	$V = a^3$	$V = \frac{8}{9} r_u^3 \sqrt{3}$	$A_O = 6a^2$
Ikosaeder	$V = \frac{5}{12} a^3 (3 + \sqrt{5})$	$V = \frac{2}{3} r_u^3 \sqrt{2(5 + \sqrt{5})}$	$A_O = 5a^2 \sqrt{3}$
Dodekaeder	$V = \frac{a^3}{4} (15 + 7\sqrt{5})$	$V = \frac{2}{9} r_u^3 \sqrt{3} (\sqrt{5} + 5)$	$A_O = 3a^2 \sqrt{5(5 + 2\sqrt{5})}$

AUFGABEN

338. Wie groß muß die Kante b eines Oktaeders sein, wenn es einem Tetraeder mit der Kante $a = 6$ cm volumengleich ist?

339. Wie groß sind Volumen V und Kante a eines Tetraeders, dessen einbeschriebene Kugel den Radius $r_i = 2$ cm hat?

340. Berechne von einem Oktaeder das Volumen V, die Kante b und den Radius r_i der einbeschriebenen Kugel für den Fall, daß er einem Würfel mit der Kantenlänge $a = 10$ cm einbeschrieben ist (Bild 357). In welchem Verhältnis stehen die Volumen beider Körper?

341. In welchem Verhältnis stehen die Volumen V_T, V_O, V_H und die Radien r_T, r_O, r_H der einbeschriebenen Kugeln vom Tetraeder, Oktaeder und Hexaeder bei gleicher Kantenlänge a?

342. Wie groß muß die Seite b eines Tetraeders sein, damit sein Volumen V_T $n = 3$mal so groß wird wie das Volumen V_O eines Oktaeders mit der Kantenlänge $a = 3$ cm?

343. Ein Ikosaeder läßt sich durch zwei Schnitte in ein Prismoid mit zwei regelmäßigen Fünfecken als Grundflächen und zwei regelmäßige fünfseitige Pyramiden zerlegen. Stelle eine Formel für das Volumen V dieser Pyramiden auf.

344. Drücke die Oberfläche A_{OT} eines Tetraeders und die Oberfläche A_{OO} eines Oktaeders durch ihre Volumen V_T und V_O aus.

345. Drücke das Volumen V, die Kante a und die Oberfläche A_O eines Ikosaeders durch den Radius r_i der einbeschriebenen Kugel aus.

346. Gib Formeln für das Volumen V und die Oberfläche A_O des im Bild 356 dargestellten Körpers an. Nimm die Kantenlänge a des umbeschriebenen Würfels als bekannt an.

347. Stelle entsprechende Formeln für den gleichen im Bild 356 gezeigten Körper auf, nimm aber die Kantenlänge b von einem der acht Tetraeder als bekannt an.

348. Wie groß muß die Seite b eines Dodekaeders sein, das einem Ikosaeder mit der Kante a volumengleich ist?

349. Welches Volumen V hat der einem Dodekaeder einbeschriebene Würfel, wenn die Kante $a = 2$ cm des Dodekaeders gegeben ist?

350. Drücke das Volumen V eines Dodekaeders durch die Kante d des ihm einbeschriebenen Würfels aus.

12. Krummflächig begrenzte Körper

12.1. Kreiszylinder

12.1.1. Vorbetrachtungen

Unter einem *geraden Kreiszylinder* versteht man einen krummflächig begrenzten Körper mit zwei konzentrischen, kongruenten und zueinander parallelen Kreisflächen als Grundflächen und einer regelmäßig gekrümmten Mantelfläche, deren Krümmung mit der Krümmung des Umfangs der Grundflächen übereinstimmt.

Die durch die beiden Mittelpunkte M_1 und M_2 der Grundflächen bestimmte Gerade heißt *Achse* des Zylinders. Sie steht senkrecht auf den Grundflächen. Der Abstand der beiden Grundflächenmittelpunkte wird *Höhe* des Zylinders genannt. Werden die Punkte A und B zweier entsprechender, also paralleler Durchmesser eines geraden Kreiszylinders, etwa d_1 und d_2 im Bild 361, miteinander verbunden, so heißt die Verbindungslinie *Mantellinie*. Sie ist der Achse des Zylinders parallel und gleich der Höhe.

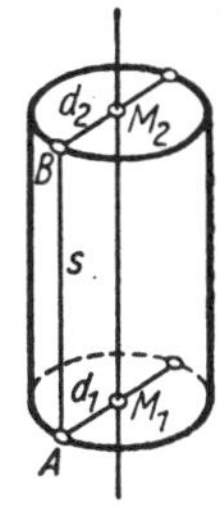

Bild 361

Unter einem *geraden Hohlzylinder* versteht man einen krummflächig begrenzten Körper mit zwei konzentrischen, kongruenten und zueinander parallelen Kreisringflächen als Grundflächen und zwei regelmäßig, aber unterschiedlich gekrümmten Mantelflächen. Die eine Krümmung stimmt mit der Krümmung des äußeren Umfangs, die andere mit der des inneren Umfangs der Grundflächen überein.

Gerader Kreis- und Hohlzylinder können als *Rotationskörper* aufgefaßt werden. Fällt beispielsweise die Seite eines Rechtecks mit einer Achse zusammen und dreht sich das Rechteck um diese Achse, so beschreibt es einen geraden Kreiszylinder. Liegt eine der Rechteckseiten parallel zur Achse und in einem gewissen Abstand von dieser, so beschreibt es bei der Rotation einen geraden Hohlzylinder.

Unter einem *schiefen Kreiszylinder* versteht man einen krummflächig begrenzten Körper mit zwei exzentrischen, kongruenten und zueinander parallelen Kreisflächen als Grundflächen und einer gekrümmten Mantelfläche, deren Krümmung mit der Krümmung des Umfangs der Grundflächen übereinstimmt.

Die Achse des schiefen Kreiszylinders steht schief auf den Grundflächen (Bild 362). Weder die Verbindungsstrecke der Grundflächenmittelpunkte noch die Mantellinien sind deshalb ein Maß für seine Höhe. Die Höhe des schiefen Kreiszylinders ist vielmehr der Abstand der beiden Grundflächen, d. h., sie steht senkrecht auf diesen.

Gerader und schiefer Kreiszylinder lassen sich als prismatische Körper auffassen, die als Grundflächen regelmäßige Vielecke mit unendlich vielen Ecken haben. Für sie gelten demnach sinngemäß die schon für die Prismen abgeleiteten Sätze. Aus Lehrsatz 92 (s. 11.3.1.) folgt:

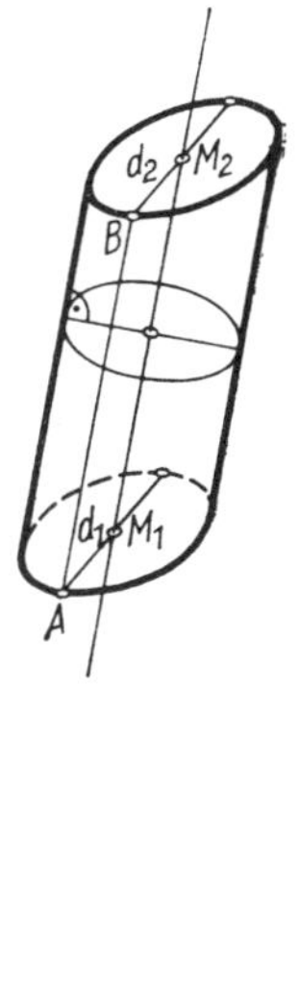

Bild 362

Gerade und schiefe Kreiszylinder werden durch parallele Ebenen in kongruenten Schnittfiguren geschnitten.

Ferner gilt:

Parallel zu den Grundflächen liegende Schnittebenen erzeugen Kreise, die den Grundflächen kongruent sind.

Aus Lehrsatz 94 (s. 11.3.3.) ergibt sich außerdem:

Kreiszylinder von gleicher Höhe und gleicher Grundfläche sind volumengleich.

12.1.2. Berechnung des vollen und des hohlen Kreiszylinders

12.1.2.1. Gerader Voll- und Hohlzylinder

Aus der Formel für das Volumen des Prismas

$$V = Ah$$

erhält man wegen

$$A = \pi r^2$$

sofort die Formel für das Volumen des geraden Vollzylinders:

$$\boxed{V = \pi r^2 h} \tag{61}$$

oder

$$\boxed{V = \frac{\pi}{4} d^2 h} \tag{61a}$$

Wird der Mantel des geraden Vollzylinders an der Mantellinie s aufgeschnitten und in eine Ebene gelegt, so entsteht ein Rechteck mit den Seiten $s = h$ und $U = \pi 2r = \pi d$ (Bild 363). Aus diesem ergibt sich die Mantelfläche zu

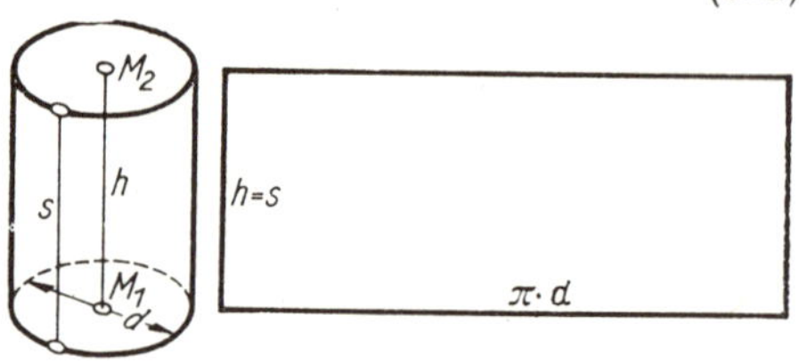

Bild 363

$$\boxed{A_M = 2\pi r h} \tag{62}$$

oder

$$\boxed{A_M = \pi d h} \tag{62a}$$

Damit wird die Oberfläche A_O des geraden Vollzylinders

$$\boxed{A_O = 2\pi r (r + h)} \tag{63}$$

oder

$$\boxed{A_O = \pi d \left(\frac{d}{2} + h\right)} \tag{63a}$$

Das Volumen des geraden Hohlzylinders erhält man, wenn man vom Volumen des Vollzylinders mit dem größeren Grundflächenradius r_1 das Volumen eines Vollzylinders mit dem kleineren Grundflächenradius r_2 subtrahiert. Ist h die gemeinsame Höhe beider Zylinder, so folgt mit den Bezeichnungen des Bildes 364:

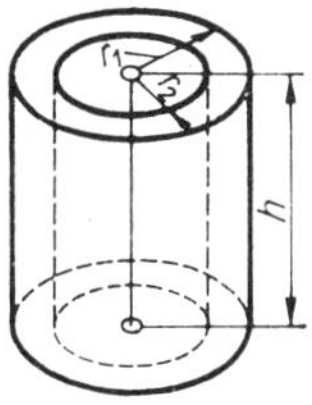

Bild 364

$$V = \pi r_1^2 h - \pi r_2^2 h$$

$$\boxed{V = \pi h\,(r_1^2 - r_1^2)} \qquad (64)$$

oder

$$\boxed{V = \frac{\pi}{4}\,h\,(d_1^2 - d_2^2)} \qquad (64a)$$

Für den Mantel des Hohlzylinders ergeben sich zwei Flächen:

1. die äußere Mantelfläche:

$$A_{M1} = 2\pi\, r_1 h = \pi\, d_1 h\,,$$

2. die innere Mantelfläche:

$$A_{M2} = 2\pi\, r_2 h = \pi d_2 h$$

Somit berechnet sich der Mantel des Hohlzylinders aus

$$\boxed{A_M = 2\pi h\,(r_1 + r_2)} \qquad (65)$$

oder

$$\boxed{A_M = \pi h\,(d_1 + d_2)} \qquad (65a)$$

Da sich ferner die Oberfläche A_O aus den eben ermittelten Mantelflächen A_{M1} und A_{M2} und dem Flächeninhalt A_R zweier kongruenter Kreisringe vom Betrage

$$A_R = \pi\,(r_1^2 - r_2^2)$$

zusammensetzt, ergibt sich für

$$A_O = A_{M1} + A_{M2} + 2A_R$$

$$\boxed{A_O = 2\pi\,[(r_1^2 - r_2^2) + h\,(r_1 + r_2)]} \qquad (66)$$

oder

$$\boxed{A_O = \pi\left[\frac{1}{2}\,(d_1^2 - d_2^2) + h\,(d_1 + d_2)\right]} \qquad (66a)$$

BEISPIELE

1. Berechne die Schnittfläche A, die entsteht, wenn ein gerader Kreiszylinder durch eine Ebene derart geschnitten wird, daß diese einen willkürlich gewählten Radius einer Grundfläche halbiert und senkrecht zu ihm und der Grundfläche steht. Rechne mit $h = 2r$.

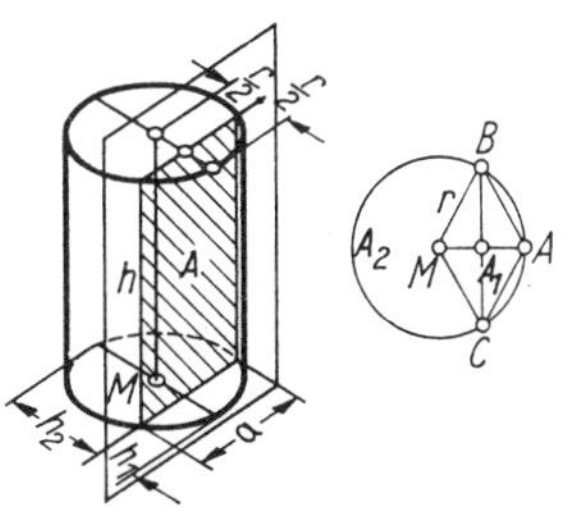

Bild 365

Lösung (Bild 365)

Ist a die in der Grundfläche liegende Seite der Schnittfläche, dann ergibt sie sich aus dem gleichseitigen Dreieck ABM mit der Seitenlänge r. Es folgt

$$\frac{a}{2} = \frac{r}{2}\sqrt{3} \quad \text{und} \quad a = r\sqrt{3}$$

Hieraus die Schnittfläche:

$$A = ha = r\sqrt{3}\,2r$$

$$\underline{\underline{A = 2r^2\sqrt{3}}}$$

2. Gib Formeln für die Volumen V_1 und V_2 der beiden Zylinderteile an, die durch den im Beispiel 1 beschriebenen Schnitt entstehen.

Lösung

Der geführte Schnitt zerlegt jede der beiden Grundflächen in zwei Segmente mit den Höhen h_1 und h_2 (Bild 365). Die Flächeninhalte und Bögen dieser Segmente seien A_1 und A_2 bzw. b_1 und b_2.

Für A_1 gilt nach (43) (s. 8.6.2.4.)

$$A_1 = \frac{1}{2}(b_1 r - sr + sh_1)$$

und wegen $s = a = r\sqrt{3}$, $h_1 = \frac{r}{2}$ und $b_1 = \frac{120°\pi r}{180°} = \frac{2}{3}\pi r$:

$$A_1 = \frac{r^2}{12}\left(4\pi - 3\sqrt{3}\right)$$

Damit ergibt sich das Volumen V_1 aus $V_1 = A_1 h$ zu

$$\underline{\underline{V_1 = \frac{r^3}{6}\left(4\pi - 3\sqrt{3}\right)}}$$

Für A_2 gilt: $A_2 = \frac{1}{2}(b_2 r - sr + sh_2)$

und wegen $s = r\sqrt{3}$, $h_2 = \frac{3}{2}r$ und $b_2 = \frac{240°\pi r}{180°} = \frac{4}{3}\pi r$:

$$A_2 = \frac{r^2}{12}\left(8\pi + 3\sqrt{3}\right)$$

Damit ergibt sich das Volumen V_2 aus $V_2 = A_2 h$ zu

$$\underline{\underline{V_2 = \frac{r^3}{6}\left(8\pi + 3\sqrt{3}\right)}}$$

12.1.2.2. Schiefer Voll- und Hohlzylinder

Nach Lehrsatz 93 (s. 11.3.3.) gelten für das Volumen des schiefen Voll- und Hohlzylinders die Formeln für das Volumen des geraden Voll- und Hohlzylinders. Man hat als Höhe nur den Abstand der beiden Grundflächen einzusetzen.

Für die Mantelfläche und die Oberfläche des schiefen Voll- und Hohlzylinders existieren keine einfachen algebraischen Formeln.

Es sei noch darauf hingewiesen, daß der senkrecht zur Achse eines schiefen Vollzylinders geführte Schnitt als Schnittfigur eine Ellipse liefert. Demzufolge kann der schiefe Vollzylinder auch *nicht* als Rotationskörper aufgefaßt werden.

BEISPIELE

1. Berechne das Volumen V eines schiefen Vollzylinders, dessen Grundflächen so gegeneinander versetzt sind, daß ihre Projektionen einander gerade berühren. Die Mantellinie ist mit $s = 4r$ gegeben.

Lösung (Bild 366)

Im rechtwinkligen Dreieck ABC ist h Kathete und ergibt sich demzufolge aus

$$h^2 = s^2 - (2r)^2 = (4r)^2 - (2r)^2 = 12r^2$$

$$h = 2r\sqrt{3}$$

Damit ergibt sich das gesuchte Volumen V aus

$$V = \pi r^2 h$$

$$V = \pi r^2 2r\sqrt{3}$$

$$\underline{\underline{V = 2\pi r^3\sqrt{3}}}$$

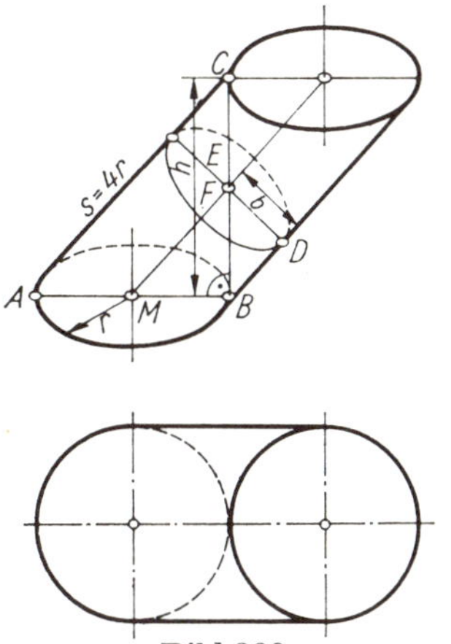

Bild 366

2. Ermittle den halben Durchmesser b der Schnittellipse E, die durch einen Normalschnitt an dem im Bild 366 dargestellten schiefen Kreiszylinder entsteht.

Lösung

$$\triangle ABC \sim \triangle FDB$$

somit $$b : \frac{h}{2} = 2r : s$$

$$\underline{\underline{b = \frac{hr}{s}}}$$

Setzt man für h und s die im Beispiel 1 angegebenen Werte ein, so folgt

$$\underline{\underline{b = \frac{r}{2}\sqrt{3}}}$$

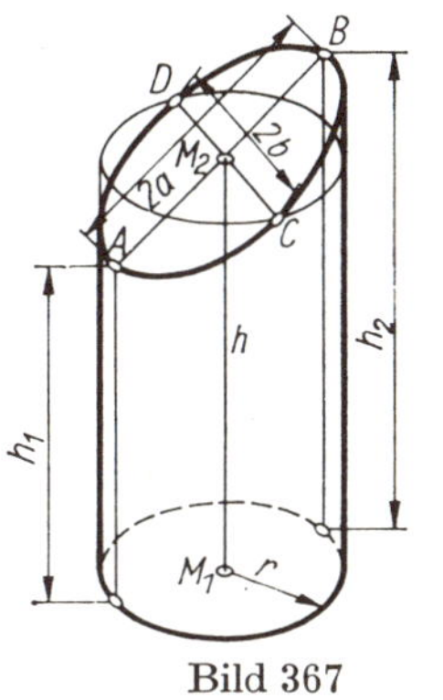

Bild 367

12.1.2.3. Schief geschnittener gerader Kreiszylinder

Wird ein gerader Kreiszylinder durch einen ebenen Schnitt schräg zu seiner Achse geschnitten, so entstehen zwei schief geschnittene Kreiszylinder. Einer davon ist im Bild 367 (s. Beilage, Raumbild 12) dargestellt.

Die durch den Schrägschnitt entstandene Schnittfigur ist eine Ellipse mit den Durchmessern $2a$ und $2b$. Diese Durchmesser stehen senkrecht aufeinander. Sie halbieren einander und schneiden einander in einem Punkt, der zugleich Mittelpunkt der Ellipse und Endpunkt der Höhe h des Zylinders ist.

Um das Volumen des schief geschnittenen Kreiszylinders berechnen zu können, führt man die Höhen h_1 und h_2 ein, die sich als durch die Endpunkte A und B des großen Ellipsendurchmessers $2a$ bestimmte Mantellinien auffassen lassen. Trennt man nun durch einen Schnitt, der parallel zur kreisförmigen Grundfläche und durch den Ellipsendurchmesser $2b$ geführt wird, den *Zylinderhuf CDB* ab, so kann der verbleibende Restkörper durch diesen zu einem Zylinder mit parallelen und kreisförmigen Grundflächen ergänzt werden (Bild 368). Da dessen Höhe h das arithmetische Mittel aus h_1 und h_2 ist, ergeben sich ohne weiteres die Formeln für Volumen, Mantel und Oberfläche.

Volumen des schief geschnittenen Zylinders:

$$V = \pi r^2 \frac{h_1 + h_2}{2} \tag{67}$$

oder

$$V = \frac{\pi}{4} d^2 \frac{h_1 + h_2}{2} \tag{67 a}$$

Mantelfläche des schief geschnittenen Zylinders:

$$A_M = \pi r (h_1 + h_2) \tag{68}$$

oder

$$A_M = \frac{\pi}{2} d (h_1 + h_2) \tag{68 a}$$

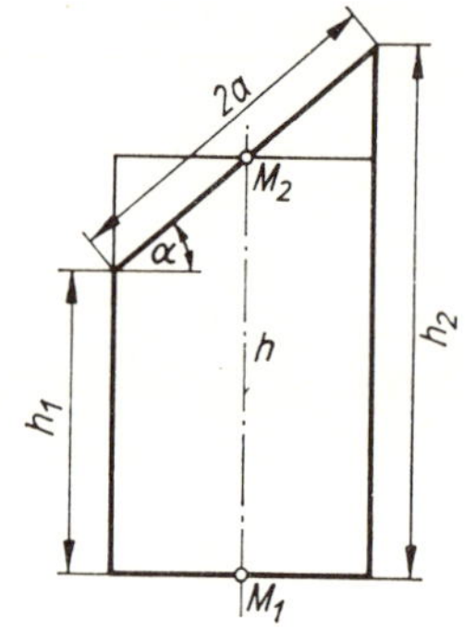

Bild 368

Wie mit der Integralrechnung gezeigt wird, errechnet man die Fläche A der Ellipse mit den beiden Durchmessern a und b aus

$$A = \pi ab$$

oder mit $b = r$ und $a = \frac{1}{2}\sqrt{4r^2 + (h_2 - h_1)^2}$:

$$A = \frac{\pi}{2} r \sqrt{4r^2 + (h_2 - h_1)^2}$$

Die Oberfläche des schief geschnittenen Zylinders ergibt sich also aus

$$A_O = \pi r^2 + A + A_M$$

$$A_O = \pi r \left[r + h_1 + h_2 + \frac{1}{2}\sqrt{4r^2 + (h_2 - h_1)^2}\right] \tag{69}$$

oder

$$A_O = \frac{\pi}{2} d \left[\frac{d}{2} + h_1 + h_2 + \frac{1}{2}\sqrt{d^2 + (h_2 - h_1)^2}\right] \tag{69 a}$$

BEISPIELE

1. Wie groß sind das Volumen V, der Mantel A_M und die Oberfläche A_O eines doppelseitig schief geschnittenen geraden Kreiszylinders mit den im Bild 369 angegebenen Abmessungen?

Lösung

Für h_1 gilt laut Zeichnung:

$$h_1 = 5r$$

Für h_2 ergibt sich:

$$h_2 = h_1 + 2(\overline{AB} + \overline{CD})$$

$$h_2 = 5r + 2\left[\sqrt{(r\sqrt{2})^2 - r^2} + \sqrt{(r\sqrt{5})^2 - r^2}\right]$$

$$h_2 = 11r$$

Damit folgt für das Volumen

$$V = \pi r^2 \frac{h_1 + h_2}{2} = \pi r^2 \frac{5r + 11r}{2}$$

$$\underline{\underline{V = 8\pi r^3}}$$

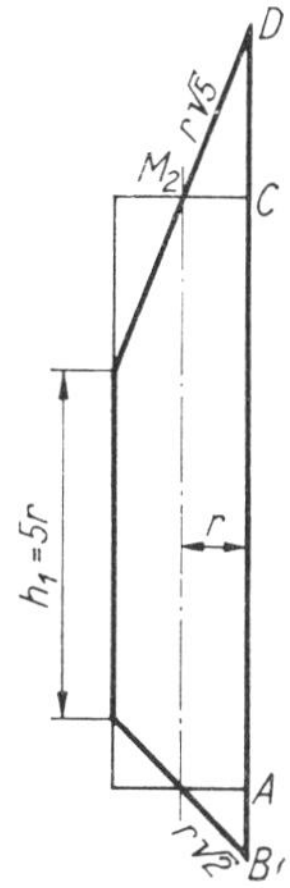

Bild 369

Aus $A_M = \pi r(h_1 + h_2)$

ergibt sich die Mantelfläche zu

$$A_M = \pi r(5r + 11r)$$

$$\underline{\underline{A_M = 16\pi r^2}}$$

Aus (69) erhält man die Oberfläche

$$A_O = \pi r\left[r + 5r + 11r + \frac{1}{2}\sqrt{4r^2 + (11r - 5r)^2}\right]$$

$$\underline{\underline{A_O = \pi r^2(17 + \sqrt{10})}}$$

2. Berechne die Höhen h, h_1 und h_2 des im Bild 370 dargestellten schief geschnittenen Kreiszylinders mit dem Volumen $V = 8\pi r^3$.

Lösung

Durch Gleichsetzen von $V = 8\pi r^3$ und $V = \pi r^2 \frac{h_1 + h_2}{2}$

ergibt sich $h_2 + h_1 = 16r$

und mit $x = 2r$ auch $h_2 - h_1 = 2r$

und somit $\underline{\underline{h_1 = 7r}}$

$\underline{\underline{h_2 = 9r}}$

$\underline{\underline{h = 8r}}$

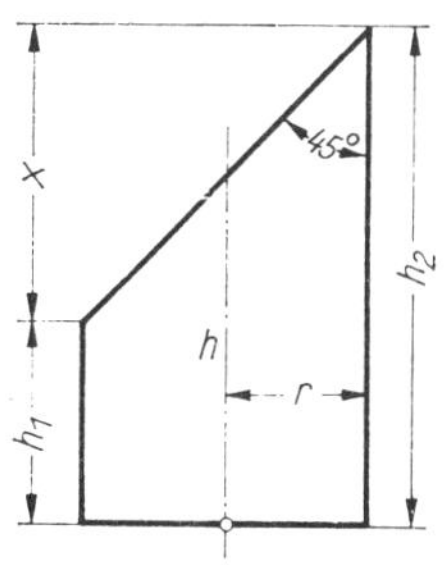

Bild 370

AUFGABEN

351. Das Volumen eines Zylinders sei $V = 100\ \text{cm}^3$, seine Höhe $h = 5$ cm. Berechne seinen Durchmesser d.

352. Ein Zylinder hat quadratischen Achsenschnitt. Die Seiten der Schnittfläche sind $a = 4$ cm. Berechne sein Volumen V und seine Oberfläche A_O.

353. Drücke das Volumen V eines Zylinders durch seinen Mantel $A_M = 100\ \text{cm}^2$ und seine Höhe $h = 10$ cm aus. Berechne außerdem sein Volumen V.

354. Berechne das Volumen V und den Mantel A_M eines Zylinders für den Fall, daß $r:h = m:n = 3:5$ und der Radius des Grundkreises $r = 2$ cm gegeben sind.

355. Ein Zylinder mit dem Radius $r_1 = 5$ cm und der Höhe $h_1 = 8$ cm soll einem Zylinder volumengleich sein, von dem $r_2:h_2 = m:n = 3:5$ bekannt sind. Berechne r_2 und h_2.

356. Das Volumen eines Hohlzylinders soll gleich dem Volumen des inneren Hohlraumes sein. In welchem Verhältnis stehen für diesen Fall die Radien r_1 und r_2 des Hohlzylinders?

357. Wie verhalten sich die Mäntel A_{M1} und A_{M2} von Hohlzylinder und innerem Zylinder für den Fall der Aufgabe 356?

358. Von einem Hohlzylinder sind das Volumen $V = 20\ \text{cm}^3$, der Mantel $A_M = 40\ \text{cm}^2$ und die Höhe $h = 4$ cm bekannt. Berechne die beiden Radien r_1 und r_2.

359. Ein Vollzylinder soll einem Hohlzylinder volumen- und höhengleich sein. Wie groß ist der Radius r des Vollzylinders zu machen, wenn die Radien $r_1 = 3$ cm und $r_2 = 2$ cm des Hohlzylinders gegeben sind?

360. Die Radien eines Hohlzylinders stehen im Verhältnis $r_1:r_2 = m:n = 4:3$. Berechne sein Volumen V und seinen Mantel A_M für $r_1 = 4$ cm und $h = 6$ cm.

361. Die Höhen h_1 und h_2 eines einseitig schief geschnittenen Zylinders stehen im Verhältnis $h_1:h_2 = m:n = 3:1$. Berechne h_1 und h_2 für den Fall, daß Volumen $V = 40\ \text{cm}^3$ und Radius $r = 2$ cm gegeben sind.

362. Ein Zylinder mit der Höhe $h_1 = 16$ cm und dem Radius $r_1 = 2$ cm soll derart einseitig schief geschnitten werden, daß seine Höhe h_1 erhalten bleibt und daß er volumengleich wird einem Zylinder mit der Höhe $h_3 = 3$ cm und dem Radius $r_2 = 4$ cm. Berechne die andere Höhe h_2 des schief geschnittenen Zylinders.

363. Aus einem 20 cm breiten, 30 cm hohen und 1 m langen Stahlblock soll 30 mm dicker Rundstahl gewalzt werden. Wieviel laufende Meter l ergeben sich unter der Annahme, daß keinerlei Abfall entsteht?

364. Bild 371 zeigt den Schnitt durch eine aus Messing angefertigte Lagerbuchse. Berechne die Materialmasse m für 100 Stück solcher Buchsen. ($\varrho = 8{,}5\ \text{g/cm}^3$)

365. Wie groß ist der Materialbedarf A für die im Bild 372 dargestellte Schutzkappe?
Berechne außerdem den von ihr eingeschlossenen Raum V.

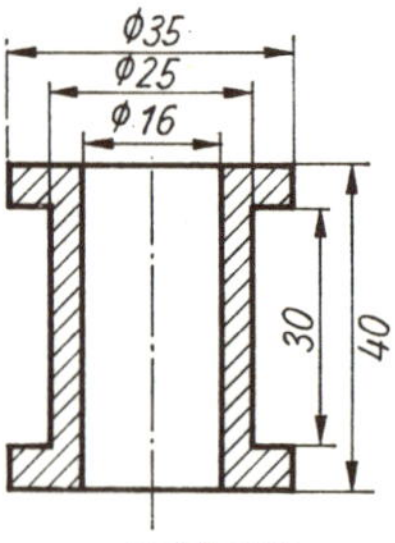

Bild 371

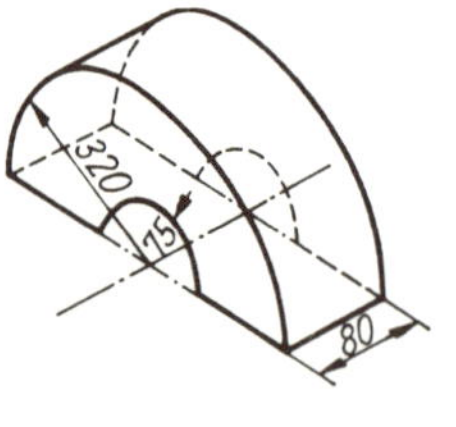

Bild 372

366. Berechne die Masse m des aus Grauguß gefertigten und im Bild 373 gezeigten Hebels. ($\varrho = 7{,}2$ g/cm³)

367. Wie groß ist der Materialbedarf V für das im Bild 374 dargestellte, aus Beton gegossene Kappengewölbe von 30 cm Dicke und 180 m Länge?

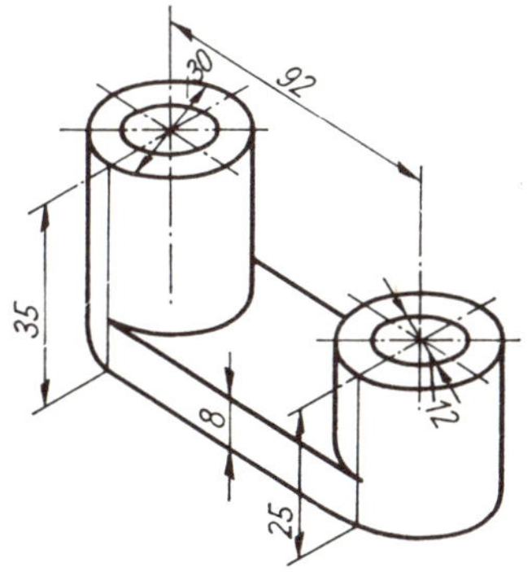

Bild 373

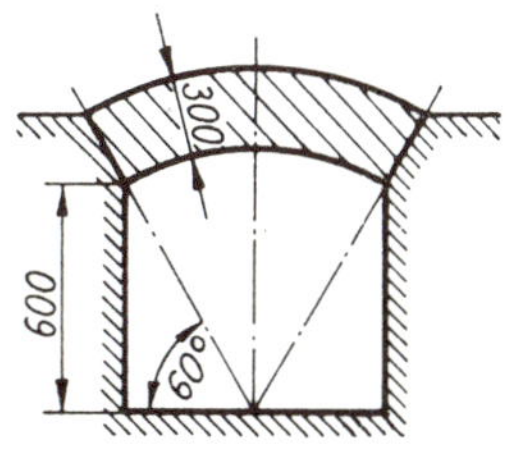

Bild 374

368. Aus Sechskantstahl von 17 mm Schlüsselweite und 60 mm Länge soll ein Schraubenrohling mit 10 mm Nenndurchmesser herausgedreht werden. Der Schraubenkopf soll 8 mm hoch sein. Berechne den Materialabfall V.

369. Ein quadratisches Blech von 25 cm Seitenlänge und 4 mm Dicke wird nach entsprechender Abschrägung zweier sich gegenüberliegender Kanten so zu einem Hohlzylinder zusammengebogen und stumpf geschweißt, daß der Umfang 25 cm beträgt. Wie groß sind sein Außendurchmesser d_1, sein Innendurchmesser d_2 und der von ihm eingeschlossene Raum V?

370. Aus einer Aluminiumplatine von 35 mm Durchmesser und 15 mm Höhe soll durch Kaltspritzen (Fließpressen) ein Becher von 34 mm Innendurchmesser und 1 mm dickem Boden hergestellt werden. Berechne seine Gesamthöhe h.

371. 180 kg Grauguß ($\varrho = 7{,}2$ g/cm³) werden im Schleudergußverfahren zu einem Rohr von 10 mm Wanddicke und 120 mm lichter Weite verarbeitet. Berechne die Rohrlänge l.

372. Zwei Bleiwalzen von 34 mm Durchmesser und 48 mm Höhe werden in einen Würfel umgeschmolzen. Gib dessen Kantenlänge a an.

373. Ein zylindrisches Standgefäß von 30 mm lichter Weite soll mit Teilstrichen für je 1 cm³ Fassungsvermögen versehen werden. In welchen Abständen a voneinander müssen diese angebracht werden?

374. Eine zylindrische Büchse faßt 1 l Flüssigkeit. Ihr Innendurchmesser ist doppelt so groß wie ihre Höhe. Berechne d und h.

375. Wieviel laufende Meter l einer Abflußrinne, deren Profil aus Bild 375 hervorgeht, können aus 1 m^3 Beton hergestellt werden?

376. 20 cm^3 Wasser werden in ein zylindrisches Gefäß von 24 mm lichtem Durchmesser gegossen. Berechne den Wasserstand h.

377. Das Standgefäß einer Mohrschen Waage zur Bestimmung der Dichte von Flüssigkeiten hat 40 mm lichten Durchmesser. Wenn der Schwimmer vollständig eintaucht, hebt sich die Flüssigkeitsoberfläche um 3,5 mm. Berechne das Volumen V des Schwimmers.

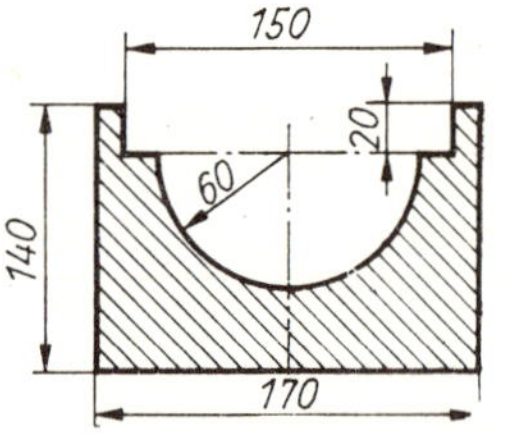

Bild 375

378. Aus einem 28 mm langen Rundstab von 8 mm Durchmesser wird durch fortgesetztes Ziehen ein Draht von 0,3 mm Durchmesser gewonnen. Gib dessen Länge l unter der Voraussetzung an, daß keine Materialverluste auftreten.

379. Ein 8 m tiefer Brunnen wird aus einer 25 cm dicken Mauer ringförmig hochgezogen. Berechne den Ziegelbedarf V für einen lichten Durchmesser von 1,2 m.

380. In einem Transformator sind 8,4 kg Kupferdraht von 3 mm Durchmesser verarbeitet worden. Berechne die Länge l des Drahtes. ($\varrho = 8{,}9\ g/cm^3$)

381. In einem Rundsockel von 60 cm Höhe sind 1,4 m^3 Beton verarbeitet worden. Gib seinen Durchmesser d an.

382. Ein Bleiring von 15 mm Höhe, 38 mm Innen- und 62 mm Außendurchmesser soll bei gleichbleibender Höhe auf 45 mm Innendurchmesser ausgewalzt werden. Berechne den neuen Außendurchmesser d.

383. Welche Masse m hat das im Bild 376 dargestellte Formstück? ($\varrho = 7{,}2\ g/cm^3$) (Die Längen der kurzen Seiten betragen jeweils 50 mm.)

384. Berechne das Volumen V des im Bild 377 dargestellten und aus dünnem Blech gefertigten Rohres. Die Blechdicke bleibt unberücksichtigt.

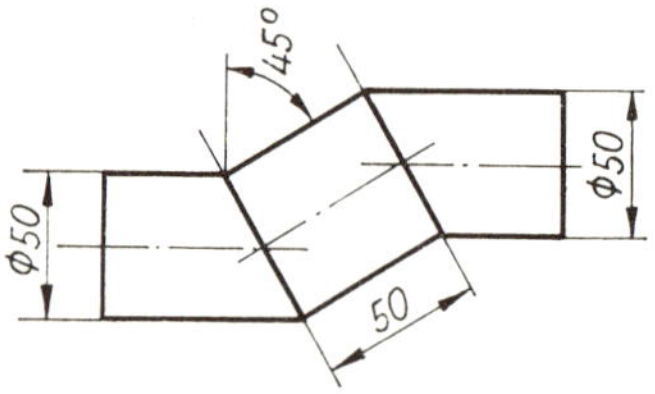

Bild 376

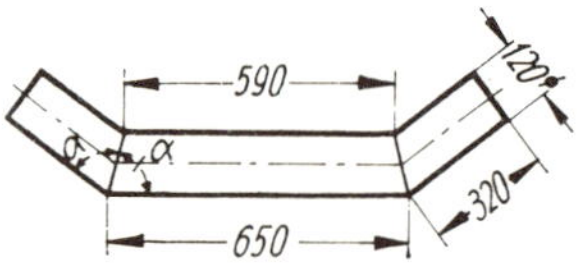

Bild 377

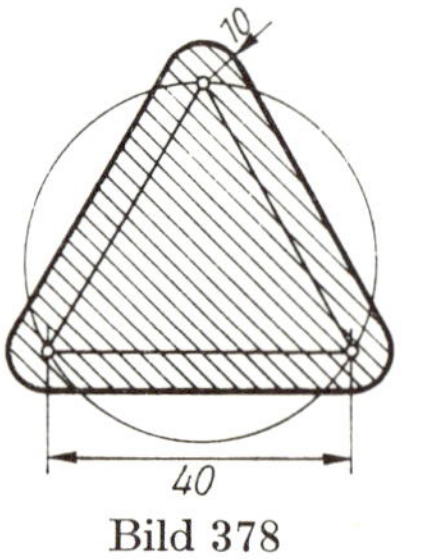

Bild 378

385. In einem einseitig durch einen Kolben abgeschlossenen Gefäß dehnt sich Gas bei konstantem Druck um 210 cm^3 aus. Berechne den dadurch verursachten Kolbenhub h bei einem Durchmesser des Zylinderraumes von 75 mm.

386. Im Bild 378 ist der Querschnitt einer 80 cm langen Achse gezeigt. Berechne ihre Masse m. ($\varrho = 7{,}85\ g/cm^3$)

387. Eine 720 mm lange Achse aus Vierkantstahl mit quadratischem Querschnitt (Seitenlänge $a = 3$ cm) wird beiderseits abgedreht, so daß zylindrische Zapfen von 18 mm Durchmesser und 58 mm Länge entstehen. Berechne die Masse m von 100 Stück fertig bearbeiteten Achsen und den dabei auftretenden Massenverlust m_1.
($\varrho = 7{,}85$ g/cm³)

12.1.2.4. Zylinderhuf

Führt man durch einen geraden Kreiszylinder einen die Grundfläche halbierenden schrägen Schnitt, so entsteht der in Bild 379 dargestellte *Zylinderhuf*.
Die Formel für sein Volumen wird mit Hilfe der Formel (60) (s. 11.5.2.) hergeleitet. Man stellt ihn nach Bild 380 so, daß seine Grundkante $\overline{AB}$ senkrecht steht. Die Endpunkte A und B dieser Grundkante bilden dann seine beiden Grundflächen A_1 und A_2.
Mit dem Mittelschnitt $A_m = \frac{rh}{2}$, den Grundflächen $A_1 = 0$, $A_2 = 0$ und der Höhe $h_1 = 2r$ ergibt sich aus (60) das Volumen des Hufs. Es wird

$$V = \frac{2r}{6} \, 4 \, \frac{rh}{2}$$

$$\boxed{V = \frac{2}{3} r^2 h} \qquad (70)$$

oder

$$\boxed{V = \frac{d^2}{6} h} \qquad (70\text{ a})$$

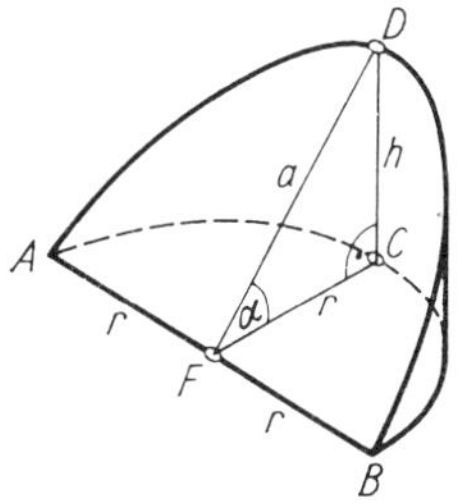

Bild 379

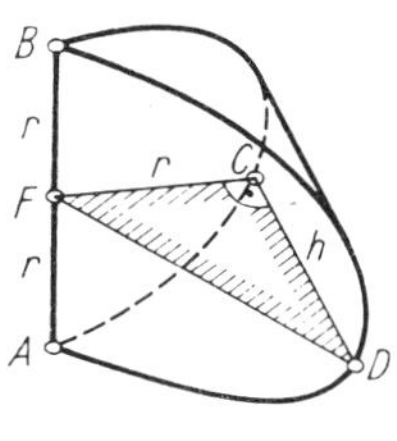

Bild 380

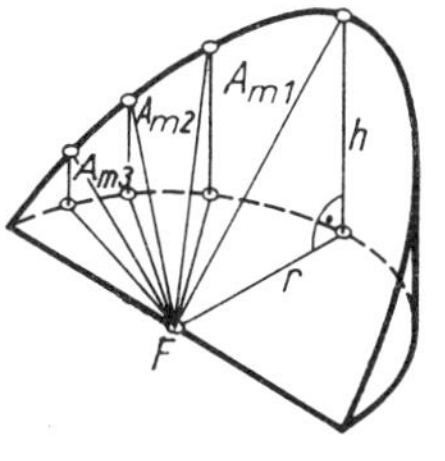

Bild 381

Die Mantelfläche des Hufs erhält man nach Bild 381 als Summe $A_M = A_{M1} + A_{M2} + \ldots + A_{Mn}$ aller n Teilflächen $A_{M1}, A_{M2}, \ldots, A_{Mn}$, die dadurch entstehen, daß man durch den Halbierungspunkt F der Grundkante möglichst viele Schnitte senkrecht zur Grundfläche führt. Die dadurch entstehenden Teilpyramiden haben ihre Spitze in A und besitzen die gemeinsame Höhe $h_1 = r$. Die Summe ihres Volumens ergibt sich aus

$$V = \frac{1}{3} A h_1 = \frac{1}{3} (A_{M1} + A_{M2} + \ldots + A_{Mn}) r = \frac{1}{3} A_M r$$

Durch Gleichsetzen von $V = \frac{1}{3} A_M r$ mit $V = \frac{2}{3} r^2 h$
folgt für den Mantel des Hufs:

$$\boxed{A_M = 2rh} \tag{71}$$

oder

$$\boxed{A_M = dh} \tag{71 a}$$

BEISPIELE

1. Wie groß sind das Volumen V und der Mantel A_M eines Zylinderhufs, wenn der Neigungswinkel α der Schnittebene (Bild 379)

   a) 45° b) 60° beträgt?

Lösung

zu a) Mit $h = r$ folgt aus $V = \frac{2}{3} r^2 h$:

$$\underline{\underline{V = \frac{2}{3} r^3}}$$

Aus $A_M = 2rh$ folgt $\underline{\underline{A_M = 2r^2}}$

zu b) Mit $h = r\sqrt{3}$ folgt aus $V = \frac{2}{3} r^2 h$:

$$\underline{\underline{V = \frac{2}{3} r^3 \sqrt{3}}}$$

Aus $A_M = 2rh$ folgt $A_M = 2r^2\sqrt{3}$

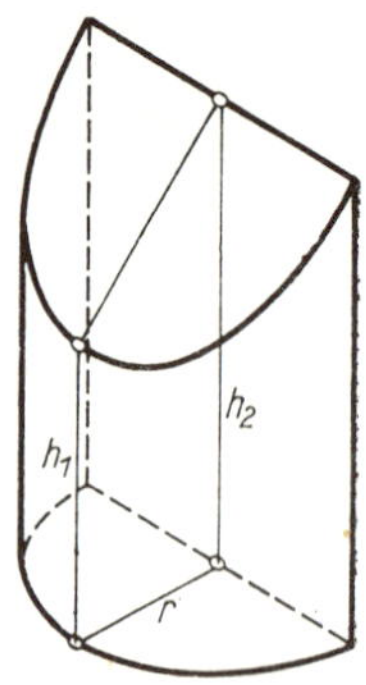

Bild 382

2. Ermittle die Höhe h_2 des im Bild 382 dargestellten Körpers mit dem Volumen $V = \pi r^2 h_1$.

Lösung

Betrachtet man den Körper als Halbzylinder mit der Höhe h_2, von dem ein Zylinderhuf mit der Höhe $(h_2 - h_1)$ abgetrennt wurde, dann gelten sowohl $V = \pi r^2 h_1$ als auch $V = \frac{\pi r^2 h_2}{2} - \frac{2}{3} r^2 (h_2 - h_1)$.

Durch Gleichsetzen findet man:

$$\underline{\underline{h_2 = h_1 \frac{6\pi - 4}{3\pi - 4}}}$$

AUFGABEN

388. Drücke das Volumen V eines Zylinderhufs durch seinen Mantel A_M und seine Höhe h aus.

389. Von einem Zylinderhuf sind der Radius $r = 5$ cm und der Mantel $A_M = 20$ cm² bekannt. Berechne seine Höhe h und sein Volumen V.

390. Der Symmetrieschnitt eines Zylinderhufs ist ein rechtwinkliges Dreieck mit den Hypotenusenabschnitten q und p (Bild 383). Berechne das Volumen V und den Mantel des Hufs für $q:p = m:n = 4:3$ und $c = q + p = 3$ cm.

391. Ein Zylinderhuf mit dem Radius $r = 4$ cm soll einem Würfel mit der Kante $a = 8$ cm volumengleich sein. Wie groß ist die Höhe h des Hufs für diesen Fall zu machen?

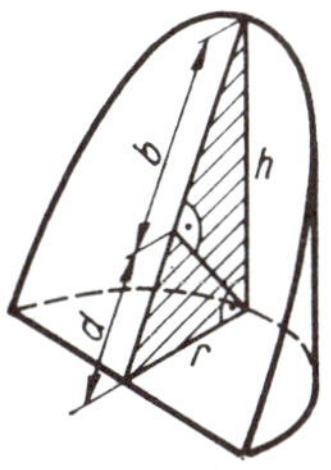

Bild 383

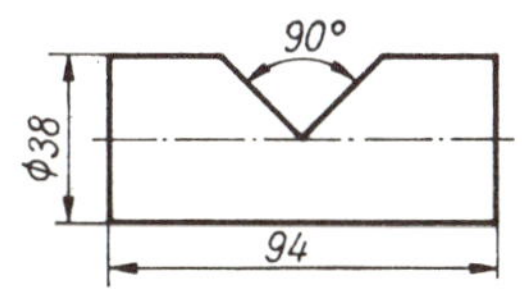

Bild 384

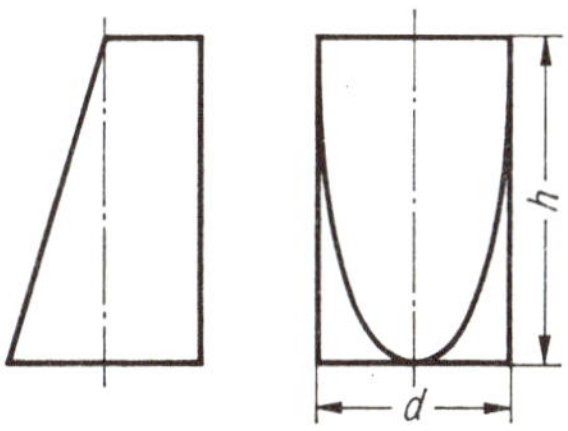

Bild 385

392. In einer Parkanlage wird an einem unter 30° geneigten Steilhang ein halbkreisförmiger Platz mit horizontalem Boden und 1,8 m Radius ausgehoben. Die Rückwand steht vertikal. Berechne die Menge V der zu entfernenden Erde.

393. Berechne die Masse m des im Bild 384 dargestellten Stahlbolzens. ($\varrho = 7{,}85$ g/cm³)

394. Gib eine Formel für das Volumen V des im Bild 385 dargestellten Körpers an.

12.2. Kegel und Kegelstumpf

12.2.1. Vorbetrachtungen

Unter einem *Kreiskegel* (im folgenden kurz *Kegel* genannt) versteht man einen krummflächig begrenzten Körper, dessen Grundfläche eine Kreisfläche ist und dessen gekrümmte Mantelfläche einerseits der Krümmung der Grundfläche entspricht und andererseits zu einer Spitze zusammenläuft.

Alle von der Spitze zur Grundkante verlaufenden Verbindungsgeraden liegen in der Mantelfläche und heißen Mantellinien. Sind sie gleich lang, so gehören sie einem *geraden Kegel* (Bild 386), sind sie dagegen verschieden lang, so gehören sie einem *schiefen Kegel* (Bild 387) an.

Die durch die Spitze S und den Grundflächenmittelpunkt M bestimmte Gerade wird als Achse des Kegels bezeichnet. Die durch diese Achse gelegte und auf der Grundfläche senkrecht stehende Ebene ist sowohl für den geraden als auch für den schiefen Kegel Symmetrieebene. Ein gerader Kegel hat demzufolge unendlich viele Symmetrieebenen, ein schiefer dagegen nur eine.

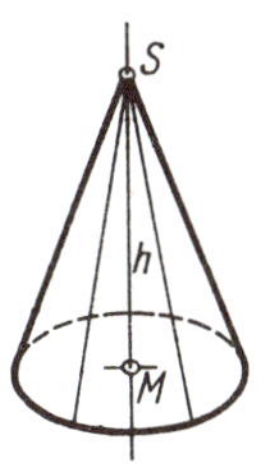

Bild 386

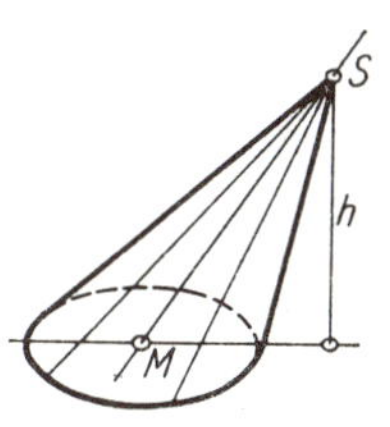

Bild 387

Der Abstand zwischen der Spitze und der Grundfläche wird Höhe genannt und als Lot gefunden, das man von der Spitze auf die Grundfläche bzw. auf die durch die Grundfläche bestimmte Ebene fällt. Beim geraden Kegel ist die Höhe gleich der von der Spitze und dem Grundflächenmittelpunkt auf der Achse begrenzten Strecke.

Unter einem *Kreiskegelstumpf* (im folgenden kurz *Kegelstumpf* genannt) versteht man den Restkörper, der übrigbleibt, wenn man durch einen parallel zur Grundfläche eines Kegels geführten Schnitt einen kleineren Kegel abschneidet. Letzterer wird *Ergänzungskegel* genannt (Bild 388).

Verbindet man die Endpunkte paralleler Durchmesser der Grundflächen eines Kegelstumpfes, etwa A und B, miteinander, so entstehen die Mantellinien s. Verlängert man diese über die kleinere Grundfläche hinaus, so schneiden sie einander schließlich in einem Punkt S.

Die durch die beiden Grundflächenmittelpunkte M_1 und M_2 bestimmte Gerade ist Achse des Kegelstumpfes.

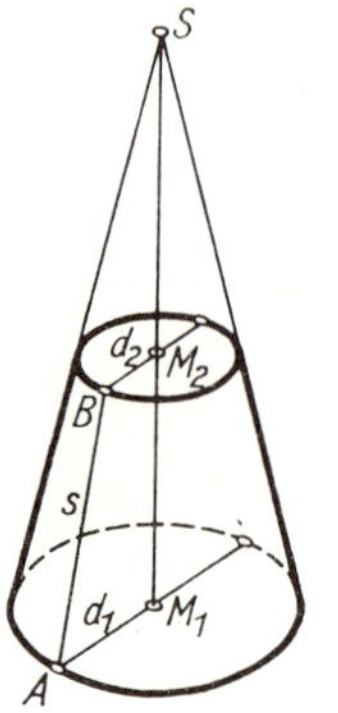

Bild 388

Der Abstand der beiden Grundflächen bildet die Höhe des Stumpfes. Sie fällt beim geraden Kegelstumpf mit der Strecke zusammen, die die beiden Grundflächenmittelpunkte auf der Achse begrenzen.

Je nachdem, ob die Achse senkrecht oder schief auf den Grundflächen steht bzw. die Mantellinien gleich oder unterschiedlich lang sind, spricht man von einem geraden oder schiefen Kegelstumpf.

Gerader Kegel und Kegelstumpf lassen sich als Rotationskörper auffassen. Ein Kegel entsteht, wenn ein rechtwinkliges Dreieck um eine Achse rotiert (Bild 389), wobei eine seiner Katheten mit der Achse zusammenfallen muß. Ein Kegelstumpf entsteht, wenn ein Trapez um eine Achse rotiert (Bild 390), wobei einer seiner beiden Schenkel senkrecht auf den Grundlinien stehen und mit der Achse zusammenfallen muß.

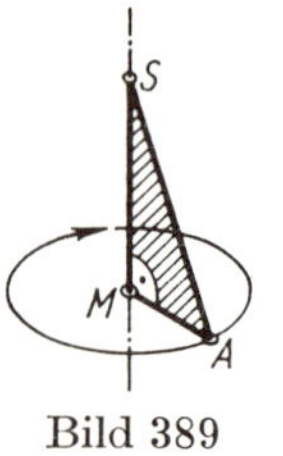

Bild 389

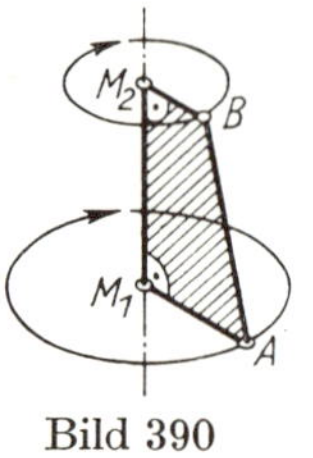

Bild 390

Man kann sich den geraden oder den schiefen Kegel aus einer Pyramide mit einem regelmäßigen Vieleck als Grundfläche entstanden denken, das im Grenzfall bei unendlich vielen Ecken zum Kreis wird. Somit lassen sich die für die Pyramide aufgestellten Lehrsätze sinngemäß auch auf den Kegel anwenden. Aus Lehrsatz 90 (s. 9.3.) folgt:

Parallele Ebenen schneiden einen Kegel in ähnlichen Schnittfiguren.

Ferner gilt:

Parallel zur Grundfläche liegende Schnittebenen schneiden den Kegel in Kreisen.

Aus Lehrsatz 91 (s. 9.3.) ergibt sich schließlich:

Wird ein Kegel in zu seiner Grundfläche parallelen Ebenen geschnitten, so verhalten sich die Flächeninhalte der als Schnittfiguren entstehenden Kreise wie die Quadrate ihrer Abstände von der Spitze des Kegels.

12.2.2. Berechnung des geraden und des schiefen Kegels

Aus der Formel für das Volumen der Pyramide

$$V = \frac{1}{3} Ah$$

erhält man wegen $A = \pi r^2$

sofort die Formel für das Volumen des *geraden* und des *schiefen* Kegels:

$$\boxed{V = \frac{\pi}{3} r^2 h} \qquad (72)$$

$$\boxed{V = \frac{\pi}{12} d^2 h} \qquad (72\,a)$$

Schneidet man den Mantel eines geraden Kegels längs einer Mantellinie s auf, so kann er in eine Ebene gelegt werden und bildet dann den im Bild 391 dargestellten Sektor. Dessen Bogenlänge b entspricht dem Umfang der Kegelgrundfläche $2\pi r$ und dessen Radius r_1 der Mantellinie s.

Mit $b = 2\pi r = \pi d$ und $r_1 = s$ ergibt sich aus

$$A = \frac{b r_1}{2}$$

die Mantelfläche des *geraden* Kegels. Sie wird

$$A_M = \frac{2\pi r s}{2}$$

$$\boxed{A_M = \pi r s} \qquad (73)$$

oder

$$\boxed{A_M = \frac{\pi}{2} ds} \qquad (73\,a)$$

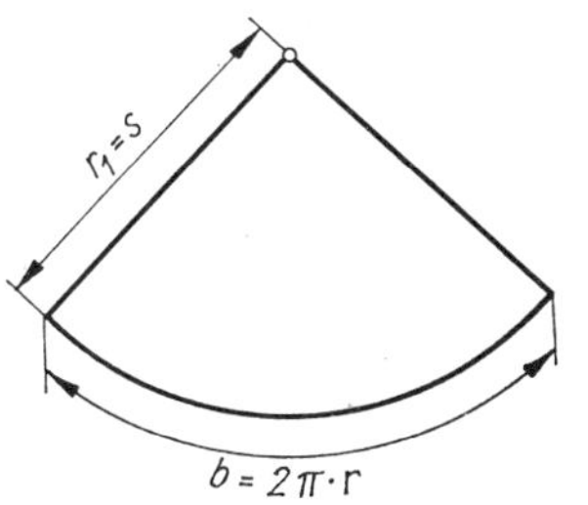

Bild 391

Für die Oberfläche des *geraden* Kegels erhält man damit

$$A_O = \pi r^2 + \pi r s$$

$$\boxed{A_O = \pi r (r + s)} \qquad (74)$$

oder

$$\boxed{A_O = \frac{\pi}{4} d(d + 2s)} \qquad (74a)$$

Mantelfläche und Oberfläche eines schiefen Kegels lassen sich durch einfache algebraische Formeln nicht ausdrücken.

BEISPIELE

1. Berechne das Volumen V, die Mantelfläche A_M und die Oberfläche A_O eines geraden Kegels, dessen Grundfläche den Radius r hat und der von einer Symmetrieebene in einem gleichseitigen Dreieck geschnitten wird.

Lösung

Die Höhe des Kegels ist Höhe in einem gleichseitigen Dreieck und mithin

$$h = \frac{1}{2} 2r\sqrt{3} = r\sqrt{3}$$

Aus $V = \frac{\pi}{3} r^2 h$ folgt damit $V = \frac{\pi}{3} r^2 r\sqrt{3}$ oder

$$\underline{\underline{V = \frac{\pi}{3} r^3 \sqrt{3}}}$$

Mit $s = 2r$ folgt aus $A_M = \pi r s$:

$$\underline{\underline{A_M = 2\pi r^2}}$$

Aus $A_O = \pi r\,(r + s)$ erhält man außerdem:

$$A_O = \pi r\,(2r + r)$$

$$\underline{\underline{A_O = 3\pi r^2}}$$

2. Wie groß ist das Volumen V eines schiefen Kegels, dessen Grundflächenkreis den Radius r hat und der durch seine Symmetrieebene in einem rechtwinklig-gleichschenkligen Dreieck geschnitten wird?

Lösung (Bild 392)

Wegen $h = 2r$ folgt aus

$$V = \frac{\pi}{3} r^2 h$$

$$\underline{\underline{V = \frac{2}{3} \pi r^3}}$$

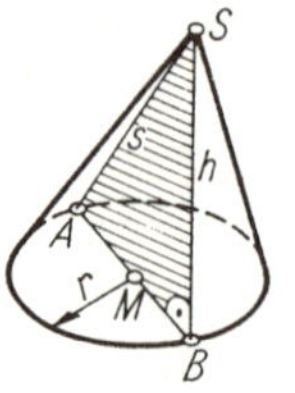

Bild 392

3. Berechne das Volumen V des Kegels, dem ein Würfel mit dem Volumen $V_W = \frac{r^3}{27}$ derart einbeschrieben ist, daß eine seiner Seitenflächen mit der Kegelgrundfläche und die vier dieser Seitenfläche gegenüberliegenden Ecken mit dem Mantel des Kegels zusammenfallen. Der Radius der Kegelgrundfläche sei r.

Lösung (Bild 393)

Aus der Ähnlichkeit der Dreiecke ABC und DFC folgt

$$r : \frac{b}{2}\sqrt{2} = h : (h - b)$$

und hieraus

$$h = \frac{2\,br}{2r - \sqrt{2}\,b}\,.$$

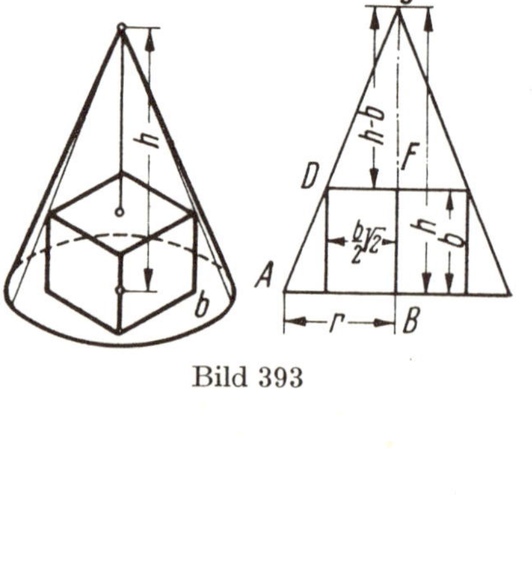

Bild 393

Aus $V = \frac{\pi}{3} r^2 h$

folgt $V = \frac{\pi}{3} r^2 \frac{2br}{2r - \sqrt{2}\,b} = \frac{2\pi r^3 b}{3\,(2r - \sqrt{2}\,b)}$

und mit $b = \sqrt[3]{V_W} = \sqrt[3]{\frac{r^2}{27}} = \frac{r}{3}$

$$V = \pi \frac{(6 + \sqrt{2}\,)}{51} r^3 = \frac{\pi}{51}\left(6 + \sqrt{2}\,\right) r^3$$

12.2.3. Berechnung des Kegelstumpfes

Das Volumen des Kegelstumpfes ergibt sich aus Formel (58) (s. 11.4.3.)

$$V = \frac{h}{3}\left(A_1 + \sqrt{A_1 A_2} + A_2\right)$$

wenn man $A_1 = \pi r_1^2$

$A_2 = \pi r_2^2$

$\sqrt{A_1 A_2} = \pi r_1 r_2$

einsetzt, worin r_1 und r_2 die Radien der beiden Grundflächen des Stumpfes sind. Man erhält somit für das Volumen des *geraden* und des *schiefen* Kegelstumpfes

$$\boxed{V = \frac{\pi}{3} h\,(r_1^2 + r_1 r_2 + r_2^2)} \quad (75)$$

oder

$$\boxed{V = \frac{\pi}{12} h\,(d_1^2 + d_1 d_2 + d_2^2)} \quad (75\text{ a})$$

Faßt man den Kegelstumpf als Prismoid auf, so folgt wegen

$A_1 = \pi r_1^2, \quad A_2 = \pi r_2^2, \quad A_m = \frac{\pi}{4}(r_1 + r_2)^2$ aus (60) (s. 11.5.2.) :

$$V = \frac{\pi}{6} h\left(r_1^2 + 4\,\frac{(r_1 + r_2)^2}{4} + r_2^2\right)$$

gleichfalls $V = \frac{\pi}{3} h\,(r_1^2 + r_1 r_2 + r_2^2)$

Die Formel für das Kegelvolumen könnte sinngemäß abgeleitet werden.

Wickelt man die längs einer Mantellinie aufgeschnittene Mantelfläche eines geraden Kegelstumpfes in die Ebene ab, so erhält man den Teil eines Kreisringes mit der Breite s und den Bogenlängen $2\pi r_1 = \pi d_1$ und $2\pi r_2 = \pi d_2$ (Bild 394). Ergänzt man den Mantel des Stumpfes zum Mantel eines vollständigen Kegels mit der Mantellinie $s + s_e$ (Bild 395), so erhält man

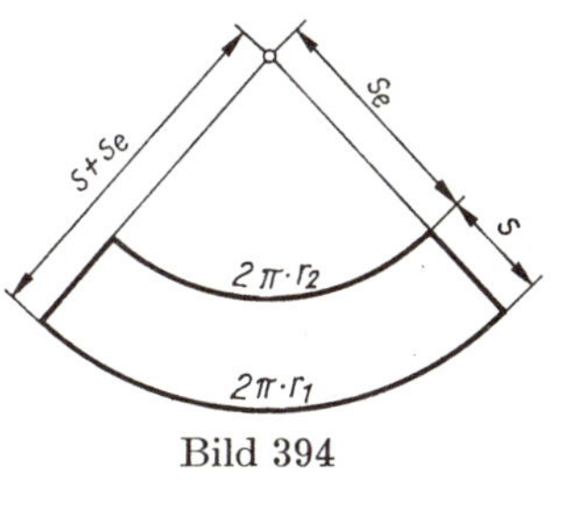

Bild 394

aus der Proportion

$$s_e : (s + s_e) = r_2 : r_1$$

$$s_e = \frac{s r_2}{r_1 - r_2}$$

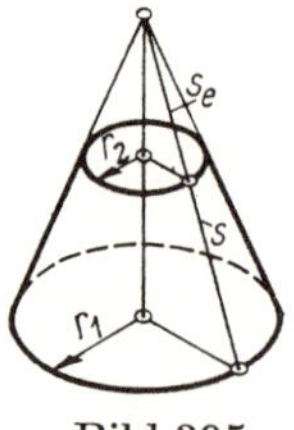

Bild 395

Mit diesem Wert läßt sich der Mantel des Stumpfes aus der Differenz des Mantels des ganzen Kegels und des Mantels des Ergänzungskegels berechnen. Aus

$$A_M = \pi r_1 (s + s_e) - \pi r_2 s_e$$

erhält man für den Mantel des *geraden* Kegelstumpfes

$$\boxed{A_M = \pi s (r_1 + r_2)} \qquad (76)$$

oder

$$\boxed{A_M = \frac{\pi}{2} s (d_1 + d_2)} \qquad (76\text{ a})$$

Damit und mit den Flächeninhalten $A_1 = \pi r_1^2$ und $A_2 = \pi r_2^2$ der beiden Grundflächen ergibt sich die Oberfläche des *geraden* Kegelstumpfes aus

$$A_O = A_1 + A_2 + A_M$$

$$\boxed{A_O = \pi [r_1^2 + r_2^2 + s (r_1 + r_2)]} \qquad (77)$$

oder

$$\boxed{A_O = \frac{\pi}{4} [d_1^2 + d_2^2 + 2s (d_1 + d_2)]} \qquad (77\text{ a})$$

Mantel und Oberfläche des schiefen Kegelstumpfes lassen sich durch algebraische Formeln nicht ausdrücken.

BEISPIELE

1. Wie groß ist der Radius a des Durchdringungskreises zweier Kegel mit den Radien r_1 und r_2, die nach Bild 396 angeordnet sind?

Lösung

Die Aufgabe läßt sich nach Bild 397 in der Ebene lösen.

$\triangle\, CDE \sim \triangle\, ABE$, folglich $a : r_1 = h_2 : (h_1 + h_2)$ (I)

$\triangle\, CDB \sim \triangle\, FEB$, folglich $a : r_2 = h_1 : (h_1 + h_2)$ (II)

Durch Addieren von (I) und (II) ergibt sich

$$\frac{a}{r_1} + \frac{a}{r_2} = 1$$

$$a \frac{r_1 + r_2}{r_1 r_2} = 1$$

$$\underline{\underline{a = \frac{r_1 r_2}{r_1 + r_2}}}$$

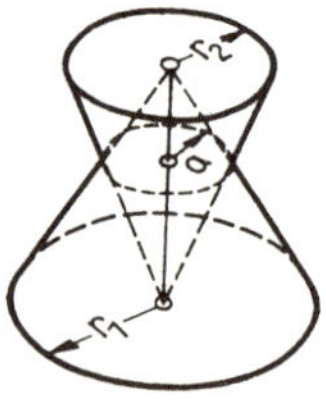

Bild 396

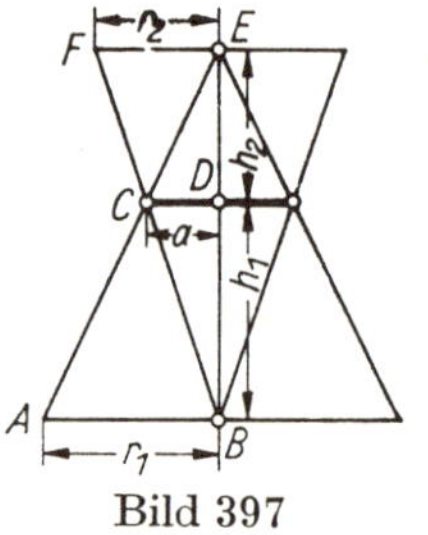

Bild 397

2. Berechne die Radien r_1 und r_2 sowie die Höhe h eines geraden Kegelstumpfes, dem ein Kegel derart einbeschrieben ist, daß er mit dem Stumpf die größere Grundfläche gemeinsam hat und seine Spitze in der Kante der anderen Grundfläche liegt! Die beiden Mantellinien s_1 und s_2 sind bekannt und bilden bei C einen rechten Winkel.

Lösung (Bild 398)

Aus dem rechtwinkligen Dreieck ABC folgt sofort

$$(2r_1)^2 = s_1^2 + s_2^2$$

und hieraus $r_1 = \dfrac{\sqrt{s_1^2 + s_2^2}}{2}$ (I)

$\triangle ABC \sim \triangle BCD$, folglich:

$$h : s_2 = s_1 : 2r_1$$

und hieraus $h = \dfrac{s_1 s_2}{2r_1}$ oder mit (I)

$$h = \frac{s_1 s_2}{\sqrt{s_1^2 + s_2^2}}$$

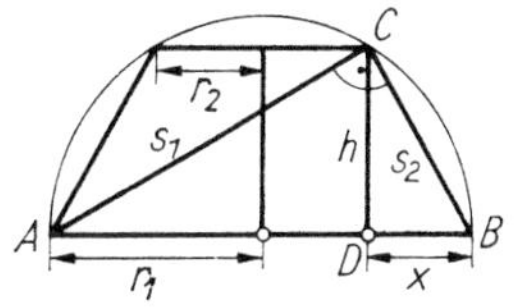

Bild 398

Außerdem $x : s_2 = s_2 : 2r_1$

und hieraus $x = \dfrac{s_2^2}{2r_1} = \dfrac{s_2^2}{\sqrt{s_1^2 + s_2^2}}$

Wegen $r_2 = r_1 - x$ folgt

$$r_2 = \frac{s_1^2 - s_2^2}{2\sqrt{s_1^2 + s_2^2}}$$

12.2.4. Wichtige Beziehungen an Kegel und Kegelstumpf

Zwischen der Mantellinie s, der Höhe h und dem Grundflächenradius r eines geraden Kegels besteht (Bild 399) die Beziehung

$$s = \sqrt{h^2 + r^2}$$

aus der $h = \sqrt{s^2 - r^2}$ und

$r = \sqrt{s^2 - h^2}$ folgen.

Deshalb kann (72), die Formel für das Volumen eines *geraden* Kegels, auch in der Form

$$V = \frac{\pi}{3} h \, (s^2 - h^2)$$

oder $$V = \frac{\pi}{3} r^2 \sqrt{s^2 - r^2}$$

geschrieben werden.

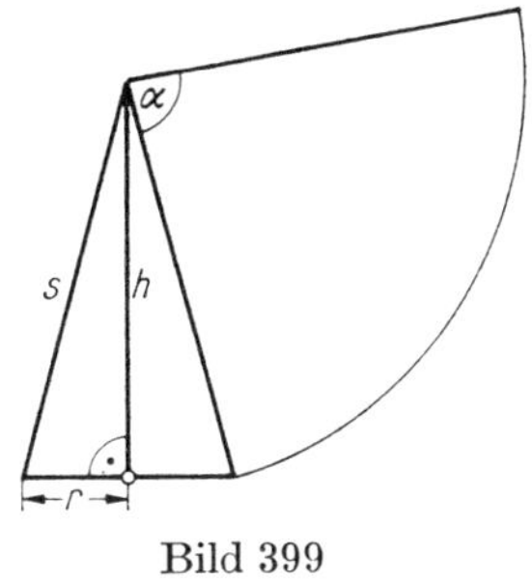

Bild 399

Entsprechend ergibt sich für den Mantel und die Oberfläche des *geraden* Kegels:

$$A_M = \pi r \sqrt{r^2 + h^2}$$

oder $$A_M = \pi s \sqrt{s^2 - h^2}$$

und $$A_O = \pi s \left[\sqrt{s^2 - h^2} + s^2 - h^2\right]$$

oder $$A_O = \pi r \left(\sqrt{h^2 + r^2} + r\right)$$

Für die Mantelfläche des geraden Kegels erhält man sowohl

$$A_M = \pi r s$$

als auch $$A_M = \frac{\pi s^2 \alpha}{360^\circ},$$

und durch Gleichsetzen

$$\frac{r}{s} = \frac{\alpha}{360^\circ}$$

worin α der Mantelöffnungswinkel ist (Bild 399).

Für die Grundfläche A und den Mantel A_M findet man

$$\frac{A}{A_M} = \frac{\pi r^2}{\pi r s} = \frac{r}{s},$$

also das gleiche Verhältnis, d. h., beim geraden Kegel verhält sich der Grundflächenradius zur Mantellinie genauso wie der Mantelöffnungswinkel zum Vollwinkel oder wie die Grundfläche zur Mantelfläche.

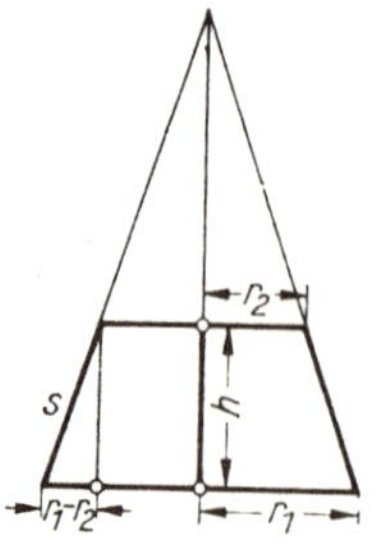

Bild 400

Wie man aus Bild 400 erkennt, kann zwischen den Radien r_1 und r_2 der beiden Grundflächen eines geraden Kegelstumpfes, seiner Höhe h und seiner Mantellinie s eine ähnliche Beziehung wie für den Kegel aufgestellt werden. Man findet

$$s = \sqrt{h^2 + (r_1 - r_2)^2}$$

12.2.5. Näherungsformeln zur Berechnung des Kegelstumpfes

Setzt man in der Näherungsformel (58a) (s. 11.4.4.) für das Volumen eines Pyramidenstumpfes $A_1 \pi = r_1^2$ und $A_2 = \pi r_2^2$, so folgt die entsprechende Näherungsformel zur angenäherten Berechnung des Volumens eines *geraden* oder eines *schiefen* Kegelstumpfes. Man erhält

$$\boxed{V \approx \frac{\pi}{2} h \left(r_1^2 + r_2^2\right)} \qquad (75\,\text{b})$$

Die durch (75b) gewonnenen Ergebnisse sind immer größer als die genauen, aber um so genauer, je weniger r_1 und r_2 voneinander abweichen.

Faßt man den Kegelstumpf als Zylinder mit dem Radius $\frac{r_1 + r_2}{2}$ auf, so ergibt sich als weitere Näherungsformel für das Volumen eines *geraden* oder eines *schiefen* Kegelstumpfes

$$\boxed{V \approx \frac{\pi}{4} h (r_1 + r_2)^2} \tag{75c}$$

Die durch (75c) gewonnenen Ergebnisse sind immer kleiner als die genauen, aber wiederum um so genauer, je weniger r_1 und r_2 voneinander abweichen.

BEISPIELE

Berechne das Volumen V eines Kegelstumpfes mit $r_1 = 3$ cm, $r_2 = 2$ cm, $h = 6$ cm.

Lösung nach (75b)

Aus $V \approx \frac{\pi}{2} h (r_1^2 + r_2^2)$ folgt

$$V \approx \frac{\pi}{2} \cdot 6 \text{ cm} [(3 \text{ cm})^2 + (2 \text{ cm})^2]$$

$$\underline{\underline{V \approx 122{,}5 \text{ cm}^3}}$$

Lösung nach (75)

Aus $V = \frac{\pi}{3} h (r_1^2 + r_1 r_2 + r_2^2)$ folgt

$$V = \frac{\pi}{3} \cdot 6 \text{ cm} [(3 \text{ cm})^2 + 3 \text{ cm} \cdot 2 \text{ cm} + (2 \text{ cm})^2]$$

$$\underline{\underline{V = 119{,}4 \text{ cm}^3}}$$

Lösung nach (75c)

Aus $V \approx \frac{\pi}{4} h (r_1 + r_2)^2$ folgt

$$V \approx \frac{\pi}{4} \cdot 6 \text{ cm} (3 \text{ cm} + 2 \text{ cm})^2$$

$$\underline{\underline{V \approx 117{,}8 \text{ cm}^3}}$$

In beiden Fällen ist der Fehler nicht größer als 2,5 %.
Der Leser beachte, daß derart zufriedenstellende Ergebnisse mit den Näherungsformeln (75b) und (75c) nur dann erreicht werden, wenn r_1 und r_2 nur wenig voneinander abweichen.

AUFGABEN

395. Der Achsenschnitt eines geraden Kegels ist ein gleichschenkliges Dreieck mit der Höhe $h = 3$ cm und der Schenkellänge $a = 5$ cm. Berechne Volumen V und Mantelfläche A_M des Kegels.
396. Berechne die Höhe h_1 eines Zylinders, der einem geraden Kegel mit der Höhe $h = 6$ cm volumen- und grundflächengleich ist.

397. Ein Hohlzylinder mit den Radien $r_1 = 3$ cm und $r_2 = 1$ cm und der Höhe $h_1 = 5$ cm soll einem geraden Kegel volumengleich sein, dessen Radius r
a) das arithmetische Mittel,
b) das geometrische Mittel

der Radien des Hohlzylinders ist. Berechne die Höhen h des Kegels für beide Fälle.

398. Welche Oberfläche A_O hat ein gerader Kegel, von dem der Mantel $A_M = 20$ cm² und die Mantellinie $s = 5$ cm bekannt sind? Berechne ferner sein Volumen V.

399. Das Volumen eines geraden Kegels wird durch eine zu seiner Grundfläche parallele Ebene halbiert. Drücke den Radius r_2 des Schnittkreises durch den Radius r_1 des Grundkreises aus.

400. Berechne den Mittelschnitt A_m eines Kegelstumpfes aus den Radien r_1 und r_2 den beiden Grundflächen.

401. Ein gerader Kegel wird durch eine zu seiner Grundfläche parallele Ebene so geschnitten, daß seine Höhe h, von der Spitze aus gerechnet, im Verhältnis $m:n$ geteilt wird. In welchem Verhältnis stehen dann die Radien r_1 und r_2 des Grund- und des Schnittkreises?

402. Ein gerader Kegel und ein Zylinder durchdringen einander (Bild 401). Wie groß ist

a) x, wenn r_1, r_2 und h bekannt sind,
b) r_2, wenn x, r_1 und h bekannt sind,
c) x, wenn $r_1 : r_2$ und h bekannt sind,
d) x, wenn die schraffierte Kreisringfläche der Grundfläche des Zylinders gleich ist,
e) x, wenn der unter der Durchdringungsfläche liegende Zylinder dem darüberliegenden Kegel volumengleich ist,
f) x, wenn der über der Durchdringungsfläche liegende Kegel dem unter dieser Fläche liegenden Restkörper aus Kegelstumpf und Zylinder volumengleich ist?

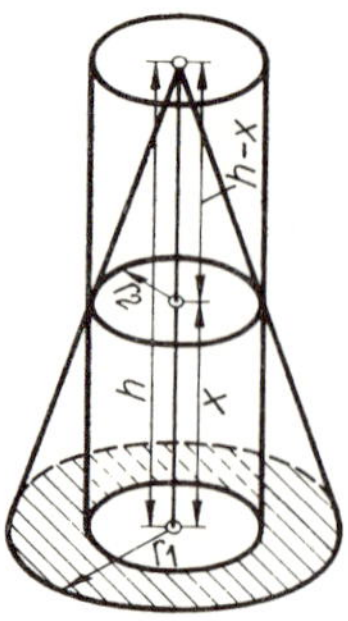

Bild 401

403. Im Bild 402 ist der Aufnahmekegel für eine Drehmaschine dargestellt. Berechne sein Volumen V.

404. Eine kegelförmige Abraumhalde hat bei einem Böschungswinkel von 45° eine Höhe von 23 m erreicht. Gib die Abraummenge V an.

405. Aus einem dünnen kreisförmigen Blech von 75 cm Durchmesser wird ein Sektor mit dem Mittelpunktswinkel 60° herausgeschnitten. Aus dem verbleibenden Blechstück wird ein Kegel gebogen. Gib dessen Höhe h, den Grundkreisradius r und das Volumen V an.

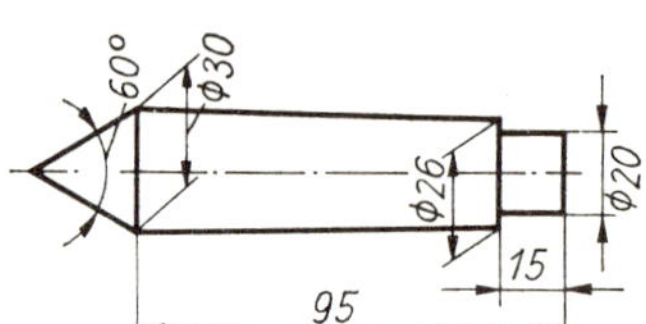

Bild 402

406. Die aus Blech gefertigte Haube eines Entlüftungsrohres hat die Form eines Kegels. Der Durchmesser des Grundkreises beträgt 35 cm und die Höhe 12 cm. Wie groß ist der Blechbedarf A, und welchen Radius r muß das kreisförmige Blechstück haben, aus dem diese Haube geformt wird?

407. Berechne den Blechbedarf A für den im Bild 403 dargestellten Krug. Nimm an, daß für die Nahtstellen insgesamt 5 % Zuschlag gebraucht werden.

408. Im Bild 404 ist der Schnitt durch ein aus Kunststoff gepreßtes Werkstück dargestellt. Das Kunstharz für den Preßling muß der Maschine in Form zylindrischer Tabletten von 50 mm Durchmesser vorgelegt werden. Welche Höhe h muß eine solche Tablette für einen Preßling haben?

409. Ein zylindrischer Bolzen von 280 mm Länge und 40 mm Durchmesser soll beiderseits auf 80 mm Länge keglig abgedreht werden. Berechne den Materialabfall V bei einer vorgeschriebenen Neigung 1:10.

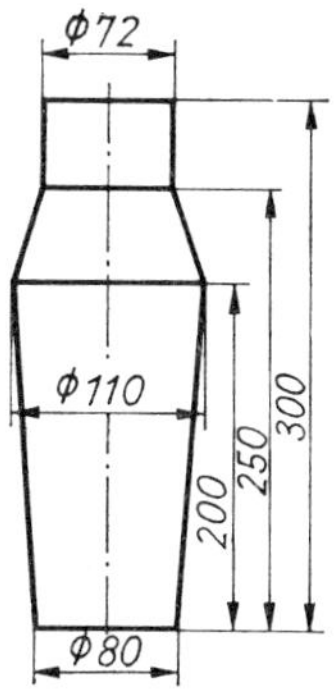

Bild 403

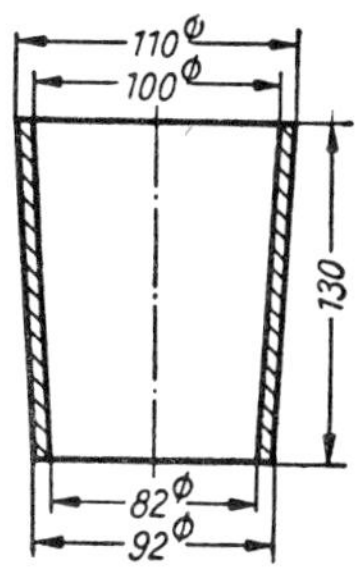

Bild 404

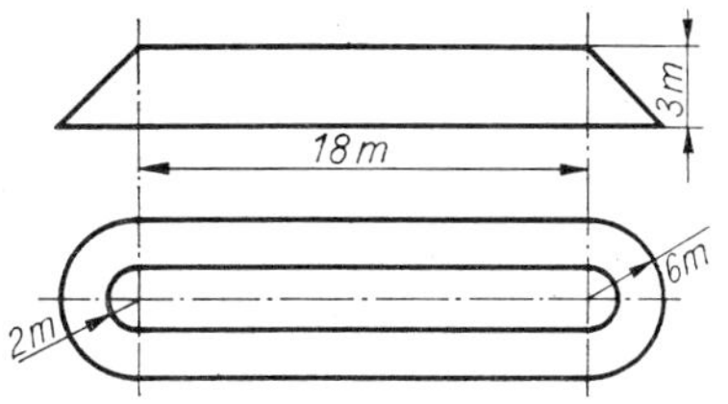

Bild 405

410. Der Innenraum eines kegelförmigen Meßgefäßes hat als Achsenschnitt ein gleichseitiges Dreieck mit 10 cm Seitenlänge. Im Inneren sollen drei Teilstriche angebracht werden, die eine Füllung von 30 cm³, 60 cm³ und 90 cm³ angeben. Gib die Abstände a, b und c dieser Marken, von der Kegelspitze aus gerechnet, an.

411. Wie groß ist das Volumen V eines Eimers, dessen großer Durchmesser und Höhe 28 cm und dessen kleiner Durchmesser 19 cm betragen?

412. In einem Park soll die im Bild 405 dargestellte Erhebung aufgeschüttet werden. Berechne den erforderlichen Bedarf V an Erdreich.

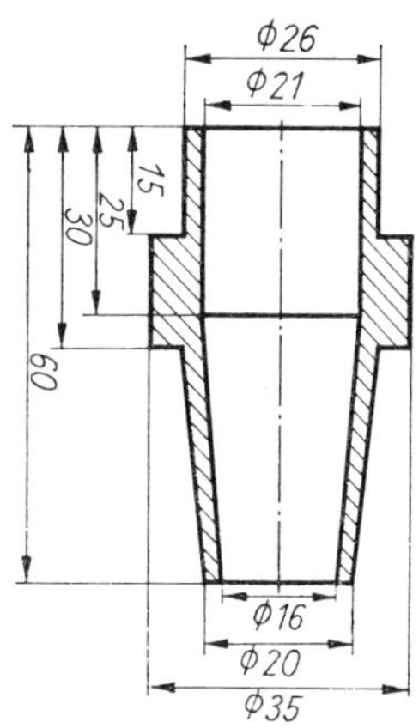

Bild 406

413. Berechne die Masse m des im Bild 406 dargestellten Werkstückes. ($\varrho = 8{,}3$ g/cm³)

414. Wie groß ist die Masse m von 100 Stück der im Bild 407 gezeigten Aluminiumnieten? ($\varrho = 2{,}7$ g/cm³)

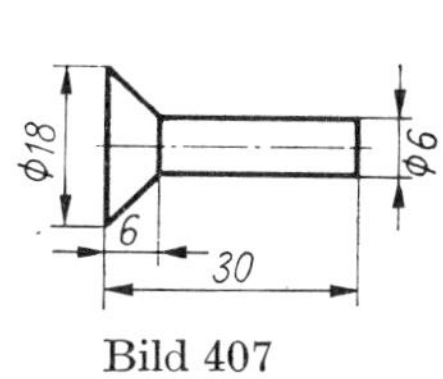

Bild 407

415. Bestimme den Blechbedarf A für den im Bild 408 dargestellten Trichter. Berücksichtige für die Nahtstellen eine Materialzugabe von insgesamt 5 %.

416. Aus einem Bleikegel von 5,5 cm Höhe und 1,5 cm Grundkreisradius soll ein Kegelstumpf von gleichem Grundkreisradius gegossen werden, dessen anderer Grundkreisradius jedoch 0,5 cm beträgt. Berechne die Höhe h des Stumpfes.

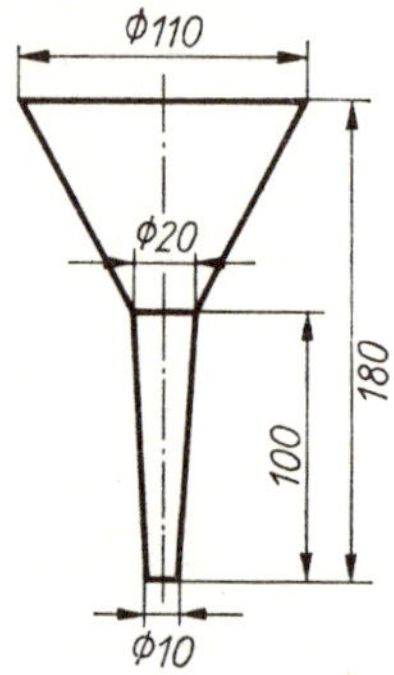

Bild 408

417. Aus einem halbkreisförmigen Blech von 16 cm Radius wird ein Kegel gebogen. Welches Volumen V schließt er ein?

418. Die im Bild 409 im Schnitt dargestellte kegelförmige Abdeckung soll aus Beton gegossen werden. Berechne ihre Masse m. (ϱ = 2,2 g/cm³)

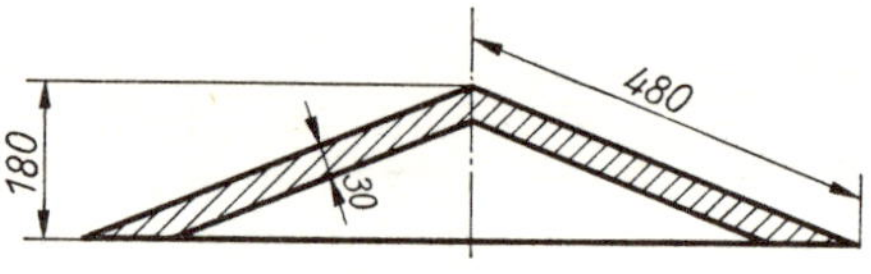

Bild 409

419. Aus Rundstahl von 25 mm Durchmesser soll das im Bild 410 gezeigte Werkstück geschmiedet werden. Berechne die Länge l des Rundstahles und nimm an, daß eine Längenzugabe von 3 % für den Abbrand erforderlich ist.

420. Aus einem Holzzylinder, dessen Masse 269 g beträgt, soll der denkbar größte Kegel gedreht werden. Wie groß ist dessen Masse m?

421. Berechne die Oberfläche A_O des im Bild 411 gezeigten Daches. Die Grundfläche ist mit zu berücksichtigen.

422. Aus einem Zylinder, dessen Achsenschnitt ein Quadrat von 4,5 cm Seitenlänge ist, wird der größtmögliche Kegel gedreht. Berechne das Kegelvolumen V.

423. Bild 412 zeigt den Schnitt durch einen an einem Schornstein befestigten Wasserbehälter. Gib dessen Fassungsvermögen V an.

Bild 410

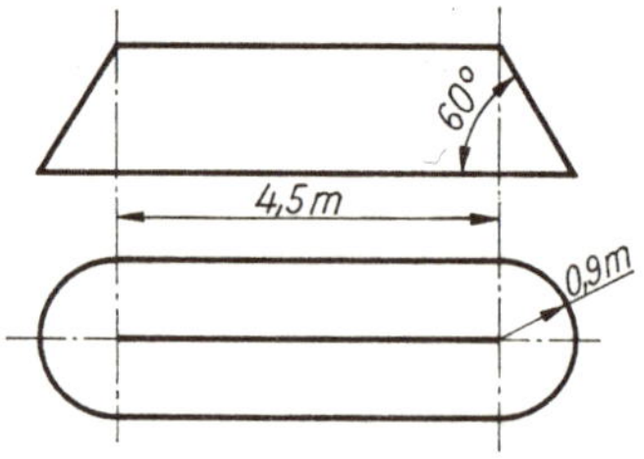

Bild 411

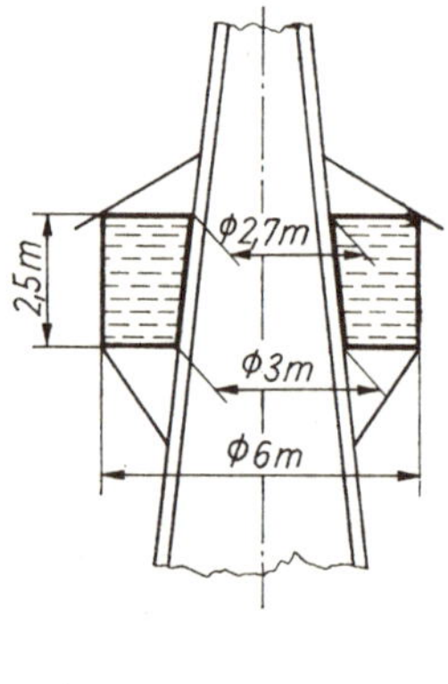

Bild 412

12.3. Kugel und ihre Teile

12.3.1. Vorbetrachtungen

Unter einer *Kugel* versteht man einen Körper, von dem jeder Punkt der Oberfläche gleichen Abstand zum Mittelpunkt hat. Dieser Abstand heißt *Radius*. Er bestimmt die Kugel eindeutig.

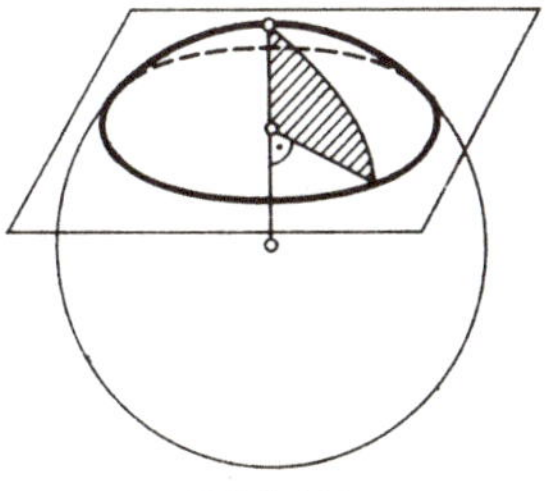

Bild 413

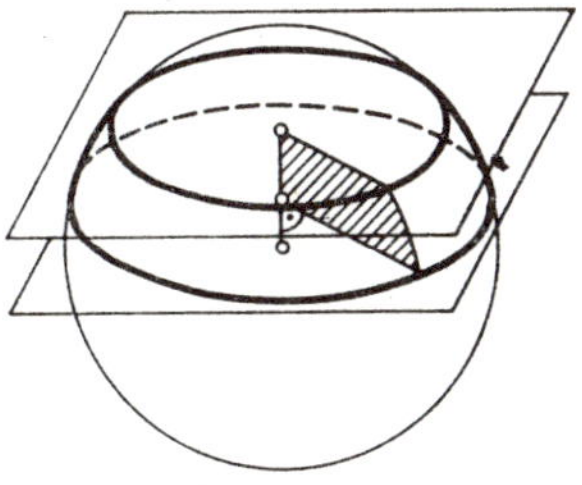

Bild 414

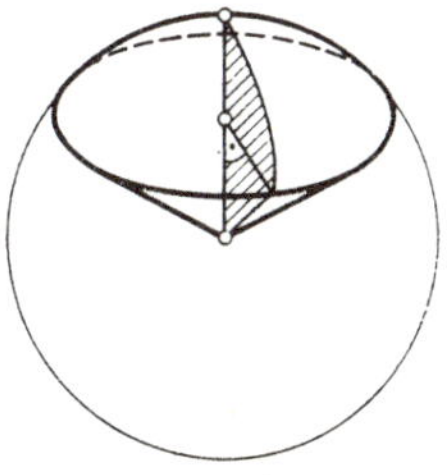

Bild 415

Jede durch den Mittelpunkt der Kugel gelegte Ebene ist Symmetrieebene und schneidet die Kugel in einem *Großkreis*. Der Radius des Großkreises ist auch Radius der Kugel. Alle anderen nicht durch den Mittelpunkt gelegten Schnittebenen erzeugen ebenfalls Kreise als Schnittfiguren. Diese sind aber sämtlich kleiner als der Großkreis.

Jede Schnittebene zerlegt die Kugel in zwei *Kugelsegmente* (Bild 413, s. Beilage, Raumbild 14). Geht die Schnittebene durch den Mittelpunkt, so entstehen zwei *Halbkugeln* als Sonderfall des Segmentes. Die gekrümmte Fläche des Segmentes nennt man *Kugelkappe* oder *Kalotte*.

Wird eine Kugel von zwei zueinander parallelen Ebenen geschnitten, so wird der zwischen den Ebenen liegende Körper als *Kugelschicht* bezeichnet (Bild 414, s. Beilage, Raumbild 15). Die gekrümmte Fläche der Kugelschicht heißt *Kugelzone*.

Zieht man von allen Punkten des Kugelkappengrundkreises Verbindungsstrecken zum Mittelpunkt der Kugel, so hüllen diese und die Kappe selbst einen Körper ein, den man *Kugelsektor* nennt (Bild 415).

Wird der Kugelkappengrundkreis zu einem Großkreis der Kugel, so entsteht eine *Halbkugel*.

Sowohl die Kugel als auch ihre eben genannten Teile können als Rotationskörper aufgefaßt werden. Eine Kugel entsteht, wenn eine Halbkreisfläche um eine Achse rotiert, wobei der Durchmesser der Fläche mit der Achse zusammenfallen muß. Die erzeugenden Flächen vom Segment, von der Kugelschicht und vom Kugelsektor sind in den Bildern 413, 414 und 415 schraffiert dargestellt.

12.3.2. Volumen der Kugel

Im Bild 416 (s. Beilage, Raumbild 13) sind eine Halbkugel mit dem Radius r und ein Restkörper dargestellt, der dadurch entsteht, daß aus einem Zylinder mit der Höhe r und dem Grundflächenradius r ein Kegel mit der Höhe r und dem Grundflächenradius r herausgeschnitten wird. Halbkugel und Restkörper sind volumengleich; denn führt man durch beide im Abstand x von ihren Grundflächen einen zu ihren Grundflächen parallelen Schnitt, so entstehen zwei flächengleiche Schnittfiguren.

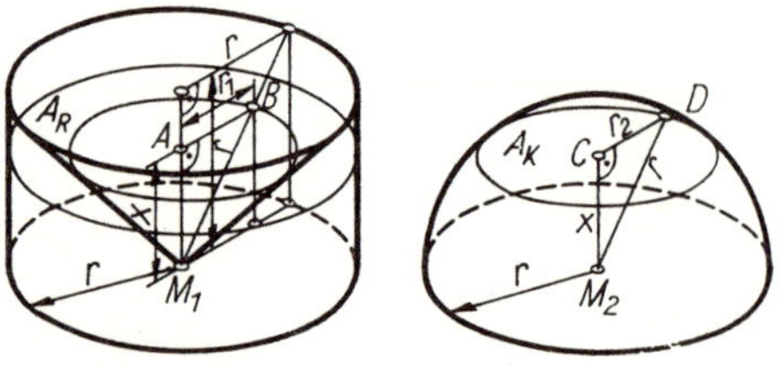

Bild 416

Beweis

Halbkugel: Kreis mit dem Flächeninhalt $A_K = \pi r_2^2$ (I)

Restkörper: Kreisring mit dem Flächeninhalt $A_R = \pi(r^2 - r_1^2)$

Aus dem rechtwinkligen Dreieck M_2CD folgt

$$r_2^2 = r^2 - x^2$$

und mit $x = r_1$ (Dreieck M_1AB ist rechtwinklig und gleichschenklig)

$$r_2^2 = r^2 - r_1^2$$

Setzt man in (I) ein, so ergibt sich

$$A_K = A_R$$

und folglich nach Lehrsatz 93 (s. 11.3.3.)

$$V_{\text{Halbkugel}} = V_{\text{Zylinder}} - V_{\text{Kegel}} = V_{\text{Restkörper}}$$

oder $V_{\text{Halbkugel}} = \pi r^3 - \frac{\pi}{3} r^3 = \frac{2}{3} \pi r^3$

Das Kugelvolumen ist somit

$$\boxed{V = \frac{4}{3} \pi r^3} \quad (78)$$

oder $$\boxed{V = \frac{\pi}{6} d^3} \quad (78a)$$

BEISPIELE

1. In welchem Verhältnis stehen die Volumen V_Z, V und V_K eines Zylinders, einer Kugel und eines Kegels, deren Maßbeziehungen aus Bild 417 hervorgehen?

Lösung

$$V_Z = 2\pi r^3, \qquad V = \frac{4}{3} \pi r^3, \qquad V_K = \frac{2}{3} \pi r^3$$

$$\underline{\underline{V_Z : V : V_K = 3 : 2 : 1}}$$

2. Berechne die Radien r_1 und r_2 zweier Kugeln, von denen die kleinere die größere innen berührt. Ihr Mittelpunktsabstand sei a und ihre Volumendifferenz V.

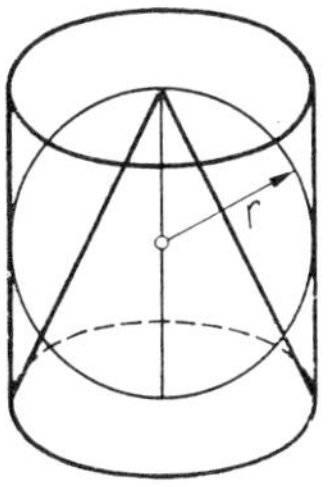

Bild 417

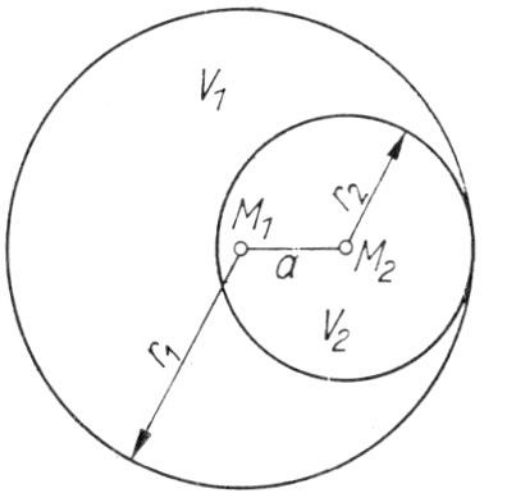

Bild 418

Lösung (Bild 418)

Aus $$V = V_1 - V_2 = \frac{4}{3}\pi(r_1^3 - r_2^3)$$

folgt $$r_1^3 - r_2^3 = (r_1 - r_2)(r_1^2 + r_1 r_2 + r_2^2) = \frac{3V}{4\pi}$$

und mit $$r_1 - r_2 = a \qquad \text{(I)}$$

$$r_1^2 + r_1 r_2 + r_2^2 = \frac{3V}{4\pi a} \qquad \text{(II)}$$

Aus (I) erhält man ferner

$$r_1^2 - 2r_1 r_2 + r_2^2 = a^2 \qquad \text{(III)}$$

und damit durch Subtraktion von (II) und (III)

$$3r_1 r_2 = \frac{3V}{4\pi a} - a^2 = \frac{3V - 4\pi a^3}{4\pi a}$$

oder $$4r_1 r_2 = \frac{3V - 4\pi a^3}{3\pi a} \qquad \text{(IV)}$$

Addiert man zu (III) beiderseits $4r_1 r_2$, so folgt

$$r_1^2 + 2r_1 r_2 + r_2^2 = a^2 + 4r_1 r_2$$

$$(r_1 + r_2)^2 = a^2 + 4r_1 r_2$$

und $$r_1 + r_2 = \sqrt{a^2 + 4r_1 r_2} \qquad \text{(V)}$$

Aus (I) und (V) und unter Berücksichtigung von (IV) ergibt sich damit

$$r_1 = \frac{1}{2}\left(\sqrt{a^2 + 4r_1 r_2} + a\right)$$

$$\underline{\underline{r_1 = \frac{1}{2}\left(\sqrt{a^2 + \frac{3V - 4\pi a^3}{3\pi a}} + a\right)}}$$

$$r_2 = \frac{1}{2}\left(\sqrt{a^2 + 4r_1 r_2} - a\right)$$

$$\underline{\underline{r_2 = \frac{1}{2}\left(\sqrt{a^2 + \frac{3V - 4\pi a^3}{3\pi a}} - a\right.}}$$

12.3.3. Volumen der Kugelschicht

Im Bild 396 sind die Achsenschnitte der im Bild 419 gezeigten Körper (Restkörper und Halbkugel) dargestellt. Zwei zu ihren Grundflächen parallele Ebenen begrenzen beim Restkörper einen Ringkörper mit trapezförmigem Querschnitt vom Volumen V_R und bei der Halbkugel die Kugelschicht, deren Volumen V gesucht ist. Nach dem im vorigen Abschnitt Gesagten und nach Lehrsatz 93 (s. 11.3.3.) gilt:

$$V = V_R$$

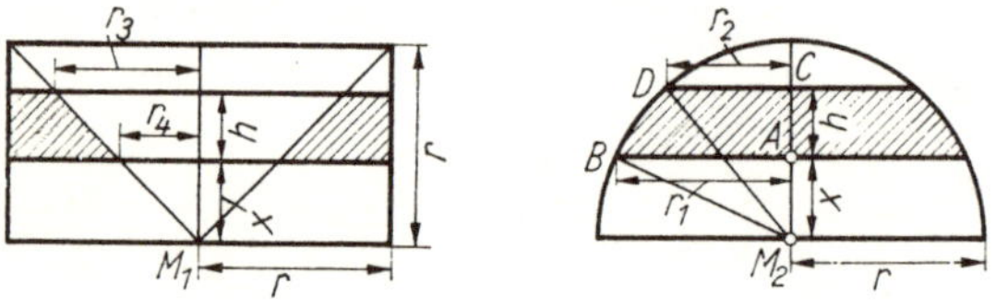

Bild 419

Faßt man V_R als Differenz des Zylinders V_Z mit der Höhe h und dem Grundflächenradius r und des Kegelstumpfes V_K mit der Höhe h und den beiden Grundflächenradien r_3 und r_4 auf, so folgt wegen $r_3 = x + h$ und $r_4 = x$ aus

$$V = V_Z - V_K = V_R$$

$$V = \pi r^2 h - \frac{\pi}{3} h[(x+h)^2 + (x+h)x + x^2]$$

oder
$$V = \pi h\left(r^2 - x^2 - xh - \frac{1}{3}h^2\right) \qquad \text{(I)}$$

Aus den rechtwinkligen Dreiecken M_2AB und M_2CD des Halbkugelschnittes erhält man ferner

$$r_1^2 = r^2 - x^2$$

und
$$r_2^2 = r^2 - (x+h)^2$$

und hieraus durch Addition und entsprechende Umformung

$$r_1^2 + r_2^2 = r^2 - x^2 + r^2 - (x+h)^2$$

$$\frac{r_1^2 + r_2^2 + h^2}{2} = r^2 - x^2 - xh$$

$$\frac{3r_1^2 + 3r_2^2 + h^2}{6} = r^2 - x^2 - xh - \frac{1}{3}h^2 \qquad \text{(II)}$$

Aus (I) und (II) ergibt sich schließlich das Volumen der Kugelschicht zu

$$\boxed{V = \frac{\pi}{6} h\,(3r_1^2 + 3r_2^2 + h^2)} \qquad 79)$$

Hierin sind h die Höhe, r_1 und r_2 die Grundflächenradien der Schicht.

12.3.4. Volumen des Kugelsegmentes

Für $r_2 = 0$ geht die Kugelschicht in das Kugelsegment über. Setzt man diesen Wert in Formel (79) ein, so erhält man die Formel für das Volumen des Kugelsegmentes mit der Höhe h und dem Grundflächenradius r_1:

$$\boxed{V = \frac{\pi}{6} h \, (3r_1^2 + h^2)} \tag{80}$$

Aus der Ähnlichkeit der Dreiecke ABC und CBD (Bild 240) folgt

$$(2r - h) : r_1 = r_1 : h$$

und hieraus $\quad r_1^2 = h(2r - h)$

Damit kann das Segment auch durch seine Höhe h und den Kugelradius r der ihm zugeordneten Kugel berechnet werden. Aus Formel (80) erhält man also

$$\boxed{V = \frac{\pi}{3} h^2 \, (3r - h)} \tag{80a}$$

oder

$$\boxed{V = \frac{\pi}{6} h^2 \, (3d - 2h)} \tag{80b}$$

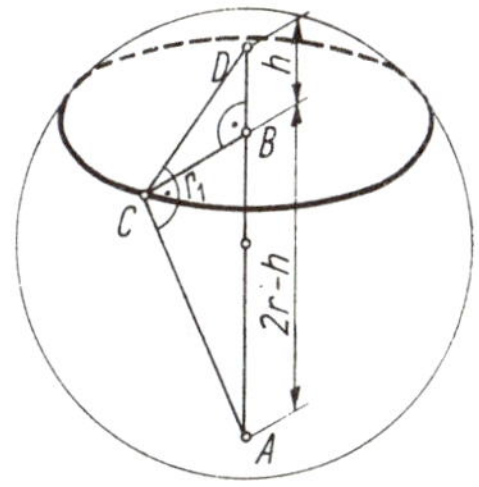

Bild 420

12.3.5. Volumen des Kugelsektors

Das Volumen des Kugelsektors wird als Summe aus dem Volumen V_S eines Segmentes mit der Höhe h und dem Volumen V_K eines Kegels mit der Höhe $r - h$ berechnet (Bild 421). Da beide Körper den gleichen Grundflächenradius r_1 haben, gilt

$$V = \frac{\pi}{6} h \, (3r_1^2 + h^2) + \frac{\pi}{3} r_1^2 \, (r - h)$$

Mit $\quad r_1^2 = h \, (2r - h) \quad$ (vgl. vorigen Abschnitt)

ergibt sich $\quad V = \frac{\pi}{3} h^2 \, (3r - h) + \frac{\pi}{3} h \, (r - h)(2r - h)$

und hieraus

$$\boxed{V = \frac{2}{3} \pi r^2 h} \tag{81}$$

oder

$$\boxed{V = \frac{\pi}{6} d^2 h} \tag{81a}$$

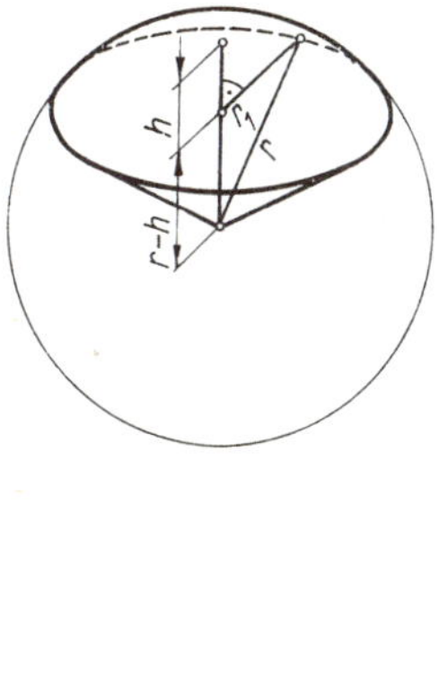

Bild 421

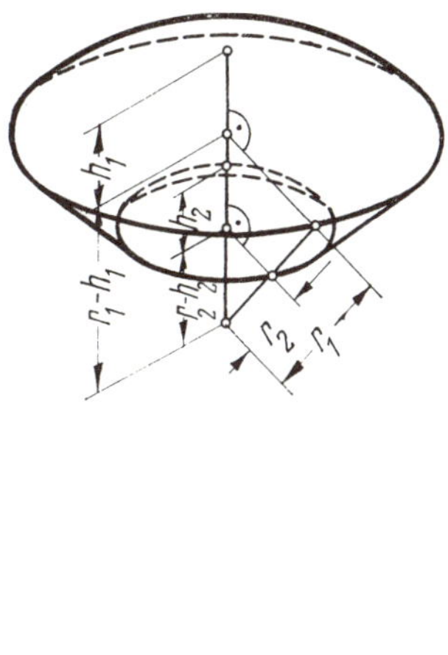

Bild 422

als Formel für das Volumen des Kugelsektors aus der Höhe h und dem Radius r der ihm zugeordneten Kugel.

12.3.6. Volumen des Hohlkugelsektors

Sind r_1 bzw. r_2 Außen- bzw. Innenradius einer Hohlkugel, so läßt sich mit den übrigen im Bild 422 angegebenen Werten aus der Formel (81) das Volumen des Hohlkugelsektors berechnen. Man erhält zunächst

$$V = \frac{2}{3}\pi r_1^2 h_1 - \frac{2}{3}\pi r_2^2 h_2 = \frac{2}{3}\pi (r_1^2 h_1 - r_2^2 h_2). \qquad \text{(I)}$$

Aus der Proportion

$$r_1 : r_2 = (r_1 - h_1) : (r_2 - h_2)$$

ergibt sich ferner $h_1 = \frac{r_1}{r_2} h_2$,

und damit folgt aus (I) die Formel für das Volumen des Hohlkugelsektors

$$\boxed{V = \frac{2}{3}\pi \frac{h_2}{r_2}(r_1^3 - r_2^3)} \qquad (82)$$

worin r_1 und r_2 der äußere und der innere Radius der Hohlkugel und h_2 die Höhe der inneren Kugelkappe des Sektors sind.

BEISPIELE

1. Ermittle den Radius r_1 des Berührkreises, das Volumen V_{Sg} des durch den Berührkreis bestimmten Segments mit der Höhe h und das Volumen V_{Sk} des entsprechenden Sektors, wenn von einem außerhalb der Kugel gelegenen Punkt P der Berührkegel an die Kugel gelegt wird (Bild 423). P sei vom Kugelmittelpunkt um den Betrag a entfernt. a und der Kugelradius r seien bekannt.

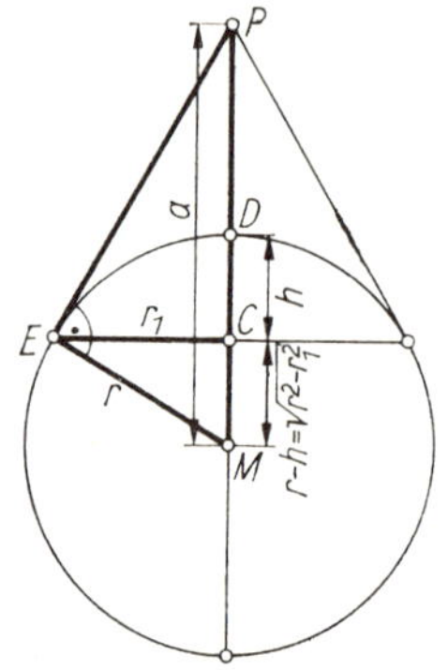

Bild 423

Lösung

$\triangle EMC \sim \triangle PME$, folglich

$$r : \sqrt{r^2 - r_1^2} = a : r$$

und hieraus $\underline{\underline{r_1 = \frac{r}{a}\sqrt{a^2 - r^2}}}$

Aus der gleichen Ähnlichkeit folgt auch

$$r : (r - h) = a : r$$

und hieraus $h = \frac{r(a - r)}{a}$

Aus $V = \frac{\pi}{3} h^2 (3r - h)$

und mit dem für h errechneten Wert ergibt sich für das Volumen des Segmentes

$$\underline{\underline{V_{Sg} = \frac{\pi r^3}{3a^3}(2a^3 - 3a^2 r + r^3)}}$$

Aus $V = \frac{2}{3}\pi r^2 h$

folgt außerdem für das Volumen des Sektors

$$V_{Sk} = \frac{2\pi r^3}{3a}(a-r)$$

2. Wie groß ist das Volumen V (Bild 424), das einerseits von einem Zylinder mit der Höhe r und dem Radius r und andererseits von der der Zylinderhöhe entsprechenden Kugelschicht einer Kugel mit dem Radius r eingeschlossen wird? Die Kugel berühre den Zylinder in der Höhe $\frac{r}{2}$.

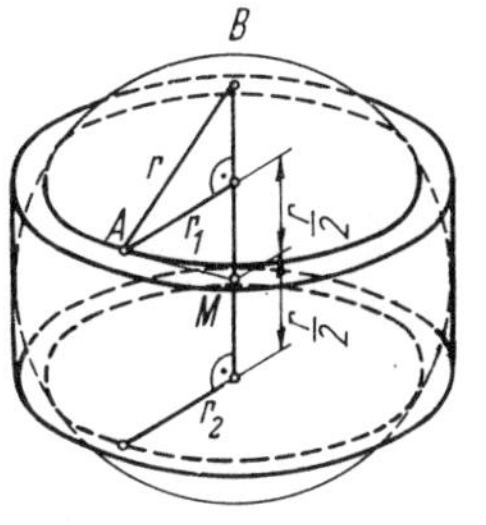

Bild 424

Lösung

Das gesuchte Volumen V ergibt sich aus

$$V = V_{Zylinder} - V_{Schicht}$$

Für V_Z folgt mit $h = r$ aus

$$V = \pi r^2 h$$

$$V_Z = \pi r^3$$

Für V_S folgt mit $r_1 = r_2 = \frac{r}{2}\sqrt{3}$ und $h = r$ (Dreieck MBA ist gleichseitig und r_1 seine Höhe) aus (79)

$$V_S = \frac{11}{12}\pi r^3$$

Damit ergibt sich das gesuchte Volumen zu

$$V = \frac{\pi}{12} r^3$$

12.3.7. Oberfläche der Kugel

Denkt man sich die Kugel in eine unendlich große Anzahl unendlich kleiner Pyramiden zerlegt, die alle als Spitze den Kugelmittelpunkt haben, so ist ihre Höhe gleich dem Kugelradius r und die Summe ihrer Grundflächen gleich der Kugeloberfläche A_O. Somit ergibt sich nach Formel (78):

$$V = \frac{4}{3}\pi r^3 = \frac{1}{3}A_O r$$

und hieraus die Kugeloberfläche

$$\boxed{A_O = 4\pi r^2} \qquad (83)$$

oder

$$\boxed{A_O = \pi d^2} \qquad (83a)$$

Formel (83) läßt erkennen, daß die Oberfläche der Kugel viermal so groß ist wie einer ihrer Großkreise.

Wird ferner der Kugel mit dem Radius r ein Zylinder mit der Höhe $2r$ umbeschrieben, so ist dessen Mantel auch $4\pi r^2$, also gleich der Oberfläche der dem Zylinder einbeschriebenen Kugel.

BEISPIELE

1. Berechne den Radius r einer Kugel, deren Oberfläche A_O gleich der Oberfläche eines Zylinders mit dem Radius r_1 und der Höhe $h = 4r_1$ ist.

Lösung

Es soll sein

$$A_{O\,\text{Kugel}} = A_{O\,\text{Zylinder}}$$

Folglich $\quad 4\pi r^2 = 2\pi r_1{}^2 + 2\pi r_1 4r_1 = 10\pi r_1{}^2$

$$\underline{\underline{r = \frac{r_1}{2}\sqrt{10}}}$$

2. Bestimme das Verhältnis $\frac{A_{O1}}{A_{O2}}$ der Oberflächen zweier Kugeln, die einem Kegel mit der Mantellinie s und dem Grundflächenradius r einbeschrieben sind.

Lösung (Bild 425)

Mit $\overline{M_1C} = h - r_1$ und $\overline{M_2C} = h - (r_2 + 2r_1)$ folgt aus der Ähnlichkeit der Dreiecke ABC, M_1FC und M_2DC:

$$r_1 : (h - r_1) = r : s, \quad \text{somit } r_1 = \frac{rh}{s + r}$$

$$r_2 : (h - r_2 - 2r_1) = r : s, \quad \text{somit } r_2 = \frac{rh\,(s - r)}{(s + r)^2}\,.$$

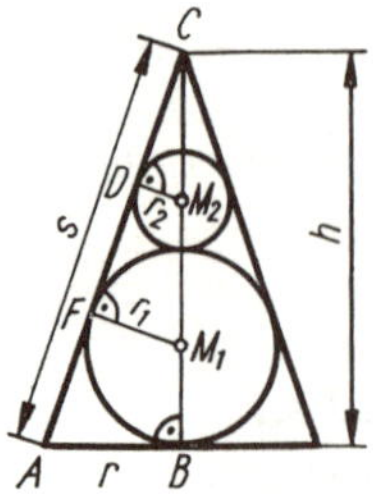

Bild 425

Damit ergeben sich die Oberflächen aus (83) zu

$$A_{O1} = \frac{4\pi r^2 h^2}{(s + r)^2}$$

und

$$A_{O2} = \frac{4\pi r^2 h^2\,(s - r)^2}{(s + r)^4}\,.$$

Folglich

$$\underline{\underline{\frac{A_{O1}}{A_{O2}} = \frac{(s + r)^2}{(s - r)^2}}}$$

12.3.8. Fläche der Kugelkappe

Die Kappenfläche wird genauso wie die gesamte Oberfläche der Kugel gewonnen. Man zerlegt einen Sektor in unendlich viele Pyramiden mit den Spitzen im Kugelmittelpunkt. Die Höhe dieser Pyramiden ist dann der Radius r der Kugel, und die Summe ihrer Grundflächen ist gleich der gesuchten Kappenfläche A_M. Nach Formel (81) erhält man

$$V = \tfrac{2}{3}\pi r^2 h = \tfrac{1}{3} A_M r$$

und hieraus die Kappenfläche

$$\boxed{A_M = 2\pi rh} \qquad (84)$$

oder

$$\boxed{A_M = \pi dh} \qquad (84\,\text{a})$$

12.3.9. Fläche der Kugelzone

Faßt man die Kugelzone als Differenz zweier Kugelkappen mit den Höhen $h + x$ und h auf (Bild 426), so erhält man nach Formel (84) ihre Fläche aus

$$A_M = 2\pi r\,(h+x) - 2\pi rx$$

und durch Zusammenfassen folgt für die Kugelzonenfläche

$$\boxed{A_M = 2\pi rh}$$

oder $\boxed{A_M = \pi dh}$

Das sind aber die gleichen Formeln, wie sie auch für die Fläche der Kugelkappe gelten.

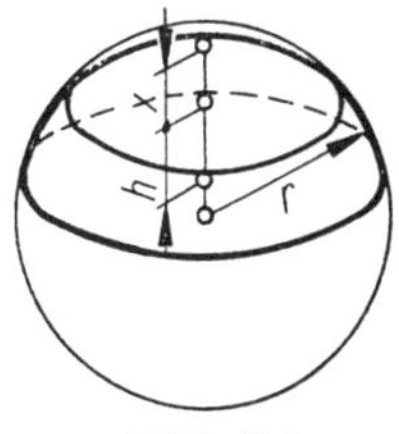

Bild 426

BEISPIELE

1. Ermittle das Volumen V einer Kugelschicht, deren zugehörige Zone gleich der Summe der Flächen ihrer Begrenzungskreise A_1 und A_2 mit den Radien r_1 und r_2 ist.

Lösung

Es soll sein $A_M = A_1 + A_2$

Mit $A_M = 2\pi rh$, $A_1 = \pi r_1^2$ und $A_2 = \pi r_2^2$

folgt $2\pi rh = \pi r_1^2 + \pi r_2^2$

und hieraus $h = \dfrac{r_1^2 + r_2^2}{2r}$

Das Volumen der Schicht errechnet man damit aus (79) zu

$$\underline{\underline{V = \frac{\pi}{48}\,\frac{(r_1^2 + r_2^2)^2}{r^3}\,(12r^2 + r_1^2 + r_2^2)}}$$

2. Wie groß ist die Fläche A_M der Kugelzone, die entsteht, wenn eine Halbkugel mit dem Radius r von einem Kegel mit der Höhe $h = 2r$ durchdrungen wird? Grundfläche der Halbkugel und Grundfläche des Kegels fallen zusammen.

Lösung (Bild 427)

Im rechtwinkligen Dreieck AFD ist nach dem Höhensatz

$$x^2 = (r - r_1)\,(r + r_1) = r^2 - r_1^2 \qquad \text{(I)}$$

$\triangle ABD \sim \triangle AMC$, folglich

$$x : (r - r_1) = 2r : r$$

$$x = 2(r - r_1)$$

$$x^2 = 4(r - r_1)^2 \qquad \text{(II)}$$

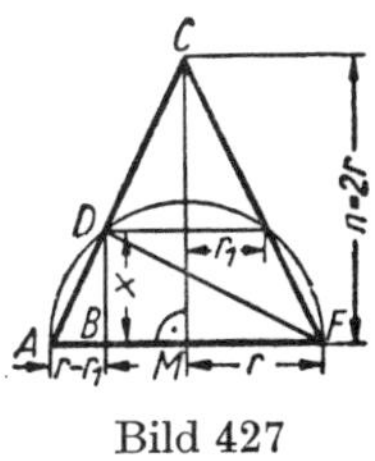

Bild 427

Durch Gleichsetzen von (I) und (II) ergibt sich

$$(r - r_1)\,(r + r_1) = 4(r - r_1)^2$$

$$r_1 = \frac{3}{5}\,r$$

Damit aus (I)

$$x^2 = r^2 - \left(\frac{3}{5}\,r\right)^2 = \frac{16}{25}\,r^2$$

$$x = \frac{4}{5}\,r$$

und aus (84):

$$A_{\mathrm{M}} = 2\pi r x = 2\pi r \frac{4}{5}\,r$$

$$\underline{\underline{A_{\mathrm{M}} = \frac{8}{5}\,\pi r^2}}$$

3. Ermittle das Volumen V und die Oberfläche A_{O} des Restkörpers, der entsteht, wenn eine Kugel mit dem Radius r von einem Zylinder mit dem Radius r_1 durchdrungen wird.

Lösung (Bild 428)

Aus dem rechtwinkligen Dreieck AMB folgen

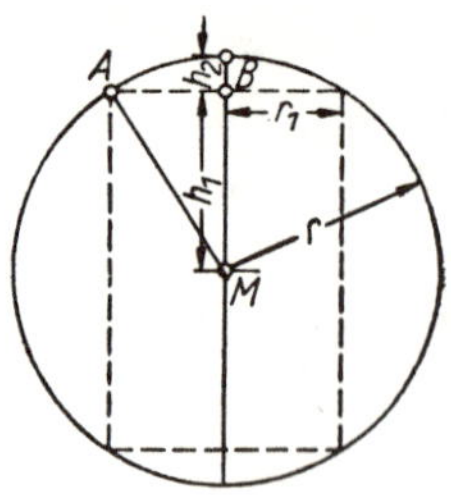

Bild 428

$$h_1 = \sqrt{r^2 - r_1^2}$$

$$h_2 = r - h_1 = r - \sqrt{r^2 - r_1^2}\;.$$

Zylindervolumen V_{Z}:

$$V_{\mathrm{Z}} = \pi r_1^2\, 2h_1$$

$$V_{\mathrm{Z}} = 2\pi r_1^2 \sqrt{r^2 - r_1^2}$$

Volumen V_{S} der beiden zugehörigen Segmente:

$$2\,V_{\mathrm{S}} = \frac{2}{3}\,\pi h_2^2\,(3r - h_2)$$

$$2\,V_{\mathrm{S}} = \frac{2}{3}\,\pi\left(2r^3 - 2r^2\sqrt{r^2 - r_1^2} - r_1^2\sqrt{r^2 - r_1^2}\right)$$

Volumen V_{D} des zylindrischen Durchdringungskörpers:

$$V_{\mathrm{D}} = V_{\mathrm{Z}} + 2\,V_{\mathrm{S}}$$

$$V_{\mathrm{D}} = \frac{4}{3}\,\pi\left(r^3 + r_1^2\sqrt{r^2 - r_1^2} - r^2\sqrt{r^2 - r_1^2}\right)$$

Volumen V des gesuchten Körpers:

$$V = V_{\mathrm{Kugel}} - V_{\mathrm{D}}$$

$$\underline{\underline{V = \frac{4}{3}\,\pi\left(r^2 - r_1^2\right)\sqrt{r^2 - r_1^2}}}$$

Mit der Schreibweise

$$V = \frac{4}{3}\pi\sqrt{(r^2 - r_1^2)^3} = \frac{4}{3}\pi h_1^3$$

ergibt sich die Deutung: Das Volumen des Restkörpers ist gleich dem Volumen einer Kugel mit dem Radius h_1.

Aus $$A_O = 2\pi r\, 2h_1 + 2\pi r_1\, 2h_1$$

ergibt sich die Oberfläche A_O des gesuchten Körpers zu

$$\underline{\underline{A_O = 4\pi\,(r + r_1)\sqrt{r^2 - r_1^2}}}$$

AUFGABEN

424. Welchen Radius r hat eine Kugel vom Volumen $V = 1\ \text{m}^3$?

425. Welchen Radius r hat eine Kugel mit der Oberfläche $A_O = 1\ \text{m}^2$?

426. In welchem Verhältnis stehen die Volumen V_1 und V_2 und die Oberflächen A_{O1} und A_{O2} zweier Kugeln, deren Radien sich wie $r_1 : r_2 = m : n = 1 : 3$ verhalten?

427. Die Radien zweier Kugeln stehen im Verhältnis $r_1 : r_2 = m : n = 1 : 2$. Welches Volumen V und welche Oberfläche A_O hat eine dritte Kugel, deren Radius r das arithmetische Mittel der gegebenen Radien ist? Setze $r_2 = 4$ cm.

428. In welchem Verhältnis stehen die Volumen dreier Kugeln, von denen die erste die Seitenflächen, die zweite die Seitenkanten eines Würfels mit der Seite $a = 3$ cm berührt, während die dritte die Eckpunkte des Würfels in ihrer Oberfläche faßt?

429. Eine Kugel mit dem Radius r_1 und ein Zylinder, dessen quadratischer Achsenschnitt die Seitenlänge $a = 2r_2$ hat, haben die gleiche Oberfläche. In welchem Verhältnis stehen dann ihre Radien r_1 und r_2?

430. Von einer Hohlkugel sind das Volumen $V = 40\ \text{cm}^3$ und die Wanddicke $s = r_1 - r_2 = 1$ cm bekannt. Berechne die Radien r_1 und r_2.

431. Die Radien einer Hohlkugel stehen im Verhältnis $r_1 : r_2 = m : n$.
    a) In welchem Verhältnis steht das Volumen V_H der Hohlkugel zum Volumen V des inneren Hohlraumes?
    b) Bestimme $r_1 : r_2$ für $V_H = V$.

432. Berechne die Massendifferenz m von 1000 Stück Stahlkugeln, deren Durchmesser 1 mm beträgt, und einem Stahlwürfel mit der Kantenlänge 1 cm. ($\varrho = 7{,}85\ \text{g/cm}^3$)

433. Wie groß ist die Masse m einer Korkkugel von 1 m Durchmesser? ($\varrho = 0{,}24\ \text{g/cm}^3$)

434. Für kleinere Ventile werden 100 Stück halbkugelförmige Dichtungskörper von 7 mm Radius benötigt, die auf der ebenen Fläche eine Aussenkung von 4 mm Durchmesser und 3 mm Tiefe haben. Berechne den Materialbedarf V.

435. Welchen Durchmesser d hat eine massive Messingkugel, deren Masse 1,6 kg beträgt? (ϱ = 8,85 g/cm³)

436. Ein massiver kugelförmiger Körper taucht zur Hälfte in Wasser ein. Berechne die Dichte ϱ des Materials, aus dem der Körper hergestellt ist.

437. 10 Stück Bleikugeln von 3 cm Durchmesser werden zu einer Kugel zusammengegossen. Berechne deren Durchmesser d.

438. Ein zylinderförmiger Schwimmer von 88 cm Länge und 16 cm Durchmesser ist an seinen beiden Enden durch halbkugelförmige Böden abgeschlossen. Wie groß ist die Oberfläche A_O des Schwimmers, und welches Volumen V schließt er ein? Die Blechdicke bleibt unberücksichtigt.

439. 64 Stück Stahlkugeln von je 5 cm Durchmesser sollen gleichmäßig mit einer Schicht von 0,2 mm Chrom überzogen werden. Berechne die dafür erforderliche Chrommenge m. (ϱ = 6,8 g/cm³)

440. Die Oberfläche einer Kugel, deren Radius 8,4 cm beträgt, soll durch gleichmäßiges Abschleifen um den dritten Teil verringert werden. Gib den Durchmesser d der bearbeiteten Kugel an.

441. Eine aus 3 mm dickem Material geformte Hohlkugel soll ein Fassungsvermögen von 1 Liter haben. Welchen äußeren Durchmesser d muß sie erhalten?

442. Der kugelförmige Knauf eines Turmes, dessen Durchmesser 30 cm beträgt, soll mit 10 g einer Goldlegierung gleichmäßig überzogen werden. Ermittle die Dicke s des Überzuges. (ϱ = 17 g/cm³)

443. Zur Herstellung eines kugelförmigen Ballons wurden 12,5 m² Stoff verbraucht. Welchen Durchmesser d hat dieser Ballon, wenn man annimmt, daß in der angegebenen Stoffmenge 10 % Abfall und Verluste für die Nahtstellen enthalten sind?

444. Ein zylindrischer Bottich, dessen lichter Durchmesser 0,9 m und dessen innere Höhe 1,2 m betragen, soll durch ein halbkugelförmiges Gefäß gleichen Volumens ersetzt werden. Gib dessen lichten Durchmesser d an.

445. In einer kugelförmigen Gummiblase von 0,4 mm Wanddicke ist 1 l Gas eingeschlossen. Durch Erwärmung dehnt es sich auf 1,8 l aus. Gib die neue Wanddicke s unter der Annahme an, daß sich die Blase überall gleichmäßig ausdehnt.

446. Eine massive Halbkugel von 34 cm Durchmesser soll halbkugelförmig so weit ausgedreht werden, daß sich ihre Masse um die Hälfte verringert. Berechne den Durchmesser d der Aussparung.

447. Eine Halbkugel wird von einer zur Grundfläche parallelen Ebene geschnitten.

a) Wie groß muß der Abstand x der Schnittfläche von der Grundfläche aus gerechnet sein, damit die Kugelkappe zur Kugelzone im Verhältnis $m:n$ steht? Drücke x durch den Radius r der Halbkugel aus.

b) Wie groß muß x sein, damit Kappe und Zone gleich groß sind?

448. Nach Bild 429 ist der senkrecht zu einer Schnittfläche stehende Durchmesser $\overline{AB} = 2r$ einer Kugel durch die Schnittfläche in die Stücke x und y geteilt. Wie groß sind die beiden durch die Schnittfläche bestimmten Kugelsegmente und ihre dazugehörigen Kappen, wenn $x:y = m:n$ gegeben ist?

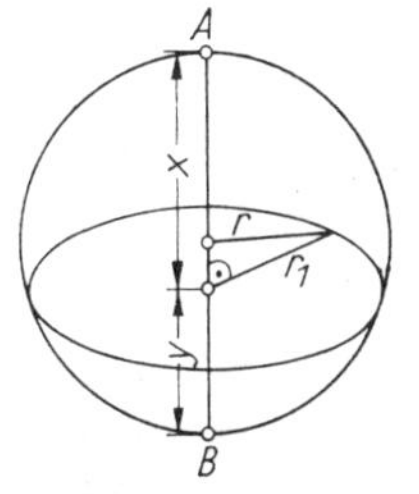

Bild 429

449. Wie groß ist ein Kugelsegment V, dessen dazugehörige Kappe $A_M = 40\ \text{cm}^2$ die Höhe $h = 1$ cm hat? Welchen Radius r hat ferner die zum Segment gehörige Kugel?

450. Von einer Kugelzone, deren großer Durchmesser gleich dem Durchmesser der dazugehörigen Kugel ist, sind die Höhe $h = 2$ cm und die Fläche $A_M = 30\ \text{cm}^2$ bekannt. Wie groß ist das Volumen V der der Zone entsprechenden Schicht?

451. Von einem Kugelsektor sind das Volumen $V = 20\ \text{cm}^3$ und die Fläche $A_M = 10$ cm der dazugehörigen Kappe bekannt. Wie groß sind die Höhe h der Kappe und der Radius r der Kugel?

452. Von einer Kugel sind die Kappe $A_M = 25\ \text{cm}^2$ und deren Höhe $h = 2$ cm bekannt. Berechne das Volumen V der dazugehörigen Kugel.

453. Ein Kugelsektor soll der *n-te* Teil der ihm zugehörigen Kugel mit dem Radius $r = 5$ cm sein. Welche Höhe h muß er für $n = 4$ haben?

454. Wie groß muß die Höhe h eines Kugelsektors sein, damit die dem Sektor zugehörige Kappe A_M flächengleich ist dem zum Sektor gehörigen Kegelmantel A_{M1}? Berechne h aus dem Kugelradius $r = 15$ cm.

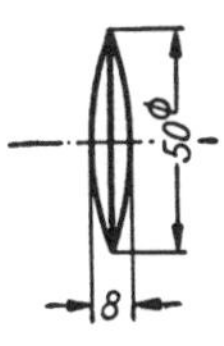

Bild 430

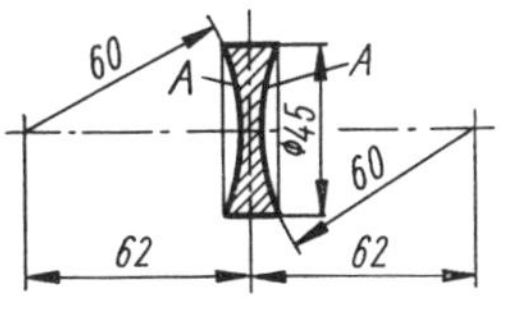

Bild 431

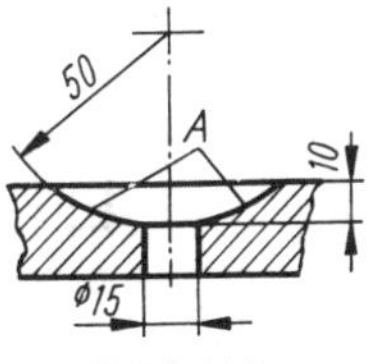

Bild 432

455. Ermittle die Masse m der im Bild 430 dargestellten Bikonvexlinse. ($\varrho = 3{,}1\ \text{g/cm}^3$)

456. Wie groß ist die polierte (gekrümmte) Fläche A der im Bild 431 gezeigten Bikonkavlinse, wenn die Krümmung beiderseits gleich ist.

457. Eine steinerne Zierkugel von 80 cm Durchmesser ist so abgeflacht, daß die Auflagefläche einen Durchmesser von 25 cm hat. Berechne ihr Volumen V.

458. Das gußeiserne kugelförmige Schiebegewicht einer Dezimalwaage gleitet auf einer Stange von 8 mm Durchmesser. Es ist deshalb mit einer zentrischen Bohrung von gleichem Durchmesser versehen. Berechne seine Masse m bei einem Durchmesser von 4 cm. ($\varrho = 7{,}2\ \text{g/cm}^3$)

459. Bild 432 zeigt die Stützplatte eines Kugelgelenkes. Berechne die tragende (gekrümmte) Fläche A der Kugelpfanne.

460. Eine Stahlkugel wird in eine Bleiplatte eingedrückt und hinterläßt darin einen 0,40 cm tiefen und 4,50 cm² großen Eindruck. Berechne den Durchmesser d der Kugel.

461. Eine aus dünnem Blech gefertigte Halbkugel soll bei einem Radius von 22 cm aus einer Kappe und einer Zone zusammengesetzt werden. Welche Höhen h_1 und h_2 müssen Kappe und Zone haben, wenn für beide gleich viel Blech verbraucht werden soll?

462. Eine aus Stein hergestellte Halbkugel von 70 cm Durchmesser soll aus einer Schicht und einem Segment zusammengesetzt werden, die beide gleiche Höhe haben. Berechne die Volumen V_1 und V_2 der Schicht und des Segments.

463. Eine Holzkugel von 8 cm Durchmesser wird auf ein kegelförmig zugespitztes Rundholz aufgeleimt. Deshalb muß es mit einer Aussparung versehen werden, die die Form eines Sektors mit dem Kegelöffnungswinkel 60° hat. Gib den Materialabfall V an.

464. Ein Bleideckel hat die Form eines Kugelabschnittes mit dem Radius $r = 16$ cm und der Höhe $h = 2$ cm. Er soll zu einem Kugelabschnitt mit der Höhe $h_1 = 4$ cm umgegossen werden. Berechne den Radius r_1 der dazu anzufertigenden Form.

465. Berechne die Masse m des im Bild 433 dargestellten Kugelgelenkbolzens. ($\varrho = 7{,}85$ g/cm³)

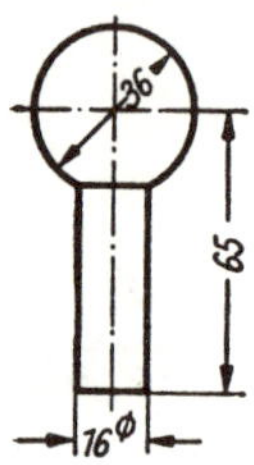

Bild 433

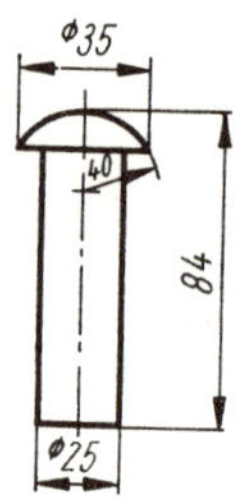

Bild 434

466. An einen zylinderförmigen Kessel von 3,80 m Länge und 1,50 m Außendurchmesser sind Böden angeschweißt, die die Form einer Kugelkappe haben und 25 cm hoch sind. Berechne die Oberfläche A_O des Kessels.

467. Berechne die Masse m von 50 Stück der im Bild 434 dargestellten Stahlbolzen. ($\varrho = 7{,}85$ g/cm³)

468. Der Innendurchmesser einer Kugelvase beträgt 16 cm. Innerer Boden und obere Öffnung sind gleich groß und haben einen Durchmesser von 9 cm. Gib das Fassungsvermögen V der Vase an.

469. Der halbkugelförmige Zelluloidfuß eines Stehaufmännchens hat einen Durchmesser von 25 mm. Er soll mit einem Bleistück, das die Form eines entsprechenden und 8 mm hohen Kugelabschnitts hat, ausgelegt werden. Berechne den Materialbedarf V.

TRIGONOMETRIE DER EBENE

13. Vorbetrachtungen

Die in der Elementargeometrie auftretenden Gleichungen sind *algebraisch* (vgl. Band I, S. 255 ff.). Für das Dreieck enthalten diese Gleichungen entweder nur Winkel, z. B. Satz von der Winkelsumme im Dreieck, oder nur Seiten sowie sonstige Strecken und den Flächeninhalt, z. B. Satz des Pythagoras.
Der Zusammenhang zwischen den Seiten und Winkeln des ebenen Dreiecks ist nicht durch algebraische Gleichungen darstellbar. Hierfür bedarf es eines besonderen Abschnitts der Geometrie:

Die **Trigonometrie**[1] **der Ebene** hat die Aufgabe, die Beziehungen zwischen den Strecken und Winkeln im ebenen Dreieck und in anderen ebenen, geradlinig begrenzten Figuren herzustellen. Sie benutzt hierzu die *trigonometrischen Funktionen.*

Die Lehre von den Eigenschaften und den gegenseitigen Beziehungen der trigonometrischen Funktionen heißt **Goniometrie**[2] und ist ein Teil der Trigonometrie. Die Trigonometrie im engeren Sinne behandelt die eigentliche Dreiecksberechnung.

Winkeleinheiten

Über die Definition des Winkels vgl. 2.2..
Beim praktischen Messen[3] von Winkeln werden fast ausschließlich die **Gradmaße** verwendet.
Die Teilung des Vollwinkels in 360° mit der Unterteilung in Minuten und Sekunden (vgl. 2.2.) heißt **sexagesimale Teilung**[4] oder **„alte Teilung" des Winkels.** Sie wird hauptsächlich in der Astronomie, Geographie und Nautik benutzt, weil dort der Winkel mit der ebenfalls sexagesimal geteilten Zeit zusammenhängt. Auch in der Mathematik wurde bisher diese Teilung bevorzugt, jedoch nur aus Gründen der Überlieferung.
Die Addition mehrerer Winkel, insbesondere bei Benutzung der Rechenmaschine, ist in der sexagesimalen Teilung unbequem, da die Sekunden, Minuten und Grade getrennt addiert werden müssen. Die Division zweier Winkel in sexagesimaler Teilung verlangt die vorherige Verwandlung der Minuten und Sekunden in Dezimalen des Grads. Physik und Technik benutzen daher die **Altgradteilung mit dezimalgeteiltem Grad.**

---

[1] (griech.) Dreiecksmessung

[2] (griech.) Winkelmessung

[3] Das Bau- und Vermessungswesen z. B. benutzt für das Messen von Horizontal- und Vertikalwinkeln im Gelände den Theodolit.

[4] Stammt von den Babyloniern und heißt so, weil die Zahl 60 Grundzahl ist; sexagesimus (lat.) der sechzigste.

Die gleichen Vorzüge wie die zuletzt genannte Teilung hat die zur Zeit der französischen Revolution eingeführte **zentesimale Teilung**[1] oder **„neue Teilung" des Winkels**, die den Vollwinkel in 400 gon, früher 400^g, teilt. Sie wird bei uns nur vom Vermessungswesen benutzt. Die dezimalen Teile Neuminute (^{c}) und Neusekunde (^{cc}) des früher üblichen Neugrads (^{g}) finden keine Verwendung mehr.
Neben den verschiedenen Gradmaßen des Winkels ist das im folgenden noch zu erklärende **Bogenmaß** besonders wichtig. Die aus Bild 435 ablesbare Proportion $\varphi:\varphi_0 = b:2\pi r$ führt auf die allgemeine

Größengleichung des Winkels[2]

$$\varphi = \frac{\varphi_0}{2\pi}\,\frac{b}{r} \qquad \text{(I)}$$

bzw. für den Bogen

$$b = \frac{2\pi}{\varphi_0}\,\varphi\, r \qquad \text{(II)}$$

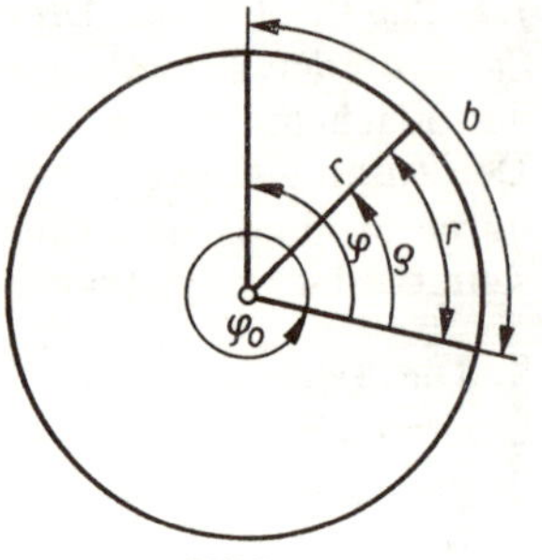

Bild 435

BEISPIEL

Werden um den Scheitelpunkt eines Winkels $\varphi = 30°$ beliebig viele Kreise mit den Radien r_1, r_2, r_3 usw. (Bild 436) gezeichnet, so folgen aus (II), wenn für den Vollwinkel $\varphi_0 = 360°$ gesetzt wird, die Bogen

$$b_1 = \frac{\pi}{6}\,r_1, \quad b_2 = \frac{\pi}{6}\,r_2, \quad b_3 = \frac{\pi}{6}\,r_3, \quad \ldots$$

oder durch Umstellung

$$\frac{b_1}{r_1} = \frac{b_2}{r_2} = \frac{b_3}{r_3} = \quad \ldots \quad = \frac{\pi}{6}\,.$$

Bild 436
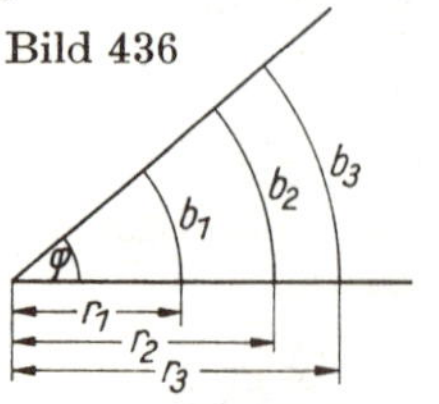

Das Verhältnis b/r ist also für einen vorgegebenen Winkel bei beliebigen Radien r konstant. Es eignet sich daher als Maß für den Winkel φ.

Wird in (I) $\varphi_0 = 2\pi$ gesetzt, so ergibt sich ein *kohärentes Maß*[3] für den Winkel, das

$$\textbf{Bogenmaß}^{4} \qquad \boxed{\varphi = \frac{b}{r}} \qquad (85)$$

Das Bogenmaß hat also die Dimension 1 und stellt die Maßzahl des zum Mittelpunktswinkel gehörigen Bogens im Einheitskreis dar.
Im Einheitengesetz wird die Einheit 1 des im Bogenmaß gemessenen Winkels als **Radiant**, abgekürzt **rad**, bezeichnet. Im vorliegenden Lehrbuch wird davon wegen der damit verbundenen umständlichen Schreibweise kein Gebrauch gemacht.

---

[1] 100 ist Grundzahl; centesimus (lat.) der hundertste.

[2] Größengleichungen sind Gleichungen, die unabhängig von der Wahl der Einheiten gelten.

[3] cohaerere (lat.) zusammenhängen. Die Basiseinheiten und die aus ihnen unmittelbar abgeleiteten Einheiten eines Maßsystems, in denen nur der Zahlenfaktor 1 auftritt, bilden ein sog. kohärentes Einheitensystem.

[4] Wird zuweilen noch durch $\widehat{\varphi}$ oder arc φ bezeichnet.

Die Definition der genannten Winkeleinheiten wird zusammengefaßt im

Vollwinkel $\boxed{\varphi_0 = 360^\circ = 400 \text{ gon} = 2\pi}$ (86)

Wird in (I) für den Vollwinkel $\varphi_0 = 360°$ gesetzt und (85) beachtet, so ergibt sich nach Umstellung die

Umrechnungsformel für Altgrad und Bogenmaß $\boxed{\varphi/^\circ = \frac{180}{\pi}\,\varphi \approx 57{,}3\;\varphi}$ (87a)

Die Schreibweise $\varphi/^\circ$ bedeutet, daß die Maßzahl des in Altgrad angegebenen Winkels einzusetzen ist. Gleichungen der Art (87a), in denen jede Größe durch die zugehörige Einheit dividiert erscheint, heißen zugeschnittene Größengleichungen.

BEISPIELE

1. Das Bogenmaß $\varphi = \pi/5$ ist in Altgrad umzurechnen.

Lösung

Aus (87a) folgt $\varphi/^\circ = \frac{180}{\pi}\,\frac{\pi}{5} = 36$; $\underline{\underline{\varphi = 36^\circ}}$

2. Welches Bogenmaß hat $\varphi = 47{,}2°$ (Rechenstab)?

Lösung

Es sind die Werte π und 180 zweier kongruenter Teilungen (z. B. C- und D-Teilung) gegenüberzustellen. Die Teilung, auf der 180 angenommen wurde, enthält die Maßzahlen für Altgrad, auf der anderen ist das Bogenmaß abzulesen:

$\underline{\underline{\varphi = 0{,}824}}$.

Die Verallgemeinerung von (87a) führt bei Verwendung der Abkürzung WE (Winkeleinheit) auf die

Umrechnungsformel $\boxed{\frac{\varphi}{\text{WE}} = \frac{\varrho}{\text{WE}}\,\varphi}$ (87)

mit dem

Umrechnungsfaktor $\boxed{\varrho = \frac{\varphi_0}{2\pi}}$ (88a)

und den

Werten des Umrechnungsfaktors $\boxed{\begin{array}{c}\varrho = 57{,}295\,78^\circ = 63{,}661\,98 \text{ gon} = 1 \\ 3\,437{,}747' = 206\,264{,}8''\end{array}}$ (88b)

Die meisten Rechenstäbe enthalten die Marken für $\varrho/^\circ$, $\varrho/'$, $\varrho/''$ oder für deren Kehrwerte.

Zur Umwandlung von dem einen in das andere Winkelmaß lassen sich auch die entsprechenden Tabellen eines Tafelwerkes heranziehen oder die Werte mit dem Taschenrechner ermitteln.

BEISPIELE

3. Gegeben $\varphi = 0{,}14524$; gesucht φ in °, gon, ′ (Rechner)

Lösung

Aus (87) und (88b) ergibt sich:

$$\varphi/° = 57{,}29578 \cdot 0{,}14524 \qquad \underline{\underline{\varphi = 8{,}32164°}}$$

$$\varphi/\text{gon} = 63{,}66198 \cdot 0{,}14524 \qquad \underline{\underline{\varphi = 9{,}24627 \text{ gon}}}$$

$$\varphi/' = 3437{,}747 \cdot 0{,}14524 \qquad \underline{\underline{\varphi = 499{,}298'}}$$

4. Gegeben $\varphi = 26°17'$; gesucht φ im Bogenmaß (Rechenstab)

Lösung

Aus (87) und (88b) folgt für $\varphi = 1577'$:

$$\varphi = \varphi/' : \varrho/' = \frac{1577}{3438} \qquad \underline{\underline{\varphi = 0{,}459}}$$

AUFGABEN

470. Folgende Winkel sind umzurechnen:
 a) 43°12′14″, b) 28,7349° in gon,
 c) 21,4419 gon, d) 38,1962° in sexagesimale Teilung,
 e) 36,4520 gon, f) 81°22′35″ in dezimalgeteilten Altgrad.

471. Folgende Winkel sind in das Bogenmaß umzuwandeln:
 a) 150°, b) 301°17′20″, c) 138,1923°, d) 5,8825 gon.

472. Wie groß sind die Winkel
 a) 0,3, b) 1, c) $\frac{\pi}{12}$ in sexagesimaler Teilung?

473. Welche Länge hat der Bogen des Erdumfangs, der zu einem Mittelpunktswinkel von
 a) 1°, b) 15°, c) 1′, d) 1″ gehört? ($R = 6371{,}11$ km).

474. Wie lauten bei gegebenem Halbmesser r und gegebenem Mittelpunktswinkel φ die für das Bogenmaß und die Winkeleinheit ° zugeschnittenen Größengleichungen der Kreissektorfläche A?

475. Die Fläche A des Kreissektors ist zu berechnen aus
 a) $r = 12$ cm, $\varphi = 96°15'25''$
 b) $r = 5{,}5$ cm, $b = 7$ cm.

476. Wie groß ist der Mittelpunktswinkel φ in alter Teilung eines Kreises mit dem Radius r und dem zugehörigen Bogen b für
 a) $r = 40$ cm, $b = 50$ cm; b) $r = 20$ cm, $b = 20$ cm?

477. Der Horizontalkreis eines Theodolits soll in Intervalle zu 0,2 gon eingeteilt werden. Wie groß ist der Abstand zwischen zwei benachbarten Teilstrichen, wenn der Kreisdurchmesser 94 mm beträgt?

14. Trigonometrische Funktionen für spitze Winkel

14.1. Definition der trigonometrischen Funktionen im rechtwinkligen Dreieck

14.1.1. Sinusfunktion

Die Gleise einer 200 m langen Standseilbahn mit gerader Linienführung steigen von der Talstation A bis zur Bergstation B je 50 m Fahrtstrecke um 25 m gleichmäßig an und schließen mit der Horizontalebene den Winkel α ein (Bild 437).

Nach 50 m Fahrtstrecke beträgt die Höhe über der Talstation	25 m.
Nach 100 m Fahrtstrecke beträgt die Höhe über der Talstation	50 m.
Nach 150 m Fahrtstrecke beträgt die Höhe über der Talstation	75 m.
Nach 200 m Fahrtstrecke beträgt die Höhe über der Talstation	100 m.

Die Fahrtstrecken s_1, s_2, s_3, s_4 bilden mit den Höhen h_1, h_2, h_3, h_4 die rechtwinkligen Dreiecke AC_1B_1, AC_2B_2, AC_3B_3, ACB, die sämtlich einander ähnlich sind, weil sie den rechten Winkel und den Winkel α enthalten. Ähnliche Dreiecke stimmen aber stets im Verhältnis entsprechender Seiten überein, so daß gilt:

$$\frac{h_1}{s_1} = \frac{h_2}{s_2} = \frac{h_3}{s_3} = \frac{h_4}{s_4}$$

Das ist auch aus den Zahlen ersichtlich, denn das Verhältnis Höhe: Fahrtstrecke hat den konstanten Wert $\frac{1}{2}$. Der Winkel α bleibt dabei immer derselbe, nämlich 30°, wie man aus dem Bild mit Hilfe des Winkelmessers entnehmen kann. In den rechtwinkligen Dreiecken erscheinen jeweils die Höhe h als die dem Neigungswinkel α gegenüberliegende Kathete, kurz *Gegenkathete* genannt, und die Fahrtstrecke s als Hypotenuse. Da man beliebig viele weitere Punktepaare B_4, C_4; B_5, C_5; usw. und somit beliebig viele weitere Dreiecke AC_4B_4, AC_5B_5 usw. einschalten könnte, für die das Verhältnis $\frac{h}{s}$ ebenfalls den festen Wert $\frac{1}{2}$ behalten würde, kann man allgemein sagen:

> Für alle rechtwinkligen Dreiecke mit dem gleichen Winkel α ist das Streckenverhältnis $\frac{\text{Gegenkathete}}{\text{Hypotenuse}}$ konstant.

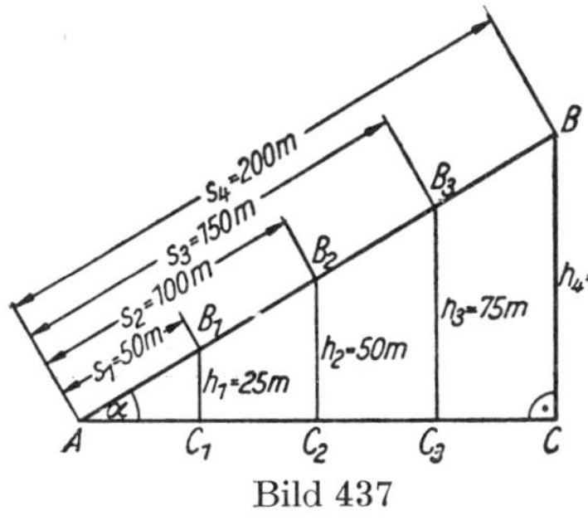

Bild 437

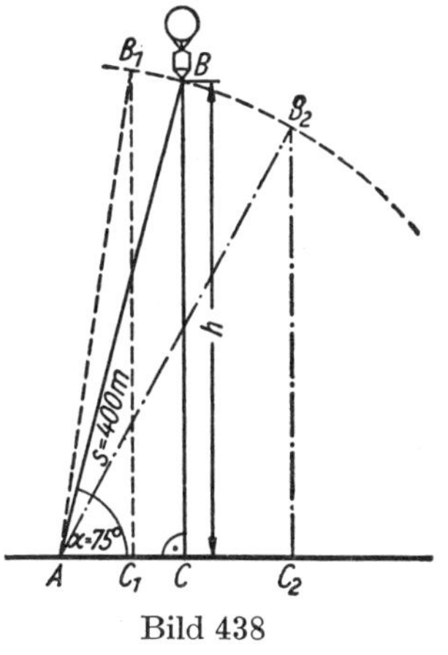

Bild 438

Eine Änderung des Winkels α hätte auch eine Änderung der Höhen (Gegenkatheten) h und somit des Verhältnisses $\frac{h}{s}$ zur Folge, d. h., das Verhältnis $\frac{h}{s}$ hängt von der Größe des Winkels α ab. Diese Tatsache wollen wir an einem anderen Beispiel deutlich zeigen.

Der Beobachtungsballon B einer meteorologischen Station wird durch die Einwirkung des Windes so abgetrieben, daß sein 400 m langes Halteseil mit der Horizontalebene einen Winkel von 75° einschließt (Bild 438). Die Höhe des Ballons entnimmt man dem Bild zu etwa $\overline{BC} = h \approx 386$ m. Mithin folgt für den Winkel 75° das Verhältnis $\frac{\text{Gegenkathete}}{\text{Hypotenuse}} = \frac{h}{s} \approx 0{,}965$. Der Quotient $\frac{h}{s}$ hat also jetzt einen wesentlich größeren Wert als im vorigen Beispiel, weil der Winkel größer geworden ist. Flaut der Wind ab, so steigt der Ballon, seine Höhe h wird größer, nämlich gleich $\overline{B_1C_1}$, während die Seillänge s unverändert bleibt, d. h., das Verhältnis $\frac{h}{s}$ wächst, und mit ihm wächst der Winkel α. Nimmt die Stärke des Windes zu, so fällt der Ballon bis B_2, es werden h und somit auch $\frac{h}{s}$ kleiner werden, d. h., bei abnehmendem $\frac{h}{s}$ wird auch α abnehmen. Man kann also sagen:

Der Wert des Streckenverhältnisses $\frac{\text{Gegenkathete}}{\text{Hypotenuse}}$ ist von der Größe des Winkels α abhängig, ist eine Funktion des Winkels α.

Um die funktionale Beziehung zwischen Streckenverhältnis und Winkel mathematisch ausdrücken zu können, bedarf es der Einführung eines neuen Funktionssymbols; denn die bisher bekannten Funktionen bieten uns diese Möglichkeit nicht. Man bezeichnet den Wert dieses Verhältnisses mit **Sinus α** und schreibt abgekürzt **sin α**.

Die Herkunft und Bedeutung des Wortes Sinus sind umstritten. Lat. sinus heißt der Busen. Vermutlich ist seine Entstehung mit den Sehnentafeln des PTOLEMÄUS verknüpft, die von den Indern verbessert wurden. Das indische Wort ardhajyâ, das Sehne bedeutet, übersetzten die Araber durch dschiba. Da in der arabischen Schrift die Vokale nicht mitgeschrieben wurden, verwechselte man das Wort wahrscheinlich mit dschaib, der Busen, was dann im Lateinischen durch sinus wiedergegeben wurde. Andere Quellen führen das Wort Busen auf die Form der Sinuskurve (Bild 460) (s. 16.3.) zurück.

Mithin ist definiert:

$$\boxed{\sin \alpha = \frac{\text{Gegenkathete}}{\text{Hypotenuse}}} \qquad (89)$$

Der Sinuswert hat die Dimension 1, da er ein Streckenverhältnis darstellt [vgl. (85)]. Aus den beiden Beispielen haben wir somit gefunden:

$$\sin 30° = 0{,}5; \qquad \sin 75° \approx 0{,}965$$

14.1.2. Cosinus-, Tangens- und Cotangensfunktion

Entsprechend (89) werden weitere Funktionen festgesetzt. Zeichnet man einen Winkel $\alpha = \sphericalangle\, BAC$ und fällt man von beliebigen Punkten B, B_1, B_2, . . des Schenkels $\overline{AB}$ die Lote auf den anderen Schenkel, so erhält man die Fußpunkte C, C_1, C_2, ... (Bild

439). Aus der Ähnlichkeit der entstandenen Dreiecke folgt, wenn man die dem Winkel anliegende Kathete kurz als *Ankathete* bezeichnet:

$$\frac{\overline{AC}}{\overline{AB}} = \frac{\overline{AC_1}}{\overline{AB_1}} = \frac{\overline{AC_2}}{\overline{AB_2}} = \dots = \frac{\text{Ankathete}}{\text{Hypotenuse}}$$

$$\frac{\overline{BC}}{\overline{AC}} = \frac{\overline{B_1C_1}}{\overline{AC_1}} = \frac{\overline{B_2C_2}}{\overline{AC_2}} = \dots = \frac{\text{Gegenkathete}}{\text{Ankathete}}$$

$$\frac{\overline{AC}}{\overline{BC}} = \frac{\overline{AC_1}}{\overline{B_1C_1}} = \frac{\overline{AC_2}}{\overline{B_2C_2}} = \dots = \frac{\text{Ankathete}}{\text{Gegenkathete}}$$

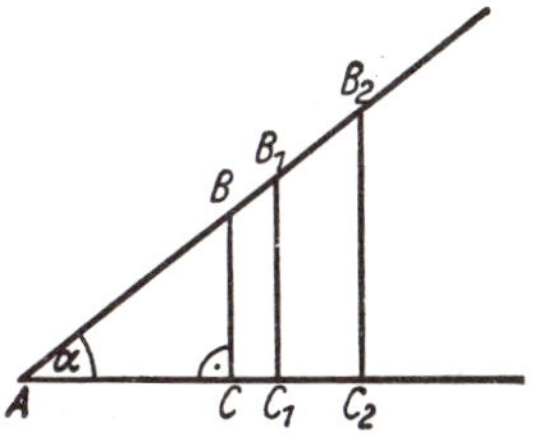

Bild 439

Für diese drei Verhältnisse führen wir drei weitere neue Funktionssymbole ein:

Cosinus α, kurz **cos α**[1],

Tangens α, kurz **tan α**[2],

Cotangens α, kurz **cot α**[3],

und setzen fest:

$$\boxed{\begin{aligned} \cos\alpha &= \frac{\text{Ankathete}}{\text{Hypotenuse}} \\ \tan\alpha &= \frac{\text{Gegenkathete}}{\text{Ankathete}} \\ \cot\alpha &= \frac{\text{Ankathete}}{\text{Gegenkathete}} \end{aligned}} \qquad (90)$$

Die Funktionswerte von (90) haben genauso wie sin α die Dimension 1, denn sie stellen ebenfalls jeweils einen Quotienten zweier Strecken dar.

Die in (89) und (90) erklärten Funktionen nennen wir *Winkelfunktionen, trigonometrische* oder *goniometrische Funktionen.* Insgesamt lassen sich aus den drei Seiten Gegenkathete a, Ankathete b und Hypotenuse c des rechtwinkligen Dreiecks (Bild 440) 6 Streckenverhältnisse bilden, nämlich

$$\frac{a}{c}, \frac{b}{c}, \frac{a}{b}, \frac{b}{a}, \frac{c}{a}, \frac{c}{b}.$$

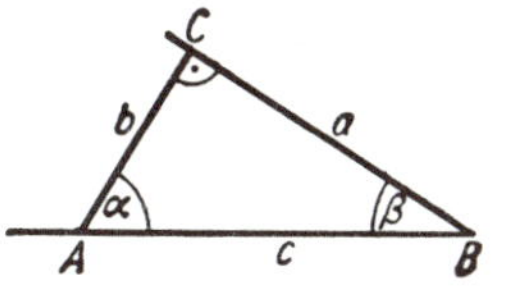

Bild 440

Die ersten vier Streckenverhältnisse sind die in (89) und (90) definierten Funktionen. Für die letzten beiden Verhältnisse wurden die Funktionsbezeichnungen „Cosecans α" kurz „cosec α", und „Secans α"[4], kurz „sec α", eingeführt. Diese sind heutzutage außer in der Nautik nicht mehr gebräuchlich, da sie die reziproken Werte der Sinus- und Cosinusfunktion darstellen und somit überflüssig sind.

[1] sinus complementi (lat.) Sinus des Komplementwinkels, zusammengezogen zu cosinus; diese Bezeichnung wird in 14.1.3. verständlich.

[2] tangere (lat.) berühren: der Tangens erscheint als Tangente am Einheitskreis (vgl. 14.2., Bild 442).

[3] tangens complementi (lat.) entsprechend wie unter [1]

[4] secare (lat.) schneiden; der Secans erscheint als Sekante am Einheitskreis (vgl. 14.2., Bild 442).

14.1.3. Funktion und Cofunktion

Mit (89) und (90) folgt aus Bild 440:

$$\sin\beta = \cos\alpha = \frac{b}{c} \qquad \tan\beta = \cot\alpha = \frac{b}{a}$$

$$\cos\beta = \sin\alpha = \frac{a}{c} \qquad \cot\beta = \tan\alpha = \frac{a}{b}$$

Wegen $\beta = 90° - \alpha$ ergibt sich hieraus

$$\boxed{\begin{aligned} \sin(90° - \alpha) &= \cos\alpha \\ \cos(90° - \alpha) &= \sin\alpha \\ \tan(90° - \alpha) &= \cot\alpha \\ \cot(90° - \alpha) &= \tan\alpha \end{aligned}} \tag{91}$$

Die Cosinusfunktion heißt Cofunktion der Sinusfunktion, und umgekehrt nennt man die Sinusfunktion die Cofunktion der Cosinusfunktion. Entsprechend heißt die Cotangensfunktion die Cofunktion der Tangensfunktion und umgekehrt. Aus (91) erhält man somit in Worten:

Die Funktion eines Winkels ist gleich der Cofunktion des Komplementwinkels.

BEISPIELE

Aus 14.1.1. und (91) findet man:

$$\sin 30° = \sin(90° - 60°) = \cos 60° = 0{,}5$$

$$\sin 75° = \sin(90° - 15°) = \cos 15° \approx 0{,}965$$

14.2. Erklärung der trigonometrischen Funktionen am Einheitskreis und ihr Verlauf im I. Quadranten

In der Planimetrie wird der Winkel als Richtungsänderung oder Richtungsunterschied erklärt. Er entsteht, wenn sich ein Strahl um seinen Anfangspunkt dreht. Als positive Drehrichtung wird die linksläufige, d. h. die zum Uhrzeigersinn entgegengesetzte, festgesetzt. Wir betrachten einen veränderlichen Winkel, bei dem der eine Schenkel als fest anzusehen ist und der andere im positiven Sinn gedreht wird, und legen ein rechtwinkliges Koordinatensystem x, y derart in die Figur, daß die positive x-Achse mit dem festen Schenkel des Winkels und der Koordinatenursprung O mit dem Scheitelpunkt des Winkels zusammenfallen (Bild 441). Durch das Achsenkreuz werden der Vollwinkel in vier rechte Winkel und die Ebene in vier Felder, die sogenannten *Quadranten*[1], geteilt. Wir nehmen an,

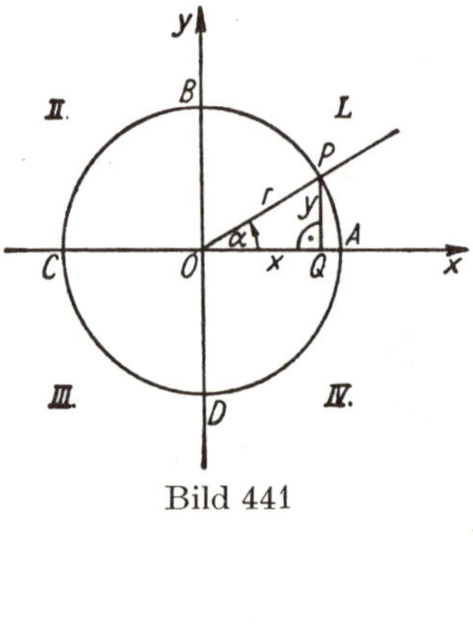

Bild 441

[1] quattuor (lat.) vier; Quadrant heißt Viertelkreis.

daß sich der drehbare Schenkel zunächst nur im I. Quadranten, der von den positiven Achsen des Systems gebildet wird, bewegt, d. h., wir wollen lediglich Winkel zwischen 0° und 90° betrachten. Ein auf dem beweglichen Schenkel liegender beliebiger Punkt P, der vom Scheitel O den Abstand $\overline{OP} = r$ haben soll, beschreibt bei der Drehung von der Ausgangslage A bis zur Endlage B einen Viertelkreis um O mit dem Radius r. Der bewegliche, mit P begrenzte Schenkel $\overline{OP}$, Drehradius oder Leitstrahl genannt, bestreicht dabei ein Winkelfeld von 90°. Die Lage des Punktes P läßt sich stets eindeutig entweder durch den Winkel $\alpha = \sphericalangle\, POA$ und den Radius r oder durch die beiden Koordinaten x und y des Punktes P angeben, d. h., zwischen α und r einerseits sowie x und y andererseits besteht eine funktionale Abhängigkeit. In dem von der Abszisse x, der Ordinate y und dem Radius r gebildeten rechtwinkligen Dreieck OQP gilt wegen (89) und (90):

$$\sin\alpha = \frac{y}{r} = \frac{\text{Ordinate}}{\text{Radius}} \qquad \cos\alpha = \frac{x}{r} = \frac{\text{Abszisse}}{\text{Radius}}$$
$$\tan\alpha = \frac{y}{x} = \frac{\text{Ordinate}}{\text{Abszisse}} \qquad \cot\alpha = \frac{x}{y} = \frac{\text{Abszisse}}{\text{Ordinate}} \tag{92}$$

Hierbei ist der Radius r stets absolut anzusetzen, und es soll zunächst

$$0° \leqq \alpha \leqq 90°, \qquad x \geqq 0, \qquad y \geqq 0$$

gelten. Damit ist eine andere Begriffsbestimmung für die trigonometrischen Funktionen gefunden, die in Abschnitt 16. die Grundlage für die Erweiterung des Funktionsbegriffes auf beliebige Winkel bieten wird.

Wählen wir für den Leitstrahl r die Einheitsstrecke, d. h., setzen wir $r = 1$, so erhalten wir den sogenannten *Einheitskreis* (für den Radius des Einheitskreises kann man jede beliebige Strecke benutzen, z. B. 1 m, 5 dm, 1 dm, 1 cm usw.; sie gilt dann jedoch für alle anderen Strecken der Figur, also auch für x und y, als Maßeinheit (Bild 442). Aus der Zeichnung lassen sich die Funktionswerte direkt entnehmen, denn wegen (92) und $r = 1$ folgt:

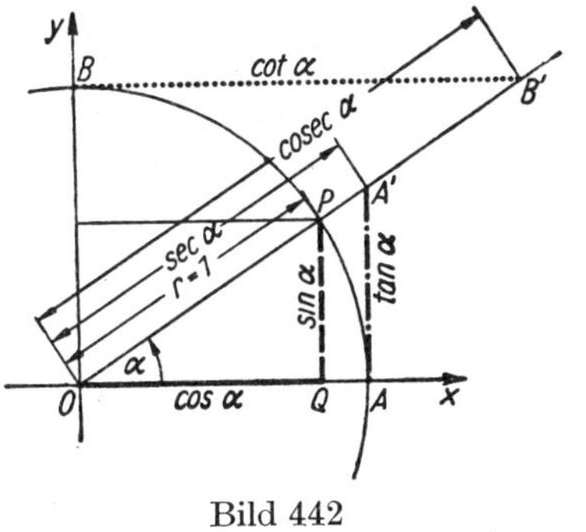

Bild 442

a) $\sin\alpha = y = \overline{PQ}$
(Ordinate oder Projektionslot des Drehradius)

b) $\cos\alpha = x = \overline{OQ}$ (Abszisse oder Projektion des Drehradius)

c) $\tan\alpha = \overline{AA'}$ (Tangente in A)

d) $\cot\alpha = \overline{BB'}$ (Tangente in B)

Aus a) bis d) folgt mit den Bezeichnungen des Bildes 442 in Worten:

Am Einheitskreis ist
der *Sinus* gleich der Maßzahl des *Projektionslotes,* durch das der Drehradius auf die Waagerechte projiziert wird,
der *Cosinus* gleich der Maßzahl der *Projektion* des Drehradius auf die Waagerechte.
Der *Tangens* ist gleich der Maßzahl der (senkrechten) *Tangente in A,*
der *Cotangens* gleich der Maßzahl der (waagerechten) *Tangente in B.*

Nachdem wir im Bild 442 kennengelernt haben, wie sich die Werte der Winkelfunktionen für spitze Winkel auf graphischem Wege ermitteln lassen, können wir auch etwas über den Funktionsverlauf aussagen. Zunächst lesen wir aus (92) ab, daß die Funktionswerte für alle im *I. Quadranten* liegenden Winkel *positiv* sind. Denn x und y sind dort stets positiv, während r absolut zu nehmen ist. Dies drückt sich auch in der Lage der vier den Funktionswerten entsprechenden Strecken des Bildes 442 aus. Welches Verhalten zeigen nun die vier Funktionen bei wachsendem Argument α?

Sinusfunktion

Für sehr kleine Winkel α ist das Projektionslot $\overline{PQ}$ sehr klein und wird schließlich für $\alpha = 0°$ zum Punkt A zusammenschrumpfen, d. h., $\sin 0° = 0$. Mit wachsendem Winkel α wird auch $\sin \alpha$ größer und erreicht schließlich für $\alpha = 90°$ den Wert 1, d. h., $\sin 90° = 1$. Dabei entartet das rechtwinklige Dreieck OPQ zum Leitstrahl $\overline{OB} = 1$. Im Intervall $0° \leqq \alpha \leqq 90°$ ist daher die *Sinusfunktion* eine *steigende Funktion.*

Cosinusfunktion

Für immer kleiner werdende Winkel α nähert sich die Projektion $\overline{OQ}$ der Länge der Einheitsstrecke $\overline{OA}$ und fällt schließlich für $\alpha = 0°$ mit ihr zusammen, d. h., $\cos 0° = 1$. Mit wachsendem Winkel α nimmt $\cos \alpha$ ab und erreicht schließlich für $\alpha = 90°$ den Wert Null, d. h., $\cos 90° = 0$. Dabei schrumpft die Projektion zum Punkt O zusammen, und das rechtwinklige Dreieck OQP entartet zum Leitstrahl $\overline{OB}$. Im Intervall $0° \leqq \alpha \leqq 90°$ ist also die *Cosinusfunktion* eine *fallende Funktion.*

Tangensfunktion

Für sehr kleine Winkel ist die Tangentenstrecke $\overline{AA'}$ sehr klein und wird schließlich für $\alpha = 0°$ zum Punkt A zusammenschrumpfen, d. h., $\tan 0° = 0$. Mit zunehmendem Winkel α nimmt ebenfalls $\tan \alpha$ zu und wächst schließlich für $\alpha \to 90°$ (sprich: α gegen 90°) über alle Grenzen, d. h., $\tan 90° = \infty$. (Unter 16. werden wir sehen, daß es genauer $\tan 90° = \pm \infty$ heißen muß.) Man sagt, an der Stelle $\alpha = 90°$ ist die Tangensfunktion nicht erklärt, und nennt sie dort unstetig. Im Intervall $0° \leqq \alpha < 90°$ ist demnach die *Tangensfunktion* eine *steigende Funktion.*

Cotangensfunktion

Für sehr kleine Winkel α wird die Tangentenstrecke $\overline{BB'}$ sehr groß und wächst schließlich für $\alpha \to 0°$ über alle Grenzen, d. h., $\cot 0° = \infty$. (In 16. werden wir erkennen, daß es genauer $\cot 0° = \pm \infty$ heißen muß.) An der Stelle $\alpha = 0°$ ist also die Cotangensfunktion nicht erklärt. Mit wachsendem Winkel α nimmt $\cot \alpha$ ab und erreicht für $\alpha = 90°$ den Wert Null, d. h., $\cot 90° = 0$. Dabei schrumpft die Tangentenstrecke $\overline{BB'}$ zum Punkt B zusammen. Im Intervall $0° < \alpha \leqq 90°$ ist also die *Cotangensfunktion* eine *fallende Funktion.*

14.3. Funktionswerte für besondere Winkel

Im Bild 443 ist ein gleichschenklig-rechtwinkliges Dreieck mit der Kathete a und der Hypotenuse c dargestellt. Es läßt sich c nach dem Lehrsatz des PYTHAGORAS aus a berechnen:

$$c = \sqrt{a^2 + a^2} \quad \text{oder} \quad c = a\sqrt{2}$$

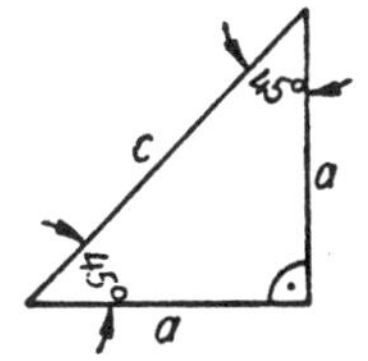

Bild 443

Setzt man in diesem Dreieck die Winkelfunktionen gemäß (89) und (90) an, so ergibt sich unter Verwendung der obigen Beziehung:

$$\sin 45° = \frac{a}{c} = \frac{a}{a\sqrt{2}} = \frac{1}{2}\sqrt{2} \; ; \quad \cos 45° = \frac{1}{2}\sqrt{2}$$

$$\tan 45° = \frac{a}{a} = 1 \; ; \quad \cot 45° = 1$$

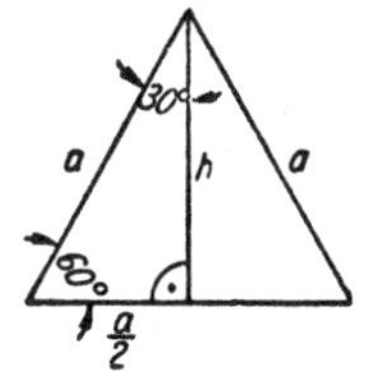

Bild 444

Im gleichseitigen Dreieck (Bild 444) folgt wiederum nach PYTHAGORAS:

$$h = \sqrt{a^2 - \left(\frac{a}{2}\right)^2} \quad \text{oder} \quad h = \frac{a}{2}\sqrt{3}$$

und mit (89) und (90) unter Berücksichtigung dieser Beziehung:

$$\sin 30° = \frac{a}{2a} = \frac{1}{2} \; ; \quad \cos 30° = \frac{h}{a} = \frac{a}{2a}\sqrt{3} = \frac{1}{2}\sqrt{3}$$

$$\tan 30° = \frac{a}{2h} = \frac{a2}{2a\sqrt{3}} = \frac{1}{3}\sqrt{3} \; ; \quad \cot 30° = \frac{3}{\sqrt{3}} = \sqrt{3}$$

Hieraus ferner wegen (91):

$$\sin 60° = \cos 30° = \frac{1}{2}\sqrt{3} \; ; \quad \cos 60° = \sin 30° = \frac{1}{2}$$

$$\tan 60° = \cot 30° = \sqrt{3} \; ; \quad \cot 60° = \tan 30° = \frac{1}{3}\sqrt{3}$$

Wir fassen diese Werte mit den unter 14.2. gefundenen in der folgenden Tabelle zusammen (Die in der Tabelle enthaltenen Wurzeln haben stets das positive Vorzeichen!):

Funktion \ α	0°	30°	45°	60°	90°
$\sin\alpha$	0	$\frac{1}{2}$	$\frac{1}{2}\sqrt{2}$	$\frac{1}{2}\sqrt{3}$	1
$\cos\alpha$	1	$\frac{1}{2}\sqrt{3}$	$\frac{1}{2}\sqrt{2}$	$\frac{1}{2}$	0
$\tan\alpha$	0	$\frac{1}{3}\sqrt{3}$	1	$\sqrt{3}$	$\pm\infty$
$\cot\alpha$	$\pm\infty$	$\sqrt{3}$	1	$\frac{1}{3}\sqrt{3}$	0

(93)

Als mnemotechnisches Hilfsmittel („Merkbrücke") ergibt sich:

$$\sin 0^\circ = \frac{1}{2}\sqrt{0}, \qquad \sin 30^\circ = \frac{1}{2}\sqrt{1}, \qquad \sin 45^\circ = \frac{1}{2}\sqrt{2}$$

$$\sin 60^\circ = \frac{1}{2}\sqrt{3}, \qquad \sin 90^\circ = \frac{1}{2}\sqrt{4} \qquad \text{(Einprägen!)}$$

Merkt man sich diese Werte, so kennt man wegen (91) auch die entsprechenden Cosinuswerte. Aus 14.4. wird ersichtlich werden, daß sich aus den Sinus- und Cosinuswerten die Tangens- und Cotangenswerte leicht berechnen lassen. Deshalb kennt man mit obiger Merkbrücke auch die ganze Tabelle.

14.4. Zusammenhang zwischen den Funktionen desselben Winkels

Aus der Definition (92) und Bild 441 ergibt sich[1]:

a) $$\sin^2\alpha + \cos^2\alpha = \frac{y^2}{r^2} + \frac{x^2}{r^2} = \frac{r^2}{r^2} = 1$$

Also:

$$\boxed{\sin^2\alpha + \cos^2\alpha = 1} \tag{94}$$

Diese Gleichung wird „trigonometrischer PYTHAGORAS" genannt.

b) $$\tan\alpha = \frac{y}{x} = \frac{1}{\frac{x}{y}} = \frac{1}{\cot\alpha}$$

Also: $$\boxed{\tan\alpha = \frac{1}{\cot\alpha}} \tag{95}$$

c) $$\frac{\sin\alpha}{\cos\alpha} = \frac{y}{r} : \frac{x}{r} = \frac{y}{x} = \tan\alpha$$

Also: $$\boxed{\tan\alpha = \frac{\sin\alpha}{\cos\alpha}} \tag{96 a}$$

Hieraus mit (95):

$$\boxed{\cot\alpha = \frac{\cos\alpha}{\sin\alpha}} \tag{96 b}$$

Die Gleichungen (94) bis (96b) sind zunächst nur für spitze Winkel α bewiesen. Trotzdem gelten sie für beliebige Winkel, weil die Definition (92) bei der Erweiterung des Funktionsbegriffs für beliebige Winkel beibehalten wird.
Die Gleichungen (94) bis (96b) geben uns das Mittel in die Hand, um aus einer gegebenen Funktion die anderen drei Funktionen zu berechnen.

---

[1] Statt $\sin\alpha \sin\alpha = (\sin\alpha)^2$ ist es gebräuchlich, $\sin^2\alpha$ zu schreiben, entsprechend bei den anderen drei Funktionen. Hiermit darf man $\sin\alpha^2 = \sin(\alpha^2)$ nicht verwechseln.

BEISPIEL

1. Gegeben $\sin\alpha$; gesucht $\cos\alpha$

Aus (94) folgt

$$\cos\alpha = \pm\sqrt{1-\sin^2\alpha}$$

Wegen 14.2. ist für spitze Winkel α stets das positive Vorzeichen der Quadratwurzel zu nehmen. Bei beliebigen Winkeln α entscheidet der Quadrant des Winkels über das Vorzeichen der Wurzel [vgl. (98)]. Entsprechendes gilt für die Beispiele 2 und 3 sowie für Tabelle (97).

2. Gegeben $\sin\alpha$; gesucht $\tan\alpha$

Aus (94) und (96a) erhält man:

$$\tan\alpha = \frac{\sin\alpha}{\cos\alpha} = \frac{\sin\alpha}{\pm\sqrt{1-\sin^2\alpha}}$$

3. Gegeben $\cot\alpha$; gesucht $\cos\alpha$

Aus (94) und (96b) folgt zunächst:

$$\cot\alpha = \frac{\cos\alpha}{\sin\alpha} = \frac{\cos\alpha}{\pm\sqrt{1-\cos^2\alpha}}$$

Quadriert:

$$\cot^2\alpha = \frac{\cos^2\alpha}{1-\cos^2\alpha}$$

Hieraus: $\cot^2\alpha = \cos^2\alpha(1+\cot^2\alpha)$

Also: $$\cos\alpha = \frac{\cot\alpha}{\pm\sqrt{1+\cot^2\alpha}}$$

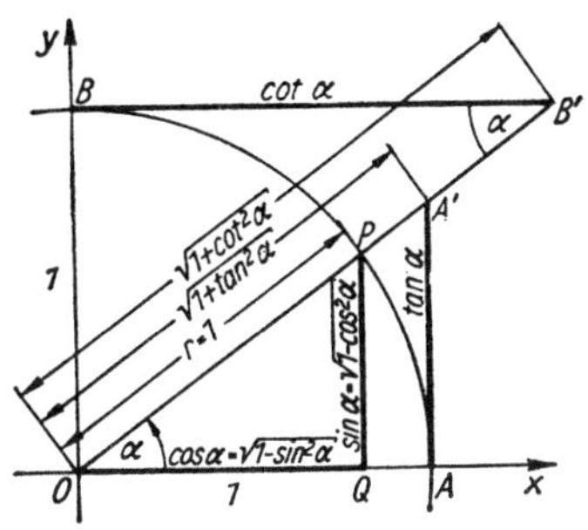

Bild 445

Auf diese Weise erhält man folgende Tabelle (97):

Gesucht \ Gegeben	$\sin\alpha$	$\cos\alpha$	$\tan\alpha$	$\cot\alpha$
$\sin\alpha$	$\sin\alpha$	$\pm\sqrt{1-\cos^2\alpha}$	$\frac{\tan\alpha}{\pm\sqrt{1+\tan^2\alpha}}$	$\frac{1}{\pm\sqrt{1+\cot^2\alpha}}$
$\cos\alpha$	$\pm\sqrt{1-\sin^2\alpha}$	$\cos\alpha$	$\frac{1}{\pm\sqrt{1+\tan^2\alpha}}$	$\frac{\cot\alpha}{\pm\sqrt{1+\cot^2\alpha}}$
$\tan\alpha$	$\frac{\sin\alpha}{\pm\sqrt{1-\sin^2\alpha}}$	$\frac{\pm\sqrt{1-\cos^2\alpha}}{\cos\alpha}$	$\tan\alpha$	$\frac{1}{\cot\alpha}$
$\cot\alpha$	$\frac{\pm\sqrt{1-\sin^2\alpha}}{\sin\alpha}$	$\frac{\cos\alpha}{\pm\sqrt{1-\cos^2\alpha}}$	$\frac{1}{\tan\alpha}$	$\cot\alpha$

Die in der Tabelle (97) zusammengefaßten Beziehungen zwischen den 4 Funktionen ergeben sich auch unmittelbar aus Bild 445, in dem die aus dem pythagoreischen Lehrsatz folgenden Ausdrücke enthalten sind.

BEISPIEL

$$\sin\alpha = \frac{\overline{AA'}}{\overline{OA'}} = \underline{\underline{\frac{\tan\alpha}{\sqrt{1+\tan^2\alpha}}}}$$

AUFGABEN

478. Man zeichne auf Millimeterpapier einen Viertelkreis mit dem Radius 10 cm und ermittle graphisch die Werte der Sinus- und Cosinusfunktion und, soweit möglich, auch der Tangens- und Cotangensfunktion für die Winkel 10°, 20°, 30°, …, 80°. Die restlichen Tangens- und Cotangenswerte sind rechnerisch zu bestimmen.

479. Prüfe die in der Tabelle (97) angegebenen Beziehungen nach, indem die Formeln (94) bis (96b) zugrunde gelegt werden.

480. Es sind die Werte der drei anderen Funktionen mittels Tabelle (97) für

a) $\sin\alpha = \frac{3}{5}$; b) $\cos\alpha = 0{,}6$; c) $\tan\alpha = \frac{12}{5}$

zu bestimmen.

481. Zu beweisen sind die Gleichungen

a) $1 + \tan^2\alpha = \frac{1}{\cos^2\alpha}$ und b) $1 + \cot^2\alpha = \frac{1}{\sin^2\alpha}$.

482. Es sind die folgenden Ausdrücke zu vereinfachen:

a) $\frac{\sin\alpha}{\tan\alpha}$; b) $\frac{\cot\alpha}{\cos\alpha}$; c) $\cos\alpha\sqrt{1+\tan^2\alpha}$.

483. Man berechne die anderen Funktionen für

a) $\sin\alpha = \frac{4\sqrt{m}}{1+4m}$; b) $\cos\alpha = \frac{1-q^2}{1+q^2}$.

484. Es sind die Funktionswerte für die Winkel

a) 26,289°; b) 75,377°; c) 31,046°

zu bestimmen.

485. Man suche die natürlichen Werte der trigonometrischen Funktionen für die Winkel
a) 32°15′; b) 41°29′; c) 55°33′
in der Tafel auf.

486. Wie groß sind die spitzen Winkel α in dezimalgeteiltem Altgrad für folgende gegebenen Werte:

a) $\sin\alpha = 0{,}3379$

b) $\cos\alpha = 0{,}7867$

c) $\tan\alpha = 1{,}888$

d) $\cot\alpha = 0{,}1840$?

15. Berechnung des rechtwinkligen Dreiecks

15.1. Fünf Grundaufgaben

Durch die Definition der trigonometrischen Funktionen sin α, cos α, tan α und cot α als die zu einem Winkel α gehörigen Seitenverhältnisse im rechtwinkligen Dreieck (vgl. 14.1.) sind die Beziehungen zwischen Seiten und Winkeln eines rechtwinkligen Dreiecks hergestellt. Wir haben also mit den trigonometrischen Funktionstafeln das Hilfsmittel für die vollständige Auflösung des rechtwinkligen Dreiecks erhalten.
In 5.3.2. wurde festgestellt, daß für die Konstruktion des rechtwinkligen Dreiecks 2 Bestimmungsstücke erforderlich sind. Entsprechend ergibt sich nun, daß die rechnerische Auflösung des rechtwinkligen Dreiecks genau zwei voneinander unabhängige Bestimmungsstücke (Seiten und Winkel) verlangt.
Analog zur Konstruktion unterscheiden wir die folgenden 5 *Grundaufgaben*, deren Auflösung sich aus (89) und (90) sowie Bild 440 ergibt:

I. Gegeben die beiden *Katheten* a und b

Es sind zu berechnen:

1. die beiden Winkel α und β

$$\tan\alpha = \frac{a}{b}; \qquad \beta = 90^\circ - \alpha$$

2. die Hypotenuse c

$$c = \frac{a}{\sin\alpha} = \frac{b}{\cos\alpha}\,[1]$$

Probe: $c = \sqrt{a^2 + b^2}$

II. Gegeben die *Hypotenuse* und *eine Kathete*, also z. B. c und a

Es sind zu berechnen:

1. die beiden Winkel α und β

$$\sin\alpha = \frac{a}{c}; \qquad \beta = 90^\circ - \alpha$$

2. die andere Kathete b

$$b = a\cot\alpha = c\cos\alpha\,[2]$$

Probe: $b = \sqrt{c^2 - a^2} = \sqrt{(c + a)(c - a)}$

III. Gegeben ein *Winkel* und seine *Gegenkathete*, also z. B. α und a.

Es sind zu berechnen:

1. der zweite Winkel β

$$\beta = 90^\circ - \alpha$$

[1] Aus Genauigkeitsgründen empfiehlt sich die Verwendung der größeren Kathete.

[2] $b = c\cos\alpha$ liefert schärfere Ergebnisse als $b = a\cot\alpha$ (vgl. 19.3.4.).

2. die Hypotenuse c

$$c = \frac{a}{\sin \alpha}$$

3. die Ankathete b

$$b = a \cot \alpha$$

Probe: $$b = \sqrt{c^2 - a^2} = \sqrt{(c + a)(c - a)}$$

IV. Gegeben ein *Winkel* und seine *Ankathete*, also z. B. α und b.

Es sind zu berechnen:

1. der zweite Winkel β

$$\beta = 90° - \alpha$$

2. die Hypotenuse c

$$c = \frac{b}{\cos \alpha}$$

3. die Gegenkathete a

$$a = b \tan \alpha$$

Probe: $$a = \sqrt{c^2 - b^2} = \sqrt{(c + b)(c - b)}$$

V. Gegeben ein Winkel und die *Hypotenuse*, also z. B. α und c.

Es sind zu berechnen:

1. der zweite Winkel β

$$\beta = 90° - \alpha$$

2. die beiden Katheten

$$a = c \sin \alpha; \quad b = c \cos \alpha$$

Probe: $$\sqrt{a^2 + b^2} = c$$

Um im Verlauf einer Berechnung die Fortpflanzung von Fehlern und Rechenungenauigkeiten auf ein Mindestmaß zu beschränken, ist es gebräuchlich, für die Berechnung der gesuchten Stücke möglichst nur die gegebenen zu verwenden. Wir sind daher außer in I/2 und II/2 so verfahren. Sollte eine genügend genaue Quadrattafel zur Verfügung stehen, so wird man auch in diesen beiden Fällen das obige Prinzip einhalten und die eigentliche Berechnung mit der Probe vertauschen.

Für die Lösbarkeit der 5 Grundaufgaben bestehen folgende Bedingungen:

I: keine Bedingung; II: $c > a$; III, IV, V: $\alpha < 90°$

Die Lösungen aller Aufgaben sind stets eindeutig.

15.2. Zahlenbeispiele und Anwendungen

Hinweise zum Rechenschema

Im Interesse der Übersichtlichkeit ist es oft zweckmäßig, die trigonometrischen Berechnungen in einem Rechenschema durchzuführen.

BEISPIELE

1. Gegeben $a = 32{,}25$ m; $b = 27{,}11$ m (Grundaufgabe I); gesucht α, β, c

Lösung

$$\tan\alpha = \frac{a}{b}$$

$$\beta = 90° - \alpha$$

$$c = \frac{a}{\sin\alpha} = \frac{b}{\cos\alpha}$$

$$\underline{\underline{\alpha = 49{,}949°}}$$

$$\underline{\underline{\beta = 40{,}051°}}$$

$$\underline{\underline{c = 42{,}131 \text{ m}}}$$

Probe:
$$a^2 = 1\,040{,}06$$
$$b^2 = 734{,}95$$
$$c^2 = 1\,775{,}01$$
$$c = 42{,}131$$

2. Gegeben $c = 53{,}34$ cm; $a = 19{,}12$ cm (Grundaufgabe II); gesucht α, β, b (Taschenrechner)

Lösung

$$\sin\alpha = \frac{a}{c} \qquad \sin\alpha = \frac{19{,}12}{53{,}34} = 0{,}358\,455$$

$$\beta = 90° - \alpha$$

$$b = a\cot\alpha = c\cos\alpha \qquad b = 53{,}34 \cdot 0{,}933\,547 = 49{,}7954$$

Probe: $b = \sqrt{(c+a)(c-a)}$ $\qquad c + a = 72{,}46;\ c - a = 34{,}22$

$$b = \sqrt{72{,}46 \cdot 34{,}22} = 49{,}7954$$

$$\underline{\underline{\alpha = 21{,}0053°}}$$

$$\underline{\underline{\beta = 68{,}9947°}}$$

$$\underline{\underline{b = 49{,}795 \text{ cm}}}$$

3. Gegeben $\alpha = 36{,}5°$ $a = 29{,}6$ cm (Grundaufgabe III); gesucht β, c, b (Rechenstab)

Lösung

$\beta = 90^\circ - \alpha$

$c = \dfrac{a}{\sin\alpha}$ $\qquad c = \dfrac{29{,}6}{0{,}595} = 49{,}8$

$b = a \cot\alpha$ $\qquad b = 29{,}6 \cdot 1{,}351 = 40{,}0$

Probe: $b = \sqrt{(c+a)(c-a)}$ $\qquad c + a = 79{,}4;\; c - a = 20{,}2$

$b = \sqrt{79{,}4 \cdot 20{,}2} = 40{,}0$

$\beta = 53{,}5^\circ$

$c = 49{,}8$ cm

$b = 40{,}0$ cm

4. Gegeben $\alpha = 67{,}6^\circ$; $b = 25{,}4$ cm (Grundaufgabe IV); gesucht β, c, a (Rechenstab)

Lösung

$\beta = 90^\circ - \alpha$

$c = \dfrac{b}{\cos\alpha}$ $\qquad c = \dfrac{25{,}4}{0{,}381} = 66{,}6$

$a = b \tan\alpha$ $\qquad a = 25{,}4 \cdot 2{,}43 = 61{,}6$

Probe: $a = \sqrt{(c+b)(c-b)}$ $\qquad c + b = 92{,}0 \quad c - b = 41{,}2$

$a = \sqrt{92{,}0 \cdot 41{,}2} = 61{,}6$

$\beta = 22{,}4^\circ$

$c = 66{,}6$ cm

$a = 61{,}6$ cm

5. Gegeben $\alpha = 48^\circ 12' 15''$; $c = 31{,}29$ cm (Grundaufgabe V); gesucht β, a, b

Lösung

$\beta = 90^\circ - \alpha$

$a = c \sin\alpha$

$b = c \cos\alpha$

$\beta = 41^\circ 47' 45'$

$a = 23{,}328$ cm

$b = 20{,}854$ cm

Probe: $a^2 = 544{,}20$

$b^2 = 434{,}89$

$c^2 = 979{,}09$

$c = 31{,}29$

6. Von einem gleichschenkligen Dreieck (Bild 446) seien der Schenkel $a = 75$ m und der Basiswinkel $\alpha = 70°$ gegeben. Wie groß sind der Winkel γ an der Spitze, die Basis c, die Höhe h_c auf der Basis und die Fläche A des Dreiecks?

(Rechner)

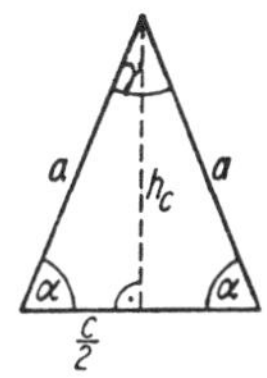

Bild 446

Lösung

$\gamma = 180° - 2\alpha$

$c = 2a \cos \alpha$ $\qquad c = 150 \cdot 0{,}342020 = 51{,}303$

$h_c = a \sin \alpha$ $\qquad h_c = 75 \cdot 0{,}939693 = 70{,}477$

$A = \frac{c}{2} h_c = a^2 \cos \alpha \sin \alpha$

$\underline{\underline{\gamma = 40°}}$

$\underline{\underline{c = 51{,}303 \text{ m}}}$

$\underline{\underline{h_c = 70{,}477 \text{ m}}}$

$\underline{\underline{A = 1807{,}8 \text{ m}^2}}$

7. Einem Kreis mit dem Radius r ist ein regelmäßiges n-Eck einbeschrieben (Bild 447). Wie groß sind die Seite s, der Umfang U und die Fläche A des n-Ecks, wenn $n = 9$ und $r = 100$ cm sind? (Rechner)

Lösung

$$s = 2r \sin \frac{180°}{n} \qquad s = 200 \cdot 0{,}342020 = 68{,}404$$

$$U = 2nr \sin \frac{180°}{n} \qquad U = 9 \cdot 68{,}404 = 615{,}636$$

$$h = r \cos \frac{180°}{n} \qquad h = 100 \cdot 0{,}939693 = 93{,}9693$$

$$A = \frac{nsh}{2} = \frac{uh}{2} \qquad A = \frac{615{,}636 \cdot 93{,}9693}{2} = 28925{,}4$$

$$= nr^2 \sin \frac{180°}{n} \cos \frac{180°}{n}$$

$\underline{\underline{s = 68{,}404 \text{ cm}}}$

$\underline{\underline{U = 615{,}64 \text{ cm}}}$

$\underline{\underline{A = 28925 \text{ cm}^2}}$

8. Ein zylindrischer Dampfkessel (Bild 448) hat den Durchmesser $d = 1$ m und die Länge $l = 6$ m und ist bis zu einer Höhe von $h = 80$ cm mit Wasser gefüllt. Wie groß ist die vom Wasser benetzte Fläche A des Dampfkessels? (Rechner)

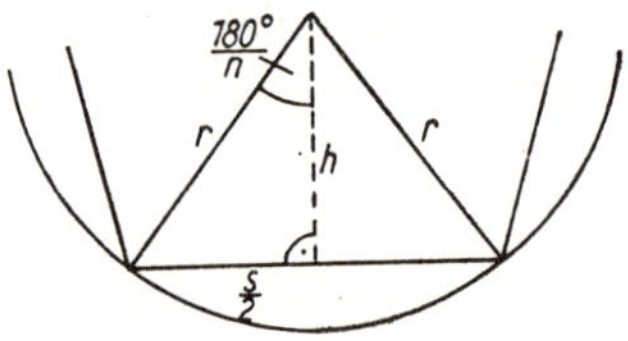

Bild 447

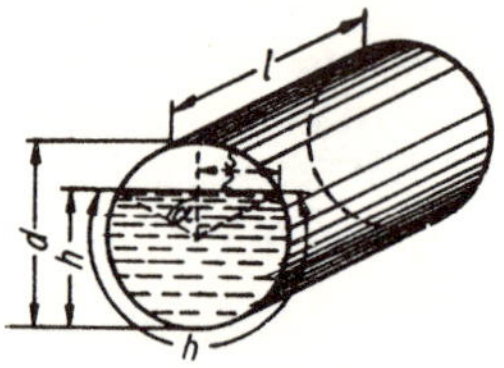

Bild 448

Lösung

$$\cos\alpha = \frac{h - \frac{d}{2}}{\frac{d}{2}} = \frac{2h}{d} - 1 = 1{,}6 - 1 = 0{,}6$$

$$s = d\sin\alpha$$

$$b = \frac{\pi d\,(360° - 2\alpha)}{360°} = \frac{d}{2\varrho}(360° - 2\alpha) = d\,\frac{180° - \alpha}{\varrho}$$

Teil des Zylindermantels: $A_1 = bl = dl\,\dfrac{180° - \alpha}{\varrho}$

Kreisabschnitte: Mit Formel (43) (s. 8.6.2.4.) ergibt sich

$$2A_2 = b\frac{d}{2} + \left(h - \frac{d}{2}\right)s =$$

$$= \frac{180° - \alpha}{\varrho}\frac{d^2}{2} + \left(h - \frac{d}{2}\right)d\sin\alpha$$

$$A = A_1 + 2A_2 = \left(dl + \frac{d^2}{2}\right)\frac{180° - \alpha}{\varrho} + \left(h - \frac{d}{2}\right)d\sin\alpha$$

$$A = 6{,}5\cdot\frac{180° - \alpha}{\varrho} + 0{,}3\sin\alpha = E + F$$

Hierbei ist $\varrho = 57{,}29578°$ [vgl. (88b)].

$\alpha = 53°07'48{,}4''$ $\qquad E = 6{,}5\cdot\dfrac{126{,}8699}{57{,}29578} = 14{,}3929$

$180° - \alpha = 126°52'11{,}6''$ $\qquad F = 0{,}3\cdot 0{,}800000 = 0{,}2400$

$180° - \alpha = 126{,}8699°$

$E = 14{,}393\ \text{m}^2$

$F = 0{,}240\ \text{m}^2$

$A = 14{,}633\ \text{m}^2$

AUFGABEN

487. Von einem gleichschenkligen Dreieck (Bild 446) sind gegeben:

a) $\gamma = 30{,}3°$; $a = 41{,}33$ m

b) $\alpha = 45{,}3°$; $c = 18{,}12$ m

c) $\gamma = 50{,}8°$; $c = 28{,}04$ m

Wie groß sind die restlichen Winkel und Seiten und die Dreiecksfläche?

488. Im rechtwinkligen Dreieck mit der Kathete $a = 120$ m und dem Gegenwinkel $\alpha = 53°38'38''$ (Bild 440) ist die Höhe h_c auf der Hypotenuse c zu berechnen.

489. Wie groß sind die Seite s, der Umfang U und die Fläche A eines einem Kreise mit dem Radius $r = 50$ cm umbeschriebenen 36ecks (Bild 449)?

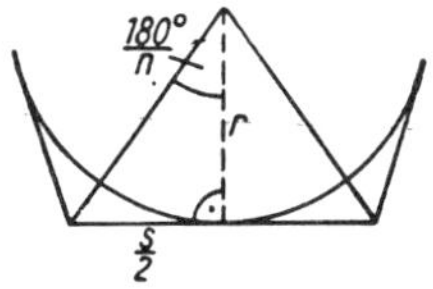

Bild 449

490. Die Zahl π ist mittels des Umfangs eines einem Kreise einbeschriebenen und umbeschriebenen 10000 ecks angenähert zu berechnen.

491. Ein Turm von der Höhe $h = 30$ m erscheint unter einem Höhenwinkel (Erhebungswinkel) von $\alpha = 5°$ (Bild 450). Um welche Strecke x muß man sich ihm nähern, damit er unter doppeltem Erhebungswinkel 2α zu sehen ist?

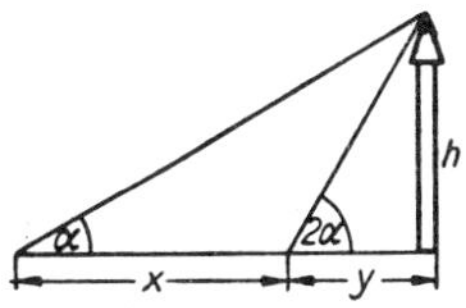

Bild 450

492. Der Achsenabstand zweier Riemenscheiben mit den Radien $r_1 = 0{,}3$ m und $r_2 = 0{,}2$ m beträgt $d = 4{,}50$ m. Welche Länge l hat ein straff über die Scheiben gespannter Treibriemen (Bild 451)?

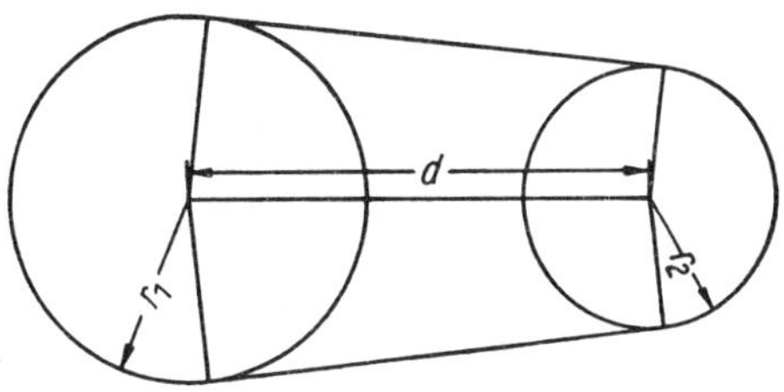

Bild 451

493. Um wieviel länger ist der Bogen b als die Sehne s, wenn der Kreisradius $r = 80$ m beträgt und der zu b und s gehörige Zentriwinkel $\alpha = 22{,}33°$ groß ist (Bild 452)?

494. Unter der Pfeilhöhe oder Bogenhöhe versteht man den größten Abstand eines Bogens von der zugehörigen Bogensehne (Bild 452). Wie groß ist die Pfeilhöhe p im Kreis mit dem Radius $r = 20$ m für

a) den Mittelpunktswinkel $\alpha = 20°$,

b) die Sehne $s = 15$ m,

c) den Bogen $b = 40$ m?

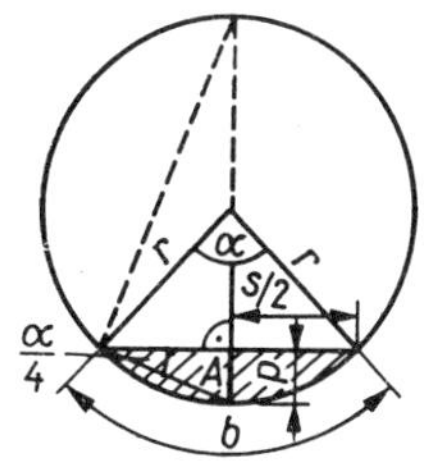

Bild 452

495. Von einem im Kreisbogen verlegten Bahngleis soll der Krümmungsradius r bestimmt werden. Zu diesem Zweck mißt man eine Kreissehne $s = 50$ m und die zugehörige Pfeilhöhe $p = 0{,}5$ m.

496. Wie groß ist das Kreissegment A (Bild 452) für $r = 15{,}58$ m und $\alpha = 62°10'$?

497. Welche Masse m hat ein konzentrisches Tonnengewölbe mit der Lichtweite $s = 6{,}30$ m (Spannweite), der lichten Bogenhöhe $p = 1{,}50$ m, der Dicke $d = 0{,}66$ m und der Länge $l = 8{,}00$ m, wenn die Dichte des Mauerwerks $\varrho = 2{,}25\,\text{kg/dm}^3$ beträgt (Bild 453)?

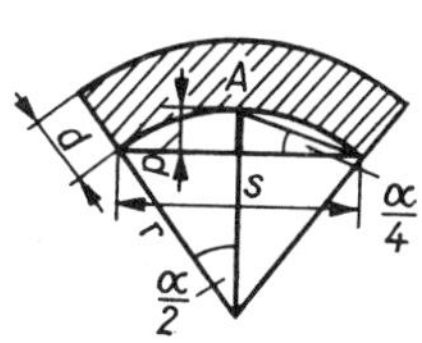

Bild 453

498. Welche Fläche A hat die Stirnseite eines exzentrischen Tonnengewölbes mit der Lichtweite $s = 7{,}20$ m, der lichten Bogenhöhe $p = 1{,}80$ m, der Scheiteldicke $d = 1{,}30$ m und der Dicke am Widerlager $c = 2{,}10$ m, wenn die Fuge am Widerlager nach dem Kreismittelpunkt der inneren Wölbung gerichtet ist (Bild 454)?
Anleitung: Die Fläche des exzentrischen Kreissegments ergibt sich als Sektor AM_1B – Sektor DME – $2\triangle MAM_1$. Man berechne die Radien r und r_1, die Mittelpunktswinkel α und α_1 beider Sektoren, Grundlinie $\overline{MM_1}$ und Höhe $\frac{\overline{AB}}{2}$ des Dreiecks MAM_1.

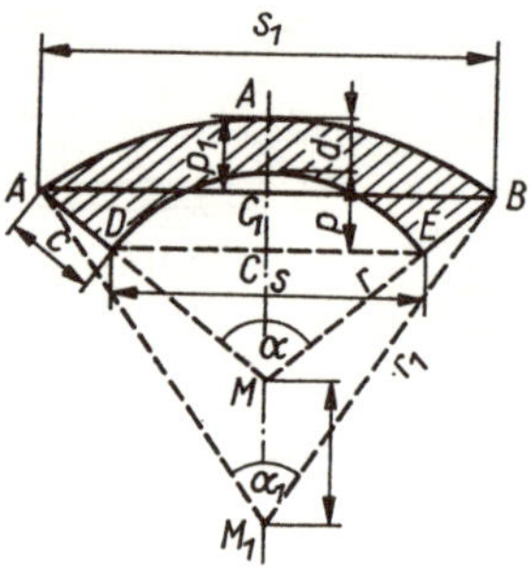

Bild 454

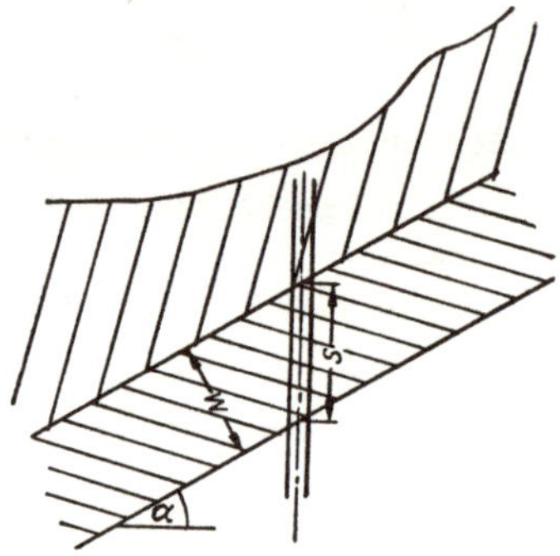

Bild 455

499. Von einem gleichschenkligen Dreieck sind gegeben die Basis $c = 28$ cm und der Schenkel $a = 42{,}3$ cm (Bild 446). Es sind

a) der Radius r_i des Inkreises und

b) der Radius r des Umkreises

zu berechnen.

500. Durch senkrechte Bohrung ergibt sich für einen unter $\alpha = 28{,}5°$ fallenden Erzgang die scheinbare Mächtigkeit $s = 2{,}80$ m (Bild 455). Wie groß ist seine wahre Mächtigkeit w?

501. a) Es heißt, eine Gerade (Straße, Böschung u. ä.) habe eine Neigung $1:n$ oder eine Neigung von p in %, wenn sie auf n horizontale Längeneinheiten um 1 Längeneinheit bzw. auf 100 horizontale Längeneinheiten um p Längeneinheiten steigt. Wird der Neigungswinkel mit α bezeichnet, so gilt

$$\tan\alpha = \frac{1}{n} = \frac{p}{100}$$

Es ist eine Tabelle für den Neigungswinkel α bei einer Neigung von $p = 5$, 10, 20, 40, 60, 80, 100 % aufzustellen.

b) Eine Straße hat eine Neigung von 8 %. Wie groß ist ihr Neigungswinkel α, und welchen Höhenunterschied h muß ein Fahrzeug bei 75 m (schräger) Fahrbahn überwinden?

502. 0,8 m über der Mitte eines runden Tisches von 1,20 m Durchmesser ist eine Lampe mit der Lichtstärke $I = 200$ cd angebracht. Wie groß ist die Beleuchtungsstärke E am Rande des Tisches (Bild 456)?

Anleitung: Die Beleuchtungsstärke E ergibt sich aus der Formel $E = \frac{I}{r^2} \cos \varphi$ in Lux, wobei r die Entfernung der Lichtquelle von der beleuchteten Fläche in Metern und $90° - \varphi$ der Winkel zwischen Lichtstrahlrichtung und beleuchteter Fläche ist.

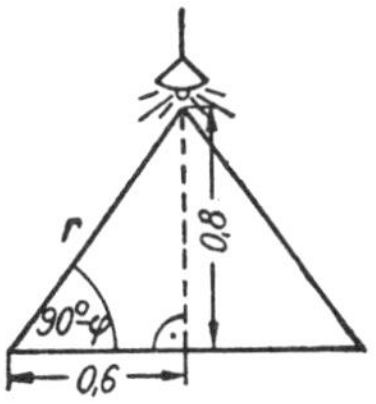

Bild 456

16. Trigonometrische Funktionen beliebiger Winkel

16.1. Verallgemeinerung des Winkelfunktionsbegriffs

Die Winkelfunktionen sind zunächst nur für spitze Winkel erklärt. Trotz dieser Beschränkung war die Auflösung des rechtwinkligen Dreiecks in 15. möglich, weil im rechtwinkligen Dreieck außer dem rechten Winkel selbst nur spitze Winkel auftreten können. Es liegt nun nahe, die trigonometrischen Funktionen auch für die Berechnung beliebiger Dreiecke zu verwenden. Da in solchen Dreiecken auch stumpfe Winkel möglich sind, ist es angebracht, den Begriff der Winkelfunktionen auf stumpfe Winkel zu erweitern. Aus mancherlei anderen Gründen erwächst sogar das Bedürfnis, die Winkelfunktionen für ganz beliebige Winkel zu definieren (z. B. Berechnung des Richtungswinkels einer gerichteten Strecke im Koordinatensystem). Man behält für diese allgemeine Definition die Gleichungen (92) bei und setzt fest, daß in (92) der Winkel α und somit auch die Koordinaten x und y beliebige Werte annehmen können. Nunmehr darf also der bewegliche Schenkel $\overline{OP}$ (Bild 441) über $\overline{OB}$ hinaus gedreht werden und kann jede beliebige Lage auch im II., III. und IV. Quadranten des Koordinatensystems annehmen. Insbesondere hat der Drehradius $\overline{OP}$ ein Winkelfeld von 90°, 180°, 270°, 360° durchlaufen, wenn er mit $\overline{OB}$, $\overline{OC}$, $\overline{OD}$, $\overline{OA}$ zusammenfällt. Bei dieser Bewegung beschreibt der Punkt P einen Vollkreis mit dem Radius r und kehrt in seine Ausgangslage A zurück.

16.2. Verlauf der Winkelfunktionen

Da die Definition (92) beibehalten wird, bleiben auch die Folgerungen hieraus erhalten, d. h., am Einheitskreis erscheinen der Sinus als Projektionslot, der Cosinus als Projektion, der Tangens als Tangente in A und der Cotangens als Tangente in B. Die Lage dieser Strecken im II., III. und IV. Quadranten geht aus den Bildern 457, 458 und 459 hervor. Da der Tangens stets auf der Tangente in A und der Cotangens stets auf der Tangente in B abgelesen werden, muß man für den Tangens bei Winkeln im II. und III. Quadranten und für den Cotangens bei Winkeln im III. und IV. Quadranten den Drehradius $\overline{OP}$ rückwärts verlängern.
Die Abszisse x ist für im II. und III. Quadranten liegende Punkte P negativ, und die Ordinate y nimmt für Punkte des III. und IV. Quadranten ebenfalls negative Werte

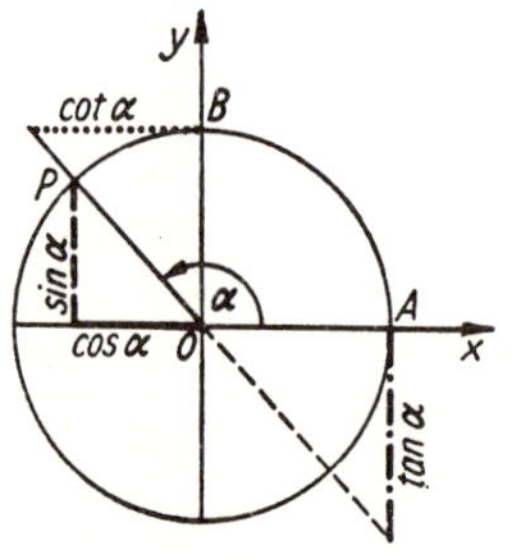

Bild 457

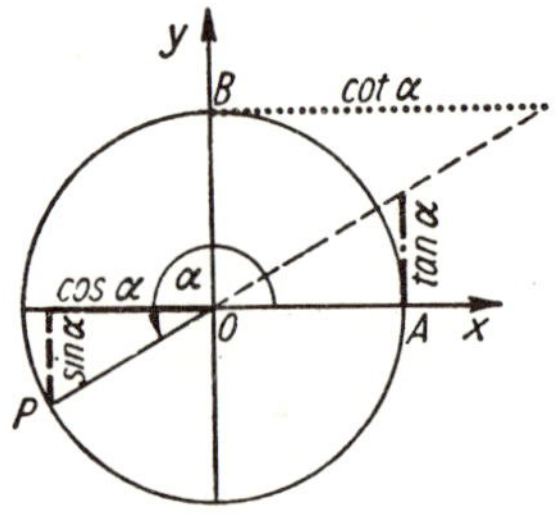

Bild 458

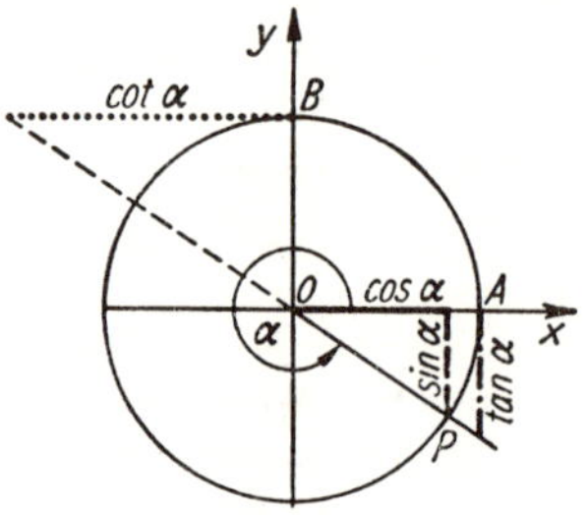

Bild 459

an. Hieraus ergeben sich mit den Gleichungen (92) und den Bildern 442 sowie 457, 458 und 459 folgende Vorzeichen und speziellen Werte für die Funktionen:

Funktion \ Quadrant	I	II	III	IV
sin	+	+	—	—
cos	+	—	—	+
tan	+	—	+	—
cot	+	—	+	—

(98)

Funktionen \ Winkel α	$0°$ (0)	$90°$ $\left(\frac{\pi}{2}\right)$	$180°$ (π)	$270°$ $\left(\frac{3}{2}\pi\right)$	$360°$ (2π)
$\sin\alpha$	0	+1	0	—1	0
$\cos\alpha$	+1	0	—1	0	+1
$\tan\alpha$	0	$\pm\infty$	0	$\pm\infty$	0
$\cot\alpha$	$\pm\infty$	0	$\pm\infty$	0	$\pm\infty$

(99)

Wir hatten bereits in 14.2. festgestellt, daß die Tangensfunktion bei 90° und die Cotangensfunktion bei 0° nicht erklärt sind. Nunmehr hat sich ergeben, daß die Tangensfunktion bei 270° und die Cotangensfunktion bei 180° und 360° ebenfalls nicht erklärt sind; denn strebt α gegen diese Winkelwerte, so wachsen die Funktionswerte über alle Grenzen. Diese Stellen der Funktion heißen Unstetigkeitsstellen. Näheres hierüber wird in 16.3. gesagt. Die ausführliche Besprechung der Stetigkeit und Unstetigkeit einer Funktion erfolgt in der Differentialrechnung.

16.3. Veranschaulichung des Funktionsverlaufs

Der Verlauf der trigonometrischen Funktionen wird besonders deutlich, wenn man das Bild der Funktionen, ihre sogenannte Kurve, im rechtwinkligen Koordinatensystem zeichnet.
Um die Bilder dieser Funktionen

$$y = \sin x,\ y = \cos x,\ y = \tan x,\ y = \cot x$$

nicht zu verzerren, muß auf beiden Achsen dieselbe Maßeinheit gewählt werden. Die Werte y der Winkelfunktionen sind unbenannte Zahlen, wie wir in 14.1.2. feststellten. Daher müssen die Winkel x ebenfalls ohne Benennung verwendet werden, d. h., sie

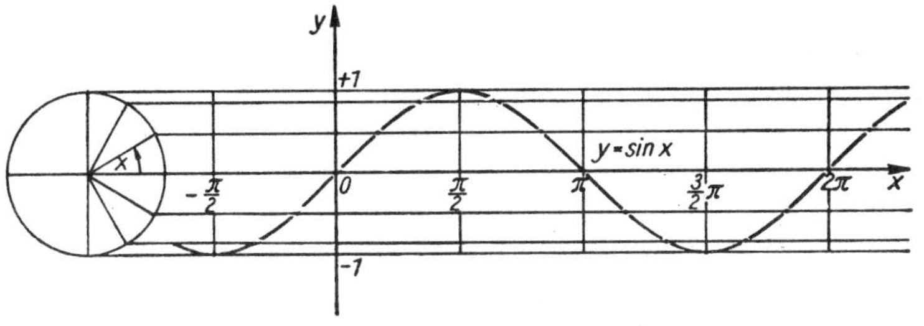

Bild 460

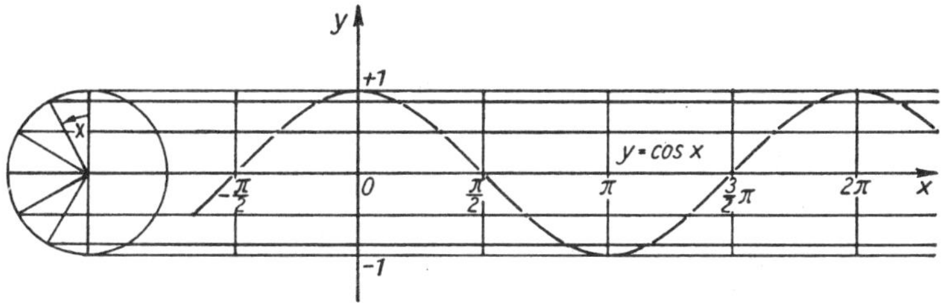

Bild 461

sind auf der x-Achse im Bogenmaß aufzutragen. Wählen wir für den Radius des Einheitskreises z. B. $r = 1{,}5$ cm, so entspricht der Strecke von $0°$ bis $360°$ bzw. 0 bis 2π die Strecke $2\pi \cdot 1{,}5 \text{ cm} \approx 9{,}42$ cm. In den Bildern 460 bis 463 sind die Kurven der vier Winkelfunktionen dargestellt.

Zur Vereinfachung für die Zeichnung ist bei den Funktionen $y = \cos x$ und $y = \cot x$ die Nullstellung des Drehradius am Einheitskreis im Gegensatz zur üblichen Lage (Bild 442) so gewählt, daß die Strecken, die am Einheitskreis die Funktionswerte y darstellen, unmittelbar durch Parallelverschiebung auf der x-Achse nach rechts bzw. links als Ordinaten der Kurvenpunkte erhalten werden.

Aus den Bildern 462 und 463 erkennt man, daß die Funktionen $y = \tan x$ und $y = \cot x$ an ihren Unstetigkeitsstellen verschiedenen Grenzwerten zustreben, je nachdem, ob man sich der betreffenden Stelle mit wachsendem oder abnehmendem Argument x nähert. Beispielsweise ist die Tangensfunktion im Intervall $0 < x < \frac{\pi}{2}$ stets positiv und strebt dort für $x \to \frac{\pi}{2}$ gegen $+\infty$. Hingegen gilt $\tan x < 0$, wenn $\frac{\pi}{2} < x < \pi$, und für $x \to \frac{\pi}{2}$ mit $x > \frac{\pi}{2}$ strebt $\tan x \to -\infty$.

Im ersten Falle spricht man von einem linksseitigen, im zweiten von einem rechtsseitigen Grenzwert und schreibt exakt

$$\lim_{x \to \frac{\pi}{2} - 0} \tan x = +\infty \qquad \text{und} \qquad \lim_{x \to \frac{\pi}{2} + 0} \tan x = -\infty$$

Man sagt, an der Stelle $x = \frac{\pi}{2}$ hat die Tangensfunktion einen *Pol.* Da $+\infty$ und $-\infty$ keine eigentlichen Zahlen sind, spricht man bei obigen Grenzwerten auch genauer von uneigentlichen Grenzwerten. Entsprechendes gilt für die anderen Unstetigkeitsstellen der Funktionen $\tan x$ und $\cot x$.

Die Tangenskurve und die Cotangenskurve haben an ihren Unstetigkeitsstellen jeweils eine senkrecht zur x-Achse laufende *Asymptote.*[1]

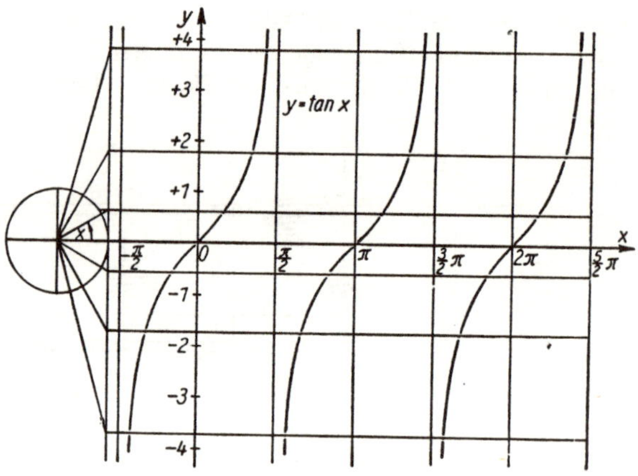

Bild 462

Die obigen Erklärungen mit den neu auftretenden Begriffen Grenzwert, Unstetigkeitsstelle, Pol usw. sollen dem Leser nur einen vorläufigen Einblick in die Zusammenhänge geben. Sie erheben keinen Anspruch auf ausführliche Darstellung und volle Exaktheit und werden später in der Differentialrechnung eingehend behandelt.

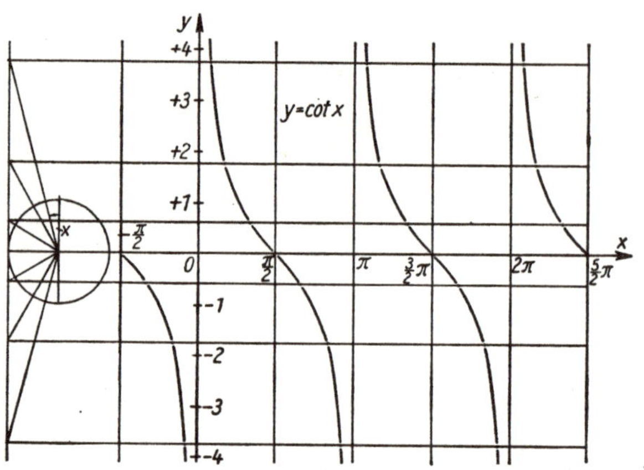

Bild 463

16.4. Periodizität der Winkelfunktionen

Dreht man den Drehradius $\overline{OP}$ über 360° hinaus (Bild 441), so durchlaufen die Winkelfunktionen für Winkel zwischen $360° = 2\pi$ und $720° = 4\pi$ dieselben Werte wie in den ersten 4 Quadranten, desgleichen für Winkel zwischen $720° = 4\pi$ und $1\,080° = 6\pi$

[1] (griech.) die Zusammenfallende; eine Gerade, der sich eine Kurve unbegrenzt nähert, ohne sie zu erreichen.

usw., d. h., alle $360° = 2\pi$ wiederholen sich die Funktionswerte. Man sagt, die trigonometrischen Funktionen sind *periodisch*. Wie man aus den Bildern 462 und 463 ersieht, beträgt die Periode bei der Tangens- und Cotangensfunktion nur $180° = \pi$. Läßt man den Winkel beliebig groß werden, so wiederholen sich bei der Tangens- und Cotangensfunktion die Kurvenzüge der Periode π und bei der Sinus- und Cosinusfunktion die Kurvenzüge der Periode 2π, und zwar so oft, wie der beliebig große Winkel Vielfaches der Periode ist. Erzeugt man einen Winkel durch Drehung im Uhrzeigersinn, so heißt er negativ. Man erhält z. B. für spitze negative Winkel dieselben Funktionswerte wie für die entsprechenden Winkel des IV. Quadranten usw. In der graphischen Darstellung ergibt sich aus der negativen Drehung eine Fortsetzung der Kurven der Funktionen nach links.
Somit kann ganz allgemein geschrieben werden:

$$\boxed{\begin{aligned} \sin(\alpha + n \cdot 360°) &= \sin\alpha \\ \cos(\alpha + n \cdot 360°) &= \cos\alpha \\ \tan(\alpha + n \cdot 180°) &= \tan\alpha \\ \cot(\alpha + n \cdot 180°) &= \cot\alpha \end{aligned}} \quad \text{für } n = 0, \quad \pm 1, \quad \pm 2, \ldots \tag{100}$$

oder in Worten:

Die Winkelfunktionen sind periodische Funktionen. Die Sinus- und Cosinusfunktion haben die Periode $360° = 2\pi$, bei der Tangens- und Cotangensfunktion beträgt die Periode $180° = \pi$.

Mit (100) haben wir ein Hilfsmittel gefunden, die Funktionen von beliebigen Winkeln auf Funktionen von Winkeln zwischen 0° und 360° zurückzuführen.

BEISPIELE

1. $\sin 620° = \sin(620° - 360°) = \underline{\underline{\sin 260°}}$
2. $\cos(-630°) = \cos(-630° + 2 \cdot 360°) = \underline{\underline{\cos 90°}}$
3. $\tan 865° = \tan(865° - 4 \cdot 180°) = \underline{\underline{\tan 145°}}$
4. $\cot 390° = \cot(390° - 2 \cdot 180°) = \underline{\underline{\cot 30°}}$
5. $\cos 499° = \cos(499° - 360°) = \underline{\underline{\cos 139°}}$
6. $\cot 448° = \cot(448° - 2 \cdot 180°) = \underline{\underline{\cot 88°}}$

16.5. Quadrantenrelationen

Will man mit den Funktionswerten beliebiger Winkel rechnen, so reichen Funktionstafeln nicht aus; denn letztere enthalten lediglich die Werte der trigonometrischen Funktionen für spitze Winkel. Man müßte die Tafeln für Sinus und Cosinus bis 360° und für Tangens und Cotangens bis 180° erweitern, was wegen (100) genügen würde. Solche Tafeln wären auf Grund ihres Umfanges sehr unhandlich. Jedoch erkennen wir aus den Bildern 460 bis 463 sofort, daß diese Erweiterung unnötig ist, da ganz bestimmte Beziehungen zwischen den Funktionswerten im II. bis IV. Quadranten einerseits und den Funktionswerten des I. Quadranten andererseits, genannt *Quadrantenrelationen*, bestehen. Sieht man nämlich vom Vorzeichen der Funktionswerte ab, so treten die Funktionswerte des I. Quadranten auch in den anderen drei Quadranten jeweils genau für einen Winkel auf. Der Taschenrechner gibt die richtigen Vorzeichen an, unabhängig davon, in welchem Quadranten der Winkel liegt.

16.5.1. Beziehungen für zwei Winkel, die sich zu ganzen Vielfachen von 90° ($\pi/2$) ergänzen

Winkel, die sich zu 360° ergänzen

α_1 und α seien derartige Winkel. Dann gilt

$$\alpha_1 + \alpha = 360° \text{ oder } \alpha_1 = 360° - \alpha \text{ (Bild 464).}$$

Für P und P_1 ergeben sich entgegengesetzt gleiche Ordinaten und gleichgerichtet gleiche Abszissen. Hieraus folgt mit (92):

$$\sin(360° - \alpha) = \frac{-y}{r} = -\sin\alpha$$

$$\cos(360° - \alpha) = \frac{x}{r} = \cos\alpha$$

$$\tan(360° - \alpha) = \frac{-y}{x} = -\tan\alpha$$

$$\cot(360° - \alpha) = \frac{x}{-y} = -\cot\alpha$$

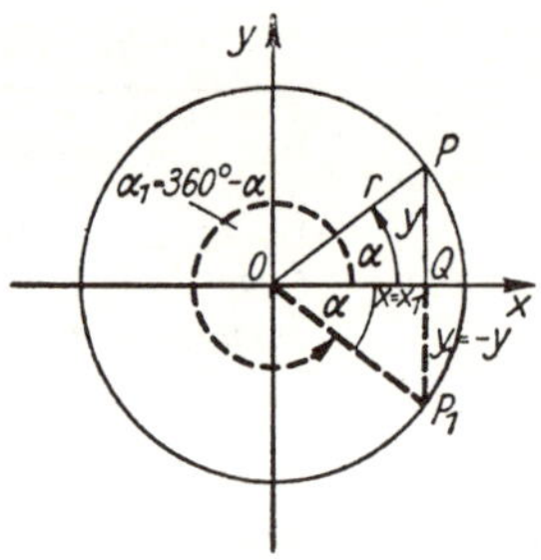

Bild 464

Winkel, die sich zu 270° ergänzen

Aus der Kongruenz der Dreiecke OQP und OQ_1P_1 im Bild 465 ergibt sich $y_1 = -x$ und $x_1 = -y$. Somit gilt wegen (92) beispielsweise:

$$\sin(270° - \alpha) = \frac{y_1}{r} = \frac{-x}{r} = -\cos\alpha$$

$$\cot(270° - \alpha) = \frac{x_1}{y_1} = \frac{y}{x} = \tan\alpha$$

Die restlichen beiden Beziehungen leite der Leser selbst ab!

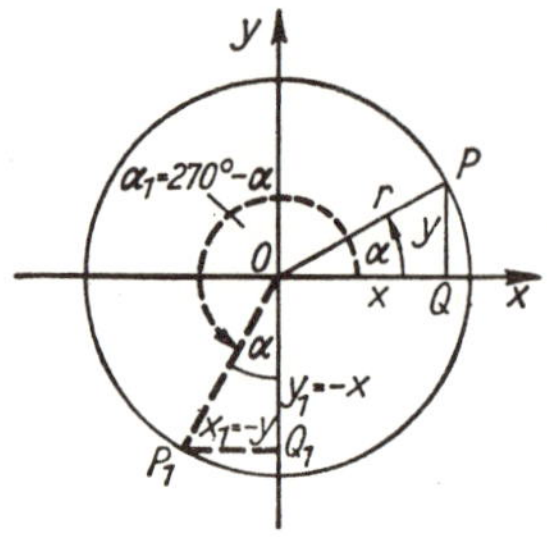

Bild 465

Supplementwinkel (Ergänzung zu 180°)

Aus der Kongruenz der Dreiecke OQP und OQ_1P_1 im Bild 466 folgt $y_1 = y$ und $x_1 = -x$. Daher erhält man mit (92) beispielsweise

$$\sin(180° - \alpha) = \frac{y_1}{r} = \frac{y}{r} = \sin\alpha \qquad \text{usw.}$$

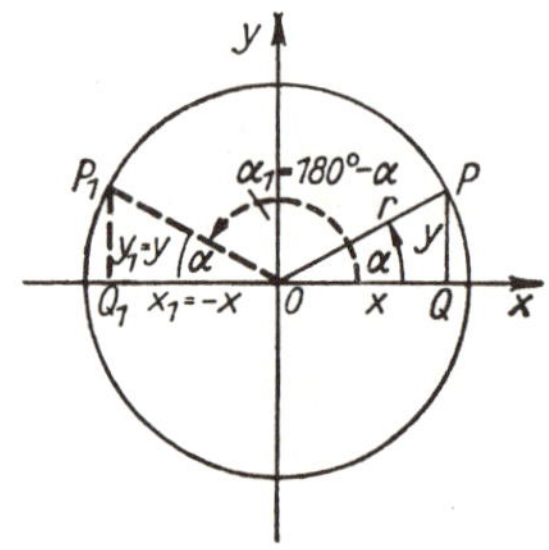

Bild 466

Komplementwinkel

Vgl. 14.1.3., Formeln (91).

16.5.2. Beziehungen für zwei Winkel, die sich um ganze Vielfache von 90° ($\pi/2$) unterscheiden

Unterscheidung um 360°

vgl. 16.4., Formeln (100)

Unterscheidung um 270°

Wegen der Kongruenz der Dreiecke OQP und OQ_1P_1 im Bild 467 gilt $y_1 = -x$ und $x_1 = y$. Hieraus folgt mit (92)

$$\sin(270° + \alpha) = \frac{y_1}{r} = \frac{-x}{r} = -\cos\alpha$$

$$\cos(270° + \alpha) = \frac{x_1}{r} = \frac{y}{r} = \sin\alpha \qquad \text{usw.}$$

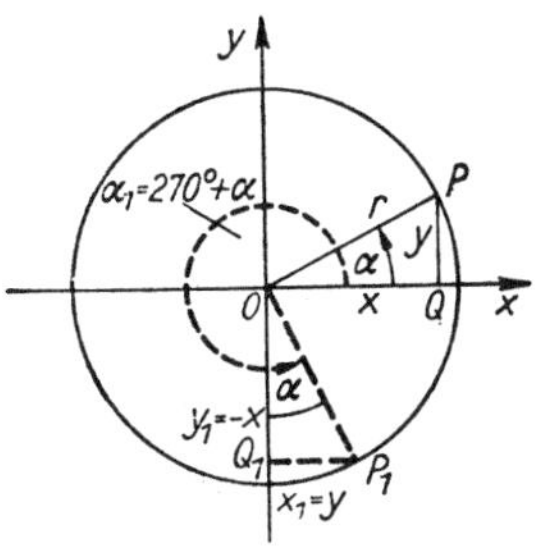

Bild 467

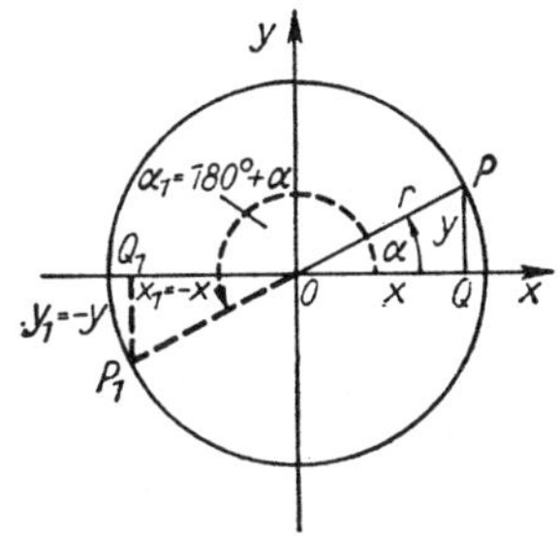

Bild 468

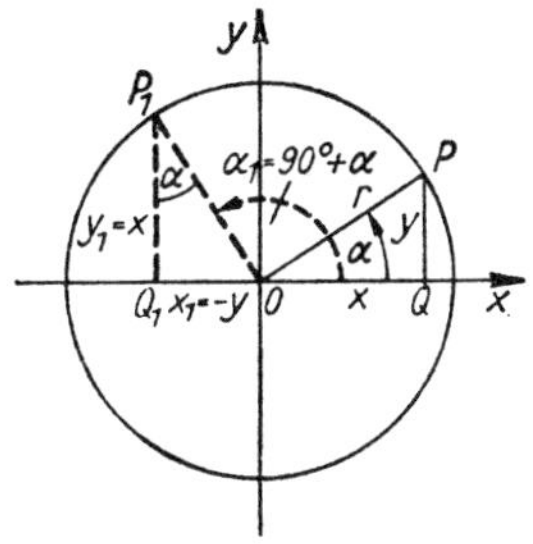

Bild 469

Unterscheidung um 180°

Im Bild 468 ist $y_1 = -y$ und $x_1 = -x$, daher wegen (92) z. B.

$$\cos(180° + \alpha) = \frac{x_1}{r} = \frac{-x}{r} = -\cos\alpha$$

Unterscheidung um 90°

Im Bild 469 ist $y_1 = x$ und $x_1 = -y$, daher wegen (92) z. B.

$$\tan(90° + \alpha) = \frac{y_1}{x_1} = \frac{x}{-y} = -\cot\alpha$$

Die Ergebnisse von 16.5.1. und 16.5.2. lassen sich mit (91) und (100) in der folgenden Tabelle zusammenfassen.

Oberes Vorzeichen beim Winkel und oberes Vorzeichen bei der Funktion gehören jeweils zusammen. Entsprechendes gilt für die unteren Vorzeichen. Steht bei der Funktion nur ein Vorzeichen, so gilt es für beide Vorzeichen des Winkels.

Winkel / Funktion	$90° \pm \alpha$	$180° \pm \alpha$	$270° \pm \alpha$	$360° \pm \alpha$
sin	$+\cos\alpha$	$\mp\sin\alpha$	$-\cos\alpha$	$\pm\sin\alpha$
cos	$\mp\sin\alpha$	$-\cos\alpha$	$\pm\sin\alpha$	$+\cos\alpha$
tan	$\mp\cot\alpha$	$\pm\tan\alpha$	$\mp\cot\alpha$	$\pm\tan\alpha$
cot	$\mp\tan\alpha$	$\pm\cot\alpha$	$\mp\tan\alpha$	$\pm\cot\alpha$

(101)

Bei den Betrachtungen in 16.5.1. und 16.5.2. war α stets ein spitzer Winkel. Die Beziehungen (101) gelten jedoch für ganz beliebige Winkel α. Auf den allgemeinen Beweis verzichten wir und zeigen nur an zwei Beispielen die Richtigkeit dieser Behauptung.

BEISPIELE

1. a) Es ergibt sich, wenn man in (101) α als spitzen Winkel ansieht:

$$\sin(270° - 140°) = \sin 130° = \sin(90° + 40°) = \cos 40°$$

b) Andererseits erhält man, wenn (101) für beliebige Winkel gilt:

$$\sin(270° - 140°) = -\cos 140° = -\cos(90° + 50°) = \\ = -(-\sin 50°) = \cos 40°$$

2. a) Einerseits:

$$\cos(180° + 160°) = \cos(270° + 70°) = \sin 70°$$

b) Andererseits:

$$\cos(180° + 160°) = -\cos 160° = -\cos(90° + 70°) = \\ = -(-\sin 70°) = \sin 70°$$

Betrachtet man die Tabelle (101), so stellt man fest, daß die Funktionswerte der Winkel $360° + \alpha$ und $90° - \alpha$, $90° + \alpha$ und $180° - \alpha$, $180° + \alpha$ und $270° - \alpha$, $270° + \alpha$ und $360° - \alpha$ die Vorzeichen der betreffenden Funktionen beziehungsweise im I., II., III., IV. Quadranten erhalten. Also werden z. B. $\tan(270° + \alpha)$ negativ, da der Tangens im IV. Quadranten negativ ist, und $\sin(180° - \alpha)$ positiv, weil der Sinus im II. Quadranten positiv ist. Außerdem erkennt man, daß bei $90° \pm \alpha$ und $270° \pm \alpha$ die Cofunktionen stehen, während bei $180° \pm \alpha$ und $360° \pm \alpha$ die Funktionen selbst erscheinen.
Somit lassen sich die Quadrantenrelationen der Tabelle (101) in folgender *Regel* zusammenfassen:

Für beliebige Winkel α gilt:

$$|F(180° \pm \alpha)| = |F(360° \pm \alpha)| = |F(\alpha)|$$
$$|F(90° \pm \alpha)| = |F(270° \pm \alpha)| = |coF(\alpha)|$$

Das Vorzeichen des Funktionswertes wird durch den Quadranten des Winkels bestimmt.

16.5.3. Beziehungen zwischen positiven und negativen Winkeln

Im Bild 470 soll die Lage des Drehradius $\overline{OP_1}$ durch negative Drehung entstanden sein. Man findet aus (92):

$$\sin(-\alpha) = \frac{y_1}{r} = \frac{-y}{r} = -\sin\alpha$$

$$\cos(-\alpha) = \frac{x_1}{r} = \frac{x}{r} = +\cos\alpha$$

$$\tan(-\alpha) = \frac{y_1}{x_1} = \frac{-y}{x} = -\tan\alpha$$

$$\cot(-\alpha) = \frac{x_1}{y_1} = \frac{x}{-y} = -\cot\alpha$$

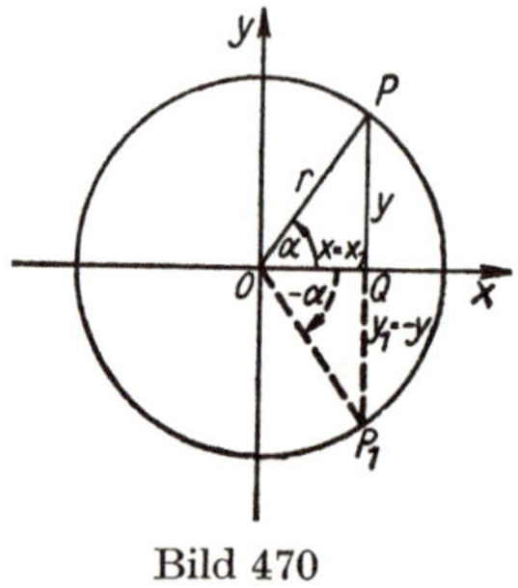

Bild 470

Diese Beziehungen gelten nicht nur für spitze, sondern für beliebige Winkel α. So liest man z. B. aus Bild 471 für stumpfe Winkel α ebenfalls die obigen Gleichungen ab. Also erhält man folgende allgemeingültigen Formeln:

$$\begin{aligned} \sin(-\alpha) &= -\sin\alpha \\ \cos(-\alpha) &= +\cos\alpha \\ \tan(-\alpha) &= -\tan\alpha \\ \cot(-\alpha) &= -\cot\alpha \end{aligned} \qquad (102)$$

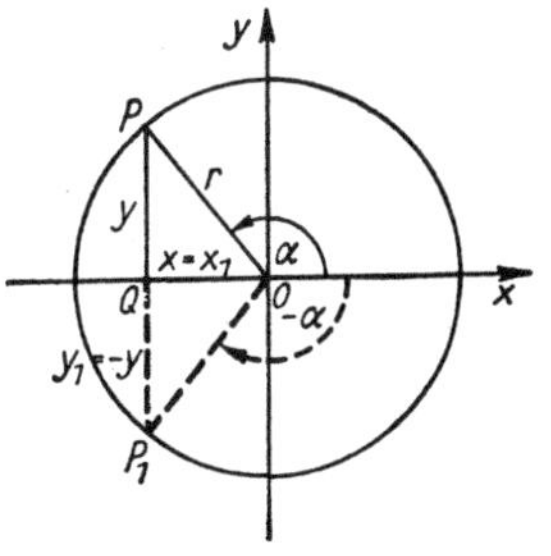

Bild 471

Erklärung:

Ersetzt man in einer Funktion $f(x)$ das Argument x durch seinen negativen Betrag und

1. bleibt dabei der Funktionswert unverändert, gilt also $f(-x) = f(x)$, so heißt die Funktion *gerade*,
2. geht dabei der Funktionswert in seinen negativen Betrag über, gilt also $f(-x) = -f(x)$, so heißt die Funktion *ungerade*.

Hieraus ergibt sich wegen (102):

Die Cosinusfunktion ist eine gerade Funktion, die Sinus-, Tangens- und Cotangensfunktion sind ungerade Funktionen.

Von den Funktionen, die wir früher kennengelernt haben, sind z. B. $y = x^2$ gerade und $y = x^3$ ungerade.

Aus der obigen Erklärung und der Anschauung folgt ferner:

Die Kurven gerader Funktionen, also auch die Cosinuskurve, verlaufen axialsymmetrisch zur y-Achse, die Kurven ungerader Funktionen, also auch die Sinus-, Tangens- und Cotangenskurve, sind zentralsymmetrisch in bezug auf den Koordinatenursprung (siehe Bilder 460 bis 463).

Es gibt auch Funktionen, die weder gerade noch ungerade sind; z. B. $f(x) = 3x^5 - 2$. Denn es ist $f(-x) = -3x^5 - 2$ und somit sowohl $f(-x) \neq f(x)$ als auch $f(-x) \neq -f(x)$.

BEISPIELE

a) Wir führen folgende Funktionen auf Funktionen positiver spitzer Winkel zurück und bestimmen die Funktionswerte:

1. $\sin 230{,}83° = \sin(180° + 50{,}83°) = -\sin 50{,}83° = \underline{\underline{-0{,}77528}}$

   Man kann auch über 270° rechnen:

   $\sin 230{,}83° = \sin(270° - 39{,}17°) = -\cos 39{,}17° = \underline{\underline{-0{,}77528}}$

   Die erste Rechnung ist einfacher, da die Zerlegung einer Zahl in eine Summe bequemer ist als ihre Zerlegung in eine Differenz. Es empfiehlt sich daher, stets mit dem ersten Verfahren zu arbeiten, d. h., wir suchen jedesmal das unterhalb des vorgegebenen Winkels liegende ganze Vielfache von 90° $\left(\frac{\pi}{2}\right)$ und beziehen hierauf unsere Umrechnung.

2. $\cos 192{,}50° = \cos(180° + 12{,}50°) = -\cos 12{,}50° = \underline{\underline{-0{,}97630}}$

3. $\tan(-332°50') = -\tan 332°50' = -\tan(270° + 62°50') =$
$$= -(-\cot 62°50') = \cot 62°50' = \underline{\underline{0{,}51320}}$$

4. $\cot 474°00' = \cot(360° + 114°) = \cot 114° = \cot(90° + 24°) =$
$$= -\tan 24° = \underline{\underline{-0{,}44523}}$$

5. $\sin(-638{,}33°) = -\sin 638{,}33° = -\sin(360° + 278{,}33°) =$
$$= -\sin 278{,}33° = -\sin(270° + 8{,}33°) =$$
$$= -(-\cos 8{,}33°) = \cos 8{,}33° = \underline{\underline{0{,}98945}}$$

6. $\cos(-640{,}20°) = \cos 640{,}20° = \cos 280{,}20° =$
$$= \cos(270° + 10{,}20°) =$$
$$= \sin 10{,}20° = \underline{\underline{0{,}17708}}$$

7. $\tan 300°10' = \tan(270° + 30°10') = -\cot 30°10' = \underline{\underline{-1{,}72047}}$

8. $\cot(-152°20') = -\cot 152°20' = -\cot(90° + 62°20') =$
$$= \tan 62°20' = \underline{\underline{1{,}90741}}$$

Diese Aufgabe kann man auch lösen, indem man zum Winkel $-152°20'$ die Periode der Cotangensfunktion, also 180°, addiert. Somit:

$$\cot(-152°20') = \cot(-152°20' + 180°) =$$
$$= \cot 27°40' = \tan 62°20'$$

Analog kann man bei ähnlichen Aufgaben verfahren.

b) Durch welche Winkel α in dezimalgeteiltem Altgrad (auf 4 Dezimalen genau) im Intervall $0° \leqq \alpha \leqq 360°$ werden folgende Gleichungen befriedigt?

1. $\sin\alpha = +0{,}87603$ $\quad \underline{\underline{\alpha_1 = 61{,}1671°}}; \quad \underline{\underline{\alpha_2 = 118{,}8329°}}$

α_2 ergibt sich aus der Beziehung $\sin(180° - \alpha) = \sin\alpha$

2. $\cos\alpha = -0{,}94924$ $\quad \underline{\underline{\alpha_1 = 161{,}6662°}}; \quad \underline{\underline{\alpha_2 = 198{,}3338°}}$

α_1 und α_2 erhält man aus der Beziehung $\cos(180° \pm \alpha) = -\cos\alpha$

3. $\tan\alpha = -1{,}17085$ $\quad \underline{\underline{\alpha_1 = 130{,}5000°}}$; $\quad \underline{\underline{\alpha_2 = 310{,}5000°}}$

α_1 und α_2 folgt aus $\tan(180° - \alpha) = \tan(360° - \alpha) = -\tan\alpha$

4. $\cot\alpha = +2{,}58261$ $\quad \underline{\underline{\alpha_1 = 21{,}1667°}}$; $\quad \underline{\underline{\alpha_2 = 201{,}1667°}}$

α_2 ergibt sich aus $\cot(180° + \alpha) = \cot\alpha$

Auf diese Art Aufgaben, für einen gegebenen Funktionswert den Winkel zu bestimmen, gehen wir in 18. näher ein.

AUFGABEN

503. Folgende Funktionswerte sind zu berechnen:

a) $\cos(-258°10')$ b) $\sin 317°15'$

c) $\tan 210°30'$ d) $\cot 195°40'$

e) $\sin(-284{,}25°)$ f) $\cos 368{,}75°$

g) $\tan(-835{,}50°)$ h) $\cot 457{,}40°$

504. Es sind folgende Funktionswerte zu bestimmen:

a) $\sin 150°07'12''$ b) $\cot 251°26'37''$

c) $\cos 234{,}5679°$ d) $\tan 188{,}2386°$

505. Man ermittle die im Intervall $0° \leqq \alpha \leqq 360°$ liegenden Lösungen in sexagesimalgeteiltem Altgrad folgender Gleichungen:

a) $\sin\alpha = 0{,}33216$ b) $\cos\alpha = -0{,}88741$

c) $\tan\alpha = 2{,}67940$ d) $\cot\alpha = -1{,}17223$

506. Welche Winkel in dezimalgeteiltem Altgrad (auf 4 Dezimalen genau) $(0° \leqq \alpha \leqq 360°)$ befriedigen folgende Gleichungen:

a) $\lg\sin\alpha = 9{,}51632 - 10$ (n) b) $\lg\cos\alpha = 9{,}72315 - 10$

c) $\lg\tan\alpha = 0{,}29531$ (n) d) $\lg\cot\alpha = 9{,}98716 - 10$

507. Die rechte Seite folgender Funktionen ist zu vereinfachen:

a) $y = \cos(x + \pi)$ b) $y = -\tan(\pi - x)$

c) $y = \cos\left(\frac{5}{2}\pi - 2x\right)$ d) $y = \dfrac{\sin\left(-x - \frac{3}{2}\pi\right)}{\cot(2\pi - x)}$ mit $x \neq \left(\frac{3}{2} - n\right)\pi$ und $x \neq (2 - n)\pi$ $\quad (n = 0, \pm 1, \ldots)$

17. Additionstheoreme und andere goniometrische Formeln

In diesem Abschnitt werden wir eine Reihe von goniometrischen Formeln herleiten, deren Grundlage die sogenannten Additionstheoreme bilden. Wenn auch hin und wieder Zweck und Nutzen dieses Formelmaterials an Beispielen deutlich wird, so erkennt man zunächst wohl kaum die große Bedeutung, die den Additionstheoremen im Rahmen der Trigonometrie und der gesamten Mathematik zukommt. Daher ist der Leser leicht verleitet, sie als trockenen, unnötigen „Formelkram" abzulehnen, während sie jedoch später so häufig gebraucht werden, daß es von großem Vorteil ist, sich die wichtigsten Formeln einzuprägen.
Beispielsweise wird es erst mit den Additionstheoremen möglich, die Funktionen beliebiger Winkel elementar zu berechnen. Die vielfältigen trigonometrischen Umformungen, die uns die Additionstheoreme und ihre Folgerungen ermöglichen, gestatten uns z. B. die Auflösung goniometrischer Gleichungen, dienen zur rechnerischen Beweisführung geometrischer Lehrsätze, liefern Hilfsmittel für die exakte Auflösung algebraischer Gleichungen (kubische Gleichung, casus irreducibilis), erleichtern die Berechnung von Integralen und bieten uns schließlich das Rüstzeug für die Entwicklung geeigneter Lehrsätze der Dreiecksberechnung.

17.1. Funktionen von Winkelsummen und -differenzen (Additionstheoreme)

Man schlage um den Scheitel O eines Winkels $\alpha + \beta < 90°$ einen Kreis mit dem Radius $r = 1$, der die Schenkel des Winkels in S und Q schneidet (Bild 472). Der gemeinsame Schenkel der Teilwinkel α und β heiße $\overline{OT}$. Sodann werden von Q Lote auf $\overline{OS}$ bis Q' und auf $\overline{OT}$ bis P gefällt, desgleichen von P auf $\overline{OS}$ bis P' und $\overline{QQ'}$ bis R. In der entstandenen Figur ist dann $\overline{OQ} = 1$, $\overline{QP} = \sin\beta$, $\overline{OP} = \cos\beta$.
Ferner heiße

$$\overline{OP'} = u, \quad \overline{Q'P'} = \overline{RP} = v, \quad \overline{PP'} = x, \quad \overline{QR} = y.$$

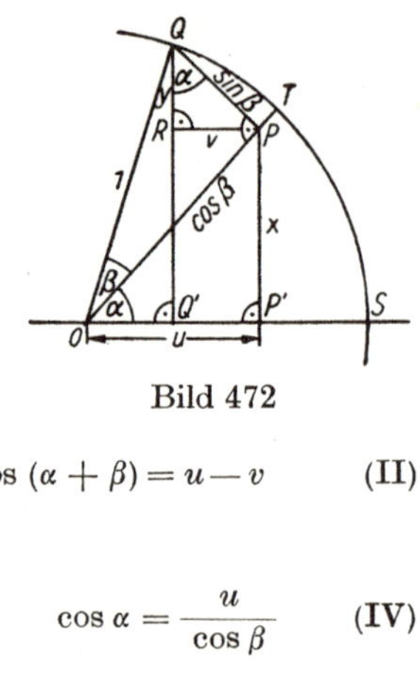

Bild 472

Im $\triangle\, OQ'Q$ gilt:

$$\sin(\alpha + \beta) = x + y \qquad \text{(I)} \qquad\qquad \cos(\alpha + \beta) = u - v \qquad \text{(II)}$$

Im $\triangle\, OP'P$:

$$\sin\alpha = \frac{x}{\cos\beta} \qquad \text{(III)} \qquad\qquad \cos\alpha = \frac{u}{\cos\beta} \qquad \text{(IV)}$$

Im $\triangle\, PQR$:

$$\cos\alpha = \frac{y}{\sin\beta} \qquad \text{(V)} \qquad\qquad \sin\alpha = \frac{v}{\sin\beta} \qquad \text{(VI)}$$

Wird (III) und (V) in (I) eingesetzt, so folgt:

$$\boxed{\sin(\alpha + \beta) = \sin\alpha\cos\beta + \cos\alpha\sin\beta} \qquad (103)$$

Entsprechend ergibt sich aus (II) mit (IV) und (VI):

$$\boxed{\cos(\alpha+\beta)=\cos\alpha\cos\beta-\sin\alpha\sin\beta} \tag{104}$$

(103) und (104) sind zunächst nur für $\alpha+\beta<90^\circ$ hergeleitet worden, obwohl sie auch allgemein für ganz beliebige Winkel gelten, wie wir an einem Beispiel zeigen wollen.

BEISPIEL

α liege im 2. Quadranten und β im 3. Quadranten. Dann sind $180^\circ-\alpha$ und $270^\circ-\beta$ Winkel im 1. Quadranten. Es sei $180^\circ-\alpha+270^\circ-\beta>90^\circ$. Es ist dann

$$180^\circ-(180^\circ-\alpha+270^\circ-\beta)<90^\circ.$$

Also: $$\alpha+\beta-270^\circ=(\alpha-90^\circ)+(\beta-180^\circ)<90^\circ$$

Es sind daher $\alpha-90^\circ$ und $\beta-180^\circ$ zwei spitze Winkel, deren Summe kleiner als 90° ist. Für sie muß Gleichung (104) gelten.

Wegen

$$\sin(\alpha-90^\circ)=-\cos\alpha,\quad \sin(\beta-180^\circ)=-\sin\beta,$$

$$\cos(\alpha-90^\circ)=\sin\alpha,\quad \cos(\beta-180^\circ)=-\cos\beta,$$

$$-\cos[(\alpha-90^\circ)+(\beta-180^\circ)]=-\cos\{90^\circ-[360^\circ-(\alpha+\beta)]\}=$$
$$=-\sin[360^\circ-(\alpha+\beta)]=\sin(\alpha+\beta)$$

folgt aus (104):

$$\underline{\underline{\sin(\alpha+\beta)}}=-\cos[(\alpha-90^\circ)+(\beta-180^\circ)]=$$
$$=-[\cos(\alpha-90^\circ)\cos(\beta-180^\circ)-\sin(\alpha-90^\circ)\sin(\beta-180^\circ)]=$$
$$=-[\sin\alpha(-\cos\beta)-(-\cos\alpha)(-\sin\beta)]=$$
$$\underline{\underline{=\sin\alpha\cos\beta+\cos\alpha\sin\beta}}$$

Wie man sieht, gilt (103) auch für die beiden nicht spitzen Winkel α und β. Dasselbe kann für die anderen Quadranten in entsprechender Weise gezeigt werden.

Wird in (103) und (104) β durch $(-\beta)$ ersetzt und (102) beachtet, so folgen zwei weitere Formeln:

$$\boxed{\sin(\alpha-\beta)=\sin\alpha\cos\beta-\cos\alpha\sin\beta} \tag{105}$$

$$\boxed{\cos(\alpha-\beta)=\cos\alpha\cos\beta+\sin\alpha\sin\beta} \tag{106}$$

Aus (103) bis (106) ergibt sich:

$$\tan(\alpha\pm\beta)=\frac{\sin(\alpha\pm\beta)}{\cos(\alpha\pm\beta)}=\frac{\sin\alpha\cos\beta\pm\cos\alpha\sin\beta}{\cos\alpha\cos\beta\mp\sin\alpha\sin\beta}$$

Im letzten Ausdruck Zähler und Nenner durch $\cos\alpha\cos\beta$ dividiert, liefert:

$$\boxed{\tan(\alpha+\beta) = \frac{\tan\alpha + \tan\beta}{1 - \tan\alpha\tan\beta}} \tag{107}$$

$$\boxed{\tan(\alpha-\beta) = \frac{\tan\alpha - \tan\beta}{1 + \tan\alpha\tan\beta}} \tag{108}$$

Entsprechend findet man:

$$\boxed{\cot(\alpha+\beta) = \frac{\cot\alpha\cot\beta - 1}{\cot\beta + \cot\alpha}} \tag{109}$$

$$\boxed{\cot(\alpha-\beta) = \frac{\cot\alpha\cot\beta + 1}{\cot\beta - \cot\alpha}} \tag{110}$$

Die 8 Formeln (103) bis (110) heißen Additionstheoreme. Sie gelten für beliebige Winkel.

Der vorhin an einem Beispiel geführte Beweis der Allgemeingültigkeit von (103) kann nicht befriedigen. Daher wird später in der Vektorrechnung mit Hilfe des sogenannten skalaren Produkts die Allgemeingültigkeit der Formel (106) nachgewiesen. Aus (106) folgen dann die restlichen 7 Additionstheoreme und deren Allgemeingültigkeit durch einfache Umformung. So ergibt sich beispielsweise die Formel (103), indem man (106) auf die Winkel $90° - \alpha$ und β anwendet:

$$\begin{aligned}\sin(\alpha+\beta) &= \cos[90° - (\alpha+\beta)] = \cos[(90° - \alpha) - \beta] = \\ &= \cos(90° - \alpha)\cos\beta + \sin(90° - \alpha)\sin\beta = \\ &= \sin\alpha\cos\beta + \cos\alpha\sin\beta\end{aligned}$$

BEISPIELE

1. Man kann tan 15° ohne Benutzung von Hilfsmitteln bestimmen.

Lösung

$$\tan 15° = \tan(45° - 30°) = \frac{\tan 45° - \tan 30°}{1 + \tan 45° \tan 30°} =$$

$$= \frac{1 - \frac{1}{3}\sqrt{3}}{1 + \frac{1}{3}\sqrt{3}} = \frac{3 - \sqrt{3}}{3 + \sqrt{3}} = \frac{(3 - \sqrt{3})(3 - \sqrt{3})}{(3 + \sqrt{3})(3 - \sqrt{3})} =$$

$$= \frac{9 - 6\sqrt{3} + 3}{9 - 3} = \frac{6(2 - \sqrt{3})}{6} = \underline{\underline{2 - \sqrt{3}}}$$

2. Man berechne den spitzen Winkel $\gamma = \alpha - \beta$ aus $\sin\alpha = \frac{4}{5}$ und $\sin\beta = \frac{5}{13}$:

Lösung

$$\sin\gamma = \sin\alpha\cos\beta - \cos\alpha\sin\beta = \frac{4}{5}\,\frac{12}{13} - \frac{3}{5}\,\frac{5}{13} = \frac{33}{65}$$

$$\underline{\underline{\gamma = 30{,}5102°}}$$

17.2. Funktionen von Winkelvielfachen und Winkelteilen

17.2.1. Funktionen des doppelten Winkels

Wird in (103) und (104) $\beta = \alpha$ gesetzt, so ergibt sich:

$$\boxed{\sin 2\alpha = 2 \sin\alpha \cos\alpha} \quad (111) \qquad \boxed{\cos 2\alpha = \cos^2\alpha - \sin^2\alpha} \quad (112\text{a})$$

Wegen (94) folgt aus (112a) ferner:

$$\boxed{\cos 2\alpha = 1 - 2\sin^2\alpha} \quad (112\text{b}) \qquad \boxed{\cos 2\alpha = 2\cos^2\alpha - 1} \quad (112\text{c})$$

Wird in (107) und (109) $\beta = \alpha$ gesetzt, dann findet man:

$$\boxed{\tan 2\alpha = \frac{2\tan\alpha}{1 - \tan^2\alpha}} \quad (113) \qquad \boxed{\cot 2\alpha = \frac{\cot^2\alpha - 1}{2\cot\alpha}} \quad (114)$$

Diese 6 Formeln lassen sich auch in anderer Form schreiben, wenn α durch $\frac{\alpha}{2}$ ersetzt wird:

$$\sin\alpha = 2\sin\frac{\alpha}{2}\cos\frac{\alpha}{2} \quad (115) \qquad \cos\alpha = \cos^2\frac{\alpha}{2} - \sin^2\frac{\alpha}{2} \quad (116\text{ a})$$

$$\cos\alpha = 1 - 2\sin^2\frac{\alpha}{2} \quad (116\text{ b}) \qquad \cos\alpha = 2\cos^2\frac{\alpha}{2} - 1 \quad (116\text{ c})$$

$$\tan\alpha = \frac{2\tan\frac{\alpha}{2}}{1 - \tan^2\frac{\alpha}{2}} \quad (117) \qquad \cot\alpha = \frac{\cot^2\frac{\alpha}{2} - 1}{2\cot\frac{\alpha}{2}} \quad (118)$$

BEISPIELE

1. Über dem $h = 18$ m hohen Dachfirst eines Gebäudes erhebt sich ein Turm mit der Länge $l = 30$ m. In welcher Entfernung x vom Fuße des Gebäudes sieht man Gebäude und Turm unter gleichem Winkel α, und wie groß ist α (Bild 473)?

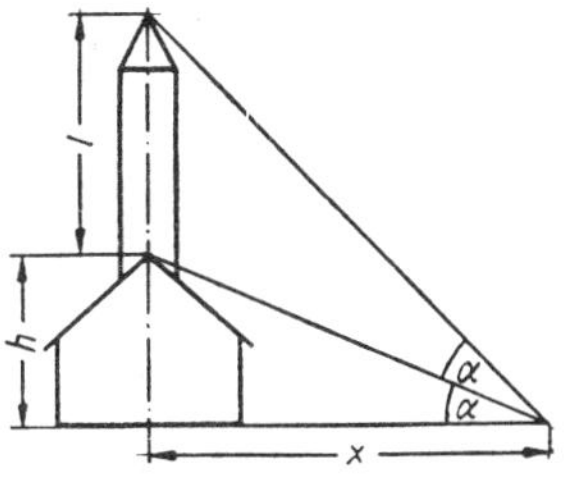

Bild 473

Lösung

$$\tan\alpha = \frac{h}{x} \quad (\text{I}) \qquad \tan 2\alpha = \frac{h+l}{x} \quad (\text{II})$$

Wegen (113) wird aus (II): $\dfrac{2\tan\alpha}{1 - \tan^2\alpha} = \dfrac{h+l}{x}$

Oder mit (I):

$$\frac{2\frac{h}{x}}{1 - \frac{h^2}{x^2}} = \frac{h+l}{x}; \; 2h = h - \frac{h^3}{x^2} + l - \frac{lh^2}{x^2}; \quad (l+h)\frac{h^2}{x^2} = l - h$$

$$x = h\sqrt{\frac{l+h}{l-h}} = \underline{\underline{36 \text{ m}}}$$

$$\cot\alpha = \sqrt{\frac{l+h}{l-h}} = 2; \quad \underline{\underline{\alpha \approx 26{,}5655^\circ}}$$

2. In der Lösung zur Aufgabe 494 wurde für die Berechnung der Pfeilhöhe p aus dem Kreisradius r mit dem Mittelpunktswinkel α die Formel $p = r\left(1 - \cos\frac{\alpha}{2}\right)$ entwickelt.

   Aus (116b) ergibt sich beim Ersetzen des Winkels α durch $\frac{\alpha}{2}$ die Gleichung $1 - \cos\frac{\alpha}{2} = 2\sin^2\frac{\alpha}{4}$, so daß für die Pfeilhöhe folgt

$$\underline{\underline{p = 2r\sin^2\frac{\alpha}{4}}}$$

3. Die in 15.2., Beispiel 6 für die Fläche A des gleichschenkligen Dreiecks gefundene Formel läßt sich bei Berücksichtigung von (111) einfacher schreiben:

$$\underline{\underline{A = \frac{a^2}{2}\sin 2\alpha}}$$

4. 15.2., Beispiel 7 liefert die allgemeine Formel für die Fläche A eines einem Kreis mit dem Radius r einbeschriebenen regelmäßigen n-Ecks. Ebenfalls wegen (111) vereinfacht sich die Formel zu

$$\underline{\underline{A = \frac{n}{2}r^2\sin\frac{360^\circ}{n}}}$$

17.2.2. Funktionen des mehrfachen Winkels

Wird in (103) für $\beta = 2\alpha$ gesetzt, so ergibt sich mit (111), (112b) und (94):

$$\begin{aligned}\sin 3\alpha &= \sin\alpha\cos 2\alpha + \cos\alpha\sin 2\alpha = \\ &= \sin\alpha\,(1 - 2\sin^2\alpha) + \cos\alpha\; 2\sin\alpha\cos\alpha = \\ &= \sin\alpha\,(1 - 2\sin^2\alpha + 2\cos^2\alpha) = \\ &= \sin\alpha\,(1 - 2\sin^2\alpha + 2 - 2\sin^2\alpha)\end{aligned}$$

Also:

$$\boxed{\sin 3\alpha = 3\sin\alpha - 4\sin^3\alpha} \qquad (119)$$

Entsprechend findet man:

$$\boxed{\cos 3\alpha = 4\cos^3\alpha - 3\cos\alpha} \qquad (120)$$

In (107) für $\beta = 2\alpha$ gesetzt, liefert unter Berücksichtigung von (113):

$$\tan 3\alpha = \frac{\tan\alpha + \tan 2\alpha}{1 - \tan\alpha\tan 2\alpha} = \frac{\tan\alpha + \dfrac{2\tan\alpha}{1 - \tan^2\alpha}}{1 - \tan\alpha\dfrac{2\tan\alpha}{1 - \tan^2\alpha}} =$$

$$= \frac{\tan\alpha - \tan^3\alpha + 2\tan\alpha}{1 - \tan^2\alpha - 2\tan^2\alpha}$$

und somit:

$$\boxed{\tan 3\,\alpha = \frac{3\tan\alpha - \tan^3\alpha}{1 - 3\tan^2\alpha}} \tag{121}$$

Analog folgt:

$$\boxed{\cot 3\,\alpha = \frac{\cot^3\alpha - 3\cot\alpha}{3\cot^2\alpha - 1}} \tag{122}$$

Für die Sinus- und die Cosinusfunktion des n-fachen des Winkels α lassen sich allgemeine Formeln entwickeln, indem auf den Ausdruck $(\cos\alpha + \mathrm{i}\sin\alpha)^n$ der Lehrsatz von Moivre (vgl. Bd. I, 4.5.) und der binomische Lehrsatz (vgl. Bd. I, 7.) angewendet wird:

Einerseits gilt:

$$(\cos\alpha + \mathrm{i}\sin\alpha)^n = \cos n\,\alpha + \mathrm{i}\sin n\,\alpha \tag{I}$$

Andererseits ergibt sich:

$$\begin{aligned}
&(\cos\alpha + \mathrm{i}\sin\alpha)^n = \\
&= \cos^n\alpha + \mathrm{i}\binom{n}{1}\cos^{n-1}\alpha\sin\alpha + \mathrm{i}^2\binom{n}{2}\cos^{n-2}\alpha\sin^2\alpha + \\
&\qquad + \mathrm{i}^3\binom{n}{3}\cos^{n-3}\alpha\sin^3\alpha + \cdots + \mathrm{i}^{n-1}\binom{n}{n-1}\cos\alpha\sin^{n-1}\alpha + \\
&\qquad + \mathrm{i}^n\binom{n}{n}\sin^n\alpha = \\
&= \cos^n\alpha - \binom{n}{2}\cos^{n-2}\alpha\sin^2\alpha + \binom{n}{4}\cos^{n-4}\alpha\sin^4\alpha - + \cdots + \\
&\qquad + \mathrm{i}\left[\binom{n}{1}\cos^{n-1}\alpha\sin\alpha - \binom{n}{3}\cos^{n-3}\alpha\sin^3\alpha + - \cdots\right]
\end{aligned} \tag{II}$$

Somit folgt durch Gleichsetzen und Vergleichen von (I) und (II):

$$\boxed{\begin{aligned}
\sin n\,\alpha &= \binom{n}{1}\cos^{n-1}\alpha\sin\alpha - \binom{n}{3}\cos^{n-3}\alpha\sin^3\alpha + \\
&\qquad + \binom{n}{5}\cos^{n-5}\alpha\sin^5\alpha - + \cdots \\
\cos n\,\alpha &= \cos^n\alpha - \binom{n}{2}\cos^{n-2}\alpha\sin^2\alpha + \binom{n}{4}\cos^{n-4}\alpha\sin^4\alpha - + \cdots
\end{aligned}} \tag{123}$$

Anmerkung: Das letzte Glied ist dann erreicht, wenn beim folgenden Glied der Binomialkoeffizient $\binom{n}{\nu} = 0$ wird. Das tritt für alle $\nu > n$ ein.

BEISPIEL

Es ist $\sin 5\alpha$ in $\sin \alpha$ auszudrücken.

Aus (123) folgt:

$$\begin{aligned}\sin 5\alpha &= \binom{5}{1}\cos^4\alpha \sin\alpha - \binom{5}{3}\cos^2\alpha\sin^3\alpha + \binom{5}{5}\cos^0\alpha\sin^5\alpha = \\ &= 5\cos^4\alpha\sin\alpha - 10\cos^2\alpha\sin^3\alpha + \sin^5\alpha = \\ &= \sin^5\alpha + 5\sin\alpha\cos^2\alpha(\cos^2\alpha - 2\sin^2\alpha) = \\ &= \sin^5\alpha + 5\sin\alpha(1-\sin^2\alpha)(1-\sin^2\alpha - 2\sin^2\alpha) = \\ &= \sin^5\alpha + 5(\sin\alpha - \sin^3\alpha)(1 - 3\sin^2\alpha) = \\ &= \sin^5\alpha + 5\sin\alpha - 15\sin^3\alpha - 5\sin^3\alpha + 15\sin^5\alpha\end{aligned}$$

$$\sin 5\alpha = 5\sin\alpha - 20\sin^3\alpha + 16\sin^5\alpha$$

17.2.3. Funktionen des halben Winkels; fortgesetzte Winkelhalbierung

Aus (116b) und (116c) erhält man durch entsprechende Auflösung:

$$\sin\frac{\alpha}{2} = \sqrt{\frac{1-\cos\alpha}{2}}\,;\quad \cos\frac{\alpha}{2} = \sqrt{\frac{1+\cos\alpha}{2}}$$

oder

$$\boxed{\sin\frac{\alpha}{2} = \frac{1}{2}\sqrt{2-2\cos\alpha}} \quad (124) \qquad \boxed{\cos\frac{\alpha}{2} = \frac{1}{2}\sqrt{2+2\cos\alpha}} \quad (125)$$

Die Quadratwurzel hat für $\alpha < 180°$ das positive Vorzeichen. Durch Division ergibt sich aus (124) und (125):

$$\boxed{\tan\frac{\alpha}{2} = \sqrt{\frac{1-\cos\alpha}{1+\cos\alpha}}} \quad (126a) \qquad \boxed{\cot\frac{\alpha}{2} = \sqrt{\frac{1+\cos\alpha}{1-\cos\alpha}}} \quad (127a)$$

Erweitern wir in (126a) und (127a) den Radikanden mit $1 - \cos\alpha$ bzw. $1 + \cos\alpha$, so finden wir zwei andere Formeln:

$$\boxed{\tan\frac{\alpha}{2} = \frac{1-\cos\alpha}{\sin\alpha}} \quad (126b) \qquad \boxed{\cot\frac{\alpha}{2} = \frac{1+\cos\alpha}{\sin\alpha}} \quad (127b)$$

Wird in (124) und (125) der Winkel α durch $\frac{\alpha}{2}$ ersetzt, so ergibt sich unter Berücksichtigung von (125):

$$\boxed{\sin\frac{\alpha}{4} = \frac{1}{2}\sqrt{2-\sqrt{2+2\cos\alpha}}} \quad (128a)$$

$$\boxed{\cos\frac{\alpha}{4} = \frac{1}{2}\sqrt{2+\sqrt{2+2\cos\alpha}}} \quad (129a)$$

Hierin wieder α durch $\frac{\alpha}{2}$ ersetzt:

$$\boxed{\sin\frac{\alpha}{8} = \frac{1}{2}\sqrt{2-\sqrt{2+\sqrt{2+2\cos\alpha}}}} \tag{128b}$$

$$\boxed{\cos\frac{\alpha}{8} = \frac{1}{2}\sqrt{2+\sqrt{2+\sqrt{2+2\cos\alpha}}}} \tag{129b}$$

Da die Formeln (128a) bis (129b) auf (124) und (125) aufbauen, gelten sie wegen des obigen Hinweises nur für Winkel $\alpha < 180°$.
Durch diese fortgesetzte Winkelhalbierung kann man die Funktionen beliebig kleiner Winkel berechnen.

BEISPIEL

Es ist $\sin\frac{90°}{16} = \sin 5{,}625° = \sin 5°37'30''$ zu berechnen.

Lösung

$$\sin 5{,}625° = \frac{1}{2}\sqrt{2-\sqrt{2+\sqrt{2+\sqrt{2+2\cos 90°}}}} =$$

$$= \frac{1}{2}\sqrt{2-\sqrt{2+\sqrt{2+\sqrt{2}}}} =$$

$$= \frac{1}{2}\sqrt{2-\sqrt{2+\sqrt{3{,}4142135}}} =$$

$$= \frac{1}{2}\sqrt{2-\sqrt{3{,}847759}} = \frac{1}{2}\sqrt{0{,}038429} = \underline{\underline{0{,}098017}}$$

Sind auf diese Weise für zahlreiche, insbesondere sehr kleine Winkel die Funktionswerte ermittelt, so kann umgekehrt jeder beliebige Winkel aus ihnen als Summe zusammengesetzt und dann mittels der Additionstheoreme dessen Funktionswerte aus denjenigen der Teilwinkel berechnet werden. Diese Methode der Berechnung beliebiger Funktionswerte erfordert großen Rechenaufwand und ist daher nicht üblich.

17.3. Summen und Differenzen von Funktionen und ihre Verwandlung in Produkte

Aus (103) bis (106) ergeben sich durch Addition bzw. Subtraktion folgende vier Gleichungen:

$$\left.\begin{aligned} \sin(\alpha+\beta) + \sin(\alpha-\beta) &= 2\sin\alpha\cos\beta \\ \sin(\alpha+\beta) - \sin(\alpha-\beta) &= 2\cos\alpha\sin\beta \\ \cos(\alpha+\beta) + \cos(\alpha-\beta) &= 2\cos\alpha\cos\beta \\ \cos(\alpha+\beta) - \cos(\alpha-\beta) &= -2\sin\alpha\sin\beta \end{aligned}\right\} \tag{I}$$

Setzen wir nun

$$\left.\begin{aligned} \alpha+\beta &= \varphi \\ \alpha-\beta &= \psi, \end{aligned}\right\} \tag{II}$$

so folgt hieraus

$$\left.\begin{aligned}\alpha &= \frac{\varphi+\psi}{2}\\ \beta &= \frac{\varphi-\psi}{2}.\end{aligned}\right\} \tag{III}$$

Mit (II) und (III) ergibt sich aus (I), wenn schließlich wieder α und β geschrieben wird:

$$\sin\alpha+\sin\beta = 2\sin\frac{\alpha+\beta}{2}\cos\frac{\alpha-\beta}{2} \tag{130}$$

$$\sin\alpha-\sin\beta = 2\cos\frac{\alpha+\beta}{2}\sin\frac{\alpha-\beta}{2} \tag{131}$$

$$\cos\alpha+\cos\beta = 2\cos\frac{\alpha+\beta}{2}\cos\frac{\alpha-\beta}{2} \tag{132}$$

$$\cos\alpha-\cos\beta = -2\sin\frac{\alpha+\beta}{2}\sin\frac{\alpha-\beta}{2} \tag{133}$$

Aus (107) folgt durch entsprechendes Auflösen und Umformen der Gleichung:

$$\tan\alpha+\tan\beta = \frac{\sin(\alpha+\beta)}{\cos(\alpha+\beta)}\left(1-\frac{\sin\alpha\sin\beta}{\cos\alpha\cos\beta}\right) =$$

$$= \frac{\sin(\alpha+\beta)}{\cos(\alpha+\beta)}\,\frac{\cos\alpha\cos\beta-\sin\alpha\sin\beta}{\cos\alpha\cos\beta}$$

Hieraus mit (104):

$$\tan\alpha+\tan\beta = \frac{\sin(\alpha+\beta)}{\cos\alpha\cos\beta} \tag{134}$$

Analog ergeben sich die anderen drei Formeln:

$$\tan\alpha-\tan\beta = \frac{\sin(\alpha-\beta)}{\cos\alpha\cos\beta} \tag{135}$$

$$\cot\alpha+\cot\beta = \frac{\sin(\beta+\alpha)}{\sin\beta\sin\alpha} \tag{136}$$

$$\cot\alpha-\cot\beta = \frac{\sin(\beta-\alpha)}{\sin\beta\sin\alpha} \tag{137}$$

Wird in (130) und (131) $\alpha = 90° - \gamma$ gesetzt, so folgt:

$$\cos\gamma+\sin\beta = 2\sin\frac{90°-\gamma+\beta}{2}\cos\frac{90°-\gamma-\beta}{2} =$$

$$= 2\sin\left(45°-\frac{\gamma-\beta}{2}\right)\cos\left(45°-\frac{\gamma+\beta}{2}\right)$$

$$\cos\gamma-\sin\beta = 2\sin\frac{90°-\gamma-\beta}{2}\cos\frac{90°-\gamma+\beta}{2} =$$

$$= 2\sin\left(45°-\frac{\gamma+\beta}{2}\right)\cos\left(45°-\frac{\gamma-\beta}{2}\right)$$

Ersetzt man γ wieder durch α, so findet man zusammengefaßt:

$$\boxed{\cos\alpha \pm \sin\beta = 2\sin\left(45^\circ - \frac{\alpha \mp \beta}{2}\right)\cos\left(45^\circ - \frac{\alpha \pm \beta}{2}\right)} \tag{138}$$

Analog ergibt sich aus (134) und (135):

$$\boxed{\cot\alpha \pm \tan\beta = \frac{\cos(\alpha \mp \beta)}{\sin\alpha\cos\beta}} \tag{139}$$

Aus (138) und (139) folgen für $\beta = \alpha$ vier weitere Formeln als Sonderfälle:

$$\cos\alpha + \sin\alpha = \sqrt{2}\sin(45^\circ + \alpha) \tag{138 a}$$

$$\cos\alpha - \sin\alpha = \sqrt{2}\cos(45^\circ + \alpha) \tag{138 b}$$

$$\cot\alpha + \tan\alpha = \frac{2}{\sin 2\alpha} \tag{139 a}$$

$$\cot\alpha - \tan\alpha = 2\cot 2\alpha \tag{139 b}$$

Dividiert man (138a) und (138b) durch $\cos\alpha$ und dividiert schließlich noch die erhaltenen Gleichungen durcheinander, so ergibt sich:

$$\boxed{\frac{1+\tan\alpha}{1-\tan\alpha} = \tan(45^\circ + \alpha)}^{1} \tag{140}$$

Analog:

$$\boxed{\frac{\cot\alpha + 1}{\cot\alpha - 1} = \cot(45^\circ - \alpha)} \tag{141}$$

BEISPIELE

1. Der Ausdruck $x = \sin^2\alpha - \sin^2\beta$ ist in ein Produkt umzuformen.

Lösung

Aus (130) und (131) sowie (111) folgt:

$$x = (\sin\alpha + \sin\beta)(\sin\alpha - \sin\beta) =$$
$$= 2\sin\frac{\alpha+\beta}{2}\cos\frac{\alpha-\beta}{2}\,2\cos\frac{\alpha+\beta}{2}\sin\frac{\alpha-\beta}{2} =$$
$$= \underline{\underline{\sin(\alpha+\beta)\sin(\alpha-\beta)}}$$

2. Bei vermessungstechnischen Berechnungen sind Rechenproben unentbehrlich. Die Auswertung eines Polygonzuges z. B. verlangt die Berechnung der Koordinatenunterschiede der Polygonpunkte, deren Werte durch eine unabhängige Rechenprobe geprüft werden. Die Koordinatenunterschiede Δx und Δy ergeben sich aus den Polygonseiten s und den geodätischen Richtungswinkeln α (Bild 474; die Koordinatenachsen sind in der Geodäsie vertauscht!) zu $\Delta x = s\cos\alpha$ und $\Delta y = s\sin\alpha$.

[1] Folgt auch unmittelbar aus (107), wenn $\beta = 45^\circ$ gesetzt wird.

Die Probeberechnung verläuft folgendermaßen:
Man bildet die Ausdrücke

$$a = \frac{\sqrt{2}}{2} s \sin(45° + \alpha), \quad b = \frac{\sqrt{2}}{2} s \cos(45° + \alpha).$$

Es muß dann

$$a + b = \Delta x \quad \text{und} \quad a - b = \Delta y$$

sein, denn wegen (138a) und (138b) gilt:

$$\frac{\sqrt{2}}{2} \sin(45° + \alpha) = \frac{1}{2}(\cos\alpha + \sin\alpha)$$

$$\frac{\sqrt{2}}{2} \cos(45° + \alpha) = \frac{1}{2}(\cos\alpha - \sin\alpha)$$

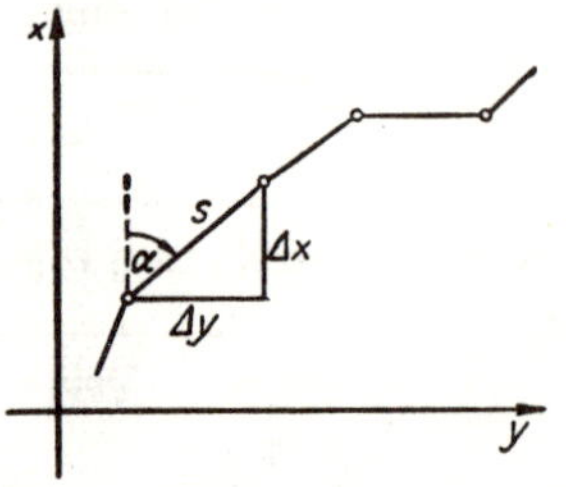

Bild 474

Hieraus folgt aber durch Addition $\cos\alpha$ und durch Subtraktion $\sin\alpha$.

AUFGABEN

508. Ohne Verwendung von Hilfsmitteln sind folgende Funktionswerte zu berechnen:

a) $\sin 75°$	b) $\cos 75°$	c) $\tan 75°$	d) $\cot 75°$
e) $\sin 15°$	f) $\cos 15°$	g) $\cot 15°$	h) $\sin 22{,}5°$
i) $\cos 22{,}5°$	j) $\tan 22{,}5°$	k) $\cot 22{,}5°$	l) $\sin 11{,}25°$
m) $\sin 67{,}5°$	n) $\cos 67{,}5°$	o) $\tan 67{,}5°$	p) $\cot 67{,}5°$
q) $\sin 18°$	r) $\cos 18°$	s) $\tan 18°$	t) $\cot 18°$
u) $\sin 54°$	v) $\cos 54°$	w) $\tan 54°$	x) $\cot 54°$

Anleitung zu q) bis x): Es ist der Satz zu verwenden, daß die Seite des einem Kreise einbeschriebenen regelmäßigen Zehnecks gleich dem größeren Abschnitt des stetig geteilten Kreisradius ist.

509. Man vereinfache folgende Ausdrücke:

a) $\cos(60° + \alpha) + \sin(30° + \alpha)$

b) $\sin(\alpha + 60°) + \sin(\alpha - 60°)$

c) $\cos(\alpha + 45°) + \cos(\alpha - 45°)$

d) $\dfrac{\sin(45° + \alpha) - \cos(45° + \alpha)}{\sin(45° + \alpha) + \cos(45° + \alpha)}$

e) $\tan\alpha \tan\beta + (\tan\alpha + \tan\beta)\cot(\alpha + \beta)$

f) $\dfrac{\sin(60° + \alpha) - \cos(30° + \alpha)}{\sin(60° + \alpha) + \cos(30° + \alpha)}$

g) $\dfrac{1 - \cos^2 2\alpha}{2\sin\alpha}$

h) $\dfrac{\sin 2\alpha \cos\alpha}{(1 + \cos 2\alpha)(1 + \cos\alpha)}$

510. Es sind a) $\cos 4\alpha$ b) $\cos 5\alpha$ in $\cos\alpha$ auszudrücken.

511. Unter Verwendung der Formeln aus 17.3. ist die Richtigkeit der folgenden Gleichung, die in der Wechselstromtechnik eine wichtige Rolle spielt, zu beweisen:

$$\sin\alpha + \sin(\alpha + 120°) + \sin(\alpha + 240°) = 0$$

512. Folgende Ausdrücke sind in Produkte zu verwandeln:

a) $\dfrac{\sin\alpha + \cos\alpha}{\sin\alpha - \cos\alpha}$ b) $\dfrac{\cos\alpha + \cos\beta}{\sin\alpha + \sin\beta}$

c) $\dfrac{\sin\alpha + \sin\beta}{\sin\alpha - \sin\beta}$ d) $\cos^2\alpha - \cos^2\beta$

e) $\sin\alpha + \sin\beta + \sin\gamma$ mit $\alpha + \beta + \gamma = 180°$ (α, β, γ sind beispielsweise Dreieckswinkel)

18. Goniometrische Gleichungen

Goniometrische Gleichungen sind Bestimmungsgleichungen mit unbekannten Winkeln, die als Argumente trigonometrischer Funktionen auftreten. Da alle vier Winkelfunktionen mit verschiedenen Argumenten und in verschiedenen Potenzen vorkommen können, sind die Formen solcher Gleichungen so mannigfaltig, daß wir uns in diesem Abschnitt auf die wichtigsten Typen beschränken müssen. Wenn auch für die Lösung der goniometrischen Gleichungen dieselben Gesetze in Anwendung kommen, wie wir sie früher für gewöhnliche Gleichungen kennengelernt haben, so bedarf es doch häufig noch zahlreicher, verschiedenartiger Umformungen, ehe man an die eigentliche Auflösung nach den gesuchten Winkeln herangehen kann. Bei diesen Umformungen werden wir das im vorigen Abschnitt Gelernte mit Vorteil anwenden. Den praktischen Zweck und die Bedeutung der goniometrischen Gleichungen werden wir in späteren Kapiteln noch erkennen.

18.1. Goniometrische Gleichungen mit einer Unbekannten

18.1.1. Lineare Gleichungen mit einer Funktion des unbekannten Winkels

Diese einfachsten goniometrischen Gleichungen lauten in allgemeiner Form

$$aF(x) + b = 0$$

Hierbei stellen a und b Konstanten dar; $F(x)$ ist eine der vier trigonometrischen Funktionen. Diese Gleichungen lassen sich stets auf die Normalform

$$F(x) = m$$

bringen, wobei $m = -\dfrac{b}{a}$ ist.

Ist m nach Größe und Vorzeichen gegeben und soll der Winkel x bestimmt werden, so hat die Gleichung wegen der Periodizität der trigonometrischen Funktionen unendlich viele Lösungen. Unter diesen gibt es im allgemeinen nur zwei Werte x, die im Intervall $0° \leqq x \leqq 360°$ liegen. Sie werden *Hauptwerte* genannt. In den meisten Fällen beschränkt man sich auf die Angabe dieser Hauptwerte.

Wir wollen den positiven spitzen Winkel, den man für den absoluten Betrag der Zahl m aus der trigonometrischen Funktionstafel entnimmt, mit $\bar{x}$ bezeichnen. Hiermit ergibt sich dann aus dem Verlauf der trigonometrischen Funktionen im einzelnen:

1. **$\sin x = m$** Bedingung: $-1 \leqq m \leqq +1$

a) $m > 0$

Allgemeine Lösung: $$x = \begin{cases} \bar{x} + n \cdot 360^\circ \\ -\bar{x} + (2n+1) \cdot 180^\circ \end{cases} \qquad n = 0,\ \pm 1,\ \pm 2, \ldots$$

Hauptwerte: $x_1 = \bar{x}$; $x_2 = 180^\circ - \bar{x}$

Die geometrische Darstellung der Lösung dieser Aufgabe ersieht man aus Bild 475.

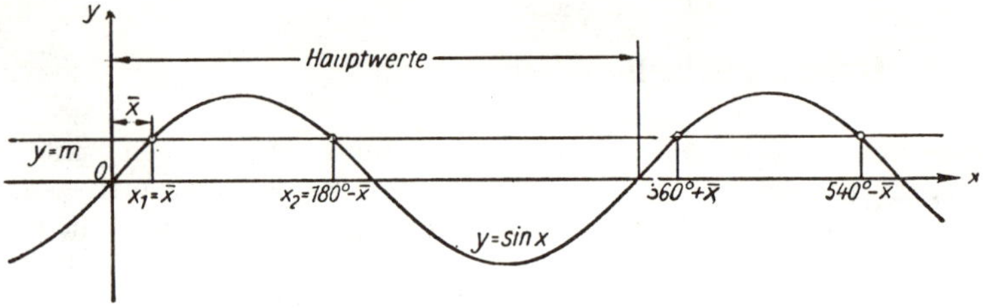

Bild 475

b) $m < 0$

Allgemeine Lösung: $$x = \begin{cases} -\bar{x} + n \cdot 360^\circ \\ \bar{x} + (2n+1) \cdot 180^\circ \end{cases}$$ n durchläuft hier und auch im folgenden die Werte wie unter 1. a)

Hauptwerte: $x_1 = 180^\circ + \bar{x}$; $x_2 = 360^\circ - \bar{x}$

c) *Sonderfälle:*

$m = 1$	Allgemeine Lösung:	$x = 90^\circ + n \cdot 360^\circ$
	Hauptwert:	$x = 90^\circ$
$m = -1$	Allgemeine Lösung:	$x = 270^\circ + n \cdot 360^\circ$
	Hauptwert:	$x = 270^\circ$
$m = 0$	Allgemeine Lösung:	$x = 0^\circ + n \cdot 180^\circ$
	Hauptwerte:	$x_1 = 0^\circ$; $x_2 = 180^\circ$; $x_3 = 360^\circ$

2. **$\cos x = m$** Bedingung: $-1 \leqq m \leqq +1$

a) $m > 0$

Allgemeine Lösung: $$x = \pm \bar{x} + n \cdot 360^\circ$$

Hauptwerte: $x_1 = \bar{x}$; $x_2 = 360^\circ - \bar{x}$

b) $m < 0$

Allgemeine Lösung: $$x = \pm \bar{x} + (2n+1) \cdot 180^\circ$$

Hauptwerte: $x_1 = 180^\circ - \bar{x}$; $x_2 = 180^\circ + \bar{x}$

c) *Sonderfälle:*

$m = 1$ Allgemeine Lösung: $x = 0° + n \cdot 360°$

Hauptwerte: $x_1 = 0°$; $x_2 = 360°$

$m = -1$ Allgemeine Lösung: $x = (2n + 1) \cdot 180°$

Hauptwert: $x = 180°$

$m = 0$ Allgemeine Lösung: $x = 90° + n \cdot 180°$

Hauptwerte: $x_1 = 90°$; $x_2 = 270°$

3. **$\tan x = m$** m unterliegt keiner Beschränkung, d. h. $-\infty < m < +\infty$

a) $m > 0$

Allgemeine Lösung: $\underline{\underline{x = \bar{x} + n \cdot 180°}}$

Hauptwerte: $x_1 = \bar{x}$; $x_2 = 180° + \bar{x}$

b) $m < 0$

Allgemeine Lösung: $\underline{\underline{x = -\bar{x} + n \cdot 180°}}$

Hauptwerte: $x_1 = 180° - \bar{x}$; $x_2 = 360° - \bar{x}$

c) *Sonderfall:*

$m = 0$ Allgemeine Lösung: $x = 0° + n \cdot 180°$

Hauptwerte: $x_1 = 0°$; $x_2 = 180°$; $x_3 = 360°$

4. **$\cot x = m$** wie unter 3. bis auf den Sonderfall

$m = 0$ Allgemeine Lösung: $x = 90° + n \cdot 180°$

Hauptwerte: $x_1 = 90°$; $x_2 = 270°$

5. $\left.\begin{array}{l} \sin x \\ \cos x \\ \tan x \\ \cot x \end{array}\right\} = \pm m$

Allgemeine Lösung: $\underline{\underline{x = \pm\bar{x} + n \cdot 180°}}$

Hauptwerte: $x_1 = \bar{x}$; $x_2 = 180° - \bar{x}$; $x_3 = 180° + \bar{x}$; $x_4 = 360° - \bar{x}$

Die im vorangehenden besprochene Lösung mit Hilfe von Formeln hat bezüglich der allgemeinen Lösung den Vorzug, daß alle Lösungswerte systematisch erfaßt werden. Ihr Nachteil besteht darin, daß sie entweder ein zusätzliches Einprägen von Formeln verlangt oder daß im Bedarfsfall die Formeln jedesmal aufs neue herzuleiten sind.

Für das praktische Rechnen ist es daher zweckmäßig, die in 16.5.2. besprochene Regel anzuwenden.

BEISPIEL

Welche Winkel x erfüllen die Gleichung $\sin x = -0{,}45844$?

Lösung

Wir beschränken uns zunächst auf die Hauptwerte. Aus dem negativen Vorzeichen folgt, daß je eine Lösung im III. und IV. Quadranten liegen muß. Wir suchen nun in der Funktionstafel den Wert 0,45844 auf und lesen in der

Sinus-Spalte den Winkel $y = 27{,}2865°$ und in der

Cosinus-Spalte den Winkel $z = 62{,}7135°$ ab.

Aus der Regel in 16.5.2. folgt, wenn man mit dem

	Hauptwert im III. Quadranten	Hauptwert im IV. Quadranten
Sinus rechnet: Cosinus rechnet:	$x_1 = \begin{Bmatrix} 180° + y \\ 270° - z \end{Bmatrix} = 207{,}2865°$	$x_2 = \begin{Bmatrix} 360° - y \\ 270° + z \end{Bmatrix} = 332{,}7135°$

Der Winkel y entspricht dabei dem Winkel $\bar{x}$ von 1. b) der Formelzusammenstellung. Diese Art der Lösung kommt also auf dasselbe hinaus wie die Rechnung mit den Formeln.

Aus den beiden Hauptwerten x_1 und x_2 folgt mit der Periode 360° der Sinusfunktion nun auch unmittelbar die allgemeine Lösung:

$$x = \begin{cases} 207{,}2865° + n \cdot 360° \\ 332{,}7135° + n \cdot 360° \end{cases}$$

Weitere **BEISPIELE**

Es sind die Hauptwerte der Lösungen für die folgenden Gleichungen zu bestimmen:

1. $\sin x = +\frac{1}{2}$	$x_1 = 30°$	$x_2 = 150°$
2. $\sin x = -\frac{1}{2}$	$x_1 = 210°$	$x_2 = 330°$
3. $\cos x = \frac{1}{2}$	$x_1 = 60°$	$x_2 = 300°$
4. $\cos x = -\frac{1}{2}$	$x_1 = 120°$	$x_2 = 240°$
5. $\tan x = +0{,}2679492$	$x_1 = 15°$	$x_2 = 195°$
6. $\tan x = -0{,}2679492$	$x_1 = 165°$	$x_2 = 345°$
7. $\cot x = +0{,}2679492$	$x_1 = 75°$	$x_2 = 255°$
8. $\cot x = -0{,}2679492$	$x_1 = 105°$	$x_2 = 285°$

Wir werden im folgenden erkennen, daß jede goniometrische Gleichung auf die Lösung einer der in diesem Abschnitt behandelten Gleichungen hinausführt. Im übrigen heißt es stets eine solche einfachste goniometrische Gleichung zu lösen, wenn bei trigonometrischen Berechnungen Winkel zu bestimmen sind. Sie sind daher wegen ihres häufigen Vorkommens sehr wichtig.

18.1.2. Quadratische Gleichungen mit derselben Funktion des unbekannten Winkels

$a \sin^2 x + b \sin x + c = 0$

Diese Gleichung löst man zunächst nach $\sin x$ auf und erhält:

$$\sin x = \frac{-b \pm \sqrt{b^2 - 4ac}}{2a}$$

Soll der Wert für $\sin x$ reell und goniometrisch brauchbar sein, so muß

1. $b^2 - 4ac \geqq 0$; 2. $|2a| \geqq |-b \pm \sqrt{b^2 - 4ac}|$

gelten.

Da sich für *einen* Wert von $\sin x$ wegen 18.1.1. im allgemeinen *zwei* Hauptwerte für die Winkel x ergeben, erhält man folgende

Determination:

Ist $|2a| \geqq |-b \pm \sqrt{b^2 - 4ac}|$,

so gibt es

4 versch. reelle Hauptwerte für x, wenn $b^2 - 4ac > 0$
2 versch. reelle Hauptwerte für x, wenn $b^2 - 4ac = 0$
keine reellen Hauptwerte für x, wenn $b^2 - 4ac < 0$

BEISPIEL

$$\sin x - \sqrt{3} \sin^2 x + \frac{\sqrt{3}}{4} = 0$$

Lösung

$$\sin^2 x - \frac{1}{3}\sqrt{3} \sin x - \frac{1}{4} = 0$$

$$\sin x = +\frac{1}{6}\sqrt{3} \pm \sqrt{\frac{1+3}{12}} = \sqrt{3}\left(\frac{1}{6} \pm \frac{1}{3}\right)$$

$$\sin x = \frac{1}{2}\sqrt{3} \qquad x_1 = 60° + n\,360°$$

$$x_2 = 120° + n\,360°$$

$$\sin x = -\frac{1}{6}\sqrt{3} = -0{,}2886751 \qquad x_3 = 196{,}7787° + n\,360°$$

$$x_4 = 343{,}2213° + n\,360°$$

18.1.3. Gleichungen mit derselben Funktion verschiedener Argumente

I. $a \sin(x + \alpha) + b \sin(x + \beta) = 0$

α und β sind gegebene Winkel.

Es ergibt sich durch Umformung:

$$\frac{\sin(x + \alpha)}{\sin(x + \beta)} = -\frac{b}{a}$$

Hieraus durch korrespondierende Addition und Subtraktion:

$$\frac{\sin(x+\alpha)+\sin(x+\beta)}{\sin(x+\alpha)-\sin(x+\beta)}=\frac{b-a}{b+a}$$

Mit (130) und (131) (s. 17.3.)

$$\frac{2\sin\frac{2x+\alpha+\beta}{2}\cos\frac{\alpha-\beta}{2}}{2\cos\frac{2x+\alpha+\beta}{2}\sin\frac{\alpha-\beta}{2}}=\frac{b-a}{b+a}$$

Somit durch Vereinfachung:

$$\tan\left(x+\frac{\alpha+\beta}{2}\right)=\frac{b-a}{b+a}\tan\frac{\alpha-\beta}{2}$$

Hieraus ergeben sich $x+\frac{\alpha+\beta}{2}$ und x selbst.

II. $\sin(\alpha+x)+\sin(\beta-x)=a$

Aus (130) ergibt sich:

$$2\sin\frac{\alpha+\beta}{2}\cos\frac{\alpha-\beta+2x}{2}=a$$

$$\cos\left(x+\frac{\alpha-\beta}{2}\right)=\frac{a}{2\sin\frac{\alpha+\beta}{2}}$$

III. $\frac{\cos(x+\alpha)}{\cos(x-\alpha)}=p$

Durch korrespondierende Addition und Subtraktion folgt:

$$\frac{\cos(x+\alpha)+\cos(x-\alpha)}{\cos(x+\alpha)-\cos(x-\alpha)}=\frac{p+1}{p-1}$$

Nach (132) und (133) (s. 17.3.) umgeformt:

$$\frac{2\cos x\cos\alpha}{-2\sin x\sin\alpha}=\frac{p+1}{p-1}\quad\text{oder}\quad\cot x=\frac{1+p}{1-p}\tan\alpha$$

BEISPIEL

$$\frac{\cos(x+22{,}5^\circ)}{\cos(x-22{,}5^\circ)}=\sqrt{2}-1$$

Lösung

$$\cot x=\frac{\sqrt{2}}{2-\sqrt{2}}\left(\sqrt{2}-1\right)=1$$

$$x_1=45^\circ\qquad x_2=225^\circ$$

Allgemeine Lösung $\quad x=45^\circ+n\,180^\circ$

IV. $\mathbf{\dfrac{\tan(x+\alpha)}{\tan(x+\beta)} = q}$

Entsprechend III. wird:

$$\frac{\tan(x+\alpha)+\tan(x+\beta)}{\tan(x+\alpha)-\tan(x+\beta)} = \frac{q+1}{q-1}$$

Wegen (134) und (135) (s. 17.3.) folgt hieraus:

$$\frac{\sin(2x+\alpha+\beta)}{\sin(\alpha-\beta)} = \frac{q+1}{q-1}$$

Also:

$$\underline{\underline{\sin(2x+\alpha+\beta) = \frac{q+1}{q-1}\sin(\alpha-\beta)}}$$

V. $\mathbf{\cos 2x + \cos x = 0}$

Mit (112c) (s. 17.2.1.) umgeformt:

$$2\cos^2 x + \cos x - 1 = 0$$

$$\cos^2 x + \frac{1}{2}\cos x - \frac{1}{2} = 0$$

Nun entsprechend 18.1.2. aufgelöst:

$$\cos x = -\frac{1}{4} \pm \frac{3}{4}$$

1) $\cos x = +\frac{1}{2}$ $\underline{\underline{x_1 = 60°}}$; $\underline{\underline{x_2 = 300°}}$

2) $\cos x = -1$ $\underline{\underline{x_3 = 180°}}$

Allgemeine Lösung $\underline{\underline{x = 60° + n \cdot 120°}}$

VI. $\mathbf{\sin 3x - 2\sin x = 0}$

wegen (119) (s. 17.2.2) folgt: $-4\sin^3 x + 3\sin x - 2\sin x = 0$

$$4\sin^3 x - \sin x = 0$$

sin x ausgeklammert:

$$\sin x\,(4\sin^2 x - 1) = 0$$

Ein Produkt ist Null, wenn mindestens ein Faktor Null ist.

Also:

1) $\sin x = 0$ $\underline{\underline{x_1 = 0°}}$; $\underline{\underline{x_2 = 180°}}$; $\underline{\underline{x_3 = 360°}}$

2) $4\sin^2 x - 1 = 0$

Somit $\sin x = \pm\frac{1}{2}$ $\underline{\underline{x_4 = 30°}}$; $\underline{\underline{x_5 = 150°}}$; $\underline{\underline{x_6 = 210°}}$; $\underline{\underline{x_7 = 330}}$

Allgemeine Lösung

$$x = \begin{cases} 0^\circ + n \cdot 180^\circ \\ \pm 30^\circ + n \cdot 180^\circ \end{cases}$$

Bei unserem Beispiel ist es nicht gestattet, durch $\sin x$ zu dividieren, da hierdurch der Fall $\sin x = 0$ unberücksichtigt bleibt (Division durch Null ist verboten!) und somit die Lösungen x_1 bis x_3 verlorengehen.
Im Gegensatz zu den Beispielen I bis IV haben wir in den Beispielen V und VI die Lösung dadurch herbeigeführt, daß wir zuerst gleiche Funktionsargumente durch goniometrische Umformungen herstellten.

18.1.4. Gleichungen mit verschiedenen Funktionen gleicher Argumente

I. $a \cos x + b \sin x = c$

1. Lösung

Mit (94) (s. 14.4.) ergibt sich:

$$a\sqrt{1 - \sin^2 x} = c - b \sin x$$

Quadriert:

$$a^2 - a^2 \sin^2 x = c^2 - 2\,bc \sin x + b^2 \sin^2 x$$

$$\sin^2 x\,(a^2 + b^2) - 2bc \sin x - (a^2 - c^2) = 0$$

$$\sin^2 x - \frac{2\,bc}{a^2 + b^2} \sin x - \frac{a^2 - c^2}{a^2 + b^2} = 0$$

$$\sin x = \frac{bc}{a^2 + b^2} \pm \frac{1}{a^2 + b^2}\sqrt{b^2c^2 + a^4 - a^2c^2 + a^2b^2 - b^2c^2}$$

$$\sin x = \frac{bc \pm a\sqrt{a^2 + b^2 - c^2}}{a^2 + b^2}$$

Diese goniometrische Gleichung hat

$$\left.\begin{array}{l} \text{2 verschiedene reelle Hauptwerte als Lösung} \\ \text{1 reellen Hauptwert als Lösung} \\ \text{keine reellen Hauptwerte als Lösung} \end{array}\right\}, \text{ wenn } a^2 + b^2 - c^2 \begin{cases} > 0 \\ = 0 \\ < 0 \end{cases}$$

Wir erhalten hier nur die Hälfte der Lösungen von 18.1.2., weil die Ausgangsgleichung außer $\sin x$ auch $\cos x$ enthält und sie mit einem Wert $\sin x$ auch eindeutig einen Wert $\cos x$ nach Vorzeichen und Größe bestimmt. Außerdem mußte die aus der Elimination von $\cos x$ sich ergebende Wurzel durch Quadrieren beseitigt werden, so daß die Regeln für Wurzelgleichungen in Anwendung kommen müssen, wonach in einer Probe festzustellen ist, welche der gefundenen Lösungen die Ausgangsgleichung befriedigen!

2. Lösung

Die Konstanten a und b betrachten wir als rechtwinklige Koordinaten eines Punktes und formen sie in Polarkoordinaten r und λ um. Aus $a = r \cos \lambda$ und $b = r \sin \lambda$ ergibt sich:

$$\boxed{\tan \lambda = \frac{b}{a} \quad \Big| \quad r = \frac{a}{\cos \lambda} = \sqrt{a^2 + b^2}} \; (r > 0)$$

Der Hilfswinkel λ ergibt sich eindeutig, da die Vorzeichen der nicht reziproken Funktionen $\cos \lambda$ und $\sin \lambda$ aus a und b bekannt sind.
Mit den obigen Substitutionen wird die Gleichung übergeführt in

$$r \cos x \cos \lambda + r \sin x \sin \lambda = c,$$

woraus man wegen (106) (s. 17.1.) erhält:

$$\boxed{\cos (x - \lambda) = \frac{c}{r}}$$

Determination: Die Gleichung hat

2 verschiedene reelle Hauptwerte als Lösung, wenn $|c| < r$
1 reellen Hauptwert als Lösung, wenn $|c| = r$
keine reellen Hauptwerte als Lösung, wenn $|c| > r$

BEISPIELE

1. $\sqrt{3} \cos x + \sin x = 1$

1. Lösung

$$\sqrt{3}\sqrt{1 - \sin^2 x} = 1 - \sin x$$

$$3 - 3 \sin^2 x = 1 - 2 \sin x + \sin^2 x$$

$$4 \sin^2 x - 2 \sin x - 2 = 0$$

$$\sin^2 x - \frac{1}{2} \sin x - \frac{1}{2} = 0$$

$$\sin x = \frac{1}{4} \pm \sqrt{\frac{1}{16} + \frac{8}{16}} = \frac{1}{4} \pm \frac{3}{4}$$

1) $\sin x = 1$ $\qquad$ $\underline{\underline{x_1 = 90^\circ}}$

2) $\sin x = -\frac{1}{2}$ $\qquad$ $[x_2 = 210^\circ]$ $\qquad$ $\underline{\underline{x_3 = 330}}$

Probe x_1: $\sqrt{3}\cdot 0+1=1;\quad 1=1$

x_2: $-\sqrt{3}\cdot\frac{1}{2}\sqrt{3}-\frac{1}{2}=1;\quad -2=1$ Widerspruch!

x_3: $\sqrt{3}\cdot\frac{1}{2}\sqrt{3}-\frac{1}{2}=1;\quad 1=1$

x_2 befriedigt die Ausgangsgleichung nicht und scheidet daher aus!

2. Lösung

$$a=\sqrt{3},\quad b=1,\quad c=1,\quad \tan\lambda=\frac{1}{\sqrt{3}}=\frac{1}{3}\sqrt{3};\ \lambda=30^\circ;\ r=2:$$

$$\cos(x-30^\circ)=\frac{1}{2}$$

$$x_1-30^\circ=60^\circ \qquad \underline{\underline{x_1=90^\circ}}$$

$$x_2-30^\circ=300^\circ \qquad \underline{\underline{x_2=330^\circ}}$$

Allgemeine Lösung

$$x=+30^\circ\pm 60^\circ+n\cdot 360^\circ=$$
$$\underline{\underline{=\pm 60^\circ+(12n+1)\cdot 30^\circ}}$$

Wie man sieht, ist der 2. Lösungsweg wesentlich bequemer. Er hat vor allem den Vorteil, daß er nur brauchbare Lösungen liefert, so daß hierbei die Probe entbehrt werden kann.

2. $\sin x+\cos x=1$

Lösung

$$\sin x=1-\cos x$$

Hieraus folgt mit (115) und (116b) (s. 17.2.1.):

$$2\sin\frac{x}{2}\cos\frac{x}{2}=2\sin^2\frac{x}{2}$$

Also: $$\sin\frac{x}{2}\left(\cos\frac{x}{2}-\sin\frac{x}{2}\right)=0$$

1) $\sin\frac{x}{2}=0 \qquad \frac{x_1}{2}=0^\circ \qquad \underline{\underline{x_1=0^\circ}}$

$\frac{x_2}{2}=180^\circ \qquad \underline{\underline{x_2=360^\circ}}$

Um alle Hauptwerte für x zu erhalten, brauchen wir für das Argument $\frac{x}{2}$ nur die Werte im Bereich $0^\circ\leqq\frac{x}{2}\leqq 180^\circ$ zu bestimmen.

2) $\cos\frac{x}{2}-\sin\frac{x}{2}=0$ oder $\sin\frac{x}{2}=\cos\frac{x}{2}$

Durch $\cos\frac{x}{2}$ dividiert: $\tan\frac{x}{2}=1$

$$\frac{x_3}{2}=45^\circ \qquad \underline{\underline{x_3=90^\circ}}$$

Allgemeine Lösung

$$x = \begin{cases} 0^\circ + n \cdot 360^\circ \\ 90^\circ + n \cdot 360^\circ \end{cases}$$

Man beachte, daß die Division durch $\cos\frac{x}{2}$ erlaubt ist, denn es muß $\cos\frac{x}{2} \neq 0$ sein. Wäre nämlich $\cos\frac{x}{2} = 0$, so müßte wegen $\sin\frac{x}{2} = \cos\frac{x}{2}$ auch $\sin\frac{x}{2} = 0$ sein, was jedoch wegen der Bedingung $\sin^2\frac{x}{2} + \cos^2\frac{x}{2} = 1$ nicht möglich ist.

3. $\cos x = \frac{1}{2}\tan x$

Lösung

$$\cos x = \frac{\sin x}{2\cos x} \quad \text{oder} \quad \cos^2 x - \frac{1}{2}\sin x = 0$$

Wegen (94) (s. 14.4.)

$$1 - \sin^2 x - \frac{1}{2}\sin x = 0$$

$$\sin^2 x + \frac{1}{2}\sin x - 1 = 0$$

$$\sin x = -\frac{1}{4} \pm \sqrt{\frac{1+16}{16}} = -\frac{1}{4} \pm \frac{1}{4}\sqrt{17} = -0{,}25 \pm 1{,}0307764$$

1) $\sin x = 0{,}7807764$; $x_1 = 51{,}3317^\circ$; $x_2 = 128{,}6683^\circ$

2) $\sin x = -1{,}2807764$ ist goniometrisch nicht möglich, da $-1 \leqq \sin x \leqq +1$ gilt.

Allgemeine Lösung

$$x = \begin{cases} 51{,}3317^\circ + n \cdot 360^\circ \\ 128{,}6683^\circ + n \cdot 360^\circ \end{cases}$$

4. $3\sin x = 2\cos^2 x$

Lösung

Mit (94) (s. 14.4.) folgt: $-2(1 - \sin^2 x) + 3\sin x = 0$

$$\sin^2 x + \frac{3}{2}\sin x - 1 = 0$$

$$\sin x = -\frac{3}{4} \pm \frac{5}{4}$$

1) $\sin x = \frac{1}{2}$ $x_1 = 30^\circ$; $x_2 = 150^\circ$

2) $\sin x = -2$ goniometrisch unmöglich!

Allgemeine Lösung

$$x = \begin{cases} 30° + n \cdot 360° \\ 150° + n \cdot 360° \end{cases}$$

II. $\boldsymbol{a \cos^2 x + b \sin x \cos x + c \sin^2 x = d}$

Aus (111) (s. 17.2.1.) sowie (124) und (125) (s. 17.2.3.) ergibt sich:

$$\sin x \cos x = \frac{\sin 2x}{2}; \quad \sin^2 x = \frac{1 - \cos 2x}{2}; \quad \cos^2 x = \frac{1 + \cos 2x}{2}$$

Eingesetzt:

$$\frac{a}{2}(1 + \cos 2x) + \frac{b}{2}\sin 2x + \frac{c}{2}(1 - \cos 2x) = d$$

Schließlich:

$$(a - c)\cos 2x + b \sin 2x = 2d - a - c$$

Damit ist diese Aufgabe auf I zurückgeführt.

BEISPIEL

$$\cos^2 x + \frac{1}{3}\sin x \cos x + \frac{2}{3}\sin^2 x = 1$$

1. Lösung (wie allgemeiner Lösungsweg)

$$\frac{1}{2}(1 + \cos 2x) + \frac{1}{6}\sin 2x + \frac{1}{3}(1 - \cos 2x) = 1$$

$$3 + 3\cos 2x + \sin 2x + 2 - 2\cos 2x = 6$$

$$\cos 2x + \sin 2x = 1$$

Nun weiter mit Hilfswinkelmethode zu I:

$$\tan \lambda = 1, \quad \lambda = 45°, \quad r = \sqrt{2}; \quad \cos(2x - 45°) = \frac{1}{2}\sqrt{2}$$

$$\left.\begin{aligned} 2x_1 - 45° &= -45°; & x_1 &= 0° \\ 2x_2 - 45° &= 45°; & x_2 &= 45° \\ 2x_3 - 45° &= 315°; & x_3 &= 180° \\ 2x_4 - 45° &= 405°; & x_4 &= 225° \\ 2x_5 - 45° &= 675°; & x_5 &= 360° \end{aligned}\right\}$$

Man beachte, daß für das Argument $2x - 45°$ alle Werte im Bereich $-45° \leqq 2x - 45° \leqq 675°$ bestimmt werden müssen, damit man für x sämtliche Hauptwerte erhält.

Oder allgemein:

Für das Argument $nx + \alpha$ $(n > 0)$ sind alle Werte im Bereich $\alpha \leqq nx + \alpha \leqq$ $\leqq n \cdot 360° + \alpha$ zu bestimmen, damit sämtliche Hauptwerte für x erhalten werden.

Dies ergibt sich aus der Ungleichung $0° \leqq x \leqq 360°$, indem zunächst mit n multipliziert und dann α addiert wird.

2. Lösung

$$-(1-\cos^2 x)+\sin x\left(\frac{1}{3}\cos x+\frac{2}{3}\sin x\right)=0$$

$$-\sin^2 x+\frac{1}{3}\sin x(\cos x+2\sin x)=0$$

$$\frac{1}{3}\sin x(-3\sin x+\cos x+2\sin x)=0$$

$$\sin x(\cos x-\sin x)=0$$

1) $\sin x=0$ $\quad \underline{\underline{x_1=0^\circ}};\quad \underline{\underline{x_2=180^\circ}};\quad \underline{\underline{x_3=360^\circ}}$

2) $\cos x-\sin x=0$

$\cos x=\sin x$

$\tan x=1$ $\quad \underline{\underline{x_4=45^\circ}};\quad \underline{\underline{x_5=225^\circ}}$

Allgemeine Lösung

$$\underline{\underline{x=\begin{cases}0^\circ+n\cdot 180^\circ\\ 45^\circ+n\cdot 180^\circ\end{cases}}}$$

18.1.5. Gleichungen mit verschiedenen Funktionen verschiedener Argumente

I. $a\cos 2x+b\sin x=c$

Mit (112b) (s. 17.2.1.) wird:

$$a(1-2\sin^2 x)+b\sin x-c=0$$

$$\sin^2 x-\frac{b}{2a}\sin x-\frac{a-c}{2a}=0$$

Damit ist die Aufgabe auf 18.1.2. zurückgeführt.

BEISPIELE

1. $\underline{3\cos 2x-20\sin x=9}$

Lösung

$$3(1-2\sin^2 x)-20\sin x-9=0$$

$$\sin^2 x+\frac{10}{3}\sin x+1=0$$

$$\sin x=-\frac{5}{3}\pm\sqrt{\frac{25-9}{9}}=-\frac{5}{3}\pm\frac{4}{3}$$

1) $\sin x=-\frac{1}{3}$ $\quad \underline{\underline{x_1=199{,}4712^\circ}};\quad \underline{\underline{x_2=340{,}5288^\circ}}$

2) $\sin x=-3$ $\quad$ goniometrisch nicht brauchbar!

Allgemeine Lösung

$$\underline{\underline{x=\begin{cases}199{,}4712^\circ+n\cdot 360^\circ\\ 340{,}5288^\circ+n\cdot 360^\circ\end{cases}}}$$

2. $3\cos^2 x = \sin^2 2x$

Lösung

$$3\cos^2 x = (2\sin x\cos x)^2$$

$$3\cos^2 x - 4\sin^2 x\cos^2 x = 0$$

$$\cos^2 x\,(3 - 4\sin^2 x) = 0$$

1) $\cos^2 x = 0$

$\cos x = 0 \qquad \underline{\underline{x_1 = 90^\circ}}; \qquad \underline{\underline{x_2 = 270^\circ}}$

2) $3 - 4\sin^2 x = 0$

$$\sin x = \pm\frac{1}{2}\sqrt{3}$$

$\underline{\underline{x_3 = 60^\circ}}; \qquad \underline{\underline{x_4 = 120^\circ}}; \qquad \underline{\underline{x_5 = 240^\circ}}; \qquad \underline{\underline{x_6 = 300^\circ}}$

Allgemeine Lösung

$$x = \begin{cases} 90^\circ + n\cdot 180^\circ \\ \pm 60^\circ + n\cdot 180^\circ \end{cases}$$

3. $\sin 2x = \tan x$

Lösung $\quad 2\sin x\cos x = \dfrac{\sin x}{\cos x}$

$$\sin x\,(2\cos^2 x - 1) = 0$$

1) $\sin x = 0 \qquad \underline{\underline{x_1 = 0^\circ}}; \qquad \underline{\underline{x_2 = 180^\circ}}; \qquad \underline{\underline{x_3 = 360^\circ}}$

2) $2\cos^2 x - 1 = 0$

$$\cos x = \pm\frac{1}{2}\sqrt{2}$$

$\underline{\underline{x_4 = 45^\circ}}; \qquad \underline{\underline{x_5 = 135^\circ}}; \qquad \underline{\underline{x_6 = 225^\circ}}; \qquad \underline{\underline{x_7 = 315^\circ}}$

Allgemeine Lösung

$$x = \begin{cases} 0^\circ + n\cdot 180^\circ \\ 45^\circ + n\cdot 90^\circ \end{cases}$$

4. $\cos x - \cot\dfrac{x}{2} + 1 = 0$

Lösung

$$1 + \cos x = \cot\frac{x}{2}$$

Aus (116c) (s. 17.2.1.) und (96b) (s. 14.4.) folgt:

$$2\cos^2\frac{x}{2} = \frac{\cos\frac{x}{2}}{\sin\frac{x}{2}}\ ; \quad 2\cos^2\frac{x}{2}\sin\frac{x}{2} - \cos\frac{x}{2} = 0$$

$$\cos\frac{x}{2}\left(2\sin\frac{x}{2}\cos\frac{x}{2} - 1\right) = 0\ ; \qquad \cos\frac{x}{2}(\sin x - 1) = 0$$

1) $\cos\frac{x}{2} = 0 \qquad \frac{x_1}{2} = 90° \qquad \underline{\underline{x_1 = 180°}}$

2) $\sin x = 1 \qquad \underline{\underline{x_2 = 90°}}$

Allgemeine Lösung

$$\underline{\underline{x = \begin{cases} 90° + n \cdot 360° \\ 180° + n \cdot 360° \end{cases}}}$$

II. $\boldsymbol{a\cos(x + \alpha) + b\sin(x - \beta) = 0}$

Es wird

$\alpha = -90° + \alpha_1$ und $-\beta = \beta_1$ gesetzt:

$$a\cos\{-[90° - (x + \alpha_1)]\} + b\sin(x + \beta_1) = 0$$

$$a\sin(x + \alpha_1) + b\sin(x + \beta_1) = 0$$

Damit ist die Aufgabe auf 18.1.3. I zurückgeführt.
Die Lösung lautet mit den ursprünglichen Werten:

$$\tan\left(x + \frac{\alpha - \beta + 90°}{2}\right) = \frac{b - a}{b + a}\tan\frac{\alpha + \beta + 90°}{2}$$

BEISPIEL

$2\cos(x + 60°) + \sin(x - 90°) = 0$

Lösung

$\tan(x + 30°) = \frac{1}{3}\sqrt{3}\ ; \quad x_1 + 30° = 30°\ ; \quad \underline{\underline{x_1 = 0°}}$

$x_2 + 30° = 210°\ ; \quad \underline{\underline{x_2 = 180°}}$

$x_3 + 30° = 390°\ ; \quad \underline{\underline{x_3 = 360°}}$

Allgemeine Lösung

$$\underline{\underline{x = 0° + n \cdot 180°}}$$

III. $\boldsymbol{a\cos(x + \alpha) + b\sin(x + \beta) = c}$

$$a\cos x\cos\alpha - a\sin x\sin\alpha + b\sin x\cos\beta + b\cos x\sin\beta = c$$

$$(a\cos\alpha + b\sin\beta)\cos x - (a\sin\alpha - b\cos\beta)\sin x = c$$

Damit ist diese Aufgabe auf 18.1.4. I zurückgeführt.

BEISPIEL

$$2\cos(x+30°) - \sqrt{2}\sin(x-45°) = 2$$

Lösung

$$\left(2\cdot\frac{1}{2}\sqrt{3} + \sqrt{2}\,\frac{1}{2}\sqrt{2}\right)\cos x - \left(2\cdot\frac{1}{2} + \sqrt{2}\,\frac{1}{2}\sqrt{2}\right)\sin x = 2$$

$$\left(\sqrt{3}+1\right)\cos x - 2\sin x = 2$$

$$\tan\lambda = \frac{-2}{\sqrt{3}+1} = 0{,}7320508\ ; \qquad \lambda = 323{,}7940°\ ;$$

$$r = \sqrt{8+2\sqrt{3}} = 3{,}3858678$$

$$\cos(x - 323{,}7940°) = 0{,}5906905$$

$$x_1 - 323{,}7940° = -\ 53{,}7940° \qquad x_1 = 270{,}0000°$$

$$x_2 - 323{,}7940° = -306{,}2060° \qquad x_2 = 17{,}5880°$$

Allgemeine Lösung

$$x = \begin{cases} 17{,}5880° + n\cdot 360° \\ 270{,}0000° + n\cdot 360° \end{cases}$$

An diesem letzten Beispiel wollen wir das *graphische Verfahren* für die Lösung goniometrischer Gleichungen mit einer Unbekannten zeigen. Genauso wie bei gewöhnlichen Gleichungen mit einer Unbekannten bringen wir alle Glieder der Gleichung auf die eine Seite, so daß auf der anderen Seite Null steht, und machen aus der so erhaltenen Gleichung eine Funktion, indem wir die Null durch y ersetzen. Da die Nullstellen dieser Funktion die gesuchten Wurzeln der goniometrischen Gleichung darstellen, braucht man nur das Bild der Funktion zu zeichnen und an den Schnittpunkten der Kurve mit der x-Achse die Lösungen abzulesen.

Wir vereinfachen unsere Gleichung vorher durch Division mit 2 und erhalten folgende Funktion:

$$y = \cos(x+30°) - \frac{\sqrt{2}}{2}\sin(x-45°) - 1$$

Zum Zwecke der bequemen Zeichnung der Kurve zerlegen wir die Funktion in drei Teilfunktionen

$$y_1 = \cos(x+30°), \qquad y_2 = \frac{\sqrt{2}}{2}\sin(x-45°) \quad \text{und} \quad y_3 = 1,$$

deren Addition $y = y_1 - y_2 - y_3$ graphisch durchgeführt wird, indem die Summenkurve durch Überlagerung *(Superposition)* der Teilkurven konstruiert wird (Bild 476). Die Kurven der Funktionen $y_1 = \cos(x+30°)$ und $y_2' = \sin(x-45°)$ erhält man aus der Cosinus- bzw. Sinuskurve durch Parallelverschiebung um $-30°$ bzw. $+45°$, was am praktischsten mit Hilfe von Transparentpapier ausgeführt wird. Die eigentliche Teilfunktion $y_2 = \frac{\sqrt{2}}{2} \sin (x - 45°)$ wird punktweise durch Verkürzung der Ordinaten y_2' im Verhältnis $\frac{\sqrt{2}}{2}$ gezeichnet.

Die gesuchte Summenkurve y konstruiert man ebenfalls punktweise, indem die Ordinaten der Teilkurven mit dem Stechzirkel algebraisch addiert werden.

Wie man sieht, stimmen die graphisch gefundenen Lösungen mit den rechnerisch ermittelten überein. Ferner ist zu erkennen, daß die Summenkurve dieselbe Periode 360° hat wie die Grundkurven, die Sinus- und die Cosinuskurve.

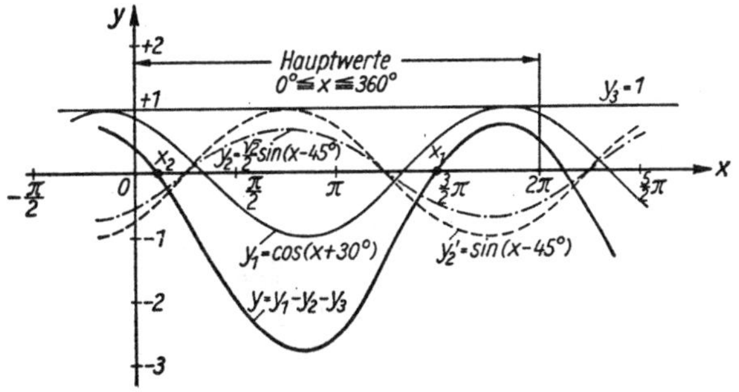

Bild 476

Da das graphische Verfahren die Wurzeln der Gleichung ungenau liefert, wird es nur in den Fällen angewandt, wo die rechnerischen Methoden versagen, wie z. B. bei Gleichungen höheren Grades. Gegebenenfalls kann man die Wurzeln mit den bekannten Näherungsverfahren verbessern (vgl. Band I, 17.2.).

18.2. Goniometrische Gleichungen mit zwei Unbekannten

18.2.1. Beide Gleichungen enthalten Winkelfunktionen der unbekannten Winkel

$$\text{I.} \quad \sin x + \sin y = -\frac{1}{2}\sqrt{6} \qquad \text{(I)}$$

$$\cos x - \cos y = -\frac{1}{2}\sqrt{2} \qquad \text{(II)}$$

Beide Gleichungen dividiert, ergibt:

$$\frac{\sin x + \sin y}{\cos x - \cos y} = \sqrt{3}$$

Hieraus folgt unter Berücksichtigung von (130) und (133) (s. 17.3.):

$$\frac{2 \sin \frac{x+y}{2} \cos \frac{x-y}{2}}{-2 \sin \frac{x+y}{2} \sin \frac{x-y}{2}} = \sqrt{3} \quad \text{oder} \quad \cot \frac{x-y}{2} = -\sqrt{3}$$

Somit: $\frac{x-y}{2} = -30° + n \cdot 180°$

Mithin wegen (104) (s. 17.1.):

$$\cos \frac{x-y}{2} = \cos(-30°) \cos(n \cdot 180) - \sin(-30°) \sin(n \cdot 180°)$$

Also für gerades n: $\cos \frac{x-y}{2} = +\frac{1}{2}\sqrt{3}$

für ungerades n: $\cos \frac{x-y}{2} = -\frac{1}{2}\sqrt{3}$

Hiermit folgt aus (I) und (130) (s. 17.3.):

$$2 \sin \frac{x+y}{2} \cos \frac{x-y}{2} = 2 \sin \frac{x+y}{2} \left(\pm \frac{1}{2} \sqrt{3}\right) = -\frac{1}{2} \sqrt{6}$$

Es folgt daher

1) n gerade ($n = 0, \pm 2, \pm 4, \ldots$): $\sin \frac{x+y}{2} = -\frac{1}{2} \sqrt{2}$;

$$\frac{x+y}{2} = 225^\circ + m\,360^\circ \quad \text{oder} \quad \frac{x+y}{2} = 315^\circ + m\,360^\circ$$

2) n ungerade ($n = \pm 1, \pm 3, \ldots$): $\sin \frac{x+y}{2} = +\frac{1}{2} \sqrt{2}$;

$$\frac{x+y}{2} = 45^\circ + m\,360^\circ \quad \text{oder} \quad \frac{x+y}{2} = 135^\circ + m\,360^\circ$$

Interessiert man sich nur für die Hauptwerte der Unbekannten x und y, so gilt $0^\circ \leqq x + y \leqq 720^\circ$, also kann nur $m = 0$ sein.

1) $n = 0$

a) $\frac{x+y}{2} = 225^\circ$ $\qquad$ $\underline{\underline{x_1 = 195^\circ}}$

$\frac{x-y}{2} = -30^\circ$ $\qquad$ $\underline{\underline{y_1 = 255^\circ}}$

b) $\frac{x+y}{2} = 315^\circ$ $\qquad$ $\underline{\underline{x_2 = 285^\circ}}$

$\frac{x-y}{2} = -30^\circ$ $\qquad$ $\underline{\underline{y_2 = 345^\circ}}$

Für $n = \pm 2, \pm 4, \ldots$ ergeben sich Werte für x und y, die nicht im Bereich der Hauptwerte liegen.

2) Für $n = \pm 1, \pm 3, \ldots$ gibt es keine weiteren Lösungen im Intervall $0^\circ \leqq x(y) \leqq 360^\circ$.

Allgemeine Lösung

$$\underline{\underline{x_1 = 195^\circ + n_1 \cdot 360^\circ;}} \qquad \underline{\underline{y_1 = 255^\circ + m_1 \cdot 360^\circ}}$$

$$\underline{\underline{x_2 = 285^\circ + n_2 \cdot 360^\circ;}} \qquad \underline{\underline{y_2 = 345^\circ + m_2 \cdot 360^\circ}}$$

n_1, m_1, n_2, m_2 können unabhängig voneinander die Zahlenfolge $0, \pm 1, \pm 2, \ldots$ durchlaufen, x_1 und y_1 sowie x_2 und y_2 bilden dabei zwei zusammengehörige Winkel.

Probe für x_1 und y_1:

(I) $\qquad \sin 195^\circ + \sin 255^\circ = -1{,}22475$

$$-0{,}25882 - 0{,}96593 = -1{,}22475$$

$$-1{,}22475 = -1{,}22475$$

(II) $\cos 195° - \cos 255° = -0{,}70711$

$-0{,}96593 + 0{,}25882 = -0{,}70711$

$-0{,}70711 = -0{,}70711$

Probe für x_2 und y_2:

(I) $\sin 285° + \sin 345° = -1{,}22475$

$-0{,}96593 - 0{,}25882 = -1{,}22475$

$-1{,}22475 = -1{,}22475$

(II) $\cos 285° - \cos 345° = -0{,}70711$

$0{,}25882 - 0{,}96593 = -0{,}70711$

$-0{,}70711 = -0{,}70711$

II. $\mathbf{2 \sin x - 6 \sin y = -\sqrt{6}}$ **(I)**

$\mathbf{\sin x + 3 \cos y = \sqrt{6}}$ **(II)**

Wir eliminieren $\sin x$, indem wir Gleichung (II) mit 2 multiplizieren und (I) von (II) subtrahieren:

$$2 \sin x - 6 \sin y = -\sqrt{6} \quad \Big| \; -$$
$$2 \sin x + 6 \cos y = 2\sqrt{6} \quad \Big| \; +$$
$$\overline{6 \cos y + 6 \sin y = 3\sqrt{6}}$$
$$\cos y + \sin y = \frac{1}{2}\sqrt{6}$$

Wir rechnen nun nach 18.1.4., I, 2. Lösung weiter:

$$\tan \lambda = 1, \; \lambda = 45° \quad r = \sqrt{2}, \cos(y - 45°) = \frac{1}{2}\sqrt{3}$$

$$y_1 - 45° = -30° \qquad \underline{\underline{y_1 = 15°}}$$

$$y_2 - 45° = 30° \qquad [y_2 = 75°]$$

In (II) eingesetzt:

$$\sin x_1 = \sqrt{6} - 3 \cos 15° = 2{,}4494897 - 2{,}8977774 = -0{,}4482877$$

$$\underline{\underline{x_1 = 206{,}6339°}} \qquad \underline{\underline{x_1' = 333{,}3661°}}$$

$$\sin x_2 = \sqrt{6} - 3 \cos 75° = 2{,}4494897 - 0{,}7764570 = +1{,}6730327$$

goniometrisch nicht brauchbar!

Probe in (I):

$2 \sin x_1 - 6 \sin y_1 = -\sqrt{6}$

$-0{,}89658 - 1{,}55291 = -2{,}44949$

$-2{,}44949 = -2{,}44949$

Es sind also die Werte x_1 und x_1' und der zu ihnen gehörige Wert y_1 die gesuchten Hauptwerte, die das Gleichungssystem erfüllen, wie die Probe zeigt.

Allgemeine Lösung

$$x = \begin{cases} 206{,}6339^\circ + n \cdot 360^\circ \\ 333{,}3661^\circ + n \cdot 360^\circ \end{cases} \qquad y = 15^\circ + n \cdot 360^\circ$$

18.2.2. Eine Gleichung enthält eine Beziehung zwischen den unbekannten Winkeln selbst

I. $\cos x + \sin y = -1$ **(I)**

$x + y = 450^\circ$ **(II)**

Mit (138) (s. 17.3.) wird aus (I):

$$2 \sin\left(45^\circ - \frac{x-y}{2}\right) \cos\left(45^\circ - \frac{x+y}{2}\right) = -1$$

(II) eingesetzt, ergibt:

$$\sin\left(45^\circ - \frac{x-y}{2}\right) = \frac{1}{2}$$

a) $45^\circ - \dfrac{x-y}{2} = 30^\circ + n\,360^\circ\,; \qquad \dfrac{x-y}{2} = 15^\circ - n\,360^\circ$

b) $45 - \dfrac{x-y}{2} = 150^\circ + n\,360^\circ\,; \qquad \dfrac{x-y}{2} = -105^\circ - n\,360^\circ$

1) $n = 0$

a) $\dfrac{x+y}{2} = 225^\circ \qquad x_1 = 240^\circ$

$\dfrac{x-y}{2} = 15^\circ \qquad y_1 = 210^\circ$

b) $\dfrac{x+y}{2} = 225^\circ \qquad x_2 = 120^\circ$

$\dfrac{x-y}{2} = -105^\circ \qquad y_2 = 330^\circ$

2) Für $n = \pm 1, \pm 2, \pm 3, \ldots$ erhält man keine weiteren Hauptwerte als Lösungen der Unbekannten x und y.

Allgemeine Lösung

$$\left.\begin{array}{l} x_1 = 240^\circ - n \cdot 360^\circ \\ y_1 = 210^\circ + n \cdot 360^\circ \\ x_2 = 120^\circ - m \cdot 360^\circ \\ y_2 = 330^\circ + m \cdot 360^\circ \end{array}\right\}$$

Hierbei sind jeweils für n in x_1 und y_1 sowie für m in x_2 und y_2 dieselben Glieder der Folge 0, $\pm 1, \pm 2, \ldots$ zu setzen.

Graphische Lösung

Um die beiden goniometrischen Gleichungen graphisch zu lösen, sind die Bilder der beiden Funktionsgleichungen (I) und (II) zu zeichnen. Dort, wo beide Kurven einander schneiden, liegen die Lösungen der Gleichungen.

Für die graphische Darstellung der Funktion (I)

$$\sin y = -\cos x - 1 \quad \text{bzw.}$$

$$y = \arcsin(-\cos x - 1), \quad \text{d. h. genauer}$$

$$y = \begin{cases} \arcsin(-\cos x - 1) + n \cdot 2\pi \\ -\arcsin(-\cos x - 1) + (2n + 1)\pi \end{cases} \quad \text{mit } n = 0, \pm 1, \pm 2, \dots$$

(siehe 20.)

wird am besten eine Wertetabelle aufgestellt:

x	$-\cos x$	$\sin y$	y	
$+ n2\pi = + n360°$			$+ n2\pi = + n\,360°$	$+ n2\pi = + n360°$
$\frac{\pi}{2} = 90°$	0	-1	$\frac{3}{2}\pi = 270°$	$\frac{3}{2}\pi = 270°$
$\frac{7}{12}\pi = 105°$	$+0{,}25882$	$-0{,}74118$	$3{,}97643 = 227{,}83°$	$5{,}44834 = 312{,}17°$
$\frac{2}{3}\pi = 120°$	$+0{,}50000$	$-0{,}50000$	$\frac{7}{6}\pi = 210°$	$\frac{11}{6}\pi = 330°$
$\frac{3}{4}\pi = 135°$	$+0{,}70711$	$-0{,}29289$	$3{,}43888 = 197{,}03°$	$5{,}98590 = 342{,}97°$
$\frac{5}{6}\pi = 150°$	$+0{,}86603$	$-0{,}13397$	$3{,}27598 = 187{,}70°$	$6{,}14880 = 352{,}30°$
$\frac{11}{12}\pi = 165°$	$+0{,}96593$	$-0{,}03407$	$3{,}17562 = 181{,}95°$	$6{,}24915 = 358{,}05°$
$\pi = 180°$	$+1$	0	$\pi = 180°$	$2\pi = 360°$
$\frac{13}{12}\pi = 195°$	$+0{,}96593$	$-0{,}03407$	$3{,}17562 = 181{,}95°$	$6{,}24915 = 358{,}05°$
$\frac{7}{6}\pi = 210°$	$+0{,}86603$	$-0{,}13397$	$3{,}27598 = 187{,}70°$	$6{,}14880 = 352{,}30°$
$\frac{5}{4}\pi = 225°$	$+0{,}70711$	$-0{,}29289$	$3{,}43888 = 197{,}03°$	$5{,}98590 = 342{,}97°$
$\frac{4}{3}\pi = 240°$	$+0{,}50000$	$-0{,}50000$	$\frac{7}{6}\pi = 210°$	$\frac{11}{6}\pi = 330°$
$\frac{17}{12}\pi = 255°$	$+0{,}25882$	$-0{,}74118$	$3{,}97643 = 227{,}83°$	$5{,}44834 = 312{,}17°$
$\frac{3}{2}\pi = 270°$	0	-1	$\frac{3}{2}\pi = 270°$	$\frac{3}{2}\pi = 270°$

In der Tabelle ist $n = 0, \pm 1, \pm 2, \pm 3, \dots$.

Da $-1 \leqq \sin y \leqq +1$ gilt, gibt es zu den Winkeln x im Intervall

$$-\frac{\pi}{2} + n2\pi < x < +\frac{\pi}{2} + n2\pi,$$

für die also $\cos x > 0$ ist, keine y-Werte.

Als Bild der Funktion (I) erhält man unbegrenzt viele kongruente, kreisähnliche, geschlossene Kurven, die jeweils in einem Quadrat mit der Seitenlänge π verlaufen und deren Mittelpunkte in beiden Richtungen den Abstand 2π voneinander haben (Bild 477).

Das Bild der Funktion (II) $y = -x + \frac{5}{2}\pi$ ist eine unter 45° fallende Gerade, die bei $+\frac{5}{2}\pi$ die y-Achse schneidet. Im Bereich der Hauptwerte schneiden sich die Bilder beider Funktionen zweimal, nämlich bei $x_1 = 240°$, $y_1 = 210°$ und $x_2 = 120°$, $y_2 = 330°$, so wie es auch die Rechnung ergeben hat.

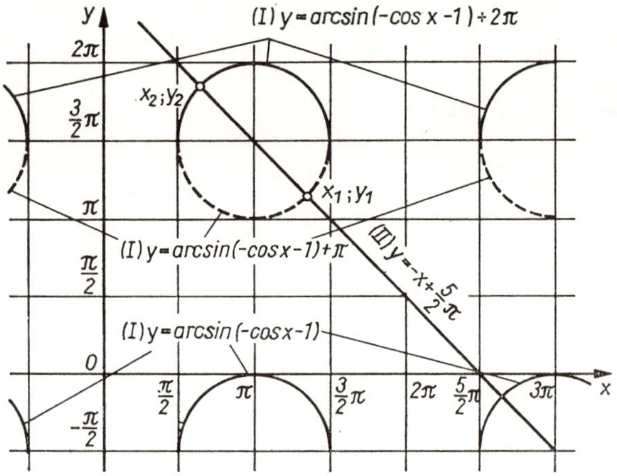

Bild 477

II. $\dfrac{\sin x}{\sin y} = 2$ **(I)**

$x + y = 480°$ **(II)**

1. Lösung

Durch korrespondierende Addition und Subtraktion ergibt sich aus (I):

$$\frac{\sin x + \sin y}{\sin x - \sin y} = \frac{2+1}{2-1} = 3$$

Wegen (130) und (131) (s. 17.3.) folgt:

$$\frac{2 \sin \frac{x+y}{2} \cos \frac{x-y}{2}}{2 \cos \frac{x+y}{2} \sin \frac{x-y}{2}} = 3 \quad \text{oder}$$

$$\tan \frac{x-y}{2} = \frac{1}{3} \tan \frac{x+y}{2}$$

(II) eingesetzt:

$$\tan \frac{x-y}{2} = \frac{1}{3}\sqrt{3}\,; \qquad \frac{x-y}{2} = 30° + n \cdot 180°$$

1) $n = 0$

$$\frac{x+y}{2} = 240° \qquad \underline{\underline{x = 270°}}$$

$$\frac{x-y}{2} = 30° \qquad \underline{\underline{y = 210°}}$$

2) $n = \pm 1, \pm 2, \ldots$ liefert keine weiteren Hauptwerte.

Allgemeine Lösung

$$\underline{\underline{x = 270^\circ + n \cdot 180^\circ}}$$

$$\underline{\underline{y = 210^\circ - n \cdot 180^\circ}}$$

In x und y sind für n jeweils dieselben Glieder der Folge $0, \pm 1, \pm 2, \ldots$ zu setzen.

2. Lösung

(II) in (I) eingesetzt ergibt:

$$\frac{\sin x}{\sin(480^\circ - x)} = 2$$

oder

$$\sin x - 2 \sin [-(x - 480^\circ)] = 0$$

$$\sin x + 2 \sin (x - 120^\circ) = 0$$

Hieraus folgt nach 18.1.3., I, wobei $a = 1, b = 2, \alpha = 0^\circ, \beta = -120^\circ$ zu setzen ist:

$$\tan(x - 60^\circ) = \frac{2 - 1}{2 + 1} \tan 60^\circ = \frac{1}{3}\sqrt{3}$$

$$x - 60^\circ = 30^\circ + m \cdot 180^\circ \quad \text{oder} \quad x = 90^\circ + m \cdot 180^\circ$$

Hieraus mit (II): $\qquad y = 390^\circ - m \cdot 180^\circ$

Setzt man $m = n + 1$, was gewiß gestattet ist, so findet man als allgemeine Lösung

$$x = 270^\circ + n \cdot 180^\circ$$

$$y = 210^\circ - n \cdot 180^\circ,$$

was mit der 1. Lösung übereinstimmt.

Die Zurückführung zweier goniometrischer Gleichungen mit zwei Unbekannten des Typs aus 18.2.2. auf eine Gleichung mit einer Unbekannten, wie es in dieser 2. Lösung geschehen ist, kann auch auf 18.2.2., I, angewendet werden. Dieser Lösungsweg ist besonders dann vorteilhaft, wenn bei den Funktionen der Gleichung (I) Koeffizienten auftreten, die von 1 verschieden sind (vgl. Aufgabe 515e).

Zu 18. sei *zusammenfassend* bemerkt, daß für die durchgerechneten Beispiele außer den angegebenen Lösungswegen noch andere möglich sind. Im allgemeinen haben wir den einfachsten Weg eingeschlagen. Zurückblickend erkennt man, daß es für die Auflösung goniometrischer Gleichungen keine allgemeingültige Regel gibt. So verschieden, wie die Gleichungen beschaffen sein können, sind auch ihre Lösungen. Folgendes ist jedoch grundsätzlich zu beachten:

1. Ziel der goniometrischen Umformungen ist stets,

   a) daß nur noch eine der vier Winkelfunktionen auftritt und

   b) daß diese Funktion lediglich mit ein und demselben Argument erscheint.

2. Wegen der Periodizität der Winkelfunktionen haben goniometrische Gleichungen unendlich viele Lösungen. Oft genügt die Angabe der in einem bestimmten Intervall liegenden Lösungen, wie z. B. der Hauptwerte, für die $0° \leqq x \leqq 360°$ gilt.
3. Tritt eine goniometrisch nicht mögliche Lösung auf (z. B. $\cos x = 1{,}5$), so ist sie auszuscheiden.
4. Die Rechnung ist möglichst bei jeder Aufgabe durch eine Probe zu sichern. Hat man im Verlaufe der Rechnung quadrieren müssen, so ist die Probe unerläßlich (siehe Wurzelgleichungen), um alle diejenigen Lösungswerte ausschließen zu können, die die Ausgangsgleichung nicht erfüllen.
5. Man beachte, daß durch eine Unbekannte nur dann dividiert werden darf, wenn sie nicht Null werden kann.

AUFGABEN

513. Welche Winkel x befriedigen folgende Gleichungen? Es sind die allgemeine Lösung und die Hauptwerte anzugeben.

a) $\sin x = -\frac{1}{2}\sqrt{2-\sqrt{3}}$ b) $\cos x = \frac{1}{4}(\sqrt{5}+1)$

c) $\tan x = -\sqrt{2}+1$ d) $\cot x = -\sqrt{3}$

e) $\sin x = \frac{1}{2}\sqrt{3}$ f) $\cos x = -\frac{1}{2}\sqrt{2}$

g) $\tan x = 1$ h) $\cot x = 0$

i) $\sin x = -0{,}40674$ j) $\cos x = 0{,}96440$

k) $\tan x = 1{,}15037$ l) $\cot x = -1{,}32704$

m) $\sin x = \pm 0{,}17365$ n) $\cos x = \pm 0{,}82904$

o) $\tan x = \pm 4{,}33148$ p) $\cot x = \pm 0{,}42105$

514. Wie lauten die Lösungen der folgenden goniometrischen Gleichungen mit einer Unbekannten? Es sind die Hauptwerte und die allgemeine Lösung zu bestimmen.

a) $\tan^2 x + 2\tan x = 1$
b) $\cos(x + 11{,}5°) = 2\cos(x - 48{,}5°)$
c) $\cot x = \sqrt{2}\sin x$
d) $\sin x = \frac{1}{\sqrt{3}}\cos x$
e) $\sin 5x - \sin x = 0$
f) $\cos^2 x - 4\sin x + 5\sin^2 x = 0$
g) $\sin x - \cos x = 1$
h) $\cos x + \cos(x + 60°) - \frac{3}{2} = 0$
i) $\sin(x - 30°)\cos x = \frac{1}{4}$
k) $3\sin 2x = -2\cos 3x$

515. Man löse folgende goniometrische Gleichungen mit zwei Unbekannten. Gesucht sind die allgemeine Lösung und die Hauptwerte.

a) $\sin x - \sin y = 1$

$\cos x + \cos y = \sqrt{3}$

b) $\tan x + \tan y = \sqrt{2}$

$\cot x + \cot y = \sqrt{2} - 2$

c) $\sin x - \sin y = \frac{3}{2}$

$\cos x - \cos y = -\frac{1}{2}\sqrt{3}$

d) $\frac{\cos x}{\cos y} = \sqrt{2} - 1$

$x - y = 90°$

e) $(3 - 2\sqrt{3}) \sin x + \sqrt{3} \cos y = \frac{3}{2}$

$x + y = 30°$

19. Berechnung des schiefwinkligen Dreiecks

In diesem Kapitel werden wir die Sätze und Verfahren für die Berechnung von Winkeln, Seiten und anderen Stücken des allgemeinen Dreiecks kennenlernen. Mit der Verallgemeinerung des Winkelfunktionsbegriffes auf beliebige Winkel und mit den Additionstheoremen und ihren Folgerungen haben wir die hierzu nötige Grundlage erhalten.

Da man ein beliebiges Dreieck durch eine Höhe in zwei rechtwinklige Dreiecke zerlegen kann, wäre es auch ohne neue Lehrsätze möglich, die restlichen drei Stücke des Dreiecks aus drei vorgegebenen zu berechnen. Man hat dabei lediglich nach den in 15. gegebenen Richtlinien zu verfahren. Allerdings wäre es sehr zeitraubend, unbequem und außerdem unwirtschaftlich, eine solche Zerlegung in jedem einzelnen, jedesmal anders gearteten Fall vorzunehmen. Die Entwicklung der folgenden Sätze, die die Beziehungen im beliebigen Dreieck unmittelbar herstellen, lohnt daher unbedingt.

19.1. Sinussatz

In $\triangle ABC$ wird die Höhe h_c auf der Seite c eingezeichnet (Bild 478). Dann ergibt sich:

$$\sin \alpha = \frac{h_c}{b} \quad \text{und} \quad \sin \beta = \frac{h_c}{a}$$

Werden diese beiden Gleichungen nach h_c aufgelöst und gleichgesetzt, so ergibt sich:

$$h_c = a \sin \beta = b \sin \alpha \qquad \text{(I)}$$

Ist einer der beiden Winkel stumpf, dann gilt dieselbe Beziehung. Denn ist $\alpha > 90°$ (Bild 479), so folgt erstens ebenfalls $\sin\beta = \frac{h_c}{a}$ und ferner $\sin(180° - \alpha) = \frac{h_c}{b}$ oder wegen (101) (s. 16.5.2.) wiederum $\sin\alpha = \frac{h_c}{b}$.

In derselben Weise findet man die beiden anderen Höhen:

$$h_a = b \sin\gamma = c \sin\beta \tag{II}$$

$$h_b = c \sin\alpha = a \sin\gamma \tag{III}$$

h_a und h_b ergeben sich aus h_c durch *zyklische Vertauschung*[1]. Hierunter versteht man eine Vertauschung sämtlicher Stücke der Formel mit ihren entsprechenden linken (oder rechten) Nachbarn am Dreieck (Bild 480). Aus h_c folgt daher h_a, indem in (I) a durch b, β durch γ, b durch c und α durch β ersetzt wird. Entsprechend ergibt sich h_b aus h_a. Dieses Verfahren wird im folgenden wiederholt angewendet.

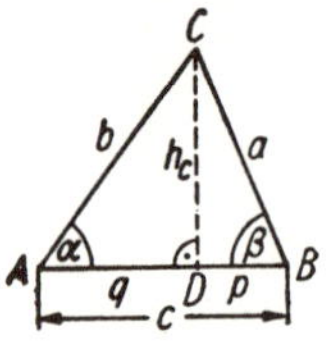

Bild 478

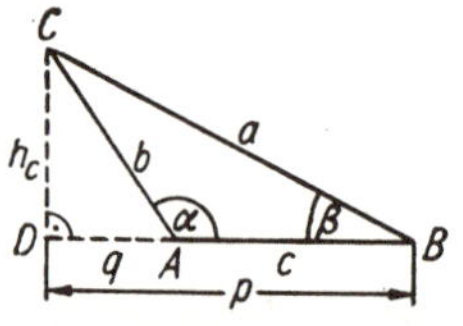

Bild 479

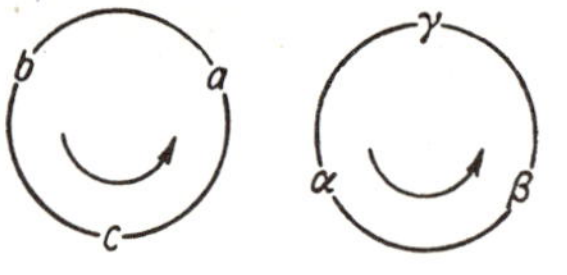

Bild 480

Die rechten Seiten von (I), (II) und (III) lassen sich als Proportionen schreiben:

$$\left.\begin{aligned} a:\sin\alpha &= b:\sin\beta \\ b:\sin\beta &= c:\sin\gamma \\ c:\sin\gamma &= a:\sin\alpha \end{aligned}\right\} \tag{IV}$$

oder

$$\left.\begin{aligned} a:b &= \sin\alpha:\sin\beta \\ b:c &= \sin\beta:\sin\gamma \\ c:a &= \sin\gamma:\sin\alpha \end{aligned}\right\} \tag{V}$$

Hieraus folgt unmittelbar:

$$\frac{a}{\sin\alpha} = \frac{b}{\sin\beta} = \frac{c}{\sin\gamma} \tag{142a}$$

oder

$$\boxed{a:b:c = \sin\alpha:\sin\beta:\sin\gamma} \tag{142}$$

Dieser **Sinussatz** der ebenen Trigonometrie lautet in Worten:

Die Seiten eines Dreiecks verhalten sich zueinander wie die Sinus der gegenüberliegenden Winkel.

---

[1] kyklos (griech.) Kreis

Die fortlaufende Proportion (142) ergab sich aus den drei viergliedrigen Proportionen (V), in die man (142) bei Anwendung des Sinussatzes wieder zerlegen muß. Sie besagen, daß man mit dem Sinussatz aus drei gegebenen Stücken des Dreiecks ein viertes berechnen kann. Allerdings müssen eine Seite und ihr gegenüberliegender Winkel zu den gegebenen Stücken gehören.

19.2. Cosinussatz

Die durch den Fußpunkt D der Höhe h_c des Dreiecks ABC (Bilder 478 und 479) gebildeten Abschnitte der Grundlinie c sollen $\overline{AD} = q$ und $\overline{DB} = p$ heißen. Nach dem pythagoreischen Lehrsatz ergibt sich dann

$$a^2 = h_c^2 + p^2 \quad \text{und} \quad h_c^2 = b^2 - q^2$$

Somit: $a^2 = b^2 - q^2 + p^2$

Hieraus folgt für

	$\alpha < 90°$ (Bild 478)	$\alpha > 90°$ (Bild 479)
wegen	$p = c - q$:	$p = c + q$:
	$a^2 = b^2 - q^2 + c^2 - 2cq + q^2$	$a^2 = b^2 - q^2 + c^2 + 2cq + q^2$
oder:	$a^2 = b^2 + c^2 - 2cq$	$a^2 = b^2 + c^2 + 2cq$

Im $\triangle ABC$ gilt:

	$\cos\alpha = \frac{q}{b}$	$\cos(180° - \alpha) = \frac{q}{b}$
		$-\cos\alpha = \frac{q}{b}$
Also:	$q = b\cos\alpha$	$q = -b\cos\alpha$

Oben eingesetzt:

$$a^2 = b^2 + c^2 - 2bc\cos\alpha$$

Wie man sieht, gilt die erhaltene Formel sowohl für spitze als auch für stumpfe Winkel. Zusammengefaßt mit den beiden anderen Formeln, die sich durch zyklische Vertauschung ergeben, erhält man den

Cosinussatz der ebenen Trigonometrie:

$$\boxed{\begin{aligned} a^2 &= b^2 + c^2 - 2bc\cos\alpha \\ b^2 &= c^2 + a^2 - 2ca\cos\beta \\ c^2 &= a^2 + b^2 - 2ab\cos\gamma \end{aligned}} \qquad (143\,\text{a})$$

Bemerkung: In (143a) wird der dritte Summand *positiv*, wenn der Winkel *stumpf* ist.

Aus (143a) findet man durch entsprechende Auflösung der drei Gleichungen die zweite Form des Cosinussatzes:

$$\cos\alpha = \frac{b^2 + c^2 - a^2}{2\,b\,c}$$
$$\cos\beta = \frac{c^2 + a^2 - b^2}{2\,c\,a} \tag{143b}$$
$$\cos\gamma = \frac{a^2 + b^2 - c^2}{2\,a\,b}$$

Auch der Cosinussatz gestattet die Berechnung eines vierten Stückes aus drei gegebenen (vgl. 19.3.2.2. und 19.3.3.).

19.3. Lösung der Grundaufgaben für Seiten und Winkel mit dem Sinus- und Cosinussatz

Im folgenden wollen wir unter den gegebenen und den gesuchten Stücken zunächst nur die Seiten und Winkel des Dreiecks verstehen. In 19.7. sollen dann auch andere Größen des Dreiecks in die Rechnung einbezogen werden.
Uns ist aus der Planimetrie bekannt, daß ein schiefwinkliges Dreieck durch drei voneinander unabhängige Stücke bestimmt ist. Da die drei Winkel des Dreiecks die Summe 180° haben, sie also nicht unabhängig voneinander sind, muß unter den gegebenen Stücken stets mindestens eine Seite sein. Somit unterscheiden wir 3 Hauptfälle:

1. Gegeben 1 Seite, 2 Winkel
2. Gegeben 2 Seiten, 1 Winkel
3. Gegeben 3 Seiten

Der 1. und 2. Fall haben jeweils 2 Unterfälle:

1. a) Gegeben eine Seite und die beiden anliegenden Winkel (WSW)
   b) Gegeben eine Seite, ein anliegender Winkel und der gegenüberliegende Winkel (SWW)
2. a) Gegeben zwei Seiten und der der einen Seite gegenüberliegende Winkel (SSW)
   b) Gegeben zwei Seiten und der von ihnen eingeschlossene Winkel (SWS)

Der Fall 3 soll durch SSS abgekürzt werden.

19.3.1. Eine Seite und zwei Winkel sind gegeben

Mit den beiden gegebenen Winkeln ist auch der dritte Winkel bestimmt. Daher stehen für die Dreiecksberechnung stets eine Seite und der ihr gegenüberliegende Winkel zur Verfügung, ganz gleich, welche Seite gegeben sein mag. Die Auflösung erfolgt also in beiden Fällen WSW und SWW mit dem Sinussatz.

19.3.1.1. Fall WSW

BEISPIEL

Gegeben seien $\alpha = 22{,}6200°$, $\beta = 30{,}5103°$, $c = 52{,}000$ m.

Lösung (Rechner)

Bedingung für die Lösbarkeit: $\alpha + \beta < 180°$.

Die Lösung ist stets eindeutig.

$$\gamma = 180° - (\alpha + \beta) \qquad \alpha + \beta = 53{,}1303°$$

$$b = \frac{c \sin \beta}{\sin \gamma} = \frac{c \sin \beta}{\sin (\alpha + \beta)} \qquad b = \frac{52 \cdot 0{,}5076929}{0{,}8000018} = 32{,}99996$$

$$a = \frac{c \sin \alpha}{\sin \gamma} = \frac{c \sin \alpha}{\sin (\alpha + \beta)} \qquad a = \frac{52 \cdot 0{,}3846176}{0{,}8000018} = 25{,}00009$$

$\gamma = 126{,}8697°$

$b = 33{,}000$ m

$a = 25{,}000$ m

19.3.1.2. Fall SWW

BEISPIEL

Gegeben seien $\alpha = 14{,}2500°$, $\gamma = 143{,}1300°$, $c = 39{,}120$ m.

Lösung (Rechner)

Bedingung für die Lösbarkeit: $\alpha + \gamma < 180°$.

Die Lösung ist stets eindeutig.

$$\beta = 180° - (\alpha + \gamma) \qquad \alpha + \gamma = 157{,}3800°$$

$$a = \frac{c \sin \alpha}{\sin \gamma} \qquad a = \frac{39{,}12 \cdot 0{,}2461533}{0{,}6000015} = 16{,}04915$$

$$b = \frac{c \sin \beta}{\sin \gamma} = \frac{c \sin (\alpha + \gamma)}{\sin \gamma} \qquad b = \frac{39{,}12 \cdot 0{,}3846176}{0{,}6000015} = 25{,}07700$$

$\beta = 22{,}6200°$

$a = 16{,}049$ m

$b = 25{,}077$ m

19.3.2. Zwei Seiten und ein Winkel sind gegeben

Im Fall SSW befinden sich unter den gegebenen Stücken eine Seite und der ihr gegenüberliegende Winkel, so daß der Sinussatz auch hier angewendet werden kann, während der Fall SWS für die Auflösung den Cosinussatz verlangt.

19.3.2.1. Fall SSW (doppeldeutiger Fall)

In 5.3.2. haben wir erkannt, daß Dreiecke u. a. dann kongruent sind, wenn sie in zwei Seiten und dem der größeren Seite gegenüberliegenden Winkel übereinstimmen. Hieraus ergibt sich, daß zwei Dreiecke, in denen zwei Seiten und der der kleineren Seite gegenüberliegende Winkel gleich sind, nicht kongruent zu sein brauchen. Somit kann man folgern:

Sind von einem Dreieck zwei Seiten und der der kleineren Seite gegenüberliegende Winkel gegeben, so kann die Berechnung zwei Dreiecke ergeben. Und zwar ist der Fall SSW die einzige Grundaufgabe, die zwei Lösungen haben kann. Daher heißt SSW der doppeldeutige Fall (casus ambiguus)[1]. Unter Umständen hat er auch überhaupt keine Lösung. Im folgenden wollen wir untersuchen, welche Fälle im einzelnen eintreten können.

Es seien gegeben: a, b, α

Mit (142) ergibt sich:

$$\sin\beta = \frac{b \sin\alpha}{a} \qquad \text{(I)}$$

Notwendige Bedingung für die Lösbarkeit: $\alpha < 180°$

$$\gamma = 180° - (\alpha + \beta) \qquad \text{(II)}$$

$$c = \frac{a \sin\gamma}{\sin\alpha} = \frac{a \sin(\alpha + \beta)}{\sin\alpha} \qquad \text{(III)}$$

I) Es sei $a > b$, d. h., der Winkel gegenüber der größeren Seite ist gegeben. Da der größeren Seite der größere Winkel gegenüberliegen muß, folgt $\beta < \alpha$. β ist also stets spitz, ganz gleich, ob α spitz oder stumpf ist. Die Lösung ist *eindeutig* und ergibt sich aus (I), (II) und (III).

II) Es sei $a = b$.

Wir erhalten *eine Lösung* (denn mit $a = b$ muß auch $\alpha = \beta$ sein), und zwar ein gleichschenkliges Dreieck als Sonderfall.

Es ist dann: $\beta = \alpha$

Aus (II): $\gamma = 180° - 2\alpha$

Aus (III): $c = \dfrac{a \sin 2\alpha}{\sin\alpha} = 2a\cos\alpha$

III) Es sei $a < b$, d. h., der Winkel gegenüber der kleineren Seite ist gegeben. Es muß $\alpha < \beta$ sein.

1) $a > b \sin\alpha$

a) $\alpha < 90°$

Es sind *zwei Lösungen* möglich; denn wegen $a < b$ muß $\beta > \alpha$ sein, d. h., β kann spitz oder stumpf sein.

Sind β_1 und β_2 die beiden aus (I) bestimmten Winkel, so ergibt sich aus (II) und (III):

---

[1]) casus (lat.) Fall; ambiguus (lat.) zwei- oder vieldeutig

$$\left.\begin{array}{ll} \gamma_1 = 180 - (\alpha + \beta_1) & \gamma_2 = 180 - (\alpha + \beta_2) \\ c_1 = \dfrac{a \sin(\alpha + \beta_1)}{\sin \alpha} & c_2 = \dfrac{a \sin(\alpha + \beta_2)}{\sin \alpha} \end{array}\right\} \quad \text{(IV)}$$

$$\left.\begin{array}{l} \beta_1 = \bar{\beta} \text{ sei der spitze Winkel. Dann folgt} \\ \beta_2 = 180° - \bar{\beta} \text{ wegen } \sin(180° - \bar{\beta}) = \sin \bar{\beta} \\ \text{und } \alpha + \beta_2 = \alpha + 180° - \bar{\beta} = 180° - (\bar{\beta} - \alpha) \end{array}\right\} \quad \text{(V)}$$

Somit lassen sich die Lösungen c_1 und c_2 zusammengefaßt schreiben:

$$c_{1,2} = \frac{a \sin(\bar{\beta} \pm \alpha)}{\sin \alpha} \quad \text{(VI)}$$

b) $\alpha > 90°$

Es ist *keine Lösung* möglich, da $\alpha < \beta$ sein muß.

2) $a = b \sin \alpha$

Wir erhalten *eine Lösung*. Aus (I) folgt $\sin \beta = 1$, d. h., $\beta = 90°$. Es ergibt sich ein rechtwinkliges Dreieck (mit b als Hypotenuse) als Sonderfall.

3) $a < b \sin \alpha$

Wir erhalten *keine Lösung*, da $\sin \beta > 1$ wird, was nicht möglich ist.

Dieselbe Determination ergibt sich geometrisch.

Zu Fall III, 1a wollen wir ein Zahlenbeispiel rechnen.

BEISPIEL

Gegeben seien $a = 195$ m, $b = 280$ m, $\alpha = 36{,}9°$.

Lösung (Rechenstab)

Die Lösung folgt aus den Gleichungen (I), (IV), (V) und (VI):

$$\sin \beta = \frac{280 \cdot 0{,}602}{195} = 0{,}864$$

$$\bar{\beta} = 59{,}8° \qquad c_1 = \frac{195 \cdot 0{,}993}{0{,}602} = 322$$

$$\bar{\beta} + \alpha = 96{,}7° \qquad \bar{\beta} - \alpha = 22{,}9° \qquad c_2 = \frac{195 \cdot 0{,}391}{0{,}602} = 127$$

$$\underline{\underline{\beta_1 = 59{,}8°}} \qquad \underline{\underline{\gamma_1 = 83{,}3°}} \qquad \underline{\underline{c_1 = 322 \text{ m}}}$$

$$\underline{\underline{\beta_2 = 120{,}2°}} \qquad \underline{\underline{\gamma_2 = 22{,}9°}} \qquad \underline{\underline{c_2 = 127 \text{ m}}}$$

19.3.2.2. Fall SWS

BEISPIEL

Gegeben seien $a = 14{,}300$ m, $b = 26{,}000$ m, $\gamma = 82{,}1097°$

Lösung (Rechner)

Bedingung für die Lösbarkeit: $\gamma < 180°$.

Die Lösung ist stets eindeutig.

Aus (143a) und (142):

$$c = \sqrt{a^2 + b^2 - 2ab\cos\gamma} \qquad c = \sqrt{204{,}49 + 676 - 102{,}0791} = 27{,}90002$$

$$\sin\alpha = \frac{a\sin\gamma}{c} \qquad \sin\alpha = \frac{14{,}3 \cdot 0{,}9905327}{27{,}90002} = 0{,}5076920$$

$$\sin\beta = \frac{b\sin\gamma}{c} \qquad \sin\beta = \frac{26{,}0 \cdot 0{,}9905327}{27{,}90002} = 0{,}9230763$$

Probe: $\alpha + \beta + \gamma = 180°$

$c = 27{,}900$ m

$\alpha = 30{,}5103°$

$\beta = 67{,}3800°$

$\gamma = 82{,}1097°$

$\sum$ 180,0000°

Anmerkung: Ist der gegebene Winkel (γ) spitz, so hat man bei der Berechnung des zweiten und dritten Winkels (α und β) stets den *der kleinsten* (a) *oder mittleren Seite gegenüberliegenden Winkel* (α) zuerst zu bestimmen, da dieser in jedem Fall spitz sein muß. Verfährt man in dieser Weise, so kann die Doppeldeutigkeit des aus der Sinusfunktion bestimmten Winkels von vornherein unberücksichtigt bleiben. Man erspart sich dadurch die Untersuchung, welcher von beiden Winkeln der richtige ist; denn es gibt für diese Aufgabe nur eine Lösung. Der Quadrant des dritten Winkels ergibt sich aus der Winkelsumme.

Ist der gegebene Winkel stumpf, so erübrigt sich diese Überlegung, da dann die anderen beiden Winkel spitz sein müssen.

Eine zweite Lösung dieses Falls SWS ist in 19.8.1. angegeben.

19.3.3. Drei Seiten sind gegeben (Fall SSS)

Da man für die Berechnung aller gesuchten Stücke möglichst nur die gegebenen verwenden soll (vgl. 15.1.), müßte man im Fall SSS sämtliche drei Winkel mit dem Cosinussatz (143b) bestimmen.

Deshalb ermitteln wir besser nur den ersten Winkel mit diesem Satz und bestimmen die anderen beiden aus dem Sinussatz. Hierbei ist zu beachten, daß man den Winkel aus der Cosinusfunktion in den ersten beiden Quadranten stets eindeutig erhält. Daher berechnen wir *zuerst den der größten Seite gegenüberliegenden Winkel mit dem Cosinussatz.* Die anderen beiden Winkel müssen dann unbedingt spitz sein, so daß wir durch diese Reihenfolge der Winkelbestimmung wiederum die Zweideutigkeit des aus der Sinusfunktion bestimmten Winkels umgehen.

BEISPIEL

Gegeben seien $a = 45$ m, $b = 296$ m, $c = 325$ m.

Lösung (Rechner)

Bedingung für die Lösbarkeit: $a + b > c, a + c > b, b + c > a.$

Die Lösung ist stets eindeutig.

Aus (143b) und (142):

$$\cos\gamma = \frac{a^2 + b^2 - c^2}{2ab} \qquad \cos\gamma = \frac{2025 + 87616 - 105625}{26640} = -0{,}6000000$$

$$\sin\alpha = \frac{a\sin\gamma}{c} \qquad \sin\alpha = \frac{45 \cdot 0{,}8000000}{325} = 0{,}1107692$$

$$\sin\beta = \frac{b\sin\gamma}{c} \qquad \sin\beta = \frac{296 \cdot 0{,}8000000}{325} = 0{,}7286153$$

Probe: $\alpha + \beta + \gamma = 180°$

$\underline{\underline{\gamma = 126{,}8699°}}$

$\underline{\underline{\alpha = \quad 6{,}3597°}}$

$\underline{\underline{\beta = \quad 46{,}7704°}}$

$\sum \quad 180{,}0000°$

Eine zweite Lösung dieses Falls SSS ist in 19.8.2. angegeben.

19.3.4. Betrachtungen über bequeme und genaue Berechnung

In diesem Abschnitt haben wir gesehen, daß die Grundaufgaben WSW, SWW, SSW mit dem Sinussatz, die Grundaufgaben SWS, SSS mit dem Cosinussatz und dem Sinussatz zu lösen lösen sind, d. h., Sinus- und Cosinussatz reichen aus, um ein schiefwinkliges Dreieck zu berechnen. Jedoch zeigen die letzten beiden Beispiele, daß der Cosinussatz unbequem ist.

Ferner haben die Sinus- bzw. die Cosinusfunktion die unangenehme Eigenschaft, daß sie in der Nähe von 90° bzw. 0° den Winkel ungenau liefern. An diesen Stellen weisen sie jeweils für eine kleine Änderung ihres Funktionswertes eine große Änderung ihres Arguments (Winkels) auf, da sie dort nur schwach steigen (Bild 481). Im Gegensatz

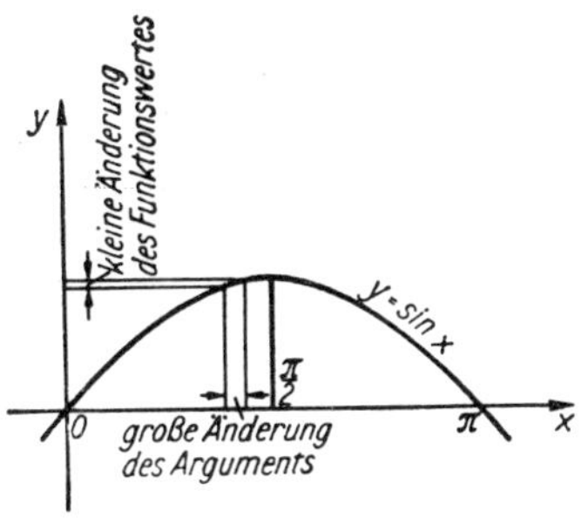

Bild 481

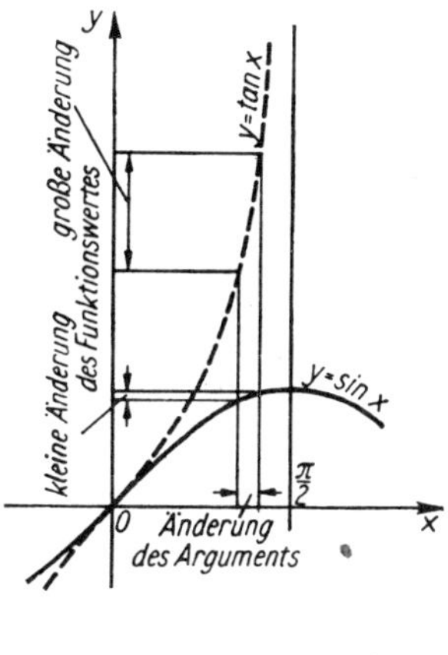

Bild 482

hierzu ist die Winkelbestimmung aus der Tangens- und Cotangensfunktion an allen Stellen genügend genau. Dieser Sachverhalt ergibt sich auch sofort aus der Größe der Tafeldifferenzen an den betreffenden Stellen. Für Winkel in der Nähe von 90° findet man bei der Sinusfunktion sehr kleine Tafeldifferenzen, d. h., das Aufschlagen des Winkels wird ungenau.
Beispielsweise habe sich für die Bestimmung von α aus dem Sinussatz ergeben: $\sin \alpha = 0{,}99867$. Der Tafel wird $\alpha = 87°36'$ *oder* $\alpha = 87{,}05°$ entnommen, d. h., die Tausendstelgrad sind vollkommen unsicher! Dagegen hat die Tangensfunktion an dieser Stelle große Tafeldifferenzen, liefert also den Winkel mit genügender Schärfe. Zum Beispiel folgt aus $\tan \alpha = 19{,}38740$ der Winkel $\alpha = 87{,}0473°$.
Man erkennt somit, daß für die Berechnung eines Winkels die Tangens- und die Cotangensfunktion besser geeignet sind als Sinus und Cosinus.
Hingegen lassen sich, wenn für einen gegebenen Winkel der Funktionswert ermittelt werden soll, die Sinus- und die Cosinusfunktion in der Nähe von 90° bzw. 0° nicht nur bedenkenlos benutzen, sondern sie sind sogar günstiger, da eine kleine Änderung des Winkels fast keine Änderung des Sinus, jedoch eine große Änderung des Tangens hervorruft. Dies erkennt man aus Bild 482.

Diese Betrachtungen veranlassen uns dazu, neue Formeln zu entwickeln, die folgenden drei Grundforderungen nach Möglichkeit nachkommen:

Die Formeln sollen

1. für die Rechnung bequem sein, müssen also möglichst Produkte oder Quotienten darstellen,
2. so beschaffen sein, daß die Bestimmung von Winkeln mit der Tangens- oder der Cotangensfunktion erfolgt,
3. auf der Seite der Gleichung, wo die gegebenen Größen stehen, möglichst nur die Sinus- und die Cosinusfunktion enthalten.

19.4. Cosinusformel und Tangensformel

Aus dem Sinussatz ergibt sich

$$a \sin \beta = b \sin \alpha,$$

woraus man wegen $\alpha = 180° - (\beta + \gamma)$ erhält:

$$a \sin \beta = b \sin (\beta + \gamma)$$

Wegen (103) (s. 17.1.) folgt:

$$a \sin \beta = b (\sin \beta \cos \gamma + \cos \beta \sin \gamma)$$

Durch sind β dividiert und

$$\frac{b}{\sin \beta} = \frac{c}{\sin \gamma}$$

aus (142a) berücksichtigt, findet sich:

$$a = b \cos \gamma + c \cos \beta$$

Hieraus ergeben sich durch zyklische Vertauschung zusammengefaßt die Formeln:

$$\boxed{\begin{aligned} a &= b\cos\gamma + c\cos\beta \\ b &= c\cos\alpha + a\cos\gamma \\ c &= a\cos\beta + b\cos\alpha \end{aligned}} \tag{144}$$

Diese Formelgruppe führt den Namen **Cosinusformeln** oder **Projektionssatz.** Die letzte Gleichung von (144) folgt auch unmittelbar aus Bild 478 wegen $c = q + p$ mit $p = a\cos\beta$ und $q = b\cos\alpha$, womit der Name Projektionssatz verständlich wird.

Aus je zwei sich entsprechenden Formeln von (142) und (144), beispielsweise

$$b\sin\alpha = a\sin\beta \qquad c\sin\alpha = a\sin\gamma$$
$$b\cos\alpha = c - a\cos\beta \qquad c\cos\alpha = b - a\cos\gamma,$$

ergibt sich durch Division:

$$\tan\alpha = \frac{a\sin\beta}{c - a\cos\beta} \qquad \tan\alpha = \frac{a\sin\gamma}{b - a\cos\gamma}$$

Durch zyklische Vertauschung folgen zusammengefaßt die **Tangensformeln:**

$$\boxed{\begin{aligned} \tan\alpha &= \frac{a\sin\beta}{c - a\cos\beta} = \frac{a\sin\gamma}{b - a\cos\gamma} \\ \tan\beta &= \frac{b\sin\gamma}{a - b\cos\gamma} = \frac{b\sin\alpha}{c - b\cos\alpha} \\ \tan\gamma &= \frac{c\sin\alpha}{b - c\cos\alpha} = \frac{c\sin\beta}{a - c\cos\beta} \end{aligned}} \tag{145}$$

Auch (145) ergibt sich unmittelbar aus dem Dreieck, so z. B. der rechte Teil der zweiten Gleichung aus Bild 478.

19.5. Gleichungen von MOLLWEIDE[1] und NEPER[2]

Aus zwei Gleichungen des Sinussatzes, beispielsweise

$$b\sin\alpha = a\sin\beta$$
$$c\sin\alpha = a\sin\gamma,$$

ergibt sich durch Addition und Subtraktion:

$$(b + c)\sin\alpha = a(\sin\beta + \sin\gamma)$$
$$(b - c)\sin\alpha = a(\sin\beta - \sin\gamma)$$

---

[1] KARL MOLLWEIDE, Mathematiker und Astronom, 1774 bis 1825. Die Gleichungen sind nach ihrem Wiederentdecker MOLLWEIDE benannt, obwohl sie bereits ein Jahrhundert früher gefunden wurden.

[2] JOHN NEPER (oder NAPIER), engl. Mathematiker, 1550 bis 1617.

Die Umformung der rechten Seiten mit (130) und (131) (s. 17.3.) sowie der linken Seiten mit (115) (s. 17.2.1.) führt auf:

$$2\,(b+c)\sin\frac{\alpha}{2}\cos\frac{\alpha}{2} = 2a\sin\frac{\beta+\gamma}{2}\cos\frac{\beta-\gamma}{2}$$

$$2\,(b-c)\sin\frac{\alpha}{2}\cos\frac{\alpha}{2} = 2a\sin\frac{\beta-\gamma}{2}\cos\frac{\beta+\gamma}{2}$$

Wegen $\alpha = 180° - (\beta+\gamma)$ ist $\frac{\alpha}{2} = 90° - \frac{\beta+\gamma}{2}$, mithin folgt:

$$\cos\frac{\alpha}{2} = \sin\frac{\beta+\gamma}{2}$$

$$\sin\frac{\alpha}{2} = \cos\frac{\beta+\gamma}{2}$$

Diese Gleichungen oben eingesetzt und dann vereinfacht:

$$(b+c)\sin\frac{\alpha}{2} = a\cos\frac{\beta-\gamma}{2}$$

$$(b-c)\cos\frac{\alpha}{2} = a\sin\frac{\beta-\gamma}{2}$$

Aus beiden Formeln folgen durch zyklische Vertauschung jeweils zwei weitere, so daß wir insgesamt **6 Mollweidesche Gleichungen** erhalten:

$$\boxed{\begin{aligned}
(b+c)\sin\frac{\alpha}{2} &= a\cos\frac{\beta-\gamma}{2}\\
(c+a)\sin\frac{\beta}{2} &= b\cos\frac{\gamma-\alpha}{2}\\
(a+b)\sin\frac{\gamma}{2} &= c\cos\frac{\alpha-\beta}{2}\\
(b-c)\cos\frac{\alpha}{2} &= a\sin\frac{\beta-\gamma}{2}\\
(c-a)\cos\frac{\beta}{2} &= b\sin\frac{\gamma-\alpha}{2}\\
(a-b)\cos\frac{\gamma}{2} &= c\sin\frac{\alpha-\beta}{2}
\end{aligned}} \qquad (146)$$

Zwei der Mollweideschen Gleichungen, die an gleichen Stellen dieselben Stücke enthalten, z. B. die dritte und die letzte Formel von (146), dividiert, ergibt:

$$\frac{a+b}{a-b}\tan\frac{\gamma}{2} = \frac{1}{\tan\dfrac{\alpha-\beta}{2}}$$

Unter Verwendung der Beziehung $\frac{\gamma}{2} = 90° - \frac{\alpha+\beta}{2}$ und durch Umstellung wird übergeführt in

$$\frac{a+b}{a-b} = \frac{\tan\frac{\alpha+\beta}{2}}{\tan\frac{\alpha-\beta}{2}}.$$

Mit den beiden anderen, durch zyklische Vertauschung folgenden Formeln erhält man zusammengefaßt die **Neperschen Gleichungen** oder den **Tangenssatz:**

$$\boxed{\begin{aligned} \frac{a+b}{a-b} &= \frac{\tan\frac{\alpha+\beta}{2}}{\tan\frac{\alpha-\beta}{2}} \\ \frac{b+c}{b-c} &= \frac{\tan\frac{\beta+\gamma}{2}}{\tan\frac{\beta-\gamma}{2}} \\ \frac{c+a}{c-a} &= \frac{\tan\frac{\gamma+\alpha}{2}}{\tan\frac{\gamma-\alpha}{2}} \end{aligned}} \qquad (147)$$

Oder in Worten:

Die Summe zweier Dreieckseiten verhält sich zu ihrer Differenz wie der Tangens der halben Summe der gegenüberliegenden Winkel zum Tangens ihrer halben Differenz.

19.6. Halbwinkelsätze

Aus der ersten Gleichung des Cosinussatzes (143a) findet man mit (116b) und (116c) (s. 17.2.1.)

$$a^2 = b^2 + c^2 - 2\,b\,c + 4\,b\,c\sin^2\frac{\alpha}{2}$$

$$a^2 = b^2 + c^2 + 2\,b\,c - 4\,b\,c\cos^2\frac{\alpha}{2}$$

oder:

$$\left.\begin{aligned} a^2 &= (b-c)^2 + 4\,b\,c\sin^2\frac{\alpha}{2} \\ a^2 &= (b+c)^2 - 4\,b\,c\cos^2\frac{\alpha}{2} \end{aligned}\right\} \qquad (148)$$

Hieraus ergibt sich in anderer Schreibweise:

$$4bc\sin^2\frac{\alpha}{2} = a^2 - (b-c)^2 = (a+b-c)\,(a-b+c) \qquad \text{(I)}$$

$$4bc\cos^2\frac{\alpha}{2} = (b+c)^2 - a^2 = (a+b+c)\,(-a+b+c) \qquad \text{(II)}$$

Wird der halbe Dreiecksumfang mit $\frac{U}{2}$ bezeichnet, so folgt

$$\begin{aligned} a+b+c &= 2\frac{U}{2} \\ -a+b+c &= 2\left(\frac{U}{2}-a\right) \\ a-b+c &= 2\left(\frac{U}{2}-b\right) \\ a+b-c &= 2\left(\frac{U}{2}-c\right) \end{aligned} \tag{149}$$

(I), (II) und (149) führen einschließlich der aus der zyklischen Vertauschung folgenden Gleichungen auf die zwei Formelgruppen:

$$\begin{aligned} \sin\frac{\alpha}{2} &= \sqrt{\frac{\left(\frac{U}{2}-b\right)\left(\frac{U}{2}-c\right)}{bc}} \\ \sin\frac{\beta}{2} &= \sqrt{\frac{\left(\frac{U}{2}-c\right)\left(\frac{U}{2}-a\right)}{ca}} \\ \sin\frac{\gamma}{2} &= \sqrt{\frac{\left(\frac{U}{2}-a\right)\left(\frac{U}{2}-b\right)}{ab}} \end{aligned} \tag{150}$$

$$\begin{aligned} \cos\frac{\alpha}{2} &= \sqrt{\frac{\frac{U}{2}\left(\frac{U}{2}-a\right)}{bc}} \\ \cos\frac{\beta}{2} &= \sqrt{\frac{\frac{U}{2}\left(\frac{U}{2}-b\right)}{ca}} \\ \cos\frac{\gamma}{2} &= \sqrt{\frac{\frac{U}{2}\left(\frac{U}{2}-c\right)}{ab}} \end{aligned} \tag{151}$$

$$\begin{aligned} \tan\frac{\alpha}{2} &= \sqrt{\frac{\left(\frac{U}{2}-b\right)\left(\frac{U}{2}-c\right)}{\frac{U}{2}\left(\frac{U}{2}-a\right)}} \\ \tan\frac{\beta}{2} &= \sqrt{\frac{\left(\frac{U}{2}-c\right)\left(\frac{U}{2}-a\right)}{\frac{U}{2}\left(\frac{U}{2}-b\right)}} \\ \tan\frac{\gamma}{2} &= \sqrt{\frac{\left(\frac{U}{2}-a\right)\left(\frac{U}{2}-b\right)}{\frac{U}{2}\left(\frac{U}{2}-c\right)}} \end{aligned} \tag{152}$$

Da die Dreieckswinkel α, β und γ jeweils kleiner als 180° sind, müssen $\frac{\alpha}{2}$, $\frac{\beta}{2}$ und $\frac{\gamma}{2}$ im I. Quadranten liegen. In (150) und (151) haben somit sämtliche Quadratwurzeln das positive Vorzeichen.

Aus (150) und (151) ergibt sich durch Division entsprechender Gleichungen die wichtigste Formelgruppe: siehe Formel (152)

Auch hier gilt stets das positive Vorzeichen der Quadratwurzel. Die Gleichungen (150), (151) und (152) heißen **Halbwinkelsätze.**

19.7. Berechnung weiterer Stücke des schiefwinkligen Dreiecks

19.7.1. Umkreisradius des Dreiecks

Aus der Planimetrie wissen wir, daß der Mittelpunktswinkel doppelt so groß wie der Umfangswinkel über gleichem Bogen ist. Somit ergibt sich aus Bild 483 für den Radius r des Umkreises:

$$\sin\gamma = \frac{\frac{c}{2}}{r} \text{ oder } 2r = \frac{c}{\sin\gamma}$$

Durch zyklische Vertauschung erhält man zusammengefaßt:

$$\boxed{2r = \frac{a}{\sin\alpha} = \frac{b}{\sin\beta} = \frac{c}{\sin\gamma}} \qquad (153)$$

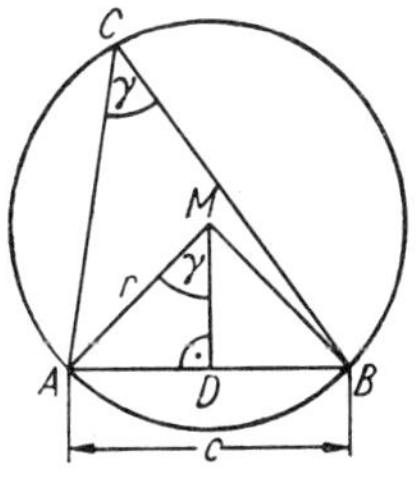

Bild 483

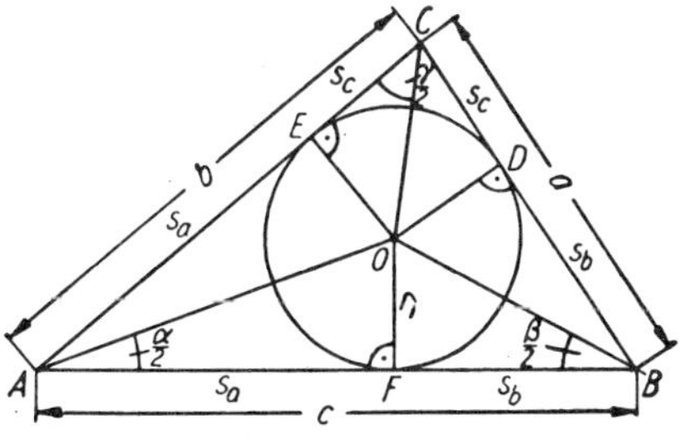

Bild 484

19.7.2. Inkreisradius des Dreiecks und die Dreiecksfläche

Bekanntlich ergibt sich der Mittelpunkt des Inkreises eines Dreiecks als Schnittpunkt der Winkelhalbierenden. Aus Bild 484 lassen sich folgende drei Gleichungen ablesen:

$$s_a + s_b = c, \qquad s_a + s_c = b, \qquad s_b + s_c = a$$

Somit:

$$2s_a = -a + b + c; \qquad 2s_b = a - b + c; \qquad 2s_c = a + b - c$$

oder hieraus wegen (149):

$$s_a = \frac{U}{2} - a \qquad s_b = \frac{U}{2} - b \qquad s_c = \frac{U}{2} - c \tag{I}$$

Wird das $\triangle ABC$ in die Teildreiecke $\triangle ABO$, $\triangle BCO$ und $\triangle CAO$ zerlegt, so ergibt sich für die Fläche A des Dreiecks

$$A = \frac{ar_i}{2} + \frac{br_i}{2} + \frac{cr_i}{2} = r_i \frac{a+b+c}{2}$$

oder wegen (149)

$$\boxed{A = r_i \frac{U}{2}} \tag{154}$$

was schon aus der Planimetrie bekannt ist [vgl. (2) (s. 5.6.1.2.)]

Aus Bild 484 wird abgelesen, wenn (I) berücksichtigt wird:

$$\boxed{\tan\frac{\alpha}{2} = \frac{r_i}{\frac{U}{2} - a} \quad \tan\frac{\beta}{2} = \frac{r_i}{\frac{U}{2} - b} \quad \tan\frac{\gamma}{2} = \frac{r_i}{\frac{U}{2} - c}} \tag{155}$$

(152) und (155) gleichgesetzt, führen auf den *Inkreisradius*:

$$\boxed{r_i = \sqrt{\frac{\left(\frac{U}{2} - a\right)\left(\frac{U}{2} - b\right)\left(\frac{U}{2} - c\right)}{\frac{U}{2}}}} \tag{156}$$

Aus (154) folgt mit (156) die **Heronische Formel** (vgl. 5.6.1.2.) für den Dreiecksinhalt:

$$\boxed{A = \sqrt{\frac{U}{2}\left(\frac{U}{2} - a\right)\left(\frac{U}{2} - b\right)\left(\frac{U}{2} - c\right)}} \tag{157}$$

Eine weitere wichtige Formel für den Dreiecksinhalt ergibt sich, wenn zwei Seiten und der von ihnen eingeschlossene Winkel gemessen sind. Aus den Bildern 478 und 479 folgt mit der Elementarformel $A = \frac{c\,h_c}{2}$ wegen $h_c = b \sin\alpha$ (für spitze und stumpfe Winkel α)

$$A = \frac{bc}{2} \sin\alpha$$

oder mit den durch zyklische Vertauschung folgenden Gleichungen zusammengefaßt:

$$\boxed{A = \frac{bc}{2} \sin\alpha = \frac{ca}{2} \sin\beta = \frac{ab}{2} \sin\gamma} \tag{158}$$

Wird in (158) der aus (153) gefundene Ausdruck $\sin\alpha = \frac{a}{2r}$ eingeführt, so folgt:

$$\boxed{A = \frac{abc}{4r}} \tag{159}$$

Hieraus ergibt sich mit (157) für den Umkreishalbmesser r eine Formel, die nur die drei Seiten des Dreiecks enthält:

$$\boxed{r = \frac{abc}{4\sqrt{\frac{U}{2}\left(\frac{U}{2}-a\right)\left(\frac{U}{2}-b\right)\left(\frac{U}{2}-c\right)}}} \tag{160}$$

Schließlich entwickeln wir noch zwei weitere Flächenformeln, die zwei Dreieckswinkel enthalten. In (158) werden durch zweimalige Anwendung von (153) beide Dreieckseiten beseitigt, und es ergibt sich:

$$A = 2r^2 \sin\beta \sin\gamma \sin(\beta+\gamma) \tag{161}$$

Hieraus folgt, wenn aus (153) $r = \frac{a}{2\sin\alpha} = \frac{a}{2\sin(\beta+\gamma)}$ gesetzt und dann zyklisch vertauscht wird:

$$\boxed{A = a^2\frac{\sin\beta\sin\gamma}{2\sin(\beta+\gamma)} = b^2\frac{\sin\gamma\sin\alpha}{2\sin(\gamma+\alpha)} = c^2\frac{\sin\alpha\sin\beta}{2\sin(\alpha+\beta)}} \tag{162}$$

19.8. Zweckmäßigste Verfahren für die Auflösung des Dreiecks

Die Fälle WSW, SWW und SSW werden, wie unter 19.3. angegeben, aufgelöst.

19.8.1. Fall SWS

Gegeben a, b, γ

Aus dem Tangenssatz (147) folgt wegen

$$\boxed{\frac{\alpha+\beta}{2} = 90° - \frac{\gamma}{2}} \tag{163a}$$

die Formel:

$$\boxed{\tan\frac{\alpha-\beta}{2} = \frac{(a-b)\cos\frac{\gamma}{2}}{(a+b)\sin\frac{\gamma}{2}}} \tag{163b}$$

Die Mollweideschen Gleichungen (146), dritte und letzte Formel, liefern die Seite c:

$$\boxed{c = \frac{(a+b)\sin\frac{\gamma}{2}}{\cos\frac{\alpha-\beta}{2}} \text{ oder } c = \frac{(a-b)\cos\frac{\gamma}{2}}{\sin\frac{\alpha-\beta}{2}}} \tag{163c}$$

Wegen 19.3.4. werden nicht beide Gleichungen für die Bestimmung der Seite c verwendet, sondern die linke, wenn $0° < \left|\frac{\alpha - \beta}{2}\right| < 45°$ ist, und die rechte, wenn $45° < \left|\frac{\alpha - \beta}{2}\right| < 90°$ gilt.
Es wird also immer diejenige von beiden Funktionen benutzt, die an der betreffenden Stelle $\frac{\alpha - \beta}{2}$ die geringste Tafeldifferenz aufweist. Dadurch erhält man scharfe Ergebnisse. Die andere der beiden Gleichungen dient stets nur zur Kontrolle.
Wir rechnen mit Rechenmaschine nochmals dasselbe Zahlenbeispiel wie in 19.3.2.2.

$\gamma = 82{,}1097°$

$a = 14{,}3\ \text{m}$

$b = 26{,}0\ \text{m}$

$a - b = -11{,}7$

$a + b = 40{,}3$

$\frac{\gamma}{2} = 41{,}05485°$

$\frac{\alpha + \beta}{2} = 48{,}94515°$

$\frac{\alpha - \beta}{2} = -18{,}43492°$

$\alpha = 30{,}51023°$

$\beta = 67{,}38007°$

$\alpha + \beta + \gamma = 180{,}00000°$

$c = 27{,}900\ \text{m}$

Aus (163 b):

$$\tan\frac{\alpha - \beta}{2} = \frac{-11{,}7 \cdot 0{,}7540812}{40{,}3 \cdot 0{,}6567812} = -0{,}3333329$$

Aus (163 c, links):

$$c = \frac{40{,}3 \cdot 0{,}6567812}{0{,}9486834} = 27{,}90001$$

Probe aus (163 c, rechts);

$$c = \frac{-11{,}7 \cdot 0{,}7540812}{-0{,}3162274} = 27{,}90002$$

Es sei betont, daß die Probe mit der Winkelsumme nicht durchgreifend ist. Hierdurch wird lediglich die Bildung von $\frac{\gamma}{2}$ und $\frac{\alpha + \beta}{2}$ sowie die Berechnung von α und β aus $\frac{\alpha + \beta}{2}$ und $\frac{\alpha - \beta}{2}$ gesichert, während $\frac{\alpha - \beta}{2}$ nicht verprobt ist. Man prüfe dies selbst nach, indem man für $\frac{\alpha - \beta}{2}$ irgendeinen Wert setzt!
Außerdem sei darauf hingewiesen, daß auch dann, wenn $\tan\frac{\alpha - \beta}{2}$ negativ ist, der *spitze* (negative) Winkel zu nehmen ist; denn wegen $\frac{\alpha}{2} < 90°$ und $\frac{\beta}{2} < 90°$ muß $\left|\frac{\alpha - \beta}{2}\right| < 90°$ sein.

19.8.2. Fall SSS

Gegeben a, b, c.

Wir wenden den Halbwinkelsatz (152) an. Am bequemsten wird die Rechnung, wenn wir zuerst nach (156) den Inkreisradius

$$r_i = \sqrt{\frac{\left(\frac{U}{2} - a\right)\left(\frac{U}{2} - b\right)\left(\frac{U}{2} - c\right)}{\frac{U}{2}}}$$

ermitteln und sodann die halben Winkel aus (155):

$$\tan\frac{\alpha}{2} = \frac{r_i}{\frac{U}{2} - a}, \quad \tan\frac{\beta}{2} = \frac{r_i}{\frac{U}{2} - b}, \quad \tan\frac{\gamma}{2} = \frac{r_i}{\frac{U}{2} - c}$$

bestimmen. Hierbei erhält man folgende Rechenproben:

$$\left(\frac{U}{2} - a\right) + \left(\frac{U}{2} - b\right) + \left(\frac{U}{2} - c\right) = \frac{U}{2} \tag{I}$$

$$\frac{U}{2} \tan\frac{\alpha}{2} \tan\frac{\beta}{2} \tan\frac{\gamma}{2} = r_i \tag{II}$$

$$\frac{\alpha}{2} + \frac{\beta}{2} + \frac{\gamma}{2} = 90° \tag{III}$$

Wir rechnen das Zahlenbeispiel aus 19.3.3. mit diesem Verfahren mit Rechner noch einmal durch.

$$a = 45 \text{ m}$$

$$b = 296 \text{ m}$$

$$c = 325 \text{ m}$$

$$U = 666$$

$$\frac{U}{2} = 333$$

$$\frac{U}{2} - a = 288$$

$$\frac{U}{2} - b = 37$$

$$\frac{U}{2} - c = 8 \qquad r_i = \sqrt{\frac{288 \cdot 37 \cdot 8}{333}} = 16$$

Probe: $\frac{U}{2} = 333$

$$\frac{\alpha}{2} = 3{,}17983° \qquad \tan\frac{\alpha}{2} = \frac{16}{288} = 0{,}0555555$$

$$\frac{\beta}{2} = 23{,}38522^\circ \qquad \tan\frac{\beta}{2} = \frac{16}{37} = 0{,}4324324$$

$$\frac{\gamma}{2} = 63{,}43495^\circ \qquad \tan\frac{\gamma}{2} = \frac{16}{8} = 2$$

Probe: $90{,}00000^\circ$

$\alpha = 6{,}3597^\circ$

Probe:

$\beta = 46{,}7704^\circ$

$333 \cdot 0{,}0555555 \cdot 0{,}4324324 \cdot 2 = 15{,}99998 = r_1$

$\gamma = 126{,}8699^\circ$

Probe: $180{,}0000^\circ$

Man beachte, daß bei dieser Rechnung die Winkelsummenprobe die Ergebnisse durchgreifend sichert, falls r_1 richtig berechnet ist. Daher stellt die Winkelsumme in diesem Fall ein Maß für die Genauigkeit der Rechnung dar.
Wir geben noch eine kurze Zusammenfassung der Abschnitte 19.3. und 19.8.:

1. WSW } Alle drei Fälle werden mit dem *Sinussatz* gelöst. SSW kann zwei Lösungen
2. SWW } haben.
3. SSW }
4. SWS Wird mit *Tangenssatz* und *Mollweideschen Gleichungen* gelöst.
5. SSS Lösung erfolgt mit dem *Halbwinkelsatz*.

19.9. Anwendungen

1. Hansensche Aufgabe[1] (*Bestimmung einer unzugänglichen Entfernung*)

Die Entfernung e zweier Punkte P und P_1 soll bestimmt werden. Zu diesem Zweck werden in zwei Punkten A und B mit dem bekannten Abstand $\overline{AB} = a$ die Winkel α und α_1 sowie β und β_1 gemessen (Bild 485).

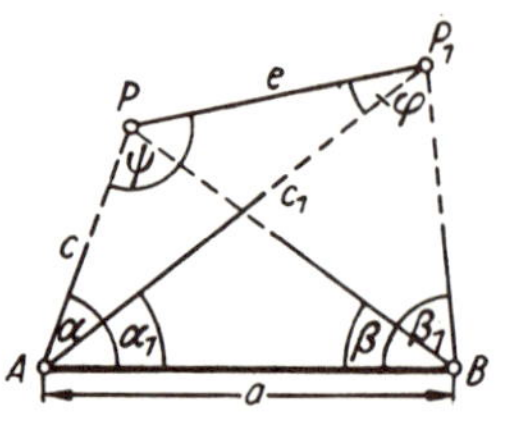

Bild 485

Lösung

Wir führen die Hilfswinkel $\sphericalangle\, AP_1P = \varphi$ und $\sphericalangle\, P_1PA = \psi$ ein.

Nach dem Sinussatz ergibt sich:

$$c = \frac{a \sin \beta}{\sin(\alpha + \beta)} \quad \text{(I)} \qquad c_1 = \frac{a \sin \beta_1}{\sin(\alpha_1 + \beta_1)} \quad \text{(II)}$$

[1] Obwohl diese Aufgabe bereits durch SNELLIUS (vgl. Aufgabe 529) angegeben worden ist, wird sie zum Zweck der Unterscheidung vom Rückwärtseinschneiden, das als Snelliussche Aufgabe bezeichnet wird, nach dem Astronomen und Geodäten PETER ANDREAS HANSEN (1795 bis 1874) benannt, der die Aufgabe 1841 im Koordinatensystem mit allgemeingültigen Formeln gelöst hat.

$$e = \frac{c \sin(\alpha - \alpha_1)}{\sin \varphi} = \frac{c_1 \sin(\alpha - \alpha_1)}{\sin \psi} \tag{III}$$

Aus (III) folgt mit (I) und (II):

$$e = \frac{a \sin \beta \sin(\alpha - \alpha_1)}{\sin(\alpha + \beta) \sin \varphi} = \frac{a \sin \beta_1 \sin(\alpha - \alpha_1)}{\sin(\alpha_1 + \beta_1) \sin \psi} \tag{IV}$$

Hieraus folgt durch Umformung:

$$\frac{\sin \psi}{\sin \varphi} = \frac{\sin \beta \ \sin(\alpha_1 + \beta_1)}{\sin \beta_1 \sin(\alpha \ + \beta \ )} \tag{V}$$

Wir setzen nun:

$$\frac{\sin \varphi}{\sin \psi} = \tan \mu \tag{VI}$$

Hierbei ist μ ein Hilfswinkel, der $< 90^\circ$ ist.

Aus (VI) folgt nach 18.2.2., II bei einfacher goniometrischer Umformung:

$$\tan \frac{\varphi - \psi}{2} = \tan(\mu - 45^\circ) \tan \frac{\varphi + \psi}{2} \tag{VII}$$

Außerdem findet man aus Bild 485:

$$\frac{\varphi + \psi}{2} = 90^\circ - \frac{\alpha - \alpha_1}{2} \tag{VIII}$$

Man berechnet also μ aus (V) und (VI), $\frac{\varphi + \psi}{2}$ und $\frac{\varphi - \psi}{2}$ aus (VII) und (VIII), womit auch φ und ψ bestimmt sind. Die gesuchte Entfernung e ergibt sich aus (IV). Zahlenbeispiel siehe Aufgabe 527.

2. Trigonometrische Höhenmessung

Die Höhe h_T über NN einer Turmspitze T soll bestimmt werden. Zu diesem Zweck steckt man im Vorgelände des Turmes eine geeignete Standlinie $\overline{AB}$ ab, deren Horizontallänge $\overline{A'B'} = e$ gemessen wird und deren Endpunkte A und B durch Nivellement höhenmäßig bestimmt werden (h_A und h_B). In A und B werden mit dem Theodolit die Horizontalwinkel α und β, die Höhenwinkel δ und ε beobachtet sowie die zugehörigen Instrumentenhöhen i_A und i_B gemessen (Bild 486).

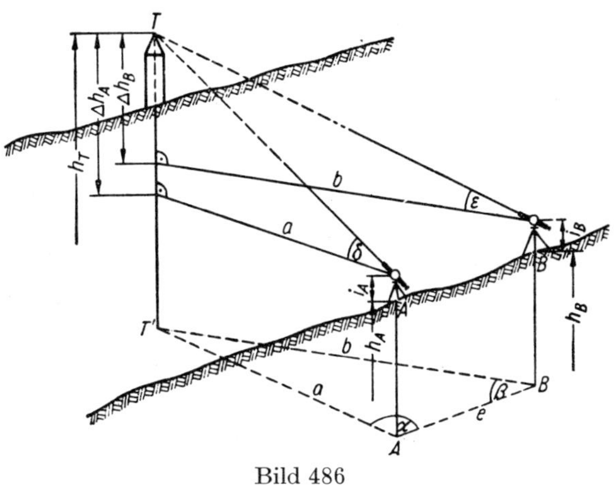

Bild 486

Lösung

Man findet mit dem Sinussatz im Horizontaldreieck $A'B'T'$:

$$a = \frac{e \sin \beta}{\sin (\alpha + \beta)} \quad \text{(I)} \qquad b = \frac{e \sin \alpha}{\sin (\alpha + \beta)} \quad \text{(II)}$$

Aus den beiden Vertikaldreiecken ergibt sich:

$$\Delta h_A = a \tan \delta \quad \text{(III)} \qquad \Delta h_B = b \tan \varepsilon \quad \text{(IV)}$$

Schließlich durch Addition:

$$h_T = h_A + i_A + \Delta h_A = h_B + i_B + \Delta h_B \quad \text{(V)}$$

Zahlenbeispiel siehe Aufgabe 528.

AUFGABEN

Manche der folgenden Übungsaufgaben erfordern lediglich Berechnungen am rechtwinkligen Dreieck.

Planimetrie und Stereometrie

516. Von einem $\triangle ABC$ (Bild 478) sind gegeben:

a)	$b = 48{,}54$ m;	$\alpha = 23{,}4261°$;	$\gamma = 103{,}8103°$
b)	$a = 158{,}88$ m;	$\alpha = 52{,}2911°$;	$\beta = 79{,}1286°$
c)	$b = 75{,}73$ m;	$c = 51{,}86$ m;	$\beta = 112{,}8258°$
d)	$a = 322{,}55$ m;	$c = 283{,}68$ m;	$\gamma = 27{,}0056°$
e)	$a = 341{,}79$ m;	$b = 435{,}57$ m;	$\alpha = 48{,}7278°$
f)	$a = 193{,}86$ m;	$b = 142{,}33$ m;	$\gamma = 39{,}0556°$
g)	$a = 200{,}67$ m;	$c = 205{,}98$ m;	$\beta = 53{,}7425°$
h)	$b = 57{,}63$ m;	$c = 37{,}26$ m;	$\alpha = 48{,}1906°$
i)	$a = 205{,}37$ m;	$b = 252{,}76$ m;	$c = 189{,}68$ m
k)	$a = 203{,}73$ m;	$b = 136{,}43$ m;	$c = 285{,}47$ m
l)	$a = 32{,}12$ m;	$b = 13{,}17$ m;	$c = 39{,}37$ m

Die restlichen Seiten und Winkel sind zu berechnen. Außerdem sind die Dreiecksfläche A für die Aufgaben a, f, g, i, k, l, der Umkreisradius r für b, h, l und der Inkreisradius r_i für i, k, l zu bestimmen.

517. Von einem Dreieck ABC (Bild 478) sind gegeben: $a + b = 52$ cm, $\gamma = 60°$, $A = 160\sqrt{3}$ cm². Die unbekannten Seiten und Winkel sind zu berechnen. Es soll $a > b$ sein.

518. Gegeben ist ein Winkel $\alpha = 30°$. Von einem Punkte P_1 des einen Schenkels in der Entfernung $b = 7$ cm vom Scheitel wird das Lot $\overline{P_1P_2}$ auf den anderen Schenkel gefällt, von P_2 wird wieder das Lot $\overline{P_2P_3}$ auf den ersten Schenkel gefällt und so unbegrenzt fort. Gesucht ist die Länge s des gesamten Streckenzuges.

519. Das Verhältnis einer Seitenfläche zur Grundfläche einer regelmäßigen geraden dreiseitigen Pyramide beträgt 2:1. Welchen Neigungswinkel α schließen die Seitenflächen gegen die Grundfläche ein?

520. Ein gerades regelmäßiges dreiseitiges Prisma mit der Grundkante $a = 4$ cm ist gegeben. Durch eine Grundkante wird eine Ebene gelegt, die gegen die Grundfläche unter dem Winkel $\alpha = 50{,}75°$ geneigt ist. Welches Volumen hat die abgeschnittene Pyramide?

521. Eine gerade regelmäßige fünfseitige Pyramide mit der Grundkante $a = 10$ cm und der Seitenkante $s = 13$ cm ist gegeben. Berechne
a) den Winkel α zwischen Grund- und Seitenkante,
b) den Neigungswinkel β einer Seitenkante gegen die Grundfläche,
c) den Neigungswinkel γ einer Seitenfläche gegen die Grundfläche,
d) den Neigungswinkel δ zweier Seitenflächen gegeneinander.

522. Ein gerades dreiseitiges Prisma hat das Volumen $V = 400$ cm³. Zwei Winkel der Grundfläche betragen $\alpha = 42{,}5333°$ und $\beta = 71{,}3333°$. Man berechne das Volumen des umbeschriebenen Zylinders.

523. Ein Zylinder hat als Normalquerschnitt eine Ellipse mit den Halbachsen $a = 10$ cm, $b = 5$ cm. Welchen Winkel α muß eine in die große Achse $2a$ gelegte Schnittebene gegen den Normalquerschnitt einschließen, damit die Schnittfigur ein Kreis wird?

524. Die längste Mantellinie eines schiefen Kreiskegels beträgt $a = 30$ cm und ist gegen die Grundfläche unter dem Winkel $\beta = 31{,}25°$ geneigt. Die kürzeste Mantellinie b schließt mit der Grundfläche den Neigungswinkel $\alpha = 82{,}42°$ ein (Bild 487). Man berechne das Kegelvolumen.

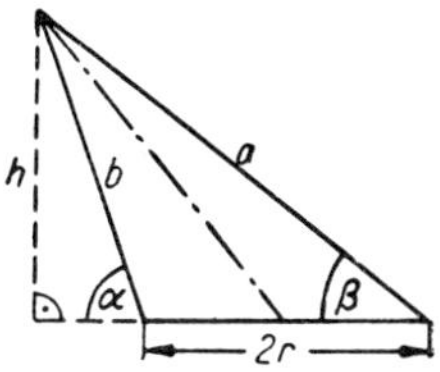

Bild 487

525. Wie groß sind der Mantel A_M und das Volumen V eines geraden Kreiskegels mit dem Öffnungswinkel $2\gamma = 31{,}6111°$, dem eine Kugel mit dem Radius $r = 27{,}7$ cm einbeschrieben ist?

526. Wie groß ist der vom 40. und 50. Breitenkreis begrenzte Teil A_M der Erdoberfläche ($R \approx 6371{,}11$ km), und welche Länge r_1 und r_2 haben die zu beiden Breitenkreisen gehörigen Radien?

Bau- und Vermessungswesen

527. Für Triangulationszwecke wird die Entfernung e eines Blitzableiters P_1 vom Rathausturm P der Stadt benötigt. In einer nahegelegenen Straße wird eine Standlinie $\overline{AB} = a$ so abgesteckt, daß von beiden Endpunkten A und B sowohl P_1 als auch P sichtbar sind (Bild 485). Die Messungen ergaben:

$a = 311{,}16$ m;	$\alpha = 58°24'34''$;	$\alpha_1 = 18°59'07''$
$\beta = 78°58'42''$;	$\beta_1 = 28°17'32''$;	(vgl. 19.9./1.)

528. Zu 19.9./2 bringen wir ein Zahlenbeispiel.
Die Messungen ergaben:

$e = 108{,}12$ m;	$\alpha = 41°12'20''$;	$\beta = 68°04'00''$
	$\delta = 5°29'30''$;	$\varepsilon = 6°02'40''$
	$i_A = 1{,}423$ m;	$i_B = 1{,}478$ m
	$h_A = 168{,}778$ m;	$h_B = 170{,}959$ m

529. Rückwärtseinschneiden (Snelliussche Aufgabe)[1]

Die Lage dreier Punkte A, B, C zueinander sei durch die Strecken $\overline{AC} = a = 625{,}30$ m, $\overline{BC} = b = 418{,}40$ m und den Winkel $\sphericalangle\, ACB = \gamma = 152°37'23''$ bekannt. Durch Messung der Winkel $\sphericalangle\, CPA = \alpha = 47°26'04''$ und $\sphericalangle\, BPC = \beta = 38°53'37''$ soll die Lage des Punktes P in bezug auf A, B und C bestimmt werden, d. h., es sind die Strecken $\overline{PA} = x$, $\overline{PB} = y$, $\overline{PC} = z$ zu ermitteln (Bild 488). (Vgl. die nachstehende Anleitung)

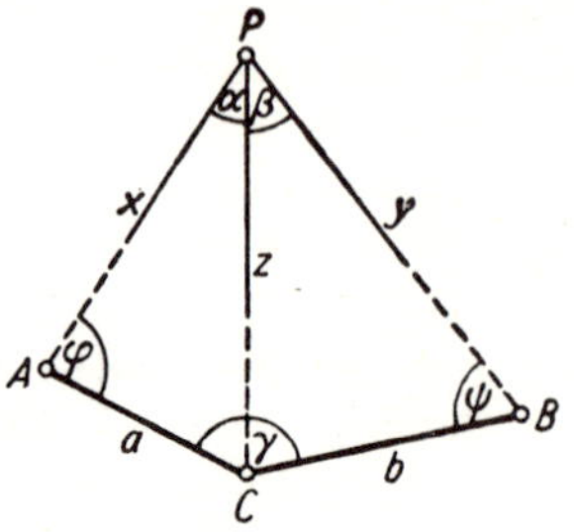

Bild 488

Anleitung: Man führe die Hilfswinkel $\sphericalangle\, PAC = \varphi$ und $\sphericalangle\, CBP = \psi$ ein, setze zweimal den Sinussatz an, berechne aus den bekannten Größen den Quotienten $\dfrac{\sin\varphi}{\sin\psi}$ und verfahre anschließend wie in 19.9./1.

530. Für die Projektierung einer Brücke wird die Breite des Flusses benötigt. Da die Genauigkeit der vorhandenen Kartenunterlagen nicht ausreicht, soll die Strecke $\overline{AB} = x$ durch indirekte Messung bestimmt werden. Zu diesem Zweck werden wegen Sichtbehinderung an dem einen Ufer zwei Standlinien $\overline{AC} = a$ und $\overline{AD} = b$ sowie der von ihnen eingeschlossene Winkel $\sphericalangle\, CAD = \gamma$ gemessen. Von den Endpunkten C und D wird der jenseits des Flusses liegende Punkt B seitwärts eingeschnitten (Bild 489).

Messungsergebnisse:
$\overline{AC} = a = 46{,}22$ m; $\overline{AD} = b = 53{,}77$ m; $\sphericalangle\, CAD = \gamma = 145°51'25''$;
$\sphericalangle\, BCA = \alpha = 95°29'58''$; $\sphericalangle\, ADB = \beta = 68°37'29''$.

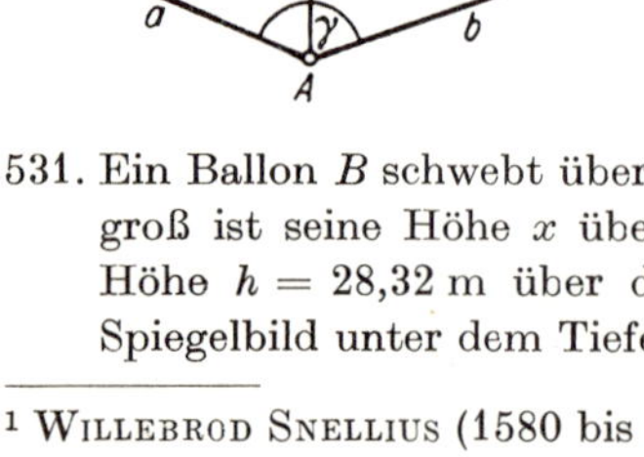

Bild 489

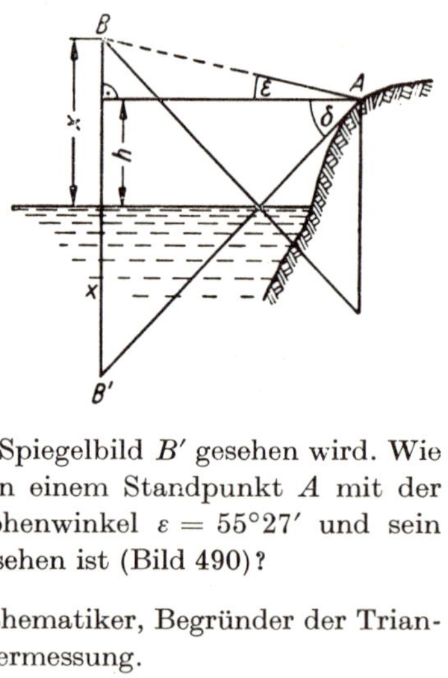

Bild 490

531. Ein Ballon B schwebt über einem See, in dem sein Spiegelbild B' gesehen wird. Wie groß ist seine Höhe x über dem See, wenn er von einem Standpunkt A mit der Höhe $h = 28{,}32$ m über dem See unter dem Höhenwinkel $\varepsilon = 55°27'$ und sein Spiegelbild unter dem Tiefenwinkel $\delta = 58°14'$ zu sehen ist (Bild 490)?

[1] Willebrod Snellius (1580 bis 1626), holländischer Mathematiker, Begründer der Triangulation, der praktischen Trigonometrie in der Landesvermessung.

532. Ein Vermessungsschiff hat einen Teil der Ostseeküste zu vermessen. Da das Dreieck ABC zur Bestimmung der Strecke $\overline{BC} = x$ aus der bekannten Basis $\overline{AB} = a = 2966{,}8$ m zu stumpf ist, wählt man den Großmast M des Schiffes als Hilfspunkt und mißt in den Küstenstationen A, B und C zur gleichen Zeit die Winkel $\alpha = 30°17'40''$, $\beta = 95°53'$, $\gamma = 89°41'10''$, $\delta = 51°24'20''$. Nachträglich wird festgestellt, daß die Messung von δ um 15 Minuten zu spät erfolgt war. In dieser Zeit war das Schiff durch Windeinwirkung um 13 m in Richtung der Verlängerung von $\overline{BM}$ abgetrieben worden (Bild 491). Man berechne x.

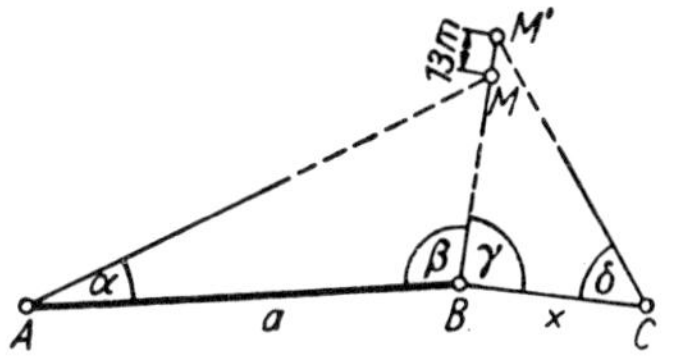

Bild 491

533. Zwei Bergvorsprünge A und B sind durch eine Eisenbahnbrücke zu verbinden. Die Höhen $h_A = 61{,}32$ m und $h_B = 52{,}28$ m der Punkte A und B über dem Talpunkt C werden durch Nivellement bestimmt. In C sind die Höhenwinkel $\alpha = 10°48'$ und $\beta = 8°24'40''$ sowie der Horizontalwinkel $\gamma = 53°17'10''$ mit dem Theodolit gemessen worden. Welche (schräge) Länge $x = \overline{AB}$ erhält die Brücke, und wie groß ist die Neigung der Bahnstrecke $\overline{AB}$ in % (Bild 492)?

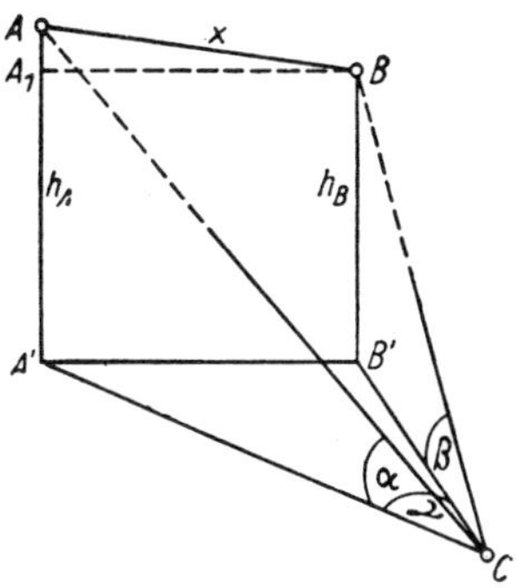

Bild 492

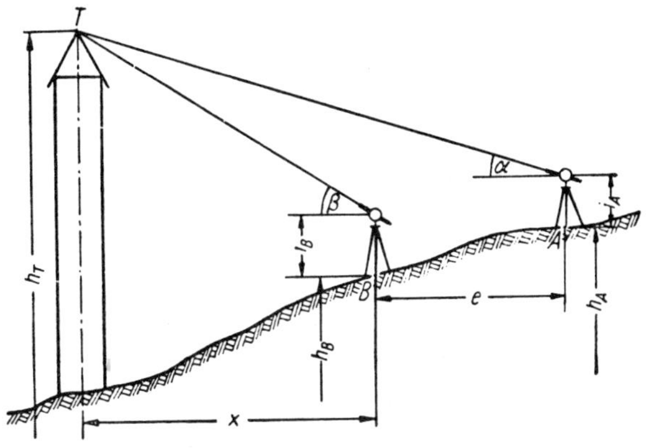

Bild 493

534. Die Höhe h_T eines Kirchturmes ist zu bestimmen. Da die Auswahl eines geeigneten Standliniendreiecks wie unter 19.9./2 nicht möglich ist, werden in einer auf den Turm gerichteten Straße zwei Punkte A und B festgelegt, die mit T in einer Vertikalebene liegen. Die Messung liefert die Höhenwinkel $\alpha = 11°54'40''$, $\beta = 15°37'20''$, die Instrumenthöhen $i_A = 1{,}412$ m, $i_B = 1{,}385$ m, die Horizontalentfernung $e = 57{,}89$ m. Durch Nivellement findet man $h_A = 377{,}974$ m und $h_B = 376{,}050$ m (Bild 493). Es ist h_T zu berechnen.

535. Um die Höhe h der Figur auf dem Dresdner Rathausturm zu bestimmen, wird im Vorgelände eine Standlinie $\overline{AB} = a = 100{,}27$ m mit der Neigung 0,2 % (von B

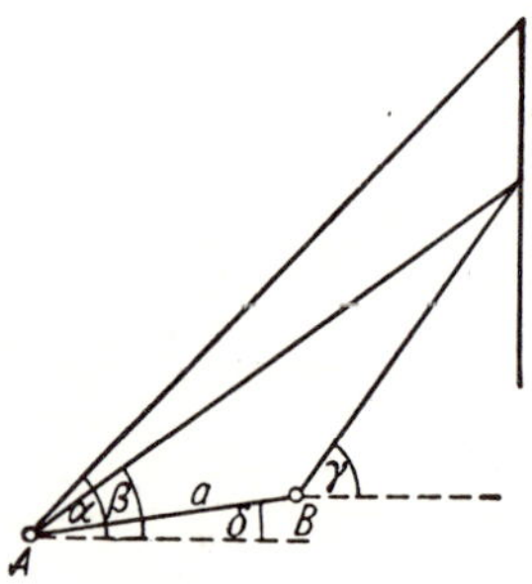

Bild 494

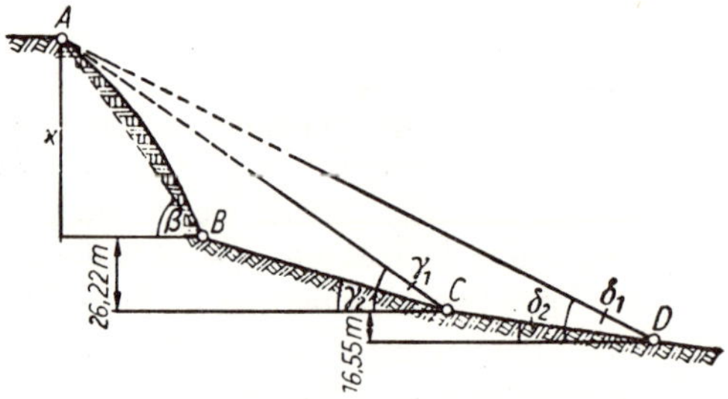

Bild 495

nach A) so abgesteckt, daß sie mit der Turmachse in einer Vertikalebene liegt. In A werden die Höhenwinkel $\alpha = 32°22'$, $\beta = 31°31'$ und in B der Höhenwinkel $\gamma = 43°03'$ gemessen (Bild 494). Ermittle h, nachdem die Neigung der Standlinie in den Winkel δ umgerechnet ist.

536. Es sollen die Höhe x des Berggipfels A über dem Punkt B und der Höhenwinkel β in B nach A bestimmt werden (Bild 495). Da A von B aus nicht zu sehen ist, werden in einem 26,22 m tiefer als B liegenden Punkte C die Höhenwinkel $\gamma_1 = 41°32'30''$ nach A und $\gamma_2 = 23°17'$ nach B gemessen. Ferner bestimmt man in dem Punkte D, der mit A, B und C in einer Vertikalebene liegt und sich 16,55 m tiefer als C befindet, die Höhenwinkel $\delta_1 = 25°58'$ nach A und $\delta_2 = 10°11'$ nach C.

537. Vor dem Bau eines Tunnels sollen seine Länge $x = \overline{B'C'}$ und seine Neigung ν bestimmt werden (Bild 496). Zu diesem Zweck werden beiderseits des Berges zwei horizontale Standlinien $\overline{AB} = 262{,}71$ m und $\overline{CD} = 380{,}50$ m abgesteckt, die mit der Bergspitze E sowie dem Tunneleingang B' und dem Tunnelausgang C' in einer Vertikalebene liegen. Ferner werden die horizontalen Strecken $\overline{BB'} = 144{,}20$ m und $\overline{C'C} = 79{,}33$ m gemessen. B und C sind dabei so gewählt, daß von ihnen aus das auf dem Berggipfel aufgestellte Signal E sichtbar ist. In A, B, C und D werden die Höhenwinkel $\alpha = 28°58'$, $\beta = 40°30'$, $\gamma = 58°50'$ und $\delta = 32°20'$ gemessen.

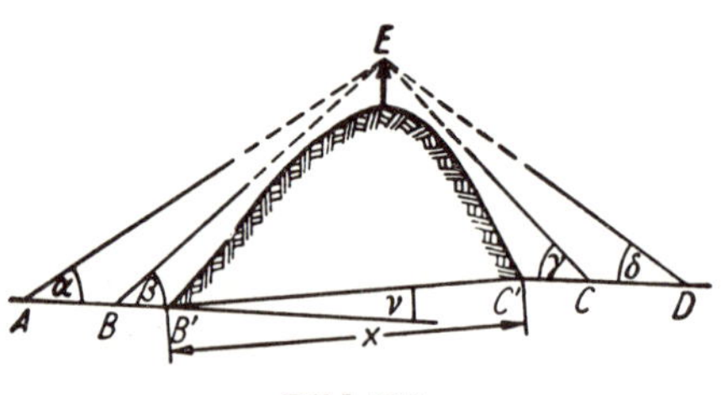

Bild 496

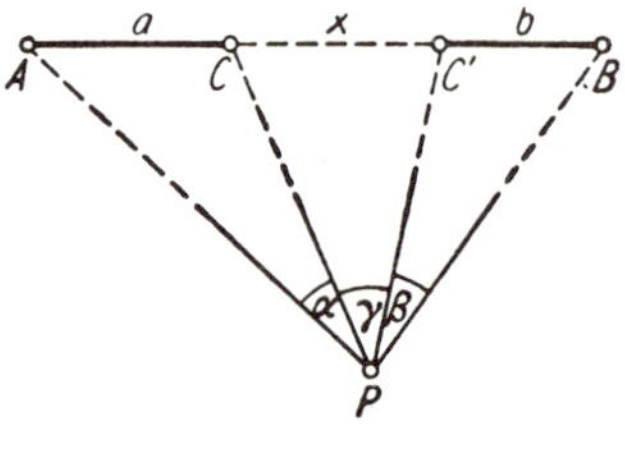

Bild 497

538. Bei der Bestimmung der Länge einer Strecke $\overline{AB}$ können wegen eines Hindernisses zwischen C und C' nur die Teilstrecken $\overline{AC} = a = 99{,}83$ m und $\overline{C'B} = b = 73{,}68$ m

direkt gemessen werden. Für die Berechnung der Teilstrecke $\overline{CC'} = x$ werden in einem passend gewählten Punkte P die Horizontalwinkel $\alpha = 23°24'20''$, $\beta = 24°18'30''$, $\gamma = 36°54'40''$ gemessen (Bild 497). Folgende Hilfsunbekannten sind einzuführen:

$$\varphi = \sphericalangle BAP, \ \psi = \sphericalangle PBA, \ \overline{PC} = c_1: \ \overline{PC'} = c_2.$$

Man beachte: Die Messung ist so angeordnet, daß das $\triangle ABP$ nur spitze Winkel enthält.

539. Ein Eisenbahndamm ist aufzuschütten. Es sollen die Kronenbreite 10 m, der Böschungswinkel 30° betragen. Da die Dammrichtung parallel zu den Höhenlinien des Geländes verläuft, hat die Dammsohle eine Querneigung von 15 %. Die Dammhöhe h_2 soll 1,6 m betragen (Bild 498). Zu berechnen sind

a) die Dammhöhe h_1,

b) die Länge der Böschungsfallinien $\overline{AD}$ und $\overline{BC}$,

c) die Breite $\overline{AB}$ der Dammsohle,

d) die Fläche $ABCD$ des Dammquerschnitts.

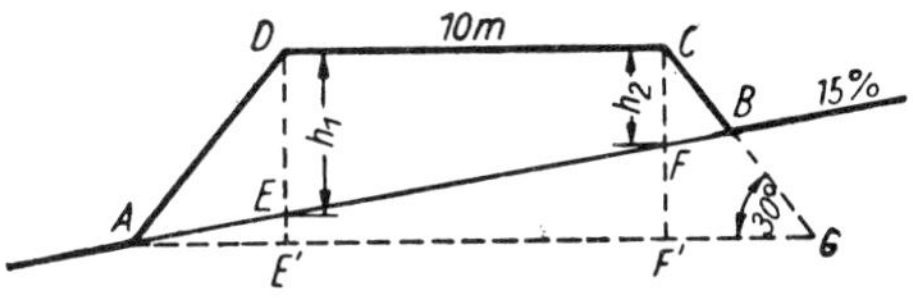

Bild 498

Flug- und Seewesen

540. Zwecks genauer Standortbestimmung peilt man von einem in der Nähe der Küste fahrenden Schiff einen Schornstein T in Richtung N 33°12′ O und einen Leuchtturm L in Richtung N 48°25′ W. Aus der Karte entnimmt man die Strecke $\overline{LT} = 18{,}3$ km und ihre Richtung $(\overline{LT})$ = N 82°17′ O. Wie weit ist das Schiff vom Leuchtturm L entfernt, und welchen Kurs muß das Schiff fahren, um den Leuchtturm im Abstand von 6,5 Seemeilen (1 sm = 1,852 km) zu passieren (Bild 499)?

541. Ein Schiff fährt mit dem Kurs S 32°49′ O und peilt einen Leuchtturm in Richtung S 63°28′ O. Nachdem es 1h 15min mit einer Geschwindigkeit von 8 sm/h weitergefahren ist, peilt es den Leuchtturm in N 72°38′ O. Wie weit ist es jetzt vom Leuchtturm entfernt?

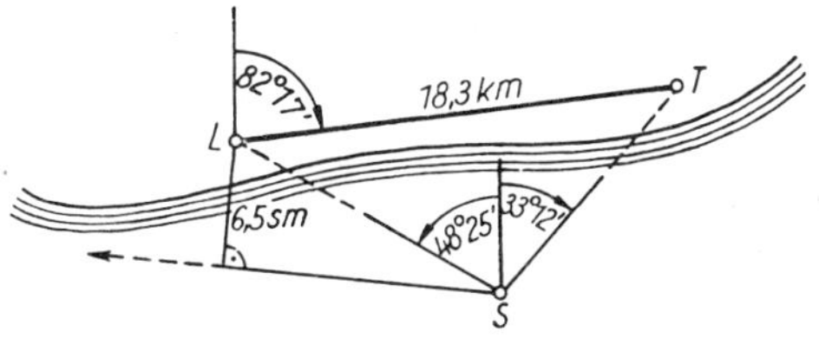

Bild 499

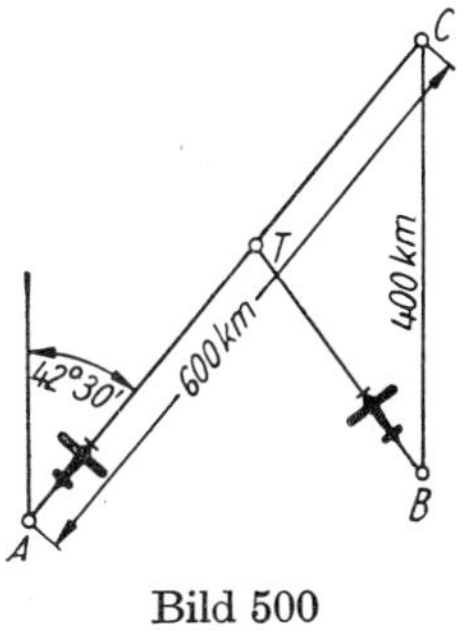

Bild 500

542. Ein Flugzeug ist um $10^{\mathrm{h}}20^{\mathrm{min}}$ in A mit dem Kurs N 42°30′ O gestartet, um einen 600 km entfernt liegenden Ort C um $11^{\mathrm{h}}50^{\mathrm{min}}$ zu erreichen. In einem Ort B, der

400 km südlich von C liegt, startet um $10^{\text{h}}35^{\text{min}}53^{\text{s}}$ ein zweites Flugzeug, um das erste auf seinem Fluge von A nach C zu treffen und mit ihm weiterzufliegen (Bild 500). Welchen Kurs muß das zweite Flugzeug fliegen, wenn es eine Fluggeschwindigkeit von 450 km/h hat? Wann treffen sich die Flugzeuge, und welche Entfernung hat der Treffpunkt T von C?

543. Ein Flugzeug startet mit einer Eigengeschwindigkeit von 350 km/h mit Kurs N 24°O. Es weht ein Südwestwind mit der Geschwindigkeit 50 km/h. Man berechne die wahre Fluggeschwindigkeit und die wahre Flugrichtung.

544. Die Höhe über Grund der ehemaligen Zeppelinluftschiffe wurde mit Hilfe des Echolotes bestimmt. Durch eine Schallquelle am Heck des Schiffes wurden Schallwellen ausgesandt, die von einem am Bug in 190 m Entfernung angebrachten Gerät aufgenommen wurden. Unter welchem Winkel (gegen die Senkrechte gemessen) treffen die Schallstrahlen auf die Erde auf, und wie hoch fliegt das Schiff, wenn die Fluggeschwindigkeit 125 km/h, die Schallgeschwindigkeit 333 m/s und die Zeit von Aussendung bis Empfang der Schallwellen 6 s betragen?

Physik und Technik

545. Eine zylindrische Walze der Masse $m = 23{,}5$ kg wird auf einer schiefen Ebene mit dem Neigungswinkel 20° durch eine Seilkraft $F_S = 340$ N und die Normalkraft F_N im Gleichgewicht gehalten (Bild 501). Zu berechnen sind der Winkel α, den F_S gegen die Horizontale einschließt, und die Normalkraft F_N.

546. Ein Seil läuft über eine kleine Rolle. Es trägt an dem einen Ende die Last $F_Q = 2000$ N und wird am anderen Ende mit der Kraft $F = 2000$ N unter einem Winkel 30° gegen die Horizontale gehalten. Welche Zugkraft F_Z muß die Pendelstange, an der die Rolle befestigt ist, aufnehmen, und unter welchem Winkel α gegen die Horizontale stellt sie sich ein (Bild 502)?

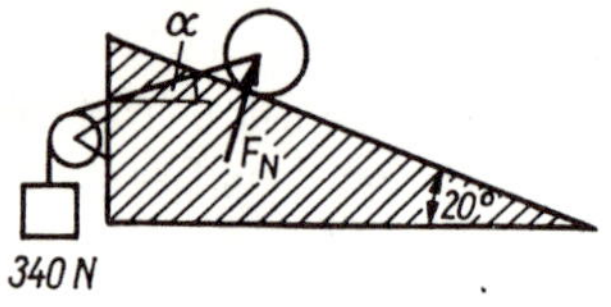

Bild 501

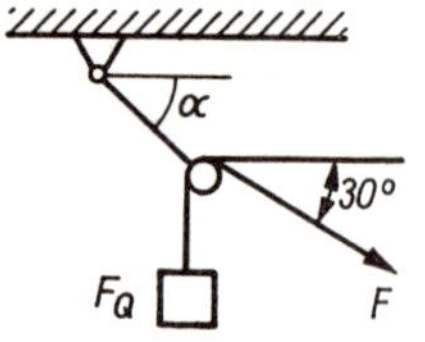

Bild 502

547. Der Auslegerkopf K eines Krans hat von der vorderen, oberen Kranhauskante den Abstand $q = 10{,}59$ m. Der Ausleger a schließt mit der Horizontalebene einen Winkel $\alpha = 42°30'$ ein. Die Neigung der Strecke q gegen die Horizontale beträgt $\beta = 25°30'$. Das Kranhaus hat die Breite $b = 4{,}20$ m (Bild 503).
Zu berechnen sind:

a) die Länge a des Auslegers,
b) die Länge s der Spannseile,
c) der Winkel γ, den die Spannseile einschließen,
d) die Zugkräfte F_Z und die Druckkraft F_D, die die Spannseile und der Ausleger aufnehmen müssen, wenn die Last am Auslegerkopf $F_Q = 15000$ N beträgt.

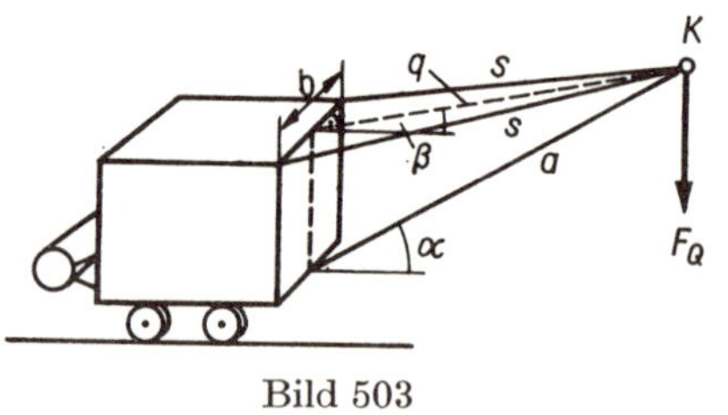

Bild 503

548. Drei Kräfte F_1, F_2, F_3 stehen im Verhältnis

a) 3:25:26

b) 10:35:39

c) 11:13:20

zueinander. Welche Winkel müssen sie miteinander einschließen, damit sie im Gleichgewicht sind?

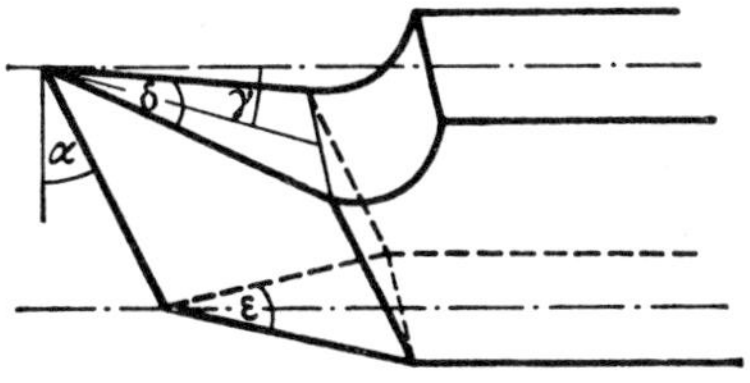

Bild 504

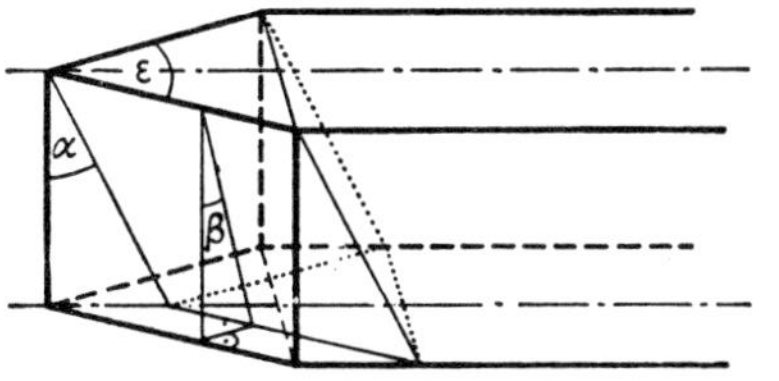

Bild 505

549. Am Gewindeschneidmeißel treten der Zahnwinkel ε, der Freiwinkel α und der Spanwinkel γ auf. Der Gewindeschneidmeißel (Bild 504) entsteht aus dem Rohstück (Bild 505) durch Anschleifen eines Flankenwinkels β und des Spanwinkels γ. Wie groß muß für $\alpha = 15°$ und $\gamma = 30°$ der Zahnwinkel ε gewählt werden, damit der von den oberen Kanten des Schneidmeißels eingeschlossene Winkel $\delta = 60°$ wird? Welche Größe muß der Flankenwinkel β erhalten?

550. Der Normalschnitt eines dreiseitigen Glasprismas mit der relativen Brechzahl $n = 1{,}5$ sei ein gleichseitiges Dreieck. Der Gang eines parallel zu einer Begrenzungsfläche einfallenden Lichtstrahls ist zu untersuchen (Bild 506).

a) Zu zeigen ist, daß ein im unteren Teil einfallender Strahl das Prisma parallel verschoben verläßt, und die Verschiebung d ist als Funktion der Einfallshöhe e und der Seitenlänge a darzustellen.

b) Ein im oberen Teil einfallender Lichtstrahl wird um einen Winkel ε abgelenkt, dieser ist zu berechnen.

c) Es gibt einen Grenzfall e_G der Einfallshöhe, bei dem sich das Verhalten des Lichtstrahls von der Eigenschaft a) zur Eigenschaft b) sprunghaft ändert. e_G ist als Funktion der Seitenlänge a bzw. Höhe h auszudrücken.

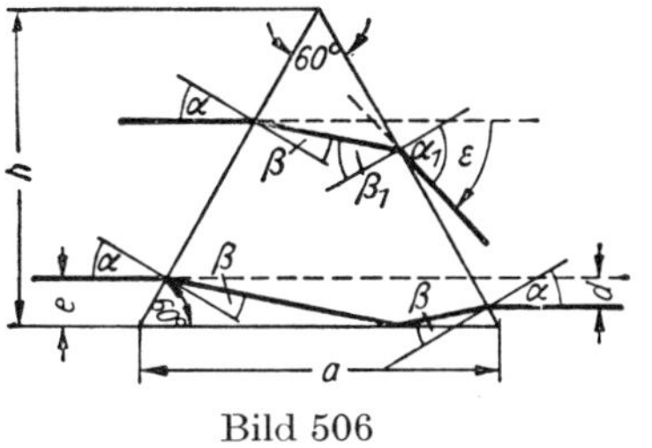

Bild 506

551. Ein Lichtstrahl fällt unter dem Einfallswinkel $\alpha = 30°$ auf eine planparallele Glasplatte (Dicke der Platte $d = 1$ cm, relative Brechzahl $n = 1{,}5$) und erfährt beim Austritt eine Parallelverschiebung v (Bild 507). Für v ist eine allgemeine Formel mit α, d, n zu entwickeln, aus der die Verschiebung für das Zahlenbeispiel zu bestimmen ist.

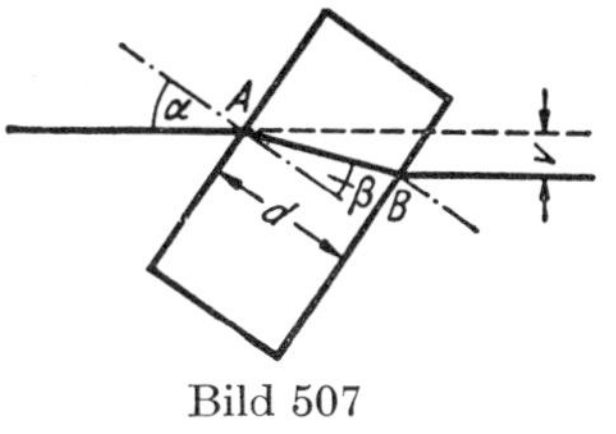

Bild 507

552. Die Addition zweier Sinusschwingungen $A = a \sin(\omega t + \varphi_a)$ und $B = b \sin(\omega t + \varphi_b)$ mit dem Phasenunterschied $\varphi = \varphi_b - \varphi_a$ ergibt wieder eine Sinusschwingung $C = c \sin(\omega t + \psi)$ mit der Phasenverschiebung ψ (Bild 508). ψ und c sind in a, b und φ_a, φ_b bzw. φ auszudrücken. (Vgl. die nachstehende Anleitung.)

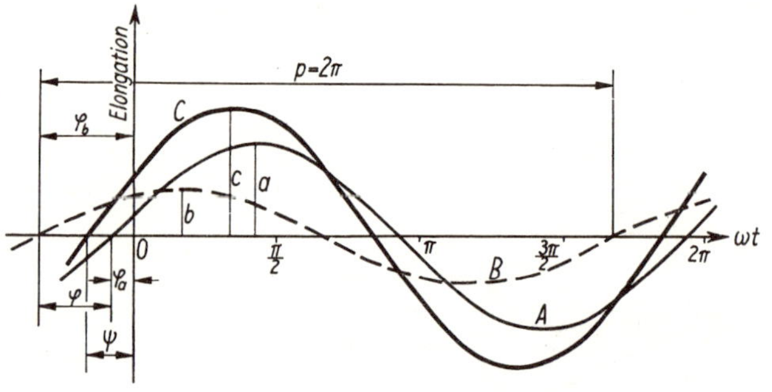

Bild 508

Anleitung: Die Lösung ist auf zwei Wegen möglich:

a) Koeffizientenvergleich in der Gleichung $C = A + B$,

b) Auflösung des Dreiecks OP_aP_c, dessen Seiten die als Vektoren dargestellten Sinusschwingungen sind. Hierbei ist $\overline{OP_a} = |\mathfrak{a}| = a$, $\overline{OP_b} = |\mathfrak{b}| = b$, $\overline{OP_c} = |\mathfrak{c}| = c$ (Bild 509).

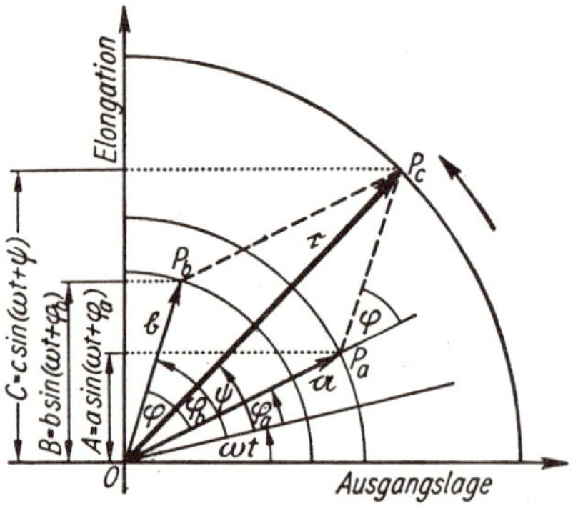

Bild 509

20. Zyklometrische Funktionen (Kreis-oder Arcusfunktionen)

Die im folgenden zu erklärenden zyklometrischen[1] Funktionen werden auch Kreis- oder Arcusfunktionen genannt. Sie haben für die praktische Trigonometrie, d. h. für die Anwendung der Trigonometrie besonders auf die Geodäsie, Astronomie und Nautik, wenig Bedeutung. Hingegen sind sie für die Höhere Mathematik, die sogenannte Analysis, sehr wichtig und unentbehrlich.

Es sei folgende goniometrische Bestimmungsgleichung vorgegeben:

$$\sin \alpha = \frac{1}{2}$$

Die Lösung erhält man nach 18.1.1.

$$\alpha = \begin{cases} 30^\circ + n \cdot 360^\circ \\ -30^\circ + (2n+1)\,180^\circ \end{cases} \quad \text{mit } n = 0, \pm 1, \pm 2, \ldots$$

[1] zyklos (griech.) der Kreis

Es gibt also unendlich viele Winkel α, die die vorgegebene Gleichung befriedigen.

In der Analysis wird durchweg mit unbenannten Zahlen gerechnet. Daher ist die analytische Lösung im Bogenmaß des Winkels anzugeben. Wird für das Bogenmaß x geschrieben, so ergibt sich die Lösung der Gleichung

$$\sin x = \frac{1}{2}$$

in analytischer Form:

$$x = \begin{cases} \frac{\pi}{6} + n \,.\, 2\pi \\ -\frac{\pi}{6} + (2n+1)\,\pi \end{cases}$$

Aus obigen Gründen soll im folgenden der Winkel stets im analytischen Maß (Bogenmaß) ausgedrückt werden.

Für die in früheren Kapiteln behandelten algebraischen Gleichungen ist es stets möglich, die Lösung der Gleichung nach entsprechender Umformung derart anzugeben, daß alle bekannten Größen auf der rechten Seite der Endgleichung auftreten, während die Unbekannte x auf der linken Seite isoliert steht.

BEISPIELE

1. $\frac{x}{2} + 3 = \sqrt{2}$ Lösung: $x = 2\left(\sqrt{2} - 3\right)$

2. $x^3 - 8 = 0$ Lösung: $x = \sqrt[3]{8}$

Wo ist aber in der Lösung der obigen goniometrischen Gleichung der gegebene Wert $\frac{1}{2}$ geblieben?

Bei den beiden Beispielen für algebraische Gleichungen wurden die Lösungen in der Weise herbeigeführt, daß man die mit der Unbekannten x verknüpften Größen nacheinander durch Anwendung der jeweils umgekehrten Rechenoperation auf die rechte Seite brachte. Im Beispiel 1 war also erstens die Subtraktion von 3 und zweitens die Multiplikation mit 2 nötig, während das zweite Beispiel zunächst die Addition von 8 und dann das Ziehen der 3. Wurzel erforderte. Die vorgegebene goniometrische Gleichung läßt sich also deshalb nicht in dieser üblichen Weise nach dem unbekannten Winkel x auflösen, weil eine zur Bildung des Sinus umgekehrte Rechenoperation zunächst nicht bekannt ist. Damit die Gleichung $\sin x = \frac{1}{2}$ nach x aufgelöst werden kann, wird ein neues Symbol **„arcsin"** eingeführt. Hiermit erhält man

$$x = \arcsin \frac{1}{2} \left(\text{gesprochen: } x \text{ gleich arcus sinus } \frac{1}{2}\right).$$

Dieses Symbol ist aus folgendem lateinischen Satz entstanden: arcus cuius sinus est $\frac{1}{2}$. Zu deutsch: Der Bogen (im Einheitskreis), dessen Sinus $\frac{1}{2}$ ist. Oder freier übersetzt: x ist derjenige Winkel im Bogenmaß, der zu dem Sinuswert $\frac{1}{2}$ gehört. Dabei hat man x isoliert erhalten, weil sich „sin" und „arcsin" gewissermaßen gegenseitig aufheben.

Aus $\sin x = \frac{1}{2}$ ergibt sich somit zunächst

$$\arcsin(\sin x) = \arcsin\frac{1}{2},$$

woraus dann $x = \arcsin\frac{1}{2}$ folgt.

Folgende Beispiele mögen das Verständnis für das neu eingeführte Symbol vertiefen.

BEISPIELE

1. Aus $\sin x = -\frac{1}{2}\sqrt{2}$ folgt

$$x = \arcsin\left(-\frac{1}{2}\sqrt{2}\right) = \begin{cases} -\frac{\pi}{4} + n2\pi = -45^\circ + n\,360^\circ \\ \frac{\pi}{4} + (2n+1)\,\pi = 45^\circ + (2n+1)\,180^\circ \end{cases}$$

2. Aus $\sin x = \frac{1}{2}\sqrt{3}$ folgt

$$x = \arcsin\frac{1}{2}\sqrt{3} = \begin{cases} \frac{\pi}{3} + n2\pi = 60^\circ + n\,360^\circ \\ -\frac{\pi}{3} + (2n+1)\,\pi = -60^\circ + (2n+1)\,180^\circ \end{cases}$$

3. Aus $\sin x = 0$ folgt

$$x = \arcsin 0 = 0 + n\pi = 0^\circ + n \cdot 180^\circ$$

4. Aus $\sin x = -1$ folgt

$$x = \arcsin(-1) = -\frac{\pi}{2} + n \cdot 2\pi = -90^\circ + n \cdot 360^\circ$$

5. Aus $\sin x = 0{,}2249511$ folgt

$$x = \arcsin 0{,}2249511 = \begin{cases} 0{,}2268928 + n2\pi = 13^\circ + n \cdot 360^\circ \\ -0{,}2268928 + (2n+1)\pi = -13^\circ + (2n+1) \cdot 180^\circ \end{cases}$$

Hierbei sind jedem vorgegebenen Sinuswert ganz bestimmte Winkel x, und zwar unendlich viele, zugeordnet.

Wird der Sinuswert im allgemeinen Fall mit y bezeichnet, so ergibt sich:

Aus $y = \sin x$ folgt $x = \arcsin y$

Bei Anlehnung an die sog. Funktionentheorie sagt man,

$$x = \arcsin y \qquad \text{(I)}$$

sei eine unendlich vieldeutige Funktion mit der unabhängigen Veränderlichen y und der abhängigen Veränderlichen x, und nennt $x = \arcsin y$ die Umkehrfunktion oder inverse Funktion von $y = \sin x$. Beide Funktionen haben dasselbe Bild im Koordinatensystem. Werden nun noch zusätzlich die Bezeichnungen x und y vertauscht, da es gebräuchlich ist, den Wert einer Funktion y und ihr Argument x zu nennen, so ergibt sich die Funktion

$$y = \arcsin x\,, \tag{II}$$

die ebenfalls Umkehrfunktion von $y = \sin x$ heißt. Das Bild dieser Funktion geht aus dem Bild der Funktion $y = \sin x$ durch Spiegelung an der Geraden $y = x$ hervor.
In entsprechender Weise ergibt sich

aus $y = \cos x$	die Umkehrfunktion	$y = \operatorname{arccos} x$	
,, $y = \tan x$	,, ,,	$y = \arctan x$	(III)
,, $y = \cot x$	,, ,,	$y = \operatorname{arccot} x$	

Stützt man sich auf den in Band I, 10.2. erklärten Funktionsbegriff nach Dirichlet, wonach es nur eindeutige Funktionen gibt, so läßt sich die Funktion $y = \sin x$ nur in solchen Intervallen umkehren, wo sie monoton ist. Wird z. B. das Intervall $-\frac{\pi}{2} \leqq x \leqq \frac{\pi}{2}$ ausgewählt, das die Winkel des I. Quadranten enthält, dann ergibt sich aus $y = \sin x$ mit $-\frac{\pi}{2} \leqq x \leqq \frac{\pi}{2}$ die Umkehrfunktion

$$\boldsymbol{y = \arcsin x,} \tag{IV}$$

deren Wertevorrat durch das Intervall $\boldsymbol{-\frac{\pi}{2} \leqq y \leqq \frac{\pi}{2}}$ dargestellt wird.

Genauso läßt sich $y = \sin x$ im Intervall $\frac{\pi}{2} \leqq x \leqq \frac{3}{2}\pi$ umkehren. Man erhält dann

$$y = \pi - \arcsin x$$

als Umkehrfunktion. Entsprechend gehört zu $y = \sin x \left(-\frac{3}{2}\pi \leqq x \leqq -\frac{\pi}{2}\right)$ die Umkehrfunktion $y = -\pi - \arcsin x$ usw.
Es läßt sich also zu jedem Intervall, in dem $y = \sin x$ monoton ist, eine Umkehrfunktion bilden. Daher gibt es zu $y = \sin x$ unendlich viele Umkehrfunktionen, die zusammengefaßt folgendermaßen geschrieben werden können:

$$y = \begin{cases} \arcsin x + n2\pi & \text{Werte-} \quad (4n-1)\frac{\pi}{2} \leqq y \leqq (4n+1)\frac{\pi}{2} \\ -\arcsin x + (2n+1)\pi & \text{vorrat:} \quad (4n+1)\frac{\pi}{2} \leqq y \leqq (4n+3)\frac{\pi}{2} \end{cases} \tag{V}$$

$$(n = 0, \pm 1, \pm 2, \ldots)$$

In derselben Weise findet man die Umkehrfunktionen der anderen drei goniometrischen Funktionen.

Zu $y = \cos x$ gehört im Intervall $0 \leqq x \leqq \pi$ die Umkehrfunktion

$$\boldsymbol{y = \operatorname{arccos} x}$$

mit dem Wertevorrat $\boldsymbol{0 \leqq y \leqq \pi,}$ (VI)

(VI) und die anderen Umkehrfunktionen von $y = \cos x$ ergeben unendlich viele

Umkehrfunktionen:

$$y = \begin{cases} \arccos x + n2\pi \\ -\arccos x + n2\pi \end{cases} \quad \text{Wertevorrat:} \begin{cases} 2n\pi \leqq y \leqq (2n+1)\pi \\ (2n-1)\pi \leqq y \leqq 2n\pi \end{cases} \tag{VII}$$

$$(n = 0, \pm 1, \pm 2, \ldots)$$

Zu $y = \tan x$ gehört im Intervall $-\frac{\pi}{2} < x < \frac{\pi}{2}$ die Umkehrfunktion

$\boldsymbol{y = \arctan x}$ (VIII)

mit dem Wertevorrat $-\frac{\pi}{2} < y < \frac{\pi}{2}$.

Bild 510

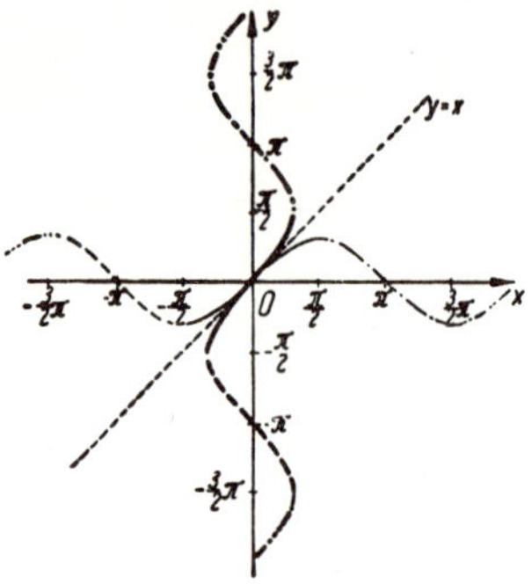

Bild 511

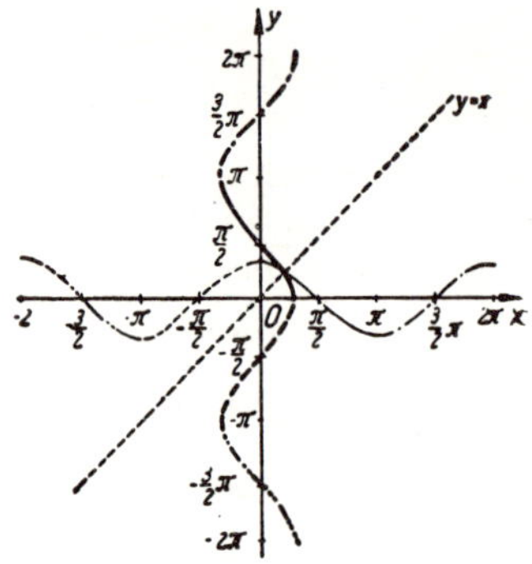

— $y = \sin x \left(-\frac{\pi}{2} \leqq x \leqq \frac{\pi}{2}\right)$

— $y = \arcsin x$

–·– $y = \sin x \left(\frac{\pi}{2} \leqq x \leqq \frac{3}{2}\pi\right)$

-·- $y = \pi - \arcsin x$

–··– $y = \sin x \left(\frac{3}{2}\pi \leqq x \leqq \frac{5}{2}\pi\right)$

-··- $y = 2\pi + \arcsin x$

--- $y = \sin x \left(-\frac{3}{2}\pi \leqq x \leqq -\frac{\pi}{2}\right)$

--- $y = -\pi - \arcsin x$

–···– $y = \sin x \left(-\frac{5}{2}\pi \leqq x \leqq -\frac{3}{2}\pi\right)$

-···- $y = -2\pi + \arcsin x$

— $y = \cos x \; (0 \leqq x \leqq \pi)$

— $y = \arccos x$

–·– $y = \cos x \; (\pi \leqq x \leqq 2\pi)$

-·- $y = 2\pi - \arccos x$

--- $y = \cos x \; (-\pi \leqq x \leqq 0)$

--- $y = -\arccos x$

–··– $y = \cos x \; (-2\pi \leqq x \leqq -\pi)$

-··- $y = -2\pi + \arccos x$

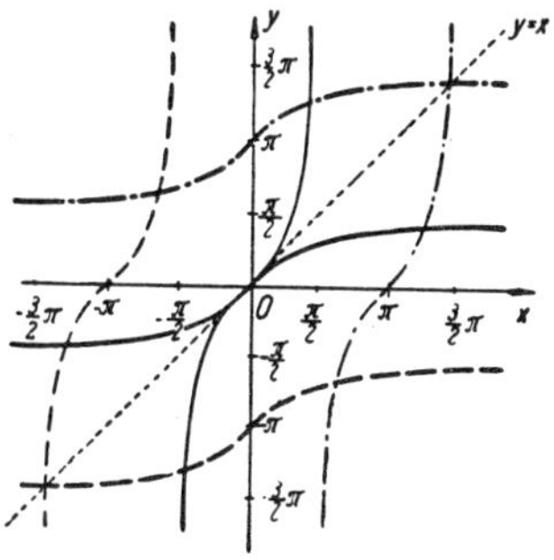

Bild 512

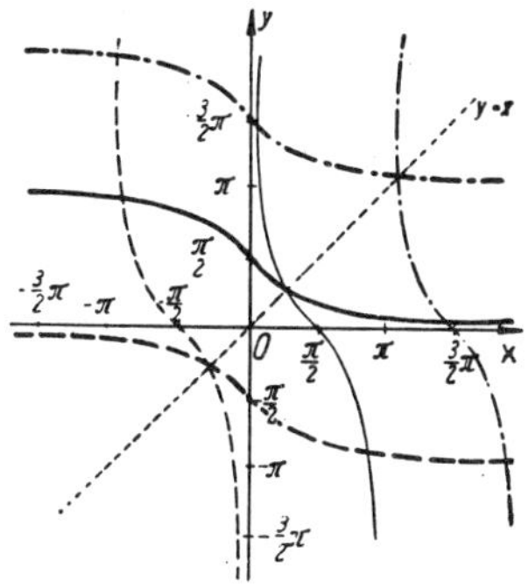

Bild 513

— $y = \tan x \left(-\frac{\pi}{2} < x < \frac{\pi}{2}\right)$

— $y = \arctan x$

-·- $y = \tan x \left(\frac{\pi}{2} < x < \frac{3}{2}\pi\right)$

-·- $y = \pi + \arctan x$

--- $y = \tan x \left(-\frac{3}{2}\pi < x < -\frac{\pi}{2}\right)$

--- $y = -\pi + \arctan x$

— $y = \cot x \ (0 < x < \pi)$

— $y = \operatorname{arccot} x$

-·- $y = \cot x \ (\pi < x < 2\pi)$

-·- $y = \pi + \operatorname{arccot} x$

--- $y = \cot x \ (-\pi < x < 0)$

--- $y = -\pi + \operatorname{arccot} x$

Die Gesamtheit aller Umkehrfunktionen von $y = \tan x$ kann folgendermaßen angegeben werden:

$$y = \arctan x + n\pi \quad \text{Wertevorrat:} \quad (2n-1)\frac{\pi}{2} < y < (2n+1)\frac{\pi}{2} \qquad \text{(IX)}$$
$$(n = 0, \pm 1, \pm 2, \ldots)$$

Zu $y = \cot x$ gehört im Intervall $0 < x < \pi$ die Umkehrfunktion

$$\boldsymbol{y = \operatorname{arccot} x} \qquad \text{(X)}$$

mit dem Wertevorrat $\boldsymbol{0 < y < \pi}$.

Alle Umkehrfunktionen von $y = \cot x$ lassen sich in der folgenden Formel zusammenfassen:

$$y = \operatorname{arccot} x + n\pi \quad \text{Wertevorrat:} \quad n\pi < y < (n+1)\pi \qquad \text{(XI)}$$
$$(n = 0, \pm 1, \pm 2, \ldots)$$

Die Funktionen $y = \arcsin x$, $y = \arccos x$, $y = \arctan x$, $y = \operatorname{arccot} x$ heißen *zyklometrische Funktionen*. In den Bildern 510 bis 513 sind die Bilder der zyklometrischen Funktionen dargestellt.

BEISPIELE

1. $y = \arcsin\left(-\frac{1}{2}\right) = \underline{\underline{-\frac{\pi}{6}}}$

2. $y = \arccos\left(-\frac{1}{2}\right) = \underline{\underline{\frac{2}{3}\pi}}$

3. $y = \arctan(-1) = \underline{\underline{-\frac{\pi}{4}}}$

4. $y = \operatorname{arccot}\sqrt{3} = \underline{\underline{\frac{\pi}{6}}}$

Im folgenden seien noch einige Beziehungen angegeben, die in der Analysis hin und wieder gebraucht werden.

Aus $x = \sin y$ und $x = \cos\left(\frac{\pi}{2} - y\right)$ [vgl. (91) (s. 14.1.3.)] mit $|\,y\,| \leqq \frac{\pi}{2}$ ergibt sich durch Umkehrung

$$y = \arcsin x \qquad \text{und} \qquad \frac{\pi}{2} - y = \arccos x$$

oder

$$\boxed{\arcsin x + \arccos x = \frac{\pi}{2} \qquad (-1 \leqq x \leqq 1)} \tag{164}$$

Entsprechend findet man wegen (91):

$$\boxed{\operatorname{arctan} x + \operatorname{arccot} x = \frac{\pi}{2} \qquad (-\infty < x < \infty)} \tag{165}$$

Ferner gilt wegen (95):

$$\boxed{\operatorname{arccot} x = \operatorname{arctan} \frac{1}{x} \qquad (x > 0)} \tag{166}$$

Aus den goniometrischen Additionstheoremen (103), (104), (107) und (109) folgen die zyklometrischen Additionstheoreme, die der Leser beweisen mag:

$$\begin{array}{l}
\arcsin x_1 + \arcsin x_2 = \arcsin\left(x_1 \sqrt{1 - x_2^2} + x_2 \sqrt{1 - x_1^2}\right) \\
\left(-\frac{1}{2}\sqrt{2} \leqq x_1 \leqq \frac{1}{2}\sqrt{2}\,; \qquad -\frac{1}{2}\sqrt{2} \leqq x_2 \leqq \frac{1}{2}\sqrt{2}\right) \\
\arccos x_1 + \arccos x_2 = \arccos\left(x_1 x_2 - \sqrt{1 - x_1^2}\sqrt{1 - x_2^2}\right) \\
(0 \leqq x_1 \leqq 1; \qquad 0 \leqq x_2 \leqq 1) \\
\operatorname{arctan} x_1 + \operatorname{arctan} x_2 = \operatorname{arctan} \frac{x_1 + x_2}{1 - x_1 x_2} \quad \begin{array}{l}(-1 < x_1 < 1; \\ \;\,-1 < x_2 < 1)\end{array} \\
\operatorname{arccot} x_1 + \operatorname{arccot} x_2 = \operatorname{arccot} \frac{x_1 x_2 - 1}{x_1 + x_2} \quad \begin{array}{l}(0 < x_1 < \infty; \\ \;\,0 < x_2 < \infty)\end{array}
\end{array} \tag{167}$$

AUFGABEN

553. Es sind folgende Winkel x zu berechnen:

a) $x = \arcsin\left(-\frac{1}{2}\right) + \operatorname{arctan} 1$

b) $x = \arccos \frac{1}{2}\sqrt{2} - \operatorname{arccot}(-\sqrt{3})$

c) $x = \operatorname{arctan} \frac{1}{\sqrt{3}} + \arccos\left(-\frac{1}{2}\sqrt{3}\right)$

d) $x = \frac{\pi}{6} - \arcsin 1 + \operatorname{arccot}(-1)$

554. Beweise folgende Formeln:

a) $\arctan \frac{x-1}{x+1} + \operatorname{arccot} x - \arctan 1 = 0$

b) $\frac{1}{2} \arccos x - \operatorname{arccot} \sqrt{\frac{1+x}{1-x}} = 0$

und gib an, für welche Bereiche von x sie gelten.

21. Rechnen mit kleinen Winkeln

Später wird in der Höheren Mathematik gezeigt, daß die trigonometrischen Funktionen in unendliche Reihen entwickelt werden können:

$$\sin x = x - \frac{x^3}{3!} + \frac{x^5}{5!} - \frac{x^7}{7!} + - \ldots \quad (168)$$

[1]

$$\cos x = 1 - \frac{x^2}{2!} + \frac{x^4}{4!} - \frac{x^6}{6!} + - \ldots \quad (169)$$

$$\tan x = x + \frac{1}{3} x^3 + \frac{2}{15} x^5 + \frac{17}{315} x^7 + \ldots \quad (170)$$

$$\cot x = \frac{1}{x} - \frac{1}{3} x - \frac{1}{45} x^3 - \frac{2}{945} x^5 - \ldots \quad (171)$$

Hierbei ist der Winkel x stets im Bogenmaß einzusetzen.

Die Reihen konvergieren[2] in folgenden Bereichen:

sin- und cos-Reihe für beliebige Winkel x,

tan-Reihe für $|x| < \frac{\pi}{2}$,

cot-Reihe für $0 < |x| < \pi$.

Die obigen Reihen haben in verschiedener Hinsicht Bedeutung. Unter anderem gestatten sie in ziemlich einfacher Weise die Berechnung der trigonometrischen Funktionswerte, und sie bilden ferner die Grundlage für die Entwicklung von trigonometrischen Näherungsformeln sowie deren Abschätzung auf Genauigkeit. Wir beschäftigen uns mit der zuletzt genannten Anwendung.
Ist der Winkel x sehr klein, was wir im folgenden stets annehmen wollen, dann werden die Potenzen von x so gering, daß in den Reihen (168) bis (170) die Glieder höherer Ordnung vernachlässigt werden können.

Für hinreichend kleine Winkel x läßt sich daher

$$\sin x = x = \tan x \quad \text{und} \quad \cos x = 1$$

setzen. Es kann also für einen *Winkel α im Gradmaß, der in der Nähe von $0°$ liegt,*

[1] Vgl. Band I, 4.6.1.
[2] Vgl. Band I, 6.2. u. 7.2.

geschrieben werden:

$$\boxed{\sin \alpha \approx \alpha \approx \tan \alpha} \qquad (172)$$

$$\boxed{\cos \alpha \approx 1} \qquad (173)$$

Bei Hinzunahme eines weiteren Gliedes der Reihen (168) bis (170) läßt sich zeigen, daß für folgende Winkel und Genauigkeitsstufen die Gleichheitszeichen in den Formeln (172) und (173) gesetzt werden dürfen:

	(172)	(173)
3-stellige Rechnung: $\lvert\alpha\rvert <$	5,7°	1,8°
4-stellige Rechnung: $\lvert\alpha\rvert <$	2,6°	0,6°
5-stellige Rechnung: $\lvert\alpha\rvert <$	1,2°	0,2°
6-stellige Rechnung: $\lvert\alpha\rvert <$	0,6°	0,05°

Die Formel (172), die also besagt, daß für kleine Winkel die Sinus- und Tangenswerte durch das Bogenmaß ersetzt werden können, läßt sich auch unmittelbar aus dem Verlauf der drei Funktionen $y = \sin x, y = x, y = \tan x$ erkennen (Bild 514).

Aus den Formeln (168) und (170) ergibt sich für kleine Winkel α ferner:

$$\boxed{\sin n\,\alpha \approx n \sin \alpha} \qquad (174)$$

$$\boxed{\tan n\,\alpha \approx n \tan \alpha} \qquad (175)$$

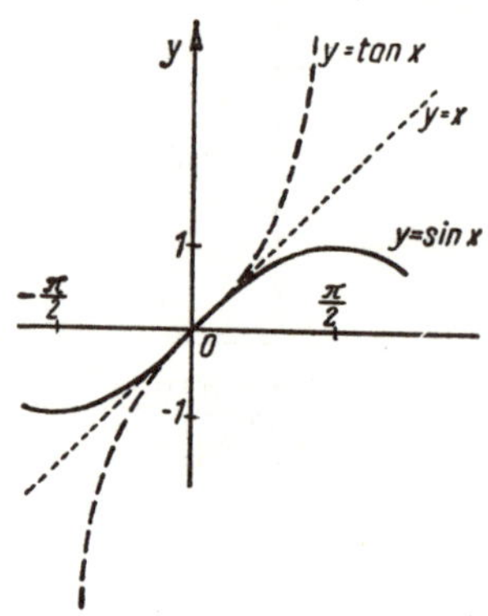

Bild 514

Anwendungsbereiche:

	(174)					(175)				
n	$\frac{1}{4}$	$\frac{1}{2}$	2	3	4	$\frac{1}{4}$	$\frac{1}{2}$	2	3	4
3-stellige Rechnung: $\lvert\alpha\rvert <$	13,4°	11,4°	4,5°	2,8°	2,1°	10,6°	9,1°	3,6°	2,3°	1,7°
4-stellige Rechnung: $\lvert\alpha\rvert <$	6,1°	5,3°	2,1°	1,3°	1,0°	4,9°	4,2°	1,7°	1,0°	0,8°
5-stellige Rechnung: $\lvert\alpha\rvert <$	2,8°	2,4°	1,0°	0,6°	0,4°	2,3°	2,0°	0,8°	0,5°	0,4°
6-stellige Rechnung: $\lvert\alpha\rvert <$	1,3°	1,1°	0,4°	0,3°	0,2°	1,0°	0,9°	0,4°	0,2°	0,2°

Da für kleine Winkel α und β wegen (173) die Cosinuswerte gleich 1 gesetzt werden können und das Produkt $\tan \alpha \cdot \tan \beta$ gegen 1 vernachlässigbar ist, folgt aus (103),

(105), (107) und (108):

$$\boxed{\sin(\alpha \pm \beta) \approx \sin\alpha \pm \sin\beta} \qquad (176)$$

$$\boxed{\tan(\alpha \pm \beta) \approx \tan\alpha \pm \tan\beta} \qquad (177)$$

Anwendungsbereiche:

(176)

	Oberes Vorzeichen					Unteres Vorzeichen				
β	$\frac{1}{4}\alpha$	$\frac{1}{2}\alpha$	α	2α	5α	$\frac{1}{4}\alpha$	$\frac{1}{2}\alpha$	α	2α	5α
3-stellige Rechnung: $\alpha <$	8,4°	6,2°	4,5°	3,1°	1,8°	10,0°	9,1°		4,5°	2,1°
4-stellige Rechnung: $\alpha <$	3,9°	2,9°	2,1°	1,5°	0,8°	4,5°	4,2°	be-	2,1°	1,0°
5-stellige Rechnung: $\alpha <$	1,8°	1,3°	1,0°	0,7°	0,4°	2,1°	2,0°	liebig	1,0°	0,4°
6-stellige Rechnung: $\alpha <$	0,8°	0,6°	0,4°	0,3°	0,2°	1,0°	0,9°		0,4°	0,2°

(177)

	Oberes Vorzeichen					Unteres Vorzeichen				
β	$\frac{1}{4}\alpha$	$\frac{1}{2}\alpha$	α	2α	5α	$\frac{1}{4}\alpha$	$\frac{1}{2}\alpha$	α	2α	5α
3-stellige Rechnung: $\alpha <$	6,7°	5,0°	3,6°	2,5°	1,5°	8,0°	7,2°		3,6°	1,7°
4-stellige Rechnung: $\alpha <$	3,1°	2,3°	1,7°	1,2°	0,7°	3,7°	3,3°	be-	1,7°	0,8°
5-stellige Rechnung: $\alpha <$	1,4°	1,1°	0,8°	0,5°	0,3°	1,7°	1,6°	liebig	0,8°	0,4°
6-stellige Rechnung: $\alpha <$	0,7°	0,5°	0,4°	0,2°	0,1°	0,8°	0,7°		0,4°	0,2°

BEISPIELE

1. Für die Winkel $\alpha = 1°, 2°, 3°, 4°, 5°, 6°$ sind die Sinus- und Tangenswerte sowie das Bogenmaß bis auf vier Stellen nach dem Komma aus der Tafel zu entnehmen und miteinander zu vergleichen.

Lösung

α	$\sin\alpha$	α	$\tan\alpha$
1°	0,0175	0,0175	0,0175
2°	0,0349	0,0349	0,0349
3°	0,0523	0,0524	0,0524
4°	0,0698	0,0698	0,0699
5°	0,0872	0,0873	0,0875
6°	0,1045	0,1047	0,1051

Es folgt, daß bis zu 2° die drei Werte übereinstimmen. Wird bis auf 3 Stellen nach dem Komma gerundet, so ist sogar bis zu 5° Übereinstimmung festzustellen. Am Zahlenbeispiel sind also die für Formel (172) angegebenen Anwendungsbereiche nachgewiesen.

2. Für die Periodendauer T einer harmonischen Schwingung gilt:

$$T = 2\pi \sqrt{\frac{my}{F}}$$

Hierbei bedeuten

m die schwingende Masse,
y den Ausschlag aus der Ruhelage,
F die rücktreibende Kraft.

Die Periodendauer des mathematischen Pendels ist zu berechnen.

Lösung

Der jeweilige Ausschlag y ist der zum Winkel α gehörige Bogen $y = l\alpha$, für die rücktreibende Kraft ergibt sich $F = G \sin \alpha = mg \sin \alpha$ (Bild 515). Hiermit folgt aus der obigen Formel:

$$T = 2\pi \sqrt{\frac{m\,l\,\alpha}{m\,g \sin \alpha}} = 2\pi \sqrt{\frac{l}{g}\,\frac{\alpha}{\sin \alpha}}$$

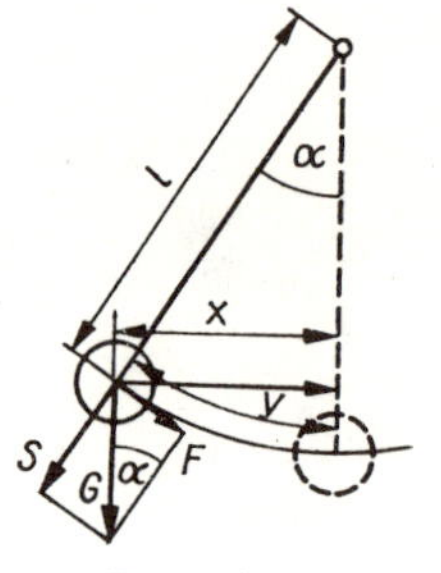

Bild 515

Für kleine Ausschläge gilt nach (172) $\sin \alpha \approx \alpha$, d. h., der Bogen y kann näherungsweise durch die halbe Sehne $x = l \sin \alpha$ ersetzt werden. Es ergibt sich

$$T = 2\pi \sqrt{\frac{l}{g}}$$

Diese Formel gilt bei 3stelliger Rechnung wegen des oben genannten Anwendungsbereichs nur für Ausschläge bis $\alpha \approx 5°$, wie es auch in der physikalischen Literatur angegeben ist.

3. Es soll für den Unterschied zwischen dem Bogen b und der zugehörigen Sehne s eine Näherungsformel aufgestellt werden. Ermittle die Genauigkeit der Formel für Zentriwinkel $\alpha < 15°$.

Lösung

Aus Bild 452 ergibt sich:

$$b - s = r\left(\alpha - 2 \sin \frac{\alpha}{2}\right)$$

Mit (168) folgt hieraus:

$$b - s = r\left\{\alpha - 2\left[\frac{\alpha}{2} - \frac{1}{3!}\left(\frac{\alpha}{2}\right)^3 + \frac{1}{5!}\left(\frac{\alpha}{2}\right)^5 - + \ldots\right]\right\}$$

Bei Vernachlässigung der Glieder höherer Ordnung ab $\frac{1}{5!}\left(\frac{\alpha}{2}\right)^5$ findet man:

$$b - s \approx \frac{r}{24}\,\alpha^3$$

Die Formel liefert um $f \approx 2r \frac{1}{5!}\left(\frac{\alpha}{2}\right)^5$ zu große Werte. Für den prozentualen Fehler p (vgl. Band I, 8.2.) ergibt sich daher bei $\alpha = 15°$:

$$p = \frac{f}{b - s} \cdot 100 \approx \frac{5}{4}\,(\alpha)^2 = \frac{5}{4} \cdot 0{,}2\,618^2 = \underline{\underline{0{,}086\ \%}}$$

Für $\alpha < 15°$ bleibt somit der Fehler unter 0,1 %.

4. Zu entwickeln ist entsprechend Beispiel 3 für $(b - s)$ eine Formel mit der Sehne s und der Pfeilhöhe p.

Lösung

Aus Bild 452 wird abgelesen

$$\tan\frac{\alpha}{4} = \frac{2p}{s} \qquad \text{und} \qquad \sin\frac{\alpha}{2} = \frac{s}{2r}$$

Für hinreichend kleine Winkel α ergibt sich hieraus wegen (172):

$$\frac{\alpha}{4} \approx \frac{2p}{s} \qquad \text{und} \qquad \frac{\alpha}{2} \approx \frac{s}{2r}$$

Daher gilt $\alpha \approx \frac{8p}{s} \approx \frac{s}{r}$, woraus folgt:

$$r \approx \frac{s^2}{8p}$$

Dieser Ausdruck in die Formel des Beispiels 3 eingesetzt:

$$b - s \approx \frac{s^2}{24 \cdot 8p} \cdot \left(\frac{8p}{s}\right)^3$$

Schließlich:

$$\underline{\underline{b - s \approx \frac{8p^2}{3s}}}$$

5. Bei der Projektierung einer Straße ergibt sich die Aufgabe, zwei Geraden mit verschiedenem Anstieg durch einen Kreisbogen abzurunden. Die Steigungen betragen $p_A = 3\,\%$ und $p_B = 1{,}5\,\%$, der Ausrundungshalbmesser soll zu $R = 2000$ m gewählt werden. Für die Absteckung des Profils werden die Tangentenstrecken $t = \overline{AS} = \overline{BS}$ benötigt (Bild 516).

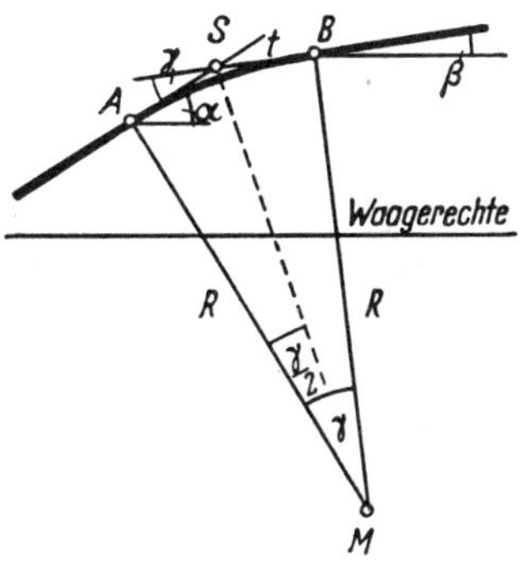

Bild 516

Lösung

Aus Bild 516 wird abgelesen:

$$\tan\alpha = \frac{p_A}{100}, \qquad \tan\beta = \frac{p_B}{100} \tag{I}$$

Hieraus folgt wegen der Kleinheit von α und β nach (177):

$$\tan\gamma = \tan(\alpha - \beta) \approx \tan\alpha - \tan\beta = \frac{p_A - p_B}{100} \qquad \text{(II)}$$

Aus dem Bild 516 ergibt sich ferner:

$$t = R\tan\frac{\gamma}{2} \qquad \text{(III)}$$

Da γ klein ist, läßt sich für (III) nach (175) schreiben:

$$t \approx \frac{R}{2}\tan\gamma \qquad \text{(IV)}$$

In (IV) wird (II) eingesetzt:

$$\underline{\underline{t \approx \frac{R}{200}(p_A - p_B)}} \qquad \text{(V)}$$

Bei eingesetzten Zahlenwerten folgt $t \approx 15$ m.

Wird für t die relative Genauigkeit[1] $\frac{\Delta t}{t} = 10^{-3}$ (das entspricht im Beispiel $\Delta t = 1{,}5$ cm) gefordert, so wird wegen Band I, 8.2., (116), nach Gleichung (III) für $\tan\frac{\gamma}{2}$ dieselbe relative Genauigkeit $\frac{\Delta\left(\tan\frac{\gamma}{2}\right)}{\tan\frac{\gamma}{2}} = 10^{-3}$ benötigt. Das ergibt für das Zahlenbeispiel wegen $\tan\frac{\gamma}{2} \approx 0{,}0075$ den zulässigen Fehler $\Delta\left(\tan\frac{\gamma}{2}\right) = 0{,}0000075$, verlangt also eine fünfstellige Rechnung.

Aus dem Anwendungsbereich für (175) wird bei $n = \frac{1}{2}$ und fünfstelliger Rechnung $\gamma < 2°$ entnommen, was im Beispiel erfüllt ist, da $\gamma \approx 0{,}85°$.

Wegen $\alpha \approx 1{,}7°$ und $\beta \approx 0{,}85°$ gilt $\beta \approx \frac{1}{2}\alpha$. Im Anwendungsbereich von (177) liest man hierfür bei fünfstelliger Rechnung $\alpha < 1{,}6°$ ab. Die erste Näherung in (II) ist daher gerade noch erlaubt.

AUFGABEN

555. Es soll festgestellt werden, in welchem Bereich die für Zentrierungsberechnungen in der Vermessungstechnik erforderliche Formel

$$\sin\delta = \frac{e}{s}\sin\varepsilon$$

durch die Näherungsformel

$$\delta \approx \varrho\frac{e}{s}\sin\varepsilon$$

ersetzt werden darf.

Anleitung: Für den Fehler, der durch Ersetzen von $\sin\delta$ durch δ entsteht, ist zu fordern:

$$\Delta\delta = \delta - \sin\delta \leqq \frac{0{,}5''}{\varrho}$$

[1] Vgl. Band I, 8.2.

Außerdem ist der Maximalfall $\varepsilon = 90°$ anzunehmen und der Anwendungsbereich der Näherungsformel durch eine Bedingung für das Streckenverhältnis $\frac{e}{s}$ auszudrücken!

556. In welchem Bereich für α darf die Formel für die Pfeilhöhe

$$p = r\left(1 - \cos\frac{\alpha}{2}\right) \text{[vgl. 17. 2. 1., 2.Beispiel]}$$

durch die Näherungsformel

$$p \approx \frac{r}{8}\,\alpha^2$$

ersetzt werden, wenn für das Verhältnis $\frac{p}{r}$ ein prozentualer Fehler von 0,1 % zugelassen ist?

WIEDERHOLUNGSAUFGABEN

1. Die Längen der Träger e, f, g, j, i, k, l, m, n und p der im Bild 517 dargestellten Stahlkonstruktion für $h = 6{,}5$ m, $a = 1{,}2$ m, $b = 3{,}2$ m, $c = 7{,}8$ m und $d = 16{,}4$ m sind zu berechnen.

2. Die Mittelpunkte zweier zylindrischer Walzen mit den Radien $r_1 = 56$ cm und $r_2 = 38$ cm sind $a = 72$ cm voneinander entfernt. Über die auf einer Ebene liegenden Walzen ist ein gerades Brett gelegt, das auch eine dritte Walze berühren soll, deren Radius $r_3 = 11$ cm beträgt. Welchen Abstand b muß die dritte zur mittleren Walze haben?

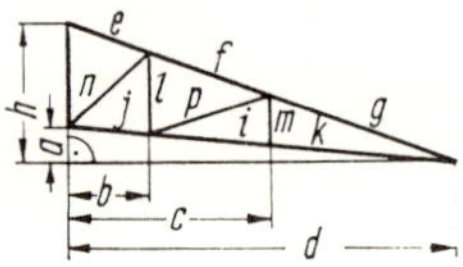

Bild 517

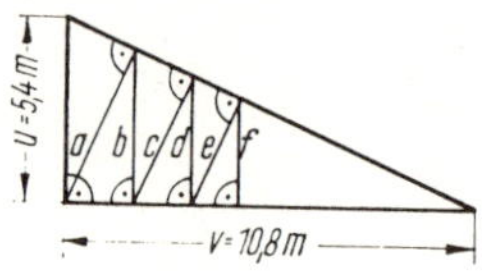

Bild 518

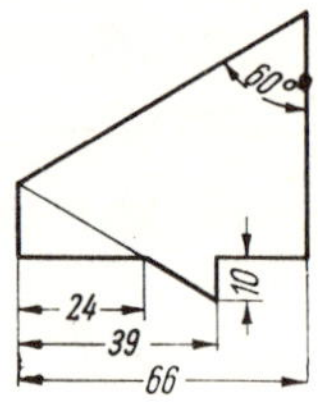

Bild 519

3. Gib die Längen der Streben a, b, c, d, e und f unter Berücksichtigung der im Bild 518 eingetragenen Maße an.

4. Ermittle die Fläche A und den Umfang U des im Bild 519 dargestellten Querschnittes.

5. Wie groß ist die von dem Polygonzug (Bild 520) umschlossene Fläche A?

6. Berechne den Querschnitt A und den Umfang U des Profilstahles nach Bild 521.

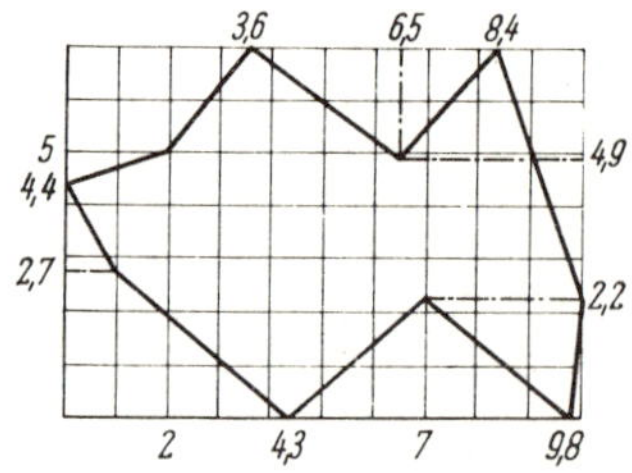

Bild 520

7. Ein Holzwinkel ist nach Bild 522 zusammengeleimt. Berechne die Teilflächen A_1 und A_2.

8. In ein Rechteck mit den Seiten $a = 4{,}3$ cm und $b = 7{,}5$ cm ist ein gleichschenkliges Dreieck hineingelegt (Bild 523). Wie groß ist die Fläche A des Dreiecks?

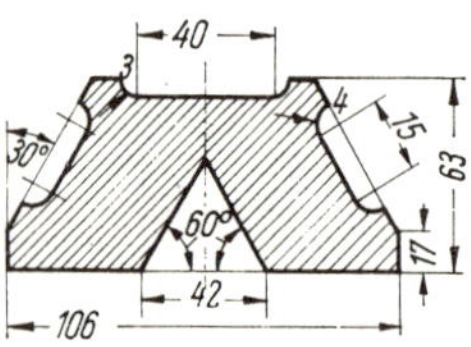

Bild 521

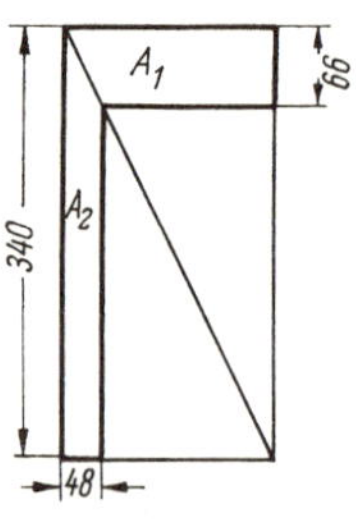

Bild 522

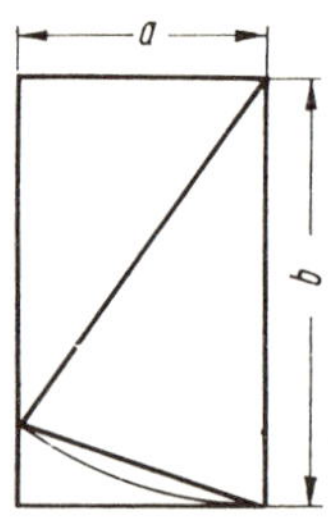

Bild 523

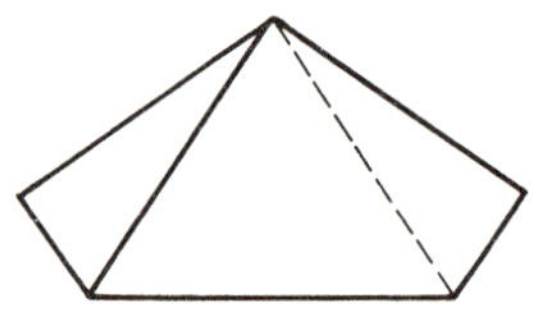

Bild 524

9. Ein rechteckiges Blatt Papier mit den Seiten $a = 23{,}5$ cm und $b = 41{,}2$ cm wird nach Bild 524 gefaltet. Wie groß ist die Fläche A des dadurch entstehenden Gebildes?

10. Von einem rechtwinkligen Dreieck mit den Katheten $a = 5{,}7$ cm und $b = 8{,}8$ cm wird parallel zur Kathete a im Abstand $z = 1{,}5$ cm ein Streifen abgeschnitten. Welchen Flächeninhalt A und welche Höhe h haben das Restdreieck?

11. Aus drei Stäben ist ein gleichschenklig-rechtwinkliges Dreieck mit der Basis $c = 1{,}8$ m gelegt. Der Basisstab wird beiderseits um $z = 15$ cm gekürzt, und die so gewonnenen Stücken werden an je eine Kathete angesetzt. Welchen Flächeninhalt A umschließt das derart gewonnene gleichschenklige Dreieck?

12. Ein gleichschenklig-rechtwinkliges Dreieck wird durch einen Schnitt, der vom Halbierungspunkt einer Kathete zum gegenüberliegenden Eckpunkt auf der Basis führt, in zwei Teildreiecke zerlegt. Ermittle deren Flächeninhalte A_1 und A_2.

13. Von einem rechtwinkligen Dreieck sind die Hypotenuse $c = 32{,}2$ cm und der Hypotenusenabschnitt $p = 24{,}9$ cm bekannt. Berechne von diesem Dreieck die Höhe h, die Katheten a und b und den Flächeninhalt A.

14. In einem rechtwinkligen Dreieck gilt für die Katheten $a:b = b:(a + b)$. Stelle Formeln für die Höhe h und die Hypotenusenabschnitte p und q in diesem Dreieck auf.

15. Die Mittelpunkte dreier sich berührender Kreise mit den Radien r_1, r_2 und r_3 ($r_1 < r_2 < r_3$) bestimmen ein Dreieck. Stelle eine Formel für dessen Flächeninhalt A auf und berechne A für $r_1 = 2{,}8$ cm, $r_2 = 3{,}4$ cm und $r_3 = 5{,}0$ cm.

16. Ein gleichschenkliges Trapez mit den Grundlinien $g_1 = 5{,}1$ cm, $g_2 = 2{,}4$ cm und der Höhe $h = 4{,}0$ cm wird durch Verlängerung seiner Schenkel bis zum Schnitt zu einem gleichschenkligen Dreieck ergänzt. Wie groß ist dessen Flächeninhalt A?

17. Von einem Quadrat mit der Seite $a = 17{,}1$ cm soll durch einen Schnitt parallel zu einer der beiden Diagonalen ein Dreieck derart abgetrennt werden, daß $A_Q : A_D = 3:2$ ist. In welchem Abstand b ist der Schnitt von den Diagonalen zu führen, und wie groß ist die Hypotenuse c dieses Dreiecks?

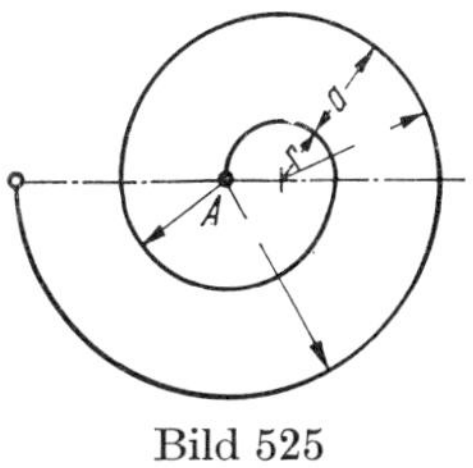

Bild 525

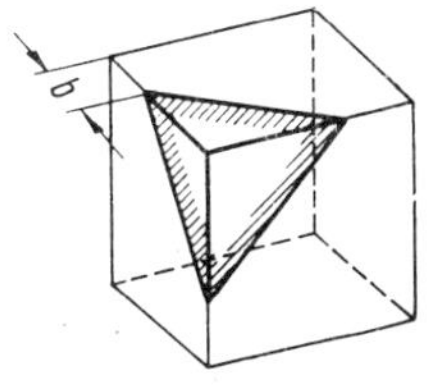

Bild 526

18. Drücke die Länge l der bei A beginnenden Spiralfeder (Bild 525) durch r und a aus. Wie lautet die Formel für $a = \frac{r}{2}$?

19. Zwei Kreise, von denen der große den Radius $r_1 = 8$ cm hat, berühren sich gegenseitig und werden von einem straff gespannten Band umschlungen. Der Umschlin-

gungswinkel beträgt für den großen Kreis 240° und für den kleinen 120°. Berechne die Bandlänge l und den Radius r_2 des kleinen Kreises.

20. Von einem Würfel mit der Kantenlänge $a = 5{,}6$ cm wird eine regelmäßige dreiseitige Pyramide abgetrennt (Bild 526). Berechne b für den Fall, daß

$$V_{\text{Pyramide}} = \frac{1}{16}\, V_{\text{Würfel}} \text{ gilt.}$$

21. Drücke das Volumen V und die Oberfläche A_O des im Bild 527 dargestellten Körpers durch a aus.

22. Ein altes Gemäuer wird durch einen Stützpfeiler (Bild 528) gehalten. Berechne dessen Masse m ($\varrho = 2{,}7$ g/cm³).

23. In eine Mauer ist ein Rutschschacht eingearbeitet, der bei A und B quadratische Öffnungen hat (Bild 529).

    a) Berechne den Abstand b zwischen der Rutschfläche und der Schachtdecke.

    b) Wie groß ist die Mauerdicke d?

    c) Welches Volumen V umschließt der Schacht?

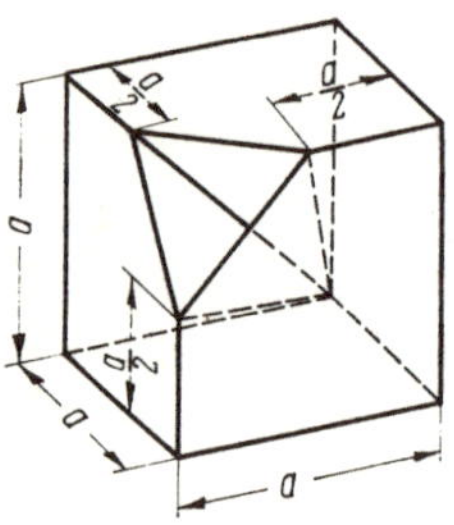

Bild 527

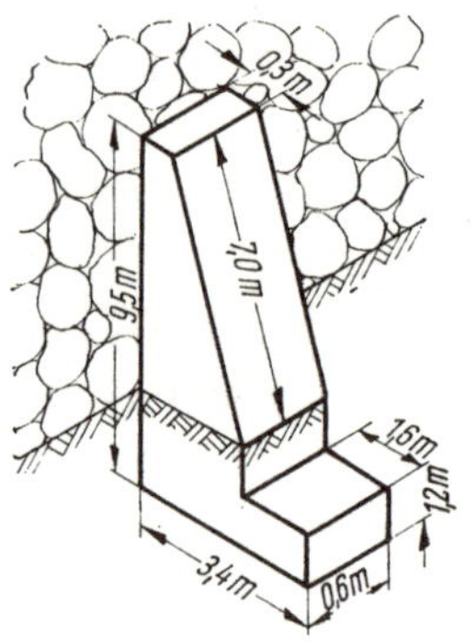

Bild 528

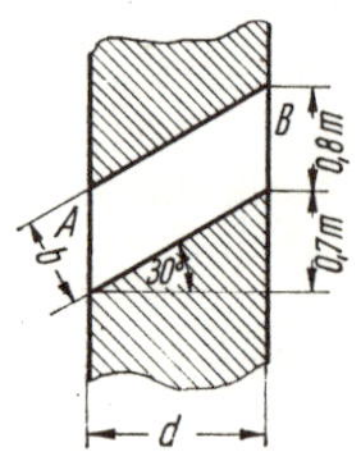

Bild 529

24. In der Isotopentechnik werden als Strahlenschutz-Bleiburgen aus einzelnen Bausteinen zusammengesetzt. Bild 530 zeigt einen dieser Steine. Berechne seine Masse m ($\varrho = 11{,}34$ g/cm³).

25. Gib eine Formel für das Volumen V des durch seinen Schrägschnitt bestimmten Prismas (Bild 531) an. Berechne außerdem die Oberfläche A_O des Prismas für $a = 2{,}7$ cm und $b = 4{,}2$ cm.

26. Der Schrägschnitt durch ein dreiseitiges Prisma im Bild 532 ist ein gleichschenkliges Dreieck mit der Basis $b = 24$ mm und den Schenkeln $s = 48$ mm. Er ist gegenüber den Prismengrundflächen um 60° geneigt. Ermittle das Volumen V und die Oberfläche A_O des Prismas.

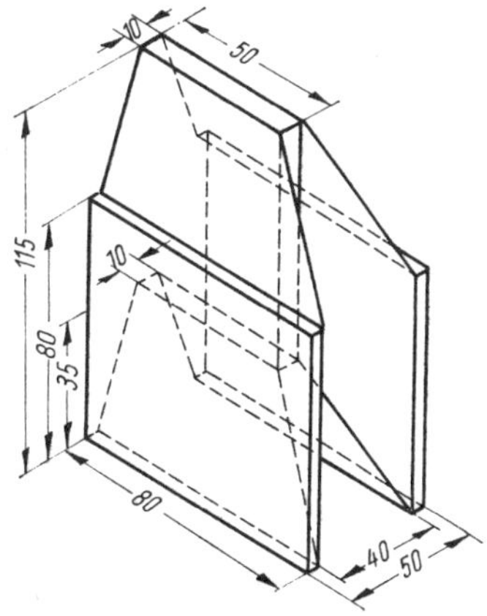

Bild 530

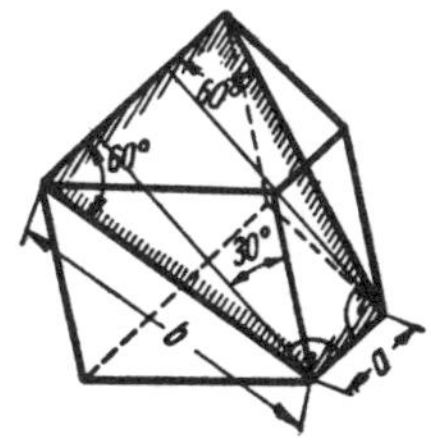

Bild 531

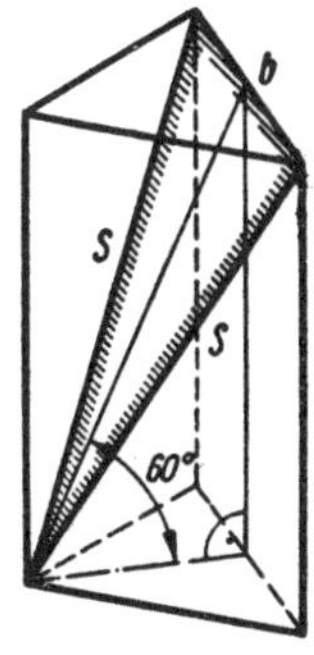

Bild 532

27. Ein schiefes Prisma mit quadratischer Grundfläche (Bild 533) wurde durch einen von C nach $\overline{AB}$ geführten ebenen Schnitt in zwei Körper zerlegt. Die Schnittebene steht senkrecht auf der Prismengrundfläche.

    a) Berechne die Größe der Schnittfläche A für $a = 9{,}5$ cm und $h = 17{,}2$ cm.

    b) Welches Volumen V hat das Prisma mit den unter a) genannten Maßen?

28. Berechne das Volumen V und die Oberfläche A_O des Rechtkantes, dessen Raumdiagonalen nach Größe und Lage im Bild 534 dargestellt sind.

29. Drei gleich große Kugeln vom Radius $r_1 = 4$ cm liegen auf einer Ebene und berühren sich gegenseitig. Auf ihnen liegt eine vierte Kugel mit dem Radius $r_2 = 3$ cm. Welchen Abstand h hat deren Mittelpunkt von der Ebene?

30. Berechne von der regelmäßigen vierseitigen Pyramide (Bild 535) für $a = 6$ cm die Höhe h, die Grundfläche A, den Mantel A_M und das Volumen V.

31. Der Mittelschnitt einer regelmäßigen dreiseitigen Pyramide beträgt $A_m = 2{,}70\ \text{cm}^2$, ihre Höhe ist $h = 13{,}6$ cm. Gib ihr Volumen V und ihre Oberfläche A_O an.

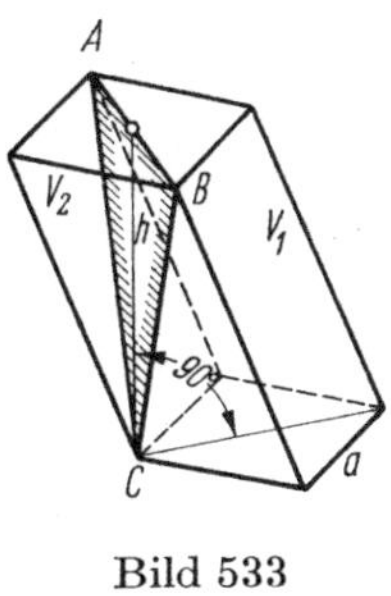

Bild 533

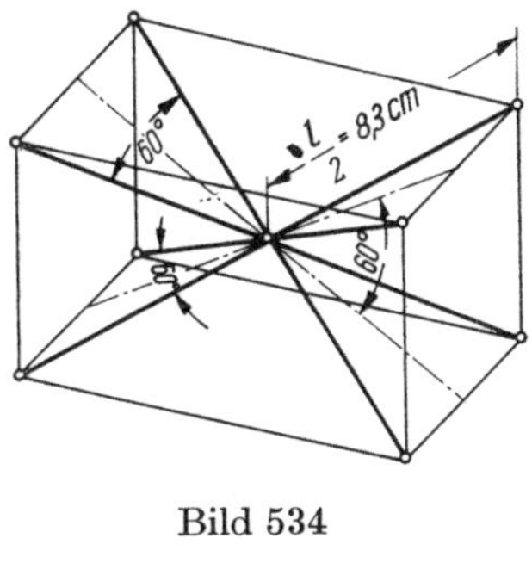

Bild 534

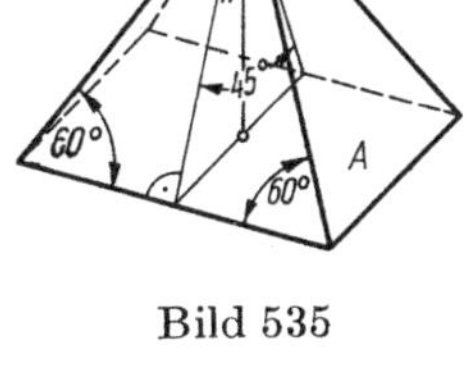

Bild 535

32. Durch einen regelmäßigen vierseitigen Pyramidenstumpf ist ein achsenparalleler Schnitt durch zwei sich gegenüberliegende Seitenkanten geführt. Der Schnitt stellt ein gleichschenkliges Trapez mit den Grundlinien $g_1 = 4{,}8$ cm, $g_2 = 2{,}4$ cm und den Schenkeln $c = 6{,}5$ cm dar. Ermittle das Volumen V und die Oberfläche A_O des Stumpfes.

33. Der Achsenschnitt einer regelmäßigen sechsseitigen Pyramide, der durch zwei sich gegenüberliegende Seitenkanten gelegt ist, stellt ein gleichseitiges Dreieck mit dem Flächeninhalt $A = 17{,}5$ cm² dar. Berechne die Grundkante k, das Volumen V und die Oberfläche A_O der Pyramide.

34. Der Grundriß des im Bild 536 dargestellten Stahlskelettes ist ein regelmäßiges Sechseck. Das Skelett wird aus Rundstahl zusammengeschweißt.

a) Berechne die Länge l des erforderlichen Rundstahls bei einem Schnittverlust von 4 %.

b) Das Skelett wird vollkommen, also auch auf der Grundfläche, mit Blech belegt. Gib den Blechbedarf A bei 12 % Schnittverlust an.

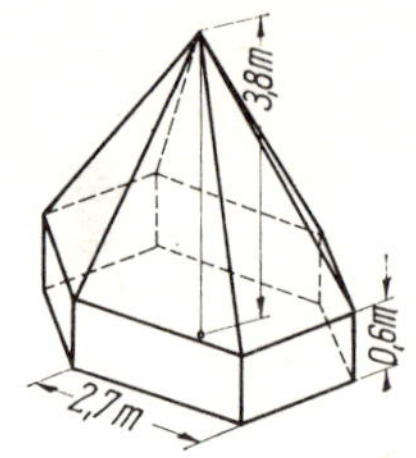

Bild 536

c) Welches Volumen V schließt das abgedeckte Skelett ein? Die Dicke des Rundstahles bleibt in jedem Falle unberücksichtigt.

35. Berechne die Schnittfläche A und die Volumen A_1 und V_2 des regelmäßigen dreiseitigen Pyramidenstumpfes nach Bild 537. Setze für $a = 6{,}1$ cm, $b = 2{,}7$ cm und $h = 3{,}8$ cm.

36. Berechne das Volumen V und die Oberfläche A_O eines Prismoides, von dem der Mittelschnitt A_m, die Deckfläche A_2 und die Höhe h gegeben sind (Bild 538).

37. Berechne das Volumen V des Formstückes nach Bild 539.

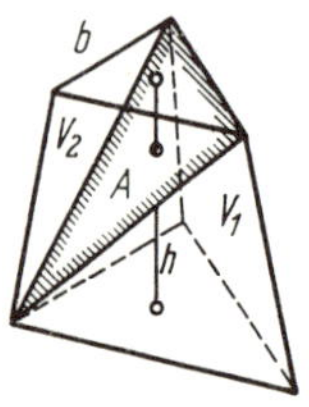

Bild 537

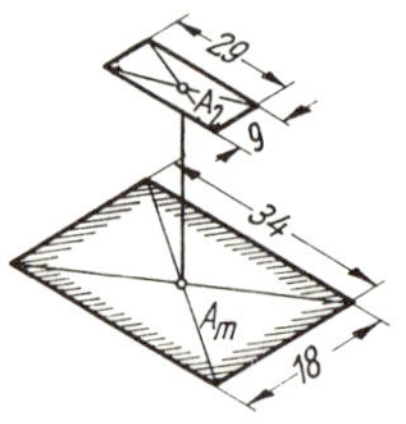

Bild 538

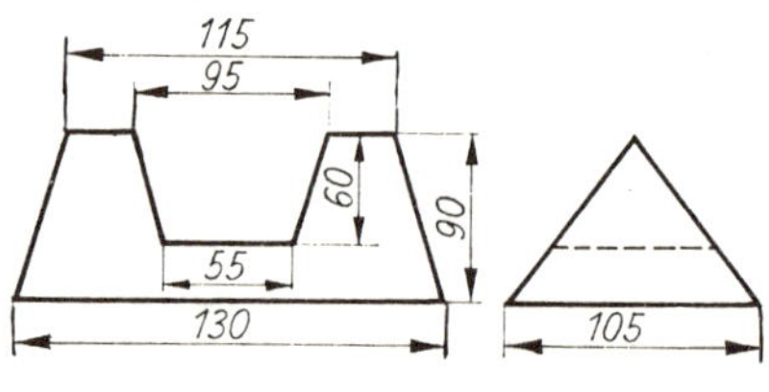

Bild 539

38. Zwei durch Kolben abgeschlossene Zylinder sind durch eine Rohrleitung verbunden.

a) Um welchen Betrag h_1 hebt sich der große Kolben mit dem Durchmesser $d_1 =$ $= 26{,}0$ cm, wenn mit dem kleinen Kolben vom Durchmesser $d_2 = 4{,}2$ cm bei einem Hub $h_2 = 7{,}5$ cm Flüssigkeit in den großen Kolben gedrückt wird?

b) Wieviel Hübe z müssen mit dem kleinen Kolben ausgeführt werden, damit sich der große Kolben um $h_3 = 64$ cm hebt?

39. Das größte Volumen, das von einem Kolben in einem Zylinder mit kreisförmigem Querschnitt eingeschlossen wird, beträgt $V_1 = 1{,}5$ l, das kleinste $V_2 = 0{,}1$ l. Berechne den Kolbenhub h für den Kolbendurchmesser $d = 65$ mm.

40. Zwei 80 cm lange Bleirohre wurden bisher an je einer Stirnseite unter dem Winkel 45° abgeschrägt und dann zusammengelötet (Bild 539). Neuerdings werden sie durch einen Rohrkrümmer ersetzt (Strichlinien im Bild 540).

a) Berechne die Materialeinsparung m. ($\varrho = 11{,}34$ g/cm³)

b) Um welche Länge l könnte der Krümmer durch diese Einsparung beiderseits geradlinig verlängert werden?

41. Eine schräg aufgestellte zylindrische Tonne (Bild 541) ist mit Wasser von 4 °C gefüllt. Berechne das Wasservolumen V und gib außerdem h an.

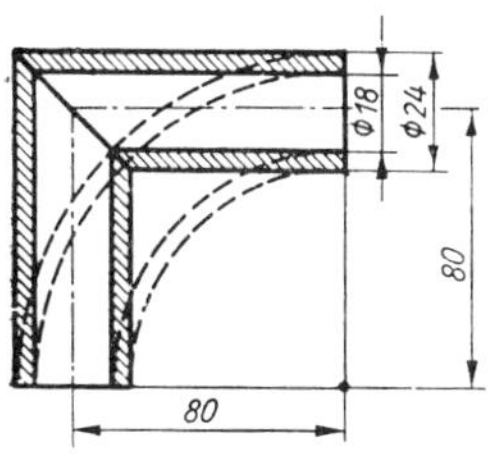

Bild 540

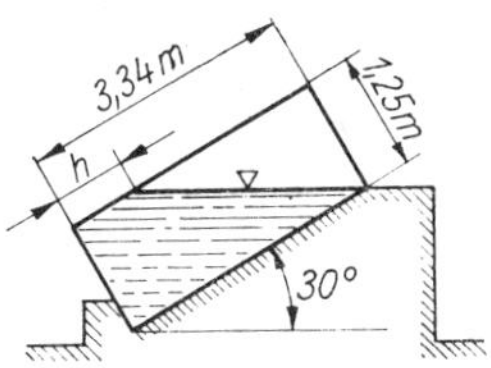

Bild 541

42. Ein auf einer Seite schief geschnittener Zylinder hat die Abmessungen $r = 11$ cm, $h_1 = 27$ cm und $h_2 = 32$ cm. Er soll durch einen Normalschnitt in zwei volumengleiche Teile zerlegt werden. In welchem Abstand h vom Grundkreis ist dieser Schnitt zu führen?

43. Welche Masse m hat der im Bild 542 dargestellte Stahldrahthaken? ($\varrho = 7{,}2$ g/cm³)

44. Gib eine Formel für das Volumen V des Nockens im Bild 543 an.

45. Berechne die Masse m des im Bild 544 dargestellten gußeisernen Reiters. ($\varrho = 7{,}2$ g/cm³)

46. Ein zylindrisches Führungsstück aus Stahl ($\varrho = 7{,}85$ g/cm³) hat den im Bild 545 gezeigten Querschnitt und die Länge $l = 150$ mm. Berechne seine Masse m für $d_1 = 80$ mm, $d_2 = 40$ mm und $a = 30$ mm.

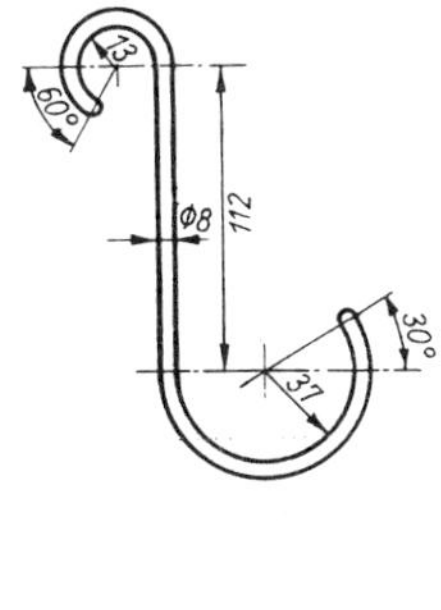

Bild 542

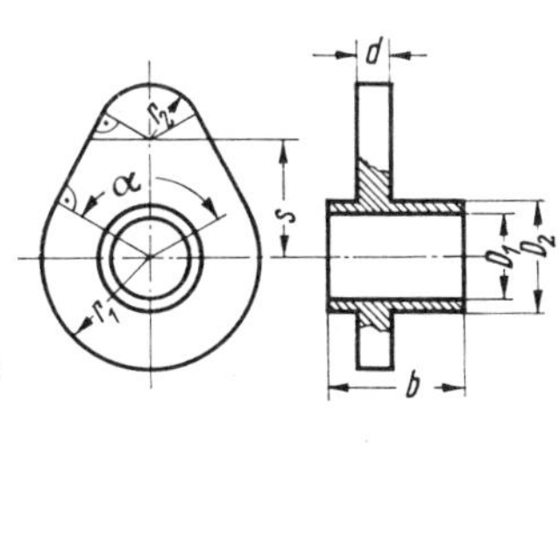

Bild 543

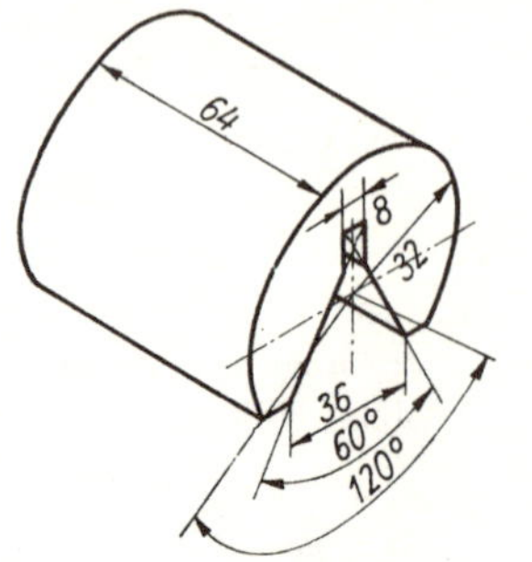

Bild 544

47. Berechne die Masse m des Kupplungsteiles nach Bild 546. ($\varrho = 7{,}2\ \mathrm{g/cm^3}$)

48. Bild 547 zeigt den Normalschnitt durch einen Rundstab mit Längsnut. Wie groß ist seine Masse m für die Länge $l = 540$ mm ($\varrho = 7{,}85\ \mathrm{g/cm^3}$)

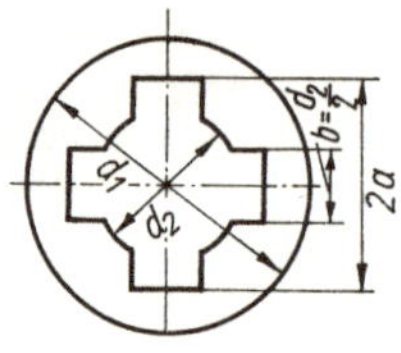

Bild 545

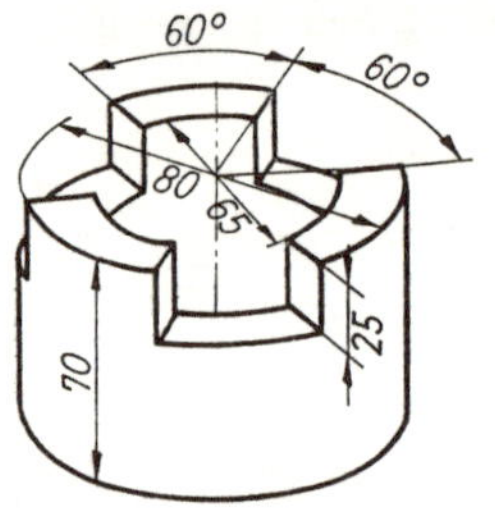

Bild 546

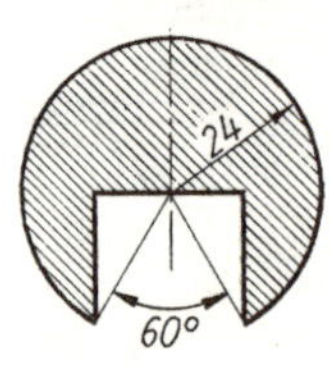

Bild 547

49. Ein Kanalgewölbe (Bild 548) ist 45 m lang.
    a) Welche Betonmenge V muß dafür hergestellt werden?
    b) Wie groß ist der Holzbedarf A für die Verschalung der gekrümmten Gewölbeflächen?

50. Ermittle das Volumen V und die Mantelfläche A_M des im Bild 549 gezeigten Körpers für $r = 46$ mm und $a = 18$ mm.

51. Welchen Raum V schließt das im Bild 550 dargestellte Dachfenster ein, und wie groß ist seine gekrümmte Fläche A?

52. Ein gerader Kegel mit dem Grundkreisradius $r = 4{,}9$ cm und der Höhe $h = 13{,}2$ cm wird so bearbeitet, daß eine regelmäßige vierseitige Pyramide gleicher Höhe und größtmöglicher Grundfläche entsteht. Welche Volumenverminderung V ergibt sich dadurch?

53. Ein Stab, der nach Bild 551 in A an einer Achse befestigt ist, rotiert um diese Achse. Gib das Volumen V des dadurch entstehenden Doppelkegels für $a + b = 12$ cm und $a:b = b:(a + b)$ an.

54. Ein kegelstumpfförmiges Meßgefäß wird aus Aluminiumblech gedrückt und soll Meßmarken für 0,25 l, 0,5 l, 0,75 l und 1 l erhalten. In welchen Abständen $a_{0,25}$, $b_{0,5}$, $c_{0,75}$ und d_1 müssen diese vom Boden aus angebracht werden, wenn die lichten Weiten des Bodens und der oberen Öffnung 9 cm und 12 cm betragen und das Gefäß 14 cm hoch ist?

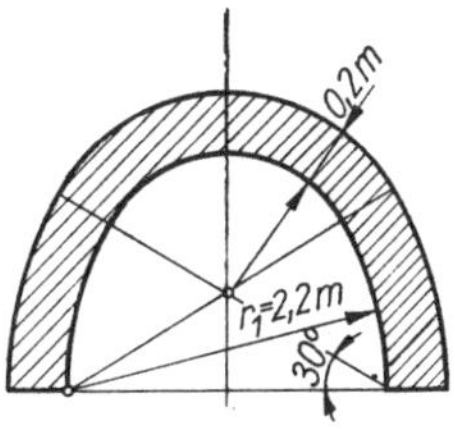

Bild 548

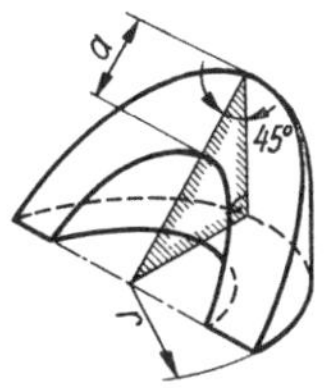

Bild 549

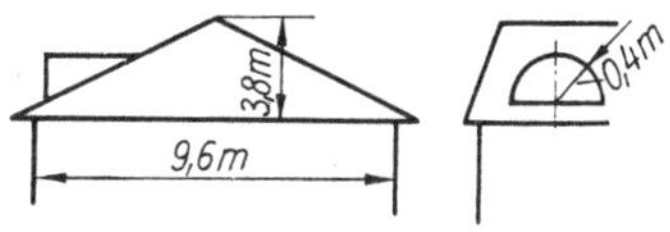

Bild 550

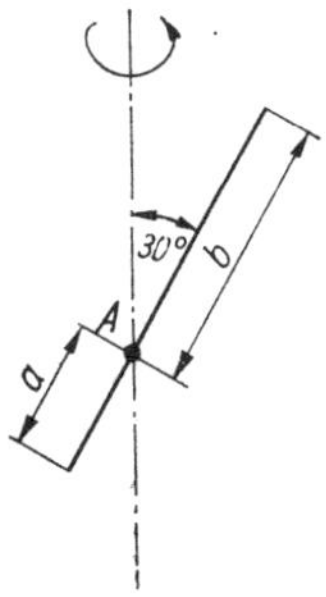

Bild 551

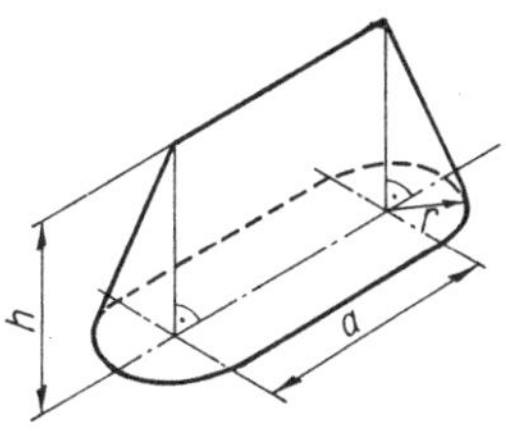

Bild 552

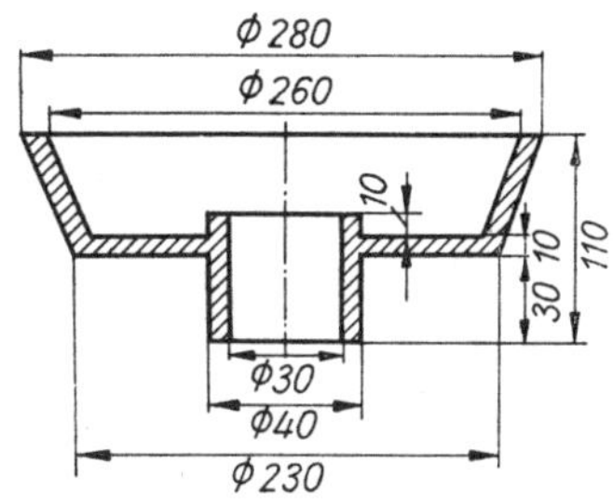

Bild 553

55. Gib eine Formel für das Volumen V und die Oberfläche A_O des im Bild 552 dargestellten Körpers an.

56. Berechne die Masse m des Kupplungsteiles nach Bild 553. ($\varrho = 7{,}2$ g/cm³)

57. Die im Bild 554 dargestellte Form soll mit Blei ausgegossen werden. Das Blei soll nach dem Erstarren ($\varrho_{\text{fest}} = 11{,}34$ g/cm³) die Form bis zu $\frac{2}{3}\,h$ füllen. Welcher Bedarf V an flüssigem Blei ergibt sich? ($\varrho_{\text{flüssig}} = 10{,}64$ g/cm³)

58. Wie groß ist das Volumen V der im Bild 555 dargestellten Buchse?

59. Bestimme das Volumen V des im Bild 556 gezeigten Gefäßes für $r_1 = 12$ cm, $r_2 = 21$ cm, $h = 25$ cm und $a = 29$ cm.

60. Acht Kugeln vom Radius r berühren sich gegenseitig und sind so angeordnet, daß ihre Mittelpunkte die Eckpunkte eines Würfels bilden.

    a) Wie groß darf das Volumen V_1 jener sechs Kugeln sein, deren Mittelpunkte mit den Schnittpunkten der Flächendiagonalen des Würfels zusammenfallen?

    b) Welches Volumen V_2 hat die Kugel, deren Mittelpunkt zugleich Schnittpunkt der Raumdiagonalen ist und die die großen Kugeln berührt?

    Drücke V_1 und V_2 durch r aus und setze dann $r = 5{,}3$ cm.

61. Welchen Raum V umschließt der im Bild 557 dargestellte kugelförmige Tank? Zylinder- und Kegelansatz sind mitzurechnen, während die Blechdicke unberücksichtigt bleibt. Welche Oberfläche A_O hat außerdem der Tank?

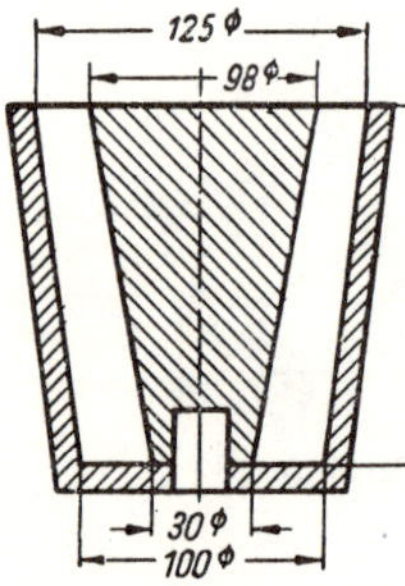

Bild 554

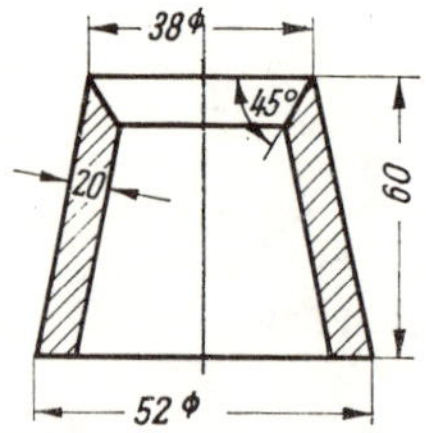

Bild 555

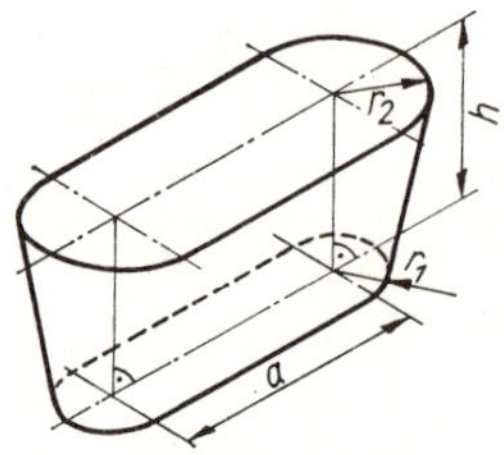

Bild 556

62. Die Volumen V_1 und V_2 zweier sich berührender Kugeln stehen im Verhältnis $V_1 : V_2 = 4:3$. Der Abstand ihrer Mittelpunkte beträgt $a = 12$ cm.

    a) Welche Durchmesser d_1 und d_2 haben die Kugeln?

    b) Wie groß sind ihre Volumen V_1 und V_2?

63. Ein Windkessel besteht aus einem $l = 2{,}4$ m langen zylindrischen Rohr mit der lichten Weite $d = 80$ cm. Er ist beiderseits durch Kugelkappen abgeschlossen, deren gemeinsamer Mittelpunkt im Schwerpunkt des Rohres liegt. Gib das Fassungsvermögen V und die Oberfläche A_O des Kessels an.

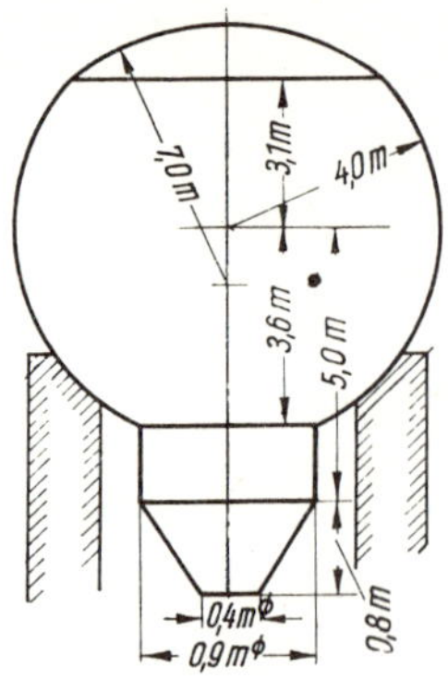

Bild 557

64. Eine Kugel mit dem Volumen $V = 2{,}4\,\mathrm{dm}^3$ schrumpft gleichmäßig um 10% zusammen. Gib ihren neuen Durchmesser d an.

65. Die im Bild 558 vereinfacht dargestellte Kochflasche ist bis zur Höhe h mit Wasser von 4 °C gefüllt. Wie groß ist ihre Füllung V?

66. Gib das Volumen V und die Oberfläche A_O des Ziersteines im Bild 559 an. Berechne außerdem die Fläche A seines Achsenschnittes.

67. Zwei Kugeln mit den Radien $r_1 = 27$ mm und $r_2 = 15$ mm werden an einer Stelle so weit plangeschliffen, daß sie eine gemeinsame Berührungsfläche vom Durchmesser $d = 23$ mm erhalten. Berechne die Volumen V_1 und V_2 der abzuschleifenden Segmente.

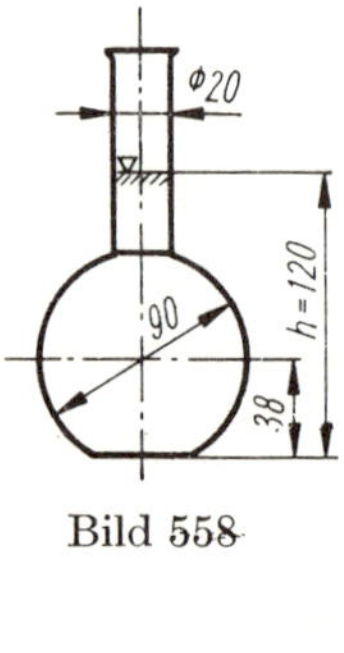

Bild 558

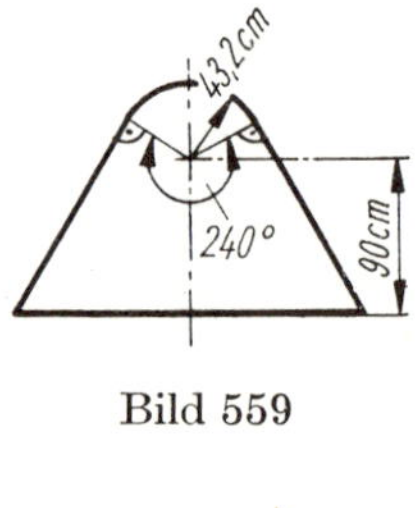

Bild 559

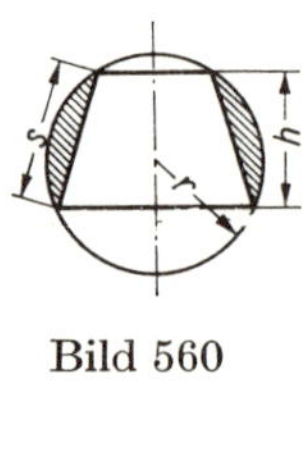

Bild 560

68. Bild 560 zeigt den Schnitt durch eine konisch ausgedrehte Kugel. Drücke das Volumen V des Restkörpers durch h und s aus.

69. Berechne das Volumen V des Restkörpers, der aus einer beiderseits konisch ausgedrehten Kugel erhalten wird (Bild 561).

70. Berechne die Masse m des aus Platin hergestellten und im Bild 562 gezeigten Ringes. ($\varrho = 21{,}4$ g/cm³)

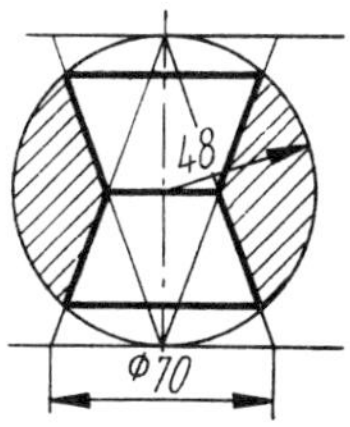

Bild 561

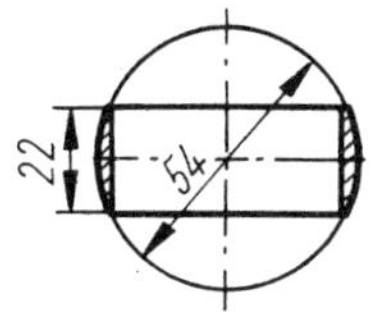

Bild 562

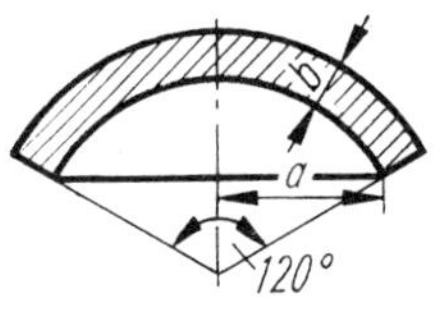

Bild 563

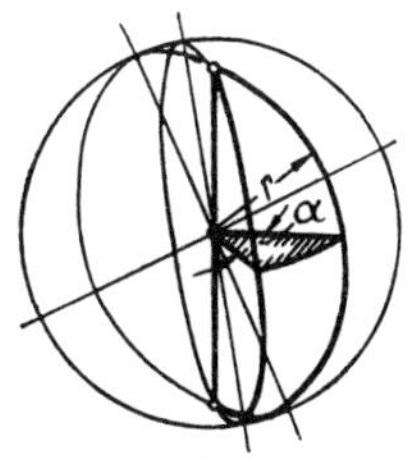

Bild 564

71. Berechne die Masse m des gußeisernen Deckels nach Bild 563. Setze $a = 21{,}0$ cm, $b = 0{,}8$ cm und $\varrho = 7{,}2$ g/cm³.

72. Gib eine Formel für das Volumen V eines Kugelkeiles (Kugelzweieck) an (Bild 564). Drücke V durch r und α aus.

73. Man bestimme folgende trigonometrische Funktionswerte:

a) sin 317,17°	b) cos (—234,33°)	c) tan 578,83°
d) cot 133,5°	e) sin 422°40′	f) cos 178°00′
g) tan 841°50′	h) cot (—48°10′)	i) sin (—340,5°)
k) cos (—1 200,3°)	l) tan 312,2°	m) cot 623,5°
n) sin 212°00′	o) cos 347°50′	p) tan 120°10′
q) cot 200°20′	r) sin (—52°)	s) cos (—18,4°)
t) tan (—71,7°)	u) cot (—732,8°)	v) sin (—332°00′)
w) cos (—202°10′)	x) tan (—150°20′)	y) cot 404°40′
z) sin 428°00′		

74. Man vereinfache:

a) $\cos(30° + \alpha) - \cos(30° - \alpha)$
b) $\sin(45° + \alpha) - \sin(45° - \alpha)$
c) $\sin(\alpha - 330°) - \cos(120° - \alpha) + \sin(270° - \alpha)$
d) $\sin(210° - \alpha) + \cos(\alpha + 60°)$
e) $\cos(60° + \alpha) + \sin(150° - \alpha)$
f) $\sin(\alpha + 60°) - \cos(210° + \alpha)$

75. Man verwandle in ein Produkt oder einen Quotienten:

a) $\sin(\alpha + \beta) + \sin\alpha$

b) $\dfrac{\cot\alpha + \cot\beta}{\tan\alpha + \tan\beta}$

c) $\dfrac{\sin(\alpha+\beta)}{\sin\alpha - \sin\beta}$

d) $\dfrac{\cot\alpha + \tan\beta}{\tan\alpha + \cot\beta}$

e) $\dfrac{\tan\alpha + \tan\beta}{\tan\alpha - \tan\beta}$

f) $\tan(\alpha+\beta) - \tan\alpha$

g) $\cos\alpha - \cos 2\alpha$

76. Man beweise folgende Formeln:

a) $\dfrac{\sin\alpha + \cos\alpha\tan\beta}{\cos\alpha - \sin\alpha\tan\beta} = \tan(\alpha+\beta)$

b) $\tan(45^\circ + \alpha) = \dfrac{\cot\alpha + 1}{\cot\alpha - 1}$

c) $\dfrac{\tan\alpha}{\tan 2\alpha} = \dfrac{1}{2} - \dfrac{1}{2}\tan^2\alpha$

d) $\dfrac{\tan\alpha + \tan\beta}{\tan\alpha - \tan\beta} = \dfrac{\sin(\alpha+\beta)}{\sin(\alpha-\beta)}$

e) $\tan\left(45^\circ + \dfrac{\alpha}{2}\right) = \dfrac{1+\sin\alpha}{\cos\alpha}$

f) $\tan^2\left(45^\circ + \dfrac{\alpha}{2}\right) = \dfrac{1+\sin\alpha}{1-\sin\alpha}$

g) $\cos\alpha + \cos 2\alpha + \ldots + \cos n\alpha = \dfrac{\sin\left(n+\dfrac{1}{2}\right)\alpha - \sin\dfrac{\alpha}{2}}{2\sin\dfrac{\alpha}{2}}$

h) $\sin\alpha + \sin 2\alpha + \ldots + \sin n\alpha = \dfrac{\cos\dfrac{\alpha}{2} - \cos\left(n+\dfrac{1}{2}\right)\alpha}{2\sin\dfrac{\alpha}{2}}$

i) $\sin\alpha\cos\beta = \dfrac{1}{2}[\sin(\alpha+\beta) + \sin(\alpha-\beta)]$

k) $\cos\alpha\cos\beta = \dfrac{1}{2}[\cos(\alpha+\beta) + \cos(\alpha-\beta)]$

l) $\sin\alpha\sin\beta = \dfrac{1}{2}[\cos(\alpha-\beta) - \cos(\alpha+\beta)]$

m) $\sin^2(45^\circ + \alpha) = \dfrac{1+\sin 2\alpha}{2}$

n) $\tan^2\alpha = \dfrac{1-\cos 2\alpha}{1+\cos 2\alpha}$

o) $\cot^2\alpha - \tan^2\alpha = \dfrac{4\cot 2\alpha}{\sin 2\alpha}$

p) $\dfrac{\sin 2\alpha + \sin\alpha}{\cos 2\alpha + \cos\alpha} = \tan\dfrac{3\alpha}{2}$

77. Unter Beachtung der Beziehung $\alpha + \beta + \gamma = 180°$ (α, β, γ seien z. B. Dreieckswinkel), sind die folgenden Ausdrücke in Produkte bzw. Quotienten zu verwandeln:

a) $\sin\beta - \sin\gamma$
b) $\sin\alpha + \sin\beta - \sin\gamma$
c) $\cos\alpha + \cos\beta$
d) $\cos\alpha + \cos\beta + \cos\gamma - 1$
e) $\cos\beta - \cos\gamma$
f) $\cos\alpha + \cos\beta - \cos\gamma + 1$
g) $\tan\alpha + \tan\beta$
h) $\tan\alpha + \tan\beta + \tan\gamma$

i) $\cot\frac{\alpha}{2} + \cot\frac{\beta}{2}$

k) $\cot\frac{\alpha}{2} + \cot\frac{\beta}{2} + \cot\frac{\gamma}{2}$

l) $\sin 2\alpha + \sin 2\beta + \sin 2\gamma$

78. Man beweise folgende identische Gleichungen:

a) $\arctan\frac{1}{2} + \arctan\frac{1}{3} = \frac{\pi}{4}$

b) $\arctan\frac{1}{2} + \arctan\frac{1}{5} + \arctan\frac{1}{8} = \frac{\pi}{4}$

c) $2\arctan\frac{1}{3} + \arctan\frac{1}{7} = \frac{\pi}{4}$

d) $4\arctan\frac{1}{5} - \arctan\frac{1}{239} = \frac{\pi}{4}$

e) $5\arctan\frac{1}{7} + 2\,\text{arccot}\,\frac{79}{3} = \frac{\pi}{4}$

f) $\arcsin\frac{3}{5} + \arcsin\frac{4}{5} = \frac{\pi}{2}$

g) $\arccos\frac{5}{13} + \arccos\frac{12}{13} = \frac{\pi}{2}$

h) $\arccos\frac{24}{25} - \arcsin\frac{7}{25} = 0$

79. Welche Winkel x im Intervall $0° \leqq x \leqq 360°$ erfüllen folgende Gleichungen:

a) $\sin x = -0{,}8208$
b) $\cos x = 0{,}1334$
c) $\tan x = 0{,}5543$
d) $\cot x = -1{,}675$
e) $\sin x = 1$
f) $\cos x = -0{,}9907$
g) $\tan x = 0$
h) $\cot x = -2{,}675$
i) $\sin x = 0{,}3062$
k) $\cos x = -1$
l) $\tan x = -3{,}412$
m) $\cot x = 0{,}5317$

80. Man löse folgende goniometrische Gleichungen:

a) $\cos(x + 38°) + \cos(x + 15°) = 0{,}5$
b) $8 \sin x - 10 \cos x = 5$
c) $2 \sin x = \tan x$
d) $3 \tan x = 5 \cot x$
e) $2 \cos^2 x = 3 - 4 \sin x$
f) $2 \cos^2 \frac{x}{2} = 1 + \cot x$
g) $\frac{\cos(x - 45°)}{\sin x \sin 45°} - 1 = \tan x$

81. Man löse folgende goniometrische Gleichungen:

a) $\sin x + \sin y = 0{,}9$
$x + y = 62{,}33°$

b) $\frac{\sin x}{\sin y} = 2{,}25$
$x + y = 88{,}2°$

c) $\frac{\tan x}{\tan y} = 3{,}8$
$x - y = 30°$

d) $\sin x \cdot \sin y = \frac{1}{4}$
$x + y = 70°$

e) $\tan x - \tan y = 2$
$x + y = 50°$

82. Von einem rechtwinkligen Dreieck (Bild 440) seien gegeben:

a) $a = 33$ cm, $b = 56$ cm
b) $a = 13$ cm, $b = 84$ cm
c) $a = 24$ cm, $c = 74$ cm
d) $b = 38{,}3$ cm, $c = 50$ cm
e) $a = 40$ cm, $\alpha = 43{,}6°$
f) $b = 28$ cm, $\beta = 31{,}9°$
g) $b = 60$ cm, $\alpha = 39{,}8°$
h) $c = 100$ cm, $\alpha = 34{,}7°$
i) $c = 50$ cm, $\beta = 53{,}1°$

Gesucht sind die restlichen Seiten und Winkel sowie bei sämtlichen Aufgaben die Fläche A des Dreiecks und bei den Aufgaben a, b, c, f die auf der Hypotenuse c senkrecht stehende Höhe h des Dreiecks.

83. Von einem gleichschenkligen Dreieck (Bild 446) seien gegeben:

a) $c = 192{,}7$ cm $a = 119{,}1$ cm
b) $c = 37{,}43$ cm, $\alpha = 73°$
c) $a = 11{,}4$ cm, $\gamma = 43{,}33°$

d) $a = 61$ cm,	$h_c = 11$ cm	
e) $h_c = 35$ cm,	$A = 120$ cm^2	
f) $h_c = 30$ cm,	$\alpha = 56{,}32°$	

Gesucht sind die restlichen Stücke einschließlich der Fläche A und der Höhe h_c.

84. Man berechne ein Dreieck aus:

a) $a = 33{,}12$ m,	$\beta = 120{,}2833°$,	$\gamma = 4{,}6833°$
b) $b = 191{,}02$ m,	$\alpha = 33{,}55°$,	$\gamma = 17{,}5°$
c) $c = 231{,}17$ m,	$\alpha = 49{,}2083°$,	$\beta = 89{,}1867°$
d) $a = 103{,}14$ m,	$\alpha = 70{,}3792°$	$\beta = 30{,}3389°$
e) $b = 37{,}88$ m,	$\beta = 40{,}1972°$,	$\gamma = 81{,}2278°$
f) $c = 68{,}10$ m,	$\alpha = 55{,}6861°$,	$\gamma = 18{,}3194°$
g) $a = 51{,}39$ m,	$b = 78{,}32$ m,	$\alpha = 22{,}2°$
h) $a = 120{,}58$ m,	$b = 59{,}13$ m,	$\beta = 110{,}3333°$
i) $a = 83{,}12$ m,	$c = 83{,}12$ m,	$\alpha = 76{,}4167°$
k) $a = 71{,}83$ m,	$c = 64{,}76$ m,	$\gamma = 64{,}3667°$
l) $b = 112{,}77$ m,	$c = 44{,}33$ m,	$\beta = 130{,}1667°$
m) $b = 48{,}17$ m,	$c = 21{,}25$ m,	$\gamma = 30{,}5333°$
n) $a = 37{,}60$ m,	$b = 100{,}08$ m,	$\gamma = 58{,}2047°$
o) $a = 135{,}22$ m,	$c = 75{,}25$ m,	$\beta = 41{,}0083°$
p) $b = 120{,}18$ m,	$c = 8{,}04$ m,	$\alpha = 20{,}3389°$

Außer den restlichen Seiten und Winkeln sind zu berechnen
die Dreiecksfläche A für die Aufgaben a, d, g, n, q,
den Umkreisradius r für die Aufgaben b, e, o, r,
den Inkreisradius r_i für die Aufgaben c, f, i, p, s,
die Höhe h_a für die Aufgaben a, k, n,
die Seitenhalbierende s_a für die Aufgaben e, l, r,
die Winkelhalbierende w_α für die Aufgaben g, i, p.

85. Berechne Seiten und Winkel eines Dreiecks aus:

a) $a = 122{,}17$ m,	$b = 94{,}20$ m,	$h_c = 80{,}05$ m
b) $a = 82{,}14$ m,	$h_a = 33{,}62$ m,	$\alpha = 42{,}2833°$
c) $b = 52{,}33$ m,	$h_c = 28{,}58$ m,	$\beta = 95{,}2°$
d) $b = 32{,}10$ m,	$h_b = 51{,}06$ m,	$h_c = 27{,}28$ m
e) $p_c^b = 42{,}78$ m,	$\alpha = 33{,}2°$,	$\gamma = 78{,}1°$
f) $h_a = 38{,}44$ m,	$p_a^c = 13{,}20$ m,	$b = 48{,}15$ m
g) $p_c^b = 18{,}07$ m,	$p_b^c = 22{,}30$ m,	$\alpha = 46{,}2167°$
h) $a = 42{,}12$ m,	$s_a = 71{,}08$ m,	$\beta = 51{,}5333°$
i) $c = 22{,}22$ m,	$s_c = 18{,}41$ m,	$h_a = 19{,}18$ m
k) $w_\alpha = 30{,}02$ m,	$\alpha = 40{,}3333°$,	$\beta = 75{,}5°$
l) $h_b = 40{,}20$ m,	$w_\beta = 58{,}78$ m,	$\alpha = 52{,}4°$
m) $h_c = 42{,}72$ m,	$p_c^a = 15{,}38$ m,	$w_\gamma = 53{,}16$ m
n) $w_\gamma = 120{,}20$ m,	$\alpha = 93{,}25°$,	$\beta = 27{,}5°$

Erklärung: Unter p_c^b z. B. versteht man die Projektion der Seite b auf die Seite c.

86. Ein Dreieck ist zu berechnen aus:

a)	$a + b = 53{,}32$ m,	$c = 24{,}17$ m,	$\alpha - \beta = 23{,}3167°$
b)	$\frac{U}{2} = 113{,}24$ m,	$a = 76{,}28$ m,	$\alpha = 41{,}55°$
c)	$\frac{U}{2} = 65{,}04$ m,	$A = 802{,}5\ \text{m}^2$	$\gamma = 69{,}2°$
d)	$a + b = 324{,}30$ m,	$r_i = 43{,}72$ m,	$\gamma = 72{,}75°$
e)	$a + b = 127{,}50$ m,	$A = 500{,}00\ \text{m}^2$,	$\gamma = 30°$
f)	$r_i = 98{,}22$ m,	$\alpha = 58{,}4°$	$\beta = 61{,}95°$
g)	$h_a + h_b = 153{,}10$ m,	$\alpha = 42{,}9667°$,	$\beta = 39{,}6667°$
h)	$a:b = 8:5$,	$A = 1220\ \text{m}^2$,	$\gamma = 51{,}2°$
i)	$a + b = 115{,}12$ m,	$h_a - h_b = 21{,}24$ m,	$\gamma = 26{,}6667°$

87. a) Von einem Dreieck sind $h_c = 118{,}5$ m und $\gamma = 45°$ bekannt. Welche Länge haben die Seiten a, b, c, wenn $\sin \alpha = 4 \sin \beta$ ist?

b) In einem Dreieck mit der Seite $\overline{AB} = c = 140{,}2$ m ist durch den Eckpunkt C eine Gerade g derart gezogen, daß die Seite c im Punkt D im Verhältnis $\overline{AD}:\overline{DB} = 3:2$ geteilt wird und die den Strecken $\overline{AD}$ und $\overline{DB}$ gegenüberliegenden Teilwinkel von γ die Größe $\delta = 37°$ und $\varepsilon = 28°$ erhalten. Wie groß sind a, b, α, β, γ?

c) Die Seiten a, b, c eines Dreiecks verhalten sich wie $10:35:39$. In welche Teilwinkel δ und ε zerlegt die Seitenhalbierende s_b den Winkel β?

88. Im rechtwinkligen Dreieck mit der Hypotenuse c, den Katheten a, b und den Winkeln α, β gilt:

$$c = b + a \tan \frac{\alpha}{2} \qquad \text{oder} \qquad c = a + b \tan \frac{\beta}{2}$$

Dabei ist die erste oder zweite Formel günstiger, je nachdem $b > a$ oder $a > b$ ist. Man beweise die Formeln.

89. In einem Kreise vom Halbmesser $r = 50$ cm seien zwei parallele Sehnen gezogen, von denen die eine $a = 14$ cm und die andere $b = 30$ cm Abstand vom Kreismittelpunkt hat. Berechne Inhalt und Umfang der von beiden Sehnen und dem Kreis eingeschlossenen Fläche.

90. In einem Rechteck $ABCD$ mit den Seiten $\overline{AB} = a = 14$ cm, $\overline{BC} = b = 3$ cm sind um A und C die im Inneren des Rechtecks verlaufenden Viertelkreise vom Radius $b = 3$ cm beschrieben und an beide Kreise die innere Tangente $t = \overline{EF}$ gezogen. Dabei berührt t den Viertelkreis um A in F und den Viertelkreis um C in E. Man berechne die Länge der aus t und den Bogen $\widehat{BE}$ und $\widehat{FD}$ zusammengesetzten Linie $BEFD$.

91. Gegeben ist ein Winkel von $\alpha = 60°$. Von einem auf dem einen Schenkel liegenden Punkt P_1, der vom Scheitel O den Abstand $\overline{OP_1} = b = 32$ cm hat, ist das Lot $\overline{P_1P_2} = a_1$ auf den anderen Schenkel gefällt, von P_2 wieder das Lot $\overline{P_2P_3} = a_2$ auf den ersten Schenkel usw., insgesamt fünf Lote $a_1, \ldots, a_5$. Die Länge s des Streckenzuges $P_1 P_2 \ldots P_6$ ist zu berechnen.

92. Wie groß ist die Fläche A eines Halbkreises, wenn eine Sehne $s = 22{,}5$ cm und der Durchmesser einen Winkel von $\alpha = 50°30'$ bilden?

93. Ein rechtwinkliges Dreieck hat den Flächeninhalt $A = 45$ cm² und den Winkel $\alpha = 34{,}1°$. Wie groß sind die Seiten des Dreiecks?

94. Die Diagonale $d = 42{,}5$ cm eines Rechtecks teilt die Winkel im Verhältnis 2:3. Man berechne die Rechteckseiten.

95. Vorgegeben seien ein Winkel α mit dem Scheitel A und seine Halbierungslinie w_α. Zieht man durch einen beliebigen Punkt P auf w_α mit dem Abstand $\overline{AP} = a$ vom Scheitel eine beliebige Gerade g, so schneidet diese auf den Schenkeln des Winkels die Abschnitte $\overline{AB} = u$ und $\overline{AC} = v$ derart ab, daß für jede Gerade g

$$\frac{1}{u} + \frac{1}{v} = \text{const.}$$

gilt. Man führe den Beweis und drücke die Konstante durch α und a aus.
Anleitung: Man beachte $\triangle\, ABP + \triangle\, ACP = \triangle\, ABC$.

96. In einem Parallelogramm mit den Seiten a, b und den Diagonalen e, f gilt:

$$e^2 + f^2 = 2(a^2 + b^2)$$

Man beweise diese Formel.

97. In einem Dreieck mit den Seiten a, b, c und der Seitenhalbierenden s_a gilt:

$$2(b^2 + c^2) - a^2 = 4{s_a}^2$$

Der Beweis ist zu führen.

98. Die Diagonalen e und f eines beliebigen Vierecks schneiden sich unter einem Winkel ε. Für den Flächeninhalt des Vierecks ergibt sich die Formel

$$A = \frac{ef}{2} \sin \varepsilon.$$

Diese Formel ist zu beweisen, indem als Hilfslinien die Parallelen zu e und f durch die Eckpunkte des Vierecks verwendet werden.

99. Berechne die innerhalb des Dreiecks verlaufende Strecke w_α der Halbierungslinie des Winkels α einmal aus c, α, β und dann aus b, α, γ.

100. Welche Länge a, b, c müssen die Seiten eines Dreiecks bei vorgeschriebener Dreiecksfläche A und vorgegebenen Winkeln α und γ erhalten?

101. Drei Kreise mit den Radien $r_1 = 8$ cm, $r_2 = 6$ cm, $r_3 = 5$ cm berühren sich gegenseitig von außen. Unter welchen Winkeln schneiden sich je zwei Verbindungslinien zweier Mittelpunkte, und welchen Inhalt hat die zwischen den Kreisen liegende dreiecksähnliche Fläche?

102. Da die exakte Dreiteilung eines beliebigen Winkels α mit Zirkel und Lineal nicht möglich ist, soll sie näherungsweise erfolgen. Hierzu wird um den Scheitel M des

Winkels ein Kreis vom beliebigen Radius r, der die Schenkel des Winkels in A und B schneidet, geschlagen. Die Sehne $\overline{AB}$ wird durch die Punkte C und D in drei gleiche Teile geteilt.

1. Verfahren: Die Verbindungslinien $\overline{MC}$ und $\overline{MD}$ dritteln α näherungsweise.

2. Verfahren: In C und D errichte man auf $\overline{AB}$ Senkrechten, die den Kreisbogen in C' und D' schneiden. Die Radien $\overline{MC'}$ und $\overline{MD'}$ teilen α näherungsweise in drei gleiche Teile.

Man entwickle für die Winkelfehler eine Formel, berechne die Fehler für $\alpha = 10°$, 20°, 30°, 45°, 60°, 90°, 120°, 150° und ziehe die Schlußfolgerungen aus dem Ergebnis!

103. Ein regelmäßiges Sechseck mit der Seite $a = 5$ cm ist gegen die Horizontalebene um $\alpha = 30°$ geneigt. Wie groß ist der Flächeninhalt A' der Projektion?

104. Die Ebene eines Kreises mit dem Radius a ist um den Winkel α gegen die Horizontalebene geneigt. Der Kreis ergibt in der Projektion eine Ellipse mit den Halbachsen a und b. Man leite aus der Flächenformel des Kreises die Fläche A' für die Ellipse ab.

105. Zwei im Raum liegende Geraden g_1 und g_2 schließen einen Winkel α miteinander ein und spannen eine Ebene auf, die gegen die Projektionsebene um den Winkel φ geneigt ist und die sich mit der Projektionsebene in der Geraden g_1 schneidet. Man berechne den Winkel α' zwischen g_1 und der Projektion g_2' von g_2.

106. Die Hypotenuse c eines rechtwinkligen Dreiecks, dessen Ebene gegen die Projektionsebene um den Winkel φ geneigt ist, liegt in der Projektionsebene. Die Projektion γ' des rechten Winkels $\gamma = 90°$ ist aus den Katheten a, b und dem Neigungswinkel φ zu berechnen.
Anleitung: Man benutze das Ergebnis von Aufgabe 105.

107. Durch eine Grundkante eines gegebenen Würfels mit der Kantenlänge $a = 12{,}5$ cm ist eine unter $\alpha = 30°$ geneigte Ebene gelegt. Wie groß sind die Rauminhalte der beiden Teile, in die der Würfel durch die Ebene zerlegt wird?

108. Die Grundfläche eines geraden Prismas ist ein Dreieck $A'B'C'$ mit den Seiten $a' = 33$ cm, $b' = 21$ cm, $c' = 45$ cm. Eine durch $C' = C$ gehende Ebene schneidet die zweite Seitenkante des Prismas in A und die dritte Seitenkante in B. Diese Schnittpunkte haben die Höhen $h_A = 28$ cm und $h_B = 56$ cm über der Grundfläche. Man berechne Seiten, Winkel und Fläche des entstehenden Schnittdreiecks ABC.

109. Im Mittelpunkt M des Umkreises eines gegebenen Dreiecks mit den Seiten $a = 52$ m, $b = 77$ m, $c = 33$ m ist auf der Dreiecksebene eine $h = 10$ m lange Senkrechte errichtet. Welche Neigungswinkel gegen die Dreiecksebene schließen die Verbindungsgeraden des Endpunktes der Senkrechten mit den Eckpunkten des Dreiecks ein?

110. Die Mantellinien eines geraden Kreiskegels schließen mit der Grundfläche einen Winkel $\alpha = 53{,}8333°$ ein und haben die Länge $s = 48$ cm. Man berechne Mantel und Rauminhalt des Kegels.

111. Eine gerade regelmäßige dreiseitige Pyramide habe die Grundkante $a = 5$ cm und die Höhe $h = 8$ cm. Man berechne den Winkel α zwischen Grund- und Seitenkante,

den Neigungswinkel β einer Seitenkante gegen die Grundfläche, den Neigungswinkel γ einer Seitenfläche gegen die Grundfläche sowie den Neigungswinkel δ zweier Seitenflächen gegeneinander.

112. Man zerlege eine vorgegebene Kraft F_R in zwei Komponenten F_1 und F_2. Die Komponenten sollen senkrecht aufeinanderstehen, und F_1 schließe mit F_R den Winkel α ein.

a) $F_R = 440$ N, $\alpha = 30°$
b) $F_R = 5120$ N, $\alpha = 42{,}5°$
c) $F_R = 1414$ N, $\alpha = 45°$

113. An einem Punkt greifen zwei gleich große Kräfte F an, die den Winkel α miteinander einschließen. Man bestimme ihre Resultierende F_R.

a) $F = 1200$ N, $\alpha = 60°$
b) $F = 2150$ N, $\alpha = 20{,}5°$

114. Eine vorgegebene Kraft F_R ist in zwei gleiche Komponenten F zu zerlegen, die miteinander den Winkel α einschließen.

a) $F_R = 4710$ N, $\alpha = 48°$; b) $F_R = 2400$ N, $\alpha = 72{,}6667°$

115. Drei Kräfte $F_1 = 500$ N, $F_2 = 700$ N, $F_3 = 800$ N greifen in einem Punkte an und halten sich das Gleichgewicht. Welche Winkel schließen ihre Wirkungslinien miteinander ein?

116. Die Differenz zweier Kräfte F_1 und F_2, deren Wirkungslinien den Winkel $\alpha = 121{,}6333°$ einschließen, betrage $\Delta F = F_1 - F_2 = 350$ N, ihre Resultierende habe die Größe $F_R = 716$ N. Man berechne die Kräfte F_1 und F_2 und die Winkel, die die Richtungen beider Kräfte mit der Richtung der Resultierenden einschließen.

117. Die Wirkungslinien zweier Kräfte $F_1 = 993$ N und $F_2 = 478$ N schließen einen Winkel von 51,25° ein. Man berechne die Resultierende und die Winkel, die sie mit den Richtungen der Kräfte bildet.

118. An einem Punkt greifen die drei Kräfte $F_1 = 250$ N, $F_2 = 400$ N und $F_3 = 500$ N an. Ihre Wirkungslinien bilden die Winkel $(F_1F_2) = 61°$, $(F_2F_3) = 53°$. Man berechne die Resultierende F_R.

119. Eine Kraft $F = 330$ N ist in zwei Komponenten F_1 und F_2 so zu zerlegen, daß diese mit F die Winkel $(F_1F) = 32{,}2833°$ und $(FF_2) = 47{,}5833°$ bilden.

120. Bild 565 zeigt zwei Kegelräder, deren Achsen aufeinander senkrecht stehen. Aus den in der Zeichnung in mm eingetragenen Abmessungen berechne man die Größen a, b, c, d, α sowie die sog. Ersatzhalbmesser R_1 und R_2.

121. Man entwickle für den im Bild 566 dargestellten Querschnitt eines Zementrohrs eine Flächenformel.

122. Ein Sparren schließt mit der Horizontalebene einen Winkel von $\alpha = 36{,}25°$ ein und erzeugt in seiner Richtung eine Druckkraft von $F = 10000$ N. Man berechne Horizontalschub F_H und Vertikaldruckkraft F_V in der Mauer am Angriffspunkt des Sparrens.

123. Ein Scherenkran ist mit $F_Q = 28\,000$ N belastet. Die Streben s_1 und s_2 greifen unter den Winkeln $\alpha = 36°$ und $\beta = 55°$ an. Es sind die Stabkräfte F_{S1} und F_{S2} sowie die am Spannschloß A auftretende Zug- und Normalkraft zu bestimmen (Bild 567).

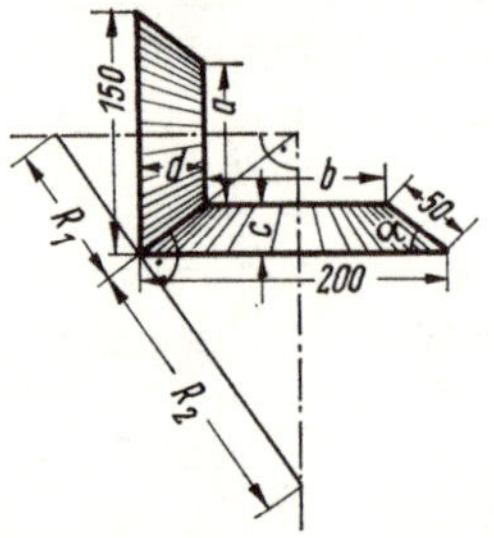

Bild 565

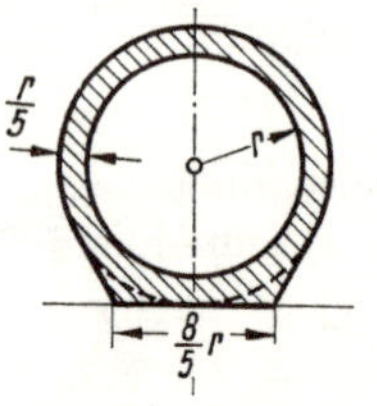

Bild 566

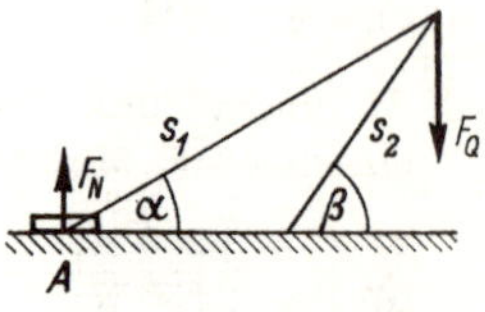

Bild 567

124. In einem Kurbelgetriebe ist die Strecke $x = \overline{MC}$ aus dem Drehwinkel φ, der Länge p der Schubstange und dem Kurbelradius r zu bestimmen. Man berechne x für $r = 10$ cm, $p = 1$ m und $\varphi = 0°, 30°, 60°, 90°, 120°, \ldots, 180°$ (Bild 568).

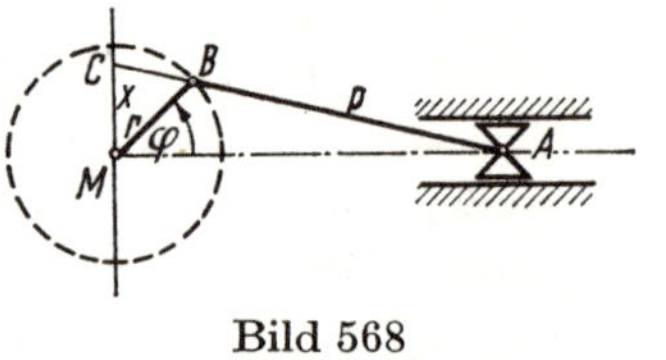

Bild 568

125. Auf einer schiefen Ebene mit dem Neigungswinkel $\alpha = 21{,}5°$ gleitet eine Last $F_Q = 2232$ N. Wie groß sind die Hangabtriebskraft F_H, die die Reibung erzeugende Normalkraft F_N und die Reibungskraft F_R (Reibungszahl für gleitende Reibung $\mu = 0{,}3$)?

126. Eine Lokomotive bewegt einen Güterzug der Masse $m = 2 \cdot 10^5$ kg längs einer Steigung von $\alpha = 5°$ mit einer Geschwindigkeit $v = 2\ \mathrm{m\,s^{-1}}$ aufwärts. Welche Leistung hat die Maschine, wenn vom Reibungswiderstand abgesehen wird?

127. Zur Bestimmung der Höhe eines Beobachtungsballons über der Erdoberfläche werden vom Ballon die Zenitdistanzen nach dem Fußpunkt und der Spitze eines $h = 30$ m hohen Turmes mit $z_1 = 132°20'$ und $z_2 = 131°30'$ gemessen. Wie groß ist der Höhenunterschied zwischen Ballon und Turmfuß?

128. Ein Schiff fährt mit Kurs N 16°05′ O und peilt ein Leuchtfeuer in Richtung N 62°17′ W. Nach einer Weiterfahrt um 22,3 sm peilt es das Feuer unter S 81°32′ W. Welche Entfernungen vom Leuchtfeuer hatte das Schiff zur Zeit der Peilungen?

129. Ein meteorologischer Beobachtungsballon hat sich losgerissen und wird vom Wind in Richtung S 22°30′ O mit der Geschwindigkeit $v = 30$ km/h abgetrieben. Um $13^{\mathrm{h}}50^{\mathrm{min}}$ wurde er in A gesichtet. 100 km östlich von A startet in B um 15^{h} ein Hubschrauber mit der Eigengeschwindigkeit von 150 km/h, um den Ballon zu bergen. Welchen Kurs muß das Flugzeug nehmen, wo und wann erreicht es den Ballon? Man berücksichtige die Einwirkung des Windes auf das Flugzeug durch Berechnung mit dem Geschwindigkeitsparallelogramm!

130. Man berechne den Inhalt A der Dachfläche und deren Neigungswinkel α für das im Bild 569 in kotierter Projektion dargestellte Satteldach.

131. Bild 570 zeigt ein Walmdach in kotierter Projektion. Wie groß sind die Dachfläche A und die Neigungswinkel α_1 und α_2?

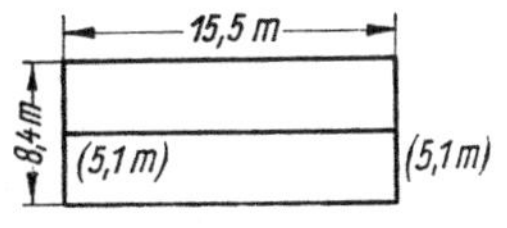

Bild 569

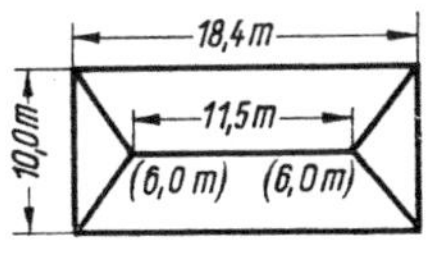

Bild 570

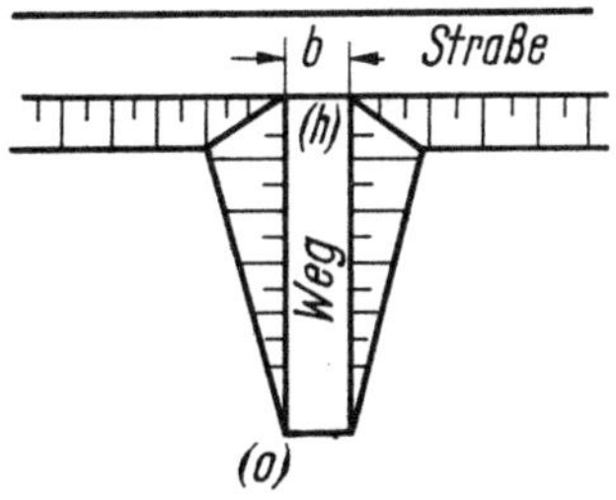

Bild 571

132. Ein Weg mit der Breite $b = 3$ m soll auf eine $h = 2$ m hohe Straße mit der Richtung senkrecht zur Straße geführt werden. Der Weg soll einen Neigungswinkel von $\alpha \triangleq \frac{100}{13{,}4}\,\%$ erhalten. Die Straßenböschung habe die Neigung $\beta \triangleq 100\,\%$, der Neigungswinkel der Böschung der Rampe sei $\gamma = \arctan \frac{1}{2}$. Man berechne den Rauminhalt V der Rampe (Bild 571).

133. Ein Kanalquerschnitt habe die Form eines gleichschenkligen Trapezes. Bekannt seien die Sohlenbreite s, die Höhe h des Wasserstandes und der Böschungswinkel α. Man berechne die Fläche A und den benetzten Umfang U des Querschnitts.

134. Bei der Absteckung der Trasse einer Eisenbahnlinie ergibt sich die Aufgabe, die beiden einander unter $\alpha = 75°$ schneidenden Geraden t_1 und t_2 durch einen Kreisbogen vom Halbmesser $r = 1\,200$ m zu verbinden (Bild 572). Für die Absteckung sind die Strecken $\overline{AS} = \overline{BS}$ und $\overline{CS}$ zu berechnen, für die Stationierung wird die Längedes Bogens $\widehat{AB}$ benötigt.

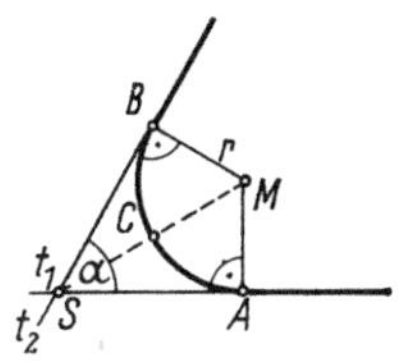

Bild 752

135. Von der Palttform eines $h = 28{,}50$ m hohen Aussichtsturmes werden mit dem Theodolit die Zenitdistanzen nach der Spitze und dem Fuß eines Schornsteins zu $\alpha = 85°30'$ und $\beta = 91°22'$ gemessen. Aus dem Meßtischblatt entnimmt man die Horizontalentfernung des Schornsteins zu $e = 530$ m. Wie groß ist der Höhenunterschied Δh des Geländes beider Bauwerke, und welche Höhe x hat der Schornstein?

136. Eine Strecke wird mit einer Meßlatte von der Länge l nach dem Verfahren mit auf dem Gelände aufliegender Latte gemessen. An einem Neigungsmesser lassen sich die jeweiligen Neigungswinkel α ablesen. Da schräg gemessen wird, muß für jede Meßlattenlage ein Reduktionsmaß r angebracht werden, um die Horizontalstrecke zu erhalten. Man entwickle für r in Abhängigkeit von l und α eine Formel.

137. Die Strecke $\overline{AB}$ ist nicht direkt meßbar. Aus diesem Grunde werden in einem Hilfspunkt C der Winkel $\sphericalangle\ BCA = \gamma = 58°15'$, in B der Winkel $\sphericalangle\ ABC = \beta = 71°40'$ sowie die Strecke $\overline{AC} = 253{,}22$ m gemessen. Man berechne $\overline{AB} = c$.

138. Bei der Vermessung eines Geländes (Bild 573) sind die Strecken b und c wegen Behinderung durch einen Fluß und die Richtung $\overline{AC}$ wegen Sichtbehinderung durch ein Wäldchen nicht meßbar. Zur indirekten Bestimmung der gesuchten Stücke mißt man in B den Winkel $\sphericalangle\ ABC = \beta = 44°20'$, in einem Hilfspunkt D den Winkel $\sphericalangle\ CDA = \delta = 56°13'$ sowie die Strecken $\overline{AD} = d = 430{,}68$ m und $\overline{CD} = e = 513{,}20$ m.

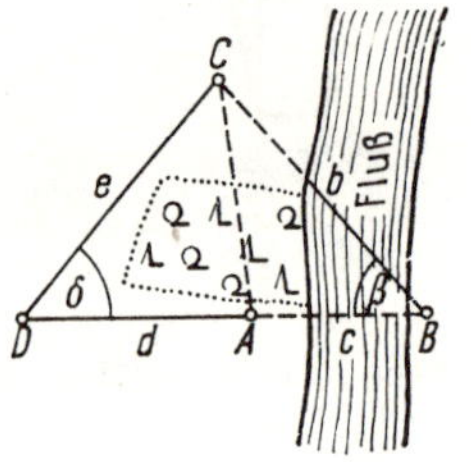

Bild 573

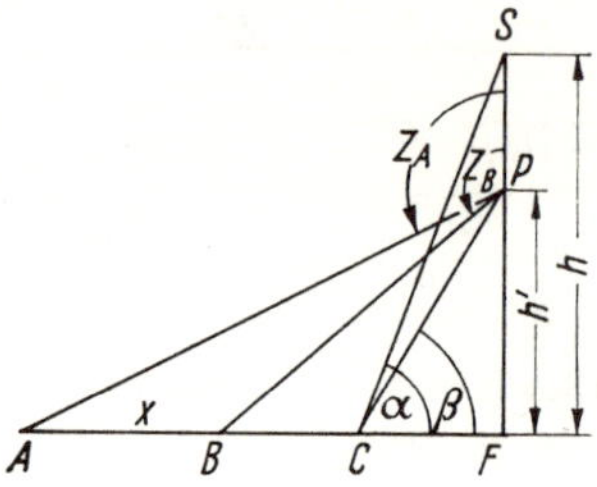

Bild 574

139. Um eine Strecke $\overline{AD} = x$ zu bestimmen, deren Endpunkte nicht zugänglich sind, wählt man sich auf $\overline{AD}$ einen Punkt C, von dem A und D sichtbar sind, sowie außerhalb der Strecke einen geeigneten Hilfspunkt B. Gemessen werden $\overline{BC} = 212{,}40$ m, $\sphericalangle\ BCA = 81°17'$, $\sphericalangle\ ABC = 34°45'$, $\sphericalangle\ CBD = 28°32'$.

140. Zur Bestimmung der Breite $\overline{AB} = x$ eines Flusses werden auf der Plattform P eines Turmes die Zenitdistanzen $z_A = 109°45'$ und $z_B = 125°05'$ gemessen. Da die Höhe des Turmes vom Fußpunkt F bis zur Spitze S mit $h = 39{,}22$ m, nicht aber seine bis zur Plattform P gemessene Höhe h' bekannt ist, werden im Hilfspunkt C die Höhenwinkel $\alpha = 67°15'$ und $\beta = 55°20'$ gemessen (Bild 574).

141. In einem Wald soll von der Mitte M eines 400 m langen Weges eine Schneise geschlagen werden. In welcher Richtung ist die Schneise anzulegen, wenn vom Anfangspunkt A des Weges bis zum Schneisenendpunkt B eine Entfernung von $\overline{AB} = 520$ m und in A der Winkel $\sphericalangle\ MAB = 62°28'$ gemessen werden?

142. Der Endpunkt B einer Strecke $\overline{AB} = x$ ist unzugänglich. Zur Bestimmung von x werden in zwei Hilfspunkten C und D, die mit A in einer Geraden liegen, die Horizontalwinkel $\sphericalangle\ ACB = 121°52'$ und $\sphericalangle\ CDB = 77°15'$ sowie die Strecken $\overline{AC} = 135{,}20$ m und $\overline{CD} = 111{,}10$ m gemessen.

143. Von einem viereckigen Grundstück $ABCD$ sind die Seiten $\overline{AB} = 300$ m, $\overline{BC} = 420$ m und $\overline{CD} = 170$ m sowie die Winkel $\sphericalangle\ DAB = 46°30'$ und $\sphericalangle\ BCD = 76°20'$ gemessen worden. Durch B soll eine gerade Grenzlinie so gelegt werden, daß bei $\overline{AB}$ ein Flächenstück mit einem Drittel der Vierecksfläche abgetrennt wird. Wie ist die Gerade zu legen?

144. Bei der Absteckung eines Kreisbogens ist der Tangentenschnittpunkt S unzugänglich, so daß der Schnittwinkel α nicht gemessen werden kann. Daher legt man eine beliebige Gerade g fest, die die Kreistangenten t_1 und t_2 in den Punkten D und E schneidet, und mißt die Winkel $\delta = 138°20'$, $\varepsilon = 102°30'$ und die Strecke $\overline{DE} = e =$ $= 712{,}30$ m (Bild 575). Welche Länge haben die Tangentenabschnitte $\overline{AD}$ und $\overline{BE}$ sowie der Kreisbogen $\widehat{AB}$, wenn der Radius $r = 800$ m bekannt ist?

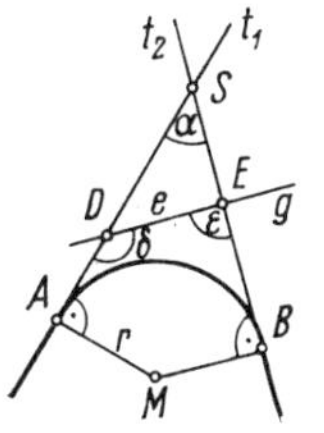

Bild 575

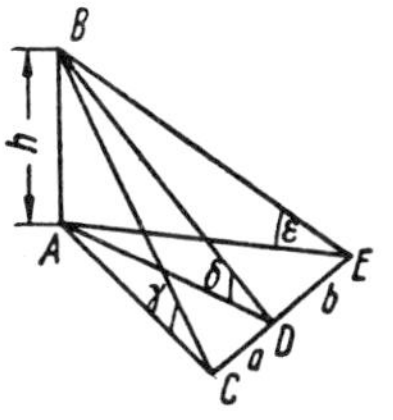

Bild 576

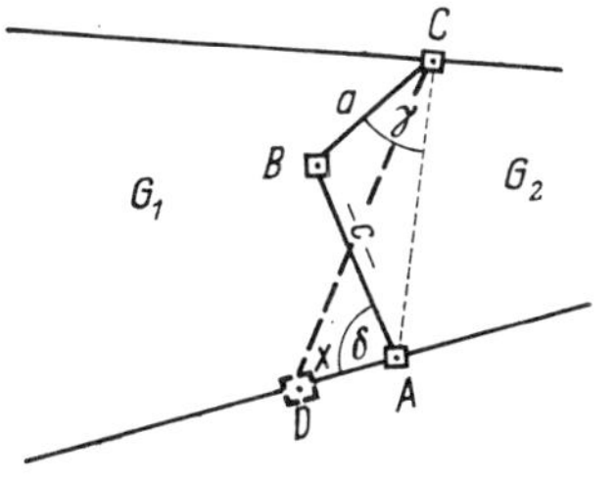

Bild 577

145. Die Höhe $h = \overline{AB}$ eines Turmes ist zu bestimmen. Zu diesem Zweck werden in den Punkten C, D, E einer horizontalen Standlinie die Höhenwinkel $\gamma = 31°15'$, $\delta =$ $= 32°20'$, $\varepsilon = 31°45'$ sowie die Strecken $\overline{CD} = a = 41{,}22$ m und $\overline{DE} = b = 63{,}15$ m gemessen (Bild 576).

146. Die gebrochene Grenzlinie ABC zwischen zwei Grundstücken G_1 und G_2 soll von C aus durch die neue Grenze $\overline{CD}$ so begradigt werden, daß die Flächeninhalte der Grundstücke erhalten bleiben. Für die Absteckung des Grenzpunktes D ist die Strecke $x = \overline{AD}$ aus den gemessenen Stücken $a = 201{,}10$ m, $c = 246{,}20$ m, $\gamma =$ $= 43°17'$, $\delta = 76°23'$ zu berechnen (Bild 577).

147. Ein vertikal aufgehaltener Stab von der Länge $l = 2{,}00$ m wirft bei Sonnenschein einen $b = 2{,}82$ m langen Schatten. Wie hoch steht die Sonne, d. h., unter welchem Höhenwinkel α erscheint der Mittelpunkt der Sonne?

148. An einer Hauswand, die in west-östlicher Richtung steht, ist eine Sonnenuhr angebracht. Steht die Sonne im Süden, so wirft der an der Hauswand befestigte $l = 0{,}50$ m lange Stab einen lotrechten Schatten, der mit dem Stab einen Winkel von $\varphi = 20°$ einschließt. Scheint die Sonne aus Südosten, so beträgt die Schattenlänge $s = 0{,}40$ m. Wie hoch steht dann die Sonne?

149. Ein 1,8 m langer Stab schließt mit der Horizontalebene einen Winkel von 72° ein und wirft einen 2,08 m langen Schatten, der mit dem Stab eine Vertikalebene bildet. Wie hoch steht die Sonne?

150. Ein 2,5 m langer Stab ist gegen die Horizontalebene um einen Winkel von 50° geneigt und wirft einen Schatten, der mit dem Stab eine Ebene aufspannt, deren Neigungswinkel 80° beträgt. Wie lang ist der Schatten, wenn die Sonne die Höhe 42° hat?

LÖSUNGEN

zu den Aufgaben 1 bis 556

1. a) Die Konstruktion ergibt $a \approx 5{,}4$ cm, $b \approx 6{,}6$ cm.
   b) Die Konstruktion ergibt $a \approx 24$ cm, $b \approx 36$ cm.

2. Die Konstruktion ergibt $x \approx 18{,}5$ mm.

3. Die Konstruktion ergibt $a \approx 9{,}3$ cm, $b \approx 5{,}7$ cm.

4. Die Nachprüfung ergibt, daß die Seiten nicht aus einer stetigen Teilung hervorgegangen sind.

5. $h = 24{,}1$ cm, $b = 38{,}9$ cm 6. $h = 40{,}3$ m 7. $c = \frac{ad}{b} = 7{,}5$ m

8. $u = \frac{1}{2}\sqrt{4a^2 - b^2} = 2{,}2$ m; $v = \sqrt{4a^2 - b^2} = 4{,}5$ m;

$d = \frac{4a^2 - b^2}{b} = 5$ m; $w = \frac{4a^2}{b^2}\sqrt{4a^2 - b^2} = 10{,}1$ m;

$c = a = 3$ m; $f = \frac{4a^2}{b^3}(4a^2 - b^2) = 11{,}3$ m;

$x = \frac{2a}{b}\sqrt{4a^2 - b^2} = 6{,}7$ m; $e = \frac{2a}{b^2}(4a^2 - b^2) = 7{,}5$ m;

$y = \frac{8a^3}{b^3}\sqrt{4a^2 - b^2} = 15{,}1$ m; $g = \frac{8a^3}{b^3}(2a - b) = 6{,}8$ m;

$z = \frac{16a^3}{b^3}\sqrt{a(2a - b)} = 16{,}5$ m; $h = \frac{8a^3}{b^3}\sqrt{a(2a + b)} = 18{,}5$ m

9. $a = h\frac{b}{d} = 30$ cm

10. $F_T = F\frac{h}{s} = 11{,}34$ N; $F_N = F\frac{l}{s} = 50{,}64$ N

11. $b = \frac{2}{3}h = 2{,}33$ m; $c = \frac{h}{3} = 1{,}17$ m

12. $\overline{AC} = \overline{AC_1}\,\frac{\overline{AB}}{\overline{AB_1}} = 88{,}9$ m

13. $A = \sqrt{\frac{U}{2}\left(\frac{U}{2} - a\right)\left(\frac{U}{2} - b\right)\left(\frac{U}{2} - c\right)} = 6\ \text{cm}^2$

14. $c_1 = \sqrt{a^2 + b^2 + 2\sqrt{a^2b^2 - 4A^2}} = 7{,}5$ cm;

$c_2 = \sqrt{a^2 + b^2 - 2\sqrt{a^2b^2 - 4A^2}} = 3{,}4$ cm

15. a) $a = 5{,}7$ cm b) $a = 6$ cm c) $a = 5{,}05$ dm
    d) $a = 35{,}09$ m e) $a = 0{,}529$ km f) $a = 58{,}6$ mm

16. a) $c = 7{,}6$ cm b) $c = 140{,}9$ mm c) $c = 0{,}91$ m
d) $c = 8{,}956$ km e) $c = 27{,}1$ dm f) $c = 1{,}1$ m

17. Im Bild 111 wird der pythagoreische Lehrsatz zur Konstruktion der Quadratwurzeln aus den ganzzahligen Radikanden 2 bis 5 benutzt.

Für $a = 2$ folgen die Quadratwurzeln aus 8, 12, 16, 20, ...

Für $a = 3$ folgen die Quadratwurzeln aus 18, 27, 36, 45, ...

18. $A = \dfrac{a\sqrt{c^2 - a^2}}{2} = 7{,}79\ \text{cm}^2$

19. $b = a\sqrt{\dfrac{2}{3}}\cdot\sqrt[4]{3}$

20. $b = \dfrac{a}{3}\sqrt{6}$

21. $b = \dfrac{a}{2}\sqrt{2}\left(\sqrt{3} - 1\right)$

22. $c = \dfrac{2A}{h} = 8\ \text{cm}$; $a = \dfrac{1}{h}\sqrt{2A^2 - 2A\sqrt{A^2 - h^4}} = 3{,}3\ \text{cm}$;

$b = \dfrac{2Ah}{\sqrt{2A^2 - 2A\sqrt{A^2 - h^4}}} = 7{,}3\ \text{cm}$

23. $A = \dfrac{c^2}{2}\dfrac{m\,n}{m^2 + n^2} = 15{,}36\ \text{cm}^2$; $a = \dfrac{m\,c}{\sqrt{m^2 + n^2}} = 4{,}8\ \text{cm}$;

$b = \dfrac{nc}{\sqrt{m^2 + n^2}} = 6{,}4\ \text{cm}$

24. $\dfrac{a}{b} = \dfrac{\sqrt{c^2 + \sqrt{c^4 - 3d^4}}}{\sqrt{c^2 - \sqrt{c^4 - 3d^4}}} \approx \dfrac{89}{70}$

25. $a = \sqrt{p\,(p + q)} = 6{,}7\ \text{cm}$; $b = \sqrt{q\,(p + q)} = 6\ \text{cm}$;

$A = \dfrac{p + q}{2}\sqrt{pq} = 20{,}1\ \text{cm}^2$

26. $c = \dfrac{q^2 + h^2}{q} = 11{,}3\ \text{cm}$; $a = \dfrac{h}{q}\sqrt{p^2 + h^2} = 9{,}7\ \text{cm}$;

$b = \sqrt{q^2 + h^2} = 5{,}8\ \text{cm}$; $A = \dfrac{h}{2q}(q^2 + h^2) = 28{,}3\ \text{cm}^2$

27. $r_i = \dfrac{a\,b}{a + b + \sqrt{a^2 + b^2}} = 2\ \text{cm}$; $r_a = \dfrac{a\,b}{-\,a + b + \sqrt{a^2 + b^2}} = 4\ \text{cm}$

28. a) $x = \dfrac{a\,b}{a + b}$ b) $x = \dfrac{u\,v}{\sqrt{u^2 + v^2}}$

29. $r_2 = \dfrac{1}{3}r_1$

30. $r_2 = \dfrac{1}{2}r_1$; $h_1 = \dfrac{1}{2}r_1\sqrt{5}$; $h_2 = \dfrac{1}{2}r_1\sqrt{3}$

31. $r_2 = r_1\left(\sqrt{2} - 1\right)$; $r_3 = r_1\left(3 - 2\sqrt{2}\right)$; $r_4 = \dfrac{1}{4}r_1\left(\sqrt{2} - 1\right)$

32. $r_2 = r_1\left(2\sqrt{3} - 3\right)$; $r_3 = \dfrac{1}{11}r_1\left(2\sqrt{3} - 1\right)$

33. $h = \sqrt{a^2 - (g_2 - g_1)^2} = 4{,}58$ dm

34. $h = \frac{1}{2}\sqrt{4\,l^2 - s^2} = 4{,}94$ m

35. $a = \sqrt{\left(\frac{e}{2}\right)^2 + \left(\frac{f}{2} - \frac{1}{2}\sqrt{f^2 - e^2}\right)^2} = 3{,}4$ m;

$b = \sqrt{\left(\frac{e}{2}\right)^2 + \left(\frac{f}{2} + \frac{1}{2}\sqrt{f^2 - e^2}\right)^2} = 4{,}9$ m;

$c = \frac{e\,(f - \sqrt{f^2 - e^2})}{2\sqrt{f^2 - e^2}} = 5$ m;

$d = \frac{f\,(f - \sqrt{f^2 - e^2})}{2\sqrt{f^2 - e^2}} = 5{,}4$ m;

$p = \frac{f}{2} - \frac{1}{2}\sqrt{f^2 - e^2} = 1{,}9$ m

36. $b = \frac{1}{2}\sqrt{a^2 + 4\,h^2} = 7{,}2$ m;

$d = \frac{h}{2a}\sqrt{a^2 + 4\,h^2} = 2{,}4$ m;

$c = \frac{a^2 + 4\,h^2}{4\,a} = 4{,}3$ m

37. $F_R = \sqrt{F_1{}^2 + F_2{}^2} = 65{,}6$ N

38. $k = \frac{1}{3}\,w\sqrt{3} = 9{,}81$ mm

39. $h = 4{,}58$ mm

40. $l = \sqrt{a\,b} + \sqrt{b\,(b - a)} = 3{,}7$ m

41. $c = \sqrt{a^2 - b^2} = 2{,}5$ m;

$f = \frac{h\,c}{g + h} = 0{,}7$ m;

$e = \sqrt{g^2 + f^2} = 5{,}9$ m;

$i = \sqrt{h^2 + f^2} = 2{,}5$ m:

$d = i\,\frac{g}{h} = 6{,}1$ m

42. $r_2 = \sqrt{\overline{MC}^2 - r_1{}^2} = 33{,}9$ mm;

$e_2 = \overline{MC}\,\frac{r_2}{r_1} = 37{,}9$ mm;

$e_1 = \frac{\overline{MC}^2}{e_2} = 152{,}3$ mm

43. $Q = Avt = 131{,}07$ m³/h

44. $c = 42{,}7$ mm

45. $F_1 = 95$ N

46. $h = 37{,}35$ mm

47. $q = \frac{-a^2 + b^2 + c^2}{2c}$;

$p = \frac{a^2 - b^2 + c^2}{2c}$

48. $b = \sqrt{a^2 - c^2 + 2\,cq}$

49. $m = 0{,}893$ kg

50. $A = \frac{c^2}{2}$; $a = \frac{c}{2}\sqrt{5}$

51. $A = h_c\sqrt{a^2 - h_c{}^2} = 31{,}2$ cm²

52. $h_c = \frac{2A}{c} = 5$ cm;

$a = \frac{1}{2c}\sqrt{16\,A^2 + c^4} = 5{,}39$ cm

53. $h_c = \dfrac{2A}{\sqrt{\dfrac{4nA}{\sqrt{4m^2 - n^2}}}} = 4{,}84$ cm; $c = \sqrt{\dfrac{4nA}{\sqrt{4m^2 - n^2}}} = 2{,}48$ cm;

$a = m\sqrt{\dfrac{4A}{n\sqrt{4m^2 - n^2}}} = 4{,}96$ cm

54. $r_{i1} = \dfrac{2A}{2a + \sqrt{2a^2 - 2\sqrt{a^4 - 4A^2}}} = 1{,}2$ cm;

$r_{i2} = \dfrac{2A}{2a + \sqrt{2a^2 + 2\sqrt{a^4 - 4A^2}}} = 0{,}8$ cm

55. $c = \dfrac{U^2 - 4h^2}{2U} = 6$ cm; $a = \dfrac{U^2 + 4h^2}{4U} = 5$ cm;

$A = \dfrac{h}{4U}(U^2 - 4h^2) = 12$ cm²

56. $a = \dfrac{1}{2}\sqrt{4h_c^2 + c^2} = 5{,}4$ cm; $f = \dfrac{ch_c}{\sqrt{4h_c^2 + c^2}} = 1{,}9$ cm

57. $\dfrac{A_1}{A_2} \approx \dfrac{4}{5}$ 58. $h_c = \dfrac{1}{2}\sqrt{4a^2 - c^2}$ 59. $\dfrac{A_1}{A_2} = 1$

60. $s_a = \dfrac{1}{2}\sqrt{a^2 + 2c^2} = 5{,}25$ cm 61. $c = 6{,}9$ m; $b = 8{,}7$ m

62. $A = 2493{,}4$ mm² 63. $r_i = \dfrac{a}{6}\sqrt{3} = 0{,}87$ cm;

$r_u = \dfrac{a}{3}\sqrt{3} = 1{,}73$ cm

64. $r_a = \dfrac{a}{2}\sqrt{3}$ 65. $\dfrac{A_a}{A_b} = \dfrac{m^2}{n^2} = \dfrac{4}{9}$ 66. $A = \dfrac{U^2}{36}\sqrt{3}$; $h = \dfrac{U}{6}\sqrt{3}$

67. $A = \dfrac{U^2}{36}\sqrt{3} = 33{,}5$ cm² 68. $e = \dfrac{2}{3}w\sqrt{3} = 24{,}25$ mm

69. $d_{03} = 2a - d_{01} = 566$ mm 70. $d = d_1 + 2\dfrac{3}{4}t = d_1 + 2\dfrac{3}{4}\dfrac{h}{2}\sqrt{3} = 48$ mm

71. $a = \sqrt{3(l^2 - h^2)} = 32{,}5$ m 72. $a = 68{,}1$ mm 73. $a = \dfrac{d}{2}\sqrt{3} = 12{,}3$ mm

74. Zur Kontrolle werden einige sich aus der Konstruktion ergebende Werte angegeben:

a) $a = 5{,}7$ cm; $d = 1{,}6$ cm
b) $d = 3{,}5$ cm
c) $\beta = 89°$; $\gamma = 103°$
d) $\alpha = 72°$; $\beta = 62°$

75. b) $b = 571$ mm d) $\overline{DB} = 529$ mm e) $\overline{AC} = 750$ mm

76. $A = \dfrac{sr}{2} = 17{,}5$ cm²; $a = r = 5$ cm; $b = \sqrt{r(2r + \sqrt{4r^2 - s^2})} = 9{,}3$ cm

77. $b = \sqrt{d^2 - a^2} = 7{,}4$ cm; $A = a\sqrt{d^2 - a^2} = 22{,}25$ cm²

78. $b = \frac{A}{a} = 4$ cm; $d = \frac{1}{a}\sqrt{a^4 + A^2} = 4{,}47$ cm

79. $b = a\sqrt{\frac{m}{n}} = 3{,}26$ cm; $c = a\sqrt{\frac{n}{m}} = 4{,}88$ cm; $d = a\sqrt{\frac{m^2 + n^2}{mn}} = 5{,}89$ cm

80. $b = \frac{a}{m}\sqrt{n^2 + \sqrt{n^4 - m^4}} = 8{,}26$ cm;

$c = \frac{a}{m}\sqrt{n^2 - \sqrt{n^4 - m^4}} = 1{,}94$ cm

81. $h = \frac{A}{a} = 3$ cm; $d = \sqrt{a^2 + b^2 + 2\sqrt{a^2 b^2 - A^2}} = 11{,}8$ cm

82. $a = \sqrt{bc} = 3{,}87$ cm

83. $A = \frac{1}{2}(2a - b)^2 = 0{,}5$ cm²; $d = 2a - b = 1$ cm

84. $b = \frac{a\sqrt{2}}{2} + a\sqrt{\frac{m - 2n}{2m}} = 8{,}9$ cm; $c = \frac{a\sqrt{2}}{2} - a\sqrt{\frac{m - 2n}{2m}} = 2{,}4$ cm

85. $a = \frac{1}{2}\sqrt{e^2 + f^2} = 3{,}6$ cm; $A = \frac{ef}{2} = 12$ cm²

86. $h = \frac{e}{2a}\sqrt{4a^2 - e^2} = 2{,}95$ cm   87. $h = \frac{A}{a} = 2{,}67$ cm

88. $a = 21{,}5$ m; $b = 37{,}2$ m

89. $h = \frac{a}{2}\sqrt{2} = 156$ mm; $\overline{AC} = 850$ mm; $\overline{BD} = 547$ mm

90. $A = 142$ cm²   91. $A = 245{,}44$ cm²

92. $T = 32{,}01$ DM   93. $d = \sqrt{b^2 + h^2} = 13$ cm

94. $r_i = \frac{ef}{2\sqrt{e^2 + f^2}} = 22{,}43$ mm   95. $A = 84{,}30$ cm²

96. a) $\overline{AD} = 455{,}3$ mm   b) $\overline{AE} = 431{,}2$ mm   c) $\overline{CE} = 143$ mm
d) $\overline{AG} = 747{,}5$ mm   e) $\overline{CH} = 470{,}5$ mm

97. $a = 11{,}5$ cm; $b = 17{,}5$ cm

98. $V = 79{,}4$ m³; $a = 96{,}9$ m; $b = 61{,}9$ m

99. a) $a = 35{,}03$ mm   b) $a = 32{,}82$ mm   c) $a = 31{,}52$ mm   d) $a = 29{,}96$ mm

100. $b = \frac{A}{a} = 11$ cm; $d = \frac{1}{a}\sqrt{a^4 + A^2} = 45{,}3$ cm

$p = \frac{b^2}{\sqrt{a^2 + b^2}} = 2{,}7\ \text{cm}$; $q = \frac{a^2}{\sqrt{a^2 + b^2}} = 42{,}7\ \text{cm}$;

$l = \sqrt{pq} = 10{,}6\ \text{cm}$

101. $l_1 = 3l - l = 320\ \text{mm}$

102. a) $F_R \approx 180\ \text{N}$ b) $F_R \approx 170\ \text{N}$

103. a) $F_2 \approx 80\ \text{N}$ b) $F_2 \approx 62\ \text{N}$

104. $\alpha = 35°$

105. $A_1 = 22{,}2\ \text{cm}^2$; $A_2 = \frac{4a^2(c^2 + b^2) - c^4 - 4abc\sqrt{4a^2 - c^2}}{4c\sqrt{4a^2 - c^2}} = 14{,}9\ \text{cm}^2$

106. $A = 5133\ \text{cm}^2$; $d = 2{,}5\ \text{cm}$

107. Wegen $A_{AEKH} = A_{KFCG}$ gilt $cd = (a - d)(b - c)$

108. $a = \frac{b + h}{2} - \frac{1}{6}\sqrt{9(b + h)^2 - 12\,b\,h} = 1{,}36\ \text{cm}$

109. $A = \frac{a^2}{2} = 18\ \text{cm}^2$; $b = \frac{a}{4}\sqrt{10} = 4{,}7\ \text{cm}$

110. $A = h\sqrt{d^2 - h^2}$

111. $h_1 = h - \frac{h}{2}\sqrt{2} = 2{,}34\ \text{cm}$

112. $h_1 = h - h\sqrt{\frac{m}{m + n}}$

113. $A = \frac{5}{12}r^2\sqrt{3} = 26\ \text{cm}^2$

114. $h = b - b\sqrt{\frac{n}{m + n}} = 2{,}94\ \text{cm}$

115. $h = \frac{2A}{U - 2a}$;

$g_1 = \frac{U - 2a}{2} + \sqrt{a^2 - \frac{A^2}{(U - 2a)^2}}$; $g_2 = \frac{U - 2a}{2} - \sqrt{a^2 - \frac{A^2}{(U - 2a)^2}}$

116. $g_1 = \frac{1}{2m}\left(2m^2 + \sqrt{m^2a^2 - A^2}\right) = 7{,}12\ \text{cm}$; $h = \frac{A}{m} = 2\ \text{cm}$;

$g_2 = \frac{1}{2m}\left(2m^2 + \sqrt{m^2a^2 - A^2}\right) = 4{,}88\ \text{cm}$

117. $d = \frac{1}{2(g_1 + g_2)}\sqrt{16A^2 + (g_1 + g_2)^4} = 4\ \text{cm}$; $h = \frac{2A}{g_1 + g_2} = 2{,}7\ \text{cm}$;

$a = \frac{1}{2(g_1 + g_2)}\sqrt{16A^2 + (g_1^2 - g_2^2)^2} = 2{,}8\ \text{cm}$

118. $a = 2\sqrt{\frac{mh_T}{3}\sqrt{3}} = 7{,}4\ \text{cm}$; $\frac{h_T}{h_D} \approx \frac{5}{8}$

119. $g_1 = 2m - g_2 = 5\ \text{cm}$; $b = \sqrt{h^2 + 4(m - g_2)^2} = 4{,}47\ \text{cm}$

120. $A = 18{,}74\ \text{cm}^2$

121. $A = 329\ \text{cm}^2$

122. $h_1 = h - \frac{h}{3}\sqrt{6} = 2{,}2\ \text{cm}$; $h_2 = h - \frac{h}{3}\sqrt{3} = 5{,}1\ \text{cm}$

123. $A = 15{,}16\ \text{cm}^2$

124. $U = 219{,}7\ \text{mm}$; $A = 21{,}38\ \text{cm}^2$

125. $A = 35{,}88\ \text{cm}^2$

126. $a = 335$ mm

127. a) $A = 93{,}6\ \text{m}^2$ b) $a = 4{,}09$ m

128. $A = 28\,371\ \text{m}^2$

129. $a = 255{,}4$ mm; $A = 798{,}15\ \text{cm}^2$

130. $a = 24{,}2$ mm; $b = 33{,}3$ mm

131. $l = \sqrt{b^2 - 4ab + 5a^2} = 6{,}4$ cm

132. $A = 436{,}37\ \text{cm}^2$

133 $A = 6{,}44\ \text{cm}^2$

134. $a = 6{,}7$ mm; $b = 16{,}7$ mm; $A = 0{,}93\ \text{cm}^2$

135. $a = 165{,}5$ mm

136. $U = 7a = 21$ cm; $A = \frac{5}{4} a^2 \sqrt{3} = 19{,}49\ \text{cm}^2$

137. a) $\alpha = 150°$; $\gamma = 30°$
b) $\alpha = 154°17'08''$; $\gamma = 25°42'52''$
c) $\alpha = 156°$; $\gamma = 24°$
d) $\alpha = 160°$; $\gamma = 20°$

138. $\alpha = 36°$; $\beta = 108°$; $b = \frac{a}{10}\sqrt{10\left(25 + 11\sqrt{5}\right)}$; $c = \frac{a}{2}\left(\sqrt{5} + 1\right)$;

$$A = \frac{a^2}{4}\sqrt{10\left(25 + 11\sqrt{5}\right)}$$

139. $s = 9{,}2$ cm; $A = 407{,}23\ \text{cm}^2$; $r_i = 11{,}1$ cm

140. $s_6 = 2{,}31$ cm

141. $b = \frac{a}{3}\sqrt{2\sqrt{3}} = 6{,}2$ cm

142. a) $A_5 = \frac{U_5^2}{100}\sqrt{5\left(5 + 2\sqrt{5}\right)}$ b) $A_6 = \frac{U_6^2}{24}\sqrt{3}$

c) $A_8 = \frac{U_8^2}{32}\left(\sqrt{2} + 1\right)$ d) $A_{10} = \frac{U_{10}^2}{40}\sqrt{5 + 2\sqrt{5}}$

143. $b = a\left(3 - \sqrt{3}\right) = 10{,}14$ cm

144. $b = \frac{a}{4}\left(3\sqrt{2} - \sqrt{6}\right) = 1{,}34$ cm

145. $b = a\sqrt{2 + \sqrt{2}} = 11{,}1$ cm; $s = a\sqrt{3 + 2\sqrt{2}} = 14{,}5$ cm;

$$h = \frac{a}{2}\sqrt{10 + 7\sqrt{2}} = 13{,}4\ \text{cm};$$

$$A = \frac{a^2}{4}\sqrt{2\left(17 + 12\sqrt{2}\right)} = 74{,}21\ \text{cm}^2$$

146. $b = \frac{3}{4} a = 1{,}5$ cm; $A_6 = \frac{3}{2} a^2 \sqrt{3} = 10{,}39\ \text{cm}^2$;

$$A_8 = \frac{9}{8} a^2 \left(\sqrt{2} + 1\right) = 10{,}86\ \text{cm}^2$$

147. $\frac{A_5}{A_{10}} = \frac{\sqrt{6 + 2\sqrt{5}}}{4}$; $\frac{U_5}{U_{10}} = \frac{\sqrt{10 + 2\sqrt{5}}}{4}$; $\frac{s_5}{s_{10}} = \frac{\sqrt{10 + 2\sqrt{5}}}{2}$

148. $A = a^2\left(4\sqrt{2(2-\sqrt{3})} + 6 - 5\sqrt{3}\right) = 6{,}7\ \text{cm}^2$

149. $s_5 = \dfrac{U_5}{5} = 3\ \text{cm}$; $r = \dfrac{U_5}{50}\sqrt{10(5+\sqrt{5})} = 2{,}6\ \text{cm}$

$A_5 = \dfrac{U_5^2}{100}\sqrt{5(5+2\sqrt{5})} = 15{,}48\ \text{cm}^2$

150. $s = 1{,}78\ \text{m}$

151. $d = 76\ \text{cm}$

152. $r_u = 3{,}24\ \text{cm}$

153. $A = r^2\sqrt{3} = 62{,}35\ \text{cm}^2$

154. $A = 10{,}45\ \text{cm}^2$; $s_1 = 2{,}47\ \text{cm}$

155. $a = 0{,}7\ \text{cm}$

156. $s_1 = 2{,}42\ \text{m}$; $s_2 = 1{,}84\ \text{m}$

157. $A = 155{,}7\ \text{cm}^2$

158. $A_3 = 10{,}83\ \text{cm}^2$; $A_4 = 14{,}1\ \text{cm}^2$; $A_5 = 15{,}5\ \text{cm}^2$; $A_6 = 16{,}2\ \text{cm}^2$

159. $A = 0{,}51\ \text{m}^2$

160. $A = 212{,}1\ \text{cm}^2$

161. $A = 3277{,}4\ \text{cm}^2$

162. $s = 5{,}7\ \text{mm}$

163. $s = 14{,}62\ \text{cm}$

164. $s = 7{,}2\ \text{cm}$

165. $U = 6r = 168\ \text{cm}$

166. $d = 7{,}85\ \text{cm}$

167. $e = r\sqrt{3} = 13{,}86\ \text{cm}$; $U = 2r(1+\sqrt{3}) = 43{,}71\ \text{cm}$;

$A = r^2\sqrt{3} = 110{,}85\ \text{cm}^2$

168. $r = \dfrac{1}{2}\sqrt{\dfrac{7}{6}A\sqrt{3}} = 4{,}26\ \text{cm}$; $a = \dfrac{1}{2}\sqrt{2A\sqrt{3}} = 5{,}58\ \text{cm}$;

$b = \sqrt{\dfrac{2}{3}A\sqrt{3}} = 6{,}44\ \text{cm}$

169. $d = 2\sqrt{\dfrac{A}{\pi}} = 6{,}18\ \text{cm}$

170. $U = 2\sqrt{A\pi} = 10\ \text{cm}$

171. $A = \dfrac{a^2}{4}(4-\pi)$

172. $A = \dfrac{r^2\pi}{4}$

173. $r = \dfrac{s^2+4h^2}{8h} = 2{,}5\ \text{cm}$

174. $s = 2\sqrt{h\left(\dfrac{U}{\pi} - h\right)}$

175. $A_1 = A_2$

176. $\dfrac{U_1}{U_2} = \dfrac{2m}{m+n} = \dfrac{6}{5}$

177. $A_1 : A_2 : A_3 = (7 - 3\sqrt{5}) : (3 - \sqrt{5}) : 2$

178. $r_1 = \sqrt{\dfrac{A}{\pi} + r_2^2} = 5{,}37\ \text{cm}$

179. a) $r_3 = \dfrac{1}{2}\sqrt{\dfrac{5A_1 + 5A_2 + 2\sqrt{A_1A_2}}{\pi}}$; $r_4 = \dfrac{\sqrt{A_1} + \sqrt{A_2}}{2\sqrt{\pi}}$

b) $r_3 = \sqrt{\dfrac{A_1 + \sqrt{A_1A_2} + A_2}{\pi}}$; $r_4 = \dfrac{\sqrt[4]{A_1A_2}}{\sqrt{\pi}}$

c) $r_3 = \frac{1}{\sqrt{A_1} + \sqrt{A_2}} \sqrt{\frac{(A_1 + A_2)^2 + 4\,A_1\,A_2 + 2\,(A_1 + A_2)\sqrt{A_1\,A_2}}{\pi}}$

$r_4 = \frac{2\sqrt{A_1\,A_2}}{\sqrt{\pi}\,(\sqrt{A_1} + \sqrt{A_2})}$

180. $r_1 = \frac{a^2\,\pi + A}{2\,a\,\pi} = 10{,}32$ cm; $r_2 = \frac{a^2\,\pi - A}{2\,a\,\pi} = 9{,}68$ cm

181. $A = \frac{r_1 + r_2}{2}\,h$, worin $h = 2\pi\,(r_1 - r_2)$ 182. $r_1 = r_2\sqrt{2}$ 183. $\frac{A_1}{A_2} = \frac{1}{3}$

184. $d = 2{,}8$ mm 185. $d = 0{,}80$ m

186. $u = 15{,}9$ Umdrehungen 187. $a = 3{,}6$ cm

188. $d = 1{,}27$ m 189. $A = 8{,}96$ cm²

190. $n = 285{,}7\,\frac{1}{\text{min}}$ 191. $d_1 = 0{,}64$ m; $d_2 = 0{,}46$ m; $d_3 = 0{,}38$ m

192. $a = 74{,}7$ mm 193. $d = 3{,}6$ cm

194. $\sigma_b = 3\,898$ N/cm² 195. $a = 2\pi b$

196. $A = 61{,}26$ cm² 197. $d = 0{,}2$ mm

198. $d = 21{,}4$ mm 199. $d = 44{,}9$ cm

200. $u = 1\,321$ Umdrehungen 201. $d = 74{,}9$ cm

202. $A = 10{,}5$ cm²; $U_1 = 17{,}86$ cm 203. $A = 8{,}75$ cm²

204. $A = 12{,}03$ m² 205. $A = 33{,}57$ cm²

206. $U = 14{,}44$ cm 207. $a = 20{,}1$ mm

208. $A = 39{,}14$ cm² 209. $a = 0{,}37$ m; $A = 3{,}06$ m²

210. $U = 45{,}77$ cm; $d = 14{,}57$ cm 211. $d = 59{,}4$ mm

212. $d_1 = 43{,}8$ mm; $d_2 = 47{,}7$ mm; $a = 1{,}9$ mm

213. $A_1 = 27{,}63$ mm²; $A_2 = 23{,}61$ mm²; $A_3 = 19{,}59$ mm²

214. $A = 263{,}4$ cm² 215. $v = 214{,}7$ m/min

216. $A = 3{,}78$ cm² 217. $\alpha = \frac{180°\,b}{\pi\,r} = 85°58'$; $A = \frac{b\,r}{2} = 12$ cm²

218. $A = \frac{r^2}{4}\left(4\,\pi - 3\sqrt{3}\right) = 117{,}82$ cm²

219. $A = \frac{r^2}{2} = 8$ cm²; $r_1 = \frac{r}{\sqrt{2\,\pi}} = 1{,}6$ cm

220. $A = \frac{r^2}{6}\left(4\pi - 3\sqrt{3}\right) = 44{,}2$ cm²

221. $b_1 = b_2 - s\,\frac{s^2 - 4\,h^2}{s^2 + 4\,h^2} = 2{,}6$ cm; $r = \frac{s^2 + 4\,h^2}{8\,h} = 2{,}5$ cm

222. $A = \frac{r^2}{2}\left(2\pi - 3\sqrt{3}\right) = 19{,}55\ \text{cm}^2$

223. $A_1 = A_2$

224. $A = \frac{a^2}{2}(\pi - 2) = 5{,}13\ \text{cm}^2$

225. $A = \frac{a^2}{8}\left(2\sqrt{3} - \pi\right) = 2{,}58\ \text{cm}^2$

226. $l = 144{,}11$ m

227. $A = 15{,}62\ \text{cm}^2$

228. $A = 25{,}59\ \text{cm}^2$

229. $U = 194{,}61$ mm

230. $A = 1414{,}9\ \text{cm}^2$

231. $s = 36{,}76$ mm; $A = 11{,}21\ \text{cm}^2$

232. $\alpha = 102°$; $b_1 = 92{,}56$ mm; $b_2 = 113{,}9$ mm

233. $A = 40{,}2\ \text{mm}^2$

234. $A = 12{,}18\ \text{cm}^2$

235. $A = 1688\ \text{cm}^2$

236. $U = 166{,}4$ mm; $A = 17{,}25\ \text{cm}^2$

237. $A = 0{,}883\ \text{cm}^2$

238. $A = 8{,}37\ \text{cm}^2$

239. $U = 1570{,}5$ mm; $A = 1758\ \text{cm}^2$

240. $b = 219$ mm; $a = 28{,}1$ mm

241. $\alpha = 247°16'$

242. $s = 326{,}6$ mm; $h = 226{,}7$ mm

243. $h = 2{,}7$ mm

244. $m = 8$ mm; $t = 25{,}12$ mm

245. $\alpha = 87°08'$

246. $A = 14{,}5\ \text{cm}^2$

247. $V = \sqrt{\left(\frac{A_O}{6}\right)^3}$

248. $A_O = 2\,d^2$; $V = \frac{d^3}{9}\sqrt{3}$

249. $c = \frac{3\,k^2 - a\,b}{a + b} = 9{,}3$ cm

250. $V = a^3 \frac{y\,z}{x^2} = 15\,a^3 = 3240\ \text{cm}^3$; $A_O = \frac{2\,a^2}{x}(y + yz + z) = 46\,a^2 = 1656\ \text{cm}^2$;

$b = a\frac{y}{x} = 3\,a = 18$ cm; $c = a\frac{z}{x} = 5\,a = 30$ cm

251. $V = a\,b\sqrt{a\,b} = 216\ \text{cm}^3$

252. $b = \sqrt{f^2 - a^2} = 2{,}65$ cm; $c = f\sqrt{m^2 - l^2} = 11{,}31$ cm

253. $a = \frac{U}{4} + \frac{1}{4}\sqrt{8\,d^2 - U^2} = 6$ cm; $b = \frac{1}{2}\sqrt{U\sqrt{8\,d^2 - U^2}} = 5{,}3$ cm

254. $c = \frac{k^3}{ab} = 36$ cm

255. $a = 4{,}37$ cm

256. $m = 32{,}55$ kg

257. $h_1 = 2{,}8$ m; $V = 50{,}2\ \text{m}^3$

258. $V = 39{,}09\ \text{m}^3$

259. $a = 1{,}02$ cm; $V = 441\ \text{cm}^3$

260. $h = 5{,}85$ m

261. $m = 3{,}67$ kg

262. $V = 35{,}964\ \text{cm}^3$; $A_O = 108{,}60\ \text{cm}^2$

263. $h = 4{,}85$ cm

264. $m = 7{,}301$ kg

265. $V = 2{,}799\ \text{m}^3$

266. $h = 20$ cm

267. $l = 214{,}6$ m

268. $V_1 = 5091{,}84\ \text{cm}^3$; $V_2 = 7637{,}76\ \text{cm}^3$

269. $m = 0{,}762$ kg

270. $h = 7{,}2$ cm

271. $a_{St} = 2{,}33$ cm; $a_{Cu} = 2{,}24$ cm; $a_{Al} = 3{,}33$ cm

272. $b = 9{,}87$ cm

273. $a = 25{,}9$ mm

274. $h = 235{,}6$ cm

275. $a = \sqrt{\frac{V}{h}} = 2$ cm

276. $h = \frac{2A_O - a^2\sqrt{3}}{6a} = 2{,}76$ cm

277. $h_1 = \frac{U}{4} + \frac{1}{4}\sqrt{8d^2 - U^2} = 7{,}65$ cm; $h_2 = \frac{U}{4} - \frac{1}{4}\sqrt{8d^2 - U^2} = 2{,}35$ cm

$r_1 = \frac{U}{8} - \frac{1}{8}\sqrt{8d^2 - U^2} = 1{,}18$ cm; $r_2 = \frac{U}{8} + \frac{1}{8}\sqrt{8d^2 - U^2} = 3{,}83$ cm

278. $m = 6{,}45$ g

279. $V = 3117{,}6\ \text{cm}^3$

280. $h = 5{,}19$ cm

281. $V = 273{,}065\ \text{cm}^3$; $A_O = 483{,}46\ \text{cm}^2$

282. $m = 6{,}48$ kg

283. $V_1 = 4365{,}3\ \text{cm}^3$; $V_2 = 8275{,}8\ \text{cm}^3$; $V_3 = 6428{,}6\ \text{cm}^3$

284. $l = 1388{,}8$ m

285. $V_K = 0{,}26\ \text{m}^3$; $V_S = 1{,}03\ \text{m}^3$

286. $l_1 = 101$ cm; $l_2 = 206{,}2$ cm

287. $m = 57$ g

288. $V = 141\,900\ \text{m}^3$

289. $V_1 = 6696\ \text{cm}^3$; $V_2 = 7245\ \text{cm}^3$

290. $m = 5{,}138$ kg

291. $V_1 = 6{,}614\ \text{dm}^3$; $V_2 = 8{,}371\ \text{dm}^3$

292. $V = 12{,}3\ \text{cm}^3$

293. $m = 9{,}585$ kg

294. $m = 17{,}740$ kg

295. $V = 142{,}2\ \text{cm}^3$

296. $h = 0{,}62$ m

297. $a = 4{,}7$ cm

298. $a_4 = \frac{h}{3}\sqrt{6} = 4{,}90$ cm; $a_6 = \frac{h}{3}\sqrt{3} = 3{,}46$ cm;

$V_4 = \frac{2}{9}h^3 = 48\ \text{cm}^3$; $V_6 = \frac{h^3}{6}\sqrt{3} = 62{,}35\ \text{cm}^3$;

$A_{O4} = \frac{2}{3}h^2\left(1 + \sqrt{7}\right) = 87{,}50\ \text{cm}^2$; $A_{O6} = \frac{1}{2}h^2\sqrt{3}\left(1 + \sqrt{5}\right) = 100{,}89\ \text{cm}^2$

299. $x = h\sqrt[3]{\frac{m}{n}}$

300. $A_2 = \frac{A_1}{\sqrt[3]{4}} = \frac{A_1}{2}\sqrt{2}$

301. $V = \frac{g_1}{12}(g_1 + g_2)\sqrt{g_1(2g_2 - g_1)} = 7{,}46\ \text{cm}^3$

302. $V = a^2h\frac{n^2}{m^3}(m - n) = 53{,}33\ \text{cm}^3$

303. a) $c = \sqrt{a^2 + b^2} = 5$ cm; $e = \sqrt{b^2 + h^2} = 6{,}4$ cm;

$d = \sqrt{a^2 + h^2} = 5{,}83$ cm; $V = \frac{abh}{6} = 10\ \text{cm}^3$

b) $c = \sqrt{a^2 + b^2} = 5$ cm ; $e = \frac{1}{2}\sqrt{4h^2 + a^2 + b^2} = 5{,}6$ cm ;

$d = e = 5{,}6$ cm ; $f = e = 5{,}6$ cm ; $V = \frac{a\,b\,h}{6} = 10$ cm³

304. $\frac{V_P}{V_R} = \left(\frac{m+n}{m}\right)^3$

305. $c = \sqrt{a^2 + ab + b^2} = 6{,}1$ cm

306. $h = \frac{1}{5}\sqrt{25k^2 - 2a^2} = 5{,}89$ cm ; $b = \frac{3}{5}a = 2{,}4$ cm ;

$V = \frac{49}{375}a^2\sqrt{25k^2 - 2a^2} = 61{,}57$ cm³

307. $V = 14r^3 = 14000$ cm³

308. $A_m = \frac{1}{4}(A_1 + 2\sqrt{A_1A_2} + A_2)$

309. $m = 0{,}891$ kg

310. $A = 15{,}14$ m²

311. $V = 115{,}04$ m³; $A = 129{,}44$ m²

312. $h = 184{,}7$ cm

313. $m = 0{,}226$ kg

314. $h = 7{,}752$ m

315. $V = 0{,}99$ cm³

316. $h = 180$ cm

317. $a = 6{,}84$ cm

318. $h = 11{,}9$ cm

319. $V = 15{,}307$ cm³

320. $V = 1{,}887$ cm³

321. $V = 364{,}18$ cm³

322. $m = 1{,}44$ kg

323. $b = 1{,}77$ cm

324. $V = \frac{h}{3}a^2\sqrt{3} = 207{,}84$ cm³

325. $V = \frac{5}{6}a\,b\,h = 1000$ cm³. Für $a = b$ folgt $V = \frac{5}{6}a^2h$

326. $V = \frac{h}{12}\sqrt{3}(a+b)^2 = 73{,}9$ cm³. Für $a = b$ folgt Ergebnis 324

327. $V = \frac{h}{3}\left(a^2 + ab\sqrt{2} + b^2\right) = 73{,}6$ cm³

328. $V = \frac{h}{6}(2cd + 2ab + ad + bc)$

329. $V = \frac{h}{6}(2ab + 2cd + bc + ad) = 6{,}1$ m³

330. $V = \frac{ah}{2}\left(2b + a\sqrt{3}\right)$

331. $V = 103{,}3$ m³

332. $V = \frac{c\,h}{6}(a + b + d)$

333. $V = \frac{a^3}{4}\sqrt{3} = 27{,}7$ cm³

334. $V = \frac{a\,h}{6}(2a + b)$

335. $V = \frac{h}{6}(2ab + 2c^2 + ac + bc)$

336. $V = \frac{h}{6}(a + 2b)\sqrt{4c^2 - a^2 - b^2 + 2ab}$

337. $V = \frac{bh}{3}\left(3a + b\sqrt{3} + b\right)$

338. $b = \frac{a}{\sqrt[3]{4}} = 3{,}78$ cm

339. $a = 2r_i\sqrt{6} = 9{,}8$ cm ; $V = 8r_i^3\sqrt{6} = 110{,}85$ cm³

340. $b = \frac{a}{2}\sqrt{2} = 7{,}07$ cm ; $r_i = \frac{a}{6}\sqrt{3} = 2{,}04$ cm ;

$V = \frac{a^3}{6} = 166{,}66$ cm³ ; $\frac{V_W}{V_O} = \frac{6}{1}$

341. $V_T : V_O : V_H = 1 : 4 : 6\sqrt{2}$; $r_{i_T} : r_{i_O} : r_{i_H} = 1 : 2 : \sqrt{6}$

342. $b = a\sqrt[3]{4n} = 6{,}87$ cm

343. $V = \frac{a^3}{24}\sqrt{10\left(3 + \sqrt{5}\right)}$

344. $A_{OT} = 6\sqrt[3]{V_T^2\sqrt{3}}$; $A_{OO} = 3\sqrt[3]{4V_O^2\sqrt{3}}$

345. $a = r_i\sqrt{3}\left(3 - \sqrt{5}\right)$; $V = 10r_i^3\sqrt{3}\left(7 - 3\sqrt{5}\right)$; $A_{OO} = 30r_i^2\sqrt{3}\left(7 - 3\sqrt{5}\right)$

346. $V = \frac{a^3}{2}$; $A_O = 3a^2\sqrt{3}$

347. $V = b^3\sqrt{2}$; $A_{OO} = 6b^2\sqrt{3}$

348. $b = \frac{a}{6}\sqrt[3]{36\left(3\sqrt{5} - 5\right)}$

349. $V = a^3\left(\sqrt{5} + 2\right) = 33{,}89$ cm³

350. $V = \frac{d^3}{4}\left(\sqrt{5} + 5\right)$

351. $d = 2\sqrt{\frac{V}{\pi h}} = 5{,}05$ cm

352. $V = \frac{a^3\pi}{4} = 50{,}25$ cm³; $A_{OO} = \frac{3}{2}a^2\pi = 75{,}38$ cm²

353. $V = \frac{A_M^2}{4\pi h} = 79{,}58$ cm³

354. $V = r^3\pi\frac{n}{m} = 41{,}88$ cm³; $A_M = 2r^2\pi\frac{n}{m} = 41{,}88$ cm²

355. $r_2 = \sqrt[3]{r_1^2 h_1\frac{m}{n}} = 4{,}93$ cm ; $h_2 = \sqrt[3]{r_1^2 h_1\left(\frac{n}{m}\right)^2} = 8{,}23$ cm

356. $\frac{r_1}{r_2} = \frac{\sqrt{2}}{1}$

357. $\frac{A_{M1}}{A_{M2}} = \frac{\sqrt{2} + 1}{1}$

358. $r_1 = \frac{1}{2}\left(\frac{A_M}{2\pi h} + \frac{2V}{A_M}\right) = 1{,}28$ cm ; $r_2 = \frac{1}{2}\left(\frac{A_M}{2\pi h} - \frac{2V}{A_M}\right) = 0{,}28$ cm

359. $r = \sqrt{r_1^2 - r_2^2} = 2{,}24$ cm

360. $V = r_1^2\pi h\frac{m^2 - n^2}{m^2} = 131{,}92$ cm³ ; $A_M = 2r_1\pi h\frac{m + n}{m} = 263{,}84$ cm²

361. $h_1 = \frac{2V}{r^2\pi}\frac{m}{m + n} = 4{,}77$ cm ; $h_2 = \frac{2V}{r^2\pi}\frac{n}{m + n} = 1{,}59$ cm

362. $h_2 = 2h_3\left(\frac{r_2}{r_1}\right)^2 - h_1 = 8$ cm

363. $l = 84{,}9$ m

364. $m = 13{,}86$ kg

365. $V = 24{,}31\ \mathrm{dm}^3$; $A = 0{,}384\ \mathrm{m}^2$

366. $m = 0{,}375\ \mathrm{kg}$

367. $V = 47{,}65\ \mathrm{m}^3$

368. $V = 8{,}92\ \mathrm{cm}^3$

369. $d_1 = 7{,}96\ \mathrm{cm}$; $d_2 = 7{,}16\ \mathrm{cm}$; $V = 1006\ \mathrm{cm}^3$

370. $h = 24{,}95\ \mathrm{cm}$

371. $l = 6{,}12\ \mathrm{m}$

372. $a = 4{,}43\ \mathrm{cm}$

373. $a = 1{,}4\ \mathrm{mm}$

374. $h = 6{,}83\ \mathrm{cm}$; $d = 13{,}66\ \mathrm{cm}$

375. $l = 66{,}03\ \mathrm{m}$

376. $h = 4{,}42\ \mathrm{cm}$

377. $V = 4{,}4\ \mathrm{cm}^3$

378. $l = 19{,}91\ \mathrm{m}$

379. $V = 9{,}11\ \mathrm{m}^3$

380. $l = 133{,}52\ \mathrm{m}$

381. $d = 2{,}971\ \mathrm{m}$

382. $d = 66{,}5\ \mathrm{mm}$

383. $m = 3{,}339\ \mathrm{kg}$

384. $V = 13{,}9\ \mathrm{dm}^3$

385. $h = 4{,}75\ \mathrm{cm}$

386. $m = 13{,}86\ \mathrm{kg}$

387. $m = 449{,}89\ \mathrm{kg}$; $m_1 = 58{,}79\ \mathrm{kg}$

388. $V = \dfrac{A_M^2}{6h}$

389. $h = \dfrac{A_M}{2r} = 2\ \mathrm{cm}$; $V = \dfrac{A_M r}{3} = 33{,}33\ \mathrm{cm}^3$

390. $V = \dfrac{2}{3} c^3 \dfrac{n}{m+n} \sqrt{\dfrac{m}{m+n}} = 5{,}831\ \mathrm{cm}^3$; $A_M = \dfrac{2c^2}{m+n} \sqrt{mn} = 8{,}9\ \mathrm{cm}^2$

391. $h = \dfrac{3}{2} \dfrac{a^3}{r^2} = 48\ \mathrm{cm}$

392. $V = 2{,}24\ \mathrm{m}^3$

393. $m = 0{,}765\ \mathrm{kg}$

394. $V = \dfrac{d^2 h}{12}(3\pi - 2)$

395. $V = \dfrac{h\pi}{3}(a^2 - h^2) = 50{,}25\ \mathrm{cm}^3$: $A_M = a\pi\sqrt{a^2 - h^2} = 62{,}82\ \mathrm{cm}^2$

396. $h_1 = \dfrac{h}{3} = 2\ \mathrm{cm}$

397. a) $h = 12 h_1 \dfrac{r_1 - r_2}{r_1 + r_2} = 30\ \mathrm{cm}$; b) $h = 3 h_1 \dfrac{r_1^2 - r_2^2}{r_1 r_2} = 40\ \mathrm{cm}$

398. $A_O = A_M + \dfrac{A_M^2}{\pi s^2} = 25{,}1\ \mathrm{cm}^2$; $V = \dfrac{A_M^2}{3\pi^2 s^3}\sqrt{\pi^2 s^4 - A_M^2} = 8{,}21\ \mathrm{cm}^3$

399. $r_2 = \dfrac{r_1}{\sqrt[6]{4}} = \dfrac{r_1}{2}\sqrt[3]{4}$

400. $A_m = \dfrac{\pi}{4}(r_1^2 + 2 r_1 r_2 + r_2^2)$

401. $\dfrac{r_1}{r_2} = \dfrac{m+n}{m}$

402. a) $x = \dfrac{h(r_1 - r_2)}{r_1}$ b) $r_2 = r_1 \dfrac{h - x}{h}$ c) $x = h \dfrac{m - n}{m}$

d) $x = \dfrac{h}{2}\left(2 - \sqrt{2}\right)$ e) $x = \dfrac{h}{4}$ f) $x = \dfrac{h r_2^2}{r_1^2 + r_1 r_2 - r_2}$

403. $V = 60{,}17\ \mathrm{cm}^3$

404. $V = 12\,741\ \mathrm{m}^3$

405. $r = 31{,}25\ \mathrm{cm}$; $h = 20{,}7\ \mathrm{cm}$; $V = 21{,}16\ \mathrm{dm}^3$

406. $A = 1166{,}04\ \text{cm}^2$; $r = 21{,}2\ \text{cm}$

407. $A = 960{,}27\ \text{cm}^2$

408. $h = 9{,}984\ \text{cm} \approx 10{,}0\ \text{cm}$

409. $V = 69{,}83\ \text{cm}^3$

410. $a = 5{,}10\ \text{cm}$; $b = 6{,}42\ \text{cm}$; $c = 7{,}35\ \text{cm}$

411. $V = 12{,}28\ \text{dm}^3$

412. $V = 595{,}3\ \text{m}^3$

413. $m = 0{,}14\ \text{kg}$

414. $m = 0{,}382\ \text{kg}$

415. $A = 246{,}7\ \text{cm}^2$

416. $h = 3{,}8\ \text{cm}$

417. $V = 259{,}52\ \text{cm}^3$

418. $m = 36{,}83\ \text{kg}$

419. $l = 28{,}5\ \text{cm}$

420. $m = 0{,}123\ \text{kg}$

421. $A_O = 31{,}9\ \text{m}^2$

422. $V = 23{,}86\ \text{cm}^3$

423. $V = 54{,}69\ \text{m}^3$

424. $r = \sqrt[3]{\dfrac{3V}{4\pi}} = 0{,}62\ \text{m}$

425. $r = \dfrac{1}{2}\sqrt{\dfrac{A_O}{\pi}} = 0{,}28\ \text{m}$

426. $\dfrac{V_1}{V_2} = \left(\dfrac{m}{n}\right)^3 = \dfrac{1}{27}$; $\dfrac{A_{O1}}{A_{O2}} = \left(\dfrac{m}{n}\right)^2 = \dfrac{1}{9}$

427. $V = \dfrac{r_2{}^3\pi}{6}\left(\dfrac{m+n}{n}\right)^3 = 113{,}1\ \text{cm}^3$; $A_O = r_2{}^2\pi\left(\dfrac{m+n}{n}\right)^2 = 113{,}1\ \text{cm}^2$

428. $V_1 : V_2 : V_3 = 1 : 2\sqrt{2} : 3\sqrt{3}$

429. $\dfrac{r_1}{r_2} = \dfrac{\sqrt{6}}{2}$

430. $r_1 = \sqrt{\dfrac{3V - s^3\pi}{12\pi s}} + \dfrac{s}{2} = 2{,}26\ \text{cm}$; $r_2 = \sqrt{\dfrac{3V - s^3\pi}{12\pi s}} - \dfrac{s}{2} = 1{,}26\ \text{cm}$

431. a) $\dfrac{V_H}{V} = \dfrac{m^3 - n^3}{n^3}$ b) $\dfrac{r_1}{r_2} = \dfrac{\sqrt[3]{2}}{1}$

432. $m = 3{,}74\ \text{g}$

433. $m = 125{,}64\ \text{kg}$

434. $V = 68\ \text{cm}^3$

435. $d = 7{,}01\ \text{cm}$

436. $\varrho = 0{,}4905\ \text{g/cm}^3$

437. $d = 6{,}46\ \text{cm}$

438. $A_O = 4422{,}5\ \text{cm}^2$; $V = 16\,617{,}98\ \text{cm}^3$

439. $m = 0{,}689\ \text{kg}$

440. $d = 13{,}72\ \text{cm}$

441. $d = 13\ \text{cm}$

442. $s \approx 0{,}002\ \text{mm}$

443. $d = 1{,}90\ \text{m}$

444. $d = 1{,}43\ \text{m}$

445. $s \approx 0{,}3\ \text{mm}$

446. $d = 26{,}98\ \text{cm}$

447 a) $x = r\dfrac{n}{m+n}$ b) $x = \dfrac{r}{2}$

448. $V_1 = \dfrac{4}{3}\pi r^3 \dfrac{m^2(3n+m)}{(m+n)^3}$; $V_2 = \dfrac{4}{3}\pi r^3 \dfrac{n^2(3m+n)}{(m+n)^3}$;

$A_{M1} = 4\pi r^2 \dfrac{m}{m+n}$; $A_{M2} = 4\pi r^2 \dfrac{n}{m+n}$

449. $V = \dfrac{h}{6}(3A_M - 2\pi h^2) = 18{,}95\ \text{cm}^3$; $r = \dfrac{A_M}{2\pi h} = 6{,}36\ \text{cm}$

450. $V = \dfrac{3A_M^2 - 4\pi^2h^4}{12\pi h} = 27{,}4\ \text{cm}^3$

451. $r = \dfrac{3V}{A_M} = 6\ \text{cm}$; $h = \dfrac{A_M^2}{6\pi V} = 0{,}27\ \text{cm}$

452. $V = \dfrac{A_M^3}{6\pi^2h^3} = 32{,}98\ \text{cm}^3$

453. $h = \dfrac{2r}{n} = 2{,}5\ \text{cm}$

454. $h = \dfrac{2}{5}r = 6\ \text{cm}$

455. $m = 24{,}55\ \text{g}$

456. $A = 33{,}06\ \text{cm}^2$

457. $V = 267{,}59\ \text{dm}^3$

458. $m = 0{,}227\ \text{kg}$

459. $A = 31{,}4\ \text{cm}^2$

460. $d = 3{,}58\ \text{cm}$

461. $h_1 = h_2 = 11\ \text{cm}$

462. $V_1 = 61{,}72\ \text{dm}^3$; $V_2 = 28{,}06\ \text{dm}^3$

463. $V = 17{,}95\ \text{cm}^3$

464. $r_1 = 5{,}17\ \text{cm}$

465. $m = 0{,}268\ \text{kg}$

466. $A_O = 19{,}86\ \text{m}^2$

467. $m = 16{,}176\ \text{kg}$

468. $V = 2052{,}18\ \text{cm}^3$

469. $V = 1{,}97\ \text{cm}^3$

470. a) 48,0043 gon, b) 31,9277 gon, c) 19°17′52″,
d) 38°11′46″, e) 32,8068°, f) 81,3764°

471. a) 2,61799, b) 5,25848, c) 2,41191, d) 0,09240

472. a) 17°11′19″, b) 57°17′45″, c) 15°

473. a) 111,20 km, b) 27,800 km, c) 1 853,3 m (≈ 1 Seemeile),
d) 30,89 m

474. $A/\text{m}^2 = \dfrac{1}{2}(r/\text{m})^2\varphi = \dfrac{1}{2}(r/\text{m})^2\dfrac{\pi}{180}\varphi/°$

475. a) 120,96 cm², b) 19,25 cm²

476. a) 71°37′12″, b) 57°17′45″

477. 0,1477 mm

480. a) $\cos\alpha = \dfrac{4}{5}$; $\tan\alpha = \dfrac{3}{4}$; $\cot\alpha = \dfrac{4}{3}$;

b) $\sin\alpha = \dfrac{4}{5}$; $\tan\alpha = \dfrac{4}{3}$; $\cot\alpha = \dfrac{3}{4}$;

c) $\sin\alpha = \dfrac{12}{13}$; $\cos\alpha = \dfrac{5}{13}$; $\cot\alpha = \dfrac{5}{12}$;

481. a) $\dfrac{\cos^2\alpha + \sin^2\alpha}{\cos^2\alpha} = \dfrac{1}{\cos^2\alpha}$; b) $\dfrac{\sin^2\alpha + \cos^2\alpha}{\sin^2\alpha} = \dfrac{1}{\sin^2\alpha}$

482. a) $\cos\alpha$; b) $\dfrac{1}{\sin\alpha}$; c) 1

483. a) $\cos\alpha = \dfrac{1-4m}{1+4m}$; $\tan\alpha = \dfrac{4\sqrt{m}}{1-4m}$; $\cot\alpha = \dfrac{1-4m}{4\sqrt{m}}$

b) $\sin\alpha = \frac{2q}{1+q^2}$; $\tan\alpha = \frac{2q}{1-q^2}$; $\cot\alpha = \frac{1-q^2}{2q}$

484. a) $\sin 26{,}289° = 0{,}4429$
$\cos 26{,}289° = 0{,}8966$
$\tan 26{,}289° = 0{,}4940$
$\cot 26{,}289° = 2{,}0243$

b) 0,9676; 0,2525; 3,8328; 0,2609

c) 0,5157; 0,8568; 0,6020; 1,6613

485. a) $\sin 32°15' = 0{,}53361$; $\cos 32°15' = 0{,}84573$;
$\tan 32°15' = 0{,}63096$; $\cot 32°15' = 1{,}58491$

b) 0,66240; 0,74915; 0,88421; 1,13096

c) 0,82462; 0,56569; 1,45774; 0,68600

486. a) 19,75°, b) 38,12°, c) 62,09°, d) 79,57°

487. a) $\alpha = 74{,}85°$; $c = 21{,}604$ m; $h_c = 39{,}895$ m; $A = 430{,}92$ m²
b) $\gamma = 89{,}4°$; $a = 12{,}880$ m; $h_c = 9{,}155$ m; $A = 82{,}95$ m²
c) $\alpha = 64{,}6°$; $a = 32{,}686$ m; $h_c = 29{,}526$ m; $A = 413{,}96$ m²

488. $h_c = 71{,}137$ m

489. $s = 2r\tan\frac{180°}{n} = 8{,}749$ cm; $U = 2nr\tan\frac{180°}{n} = 314{,}96$ cm;

$$A = n\,\frac{sr}{2} = \frac{Ur}{2} = nr^2\tan\frac{180°}{n} = 7874\ \text{cm}^2$$

490. Einbeschriebenes 10000eck: $u = 2rn\sin\frac{180°}{10000}$ $\frac{180°}{1000} = 1'\,0{,}48''$

Umbeschriebenes 10000eck: $U = 2rn\tan\frac{180°}{10000}$

$\sin 0{,}018° = \tan 0{,}018° = 0{,}000314159$

$u = 2r\cdot 3{,}14159$; $U = 2r\cdot 3{,}14159$

Die scheinbare Übereinstimmung von u und U folgt daraus, daß der Unterschied zwischen Sinus und Tangens für den kleinen Winkel 0,018° nicht mehr in Erscheinung tritt.
Da für den Kreisumfang $u < K < U$ gilt, folgt

$3{,}14159 < \frac{K}{2r} < 3{,}14159$ Also: $\pi = \frac{K}{2r} \approx 3{,}14159$

Wie man sieht, stimmen die ersten 5 Stellen nach dem Komma mit $\pi = 3{,}14159..$ überein.

491. $y = h\cot 2\alpha$; $x + y = h\cot\alpha$; $x = h(\cot\alpha - \cot 2\alpha) = 172{,}76$ m

492. $l = (2\cdot 4{,}4988 + 0{,}3\cdot 3{,}18604 + 0{,}2\cdot 3{,}09714)$ m $= 10{,}573$ m

493. $b - s = r\left(\alpha - 2\sin\frac{\alpha}{2}\right) = 0{,}196$ m

494. $p = r\left(1 - \cos\frac{\alpha}{2}\right) = r\left[1 - \cos\left(\frac{b}{2r}\right)\right] = r - \frac{1}{2}\sqrt{4r^2 - s^2} = \frac{s}{2}\tan\frac{\alpha}{4}$

a) $p = 0{,}304$ m; b) $p = 1{,}46$ m; c) $p = 9{,}194$ m

495. Aus Bild 452 ergibt sich nach dem Höhensatz des EUKLID:

$$\left(\frac{s}{2}\right)^2 = p\,(2r - p) = 2pr - p^2$$

Somit:

$$r = \frac{s^2}{8p} + \frac{p}{2}; \qquad r = 625{,}25 \text{ m}$$

Diese Bestimmung von r ist sehr unsicher, weil p im Verhältnis zu s klein ist! Daher schreibt man besser:

$$r \approx 625 \text{ m}$$

496. $A = \frac{r^2}{2}\alpha - r^2 \sin\frac{\alpha}{2}\cos\frac{\alpha}{2} = \frac{r^2}{2}(\alpha - \sin\alpha)$

Die letzte Umformung folgt aus (115):

$A = 24{,}359$ m²

497. $\tan\frac{\alpha}{4} = \frac{2p}{s}$; $r = \frac{s}{2\sin\frac{\alpha}{2}}$; $A = \frac{(r+d)^2}{2}\alpha - \frac{r^2}{2}\alpha$; $A = \frac{\alpha}{2}d\,(2r + d)$;

$V = Al$; $m = V\varrho$

$\alpha = 101{,}8528°$; $r = 4{,}0575$ m; $A = 5{,}1477$ m²; $V = 41{,}1816$ m³;

$m = 92\,658{,}6$ kg

498. $\alpha = 106{,}2600°$; $r = 4{,}5$ m; $s_1 = 2\,(r + c)\sin\frac{\alpha}{2} = 10{,}56$ m

$p_1 = r + d - (r + c)\cos\frac{\alpha}{2} = 1{,}84$ m

$\tan\frac{\alpha_1}{4} = \frac{2p_1}{s_1}$; $\alpha_1 = 76{,}8516°$; $r_1 = \frac{s_1}{2\sin\frac{\alpha_1}{2}} = 8{,}4956$ m

$\overline{MM_1} = e = r_1 - (r + d) = 2{,}6956$ m;

$$A = \frac{r_1^2}{2}\alpha_1 - \frac{r^2}{2}\alpha - \frac{e\,s_1}{2} = 15{,}4 \text{ m}^2$$

499. a) $r_i = \frac{c}{2}\tan\frac{\alpha}{2} = 9{,}93$ cm; b) $r = \frac{c}{2\sin\gamma} = 22{,}41$ cm

500. $w = 2{,}46$ m

501. a)

p in %	5	10	20	40	60	80	100
α	2,86°	5,71°	11,31°	21,80°	30,96°	38,66°	45°

b) $\alpha = 4{,}57°$; $h = 5{,}98$ m

502. $B = 160$ Lux

503. a) $-0{,}20507$; b) $-0{,}67880$; c) $+1{,}69766$; d) $+0{,}28046$; e) $0{,}96923$

f) $-0{,}98836$; g) $2{,}09654$; h) $-0{,}12987$

504. a) 0,49521; b) 0,32396; c) —0,57974; d) 0,14479

505. a) $\alpha_1 = 19°24'$; $\alpha_2 = 160°36'$ b) $\alpha_1 = 152°33'$; $\alpha_2 = 207°27'$
c) $\alpha_1 = 69°32'$; $\alpha_2 = 249°32'$ d) $\alpha_1 = 139°32'$; $\alpha_2 = 319°32'$

506. a) $\alpha_1 = 199{,}1677°$; $\alpha_2 = 340{,}8323°$
b) $\alpha_1 = 58{,}0875°$; $\alpha_2 = 301{,}9125°$
c) $\alpha_1 = 116{,}8679°$; $\alpha_2 = 296{,}8679°$
d) $\alpha_1 = 45{,}8467°$; $\alpha_2 = 225{,}8467°$

507. a) $y = -\cos x$; b) $y = \tan x$; c) $y = \sin 2x$; d) $y = -\sin x$.
Durch Grenzwertuntersuchung ergibt sich bei d), daß die vereinfachte Funktion sogar für die in der Aufgabenstellung ausgenommenen Winkel x gilt.

508. a) $\frac{1}{2}\sqrt{2+\sqrt{3}}$ b) $\frac{1}{2}\sqrt{2-\sqrt{3}}$ c) $2+\sqrt{3}$ d) $2-\sqrt{3}$ e) $\frac{1}{2}\sqrt{2-\sqrt{3}}$
f) $\frac{1}{2}\sqrt{2+\sqrt{3}}$ g) $2+\sqrt{3}$ h) $\frac{1}{2}\sqrt{2-\sqrt{2}}$ i) $\frac{1}{2}\sqrt{2+\sqrt{2}}$ j) $\sqrt{2}-1$
k) $\sqrt{2}+1$ l) $\frac{1}{2}\sqrt{2-\sqrt{2+\sqrt{2}}}$ m) $\frac{1}{2}\sqrt{2+\sqrt{2}}$ n) $\frac{1}{2}\sqrt{2-\sqrt{2}}$
o) $\sqrt{2}+1$ p) $\sqrt{2}-1$
q) $r : a_{10} = a_{10} - (r - a_{10})$;
$a_{10} = \frac{r}{2}\left(\sqrt{5}-1\right)$; $r = 1$ gesetzt:
Aus Bild 578 folgt: $\sin 18° = \frac{1}{4}\left(\sqrt{5}-1\right)$

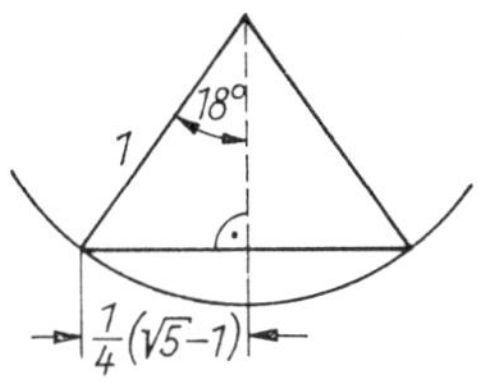

Bild 578

r) $\frac{1}{4}\sqrt{10+2\sqrt{5}}$ s) $\frac{1}{5}\sqrt{25-10\sqrt{5}}$ t) $\sqrt{5+2\sqrt{5}}$ u) $\frac{1}{4}\left(\sqrt{5}+1\right)$
v) $\frac{1}{4}\sqrt{10-2\sqrt{5}}$ w) $\frac{1}{5}\sqrt{25+10\sqrt{5}}$ x) $\sqrt{5-2\sqrt{5}}$

509. a) $\cos\alpha$ b) $\sin\alpha$ c) $\sqrt{2}\cos\alpha$ d) $\tan\alpha$ e) 1 f) $\frac{\sqrt{3}}{3}\tan\alpha$ g) $\cos\alpha\sin 2\alpha$
h) $\tan\frac{\alpha}{2}$

510. a) $8\cos^4\alpha - 8\cos^2\alpha + 1$ b) $16\cos^5\alpha - 20\cos^3\alpha + 5\cos\alpha$

511. $\sin\alpha + 2\sin(180° + \alpha)\cos 60° = \sin\alpha - \sin\alpha = 0$

512. a) $\cot(\alpha - 45°)$ b) $\cot\frac{\alpha+\beta}{2}$ c) $\tan\frac{\alpha+\beta}{2}\cot\frac{\alpha-\beta}{2}$
d) $-\sin(\alpha+\beta)\sin(\alpha-\beta)$ e) $4\cos\frac{\alpha}{2}\cos\frac{\beta}{2}\cos\frac{\gamma}{2}$

513. a) $\bar{x} = 15°$; $x = \begin{cases} -15° + n \cdot 360° \\ 15° + (2n+1) \cdot 180° \end{cases}$; $x_1 = 195°$; $x_2 = 345°$
b) $\bar{x} = 36°$; $x = \pm 36° + n \cdot 360°$; $x_1 = 36°$; $x_2 = 324°$

c)	$\bar{x} = 22{,}5^\circ$	; $x = -22{,}5^\circ + n \cdot 180^\circ$	; $x_1 = 157{,}5^\circ$	; $x_2 = 337{,}5^\circ$
d)	$\bar{x} = 30^\circ$	; $x = -30^\circ + n \cdot 180^\circ$	; $x_1 = 150^\circ$	; $x_2 = 330^\circ$
e)	$\bar{x} = 60^\circ$	; $x = \begin{cases} 60^\circ + n \cdot 360^\circ \\ -60^\circ + (2n+1) \cdot 180^\circ \end{cases}$	; $x_1 = 60^\circ$	; $x_2 = 120^\circ$
f)	$\bar{x} = 45^\circ$	; $x = \pm 45^\circ + (2n+1) \cdot 180^\circ$	; $x_1 = 135^\circ$	; $x_2 = 225^\circ$
g)	$\bar{x} = 45^\circ$	; $x = 45^\circ + n \cdot 180^\circ$	; $x_1 = 45^\circ$	; $x_2 = 225^\circ$
h)	$\bar{x} = 90^\circ$	; $x = 90^\circ + n \cdot 180^\circ$	; $x_1 = 90^\circ$	; $x_2 = 270^\circ$
i)	$\bar{x} = 24^\circ$	; $x = \begin{cases} -24^\circ + n \cdot 360^\circ \\ 24^\circ + (2n+1) \cdot 180^\circ \end{cases}$	; $x_1 = 204^\circ$	; $x_2 = 336^\circ$
j)	$\bar{x} = 15^\circ 20'$	; $x = \pm 15^\circ 20' + n \cdot 360^\circ$	; $x_1 = 15^\circ 20'$	; $x_2 = 344^\circ 40'$
k)	$\bar{x} = 49^\circ$	; $x = 49^\circ + n \cdot 180^\circ$	; $x_1 = 49^\circ$	; $x_2 = 229^\circ$
l)	$\bar{x} = 37^\circ$	; $x = -37^\circ + n \cdot 180^\circ$	; $x_1 = 143^\circ$	; $x_2 = 323^\circ$
m)	$\bar{x} = 10^\circ$	; $x = \pm 10^\circ + n \cdot 180^\circ$	; $x_1 = 10^\circ$	; $x_2 = 170^\circ$
			$x_3 = 190^\circ$	; $x_4 = 350^\circ$
n)	$\bar{x} = 34^\circ$	; $x = \pm 34^\circ + n \cdot 180^\circ$	; $x_1 = 34^\circ$	; $x_2 = 146^\circ$
			$x_3 = 214^\circ$	; $x_4 = 326^\circ$
o)	$\bar{x} = 77^\circ$	; $x = \pm 77^\circ + n \cdot 180^\circ$	; $x_1 = 77^\circ$	; $x_2 = 103^\circ$
			$x_3 = 257^\circ$	; $x_4 = 283^\circ$
p)	$\bar{x} = 67^\circ 10'$	; $x = \pm 67^\circ 10' + n \cdot 180^\circ$	; $x_1 = 67^\circ 10'$	; $x_2 = 112^\circ 50'$
			$x_3 = 247^\circ 10'$	; $x_4 = 292^\circ 50'$

514. a) Lösungsweg: 18.1.2.

$x_1 = 22{,}5^\circ$; $x_2 = 202{,}5^\circ$; $x_3 = 112{,}5^\circ$; $x_4 = 292{,}5^\circ$

$x = 22{,}5^\circ + n \cdot 90^\circ$

b) Lösungsweg: 18.1.3. III

$x_1 = 168{,}5^\circ$; $x_2 = 348{,}5^\circ$; $x = -11{,}5^\circ + n \cdot 180^\circ$

c) Lösungsweg: 18.1.4. I, 3. Beispiel

$x_1 = 45^\circ$; $x_2 = 315^\circ$; $x = \pm 45^\circ + n \cdot 360^\circ$

d) Lösungsweg: Durch $\cos x$ dividieren, was gestattet ist, da $\cos x$ nicht Null sein kann.

$x_1 = 30^\circ$; $x_2 = 210^\circ$; $x = 30^\circ + n \cdot 180^\circ$

e) Lösungsweg: Mit (123) ergibt sich:

1. $\sin x = 0$

2. $\sin^4 x - \frac{5}{4} \sin^2 x + \frac{1}{4} = 0$ a) $\sin x = \pm 1$ b) $\sin x = \pm \frac{1}{2}$

$x_1 = 0^\circ$; $x_2 = 180^\circ$; $x_3 = 360^\circ$; $x_4 = 90^\circ$; $x_5 = 270^\circ$; $x_6 = 30^\circ$; $x_7 = 150^\circ$;

$x_8 = 210^\circ$; $x_9 = 330^\circ$

$$x = \begin{cases} 0^\circ + n \cdot 90^\circ \\ \pm 30^\circ + n \cdot 180^\circ \end{cases}$$

f) Lösungsweg: Man setzt $\cos^2 x = 1 - \sin^2 x$ und findet die Lösung nach 18.1.2.

$$x_1 = 30°;\ x_2 = 150°;\ x = \begin{cases} 30° + n \cdot 360° \\ 150° + n \cdot 360° \end{cases}$$

g) Lösungsweg: Entsprechend 18.1.4., I, 2. Beispiel

$$x_1 = 180°;\ x_2 = 90°;\ x = \begin{cases} 90° + n \cdot 360° \\ 180° + n \cdot 360° \end{cases}$$

h) Lösungsweg: 18.1.3., II

$x_1 = 0°;\ x_2 = 300°;\ x_3 = 360°;\ x = \pm 30° + (12n - 1) \cdot 30°$

i) Lösung: Aus $2 \sin (x - 30°) \cos x = \frac{1}{2}$ folgt mit (130), wenn man

$x - 30° = \frac{\delta + \varepsilon}{2}$ und $x = \frac{\delta - \varepsilon}{2}$ setzt:

$\delta = 2x - 30° \quad \varepsilon = -30°$

$\sin \delta + \sin \varepsilon = \sin (2x - 30°) + \sin (-30°) = \frac{1}{2}$

$\sin (2x - 30°) = 1;\quad x_1 = 60°;\quad x_2 = 240°;\quad x = 60° + n \cdot 180°$

k) Lösung: Mit (111) und (120) sowie (94) ergibt sich:

$\cos x\,(4 \sin^2 x - 3 \sin x - 1) = 0$

Hieraus:

1. $\cos x = 0$ 2. $\sin^2 x - \frac{3}{4} \sin x - \frac{1}{4} = 0$

$x_1 = 90°;\ x_2 = 270°;\ x_3 = 90°;\ x_4 = 194{,}4775°;\ x_5 = 345{,}5225°$

$$x = \begin{cases} 90° + n \cdot 180° \\ 194{,}4775° + n \cdot 360° \\ 345{,}5225° + n \cdot 360° \end{cases}$$

515. a) Lösungsweg: Entsprechend 18.2.1. I

$\frac{x - y}{2} = 30° + n\,180°$ $\quad n$ gerade: $\sin \frac{x - y}{2} = +\frac{1}{2}$

n ungerade: $\sin \frac{x - y}{2} = -\frac{1}{2}$

$\cos \frac{x + y}{2} = \frac{1}{2 \sin \frac{x - y}{2}}$ $\quad n$ gerade: $\cos \frac{x + y}{2} = +1;$

$\frac{x + y}{2} = 0° + m\,360$

n ungerade: $\cos \frac{x + y}{2} = -1;$

$\frac{x + y}{2} = 180° + m\,360°$

Allgemeine Lösung: $x = 30° + n \cdot 360°$

$y = 330° + m \cdot 360°$

n und m sind beim Durchlaufen der Folge 0, ± 1, ± 2, ... nicht aneinander gebunden.

Hauptwerte: $x = 30°;\ y = 330°$

b) Lösung: Aus (I) und (II) folgt durch Division bei Beachtung von (134) und (136):

$\cot x \cot y = 1 - \sqrt{2}$ oder $\cot y = (1 - \sqrt{2}) \tan x$

In (II) eingesetzt: $\tan^2 x - \dfrac{2-\sqrt{2}}{\sqrt{2}-1} \tan x - \dfrac{1}{\sqrt{2}-1} = 0$

1. $\tan x = \sqrt{2} + 1$ $\quad \cot y = (1 - \sqrt{2})(\sqrt{2} + 1) = -1$

2. $\tan x = -1$ $\quad \cot y = (1 - \sqrt{2})(-1) = \sqrt{2} - 1$

Allgemeine Lösung: $x_1 = 67{,}5° + n_1 \cdot 180°;\ y_1 = 135° + m_1 \cdot 180°$

$x_2 = 135° + n_2 \cdot 180°;\ y_2 = 67{,}5° + m_2 \cdot 180°$

Hierbei können für n_1, m_1, n_2, m_2 beliebige Glieder aus der Folge $0, \pm 1, \pm 2, \ldots$ gewählt werden, während jedoch x_1 und y_1 einerseits sowie x_2 und y_2 andererseits jeweils zusammengehörige Winkel darstellen.

Hauptwerte: $x_1 = 67{,}5°$ und $247{,}5°$; $y_1 = 135°$ und $315°$

$x_2 = 135°$ und $315°$; $y_2 = 67{,}5°$ und $247{,}5°$

c) Lösungsweg: Entsprechend 18.2.1., I

$\dfrac{x+y}{2} = 30° + n\,180°$ $\quad$ n gerade: $\cos \dfrac{x+y}{2} = \dfrac{1}{2}\sqrt{3}$

n ungerade: $\cos \dfrac{x+y}{2} = -\dfrac{1}{2}\sqrt{3}$

$\sin \dfrac{x-y}{2} = \dfrac{3}{4 \cos \dfrac{x+y}{2}}$ $\quad$ n gerade: $\sin \dfrac{x-y}{2} = \dfrac{1}{2}\sqrt{3}$

$$\frac{x-y}{2} = \begin{cases} 60° + m\,360° \\ 120° + m\,360° \end{cases}$$

n ungerade: $\sin \dfrac{x-y}{2} = -\dfrac{1}{2}\sqrt{3}$

$$\frac{x-y}{2} = \begin{cases} 240° + m\,360° \\ 300° + m\,360° \end{cases}$$

Allgemeine Lösung: $x_1 = 90° + n_1 \cdot 360°;\ y_1 = 330° + m_1 \cdot 360°$

$x_2 = 150° + n_2 \cdot 360°;\ y_2 = 270° + m_2 \cdot 360°$

Bemerkung wie unter b)

Hauptwerte: $x_1 = 90°$ $\quad y_1 = 330°$

$x_2 = 150°$ $\quad y_2 = 270°$

d) Lösungsweg: Entsprechend 18.2.2., II:

$\tan \dfrac{x+y}{2} = \sqrt{2} - 1;\quad \dfrac{x+y}{2} = 22{,}5° + n\,180°;\quad \dfrac{x-y}{2} = 45°$

Allgemeine Lösung: $x = 67{,}5^\circ + n \cdot 180^\circ$

$y = -22{,}5^\circ + n \cdot 180^\circ$

In x und y sind für n jeweils dieselben Glieder der Folge 0, ± 1, ± 2, ... zu setzen.
Hauptwerte: $x = 247{,}5^\circ \quad y = 157{,}5^\circ$

e) Lösung: (II) in (I) eingesetzt, ergibt mit (106):
$\cos x + (2 - \sqrt{3}) \sin x = 1$

Weitere Lösung entsprechend 18.1.4., I, 2. Beispiel:

Allgemeine Lösung: $x_1 = 0^\circ + n_1 \cdot 360^\circ$; $y_1 = 30^\circ - n_1 \cdot 360^\circ$

$x_2 = 30^\circ + n_2 \cdot 360^\circ$; $y_2 = 0^\circ - n_2 \cdot 360^\circ$

In x_1 und y_1 bzw. x_2 und y_2 sind für n_1 bzw. n_2 jeweils dieselben Glieder der Folge 0, ± 1, ± 2, ... zu setzen; x_1 und y_1 sowie x_2 und y_2 bilden jedesmal zusammengehörige Winkel.

Hauptwerte: $x_1 = 0^\circ$; $y_1 = 30^\circ$; $x_2 = 30^\circ$; $y_2 = 0^\circ$

516. a) $\beta = 52{,}7636^\circ$; $a = 24{,}239$ m; $c = 59{,}206$ m; $A = 571{,}28\ \text{m}^2$

b) $\gamma = 48{,}5803^\circ$; $b = 197{,}223$ m; $c = 150{,}597$ m; $r = 100{,}413$ m

c) $\gamma = 39{,}1367^\circ$; $\alpha = 28{,}0375^\circ$; $a = 38{,}621$ m

d) $\alpha_1 = 31{,}0840^\circ$; $\alpha_2 = 148{,}9160^\circ$
$\beta_1 = 121{,}9104^\circ$; $\beta_2 = 4{,}0784^\circ$
$b_1 = 530{,}327$ m; $b_2 = 44{,}435$ m

e) $\beta_1 = 73{,}2961^\circ$; $\beta_2 = 106{,}7039^\circ$
$\gamma_1 = 57{,}9761^\circ$; $\gamma_2 = 24{,}5683^\circ$
$c_1 = 385{,}557$ m; $c_2 = 189{,}079$ m

f) $\alpha = 93{,}8450^\circ$; $\beta = 47{,}0995^\circ$; $c = 122{,}422$ m; $A = 8692{,}5\ \text{m}^2$

g) $\alpha = 61{,}6525^\circ$; $\gamma = 64{,}6050^\circ$; $b = 183{,}862$ m; $A = 16665\ \text{m}^2$

h) $\beta = 91{,}5460^\circ$; $\gamma = 40{,}2634^\circ$; $a = 42{,}971$ m; $r = 28{,}825$ m

i) $\alpha = 53{,}0127^\circ$; $\beta = 79{,}4477^\circ$; $\gamma = 47{,}5396^\circ$ $r_i = 59{,}116$ m;
$A = 19148\ \text{m}^2$

k) $\alpha = 41{,}2087^\circ$; $\beta = 26{,}1788^\circ$; $\gamma = 112{,}6125^\circ$; $r_i = 41{,}012$ m;
$A = 12829\ \text{m}^2$

l) $\alpha = 48{,}1590^\circ$; $\beta = 17{,}7863^\circ$; $\gamma = 114{,}0547^\circ$; $r_i = 4{,}563$ m;
$r = 21{,}557$ m; $A = 193{,}14\ \text{m}^2$

517. $a = 32$ cm; $b = 20$ cm; $c = 28$ cm
$\alpha = 81{,}7868^\circ$; $\beta = 38{,}2132^\circ$

518. $\overline{P_1P_2} = a_1 = b \sin \alpha$, $\overline{P_2P_3} = a_2 = a_1 \cos \alpha$, $a_3 = a_2 \cos \alpha$, ... Die Strecken bilden eine konvergente unendliche geometrische Folge mit dem Anfangsglied $a = b \sin \alpha$

und dem Quotienten $q = \cos\alpha$. Die Summe der Reihe wird $s = \frac{a}{1-q} = b\cot\frac{\alpha}{2} =$ $= 26{,}124$ cm

519. $\cos\alpha = \frac{1}{6}$; $\alpha = 80{,}4059°$

520. $V = \frac{Gh}{3} = \frac{1}{3}\,\frac{a^2}{4}\sqrt{3}\,\frac{a}{2}\sqrt{3}\tan\alpha = \frac{a^3}{8}\tan\alpha = 9{,}79\ \text{cm}^3$

521. a) $\cos\alpha = \frac{5}{13}$, $\alpha = 67{,}3801°$

b) $\cos\beta = \frac{5}{13\sin 36°}$, $\beta = 49{,}1299°$

c) $h' = 12$ cm; $\cos\gamma = \frac{5}{12\tan 36°}$, $\gamma = 55{,}0059°$

d) $\sin\frac{\delta}{2} = \frac{\sin 54°}{\sin\alpha}$, $\delta = 122{,}4306°$

522. $V_P = c^2\frac{\sin\alpha\sin\beta}{2\sin(\alpha+\beta)}h$; $V_Z = \pi r^2 h = \pi\frac{c^2 h}{4\sin^2(\alpha+\beta)}$;

[vgl. (162) und (153)]

$V_Z = \frac{200\pi\ \text{cm}^3}{\sin\alpha\sin\beta\sin(\alpha+\beta)} = 1072{,}8\ \text{cm}^3$

523. $\cos\alpha = \frac{1}{2}$, $\alpha = 60°$

524. $r = \frac{a\sin(\alpha-\beta)}{2\sin\alpha}$; $h = a\sin\beta$; $V = \frac{\pi}{3}r^2h = 2264{,}7\ \text{cm}^3$

525. $r' = r\cot\left(45° - \frac{\gamma}{2}\right)$; $h = r'\cot\gamma$; $s = \frac{r'}{\sin\gamma}$

$A_M = \pi r's = 15476\ \text{cm}^2$; $V = \frac{\pi}{3}r'^2h = 181813\ \text{cm}^3$

526. $A_M = 4\pi R^2\cos 45°\sin 5° = 31435489\ \text{km}^2$

$r_1 = R\cos 40° = 4880{,}6$ km

$r_2 = R\cos 50° = 4095{,}3$ km

527. $e = \frac{322{,}332 + 322{,}326}{2}\ \text{m} = 322{,}329$ m

528. $h_T = \frac{180{,}416 + 180{,}427}{2}\ \text{m} = 180{,}422$ m

529. $\mu = 38°07'40''$, $\varphi = 48°29'14''$, $\psi = 72°33'42''$;

$x = 844{,}481$ m, $y = 620{,}196$ m, $z = 635{,}747$ m

530. Lösungsweg analog zur Aufgabe 529; $x = 113{,}629$ m

531. $x = h\frac{\tan\delta + \tan\varepsilon}{\tan\delta - \tan\varepsilon} = h\frac{\sin(\delta+\varepsilon)}{\sin(\delta-\varepsilon)} = 534{,}09$ m

532. $\overline{BM} = 1854{,}1$ m; $\overline{BM'} = 1867{,}1$ m; $x = 1500{,}4$ m

533. $\overline{A'B'} = 304{,}056$ m; $\sphericalangle A_1BA = 1°42'11''$
$x = 304{,}190$ m; Steigung beträgt 2,973 %

534. $x = \dfrac{e \tan\alpha + (h_A - h_B) + (i_A - i_B)}{\tan\beta - \tan\alpha} = 206{,}181$ m $\qquad h_T = 435{,}088$ m

535. $\delta = 6'53''$; $h = 6{,}00$ m

536. $x = 36{,}668$ m; $\beta = 74°40'39''$

537. Mit Hilfe rechtwinkliger Dreiecke, die entstehen, wenn vom Punkt E das Lot auf die Horizontale gefällt wird, läßt sich die Lösung finden:
$x = 496{,}930$; $\nu = 2°39'15''$

538. Durch Ansatz des Sinussatzes in den drei Teildreiecken und Eliminieren von c_1 und c_2 ergibt sich die goniometrische Gleichung:
(I) $\sin\psi \sin(\psi + \beta) - k \sin\varphi \sin(\varphi + \alpha) = 0$,
wobei $k = \dfrac{a \sin\beta}{b \sin\alpha}$ ist. Aus der Dreieckswinkelsumme folgt:
(II) $\psi = 180° - (\varphi + \alpha + \beta + \gamma)$
Man setzt (II) in (I) ein, formt unter Verwendung der Formel (I) aus 17.3. um und löst die erhaltene goniometrische Gleichung entsprechend 18.1.5., III auf. Es ergibt sich:

$$\tan\lambda = \frac{-\sin(2\alpha + 2\gamma + \beta) + k \sin\alpha}{\cos(2\alpha + 2\gamma + \beta) - k\cos\alpha}; \quad \lambda = 180°\,27'12''$$

$$r = \frac{\cos(2\alpha + 2\gamma + \beta) - k\cos\alpha}{\cos\lambda};$$

$$\cos(2\varphi - \lambda) = \frac{\cos\beta - k\cos\alpha}{r}; \quad \varphi = 40°\,04'\,15''; \quad \psi = 55°\,18'\,15'';$$

$$x = \frac{a \sin\gamma \sin\varphi}{\sin\alpha \sin(\psi + \beta)} = \frac{b \sin\gamma \sin\psi}{\sin\beta \sin(\varphi + \alpha)} = 98{,}778 \text{ m}$$

539. a) 15 % $\triangleq 8°31'51''$; $h_1 = 3{,}1$ m
b) $\overline{AD} = 8{,}38$ m; $\overline{BC} = 2{,}54$ m
c) $\overline{AB} = 19{,}67$ m
d) $ABCD = 36{,}50$ m^2

540. Entfernung: 13,978 km = 7,5475 sm
Kurs: S 72°07'50'' W

541. 7,352 sm

542. Wenn ein zweites Flugzeug in B startet, befindet sich das in A mit der Geschwindigkeit 400 km/h abgeflogene Flugzeug in A' (Bild 579) und hat den Flugweg $\overline{AA'} = \dfrac{953}{9}$ km zurückgelegt. Im $\triangle A'BT$ gilt:

$$\frac{\sin\beta}{\sin\gamma} = \frac{b}{c} = \frac{450 \text{ km/h}\, t}{400 \text{ km/h}\, t} = \frac{9}{8}$$

Im $\triangle A'BC$ folgt entsprechend 19.8.1.:
$\varepsilon = 83°53'43''$, $\beta = 53°36'17''$, $d = 335{,}72$ km

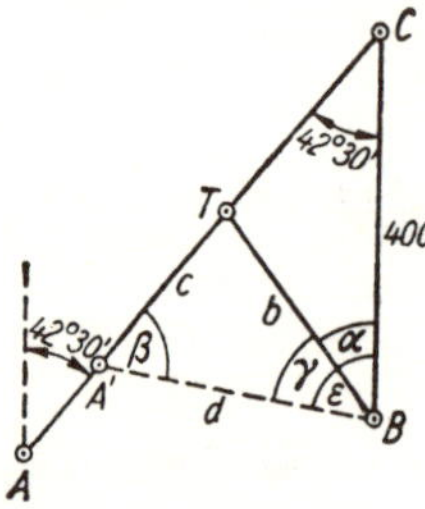

Bild 579

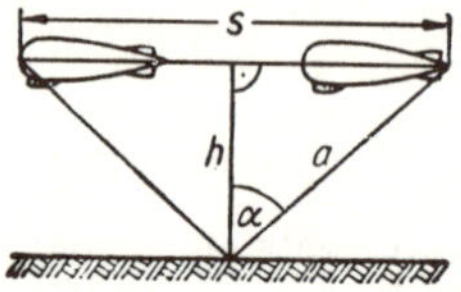

Bild 580

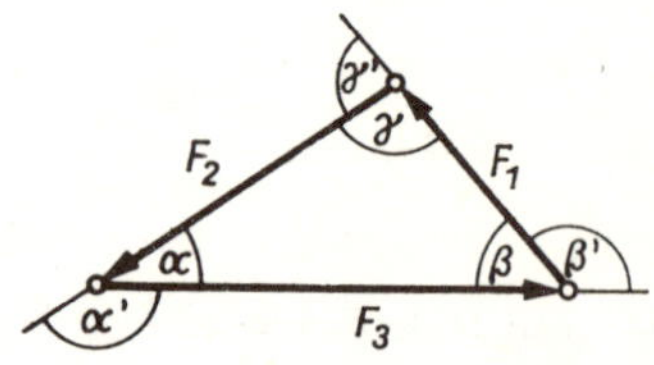

Bild 581

Aus $\sin\gamma = \frac{8}{9}\sin\beta$ ergibt sich $\gamma = 45°41'05''$.

Daher gesuchter Abfahrtskurs $\alpha = \text{N}\ 38°12'38''\ \text{W}$.

Wegen $c = 400 \cdot t$ wird $t = 36^{\text{min}}31^{\text{s}}$ und somit Zeitpunkt des Zusammentreffens in T: $11^{\text{h}}12^{\text{min}}24^{\text{s}}$

Schließlich $\overline{TC} = 250{,}71$ km.

543. Aus dem Parallelogramm der Geschwindigkeiten ergibt sich: Wahre Geschwindigkeit: 397,084 km/h
Wahrer Kurs: N 26°35′11″ O

544. Aus Bild 580 folgt: $s = 398{,}33$ m; $a = 999$ m
$\alpha = 11°30'$; $h \approx 979$ m

545. $\alpha = 56{,}595°$; $F_{\text{N}} = 547{,}3$ N

546. $\alpha = 60°$; $F_{\text{Z}} = 3464{,}1$ N

547. a) $a = 12{,}96$ m; b) $s = 10{,}80$ m;
c) $\gamma = 22{,}432°$
d) In jeden Seil $F_{\text{Z}} = 19\,281{,}1$ N; im Ausleger $F_{\text{D}} = 46\,306{,}7$ N

548. Aus Bild 581 folgt:

a) $\alpha' = 173{,}6403°$; $\beta' = 112{,}6199°$; $\gamma' = 73{,}7398°$

b) $\alpha' = 165{,}7500°$; $\beta' = 120{,}5102°$; $\gamma' = 73{,}7398°$

c) $\alpha' = 149{,}4898°$; $\beta' = 143{,}1301°$; $\gamma' = 67{,}3801°$

549. $\tan\beta = \tan\alpha \sin\frac{\varepsilon}{2}$; $\tan\frac{\delta}{2} = \frac{\tan\frac{\varepsilon}{2}\cos(\alpha+\gamma)}{\cos\alpha}$

$\varepsilon = 76{,}5239°$; $\beta = 9{,}4212°$

550. a) $\alpha = 30°$; $\frac{\sin\alpha}{\sin\beta} = \frac{3}{2}$; $\sin\beta = \frac{1}{3}$;

$\cos\beta = \frac{2}{3}\sqrt{2}$; $d = 2e - \frac{\sqrt{3}}{16}a\left(4-\sqrt{6}\right) = 2e - 0{,}16785\,a$

b) $\varepsilon = \alpha - \beta + \alpha_1 - \beta_1$ oder wegen $\beta_1 = 60° - \beta$ wird:

$\varepsilon = \alpha + \alpha_1 - 60° = 47{,}0958°$

c) $e_G = \frac{\sqrt{3}}{16} a \left(4 - \sqrt{6}\right) = 0{,}16785\, a = 0{,}19381\, h.$ Somit $d = 2e - e_G$.

551. $\overline{AB} = \frac{d}{\cos\beta}$; $\frac{\sin\alpha}{\sin\beta} = n$; $v = \overline{AB}\sin(\alpha - \beta)$

$$v = d \sin\alpha \left(1 - \frac{\cos\alpha}{\sqrt{n^2 - \sin^2\alpha}}\right) = 0{,}194 \text{ cm}$$

552. a) Aus $C = A + B$ folgt mit (103) durch Koeffizientenvergleich:

(I) $c \sin\psi = a \sin\varphi_a + b \sin\varphi_b$

(II) $c \cos\psi = a \cos\varphi_a + b \cos\varphi_b$

(I) und (II) dividiert: $\tan\psi = \frac{a \sin\varphi_a + b \sin\varphi_b}{a \cos\varphi_a + b \cos\varphi_b}$

(I) und (II) quadriert, addiert und Quadratwurzel gezogen:

$$c = \sqrt{a^2 + b^2 + 2ab\cos\varphi}$$

b) Aus $\triangle\, OP_aP_c$ folgt mit dem Cosinussatz c.

Mit (108) ergibt sich im $\triangle\, OP_aP_c$ aus (145):

$$\frac{\tan\psi - \tan\varphi_a}{1 + \tan\psi \tan\varphi_a} = \frac{b \sin\varphi}{a + b\cos\varphi}$$

Hieraus ergibt sich $\tan\psi$. Die Form wie unter a) erhält man bei Beachtung von (103) und (104) durch Erweitern mit $\cos\varphi_a$.

553. a) $x = \frac{\pi}{12}$; b) $x = -\frac{7\pi}{12}$; c) $x = \pi$; d) $x = \frac{5\pi}{12}$

554. a) Man setzt $y_1 = \arctan\frac{x-1}{x+1} \left(-\frac{\pi}{2} < y_1 < \frac{\pi}{2}\right)$ (I)

und $y_2 = \frac{\pi}{4} - \operatorname{arccot} x \left(-\frac{3}{4}\pi < y_2 < \frac{\pi}{4}\right)$ (II).

Aus (I) und (II) ergibt sich durch Umkehrung

$\tan y_1 = \frac{x-1}{x+1}$ (III), $\cot\left(\frac{\pi}{4} - y_2\right) = x$ (IV).

(IV) in (III) eingesetzt:

$$\tan y_1 = \frac{\cot\left(\frac{\pi}{4} - y_2\right) - 1}{\cot\left(\frac{\pi}{4} - y_2\right) + 1} \left(-\frac{\pi}{2} < y_1 < \frac{\pi}{2};\quad -\frac{3}{4}\pi < y_2 < \frac{\pi}{4}\right)$$

Wir setzen $y_2 = y_1$ und erhalten:

$$\tan y_1 = \frac{\cot\left(\frac{\pi}{4} - y_1\right) - 1}{\cot\left(\frac{\pi}{4} - y_1\right) + 1} \left(-\frac{\pi}{2} < y_1 < \frac{\pi}{4}\right) \quad \text{(V)}$$

Wir prüfen, für welche y_1 die Gleichung (V) gilt.

Wegen (141) ergibt sich für $-\frac{\pi}{2} < y_1 < \frac{\pi}{4}$:

$$\frac{\cot\left(\frac{\pi}{4} - y_1\right) - 1}{\cot\left(\frac{\pi}{4} - y_1\right) + 1} = \tan\left[\frac{\pi}{4} - \left(\frac{\pi}{4} - y_1\right)\right] = \tan y_1$$

Also gilt (V) für $-\frac{\pi}{2} < y_1 < \frac{\pi}{4}$.

Somit ist die Behauptung wegen (I) für

$$-\infty < \frac{x-1}{x+1} < 1, \quad \text{d. h. für } x > -1 \quad \text{richtig.}$$

b) Es ist $2y_1 = \operatorname{arccos} x \quad \left(0 \leqq y_1 \leqq \frac{\pi}{2}\right) \qquad$ (I) und

$$y_2 = \operatorname{arccot} \sqrt{\frac{1+x}{1-x}} \quad (0 < y_2 < \pi) \qquad \text{(II)}$$

zu setzen.

Aus (I) und (II) folgt durch Umkehrung

$$\cos 2y_1 = x \quad \text{(III)}, \qquad \cot y_2 = \sqrt{\frac{1+x}{1-x}} \qquad \text{(IV)}.$$

(III) in (IV) eingesetzt:

$$\cot y_2 = \sqrt{\frac{1+\cos 2y_1}{1-\cos 2y_1}} \quad \left(0 \leqq y_1 \leqq \frac{\pi}{2}; \quad 0 < y_2 < \pi\right)$$

Wir setzen $y_2 = y_1$ und erhalten:

$$\cot y_1 = \sqrt{\frac{1+\cos 2y_1}{1-\cos 2y_1}} \quad \left(0 < y_1 \leqq \frac{\pi}{2}\right) \qquad \text{(V)}$$

Wir prüfen, für welche y_1 die Gleichung (V) gilt.

Aus (127a) ergibt sich mit $\alpha = 2y_1$ die Gleichung (V), wobei

1. $1 - \cos 2y_1 \neq 0$, d. h. $y_1 \neq 0$,

2. $\sqrt{\frac{1+\cos 2y_1}{1-\cos 2y_1}} \geqq 0$, daher $\cot y_1 \geqq 0$,

$$\text{d. h. } 0 < y_1 \leqq \frac{\pi}{2}$$

gefordert werden muß.

(V) gilt somit für $0 < y_1 \leqq \frac{\pi}{2}$. Hieraus folgt wegen (I), daß die Behauptung für $-1 \leqq x < 1$ richtig ist.

555. Wegen (168) wird:

$$\Delta\delta = \delta - \sin\delta \approx \delta - \left[\delta - \frac{1}{3!}\left(\delta\right)^3\right] = \frac{1}{6}\left(\delta\right)^3 \approx \frac{1}{6}\left(\frac{e}{s}\sin\varepsilon\right)^3 \leqq \frac{0{,}5''}{\varrho}$$

Diese Forderung wird noch verschärft, wenn man $\varepsilon = 90°$ setzt:

$$\frac{1}{6}\left(\frac{e}{s}\right)^3 \leqq \frac{0{,}5''}{\varrho} \text{ oder } \left(\frac{e}{s}\right)^3 \leqq \frac{1}{68\,755}$$

Hieraus folgt: $\frac{e}{s} \leqq \frac{1}{41}$

556. Mit (169) folgt

$$\frac{p}{r} = 1 - \cos\frac{\alpha}{2} = 1 - \left[1 - \frac{1}{2!}\left(\frac{\alpha}{2}\right)^2 + \frac{1}{4!}\left(\frac{\alpha}{2}\right)^4 - + \dots\right]$$

$$\frac{p}{r} = \frac{1}{8}\ \alpha^2 - \frac{1}{384}\alpha^4 + - \dots$$

Die Formel liefert für $\frac{p}{r}$ um $f \approx \frac{1}{384}\ \alpha^4$ zu große Werte.

Es muß die Forderung $\frac{f}{\frac{p}{r}} \cdot 100 \approx 2{,}08\alpha^2 \leqq 0{,}1$ erfüllt werden.

Sie gilt für $\alpha \leqq 0{,}219 = 12{,}5°$.

SACHWORTVERZEICHNIS

Reihe Mathematik für Ingenieure

Die „Reihe Mathematik für Ingenieure" – unterteilt in Vorstufe, Grundwerk und Ergänzungsbände – bringt im Baukastensystem die Mathematik von der Hauptschule bis zu speziellen Methoden für verschiedene Sondergebiete der Fachhochschulen. Dabei wurde besonderer Wert auf eine didaktisch gute Darstellung und zahlreiche durchgerechnete Beispiele und Übungsaufgaben gelegt.
Das ursprüngliche Ziel dieser Reihe war es, die Mathematik, die an Fach- und Fachhochschulen gelehrt wird, in einer Reihe preiswerter Lehrbücher gut darzustellen. In der Praxis zeigte sich dann, daß die Reihe aufgrund ihrer didaktischen Qualitäten weit über den ursprünglichen Interessentenkreis hinaus Beachtung fand.
So arbeiten neben Schülern an Fachschulen, Studierenden an Fachhochschulen, Technikern, Ingenieuren und Lehrkräften zahlreiche Autodidakten, Teilnehmer an Fernlehrgängen, Volkshochschul- und Abendkursen, Mittel- und Oberschüler sowie Hochschulstudenten der Anfangssemester erfolgreich mit diesen Büchern. Da sie sich gerade zum Selbststudium hervorragend eignen, sind die Bände auch all denen zu empfehlen, die mit der Mathematik Schwierigkeiten haben. Sie können unter den Bänden der „Reihe Mathematik für Ingenieure" den oder die ihren Vorkenntnissen entsprechenden Titel auswählen.

Reihe Mathematik für Ingenieure: Vorstufe

Moderner Vorkurs der Elementarmathematik

Von einer Autorengemeinschaft. Federführend: Hans Kreul. 1977. 583 Seiten. 523 Abbildungen. 857 Aufgaben mit Lösungen. 17,5 × 23,5 cm. Kunstleder.
ISBN 3 87144 094 9
Dieser Band stellt die mengentheoretische Fassung des „Lehrganges der Elementarmathematik" dar und ist als Vorstufe zu den Bänden „Algebra und Geometrie für Ingenieure" und „Analysis für Ingenieure" zu verwenden.

Reihe Mathematik für Ingenieure: Grundwerk

Lehr- und Übungsbuch Mathematik

Band I: Arithmetik, Algebra und elementare Funktionenlehre (mit einem Anhang Logik und Mengenlehre)

Von einer Autorengemeinschaft. Federführend: Fritz Bewert und Willy Bennewitz. 16. Auflage. 535 Seiten. 124 Abbildungen. 1279 Aufgaben mit Lösungen. 213 Wiederholungsaufgaben ohne Lösungen. Formelsammlung als Beilage. 17,5 × 23,5 cm. Kunstleder.
ISBN 3 87144 1511

Band II: Planimetrie, Stereometrie und Trigonometrie der Ebene

Von einer Autorengemeinschaft. Federführend: Fritz Bewert und Heinz Pester. 17. Auflage. 382 Seiten. 581 Abbildungen. 566 Aufgaben mit Lösungen. 150 Wiederholungsaufgaben ohne Lösungen. 15 Raumbilder als Beilage. 17,5 × 23,5 cm. Kunstleder. ISBN 3 87144 402 2

Band III: Analytische Geometrie, Vektorrechnung und Infinitesimalrechnung

Von einer Autorengemeinschaft. Federführend: Wilhelm Leupold. 16. Auflage. 654 Seiten. 374 Abbildungen. 1080 Aufgaben mit Lösungen. 17,5 × 23,5 cm. Kunstleder. ISBN 3 87144 403 0
Dieses Werk stellt im Gegensatz zur zweibändigen mengentheoretischen Fassung („Algebra und Geometrie für Ingenieure", „Analysis für Ingenieure") die allgemeine Fassung dar. Die Vorstufe dazu bildet der „Lehrgang der Elementarmathematik".

Band IV: Sonderausgabe des Bandes „Ausgewählte Kapitel der Mathematik für Ingenieure und Ökonomen"

Reihe Mathematik für Ingenieure: Grundwerk

Algebra und Geometrie für Ingenieure

Von einer Autorengemeinschaft. Federführend: Heinz Nickel. 12., überarbeitete Auflage. 590 Seiten. 365 Abbildungen. 1062 Aufgaben mit Lösungen. 17,5 × 23,5 cm. Kunstleder. ISBN 3 87144 107 4
Die Bände „Algebra und Geometrie für Ingenieure" und „Analysis für Ingenieure" stellen die auf zwei Bände konzentrierte mengentheoretische Fassung der Bände I–III des „Lehr- und Übungsbuches Mathematik" dar und setzen etwa die Kenntnisse der „Mittleren Reife" voraus. Die Vorstufe dazu bildet der „Moderne Vorkurs der Elementarmathematik".

Analysis für Ingenieure

Von einer Autorengemeinschaft. Federführend: W. Leupold. 13.Auflage. 663 Seiten. 400 Abbildungen. 771 Aufgaben mit Lösungen. 1 Beilage: Integraltafeln. 17,5 × 23,5 cm. Kunstleder. ISBN 3 87144 103 1